최범균의 JSP 2.3 웹프로그래밍

기초부터 중급까지

최범균 저

JSP 2.3 웹프로그래밍 기초부터 중급까지

JSP 초보자를 위한 웹 개발 기초
JSP 2.3/서블릿 3.1/표현 언어 3.0에 추가된 내용 설명
JDBC를 이용한 DB 연동 설명
MVC 등 전형적인 웹 어플리케이션 구조와 패턴 설명
서블릿 필터와 리스너 소개
완전한 실습 예제(회원 가입, 로그인, 게시판)

GM - 좋은 책 · 알찬 내용 -
가메출판사

사랑하는 아내 은선과 소녀가 되어가는 딸 지설에게,

그녀 들은 예뻤다.

저자 서문

자바를 이용해서 웹 어플리케이션을 개발할 때 익혀야 할 기술 중 하나를 꼽으라면 JSP를 들 수 있다. 다양한 웹 구현 기술이 쏟아져 나오고 있지만, JSP는 기본 중의 기본으로 웹 개발의 전반을 이해하는 데 큰 도움이 된다. 또한 많은 프로젝트에서 JSP를 뷰 구현 기술로 사용하고 있기에 자바를 이용해서 웹 어플리케이션을 개발하려면 반드시 익혀야 할 기술이 바로 JSP이다.

JSP 프로그래밍을 처음 접하는 독자들은 이 책을 통해서 JSP의 기초적인 사용법부터 웹의 일반적인 구현 패턴을 학습할 수 있다. 이 책은 이론과 실습을 알맞게 혼합하였으며, 이 책을 통해서 JSP의 기초 지식을 학습하고 실무 프로그래밍을 하는 데 필요한 경험을 쌓을 수 있도록 구성했다. JSP 입문자는 이 책의 모든 내용을 학습한 뒤 중급 개발자로 성장할 수 있는 밑거름을 얻게 될 것이므로, 꾸준히 학습할 것을 권한다.

대상 독자

이 책은 JSP를 이용한 웹 개발에 입문하고자 하는 독자를 대상으로 한다. JSP는 자바를 기반으로 하기 때문에 적어도 다음에 대한 지식을 갖고 있어야 책을 읽는데 어려움이 없다.

- 자바 기초 문법 (기본 구문, 클래스, 메서드, 필드 등)
- 자바 코드 컴파일과 클래스패스 설정

자바 8 버전을 기준으로 코드를 작성했지만, 자바 8의 주요 특징(람다, 스트림 API 등)을 몰라도 책의 코드를 이해하는 데는 어려움이 없을 것이다.

내용 구성

이 책은 웹 프로그래밍에 대한 기초 지식부터, JSP 기초, JSP의 필수 학습 내용 그리고 중급 JSP 개발자로 성장하는 데 필요한 지식을 점진적으로 배울 수 있도록 내용을 정리하였으며, 총 다섯 개의 파트로 구성되어 있다.

- 파트 1, 웹 프로그래밍 기초
- 파트 2, 필수 습득
- 파트 3, 개발 효율 향상
- 파트 4, 중급 내용 익히기
- 파트 5, 예제 프로젝트

파트 1, 웹 프로그래밍 기초는 다음의 네 장으로 구성되어 있다.

- 1장, 들어가며
  JDK, 톰캣 등 JSP를 실습하는데 필요한 환경을 구축한다.
- 2장, 웹 프로그래밍 기초
  웹 프로그래밍의 구현 방식에 대해서 살펴보고, 자바에서 웹 어플리케이션을 구현하는 데 사용되는 JSP, 컨테이너에 대해 공부한다.
- 3장, JSP로 시작하는 웹 프로그래밍
  JSP의 주요 구성 요소인 디렉티브, 스크립트, 기본 객체에 대해 설명하고, 이 중 page 디렉티브, 스크립트 요소(스크립트릿, 표현식, 선언부), request 기본 객체 및 response 기본 객체의 사용방법을 설명한다.
- 4장, 필수 이해 요소
  JSP의 처리 과정, 출력 버퍼, 웹 어플리케이션의 폴더 구성에 대해서 살펴보고, 웹 어플리케이션을 톰캣과 같은 컨테이너에 배포하는 방법을 설명한다.

파트 2, 필수 습득에서는 JSP를 사용해서 웹 어플리케이션을 구현하기 위해서 반드시 알아야 하는 지식을 살펴본다.

- 5장, 기본 객체와 영역
  기본 객체 중에서 out, pageContext, application 기본 객체에 대해 살펴보고, 기본 객체와 관련된 영역 및 속성의 사용방법을 설명한다.
- 6장, 에러 처리
  JSP 페이지 코드를 실행하는 도중 익셉션이 발생했을 때, 에러 페이지를 통해서 각 익셉션 종류별로 알맞은 에러 페이지를 제공하는 방법을 살펴본다.

- 7장, 페이지 모듈화와 요청 흐름 제어
  〈jsp:include〉 액션 태그를 이용해서 페이지를 모듈화하는 방법과 〈jsp:forward〉 액션 태그를 이용해서 페이지 간 요청 처리를 전달하는 방법을 살펴본다.
- 8장, 자바빈과 〈jsp:useBean〉 액션 태그
  자바빈에 대해 간단히 살펴보고, 〈jsp:useBean〉 액션 태그 및 〈jsp:getProperty〉 액션 태그와 〈jsp:setProperty〉 액션 태그를 이용해서 자바빈 객체를 조작하는 방법을 살펴본다.
- 9장, 클라이언트와의 대화 1 : 쿠키
  쿠키를 이용해서 클라이언트에 정보를 저장하고 추출하는 방법을 살펴본다.
- 10장, 클라이언트와의 대화 2 : 세션
  서버 영역에 생성되는 세션을 이용해서 클라이언트를 식별하고, 관련 정보를 저장/추출하는 방법을 살펴본다.
- 11장, 표현 언어(Expression Language)
  표현 언어의 기초 문법, 컬렉션 처리, 스트림 API와 람다식, EL 함수 구현 방법을 살펴본다.
- 12장, 표준 태그 라이브러리(JSTL)
  표준 태그 라이브러리가 무엇인지 설명하고. 이 중 핵심 표준 태그, 포맷팅 관련 표준 태그, 그리고 제공되는 표준 함수의 사용방법을 살펴본다.

파트 3, 개발 효율 향상에서는 이클립스 4.5 버전을 이용해서 웹 어플리케이션을 효율적으로 구현하는 방법을 살펴본다.

- 13장, 이클립스를 이용한 웹 개발

파트 4, 중급 내용 익히기에서는 JSP 중급 개발자가 되기 위해 필요한 기술을 익힌다. 필수 습득에서 배운 내용을 이용하기 때문에, 파트 2, 필수 습득 편을 학습한 뒤에 파트 4를 학습해야 한다.

- 14장, 데이터베이스 프로그래밍 기초
  SQL 기초 문법과 JDBC를 이용해서 데이터베이스를 사용하는 방법을 살펴보고, DBCP API를 이용해서 커넥션 풀을 설정하는 방법을 설명한다.
- 15장, 웹 어플리케이션의 일반적인 구성 및 방명록 구현
  웹 어플리케이션을 구현할 때 사용되는 일반적인 클래스의 구성인 서비스-DAO의 구현 방법에 대해서 설명하고, 방명록 예제를 통해 구성 패턴을 익힌다.
- 16장, 커스텀 태그 만들기
  커스텀 태그가 무엇인지 설명하고, 태그 파일을 이용해서 커스텀 태그를 구현하는 방법을 설명한다.
- 17장, 서블릿 기초
  서블릿의 기본 구현 과정을 이해한다.
- 18장, MVC 패턴 구현
  서블릿과 JSP를 이용해서 간단하게 MVC 패턴을 구현하는 방법을 살펴본다.
- 19장, 필터
  필터가 무엇이고 어떻게 구현하는지 설명하고, 로그인 인증 필터 및 XSL/T 변환 필터를 통해 필터의 응용 방법을 살펴본다.

- 20장, ServletContextListener 구현
  웹 어플리케이션을 시작하고 종료할 때 발생하는 ServletContextEvent를 처리하는 ServletContextListener를 이용해서 웹 어플리케이션을 초기화하는 방법을 살펴본다

마지막으로 파트 5, 예제 프로젝트는 앞서 익힌 내용들을 종합적으로 이해할 수 있도록 실전에 가까운 예제를 구현해 본다.

- 21장, 회원제 게시판 구현 1 : 회원 관련 기능
  캐릭터 인코딩 필터, 회원 가입 기능 구현, 로그인과 로그아웃 처리, 필터를 이용한 로그인 검사 기능을 구현한다.
- 22장, 회원제 게시판 구현 2 : 게시판 기능
  게시글 쓰기, 읽기, 목록 조회, 수정 기능을 구현한다.

감사의 글

먼저, 필자의 책을 읽어 주실 독자 분들에게 감사의 마음을 전합니다. 독자 여러분이 JSP 중급 개발자로 성장하는 데 이 책이 좋은 양분이 되길 바랍니다. 책이 나올 수 있도록 성심을 다해 도와주신 가메출판사 가족 여러분께 감사의 뜻을 표합니다. 그리고 멘토인 김선회, 백명석 두 선배님에게 이 글을 빌어 존경과 감사의 뜻을 표합니다. 마지막으로 책을 쓰는 동안 힘이 되어 준 아내 은선과 딸 지설에게도 고마움을 전합니다.

2015년 가을 원고를 마치며, 최범균

책 질문 답변: http://cafe.daum.net/javacan
저자 이메일: madvirus@madvirus.net

소스 코드 안내

이 책의 소스 코드는 https://github.com/madvirus/jsp23에서 다운로드할 수 있다. 이 사이트에 방문한 뒤, 오른쪽에 있는 [Download ZIP] 링크를 클릭한다. 이 링크를 클릭하여 jsp23-master.zip 파일을 다운로드한다.

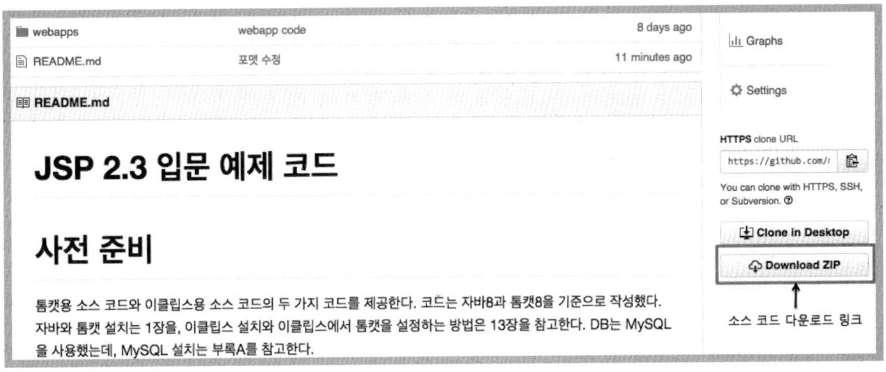

[그림 1] 소스 코드 다운로드 사이트

다운로드한 jsp23-master.zip 파일의 압축을 풀면 다음의 두 폴더가 생성된다.

- **webapps** : 톰캣의 webapps 폴더에 위치할 소스 코드
- **eclipse** : 이클립스용 프로젝트 소스 코드

webapps에 위치한 소스 코드는 [톰캣]/webapps 폴더에 복사하면 실행할 수 있다. 예를 들어, webapps에 위치한 chap02 폴더를 [톰캣]/webapps 폴더에 복사하면 된다.

eclipse 폴더에는 이클립스용 chap02~chap20, board 프로젝트가 존재한다. 이들 프로젝트는 다음의 두 환경을 사용하도록 설정했다.

- 자바 8 실행 환경
- Apache Tomcat v8.0 서버 환경

자바 8 설치 방법은 1장을 참고한다. 이클립스에서 'Apache Tomcat v8.0' 서버 환경을 추가하는 방법은 13장을 참고한다.

이클립스에서 File→Import→Existing Projects into Workspace 메뉴를 이용해서 프로젝트를 임포트하면 예제를 실행할 수 있다.

Contents

PART 01 웹 프로그래밍 기초

PART 02 필수 습득

부록

웹 프로그래밍 기초

PART 1

CHAPTER 01

들어가며

이 장에서 다룰 내용
- 개발 환경 설치
- 톰캣 실행

01 이 책의 범위

웹(Web)은 이제 모든 곳에서 사용된다. 다음(http://www.daum.net)이나 네이버(http://www.naver.com)와 같은 포털 사이트뿐만 아니라 인터넷 뱅킹, 안드로이드 앱 등 다양한 곳에서 웹을 기반으로 서비스를 제공하고 있다.

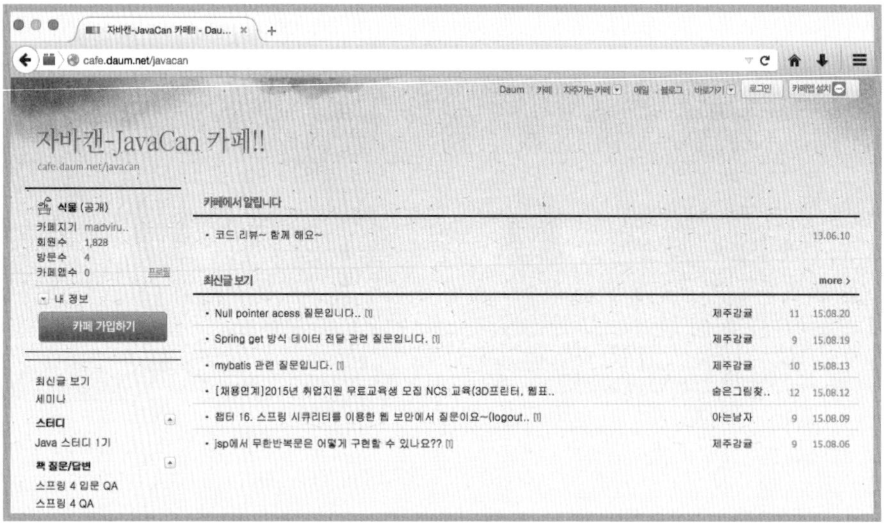

[그림 1.1] 책의 질문 답변 게시판(http://cafe.daum.net/javacan)

웹을 기반으로 하는 서비스를 만들기 위해 필요한 지식은 너무나도 많다. 예를 들어, 자바를 이용해서 웹 사이트를 만들 때 사용하는 기술은 다음과 같이 다양하다.

- **개발 언어** : 자바
- **웹/어플리케이션 서버** : HTTPD(아파치 웹 서버)나 NGINX, 톰캣, 웹로직 등
- **서버 웹 기술** : JSP와 서블릿
- **서버 웹 기술을 위한 프레임워크** : 스프링 MVC
- **클라이언트 웹 기술** : HTML, 자바 스크립트
- **클라이언트 웹 기술을 위한 프레임워크나 라이브러리** : jQuery, 앵귤러JS 등
- **데이터베이스 연동** : JDBC, MyBatis, JPA
- **DBMS** : MySQL, MS SQL, 오라클
- **통신 프로토콜** : HTTP
- **OS** : 센트OS, 윈도우 서버 2012 등

알아야 할 것이 너무나도 많지만, 입문 과정에서 이 내용들을 모두 알아야 하는 것은 아니니 미리 걱정할 필요는 없다. 웹 사이트를 만들려면 서버 웹 기술, 클라이언트 웹 기술, 데이터베이스 연동에 대한 기초 지식이 필요한데, 이 책은 이 중에서 서버 웹 기술인 JSP와 DB 조작에 필요한 JDBC에 대한 내용을 다룬다. 이 책을 읽고 실습을 따라하면서 배우게 될 내용은 다음과 같다.

- JSP를 이용한 웹 사이트 개발
- 서버 코드의 전형적인 구조(서비스-DAO, DTO 구성)
- 서블릿에 대한 기초
- MVC 구조에 대한 기초
- JSP와 DB를 연동한 게시판 개발

이 내용을 익히고 나면 독자들은 JSP를 이용해서 간단한 웹 사이트를 만들 수 있는 기본기를 쌓을 수 있게 될 것이다.

NOTE

실제 기업 환경에서는 JSP만 사용하는 경우는 드물고, 스프링 MVC, MyBatis, JPA 등 다양한 기술 중 하나로 JSP를 사용하게 된다. JSP를 포함해 이들 기술들을 단계적으로 익혀야 하지만, 웹 개발에 막 입문한 사람이 바로 스프링 MVC와 같은 기술을 익히는 것은 쉽지 않다. 이 책을 학습하면서 웹 개발의 기본 지식을 익히면 향후 다른 웹 관련 기술들을 익히는데 도움이 될 것이다. 그러니 꾸준히 노력해서 끝까지 학습해 나가도록 하자.

02 대상 독자

이 책은 JSP를 이용해서 웹 사이트를 개발하는 기술을 익히고 싶은 독자를 위한 책이다. JSP는 자바를 기반으로 하고 있으므로 적어도 이 책을 읽는 독자는 자바 코드를 작성하고 실행한 경험이 있어야 한다. 구체적으로 다음과 같은 경험이 없는 독자는 이 책을 읽는 동안 병행해서 자바도 함께 학습해야 한다.

- 자바 클래스, 필드, 메서드를 이해하고 있음
- 자바의 기본 타입인 int, long, double을 비롯해 String 타입에 대해 알고 있음
- new 키워드를 이용해서 자바 클래스의 객체를 생성하고 메서드를 실행하는 코드를 작성해 봄
- if, if-else, for 등 기본적인 제어문을 알고 있음
- java 파일을 작성하고 컴파일해서 class 파일을 만들어 봄
- 자바의 패키지가 무엇인지 이해하고 있음
- main() 메서드를 포함한 자바 클래스를 만들고 실행해 봄
- 자바 컬렉션 API에서 java.util.List 인터페이스나 java.util.ArrayList 클래스 등을 사용해 봤음
- 클래스패스(classpath)가 무엇인지에 대한 기초 지식이 있음

예제 실행을 위해 자바 코드를 컴파일하는 명령어를 설명하는 부분도 있고 일부 자바 코드는 자세히 설명하고 있지만, for 문의 사용법이라든가 ArrayList의 사용법 등에 대해서는 설명하지 않는다. 따라서, 자바 자체에 대한 기본기가 없으면 책을 학습해나가는데 어려움이 따르므로, 자바를 전혀 모른다면 이 책을 학습하는 동안 자바 기초 문법을 반드시 병행해서 학습해야 한다.

만약 HTML에 대한 기초가 없다면 HTML을 짧게라도 학습하자. 책에 있는 예제를 그대로 입력할 경우 HTML 자체를 몰라도 실습은 할 수 있지만, 오타와 같은 사소한 실수로 화면이 깨져서 보일 경우 HTML을 알면 문제 원인을 찾는데 도움이 된다. 이 책에서는 주로 다음의 HTML 태그를 사용하므로, HTML의 기본 구조나 태그의 쓰임새를 미리 알아두면 실행 결과를 이해하는 데 도움이 된다.

- <html>, <head>, <title>, <body>
- <a>
- <form>, <input>
- <strong>, <b>, <p>,
- <table>, <tr>, <td>

03 준비물

이 책은 많은 예제를 포함하고 있기 때문에 적절한 실습 환경을 구축해야 제대로 학습할 수 있다. 다음은 이 책의 실습 환경이다.

- **JDK 8 (JDK 7도 가능)** : 자바 개발 도구로서 컴파일하고 톰캣을 실행할 때 사용한다.
- **톰캣 8** : JSP를 실행하기 위한 웹 컨테이너로서 예제를 실행할 때 사용한다.
- **MySQL** : DBMS로 DB 연동 예제를 실행할 때 사용한다.
- **이클립스** : 통합 개발 환경으로 자바에서 널리 사용된다.

이 장에서는 JDK와 톰캣의 설치 방법에 대해 설명하고 MySQL과 이클립스는 해당 내용이 필요할 때 설명할 것이다.

3.1 JDK 설치

이 책에서 학습할 JSP 2.3 버전과 서블릿 3.1 버전을 실행하려면 최소 자바 7 버전을 사용해야 하므로, 자바 7을 위한 자바 개발 도구인 JDK 7이나 자바 8을 위한 개발 도구인 JDK 8을 설치해야 한다. 책의 예제에서 람다나 스트림 API와 같은 자바 8의 특징을 사용하는 코드는 없으므로, 자바 7 버전을 설치해도 문제는 없다. 이미 자바 7이나 자바 8 버전을 설치한 독자는 설치 과정을 생략하고 JAVA_HOME 환경 변수를 설정하는 부분으로 넘어가면 된다.

이 책에서는 자바 8 버전을 중심으로 설치와 환경 설정 방법을 살펴보겠다. 설치 순서는 다음과 같다.

1. JDK 8 설치 파일 다운로드 및 실행
2. JAVA_HOME 환경 변수 설정

웹 브라우저에서 http://www.oracle.com 사이트에 방문한 뒤 [그림 1.2]와 같이 Downloads 메뉴에 마우스를 올리면 상세 메뉴가 표시되는데, 여기서 Java SE를 클릭한다. 또는 http://www.oracle.com/technetwork/java/javase/downloads/index.html 주소를 바로 입력한다. 그러면 JDK를 다운로드 받을 수 있는 페이지로 이동한다.

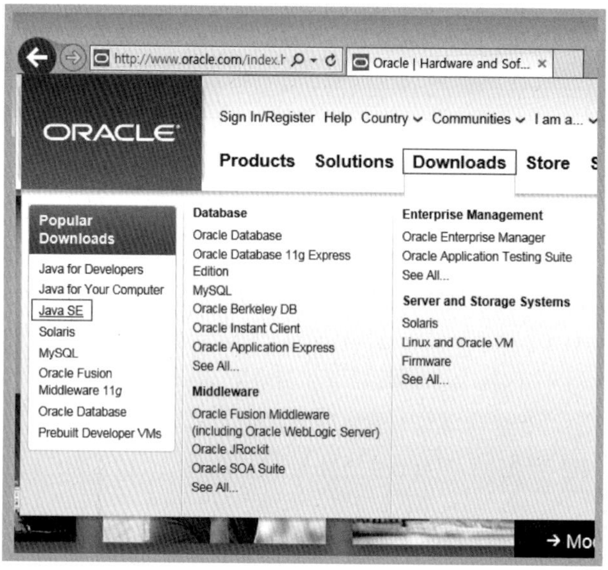

[그림 1.2] 오라클 사이트의 다운로드 상세 메뉴에서 Java SE 클릭

NOTE

오라클 홈페이지의 메뉴 구조나 다운로드 사이트 주소는 바뀔 수 있다. 이런 경우에는 구글(www.google.com)에서 'java 8 download'로 검색해보자. 그러면 다운로드 페이지를 쉽게 찾을 수 있을 것이다.

[그림 1.3]의 다운로드 페이지에서 JDK [DOWNLOAD] 버튼을 클릭한다.

[그림 1.3] JDK 다운로드 페이지에서 [DOWNLOAD] 버튼 클릭

[DOWNLOAD] 버튼을 클릭하면 [그림 1.4]와 같이 JDK를 다운로드 받을 수 있는 링크가 표시된다.

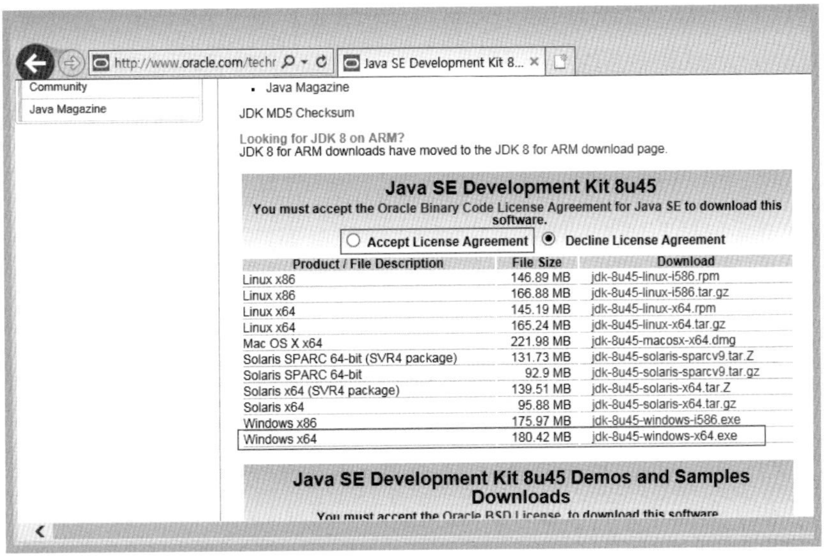

[그림 1.4] JDK 다운로드 페이지

'Accept License Agreement'를 선택해서 라이선스에 동의한 뒤 자신이 사용하는 OS에 맞는 JDK를 다운로드하면 된다. 최근에 출시된 윈도우 PC는 대부분은 64비트이므로 Windows x64에 해당하는 링크를 클릭해서 파일을 다운로드 받는다. 32비트라면 Windows x86에 해당하는 링크를 클릭해서 파일을 다운로드 받으면 된다.

윈도우가 32비트인지 64비트인지 모르겠다면 다음을 통해 확인할 수 있다.

- **윈도우 7** : 시작 → 제어판 → 시스템 및 보안 → 시스템
- **윈도우 8.1** : 시작 화면 → 제어판 → 시스템 및 보안 → 시스템

[그림 1.5]는 필자의 PC에 설치된 윈도우 7의 시스템 정보 화면인데, 시스템 종류에 "64비트 운영 체제"라고 표시된 것을 알 수 있다.

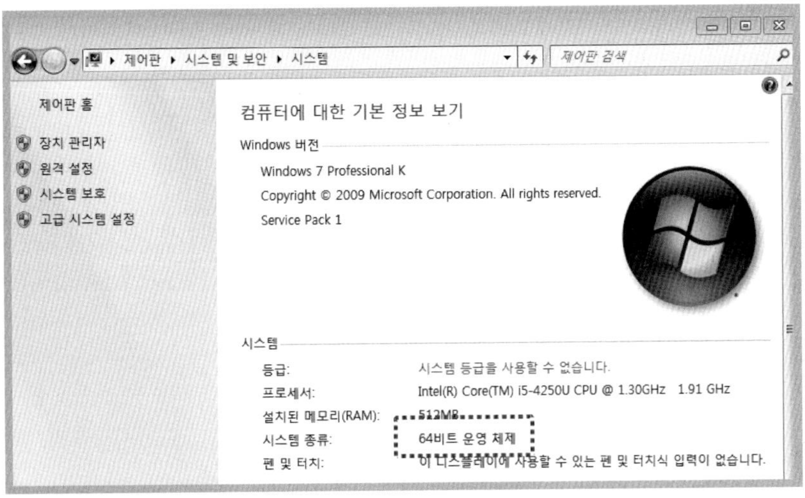

[그림 1.5] 윈도우 7의 시스템 종류 확인

이 글을 쓰는 시점에서 JDK는 8u45(8 업데이트 45) 버전이다. 다운로드 받은 jdk-8u45-windows-x64.exe 파일을 실행하면 잠시 뒤에 [그림 1.6]과 같은 창이 표시된다. (사용자 계정 컨트롤 창이 나타나면, [예] 버튼을 클릭한다.)

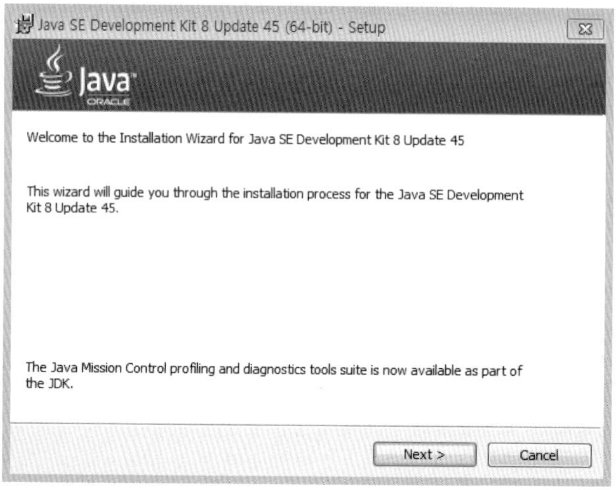

[그림 1.6] 설치 시작

설치 시작 화면에서 [Next] 버튼을 클릭한다.

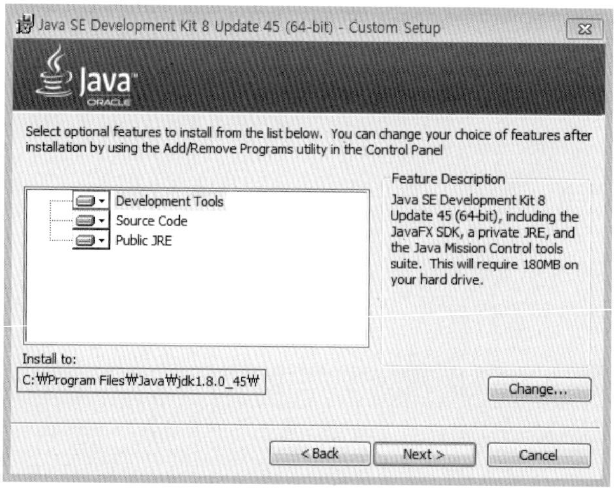

[그림 1.7] 설치 대상 및 설치 경로 선택

[그림 1.7]의 설치 경로를 보면 "C:\Program Files"에 자바를 설치하는데, 필자의 경우 자바 설치 경로를 쉽게 입력하기 위해 설치 경로를 "C:\Java\jdk1.8.0_45"와 같은 경로로 변경한다. 설치 경로를 변경하려면 [Change...] 버튼을 클릭한 뒤 [그림 1.8]과 같이 설치 경로를 변경해주면 된다.

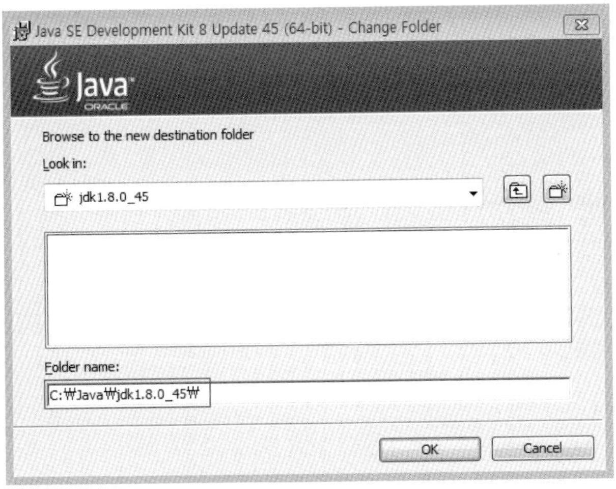

[그림 1.8] JDK 설치 경로 변경

[그림 1.7]에서 [Next] 버튼을 누르면 [그림 1.9]와 같이 JDK 설치가 진행된다.

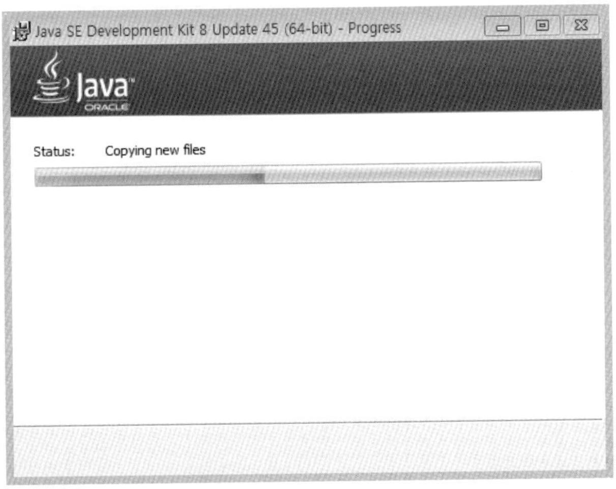

[그림 1.9] JDK 설치 진행

JDK 설치가 완료되면 [그림 1.10]과 같은 JRE(Java Runtime Environment) 설치 화면이 표시된다.

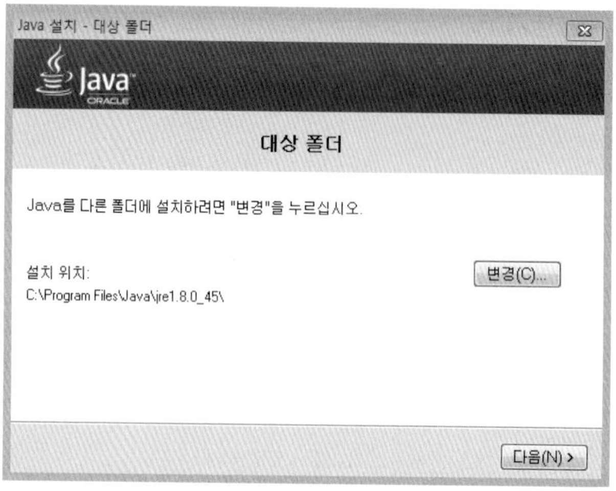

[그림 1.10] JRE 설치

JRE 설치 화면에서 [다음] 버튼을 클릭하면, [그림 1.11]과 같이 JRE를 설치한다.

[그림 1.11] JRE 설치 진행

JRE 설치가 완료되면 [그림 1.12]와 같은 완료 화면이 표시된다. JRE 설치 완료 화면에서 [Close] 버튼을 클릭해서 창을 닫는다.

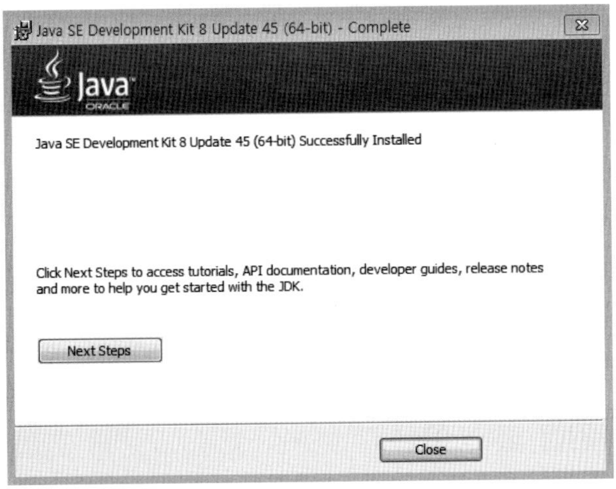

[그림 1.12] JRE 설치 완료

설치를 끝냈다면 자바를 실행할 차례이다. 자바 명령어를 실행하려면 명령 프롬프트를 실행해야 한다. 윈도우 7의 [시작] 메뉴나 윈도우 8의 [시작] 화면의 검색창에 cmd를 입력하면 명령 프롬프트 프로그램을 찾을 수 있다. [그림 1.13]은 윈도우 7에서 cmd를 검색했을 때의 화면을 보여주고 있다.

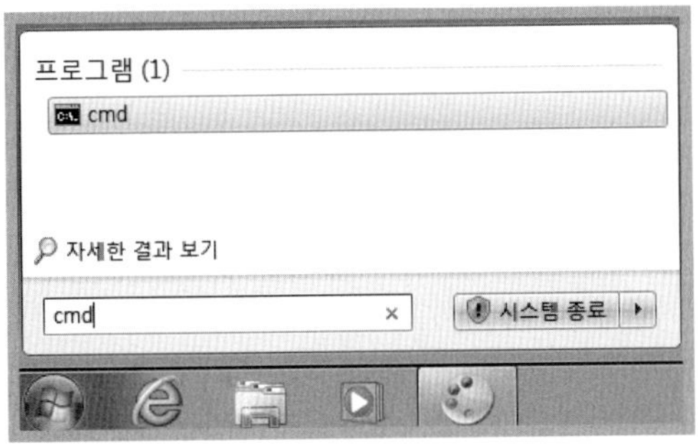

[그림 1.13] 검색어로 cmd를 입력해서 명령 프롬프트를 검색한 결과

검색 대신에 윈도우 7에서는 [시작]→[모든 프로그램]→[보조 프로그램]→[명령 프롬프트]로 명령 프롬프트를 실행할 수 있고, 윈도우 8에서는 시작 화면에서 명령 프롬프트를 실행할 수 있다.

명령 프롬프트를 실행한 뒤, 'java -version' 명령어를 입력하면 [그림 1.14]와 같이 설치된 자바 버전이 표시되는 것을 확인할 수 있을 것이다.

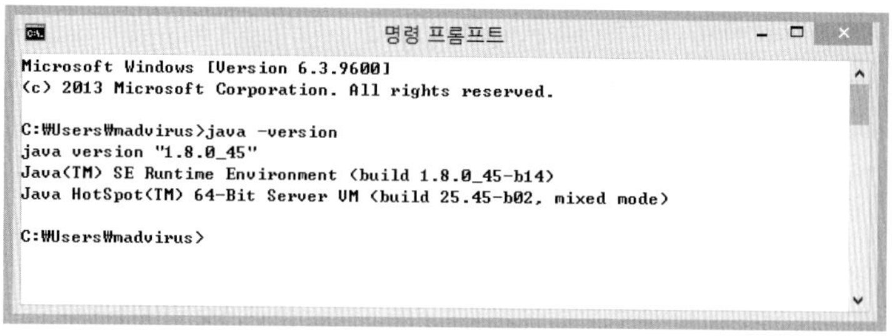

[그림 1.14] 명령 프롬프트에서 java 명령어 실행 결과

3.2 JAVA_HOME 환경 변수 설정

톰캣은 JAVA_HOME 환경 변수를 필요로 하므로 JAVA_HOME 환경 변수를 설정해야 한다. 먼저 다음 과정을 통해 환경 변수 설정 창을 실행한다.

- [제어판] → [시스템 및 보안] → [시스템] → [고급 시스템 설정]
- 시스템 속성 창의 [고급] 탭을 클릭한 뒤, [환경 변수] 버튼을 클릭한다.
- [그림 1.15]와 같이 사용자 변수의 [새로 만들기] 버튼을 클릭하여 '새 사용자 변수' 창을 실행한 뒤, JAVA_HOME 환경 변수 이름과 값을 입력하고 [확인] 버튼을 누른다.
- '환경 변수'의 사용자 변수에 JAVA_HOME 환경 변수가 추가되었다면 [확인] 버튼을 눌러 환경 변수 설정을 완료한다.

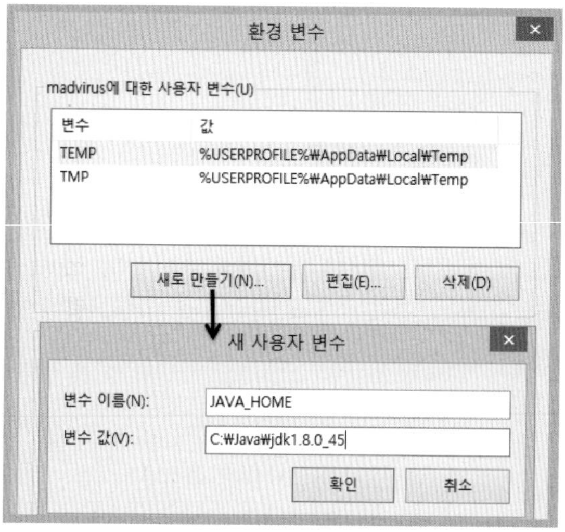

[그림 1.15] JAVA_HOME 환경 변수 설정

JAVA_HOME 환경 변수는 JDK 설치 경로를 지정한다. 필자의 경우 C:\Java\jdk1.8.0_45 폴더에 설치했는데, 설치 과정에서 경로를 변경하지 않았다면 C:\Program Files\Java\jdk1.8.0_45 폴더에 설치되므로 이 경로를 입력해야 한다.

3.3 톰캣 설치

JSP를 이용해서 웹 프로그램을 만들고 실행하려면, JSP를 위한 서버 프로그램이 필요하다. JSP를 실행할 수 있는 서버 프로그램이 다수 존재하는데, 이 책에서는 톰캣(tomcat) 프로그램을 사용할 것이다.

톰캣을 설치하는 방법은 간단하다. 파일을 다운로드 받고 알맞은 폴더에 압축을 풀기만 하면 된다. http://tomcat.apache.org 사이트에 방문한 뒤, 왼쪽의 [Download] 메뉴에서 Tomcat 8.0을 클릭하면 톰캣을 다운로드 받을 수 있는 페이지로 이동한다. 또는 http://tomcat.apache.org/download-80.cgi 사이트에 직접 방문해도 된다. 톰캣 8 다운로드 페이지에서 [그림 1.16]과 같은 Binary Distributions의 Core에서 "zip" 링크를 클릭해서 파일을 다운로드 한다.

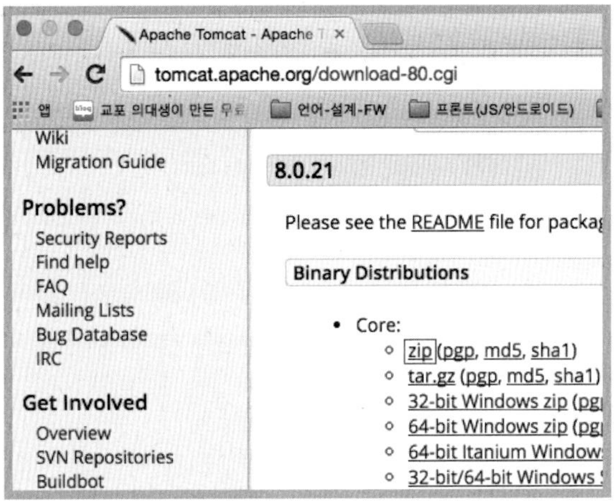

[그림 1.16] 톰캣 8 다운로드 페이지

이 글을 쓰는 시점에서 톰캣 8 버전은 8.0.21 버전이며, 다운로드한 파일의 이름은 apache-tomcat-8.0.21.zip이다. 이 파일의 압축을 풀면 apache-tomcat-8.0.21 폴더가 생성되는데, 이 폴더를 C: 드라이브 루트 폴더로 이동시키자. [그림 1.17]은 C: 드라이브 루트 폴더로 이동했을 때의 폴더 구조를 보여주고 있다.

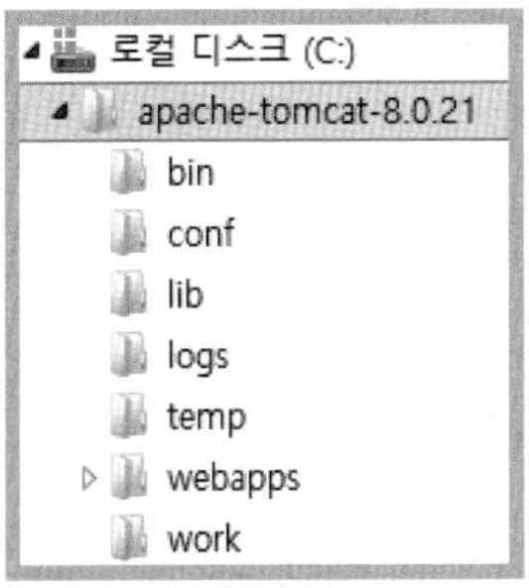

[그림 1.17] 톰캣 폴더 구조

반드시 C: 드라이브 루트 폴더로 이동시켜야 하는 것은 아니며, 본인이 원하는 위치에 톰캣을 위치시키면 된다. 필자의 경우는 C: 드라이브 루트 폴더나 C:\devtool과 같이 찾기 쉬운 곳에 톰캣을 위치시킨다. 이 책에서는 C:\apache-tomcat-8.0.21 폴더에 톰캣이 위치했다고 가정하고 설명을 진행할 것이다.

3.4 톰캣 실행

이제 톰캣을 실행해 보자. 윈도우 탐색기에서 [톰캣]\bin 폴더로 이동한 뒤 startup.bat 파일을 더블클릭하면 톰캣이 실행된다.

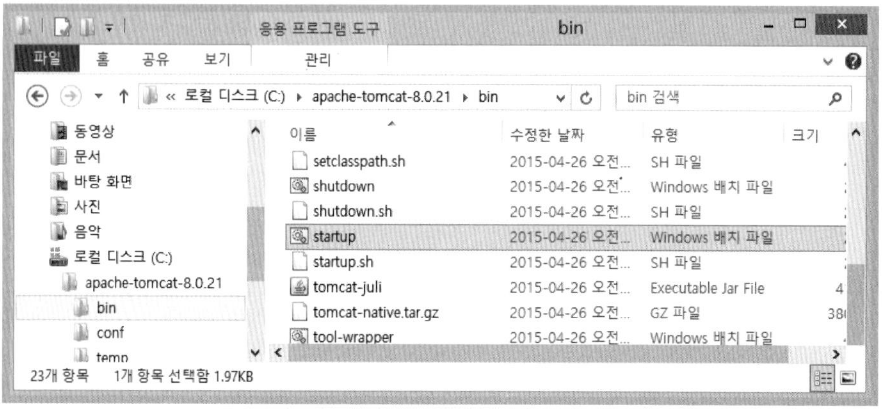

[그림 1.18] startup 배치 파일 실행

startup 배치 파일을 실행할 때 [그림 1.19]와 같이 보안 경고가 나타나는 경우, [액세스 허용] 버튼을 클릭한다.

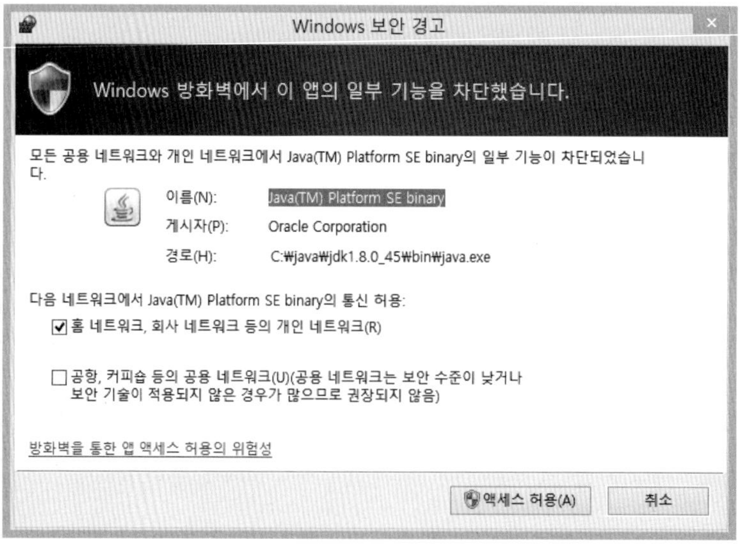

[그림 1.19] 윈도우 방화벽이 일부 기능을 차단할 경우 [액세스 허용] 버튼을 클릭해서 차단을 해제

톰캣을 실행하면 [그림 1.20]과 같은 메시지가 명령 프롬프트 화면에 출력된다. 톰캣 실행 창에 "Server startup"이라는 메시지가 표시되면 톰캣이 정상적으로 실행된 것이다.

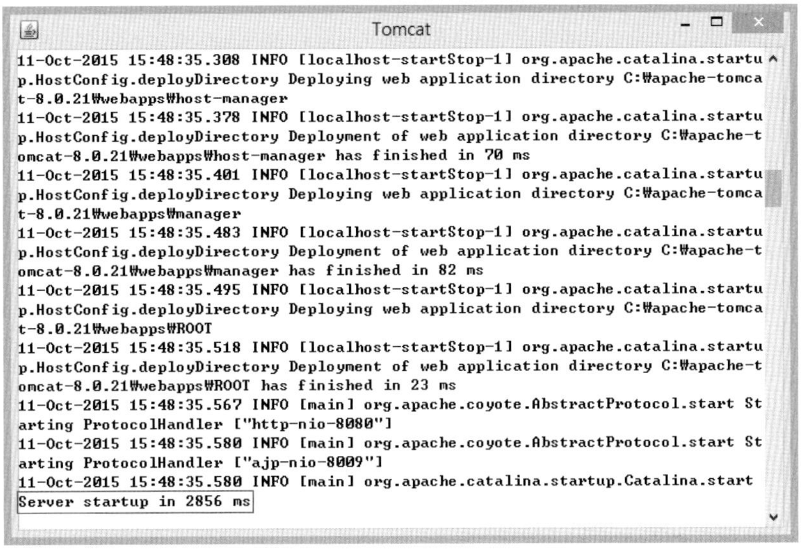

[그림 1.20] 톰캣 실행

톰캣 실행 도중에 문제가 발생하면 톰캣 실행 창이 닫힌다. 이런 경우에는 명령 프롬프트를 실행한 뒤에 톰캣 설치 폴더의 bin 폴더로 이동해서 catalina.bat 파일의 run 명령어를 실행해보자. JAVA_HOME 환경 변수를 설정하지 않았다면 다음과 같은 에러 메시지가 표시되므로 JAVA_HOME 환경 변수를 설정한다.

```
C:\Users\madvirus>cd \apache-tomcat-8.0.21\bin
C:\apache-tomcat-8.0.21\bin>catalina.bat run
Neither the JAVA_HOME nor the JRE_HOME environment variable is defined
At least one of these environment variable is needed to run this program
```

JAVA_HOME 환경 변수 값을 추가하거나 변경해도 이미 열려 있는 명령 프롬프트에는 변경된 값이 반영되지 않으므로, JAVA_HOME 환경 변수를 추가한 뒤에는 명령 프롬프트를 새로 실행한 뒤에 "catalina.bat run" 명령어로 톰캣이 제대로 동작하는지 확인할 수 있다.

JAVA_HOME 환경 변수의 값을 잘못 지정하면 다음과 같은 에러 메시지가 출력된다.

```
C:\apache-tomcat-8.0.21\bin>catalina.bat run
The JRE_HOME environment variable is not defined correctly
This environment variable is needed to run this program
```

이 경우에는 JAVA_HOME 환경 변수 값이 올바른지 확인해보기 바란다.

톰캣이 정상적으로 실행됐다면, 웹 브라우저에 http://localhost:8080 주소를 입력해본다. 그러면, [그림 1.21]과 같은 화면을 볼 수 있을 것이다.

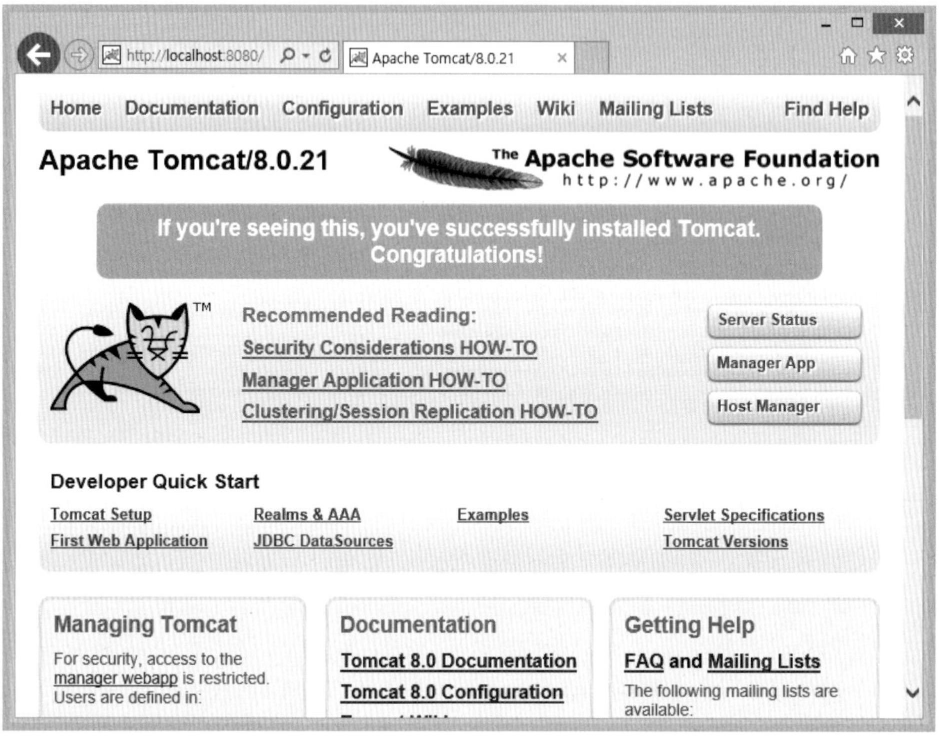

[그림 1.21] 톰캣 서버에 접속한 결과

NOTE

http://localhost:8080에서 localhost는 현재 PC의 서버 이름이 된다. www.naver.com 도메인이 네이버 서버의 이름이라면 localhost는 현재 PC의 이름이 된다. 서버 이름이 localhost인 경우, 웹 브라우저는 PC에서 실행 중인 웹 서버에 접속을 시도한다. 8080은 포트 번호인데, 이에 대한 내용은 2장에서 살펴보도록 하겠다.

톰캣을 종료하려면 톰캣을 실행한 명령 프롬프트에서 Ctrl+C 키를 누르면 된다.

CHAPTER 02

웹 프로그래밍 기초

이 장에서 다룰 내용
- URL
- 웹 브라우저와 웹 서버
- HTML과 HTTP
- JSP 프로그래밍

웹 프로그래밍을 하려면 웹에 대한 이해가 필요하다. 이 장에서는 JSP를 본격적으로 학습하기에 앞서 웹이 무엇이고, 웹과 관련된 주요 구성 요소에 대해 살펴보도록 하자. 또한, 간단한 코드를 통해 첫 번째 JSP 웹 프로그래밍을 만들어볼 것이다.

01 웹과 웹 프로그래밍

웹 브라우저에 http://javacan.tistory.com/390을 입력하면 [그림 2.1]과 같은 결과가 화면에 표시되는 것을 알 수 있다.

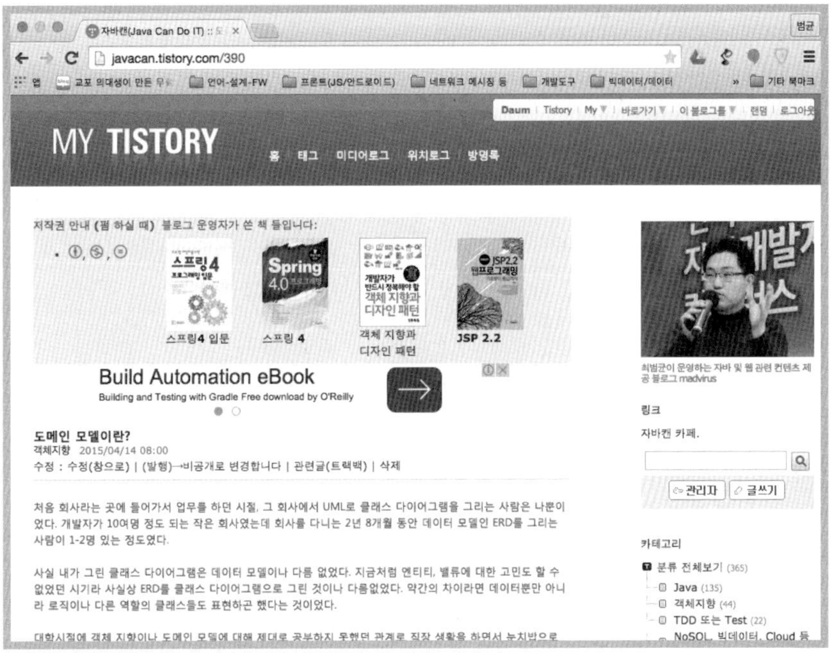

[그림 2.1] 웹 브라우저를 이용해서 웹을 사용

일반 사용자는 웹 브라우저에 단순히 http://javacan.tistory.com/390이나 http://www.daum.net과 같은 주소를 입력하면 웹을 사용할 수 있지만, 웹을 만들어야 하는 개발자는 알아야 할 것들이 더 많다. 예를 들어, http://www.daum.net과 같은 주소를 뭐라고 부르는지, http://www.daum.net이란 주소를 입력하면 웹 브라우저에 어떻게 내용들이 출력되는지에 대한 기초적인 내용 정도는 알고 있어야 한다. 이번 절에서는 이렇게 개발자가 기본적으로 알아야 할 내용을 설명한다.

1.1 URL과 웹 페이지

http://javacan.tistory.com/390이나 http://www.11st.co.kr/html/main.html과 같이 웹 브라우저의 주소줄에 표시되는 것을 URL이라고 부른다. URL은 Uniform Resource Locator의 약자로 이는 일종의 주소와 같은 역할을 한다. 집 주소가 다르면 다른 건물인 것처럼 URL이 다른 경우에도 [그림 2.2]와 같이 다른 결과가 웹 브라우저에 표시되는 것을 알 수 있다.

[그림 2.2] URL은 웹 페이지의 주소

웹 브라우저의 주소줄에 URL을 입력하면 웹 브라우저에 URL에 해당하는 내용이 출력되는데, 이렇게 웹 브라우저에 출력된 내용을 웹 페이지(web page)라고 부른다. 흔히 홈페이지라고 부르는 웹 사이트는 이런 웹 페이지의 묶음이다.

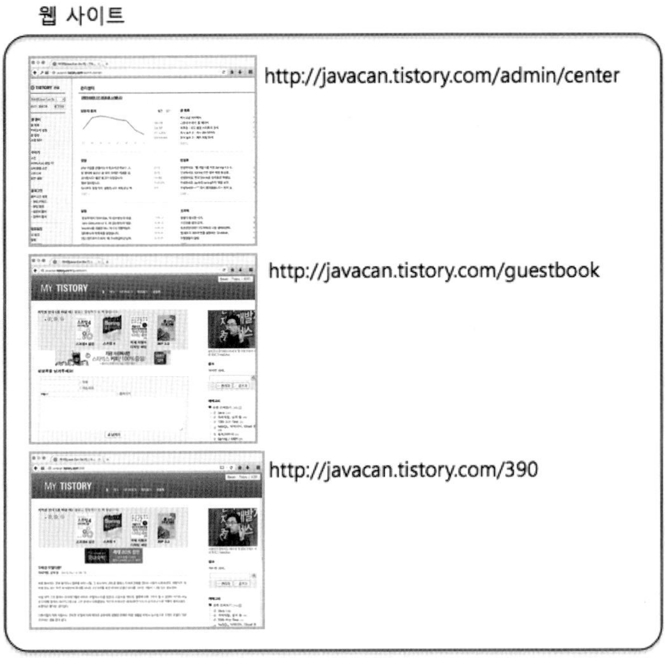

[그림 2.3] 웹 페이지의 묶음이 웹 사이트가 된다.

웹 페이지의 주소를 표현할 때 사용하는 URL은 몇 개의 요소로 구성되는데, 주요 구성 요소는 [그림 2.4]와 같다.

[그림 2.4] URL의 일반적인 구성

URL의 주요 구성 요소에 대한 내용을 [표 2.1]에 정리했다.

표 2.1 URL의 주요 구성 요소

구성 요소	설명
프로토콜	웹 브라우저가 서버와 내용을 주고받을 때 사용할 규칙 이름이다. 웹 페이지의 주소를 표현할 때는 http를 사용한다.
서버 이름	웹 페이지를 요청할 서버의 이름을 지정한다. 서버 이름은 "javacan.tistory.com"과 같은 도메인 이름이나 180.70.134.239와 같은 IP 주소를 입력할 수 있다.
경로	웹 페이지의 상세 주소에 해당한다. 즉, 웹 페이지마다 다른 경로를 갖는다.
쿼리 문자열	추가로 서버에 보내는 데이터에 해당한다. 같은 경로라 하더라도 입력한 값에 따라 다른 결과를 보여줘야 할 때 쿼리 문자열을 사용한다. 예를 들어, 검색 결과를 보여주는 페이지를 생각해보자. 이 페이지는 입력한 검색어에 따라 다른 내용이 표시되는데, 보통 쿼리 문자열을 이용해서 검색어를 전달한다.

NOTE

프로토콜 이름과 서버 이름 사이에 위치한 "://"은 프로토콜과 나머지 부분을 구분하기 위해 사용된다. URL을 좀더 범용적으로 정의한 URI도 있는데, URL과 URI에 대한 내용은 각각 http://ko.wikipedia.org/wiki/URL과 http://goo.gl/1gNfgx 페이지를 참고하기 바란다.

1.2 웹 브라우저와 웹 서버

http://javacan.tistory.com/390과 같은 URL을 입력했을 뿐인데 어떻게 [그림 2.1]과 같은 화면이 웹 브라우저에 표시되는 걸까? 웹 브라우저에 URL에 해당하는 웹 페이지가 출력되기까지 꽤 복잡한 과정을 거치는데, 이 과정을 단순화하면 [그림 2.5]와 같이 정리할 수 있다.

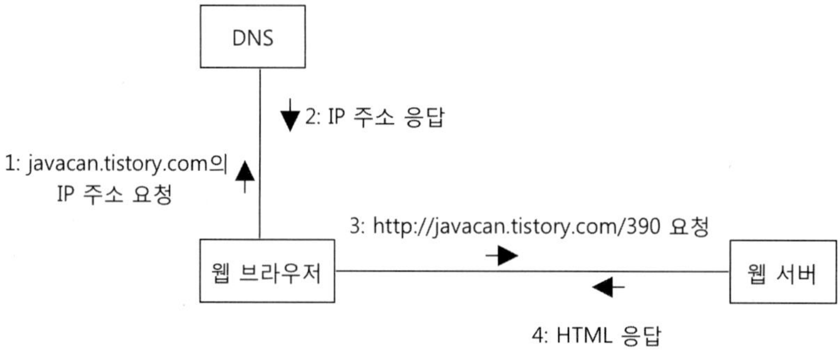

[그림 2.5] 웹 브라우저와 웹 서버의 통신 과정

웹 브라우저에 URL을 입력하면 웹 서버라 불리는 프로그램이 웹 브라우저에 웹 페이지를 제공한다. [그림 2.5]에서 4번 과정이 웹 서버가 웹 브라우저에 웹 페이지를 제공하는 단계이다. 웹 브라우저가 웹 서버에 웹 페이지를 달라고 하는 것을 흔히 '요청(request)'한다고 표현하고, 요청한 웹 페이지를 웹 브라우저에 제공하는 것을 '응답(response)'이라고 표현한다.

웹 브라우저와 웹 서버는 다른 컴퓨터에 위치한다. 예를 들어, 집의 PC에서 웹 브라우저에 http://www.daum.net 주소를 입력할 때 연결하는 웹 서버 프로그램은 집 PC가 아닌 다른 컴퓨터에서 실행되고 있다. 웹 서버가 다른 컴퓨터에서 실행되고 있기 때문에, 웹 브라우저가 웹 서버에 연결하려면, 웹 서버가 실행중인 컴퓨터의 주소를 알아야 하는데, 이 주소를 IP 주소라고 부른다.

휴대폰의 전화번호가 휴대폰마다 다른 것처럼, 인터넷을 통해 연결되는 컴퓨터들도 고유의 주소 값인 IP 주소를 갖고 있다. 그런데, IP 주소는 180.70.134.239와 같은 숫자로 구성되어 있기 때문에 외우기가 쉽지 않다. 이런 이유로 IP 주소 대신에 "javacan.tistory.com"과 같이 사람이 기억하기 좋은 도메인 이름을 사용한다.

웹 브라우저와 웹 서버는 IP 주소를 이용해서 연결하기 때문에 도메인 이름을 IP 주소로 변환할 필요가 있는데, 이 때 사용하는 것이 바로 DNS(Domain Name Server)이다. 웹 브라우저에서 URL을 입력하면, 웹 브라우저는 [그림 2.5]의 1번 과정처럼 도메인 이름에 해당하는 IP 주소를 DNS에 요청하고, DNS는 2번 과정처럼 IP 주소를 응답으로 제공한다.

DNS로부터 IP 주소를 받으면, 웹 브라우저는 3번 과정처럼 IP 주소를 이용해서 웹 서버에 연결한 뒤 URL에 해당하는 웹 페이지를 요청하고, 웹 페이지를 응답으로 받게 된다.

용어 클라이언트와 서버

일반적으로 네트워크 프로그램에서 요청하는 쪽을 클라이언트(Client)라고 부르고, 요청을 받아 알맞은 기능이나 데이터를 제공하는 쪽을 서버(Server)라고 부른다. 웹 브라우저는 HTML 문서나 이미지 등을 요청하므로 클라이언트에 해당하고, 웹 서버는 이름에서 유추할 수 있듯이 서버에 해당된다.

서버 프로그램이 실행되는 컴퓨터를 서버라고도 부른다. 일반적으로 서버 컴퓨터는 가정에서 사용하는 컴퓨터에 비해 뛰어난 성능과 안정성을 제공한다.

한 개의 컴퓨터에는 웹 서버 프로그램만 실행되는 것이 아니다. 웹 서버 프로그램과 함께 동영상을 제공해주는 스트리밍 서버 프로그램도 실행될 수 있고, 채팅 서비스를 위한 채팅 서버 프로그램이 실행될 수도 있다. IP 주소는 연결할 컴퓨터를 구분하는데 사용되기 때문에, IP 주소만으로는 컴퓨터의 어떤 서버 프로그램을 실행할지 알 수 없다.

이런 이유로 각 서버 프로그램은 클라이언트가 연결할 때 다른 서버 프로그램과 구분할 수 있도록 포트(port)라는 것을 사용한다. 포트는 숫자로 된 번호로서 서버 프로그램마다 구분되는 포트 번호를 사용하며, 클라이언트는 IP 주소와 함께 포트 번호를 사용해서 원하는 서버 프로그램에 연결하게 된다. 앞서 1장에서 톰캣이 정상적으로 실행되는지 확인하기 위해 "http://localhost:8080/index.jsp"를 URL로 입력했는데, 이때 콜론(":") 다음에 위치한 8080이 포트 번호가 된다.

웹 서버가 사용하는 기본 포트 번호는 80이다. 이는 URL에서 프로토콜이 http인 경우 별도로 포트를 지정하지 않으면 80 포트로 연결한다는 것을 뜻한다. 즉, "http://localhost/"라는 URL을 사용하면 웹 브라우저는 80 포트를 이용해서 서버에 연결한다. 톰캣은 기본적으로 8080 포트를 사용하도록 설정되어 있기 때문에, URL에 포트 번호를 붙여 톰캣 서버를 테스트한다.

NOTE

톰캣의 설정을 변경하면 8080 포트 대신에 웹 서버의 기본 포트인 80 포트를 사용할 수 있다. 톰캣을 설치한 폴더의 conf/server.xml 파일을 보면 8080 포트 번호를 지정하는 설정 부분을 찾을 수 있을 것이다. 이 설정 값을 80으로 바꿔주면 톰캣을 80 포트로 실행할 수 있다.

1.3 HTML과 HTTP

웹 브라우저에서 http://www.daum.net에 연결한 뒤에 내용 영역에서 마우스 오른쪽 버튼을 눌러 표시되는 단축 메뉴에서 [소스 보기] 메뉴를 선택하여 실행해보자. 그러면, 다음과 비슷하게 문자로 구성된 긴 코드를 볼 수 있을 것이다. (매우 길기 때문에 많은 부분을 생략했다.)

```
<!DOCTYPE html>
<html lang="ko">
  <head>
    <meta charset="utf-8">
    <title>Daum &ndash; 모으다 잇다 흔들다</title>
    ...생략
  <body>
    <div id="daumIndex" class="d_index">
      <a id="mainServiceDirectLink" ...생략>
        <span class="img_vert inner_shortcut">주요 서비스 바로가기</span>
      </a>
    ...생략
    ...생략
</body>
</html>
```

위 코드는 HTML(HyperText Markup Language)이라고 불리는 표준을 이용해서 작성한 것이다. 웹 페이지를 만들 때 사용하는 것이 바로 HTML이며, HTML 표준에 정의된 <html>, <body>, <a> 등의 구성 요소를 이용해서 웹 페이지를 작성하게 된다. HTML을 이용해서 작성했다고 해서 HTML 문서라고도 부른다.

웹 서버는 URL에 해당하는 HTML 문서를 전송하는데, HTML 문서를 받은 웹 브라우저는 정해진 규칙에 따라 HTML 문서를 분석해서 알맞은 화면을 생성한다. HTML 표준에 따라 HTML 문서로부터 알맞은 화면을 생성하는 과정을 렌더링(rendering)이라고도 표현한다.

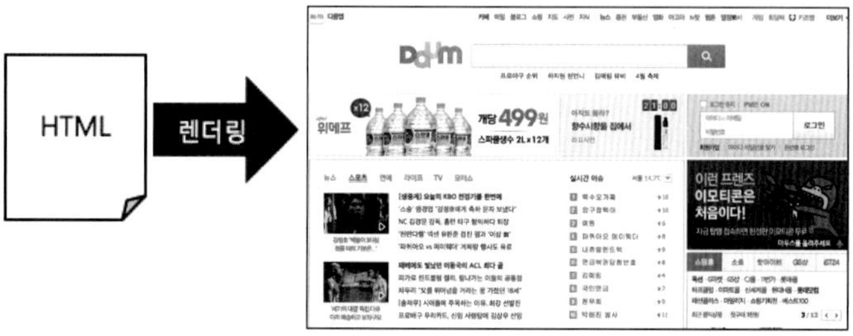

[그림 2.6] 웹 브라우저는 HTML 문서를 분석해서 알맞은 화면을 보여준다.

NOTE

이 책에서는 비교적 간단한 HTML만 사용한다. 기본적인 HTML 문법은 1주일 정도 학습하면 익힐 수 있으니, HTML을 잘 모르는 독자는 꼭 HTML 기초를 익히도록 하자.

소포를 주고받을 때 전달하려는 내용물을 상자에 담고 상자 겉에 내용물에 대한 내용을 적어 보내는 것처럼 HTML 문서(즉, 웹 페이지)도 HTTP라는 방식의 상자를 이용해서 전송한다. HTTP는 HyperText Transfer Protocol의 약자로 웹 브라우저와 웹 서버가 HTML을 비롯해 이미지, 동영상, XML 문서 등 다양한 데이터를 주고받을 때 사용하는 일종의 규칙이다.

HTTP는 크게 다음과 같이 두 가지 관점에서 규칙을 정의하고 있다.

- **요청 규칙** :
  웹 브라우저가 웹 서버에 HTML과 같은 것을 요청할 때 사용할 데이터 구성 규칙
- **응답 규칙** :
  웹 서버가 웹 브라우저에 HTML과 같은 것을 전송할 때 사용할 데이터 구성 규칙

예를 들어, http://www.daum.net이란 주소를 웹 브라우저에 입력하면 실제로 웹 브라우저와 웹 서버가 주고받는 데이터는 [그림 2.7]과 같은 모양을 갖는다.

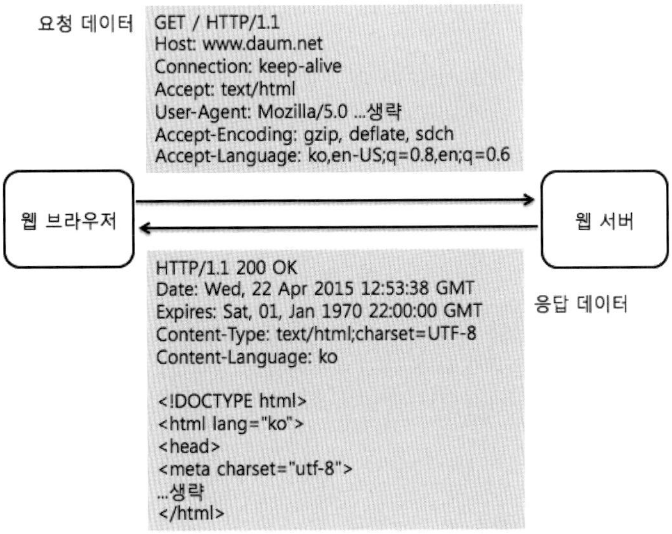

[그림 2.7] 웹 브라우저와 웹 서버는 HTTP를 이용해서 데이터를 주고받는다.

요청 데이터는 웹 브라우저가 웹 서버로부터 무엇을 받고 싶은지 기술한다. 이 요청 데이터를 받은 웹 서버는 요청 데이터에 기술한 정보를 이용해서 웹 브라우저가 요청한 것을 응답 데이터에 담아 보낸다.

HTTP에서 요청 데이터와 응답 데이터는 크게 '요청/응답 줄', '헤더', '몸체' 세 개의 영역으로 구성된다. 요청 데이터와 응답 데이터에서 첫 줄이 각각 '요청 줄'과 '응답 줄'이다. 예를 들어, [그림 2.7]에서 "GET / HTTP/1.1"이 요청 줄이고, "HTTP/1.1 200 OK"가 응답 줄에 해당한다. 헤더 영역은 "요청/응답 줄" 다음에 위치하며 "헤더이름: 헤더값"으로 구성된 헤더 목록으로 구성된다. "Host: www.daum.net"의 경우 헤더 이름이 "Host"가 되고 헤더 값은 "www.daum.net"이 된다. 헤더가 끝난 다음에 빈 줄이 오고 그 다음에 몸체 내용이 온다.

HTTP 프로토콜의 요청 데이터와 응답 데이터에서 첫 줄, 헤더, 몸체가 갖는 데이터는 [표 2.2]와 같다.

표 2.2 HTTP의 요청/응답 데이터의 구성 요소

구성 요소	요청 데이터	응답 데이터
요청/응답 줄	GET이나 POST와 같은 HTTP 요청 방식(method)과 요청하는 자원의 경로를 지정한다.	요청에 대해 200이나 404같은 응답 코드를 전송한다. 참고로 200은 요청을 정상적으로 처리했음을 의미한다.
헤더	서버가 응답을 생성하는데 참조할 수 있는 정보를 전송한다. 예를 들어, 브라우저의 종류나 언어 등의 정보를 보낸다.	응답에 대한 정보를 전송한다. 응답의 몸체가 어떤 데이터인지, 길이는 어떻게 되는지 등에 대한 정보를 담는다.
몸체	정보를 전송해야 할 때 사용한다. 예를 들어, 파일 업로드와 같은 기능을 사용하면 몸체 영역에 파일을 담아 웹 서버에 전송한다.	웹 브라우저가 요청한 자원의 내용을 담는다. HTML 문서나 이미지 파일 데이터 등이 몸체 영역을 이용해서 전달된다.

[표 2.2]에서 '자원'이라는 단어를 사용했는데, 그 이유는 HTTP가 HTML 문서만 전송하는 용도로 사용되는 것이 아니기 때문이다. HTTP는 HTML 뿐만 아니라 이미지, 자바스크립트 코드 등 다양한 데이터를 전송하는데 사용되기 때문에, 이들을 포괄적으로 지칭하기 위해 '자원(resource)'이라는 단어를 사용하고는 한다.

NOTE

HTTP에 정의된 규칙은 꽤 복잡한데, 다행히 HTTP에 대해서 잘 알지 못해도 이 책을 학습하는데 문제는 없다. 하지만, 뛰어난 웹 프로그래머가 되려면 HTTP 프로토콜에 대해 어느 정도 이해하고 있어야 한다. HTTP에 대해 깊게 공부하고 싶다면, "HTTP 완벽 가이드" 책을 읽어볼 것을 권한다.

1.4 정적 자원과 동적 자원

웹 서버는 기본적으로 웹 브라우저가 요청한 경로를 분석한 뒤, 경로에 해당하는 파일을 읽어와 응답 데이터로 전송한다. 예를 들어, 1장에서 설치한 톰캣을 실행한 뒤 웹 브라우저에 http://localhost:8080/docs/index.html을 입력해보자. 이 경우, 톰캣은 [톰캣 폴더]/webapps/docs/index.html 파일의 내용을 응답 데이터로 웹 브라우저에 전송한다. 같은 URL을 웹 브라우저에 한 번 더 입력해도 동일한 결과가 화면에 표시된다.

톰캣을 포함해 많은 웹 서버들이 URL의 경로와 일치하는 파일을 읽어와 응답으로 전송하기 때문에, 파일이 바뀌기 전까지 웹 서버는 항상 같은 내용을 웹 브라우저에 전송한다. 따라서, 웹 브라우저는 (파일이 바뀌지 않았다면) 늘 같은 응답 데이터를 받으므로 동일한 화면을 출력한다. 이렇게 고정된 결과가 출력된다고 해서 이들 URL에 해당하는 자원을 정적(static) 페이지 또는 정적 자원이라고 표현한다. 보통 이미지 파일이나 HTML 파일과 같이 자주 바뀌지 않는 것들을 정적 자원으로 제공한다.

정적 자원과 달리 파일(코드)을 바꾸지 않아도 조건에 따라 다른 응답 데이터를 전송하는 경우도 있다. 예를 들어, 페이스북의 메시지 내용을 보여주는 주소인 https://www.facebook.com/messages URL을 입력하면 URL을 입력한 시점에 따라 다른 내용이 웹 브라우저에 표시된다. 비슷하게 구글은 쿼리 문자열에 따라 다른 검색 결과를 보여준다. 이렇게 시간이나 특정 조건에 따라 응답 데이터가 달라지는 자원을 동적(dynamic) 페이지 또는 동적 자원이라고 부른다. 이 책에서 배울 JSP를 비롯해서 PHP, ASP.net 등 많은 웹 관련 기술들이 바로 동적 페이지를 만드는데 사용되는 프로그래밍 기술이다.

1.5 웹 프로그래밍과 JSP

URL, 웹 서버, HTML, HTTP 등 웹 프로그래밍을 하는데 필요한 기본 지식에 대해 살펴봤다. 그렇다면, 웹 프로그래밍이란 무엇일까? 웹 프로그래밍이란 간단히 말하면 웹 서버가 웹 브라우저에 응답으로 전송할 데이터를 생성해주는 프로그램을 작성하는 것이다. 웹 프로그래밍을 하기 위해서 네트워크 처리, HTTP 헤더, 파일 입출력 처리 등에 대해서 알아야 할 필요는 없다. 이런 것들은 웹 서버에서 처리하며, 우리는 웹 서버가 실행하는 프로그램만 만들어주면 된다.

웹 서버의 종류에 따라 웹 프로그래밍을 할 때 사용할 기술이 달라진다. 예를 들어, 아파치 웹 서버를 사용하면 PHP라는 기술을 이용해서 웹 프로그래밍을 할 수 있고, 윈도우의 IIS 웹 서버를 사용하면 ASP.net이라는 기술을 이용해서 웹 프로그래밍을 할 수 있다. 이 책의 주제인 JSP 역시 웹 프로그래밍을 할 때 사용되는 기술이다.

JavaServer Pages, 줄여서 JSP는 동적 페이지를 작성하는데 사용되는 자바의 표준 기술로서 HTML 응답을 생성하는데 필요한 기능을 제공하고 있다. 더 정확하게는 HTML 응답뿐만 아니라 XML, JSON, 바이너리 파일 등도 응답으로 생성할 수 있지만, 주로 HTML 응답을 생성하는 목적으로 JSP를 사용한다. JSP를 잘 하려면 자바에 대한 이해가 필요하지만, JSP 자체의 문법이나 기능은 어렵지 않기 때문에 웹 개발을 이제 막 시작하는 개발자도 비교적 쉽게 JSP를 익힐 수 있다.

JSP를 이용해서 만든 프로그램을 실행하려면 톰캣(Tomcat)이나 제티(Jetty) 또는 JBoss EAP와 같은 서버 프로그램이 필요하다. 단순 웹 서버가 정적인 HTML 파일이나 이미지를 제공하는 것과 달리 이들 서버는 웹을 위한 연결, 프로그래밍 언어, 데이터베이스 연동과 같이 어플리케이션을 구현하는데 필요한 기능을 제공하고 있다. 이런 이유로 이들 서버 프로그램을 웹 어플리케이션 서버(Web Application Server), 줄여서 WAS라고도 부른다. 이들 WAS는 웹 브라우저로부터 요청이 오면 알맞은 프로그램을 찾아 실행하고, 프로그램의 실행 결과를 응답으로 전송한다.

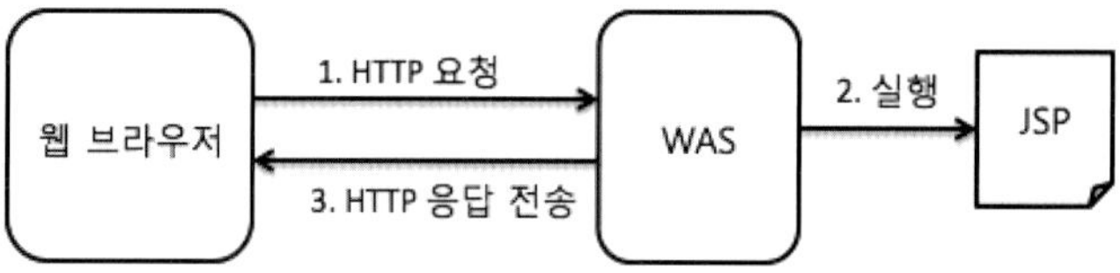

[그림 2.8] WAS는 클라이언트의 요청이 오면, 알맞은 프로그램을 실행해서 응답을 생성한다.

WAS마다 지원하는 JSP 버전에 차이가 난다. 이 책은 JSP 2.3을 기준으로 하는데, 톰캣의 경우 톰캣 8 버전이 JSP 2.3 버전을 지원한다. 톰캣 7 버전은 JSP 2.2까지만 지원하기 때문에, JSP 2.3에서만 제공하는 기능을 사용하고 싶다면 톰캣 8 버전을 사용해야 한다.

JEE, JSP, 서블릿

자바 엔터프라이즈 에디션(Java Enterprise Edition), 줄여서 JEE는 자바를 이용해서 어플리케이션을 개발하는데 필요한 표준을 정의한 것으로서 JSP, 서블릿, JSTL, JPA 등 여러 표준으로 구성되어 있다. JEE 버전마다 구성된 기술들의 표준이 다른데, JEE 7 버전의 경우 JSP 2.3과 서블릿 3.1 버전을 사용하고 있다.

뒤에서 살펴보겠지만 JSP는 서블릿을 기반으로 동작하기 때문에, JSP 버전마다 해당하는 서블릿 버전이 정의되어 있다. 예를 들어, JSP 2.3 버진은 서블릿 3.1 버진을 기빈으로 하고 있으며, JSP 2.2 버전은 서블릿 3.0 버전을 기반으로 하고 있다. 이런 이유로 JSP 2.3을 지원하는 톰캣 8 버전은 서블릿 3.1을 지원한다.

02 JSP 만들고 실행해보기

웹에 대한 기본 지식은 이 정도로 마치고, JSP로 간단한 웹 프로그램을 만들어보자. 여기서 만들 웹 프로그램은 현재 시간을 출력해주는 프로그램이다. 절차는 다음과 같다.

1. [톰캣폴더]\webapps\chap02 폴더를 만든다.
2. 편집기를 사용해서 chap02 폴더에 time.jsp 파일을 작성한다.
3. 톰캣을 실행한다.
4. 웹 브라우저에서 http://localhost:8080/chap02/time.jsp 주소를 입력한다.
5. 실행 결과를 확인한다.

먼저 [톰캣폴더]\webapps 폴더에 chap02 폴더를 생성한다. 톰캣을 C:\apache-tomcat-8.0.21에 설치했다면, C:\apache-tomcat-8.0.21\webapps\chap02 폴더를 생성하면 된다.

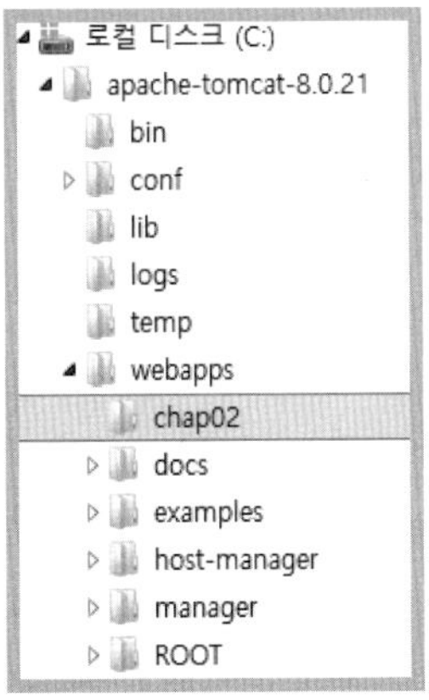

[그림 2.9] 예제 코드를 넣을 chap02 폴더 생성

톰캣에서 webapps 폴더가 무엇인지에 대한 내용은 4장에서 자세히 살펴본다. 일단 지금은 JSP를 비롯해서 웹과 관련된 코드를 webapps 폴더의 하위 폴더에 위치시켜야 한다는 정도로만 알고 넘어가자.

chap02 폴더를 생성했다면 webapps 폴더에 time.jsp 파일을 작성한다. 파일을 작성할 때에는 윈도우에 기본 내장된 메모장을 사용하거나 Notepad++나 Sublime과 같은 별도의 편집기를 설치해서 사용하면 된다. 편집기를 실행했다면 다음과 같은 [리스트 2.1]의 코드를 작성한 뒤 chap02 폴더에 time.jsp라는 이름으로 저장한다.

[리스트 2.1] chap02\time.jsp

```
01: <%@ page contentType="text/html; charset=UTF-8" %>
02: <html>
03: <head>
04: <title>현재 시간</title>
05: </head>
06: <body>
07: 지금 : <%= new java.util.Date() %>
08: </body>
09: </html>
```

NOTE

[리스트 2.1]의 왼쪽 편에 표시된 01, 02, 03 등의 숫자는 소스 코드의 행 번호를 표시한 것이므로 소스 코드를 작성할 때 입력하면 안 된다. 설명할 때의 편의를 위해 행 번호를 표시한 것이니 행 번호는 절대로 입력하지 않는다.

예제 코드를 저장할 때 주의할 점은 파일을 UTF-8 인코딩으로 저장해야 한다는 것이다. 메모장에서는 [그림 2.10]과 같이 인코딩 옵션을 'UTF-8'로 변경한 뒤에 저장하면 된다. 파일의 확장자가 jsp이므로 파일 형식도 '모든 파일'로 변경한 뒤에 저장한다.

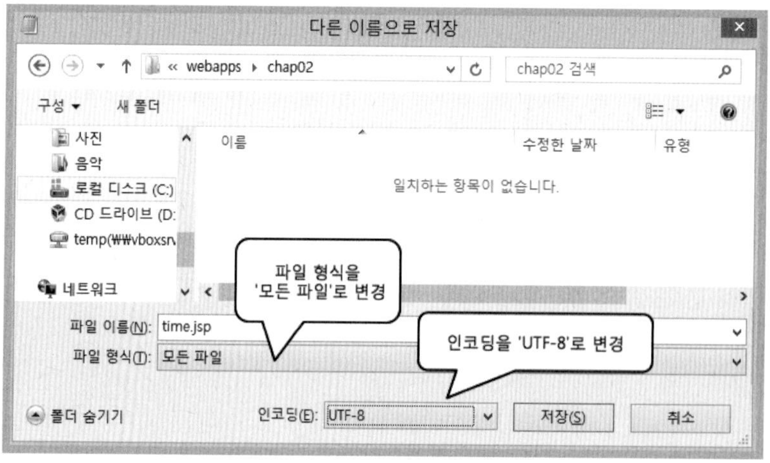

[그림 2.10] 메모장에서 소스 코드를 UTF-8 인코딩으로 저장하기

소스 코드를 저장했다면 톰캣을 실행한다. 탐색기에서 [톰캣폴더]\bin\startup.bat 배치 파일을 더블클릭해서 톰캣을 실행하거나 명령 프롬프트에서 startup.bat 파일을 실행하면 된다.

톰캣을 구동했다면 웹 브라우저에서 http://localhost:8080/chap02/time.jsp를 실행해보자. 그러면 [그림 2.11]과 같이 화면에 현재 시간이 표시되는 것을 확인할 수 있다.

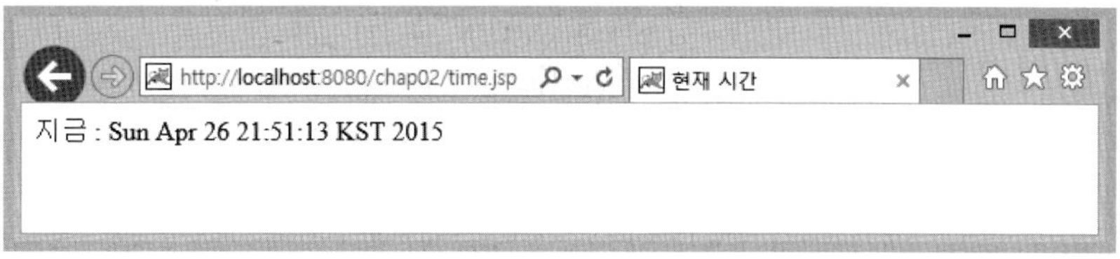

[그림 2.11] time.jsp를 실행한 결과

에러 화면이 발생했다면 이 장의 뒷쪽에 있는 '몇 가지 에러' 내용을 읽어보고 정상적인 결과 화면을 볼 수 있도록 에러를 해결하고 넘어간다.

time.jsp를 다시 실행하거나 새로 고침을 하면 화면에 표시되는 시간 값이 변경된다. 즉, 실행할 때마다 결과가 다르므로 time.jsp는 동적 자원에 해당된다. 실행할 때마다 매번 다른 결과가 표시되는 것은 웹 브라우저에 주소를 입력할 때마다 [그림 2.12]와 같이 톰캣이 JSP를 매번 실행하기 때문이다.

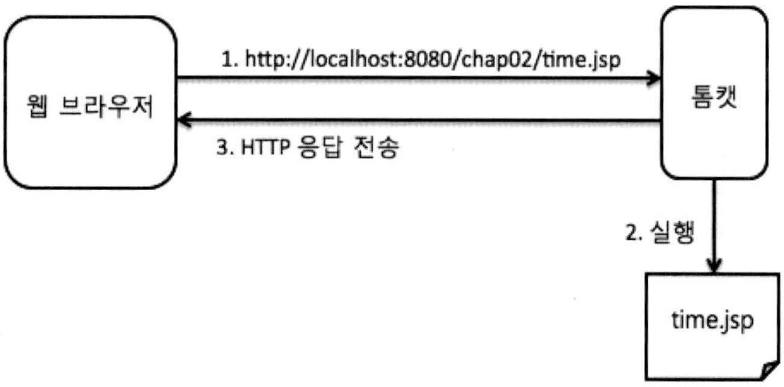

[그림 2.12] 톰캣은 요청이 올 때마다 JSP를 실행한다.

time.jsp에서 시간을 출력해주는 부분은 07행의 다음 코드이다.

```
지금 : <%= new java.util.Date() %>
```

java.util.Date는 시간 값을 처리할 때 사용되는 자바 클래스다. 〈%=와 %〉는 스크립트릿(scriptlet)이라는 JSP의 스크립트 요소로서 〈%=와 %〉 사이에 위치한 값을 문자열로 생성해준다. [그림 2.11]의 실행 결과에서는 다음과 같이 스크립트릿 영역이 문자열을 생성한 것이다.

```
<%= new java.util.Date() %> ➡ Sun Apr 26 21:51:13 KST 2015
```

스크립트릿에 대한 내용은 3장에서 자세히 살펴보도록 하고, 실행할 때마다 JSP가 실행되고 스크립트릿을 이용해서 변경되는 부분을 생성한다는 정도로만 알고 넘어가자.

JSP 코드를 작성하고 웹 브라우저에서 실행해봤다. 웹 프로그래밍 자체는 이 장의 time.jsp처럼 어렵지 않다. 단지 JSP 코드를 작성하는데 필요한 문법과 코드 구성 방법을 익히면 된다. 3장부터 본격적으로 JSP에 대한 내용을 학습할 것이므로 집중해서 JSP를 익혀보도록 하자.

몇 가지 에러

time.jsp를 실행했는데 에러 화면을 만났다면 당황하지 말고 에러를 처리해보자. 먼저, JSP를 실행했는데 다음과 같은 에러 응답을 만날 수 있다.

에러 화면을 보면 'HTTP Status 404'라는 메시지를 볼 수 있는데, 이는 /chap02/time.jsp에 해당하는 JSP 파일이 없다는 것을 의미한다. 404 에러가 발생했다면 다음을 확인한다.

- [톰캣폴더]\webapps\chap02 폴더에 time.jsp 파일이 존재하는지
- 웹 브라우저에 입력한 주소가 http://localhost:8080/chap02/time.jsp가 맞는지

메모장에서 소스 코드를 작성하다보면 time.jsp가 아닌 time.jsp.txt와 같이 txt 파일로 저장하는 실수를 자주한다.

또 자주 만나는 에러는 500 에러이다. 처음 JSP 코드를 작성할 때 500 에러가 발생하는 경우는 대부분 소스 코드에 오타를 입력했기 때문이다. 예를 들어, [리스트 2.1]의 07행의 코드를 다음과 같이 입력했다고 해 보자.

```
지금 : <%= new java.uti.Date() %>
```

java.util.Date라고 입력해야 하는데, util에서 'l'자를 실수로 빼먹었다. 이 경우 다음과 같은 에러 화면이 표시된다.

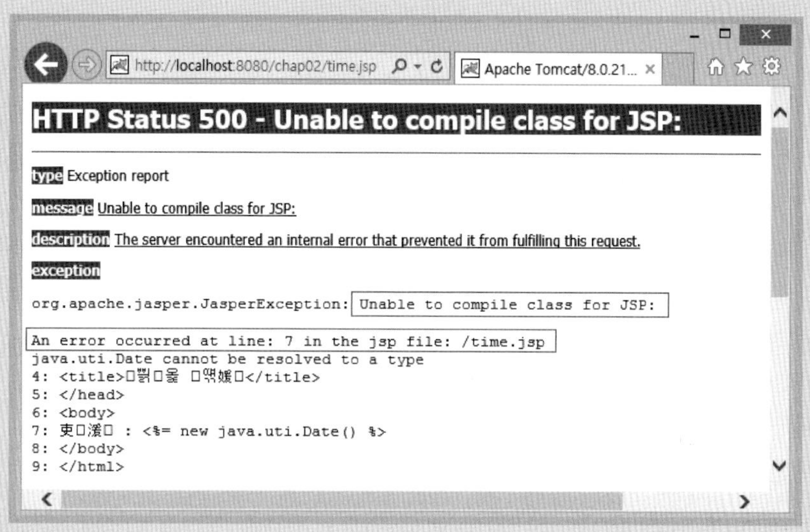

소스 코드 자체에 오타가 있는 경우 'Unable to compile class for JSP'라는 메시지가 출력되며, 몇 번 행에 소스 코드 오류가 있는지 표시해준다. 위 에러 화면에서는 7번 행에 오류가 있다고 알려주고 있다. 위와 비슷한 에러 메시지가 표시되면 당황하지 말고 행 번호를 확인하고 잘못 입력한 코드는 없는지 눈을 크게 뜨고 살펴보도록 하자.

CHAPTER 03

JSP로 시작하는 웹 프로그래밍

이 장에서 다룰 내용

- JSP 페이지 구성 요소
- page 디렉티브
- 스크립트릿, 표현식, 선언부
- request 기본 객체
- 요청 파라미터 처리
- response 기본 객체
- 리다이렉트 처리

01 JSP에서 HTML 문서를 생성하는 기본 코드 구조

JSP 코드를 작성하는 주된 목적은 웹 브라우저에 보여 줄 HTML 문서를 생성하는 것이다. JSP를 사용해서 파일 다운로드를 구현할 수 있고, XML과 같은 다른 종류의 문서를 응답으로 제공할 수도 있지만, 대부분의 JSP 코드는 HTML을 생성한다.

HTML 문서를 생성하는 JSP 코드는 크게 설정 부분과 응답 생성 부분으로 구성된다. [리스트 3.1]은 이 두 부분의 구성 예를 보여주고 있다.

[리스트 3.1] HTML 문서를 생성하는 전형적인 JSP 코드

```
<%@ page contentType = "text/html; charset=utf-8" %>
<html>
<head>
  <title>HTML 문서의 제목</title>
</head>
<body>
<%
    String bookTitle = "JSP 프로그래밍";
    String author = "최범균";
%>
<b><%= bookTitle %></b>(<%= author %>)입니다.
</body>
</html>
```

01행	설정 부분 : JSP 페이지에 대한 설정 정보
02-13행	생성 부분 : HTML 코드 및 JSP 스크립트

일반적인 JSP 코드는 [리스트 3.1]과 같이 JSP 페이지에 대한 정보를 입력하는 설정 부분과 HTML 문서를 생성하는 생성 부분으로 나눌 수 있다. JSP의 설정 부분에는 JSP 페이지에 대한 정보가 위치하며, 다음과 같은 정보를 입력한다.

- JSP 페이지가 생성하는 문서의 타입(종류)
- JSP 페이지에서 사용할 커스텀 태그
- JSP 페이지에서 사용할 자바 클래스 지정

이 세 가지 이외에도 많은 설정 정보를 입력할 수 있는데, 자세한 내용은 앞으로 책을 공부하면서 차례대로 배울 것이다. [리스트 3.1]은 JSP 페이지가 생성하는 문서의 타입만 지정하고 있는데, 그 부분은 01행의 코드로서 다음과 같다.

```
<%@ page contentType = "text/html; charset=utf-8" %>
```

이 코드는 JSP 페이지가 생성할 문서가 HTML이며, 문서의 캐릭터 셋(character set)이 UTF-8인 것을 나타낸다.

용어

캐릭터 셋

캐릭터 셋(character set: 문자 집합)과 캐릭터 인코딩에 대한 내용은 다음 사이트에 잘 정의되어 있다.

- 한글 인코딩의 이해 1편 : 한글 인코딩의 역사와 유니코드
  http://helloworld.naver.com/helloworld/19187
- 한글 인코딩의 이해 2편 : 유니코드와 Java를 이용한 한글 처리
  http://helloworld.naver.com/helloworld/76650

〈%@ page ... %〉를 page 디렉티브라고 하는데, JSP 페이지에 대한 정보를 설정할 때 page 디렉티브를 사용한다. page 디렉티브를 사용하면 JSP 페이지가 생성할 문서의 타입뿐만 아니라 다양한 정보를 지정할 수 있는데, page 디렉티브에 대한 자세한 내용은 뒤에서 살펴볼 것이다.

JSP 페이지의 생성 부분에는 생성할 문서의 데이터와 문서를 생성하는 데 필요한 스크립트 코드와 같은 것들이 위치한다. 예를 들어, [리스트 3.1]은 흔히 볼 수 있는 HTML 태그와 〈% .. %〉의 형태의 스크립트 코드가 섞여 있다. 스크립트 코드는 HTML 문서를 생성하는 데 필요한 데이터를 생성하고 출력하는 데 사용된다.

02 JSP 페이지의 구성 요소

JSP 페이지를 작성하려면 다양한 요소들이 필요하다. JSP 페이지에 대한 정보를 지정해야 하고, 웹 브라우저가 전송한 데이터를 읽어오는 기능이 필요하며, JSP 페이지에서 사용할 데이터를 생성하는 실행 코드가 필요하고, 웹 브라우저에 문서 데이터를 전송해 주는 기능이 필요하다. 이처럼 HTML 문서를 생성하기 위해서는 다양한 것들이 필요한데, 이를 위해 JSP는 다음과 같은 것을 제공하고 있다.

- 디렉티브(Directive)
- 스크립트 : 스크립트릿(Scriptlet), 표현식(Expression), 선언부(Declaration)
- 표현 언어(Expression Language)
- 기본 객체(Implicit Object)
- 정적인 데이터
- 표준 액션 태그(Action Tag)
- 커스텀 태그(Custom Tag)와 표준 태그 라이브러리(JSTL)

이 7가지 구성 요소들을 익히는 과정이 바로 JSP를 공부하는 과정이라 할 수 있다. 각 구성 요소들의 자세한 내용은 이 책을 통해서 하나씩 배워나가게 될 것이며, 일단 지금은 간단하게 이들 구성 요소들이 무엇인지 알아보도록 하자.

2.1 디렉티브

디렉티브(Directive)는 JSP 페이지에 대한 설정 정보를 지정할 때 사용되며, 다음과 같은 구문을 통해서 디렉티브를 선언할 수 있다.

```
<%@ 디렉티브이름 속성1="값1" 속성2="값2" ... %>
```

디렉티브는 '<%@'으로 시작하고 그 뒤에 디렉티브 이름이 위치한다. 사용하려는 디렉티브에 따라서 알맞은 속성이 위치하며, '%>'로 디렉티브 선언이 끝난다. [리스트 3.1]의 01행을 다시 한번 보도록 하자.

```
<%@ page contentType = "text/html; charset=utf-8" %>
```

여기서 디렉티브 이름은 "page"가 되고, contentType이라는 속성을 사용했으며, contentType 속성의 값은 "text/html; charset=utf-8"이 된다.

JSP가 제공하고 있는 디렉티브는 [표 3.1]과 같다.

표 3.1 JSP가 제공하는 디렉티브

디렉티브	설명
page	JSP 페이지에 대한 정보를 지정한다. JSP가 생성하는 문서의 타입, 출력 버퍼의 크기, 에러 페이지 등 JSP 페이지에서 필요로 하는 정보를 설정한다.
taglib	JSP 페이지에서 사용할 태그 라이브러리를 지정한다.
include	JSP 페이지의 특정 영역에 다른 문서를 포함시킨다.

page 디렉티브는 가장 많이 사용되는 디렉티브로서 이 장에서 살펴볼 것이며, 나머지 include 디렉티브와 taglib 디렉티브에 대해서는 각각 "7장, 페이지 모듈화와 요청 흐름 제어"와 "16장, 커스텀 태그 만들기"에서 자세하게 살펴볼 것이다. [표 3.1]의 세 가지 디렉티브 외에 태그 파일에서 사용할 수 있는 디렉티브가 몇 가지 더 있는데, 이에 대한 내용 역시 "16장, 커스텀 태그 만들기"에서 살펴볼 것이다.

2.2 스크립트 요소

JSP에서 문서의 내용을 동적으로 생성하기 위해 사용되는 것이 스크립트 요소이다. 스크립트 요소를 사용하면 사용자가 폼에 입력한 정보를 데이터베이스에 저장할 수 있으며, 데이터베이스로부터 게시글 목록을 읽어와 출력할 수도 있다. 또한, 스크립트를 사용하면 자바가 제공하는 다양한 기능도 사용할 수 있다. JSP를 스크립트 언어라고 부르는 이유가 바로 막강한 스크립트 코드를 제공해주기 때문이다.

JSP의 스크립트 요소는 다음과 같이 세 가지가 있다.

- **표현식(Expression)** : 값을 출력한다.
- **스크립트릿(Scriptlet)** : 자바 코드를 실행한다.
- **선언부(Declaration)** : 자바 메서드(함수)를 만든다.

위의 세 가지 구성 요소에 대해서는 이 장에서 자세히 살펴볼 것이다.

2.3 기본 객체

JSP는 웹 어플리케이션 프로그래밍을 하는 데 필요한 기능을 제공해주는 '기본 객체(implicit object)'를 제공하고 있다. request, response, session, application, page 등 다수의 기본 객체가 존재하는데, 이들은 각각 요청 파라미터 읽어오기, 응답 결과 전송하기, 세션 처리하기, 웹 어플리케이션 정보 읽어오기 등의 기능을 제공하고 있다.

이들 기본 객체를 모든 JSP 페이지에서 사용하는 것은 아니며, request 기본 객체, session 기본 객체 그리고 response 기본 객체를 주로 사용한다. JSP 페이지에서 제공하는 기본 객체들에 대한 사용방법은 앞으로 이 책을 진행하면서 배울 것이다.

2.4 표현 언어

JSP의 스크립트 요소(스크립트릿과 표현식 그리고 선언부)는 자바 문법을 그대로 사용할 수 있기 때문에, 자바 언어의 특징을 그대로 사용할 수 있다는 장점이 있다. 하지만, 스크립트 요소를 사용하면 JSP 코드가 다소 복잡해진다. 예를 들어, 다음 JSP 코드를 보자.

```
<%
    int a = Integer.parseInt(request.getParameter("a"));
    int b = Integer.parseInt(request.getParameter("b"));
%>
a * b = <%= a * b %>
```

아직 JSP에 대해 배운 것이 없으므로 위 코드가 어떤 의미인지 알지 못할 것이다. 간단히 설명하면 위 코드는 두 개의 문자열 값을 정수로 변환한 뒤, 두 숫자를 곱한 값을 응답으로 출력하는 코드이다. 위 코드를 표현 언어(expression language)를 사용하면 다음과 같이 간결하게 작성할 수 있다.

```
a * b = ${param.a * param.b}
```

표현 언어는 '${'와 '}' 사이에 정해진 문법을 따르는 식(expression; 값을 생성하는 코드)을 입력한다. JSP는 이 식을 분석해서 알맞은 기능을 실행한다. 위 코드에서 보는 것처럼 JSP 스크립트 코드를 사용하는 것보다 표현 언어를 사용하는 것이 코드를 간결하고 이해하기 좋게 만들어주기 때문에, 특별한 이유가 없는 한 표현 언어를 주로 사용한다.

표현 언어에 대해서는 "11장. 표현 언어(Expression Language)"에서 자세하게 살펴볼 것이다.

2.5 표준 액션 태그와 태그 라이브러리

액션 태그는 JSP 페이지에서 특별한 기능을 제공한다. 예를 들어, 다음 코드에서 사용한 <jsp:include>가 액션 태그인데, 이 액션 태그는 특정한 페이지의 실행 결과를 현재 위치에 포함시킬 때 사용된다.

```
<%@ page contentType = "text/html; charset=utf-8" %>
<html>
....
<jsp:include page="header.jsp" flush="true" />
...
</html>
```

액션 태그는 <jsp:액션태그이름>의 형태를 띠며 액션 태그 종류에 따라서 서로 다른 속성과 값을 갖는다.

커스텀 태그는 JSP를 확장시켜주는 기능으로서, 액션 태그와 마찬가지로 태그 형태로 기능을 제공한다. 액션 태그와 차이점이 있다면 커스텀 태그는 개발자가 직접 개발해주어야 한다는 것이다. 일반적으로 JSP 코드에서 중복되는 것을 모듈화하거나 스크립트 코드를 사용할 때 발생하는 소스 코드의 복잡함을 없애기 위해 커스텀 태그를 사용한다. 커스텀 태그에 대한 내용은 "16장, 커스텀 태그 만들기"에서 자세히 살펴본다.

커스텀 태그 중에서 자주 사용하는 것들을 별도로 표준화한 태그 라이브러리가 있는데 이것이 바로 JSTL(JavaServer Pages Standard Tag Library)이다. JSTL은 if-else 조건문 그리고 for 구문과 같은 반복 처리를 커스텀 태그를 이용해서 구현할 수 있도록 해 준다. 또한, 커스텀 태그는 스크립트 코드보다 이해하기 쉽기 때문에 자바 언어에 익숙하지 않더라도 JSTL을 이용해서 어느 정도 논리적인 처리를 수행할 수 있다. JSTL에 대한 자세한 내용은 "12장, 표준 태그 라이브러리(JSTL)"에서 살펴볼 것이다.

03 page 디렉티브

본격적으로 JSP를 공부해보자. 가장 먼저 배울 내용은 page 디렉티브이다. page 디렉티브는 JSP 페이지에 대한 정보를 입력하기 위해서 사용된다. page 디렉티브를 사용하면 JSP 페이지가 어떤 문서를 생성하는지, 어떤 자바 클래스를 사용하는지, 세션(session)에 참여하는지, 출력 버퍼의 존재 여부와 같이 JSP 페이지를 실행하는 데 필요한 정보를 입력할 수 있다.

다음 코드는 page 디렉티브의 작성 예를 보여주고 있다.

```
<%@ page contentType="text/html; charset=utf-8" %>
<%@ page import="java.util.Date" %>
```

위 코드는 두 개의 page 디렉티브를 보여주고 있는데, 각각 contentType 속성과 import 속성을 사용해서 JSP 페이지에서 필요한 정보를 설정하고 있다. page 디렉티브는 이 두 속성 외에도 페이지 정보를 설정하는데 필요한 속성을 추가적으로 제공하고 있다. page 디렉티브의 주요 속성은 [표 3.2]와 같다.

표 3.2 page 디렉티브의 주요 속성

속성	설명	기본값
contentType	JSP가 생성할 문서의 MIME 타입과 캐릭터 인코딩을 지정한다.	text/html
import	JSP 페이지에서 사용할 자바 클래스를 지정한다.	
session	JSP 페이지가 세션을 사용할지의 여부를 지정한다. "true"일 경우 세션을 사용하고 "false"일 경우 세션을 사용하지 않는다.	true
buffer	JSP 페이지의 출력 버퍼 크기를 지정한다. "none"일 경우 출력 버퍼를 사용하지 않으며, "8kb"라고 입력한 경우 8킬로바이트 크기의 출력 버퍼를 사용한다.	최소 8kb
autoFlush	출력 버퍼가 다 찼을 경우 자동으로 버퍼에 있는 데이터를 출력 스트림에 보내고 비울지 여부를 나타낸다. "true"인 경우 버퍼의 내용을 웹 브라우저에 보낸 후 버퍼를 비우며, "false"인 경우 에러를 발생시킨다.	true
info	JSP 페이지에 대한 설명을 입력한다.	
errorPage	JSP 페이지를 실행하는 도중에 에러가 발생할 때 보여줄 페이지를 지정한다.	
isErrorPage	현재 페이지가 에러가 발생될 때 보여주는 페이지인지의 여부를 지정한다. "true"일 경우 에러 페이지이며, "false"일 경우 에러 페이지가 아니다.	false
pageEncoding	JSP 페이지 소스 코드의 캐릭터 인코딩을 지정한다.	
isELIgnored	"true"일 경우 표현 언어를 해석하지 않고 문자열로 처리하며, "false"일 경우 표현 언어를 지원한다.	false
deferredSyntaxAllowedAsLiteral	#{ 문자가 문자열 값으로 사용되는 것을 허용할지의 여부를 지정한다.	false
trimDirectiveWhitespaces	출력 결과에서 템플릿 텍스트의 공백 문자를 제거할지의 여부를 지정한다.	false

[표 3.2]에 표시한 속성 중에서 주로 사용하는 속성은 contentType 속성과 import 속성이다. 이 절에서는 이 두 속성과 trimDirectiveWhitespaces 속성에 대해서 설명할 것이며, 나머지 속성에 대해서는 각각 아래 표시한 장에서 살펴볼 것이다.

- buffer, autoFlush : 4장, 필수 이해 요소
- errorPage, isErrorPage : 6장, 에러 처리
- session : 10장, 클라이언트와의 대화 2 : 세션
- isELIgnored, deferredSyntaxAllowedAsLiteral : 11장, 표현 언어

3.1 contentType 속성과 캐릭터 셋

page 디렉티브의 contentType 속성은 JSP 페이지가 생성할 문서의 타입을 지정한다. contentType 속성의 값은 다음과 같이 구성된다.

```
TYPE

또는

TYPE; charset=캐릭터 셋
```

contentType은 JSP가 생성할 문서의 MIME 타입을 입력한다. JSP에서 주로 사용하는 MIME 타입은 "text/html"이고 필요에 따라 "text/xml", "application/json" 등의 MIME 타입을 사용하기도 한다. 아래는 HTML 문서를 생성하는 경우 contentType 속성을 설정하는 예를 보여주고 있다.

```
<%@ page contentType="text/html" %>
```

contentType 속성을 설정하지 않을 경우 기본값은 "text/html" 이다.

> **용어 MIME**
>
> MIME은 Multipurpose Internet Mail Extensions의 약자로서 이메일의 내용을 설명하기 위해 정의되었다. 하지만, 메일뿐만 아니라 HTTP 등의 프로토콜에서도 응답 데이터의 내용을 설명하기 위해서 MIME을 사용하고 있다. MIME에 대한 보다 자세한 내용은 http://en.wikipedia.org/wiki/MIME 사이트에 확인할 수 있으며, 등록된 MIME 타입의 목록은 http://www.iana.org/assignments/media-types/index.html에서 확인할 수 있다.

contentType 속성의 값 중에서 "; charset=캐릭터 셋" 부분은 생략할 수 있다. 캐릭터 셋 부분을 생략할 경우 기본 캐릭터 셋인 ISO-8859-1을 사용하게 된다. 국내에서는 주로 한글을 포함하는 HTML 문서를 만들어야 하기 때문에, 영어와 서유럽어의 문자만 포함하고 있는 ISO-8859-1로는 한글을 제대로 표현할 수 없다. 한글을 표현하려면 EUC-KR이나 UTF-8과 같이 한국어를 포함하고 있는 캐릭터 셋을 사용해야 한다. 참고로 캐릭터 셋을 입력할 때에는 대소문자를 구분하지 않으므로 취향에 따라 대문자나 소문자를 이용해서 입력하면 된다.

```
<%@ page contentType="text/html; charset=UTF-8" %>

또는

<%@ page contentType="text/html; charset=utf-8" %>
```

UTF-8 캐릭터 셋을 이용하는 XML 문서를 생성하고 싶다면 다음과 같이 MIME 타입으로 "text/xml"을 사용하고 charset의 값으로 "UTF-8"을 갖도록 contentType 속성값을 설정하면 된다.

```
<%@ page contentType="text/xml; charset=utf-8" %>
```

전체 캐릭터 셋 목록은 http://www.iana.org/assignments/character-sets 사이트에서 확인할 수 있으니 참고하기 바란다.

NOTE

최근에는 한국어뿐만 아니라 일본어, 영어 등 다국어를 지원하는 국내 서비스가 많다. 언어마다 별도의 JSP 코드를 작성하는 것 보다는, 한 개의 JSP 코드로 한국어, 일본어, 영어 페이지를 생성하는 것이 코드 관리 측면에서 유리할 것이다. 이렇게 한 개의 JSP 코드에서 여러 언어를 처리하려면 다국어를 포함하고 있는 캐릭터 셋인 UTF-8을 사용해야 한다. 이런 이유로 최근 국내에서 만들어진 많은 사이트가 UTF-8 캐릭터 셋을 이용해서 개발되고 있다.

캐릭터 셋을 올바르게 입력하지 않으면 응답 결과에서 글자가 올바르게 출력되지 않는다. 예를 들어, [리스트 3.2]를 보자. 이 코드를 메모장에서 작성하고 인코딩을 UTF-8로 하여 저장한다.

[리스트 3.2] chap03\invalidCharset.jsp

```
<%@ page contentType="text/html; charset=iso-8859-1" %>
<%@ page import="java.util.Date" %>
<%
    Date now = new Date();
%>
<html>
<head><title>현재 시간</title></head>
<body>
현재 시각:
<%= now %>
</body>
</html>
```

2장의 예제 코드를 만들 때와 마찬가지로 [톰캣폴더]\webapps 폴더에 chap03 폴더를 생성한 뒤, chap03 폴더에 invalidCharset.jsp 파일을 작성한다.

톰캣이 실행 중이 아니라면, 톰캣을 실행한 뒤에 웹 브라우저에 http://localhost:8080/chap03/invalidCharset.jsp를 입력해보자. 그러면 [그림 3.1]과 같이 글자가 올바르게 출력되지 않는 것을 확인할 수 있다.

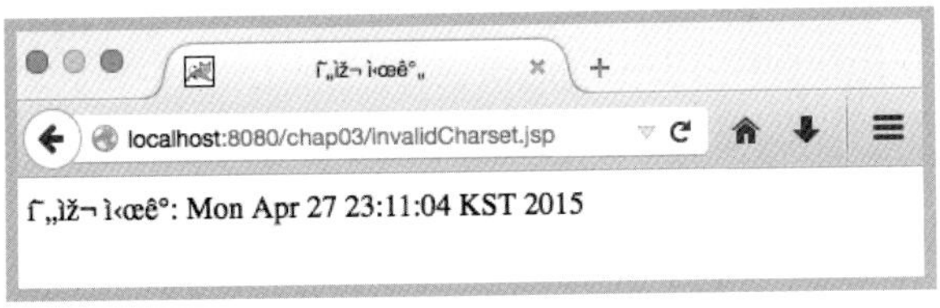

[그림 3.1] 캐릭터 셋을 잘못 지정했을 때의 응답 결과

[그림 3.1]과 같이 글자가 제대로 보이지 않는 것을 보통 글자가 깨진다고 표현하는데, 이 예에서 글자가 깨진 이유는 소스 코드를 저장할 때 사용한 캐릭터 인코딩과 page 디렉티브의 contentType 속성에 지정한 캐릭터 셋이 일치하지 않기 때문이다.

[리스트 3.2]의 예제 코드 파일은 UTF-8로 작성해야 하는데, 01행의 contentType 속성을 보면 응답 컨텐츠의 캐릭터 셋을 ISO-8859-1로 지정한 것을 알 수 있다. ISO-8859-1은 알파벳과 서유럽어의 문자만을 포함하는 캐릭터 셋으로서 한글이나 한문 등의 문자는 정의되어 있지 않다. 이런 이유로 invalidCharset.jsp의 결과에 포함된 한글이 깨져 보이는 것이다.

01행에서 charset의 값을 utf-8로 바꿔 저장한 뒤 다시 실행해보면 한글이 깨지지 않고 올바르게 출력되는 것을 확인할 수 있을 것이다.

3.2 import 속성

자바는 클래스의 완전한 이름 대신 단순 이름을 사용하기 위해 import 구문을 사용한다. 이와 유사하게 JSP는 page 디렉티브의 import 속성을 사용해서 JSP 코드에서 클래스의 단순 이름을 사용할 수 있다. import 속성의 사용방법은 다음과 같다.

```
<%@ page import = "java.util.Calendar" %>
<%@ page import = "java.util.Date" %>
```

위 코드는 한 개의 import 속성에 한 개 타입을 지정했는데, 다음과 같이 import 속성의 값으로 여러 타입을 지정할 수도 있다. 이때 각 타입은 콤마로 구분한다.

```
<%@ page import = "java.util.Calendar, java.util.Date" %>
```

패키지 이름 뒤에 별표('*')를 사용하면 해당 패키지에 속해 있는 모든 타입을 단순 이름으로 사용할 수 있다. 예를 들어, 아래 코드와 같이 import 속성의 값으로 "java.util.*"을 주면, JSP 코드에서 Date, Calendar 등 java.util 패키지에 속한 타입을 단순 이름으로 사용할 수 있다.

```
<%@ page import = "java.util.*" %>
```

> **용어** **클래스와 패키지 그리고 클래스의 이름**
>
> 클래스는 객체 지향 프로그래밍에서 사용하는 용어로서, 특별한 기능을 제공해주는 모듈이라고 생각하면 된다. JSP 프로그래밍에서는 자바의 클래스를 사용해서 필요한 기능을 구현하게 된다.
>
> 패키지(package)는 이런 클래스들을 모아 놓은 단위다. 패키지의 이름은 [이름1].[이름2].[이름3]과 같이 점(.)으로 구분된 계층 구조를 갖는다. 예를 들어, java.util 패키지는 java 패키지의 하위 패키지가 되며, java.util.logging 패키지는 java.util 패키지의 하위 패키지가 된다.
>
> 서로 다른 클래스에 같은 이름을 갖는 타입이 존재할 수 있다. 예를 들어, Date라는 타입은 java.util 패키지와 java.sql 패키지에 존재한다. 두 패키지에 속한 Date 타입은 서로 다른 타입이기 때문에 구분해서 표기할 수 있어야 하는데, 이때 사용되는 이름이 완전한 이름(Fully Qualified Name)이다. 두 Date 타입의 완전한 클래스 이름은 "java.util.Date"와 "java.sql.Date"가 된다. 패키지 이름을 제외한 나머지 부분은 단순 이름이라고 한다. java.util.Date 타입의 단순 이름은 Date가 된다.

[리스트 3.3]은 import 속성의 사용 예이다. 02행에서 import 속성값으로 "java.util.Calendar"를 설정했으므로 JSP 코드는 단순 이름인 "Calendar"를 사용할 수 있다.

[리스트 3.3] chap03\useImportCalendar.jsp

```
01: <%@ page contentType = "text/html; charset=utf-8" %>
02: <%@ page import = "java.util.Calendar" %>
03: <html>
04: <head><title>Calendar 클래스 사용</title></head>
05: <body>
06: <%
07:     Calendar cal = Calendar.getInstance();
08: %>
09: 오늘은
10:     <%= cal.get(Calendar.YEAR) %>년
11:     <%= cal.get(Calendar.MONTH) + 1 %>월
12:     <%= cal.get(Calendar.DATE) %>일
13: 입니다.
14: </body>
15: </html>
```

02행	import 속성을 사용하여 java.util.Calendar 클래스를 임포트한다고 지정한다.
07행	현재 날짜와 시간 정보를 갖고 있는 Calendar 클래스의 인스턴스를 생성한다.
10-12행	07행에서 생성한 Calendar 클래스의 인스턴스를 사용해서 년, 월, 일을 출력한다.

[리스트 3.3]은 Calendar 클래스를 사용하여 오늘 날짜를 보여주는 JSP 코드이다. 이 JSP를 실행하면 [그림 3.2]와 같은 결과 화면을 볼 수 있을 것이다.(java.util.Calendar 클래스는 날짜와 관련된 정보를 구하는데 사용된다.)

[그림 3.2] userImportCalendar.jsp의 실행 결과

import 속성을 사용하지 않고 완전한 클래스 이름을 사용하여 클래스를 사용할 수도 있다. [리스트 3.3]에서 import 속성을 사용하는 대신 [리스트 3.4]와 같이 java.util.Calendar를 사용해도 제대로 실행되는 것을 확인할 수 있다.

[리스트 3.4] chap03\useFullnameCalendar.jsp

```
<%@ page contentType = "text/html; charset=utf-8" %>
<html>
<head><title>Calendar 클래스 사용</title></head>
<body>
<%
    java.util.Calendar cal = java.util.Calendar.getInstance();
%>
오늘은
    <%= cal.get(java.util.Calendar.YEAR) %>년
    <%= cal.get(java.util.Calendar.MONTH) + 1 %>월
    <%= cal.get(java.util.Calendar.DATE) %>일
입니다.
</body>
</html>
```

NOTE

[리스트 3.4]와 같이 완전한 클래스 이름을 사용해도 JSP 페이지가 올바르게 실행된다. 하지만, 매번 완전한 클래스 이름을 입력하는 것은 번거롭다. [리스트 3.4]만 보더라도 Calendar 대신에 java.util.Calendar라고 입력한 곳이 5곳이나 된다. import 속성을 사용하면 완전한 클래스 이름을 사용해야 하는 번거로움이 사라진다.

3.3 trimDirectiveWhitespaces 속성을 이용한 공백 처리

2장에서 작성한 [리스트 2.1]의 time.jsp를 실행한 뒤 웹 브라우저에서 소스 보기를 해 보면 다음 코드처럼 첫 줄에 빈 줄이 생성되는 것을 알 수 있다.

```

<html>
<head>
<title>현재 시간</title>
</head>
<body>
지금 : Sun Apr 26 21:51:13 KST 2015
</body>
</html>
```

이 첫 줄의 공백은 다음의 page 디렉티브가 있던 위치에서 만들어진 것이다.

```
<%@ page contentType="text/html; charset=UTF-8" %>
```

JSP 2.0 버전까지는 디렉티브나 스크립트 코드로 인해서 만들어진 줄바꿈 공백 문자를 제거하는 기능이 없었는데, 이 기능이 JSP 2.1 버전부터 새롭게 추가되었다. JSP 2.1부터 page 디렉티브에 새롭게 추가된 trimDirectiveWhitespaces 속성을 사용하면 불필요하게 생성되는 줄바꿈 공백 문자를 제거할 수 있다. trimDirectiveWhitespaces 속성의 값을 true로 지정하면 디렉티브나 스크립트 코드 위치에서 발생하는 줄바꿈 공백 문자를 제거해준다. [리스트 3.5]는 적용 예를 보여주고 있다.

[리스트 3.5] chap03\time.jsp

```
01: <%@ page contentType="text/html; charset=utf-8" %>
02: <%@ page trimDirectiveWhitespaces="true" %>
03: <html>
04: <head><title>현재 시간</title></head>
05: <body>
06: 현재 시각: <%= new java.util.Date() %>
07: </body>
08: </html>
```

02행에서 trimDirectiveWhitespaces 속성을 true로 지정했다. 웹 브라우저에서 [리스트 3.5]의 time.jsp를 실행한 뒤 소스 보기를 이용해서 time.jsp가 생성한 HTML 코드를 보면 [리스트 3.6]과 같을 것이다. 이 응답 결과를 보면 디렉티브로 인해 발생한 공백 문자가 응답 결과에 포함되지 않는 것을 확인할 수 있다.

[리스트 3.6] 공백 문자가 제거된 결과

```
<html>
<head><title>현재 시간</title></head>
<body>
현재 시각: Sun May 03 10:03:55 KST 2015</body>
</html>
```

3.4 JSP 페이지의 인코딩과 pageEncoding 속성

앞서 [리스트 3.2]에서 캐릭터 셋을 잘못 지정하면 응답 결과의 글자가 올바르게 출력되지 않는 것을 확인할 수 있었다. 톰캣과 같은 컨테이너는 JSP 코드를 분석하는 과정에서 어떤 인코딩을 이용해서 코드를 작성했는지 검사하며, 그 결과로 선택한 캐릭터 셋을 이용해서 JSP 페이지의 문자를 읽어오게 된다.

웹 컨테이너가 JSP 페이지를 읽어올 때 사용할 캐릭터 셋을 결정하는 기본 과정은 다음과 같다.

1. 파일이 BOM으로 시작하지 않을 경우,
   A. 기본 인코딩을 이용해서 파일을 처음부터 읽고, page 디렉티브의 pageEncoding 속성을 검색한다. 단, pageEncoding 속성을 찾기 이전에 ASCII 문자 이외의 글자가 포함되어 있지 않은 경우에만 적용된다.
   B. pageEncoding 속성이 값을 갖고 있다면, 파일을 읽어올 때 속성값을 캐릭터 셋으로 사용한다.
   C. pageEncoding 속성이 없다면, contentType 속성을 검색한다. contentType 속성이 존재하고 charset을 이용해서 캐릭터 셋을 지정했다면, 파일을 읽어올 때 사용할 캐릭터 셋으로 charset에 지정한 값을 사용한다. 단, contentType 속성을 찾기 이전에 ASCII 문자 이외의 글자가 포함되어 있지 않은 경우에만 적용된다.
   D. 모두 해당되지 않을 경우 ISO-8859-1을 캐릭터 셋으로 사용한다.
2. 파일이 BOM으로 시작할 경우,
   A. BOM을 이용해서 결정된 인코딩을 이용하여 파일을 읽고, page 디렉티브의 pageEncoding 속성을 검색한다.
   B. 만약 pageEncoding 속성의 값과 BOM을 이용해서 결정된 인코딩이 다르면 에러를 발생시킨다.
3. 1 또는 2 과정을 통해 설정된 캐릭터 셋을 이용해서 JSP 소스 코드를 읽는다.

위 과정은 JSP 규약에 명시된 과정으로서, 웹 컨테이너는 위 과정을 최적화 할 수도 있지만 기본 과정은 위와 비슷하다. 위 과정을 보면 JSP 파일을 읽을 때는 page 디렉티브의 pageEncoding 속성과 contentType 속성을 사용해서 캐릭터 인코딩을 결정한다는 것을 알 수 있다.

> 용어 **BOM**
>
> BOM은 Byte Order Mark의 약자로서 UTF-8, UTF-16, UTF-32와 같은 유니코드 인코딩에서 바이트의 순서가 리틀 엔디언(Little Endian)인지 빅 엔디언(Big Endian)인지의 여부를 알려주는 16비트(2바이트) 값이다. BOM에 대한 보다 상세한 내용은 http://en.wikipedia.org/wiki/Byte_Order_Mark 페이지에서 확인할 수 있다.

파일이 유니코드가 아니거나 파일이 BOM으로 시작하지 않을 경우, 먼저 page Encoding 속성을 검색하고 그 다음에 contentType 속성의 charset의 값을 검색하게 된다. 따라서, pageEncoding 속성을 지정하지 않은 상태에서 contentType 속성의 charset의 값을 잘못 지정하면 잘못된 인코딩을 이용해서 파일을 읽어오게 되며, 이는 문자가 깨져서 출력되는 원인이 된다.

pageEncoding 속성에 지정한 인코딩과 contentType 속성에 지정한 인코딩이 서로 다를 수도 있다. 예를 들어, JSP 파일은 UTF-8로 작성하고 응답 결과는 EUC-KR로 생성하고 싶다면, [리스트 3.7]과 같이 pageEncoding 속성은 "utf-8"로 지정하고 contentType 속성의 charset은 "euc-kr"로 지정하면 된다.

[리스트 3.7] chap03\useUTF8.jsp

```
<%@ page contentType="text/html; charset=euc-kr" %>
<%@ page pageEncoding="utf-8" %>
<%@ page import="java.util.Date" %>
<%
    Date now = new Date();
%>
<html>
<head><title>현재 시간</title></head>
<body>
현재 시각:
<%= now %>
</body>
</html>
```

웹 브라우저에서 useUTF8.jsp를 실행한 뒤 인코딩을 확인해보면 [그림 3.3]과 같이 한국어(EUC-KR)임을 확인할 수 있다.

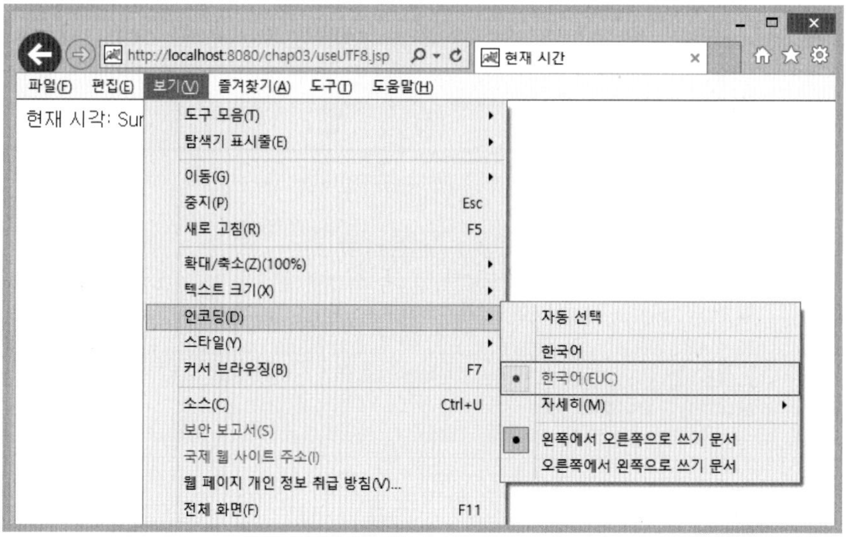

[그림 3.3] JSP 페이지는 UTF-8로 만들고, 응답 결과는 EUC-KR로 생성한 결과

04 스크립트 요소

JSP의 스크립트 요소는 다음의 세 가지가 있다.

- 스크립트릿(Scriptlet)
- 표현식(Expression)
- 선언부(Declaration)

스크립트 요소는 JSP 프로그래밍에서 로직을 수행하는 데 필요하다. 스크립트 코드를 사용해서 프로그램이 수행해야 하는 기능을 구현할 수 있다. 이 절에서는 이 세 가지 스크립트 요소를 어떻게 사용할 수 있는지 살펴보도록 하자.

4.1 스크립트릿

스크립트릿(Scriptlet)은 JSP 페이지에서 자바 코드를 실행할 때 사용하는 코드 블록이다. 스크립트릿은 다음과 같은 문법 구조를 갖는다.

```
<%
    자바코드1;
    자바코드2;
    자바코드3;
    ....
%>
```

스크립트릿의 코드 블록은 '<%'로 시작해서 '%>'로 끝나며, '<%'와 '%>' 사이에는 실행할 자바 코드가 위치한다. 예를 들어, 1부터 10까지의 합을 구하는 JSP 페이지는 [리스트 3.8]과 같은 스크립트릿을 사용하여 작성할 수 있다.

[리스트 3.8] chap03\oneToTen.jsp

```
<%@ page contentType = "text/html; charset=utf-8" %>
<html>
<head><title>1-10까지의 합</title></head>
<body>
<%
    int sum = 0;
    for (int i = 1 ; i <= 10 ; i++) {
        sum = sum + i;
```

```
09:     }
10: %>
11: 1 부터 10까지의 합은 <%= sum %> 입니다.
12: </body>
13: </html>
```

05행	스크립트 코드 블록을 시작한다.
06행	값을 저장할 sum이라는 int 타입의 변수를 선언한다.
07-09행	for 반복문을 이용하여 1부터 10까지의 숫자를 차례대로 변수 sum에 더한다.
10행	스크립트 코드 블록이 끝난다.
11행	표현식을 통해서 변수 sum의 값 출력한다.

oneToTen.jsp를 웹 브라우저에서 실행하면 [그림 3.4]와 같이 1부터 10까지의 합이 출력되는 것을 확인할 수 있다.

[그림 3.4] oneToTen.jsp의 실행 결과

[리스트 3.8]은 05~10행에 한 개의 스크립트릿 코드 블록을 포함하고 있는데, 한 개 이상의 스크립트릿 코드 블록을 포함할 수도 있다. 예를 들어, 1부터 10까지의 합을 구하고, 11부터 20까지의 합을 구해서 출력해주는 JSP는 [리스트 3.9]와 같이 두 개의 스크립트릿을 사용해서 구현할 수 있다.

[리스트 3.9] chap03\sum.jsp

```
01: <%@ page contentType = "text/html; charset=euc-kr" %>
02: <html>
03: <head><title>합 구하기</title></head>
04: <body>
05: <%
06:     int sum = 0;
07:     for (int i = 1 ; i <= 10 ; i++) {
08:         sum = sum + i;
09:     }
10: %>
11: 1 부터 10까지의 합은 <%= sum %> 입니다.
12: 
13: <br>
14: 
```

```
15: <%
16:     int sum2 = 0;
17:     for (int i = 11 ; i <= 20 ; i++) {
18:         sum2 = sum2+ i;
19:     }
20: %>
21: 11 부터 20까지의 합은 <%= sum2 %> 입니다.
22: </body>
23: </html>
```

05-10행	첫 번째 스크립트릿 코드 블록이다.
15-20행	두 번째 스크립트릿 코드 블록이다.

[리스트 3.9]는 05~10행, 15~20행에서 두 개의 스크립트릿 코드 블록을 포함하고 있다. [그림 3.5]는 sum.jsp를 실행한 결과인데, 이 결과를 보면 두 개의 스크립트 코드가 모두 올바르게 실행되었음을 확인할 수 있다.

[그림 3.5] sum.jsp의 실행 결과

4.2 표현식

표현식(Expression)은 어떤 값을 출력 결과에 포함시키고자 할 때 사용된다. 앞서 살펴본 sum.jsp([리스트 3.9])의 11행과 21행에서 표현식을 사용했는데, 실행 결과인 [그림 3.5]를 보면 표현식에 있는 변수의 값이 출력되는 것을 확인할 수 있다.

표현식의 구문은 다음과 같다.

```
<%= 값 %>
```

표현식은 '<%='로 시작해서 '%>'로 끝나며, 이 둘 사이에는 출력할 값이 위치한다. 예를 들어, [리스트 3.9]에서 1부터 10까지의 합을 sum이라는 변수에 저장했는데, 이 변수의 값을 출력하기 위해 <%= sum %>이라는 표현식을 사용했다.

앞서 살펴봤던 예제에서는 표현식의 값 부분에 변수가 왔지만, 변수뿐만 아니라 숫자나 문자열 등의 값을 표현식에서 사용할 수도 있다. 예를 들면, [리스트 3.10]과 같이 표현식의 값 부분에 직접 1부터 10까지의 합을 계산해서 값을 생성할 수도 있다.

[리스트 3.10] chap03\oneToTen2.jsp

```
01: <%@ page contentType = "text/html; charset=euc-kr" %>
02: <html>
03: <head><title>1-10까지의 합:표현식만 사용</title></head>
04: <body>
05: 1 부터 10까지의 합은
06: <%= 1 + 2 + 3 + 4 + 5 + 6 + 7 + 8 + 9 + 10 %>
07: 입니다.
08: </body>
09: </html>
```

[리스트 3.10]의 06행에서는 표현식에서 직접 1부터 10까지의 합을 계산해서 출력했다. [그림 3.6]은 [리스트 3.10]의 실행 결과 화면인데, 표현식에서 계산한 값이 올바르게 출력된 것을 확인할 수 있다.

[그림 3.6] oneToTen2.jsp의 실행 결과

4.3 선언부

JSP 페이지의 스크립트릿이나 표현식에서 사용할 수 있는 메서드를 작성할 때에는 선언부(declaration)를 사용한다. 선언부는 다음과 같은 문법 구조를 갖는다.

```
<%!
    public 리턴타입 메서드이름(파라미터목록) {
        자바코드1;
        자바코드2;
        ...
        자바코드n;
        return 값;
    }
%>
```

선언부의 함수는 자바의 메서드와 동일하며, 각 요소는 다음과 같은 의미를 지닌다.

- **리턴타입** : 메서드 실행 결과값의 타입을 지정한다.
- **메서드이름** : 메서드의 이름을 의미한다.
- **파라미터 목록** : 콤마로 구분된 파라미터의 목록을 지정한다. 파라미터는 메서드 내에서 사용될 변수이다.
- **자바코드1-n** : 메서드 내에서 실행할 자바 코드가 위치한다.
- **return 값** : 메서드의 실행 결과로 값을 리턴한다.

선언부의 각 요소에 대한 상세 설명을 하기 전에 선언부를 사용한 JSP 페이지의 예를 살펴보자. [리스트 3.11]은 선언부를 사용하여 두 정수의 곱을 계산해주는 예를 보여주고 있다.

[리스트 3.11] chap03\useDecl.jsp

```
01: <%@ page contentType = "text/html; charset=utf-8" %>
02: <%!
03:     public int multiply(int a , int b) {
04:         int c = a * b;
05:         return c;
06:     }
07: %>
08: <html>
09: <head><title>선언부를 사용한 두 정수값의 곱</title></head>
10: <body>
11:
12: 10 * 25 = <%= multiply(10, 25) %>
13:
14: </body>
15: </html>
```

02행	선언부를 시작한다.
03행	메서드를 선언한다. int : 메서드의 리턴 타입이다. 메서드 실행 결과값의 타입이 int임을 나타낸다. multiply : 메서드의 이름이다. int a, int b : 메서드가 전달받을 파라미터 목록이다. a와 b는 파라미터의 이름이다. 파라미터의 이름은 메서드 내부에서 변수로 사용된다.
04행	파라미터로 전달받은 두 값(a, b)를 곱한 결과를 변수 c에 저장한다.
05행	변수 c에 저장된 값을 메서드의 결과값으로 지정한다.
07행	선언부를 종료한다.
12행	선언부에서 정의한 multiply() 메서드를 호출(call)한 결과값을 표현식을 사용하여 출력한다. multiply()의 결과값은 파라미터로 전달한 두 값의 곱이므로, 10과 25를 곱한 결과값이 표현식의 값으로 출력된다.

용어 호출(call)

[리스트 3.11]을 보면 12행에서는 선언부에서 정의한 메서드인 multiply를 사용하여 두 숫자를 곱한 결과값을 출력하였는데, 이렇게 메서드를 사용하는 것을 '메서드를 호출(call)'한다고 표현한다.

선언부에 정의한 메서드의 리턴 타입은 메서드의 결과값이 어떤 타입인지를 지정한다. 자바에서는 모든 값을 타입으로 분류한다. 예를 들어, 정수 값은 int 타입, long 타입, short 타입 등으로 표현하며, 소수점을 포함하는 실수 값은 double 타입, float 타입 등으로 표현한다. [리스트 3.11]에서는 multiply 메서드의 리턴 타입을 정수형 타입 중 하나인 int로 지정하였다.

메서드 이름은 메서드를 구분하기 위해서 사용된다. 메서드 이름을 아무렇게나 작성할 수는 없으며, 정해진 규칙에 따라 메서드 이름을 지어야 한다. 그 규칙은 다음과 같다.

- 메서드 이름의 첫 글자는 문자(알파벳, 한글 등) 또는 밑줄('_')로 시작해야 한다.
- 첫 글자를 제외한 나머지는 문자와 숫자 그리고 밑줄의 조합이어야 한다.
- 메서드 이름은 대소문자를 구분한다.

파라미터는 메서드 내부에서 변수로 사용된다. [리스트 3.11]의 04행에서는 메서드의 파라미터로 지정한 a와 b를 변수로 사용하고 있다. 메서드를 호출할 때에 전달하는 값이 파라미터에 전달된다. 예를 들어, [리스트 3.11]의 12행에서 multiply 메서드를 호출했는데, 이때 메서드를 호출할 때 전달한 값과 두 파라미터 a, b 사이에는 [그림 3.7]과 같은 관계가 성립된다.

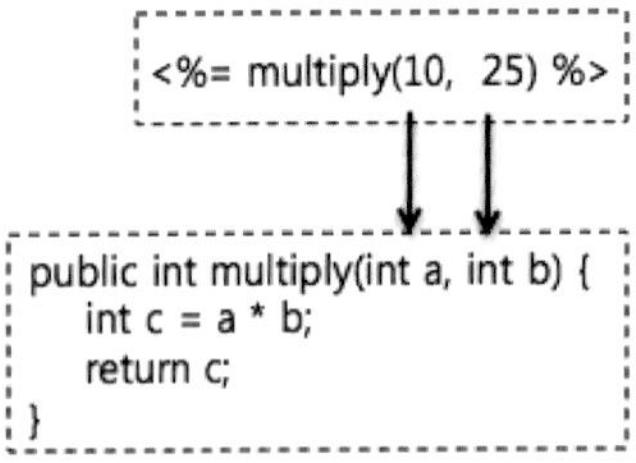

[그림 3.7] 메서드 호출 시 파라미터 값의 결정

메서드를 호출할 때 지정한 값의 순서에 따라 메서드의 선언 부분에 나열한 파라미터의 값이 결정된다. 즉, [그림 3.7]과 같이 첫 번째 값으로 입력한 10은 multiply 메서드의 첫 번째 파라미터인 a에 할당된다. 마찬가지로 두 번째 값으로 입력한 25는 multiply 메서드의 두 번째 파라미터인 b에 할당된다.

실제로 메서드를 호출할 때에 전달한 값이 각각 파라미터 a와 b에 할당되는지 여부를 확인하기 위해 useDecl.jsp를 웹 브라우저에서 실행해보자. 그러면, 12행에서 전달한 10과 25의 곱셈 결과가 [그림 3.8]과 같이 출력되는 것을 확인할 수 있을 것이다.

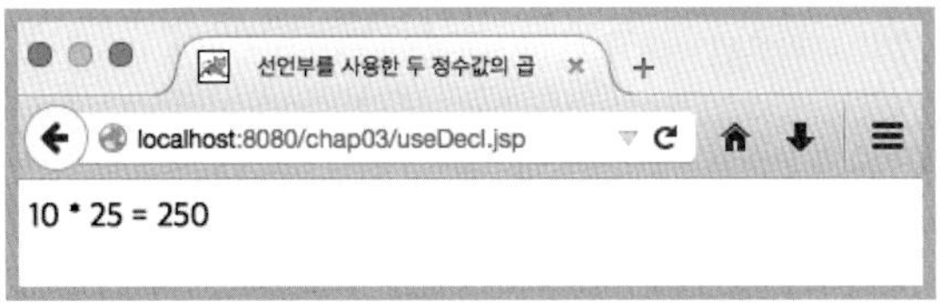

[그림 3.8] useDecl.jsp의 실행 결과

표현식뿐만 아니라 스크립트릿에서도 선언부에서 정의한 메서드를 사용할 수 있다. [리스트 3.12]는 선언부에 정의한 메서드를 스크립트릿에서 사용하는 예제이다.

[리스트 3.12] chap03\useDecl2.jsp

```
01: <%@ page contentType = "text/html; charset=utf-8" %>
02: <%!
03:     public int add(int a, int b) {
04:         int c = a + b;
05:         return c;
06:     }
07:
08:     public int subtract(int a, int b) {
09:         int c = a - b;
10:         return c;
11:     }
12: %>
13: <html>
14: <head><title>스크립트릿에서 선언부 사용하기</title></head>
15: <body>
16: <%
17:     int value1 = 3;
18:     int value2 = 9;
19:
20:     int addResult = add(value1, value2);
21:     int subtractResult = subtract(value1, value2);
22: %>
23:
24: <%= value1 %> + <%= value2 %> = <%= addResult %>
25: <br>
26: <%= value1 %> - <%= value2 %> = <%= subtractResult %>
27:
28: </body>
29: </html>
```

02-12행 선언부에 두 개의 메서드를 정의한다. 하나는 두 정수 값의 합을 구해주는 add 메서드이고, 다른 하나는 두 정수 값의 차를 구해주는 subtract 메서드이다.

17-18행 계산할 때 값으로 사용할 두 개의 변수 value1과 value2를 지정한다. 두 변수 모두 정수 값을 나타내는 int 타입이다.

20행	선언부에서 작성한 add 메서드를 호출하고, 그 결과값을 addResult 변수에 저장한다.
21행	선언부에서 작성한 subtract 메서드를 호출하고, 그 결과값을 subtractResult 변수에 저장한다.

[그림 3.9]는 useDecl2.jsp 실행 결과이다.

[그림 3.9] useDecl2.jsp의 실행 결과

05 request 기본 객체

request 기본 객체는 JSP 페이지에서 가장 많이 사용되는 기본 객체로서 웹 브라우저의 요청과 관련이 있다. 웹 브라우저에 웹 사이트의 주소를 입력하면, 웹 브라우저는 해당 웹 서버에 연결한 후 요청 정보를 전송하는데, 이 요청 정보를 제공하는 것이 바로 request 기본 객체이다.

request 기본 객체가 제공하는 기능은 다음과 같이 구분된다.

- 클라이언트(웹 브라우저)와 관련된 정보 읽기 기능
- 서버와 관련된 정보 읽기 기능
- 클라이언트가 전송한 요청 파라미터 읽기 기능
- 클라이언트가 전송한 요청 헤더 읽기 기능
- 클라이언트가 전송한 쿠키 읽기 기능
- 속성 처리 기능

위 기능들 중에서 쿠키 및 속성과 관련된 기능에 대해서는 각각 "9장, 클라이언트와의 대화 1: 쿠키"와 "5장, 기본 객체와 영역"에서 살펴볼 것이며, 이 절에서는 나머지 네 가지 기능을 어떻게 사용하는지 살펴보도록 하겠다.

5.1 클라이언트 정보 및 서버 정보 읽기

request 기본 객체는 웹 브라우저, 즉 클라이언트가 전송한 정보와 서버 정보를 구할 수 있는 메서드를 제공하고 있다. 이들 메서드는 [표 3.3]과 같다.

표 3.3 request 기본 객체의 클라이언트 및 서버 정보 관련 메서드

메서드	리턴 타입	설명
getRemoteAddr()	String	웹 서버에 연결한 클라이언트의 IP 주소를 구한다. 게시판이나 방명록 등에서 글 작성자의 IP 주소가 자동으로 입력되기도 하는데, 이때 입력되는 IP 주소가 바로 이 메서드를 사용하여 구한 것이다.
getContentLength()	long	클라이언트가 전송한 요청 정보의 길이를 구한다. 전송된 데이터의 길이를 알 수 없는 경우 -1을 리턴한다.
getCharacterEncoding()	String	클라이언트가 요청 정보를 전송할 때 사용한 캐릭터의 인코딩을 구한다.
getContentType()	String	클라이언트가 요청 정보를 전송할 때 사용한 컨텐츠의 타입을 구한다.
getProtocol()	String	클라이언트가 요청한 프로토콜을 구한다.
getMethod()	String	웹 브라우저가 정보를 전송할 때 사용한 방식을 구한다.
getRequestURI()	String	웹 브라우저가 요청한 URL에서 경로를 구한다.
getContextPath()	String	JSP 페이지가 속한 웹 어플리케이션의 컨텍스트 경로를 구한다.
getServerName()	String	연결할 때 사용한 서버 이름을 구한다.
getServerPort()	int	서버가 실행중인 포트 번호를 구한다.

[리스트 3.13]은 [표 3.3]에 나열한 기능들을 사용하여 클라이언트와 서버 정보를 보여주는 예제 JSP 페이지이다.

[리스트 3.13] chap03\requestInfo.jsp

```
<%@ page contentType = "text/html; charset=utf-8" %>
<html>
<head><title>클라이언트 및 서버 정보</title></head>
<body>

클라이언트IP = <%= request.getRemoteAddr() %> <br>
요청정보길이 = <%= request.getContentLength() %> <br>
요청정보 인코딩 = <%= request.getCharacterEncoding() %> <br>
요청정보 컨텐츠타입 = <%= request.getContentType() %> <br>
요청정보 프로토콜 = <%= request.getProtocol() %> <br>
요청정보 전송방식 = <%= request.getMethod() %> <br>
요청 URI = <%= request.getRequestURI() %> <br>
컨텍스트 경로 = <%= request.getContextPath() %> <br>
서버이름 = <%= request.getServerName() %> <br>
```

```
서버포트 = <%= request.getServerPort() %> <br>

</body>
</html>
```

[리스트 3.13]을 실행하면 [그림 3.10]과 같은 정보가 출력되는 것을 확인할 수 있다.

[그림 3.10] 클라이언트 및 서버 정보 출력 결과

위 출력 결과를 보면 몇 가지 정보는 웹 브라우저에 입력한 URL로부터 추출되는 것을 확인할 수 있다. 예를 들어, [그림 3.10]에서 URL로부터 추출한 정보들은 [그림 3.11]과 같다.

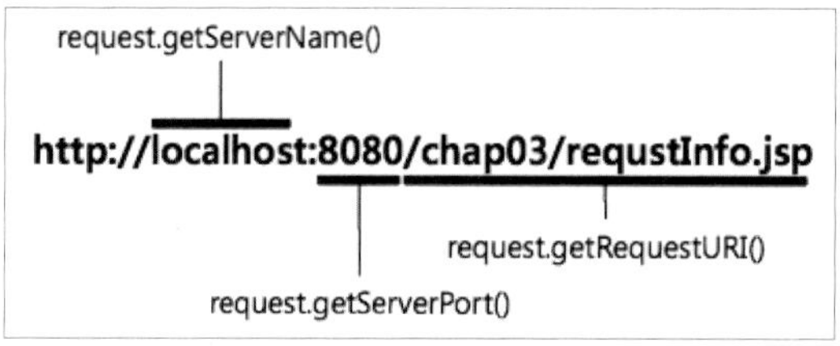

[그림 3.11] URL로부터 추출되는 정보들

5.2 요청 파라미터 처리

5.2.1 HTML 폼과 요청 파라미터

다음 HTML 폼을 보자.

```
<form action="/chap03/viewParameter.jsp" method="post">
이름: <input type="text" name="name" size="10"> <br>
주소: <input type="text" name="address" size="30"> <br>
좋아하는 동물:
    <input type="checkbox" name="pet" value="dog">강아지
```

```
    <input type="checkbox" name="pet" value="cat">고양이
    <input type="checkbox" name="pet" value="pig">돼지
<br>
<input type="submit" value="전송">
</form>
```

위 HTML 태그에서 각 〈input〉 태그는 폼의 입력 요소를 생성한다. 웹 브라우저는 [그림 3.12]와 같이 입력 폼을 보여준다.

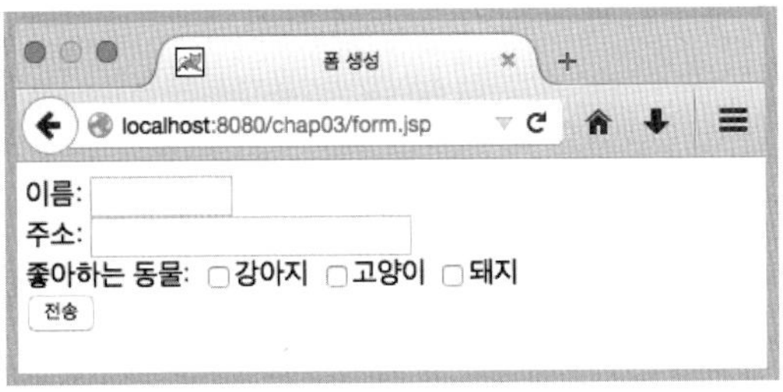

[그림 3.12] HTML 폼

HTML 폼의 각 입력 요소는 이름을 갖는다. 이름 입력을 위한 〈input〉 태그의 name 속성은 "name"이고 주소 입력을 위한 〈input〉 태그의 name 속성은 "address"인데, name 속성의 값이 입력 요소의 이름이 된다.

입력 요소의 이름은 웹 브라우저가 서버에 전송하는 요청 파라미터의 이름으로 사용된다. 예를 들어, 이름 입력 요소와 주소 입력 요소에 각각 "홍길동"과 "아차곡"을 입력한 뒤에 [전송] 버튼을 클릭하면, 웹 브라우저는 [그림 3.13]처럼 (파라미터이름=값) 형식으로 파라미터 목록을 웹 서버에 전송한다.

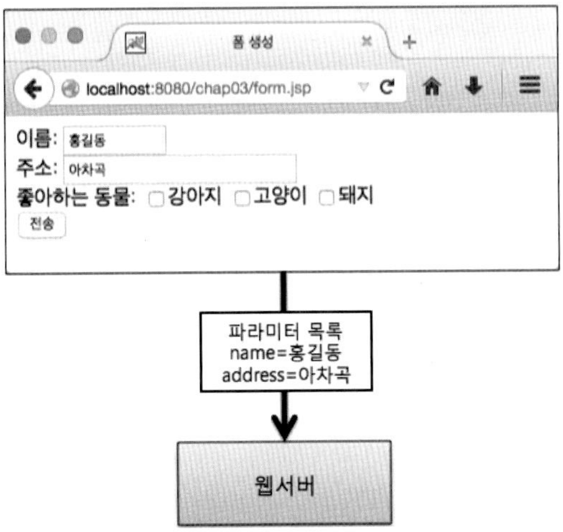

[그림 3.13] 폼에 입력한 정보를 파라미터로 전송

요청 URL을 처리할 웹 프로그램은 웹 브라우저가 전송한 요청 파라미터를 이용해서 알맞은 기능을 구현해야 한다. 예를 들어, [그림 3.13]의 경우 서버쪽의 프로그램은 name 요청 파라미터와 address 요청 파라미터의 값을 읽고 알맞게 기능을 구현해야 한다.

5.2.2 request 기본 객체의 요청 파라미터 관련 메서드

request 기본 객체는 웹 브라우저가 전송한 파라미터를 읽어올 수 있는 메서드를 제공하고 있다. 이들 메서드는 [표 3.4]와 같다.

표 3.4 request 기본 객체의 파라미터 읽기 메서드

메서드	리턴 타입	설명
getParameter(String name)	String	이름이 name인 파라미터의 값을 구한다. 존재하지 않을 경우 null을 리턴한다.
getParameterValues(String name)	String[]	이름이 name인 모든 파라미터의 값을 배열로 구한다. 존재하지 않을 경우 null을 리턴한다.
getParameterNames()	java.util.Enumeration	웹 브라우저가 전송한 파라미터의 이름 목록을 구한다.
getParameterMap()	java.util.Map	웹 브라우저가 전송한 파라미터의 맵을 구한다. 맵은 〈파라미터 이름, 값〉 쌍으로 구성된다.

실제로 파라미터를 어떻게 읽어올 수 있는지 확인하기 위해 폼에 입력한 값을 출력해주는 JSP 페이지를 만들어보자. 먼저, 폼을 출력해주는 프로그램이 필요한데, 이 프로그램은 [리스트 3.14]와 같다.

[리스트 3.14] chap03\form.jsp

```
<%@ page contentType = "text/html; charset=utf-8" %>
<html>
<head><title>폼 생성</title></head>
<body>

<form action="/chap03/viewParameter.jsp" method="post">
이름: <input type="text" name="name" size="10"> <br>
주소: <input type="text" name="address" size="30"> <br>
좋아하는 동물:
    <input type="checkbox" name="pet" value="dog">강아지
    <input type="checkbox" name="pet" value="cat">고양이
    <input type="checkbox" name="pet" value="pig">돼지
<br>
<input type="submit" value="전송">
</form>
</body>
</html>
```

06행	입력한 데이터를 전달할 경로로 /chap03/viewParameter.jsp로 지정한다. POST 방식으로 데이터를 전송한다.
07행	이름이 name인 요청 파라미터 입력 폼을 생성한다.
08행	이름이 address인 요청 파라미터 입력 폼을 생성한다.
10-12행	이름이 pet인 요청 파라미터의 체크박스를 생성한다.

[리스트 3.14]의 form.jsp를 실행하면 앞서 [그림 3.12]와 같이 데이터를 입력하고 선택할 수 있는 입력 폼이 출력된다. 이 폼에 데이터를 입력한 뒤 [전송] 버튼을 클릭하면, 웹 브라우저는 폼에 입력한 데이터를 [리스트 3.14]의 06행에서 지정한 viewParameter.jsp로 전송하게 된다. 앞에서 설명했듯이 입력한 데이터는 요청 파라미터로 전송되며, request 기본 객체의 메서드를 사용해서 요청 파라미터를 읽어올 수 있다.

viewParameter.jsp는 [표 3.4]에 표시한 request 기본 객체의 메서드를 사용해서 폼에 입력한 데이터를 보여준다. [리스트 3.15]는 viewParameter.jsp의 소스 코드이다.

[리스트 3.15] chap03\viewParameter.jsp

```
<%@ page contentType="text/html; charset=utf-8" %>
<%@ page import="java.util.Enumeration" %>
<%@ page import="java.util.Map" %>
<%
    request.setCharacterEncoding("utf-8");
%>
<html>
<head><title>요청 파라미터 출력</title></head>
<body>
<b>request.getParameter() 메서드 사용</b><br>
name 파라미터 = <%= request.getParameter("name") %> <br>
address 파라미터 = <%= request.getParameter("address") %>
<p>
<b>request.getParameterValues() 메서드 사용</b><br>
<%
    String[] values = request.getParameterValues("pet");
    if (values != null) {
    for (int i = 0 ; i < values.length ; i++) {
%>
    <%= values[i] %>
<%
        }
    }
%>
<p>
<b>request.getParameterNames() 메서드 사용</b><br>
<%
```

```
28:     Enumeration paramEnum = request.getParameterNames();
29:     while(paramEnum.hasMoreElements()) {
30:         String name = (String)paramEnum.nextElement();
31: %>
32:         <%= name %>
33: <%
34:     }
35: %>
36: <p>
37: <b>request.getParameterMap() 메서드 사용</b><br>
38: <%
39:     Map parameterMap = request.getParameterMap();
40:     String[] nameParam = (String[])parameterMap.get("name");
41:     if (nameParam != null) {
42: %>
43: name = <%= nameParam[0] %>
44: <%
45:     }
46: %>
47: </body>
48: </html>
```

05행	요청 파라미터의 캐릭터 인코딩을 UTF-8로 지정한다. 이는 한글을 올바르게 처리하기 위함이다.
11-12행	request.getParameter() 메서드를 사용하여 name 파라미터와 address 파라미터 값을 출력한다.
16행	request.getParameterValues() 메서드는 이름이 pet인 파라미터의 값 목록을 배열로 (String[]) 리턴한다. 배열의 첫 번째 원소를 사용할 때에는 배열변수[0]의 형태를 사용한다. 배열 변수 이름을 values로 지정했으므로, values[0], values[2]와 같은 형식으로 파라미터 값에 접근한다.
27-35행	파라미터 이름을 출력한다. 이 코드가 request.getParameterNamcs() 메서드를 사용하는 기본 형태이다.
39행	request.getParameterMap()은 자바의 Map을 사용하여 파라미터 이름과 파라미터 값을 리턴한다. 이 Map에는 〈파라미터 이름, 파라미터 값 배열〉이 쌍을 이루고 있다.

[리스트 3.15]의 16행은 request.getParameterValues() 메서드를 사용하여 pet 파라미터의 값을 String 배열로 읽어온다. pet 파라미터의 값을 String 배열로 읽어오는 이유는 pet 파라미터의 값이 한 개 이상 전달될 수 있기 때문이다. form.jsp([리스트 3.14])를 보면 다음과 같이 이름이 pet인 체크박스를 3개 생성하고 있다.

```
좋아하는 동물:
    <input type="checkbox" name="pet" value="dog">강아지
    <input type="checkbox" name="pet" value="cat">고양이
    <input type="checkbox" name="pet" value="pig">돼지
```

같은 name 값을 갖는 〈input〉이 존재하면, 같은 이름의 파라미터로 전송된다. 예를 들어, [그림 3.13] 화면에서 좋아하는 동물 부분에 강아지와 고양이를 선택했다고 해 보자. 이 경우 두 개의 pet 파라미터가 전송되며, 각 파라미터의 값은 "dog"와 "cat"이 된다. 이렇게 같은 이름으로 전송되는 파라미터를 request.getParameter() 메서드는 모두 다 읽어오지 못하며, 오직 한 개의 값만 읽어올 수 있다. 반면에 request.getParameterValues() 메서드는 같은 이름으로 전송된 파라미터의 값들을 배열로 리턴하기 때문에, 같은 이름을 가진 모든 파라미터의 값을 사용할 때에는 getParameter() 메서드가 아닌 getParameterValues() 메서드를 사용해야 한다.

form.jsp의 실행 결과 화면에서 데이터를 알맞게 입력한 후 [전송] 버튼을 클릭해보자. 폼에 입력한 값이 viewParameter.jsp에 파라미터로 전송되고 [그림 3.14]와 같이 전송한 파라미터의 이름과 값이 출력될 것이다.

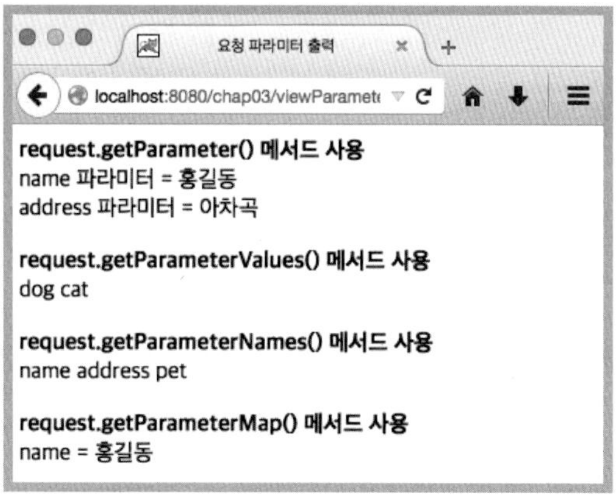

[그림 3.14] 입력한 파라미터를 출력한 결과

[그림 3.14]는 좋아하는 동물 부분에서 '강아지'와 '고양이'를 선택했을 때의 결과 화면이다. 결과 화면을 보면 파라미터 이름에 "pet"이 존재하는 것을 알 수 있다. 하지만, 체크박스를 아무것도 선택하지 않으면 웹 브라우저는 해당 이름의 파라미터를 전송하지 않는다. 즉, 폼에서 '강아지', '고양이', '돼지' 중에서 아무것도 선택하지 않고 [전송] 버튼을 클릭하면 "pet" 파라미터가 전송되지 않는 것이다. 실제로 아무것도 선택하지 않고 [전송] 버튼을 클릭하면, [그림 3.15]와 같이 pet 파라미터가 전송되지 않을 것을 확인할 수 있다.

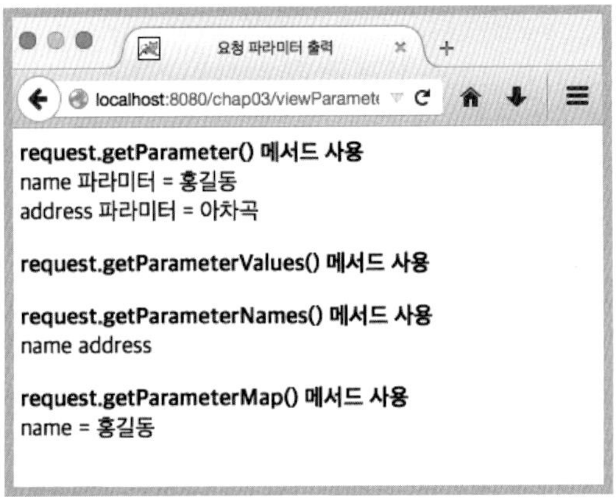

[그림 3.15] 체크박스를 선택하지 않으면 관련 파라미터가 전송되지 않음

NOTE

체크박스(〈input type="checkbox" ...〉)와 라디오버튼(〈input type="radio" ..〉)은 선택하지 않으면 파라미터 자체가 전송되지 않는다. 하지만, 텍스트(〈input type="text" ... 〉)를 위한 입력 요소들은 값을 입력하지 않더라도 빈 문자열("")이 파라미터 값으로 전달된다.

5.2.3 GET 방식 전송과 POST 방식 전송

웹 브라우저는 GET 방식과 POST 방식의 두 가지 방식 중 한 가지를 이용해서 파라미터를 전송한다. 앞에서 살펴봤던 [리스트 3.14]의 06행의 코드는 다음과 같은데, 〈form〉 태그의 method 속성값을 "post"로 지정했다. 이것은 POST 방식으로 파라미터 데이터를 전송한다는 것을 의미하는 것이다.

```
〈form action="/chap03/viewParameter.jsp" method="post"〉
```

GET 방식과 POST 방식의 차이점은 전송 방식에 있다. GET 방식은 요청 URL에 파라미터를 붙여서 전송한다. 예를 들어, [리스트 3.14]의 06행의 코드에서 method 속성의 값을 "post"에서 "get"으로 변경한 뒤 (또는 method="post"를 삭제하고) 데이터를 전송해보자. 그러면, 웹 브라우저의 주소 영역이 다음과 같은 형태로 표시될 것이다.

```
http://localhost:8080/chap03/viewParameter.jsp?name=%ED%99%8D%EA%B8%B8
%EB%8F%99&address=%EC%95%84%EC%B0%A8%EA%B3%A1&pet=dog&pet=cat
```

GET 방식은 위와 같이 URL의 경로 뒤에 물음표('?')와 함께 파라미터를 붙여 전송하는데, 이를 쿼리 문자열(query string)이라고 한다. 쿼리 문자열의 형식은 다음과 같다.

```
이름1=값1&이름2=값2&..&이름n=값n
```

각각의 파라미터는 앰퍼샌드(&) 기호로 구분하며, 파라미터의 이름과 값은 등호기호(=)로 구분한다. 위에서 address 파라미터의 값이 "%EC%95%84%EC%B0%A8%EA%B3%A1"과 같은 이상한 문자로 표시된 것을 알 수 있다. 이렇게 이상한 문자가 출력된 이유는 파라미터 값을 RFC 2396 규약에 정의된 규칙에 따라 인코딩해서 전송하기 때문이다. 실제로 "%EC%95%84%EC%B0%A8%EA%B3%A1"는 '아차곡' 이라는 값을 UTF-8로 인코딩 한 결과이다.

NOTE

RFC 2396 규약에 따르면 공백문자(' ')는 '+'로, 알파벳과 숫자는 그대로, 특수문자들은 %HH의 형태로 표시해야 한다. RFC 2396 규약에 대한 자세한 내용은 http://www.ietf.org/rfc/rfc2396.txt 사이트에서 확인할 수 있으니 궁금한 독자들은 참고하기 바란다.

GET 방식은 URL의 쿼리 문자열로 전송되기 때문에, 폼을 사용하지 않아도 파라미터를 전송할 수 있다. 예를 들어, 웹 브라우저의 주소란에 직접 다음과 같은 URL을 입력해서 실행해보도록 하자.

```
http://localhost:8080/chap03/viewParameter.jsp?name=cbk&address=seoul&pet=cat
```

[그림 3.16]은 위 URL의 실행 결과를 보여주고 있다. 이 결과를 보면 URL에 입력한 파라미터 값이 출력된 것을 확인할 수 있다.

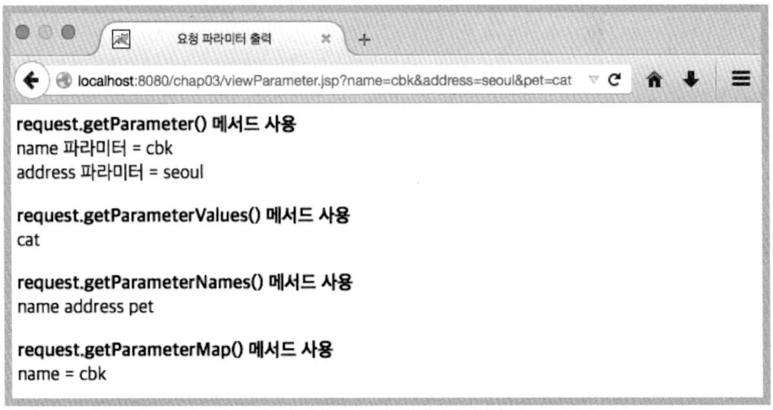

[그림 3.16] URL에 파라미터를 직접 입력하여 값을 전송한 경우의 실행 화면

웹 브라우저가 GET 방식으로 데이터를 전송하는 경우, 웹 브라우저에서 웹 서버로 전달되는 데이터는 [리스트 3.16]과 같은 형식을 갖는다. (실제로 전송되는 데이터는 웹 브라우저마다 조금씩 다르다.)

[리스트 3.16] GET 방식을 이용한 파라미터 전송 시, 요청 헤더에 파라미터 포함

```
GET /chap03/viewParameter.jsp?name=cbk&address=seoul&pet=cat HTTP/1.1
Host: localhost:8080
User-Agent: Mozilla/5.0 (Macintosh; Intel Mac OS X 10.10; rv:36.0) Gecko/20100101 Firefox/36.0
Accept: text/html,application/xhtml+xml,application/xml;q=0.9,*/*;q=0.8
Accept-Language: en-US,en;q=0.5
Accept-Encoding: gzip, deflate
Connection: keep-alive
Cache-Control: max-age=0
```

웹 브라우저는 HTTP 프로토콜에 맞춰 위 코드와 같은 데이터를 전송한다. HTTP 프로토콜에 따르면 첫 번째 줄은 요청 방식(GET, POST 등)과 URI, 그리고 HTTP 프로토콜 버전을 명시하도록 되어 있다. GET 방식으로 요청 파라미터를 전송하는 경우 파라미터가 URI와 함께 전송되는 것을 확인할 수 있다.

URL에 파라미터가 함께 전송되는 GET 방식과 달리 POST 방식은 데이터 영역을 이용해서 파라미터를 전송한다. [리스트 3.17]은 POST 방식을 사용할 때 웹 브라우저가 웹 서버에 전송하는 데이터를 보여주고 있다.

[리스트 3.17] POST 방식을 이용한 파라미터 전송 시, 요청 데이터

```
01: POST /chap03/viewParameter.jsp HTTP/1.1
02: Host: localhost:8080
03: Connection: keep-alive
04: Content-Length: 30
05: Cache-Control: max-age=0
06: Accept: text/html,application/xhtml+xml,application/xml;q=0.9,image/webp,*/*;q=0.8
07: Origin: http://localhost:8080
08: User-Agent: Mozilla/5.0 (Macintosh; Intel Mac OS X 10_10_3)
    AppleWebKit/537.36 (KHTML, like Gecko) Chrome/42.0.2311.135 Safari/537.36
09: Content-Type: application/x-www-form-urlencoded
10: Referer: http://localhost:8080/chap03/form.jsp
11: Accept-Encoding: gzip, deflate
12: Accept-Language: ko,en-US;q=0.8,en;q=0.6
13: Cookie: JSESSIONID=8D2476E3EB99C478A04BB59CEBC3858C
14:
15: name=cbk&address=seoul&pet=cat
```

[리스트 3.17]에서 15행이 데이터 영역에 해당하며, 데이터 영역에 파라미터 데이터가 전송되는 것을 확인할 수 있다.

GET 방식은 웹 브라우저, 웹 서버 또는 웹 컨테이너에 따라 전송할 수 있는 파라미터 값의 길이에 제한이 있을 수 있다. 반면에 POST 방식은 데이터 영역을 이용해서 데이터를 전송하기 때문에 웹 브라우저나 웹 서버 등에 상관없이 전송할 수 있는 파라미터의 길이에 제한이 없다.

> **용어 HTTP 프로토콜에서의 메서드(Method)**
>
> 앞서 GET 방식과 POST 방식에서 실제로 데이터가 어떻게 전송되는지 살펴봤는데, HTTP 프로토콜에서는 요청 방식을 표현할 때 '메서드(Method)'라는 용어를 사용한다. 즉, GET 메서드, POST 메서드와 같이 표현하고 있다. 이 책에서 메서드라는 용어를 사용하지 않고 '방식'이라는 단어를 사용한 이유는 자바의 메서드와 혼동될 수 있기 때문이다. 이후에도 이 책에서는 HTTP 요청 메서드를 표현할 때 방식이라는 단어를 사용할 것이다.

5.2.4 요청 파라미터 인코딩

웹 브라우저는 웹 서버에 파라미터를 전송할 때 알맞은 캐릭터 셋을 이용해서 파라미터 값을 인코딩한다. 반대로 웹 서버는 알맞은 캐릭터 셋을 이용해서 웹 브라우저가 전송한 파라미터 데이터를 디코딩한다. 예를 들어, 웹 브라우저가 UTF-8 캐릭터 셋을 이용해서 파라미터 값을 인코딩했다면, 웹 서버는 UTF-8 캐릭터 셋을 이용해서 파라미터 값을 디코딩해야 올바른 파라미터 값을 사용할 수 있다.

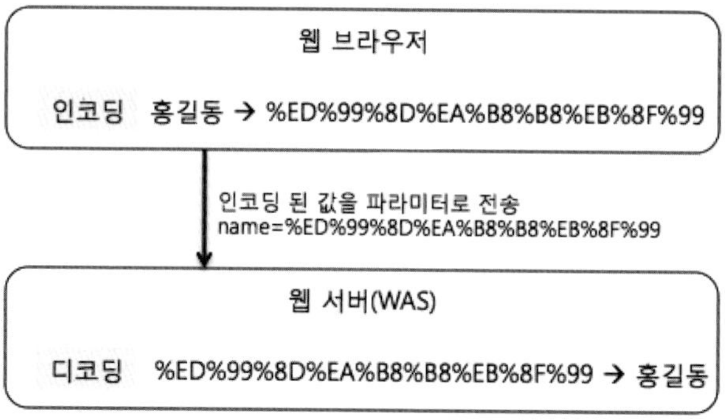

[그림 3.17] 웹 브라우저와 웹 서버는 동일한 캐릭터 셋을 이용해서 파라미터 값을 인코딩/디코딩

만약 웹 브라우저가 인코딩할 때 사용한 캐릭터 셋과 웹 서버가 디코딩할 때 사용한 캐릭터 셋이 다르면, 웹 서버는 잘못된 파라미터 값을 사용하게 된다.

어떤 캐릭터 셋을 사용할지의 여부는 두 전송 방식–GET 방식과 POST 방식–에 따라 달라진다. 먼저 POST 방식에서는 입력 폼을 보여주는 응답 화면이 사용하는 캐릭터 셋을 사용한다. 예를 들어, 응답 결과에서 사용한 캐릭터 셋이 UTF-8이면 UTF-8 캐릭터 셋을 이용해서 파라미터 값을 인코딩한다. 비슷하게 응답 결과에서 사용한 캐릭터 셋이 EUC-KR이면, EUC-KR 캐릭터 셋을 이용해서 파라미터 값을 인코딩한다.

form.jsp([리스트 3.14])의 01행을 보면 아래 코드와 같이 응답 결과를 생성할 때 사용할 캐릭터 셋을 UTF-8로 지정하고 있다.

```
<%@ page contentType = "text/html; charset=utf-8" %>
...
이름: <input type="text" name="name" size="10"> <br>
주소: <input type="text" name="address" size="30"> <br>
...
```

form.jsp가 생성한 응답 결과 화면([그림 3.13])의 입력 폼에서 name 파라미터의 값으로 '홍길동'을 입력한 뒤 폼을 전송하면, 아래 코드와 같이 UTF-8 캐릭터 셋을 이용해서 '홍길동'을 인코딩 한 값을 서버에 전송한다.

```
name=%ED%99%8D%EA%B8%B8%EB%8F%99
```

만약 form.jsp가 응답 결과를 생성할 때 사용한 캐릭터 셋이 EUC-KR이면, 파라미터 값 '홍길동'은 다음과 같이 변환되어 서버에 전송된다. 인코딩한 결과를 보면 앞서 UTF-8 캐릭터 셋을 사용하여 인코딩한 결과와 다른 것을 확인할 수 있다.

```
name=%C8%AB%B1%E6%B5%BF
```

서버에서 파라미터 값을 알맞게 사용하려면 웹 브라우저가 파라미터 값을 인코딩할 때 사용한 캐릭터 셋을 이용해서 디코딩해야 한다고 했다. JSP는 request 기본 객체의 setCharacterEncoding() 메서드를 사용해서 파라미터 값을 디코딩할 때 사용할 캐릭터 셋을 지정할 수 있다. 예를 들어, viewParameter.jsp([리스트 3.15])의 05행을 보면 다음과 같은 코드를 사용해서 파라미터 값을 디코딩 할 때 사용할 캐릭터 셋을 UTF-8로 지정하고 있다.

```
<%
   request.setCharacterEncoding("utf-8");
%>
...
<!-- name 파라미터 값을 utf-8로 디코딩해서 가져옴 -->
<%= request.getParameter("name") %>
```

request.getParameter() 메서드나 request.getParameterValues() 메서드는 요청 파라미터의 값을 읽어올 때 request.setCharacterEncoding()으로 지정한 캐릭터 셋을 이용해서 디코딩한다. request.setCharacterEncoding() 메서드를 사용해서 캐릭터 셋을 지정하지 않을 경우 ISO-8859-1 캐릭터 셋을 기본으로 사용한다.

NOTE

request.setCharacterEncoding() 메서드는 파라미터 값을 사용하기 전에 실행해주어야 한다. 예를 들어, 아래 코드를 보자.

```
String name = request.getParameter("name");
request.setCharacterEncoding("utf-8");
String address = request.getParameter("address");
```

위 코드는 name 파라미터를 사용한 뒤에 캐릭터 셋을 지정하고 있다. 캐릭터 셋을 지정하기 전에 파라미터 값을 사용하면, 모든 파라미터 값을 기본 캐릭터 셋(ISO-8859-1)을 이용해서 디코딩한다. 따라서, 위 코드는 name 파라미터와 address 파라미터를 모두 ISO-8859-1 캐릭터 셋을 이용해서 디코딩한다. 만약 웹 브라우저가 UTF-8 캐릭터 셋을 이용해서 파라미터 데이터를 전송했다면 파라미터 값을 올바르게 가져올 수 없게 된다.

요청 파라미터를 사용하기 전에 request.setCharacterEncoding() 메서드를 호출해야 파라미터 값을 올바르게 디코딩할 수 있다는 점을 잊지 말자.

GET 방식을 이용해서 파라미터를 전송하는 방법은 [표 3.5]에 정리한 세 가지가 있다. 각 방법에 따라서 파라미터 값을 인코딩할 때 사용하는 캐릭터 셋이 달라질 수 있다.

표 3.5 GET 방식으로 파라미터 전송 시 인코딩 결정 규칙

GET 방식 이용 시 파라미터 전송 방법	인코딩 결정
<a> 태그의 링크 태그에 쿼리 문자열 추가	웹 페이지 인코딩 사용
HTML 폼(FORM)의 method 속성값을 "GET"으로 지정해서 폼을 전송	웹 페이지 인코딩 사용
웹 브라우저에 주소에 직접 쿼리 문자열을 포함하는 URL 입력	웹 브라우저마다 다름

먼저 GET 방식으로 파라미터를 전송하는 첫 번째 방법은 <a> 태그의 링크에 쿼리 문자열을 이용하는 것이다.

```
<a href="viewParameter.jsp?name=홍길동&address=아차곡">링크</a>
```

일반 사용자가 많이 쓰는 인터넷 익스플로러(IE)를 포함 파이어폭스, 구글 크롬 등의 웹 브라우저는 사용자가 링크를 클릭하면 웹 페이지의 캐릭터 셋을 이용해서 파라미터를 인코딩한다. 즉, 웹 페이지의 인코딩이 UTF-8이면 UTF-8 캐릭터 셋을 이용해서 파라미터 값을 인코딩하고, EUC-KR이면 EUC-KR 캐릭터 셋을 이용해서 파라미터 값을 인코딩한다.

HTML 폼을 GET 방식으로 전송하는 경우에도 웹 페이지의 인코딩을 이용해서 파라미터 값을 인코딩한다. 예를 들어, 다음 코드가 생성하는 웹 페이지의 인코딩은 UTF-8인데, 생성된 웹 페이지에서 폼을 전송하면 웹 브라우저는 UTF-8 캐릭터 셋을 이용해서 파라미터 값을 인코딩한다.

```
<%@ page contentType="text/html; charset=UTF-8" %>
...
<form method="viewParameter.jsp" method="get">
<input type="text" name="name">
<input type="text" name="address">
<input type="submit" value="전송">
</form>
```

웹 브라우저의 주소에 직접 쿼리 문자열을 입력하는 경우에는 웹 브라우저에 따라서 선택하는 캐릭터 셋이 달라질 수 있다. 예를 들어, 인터넷 익스플로러 11버전과 크롬에서 아래 주소를 입력해 보자.

```
http://localhost:8080/chap03/viewParameter.jsp?name=홍길동
```

인터넷 익스플로러는 MS949(MS에서 EUC-KR을 확장한 캐릭터 셋)로 인코딩해서 전송하는 반면에 크롬은 UTF-8로 인코딩해서 전송한다. 즉, 두 브라우저는 위 URL의 쿼리 문자열 부분을 다음과 같이 변환해서 전송한다.

- **인터넷 익스플로러** : viewParameter.jsp?name=%C8%AB%B1%E6%B5%BF
- **크롬** : viewParameter.jsp?name=%ED%99%8D%EA%B8%B8%EB%8F%99

사실, HTTP 표준에는 GET 방식으로 전달되는 파라미터 값을 인코딩할 때 어떤 캐릭터 셋을 사용해야 하는지에 대한 규칙이 정해져 있지 않다. 표준에 정해진 규칙이 없기 때문에 웹 브라우저마다 처리 방식이 다른 것이다.

GET 방식으로 전달되는 파라미터 값에 대한 표준 인코딩 규칙이 정해져 있지 않기 때문에, WAS마다 GET 방식의 파라미터 값을 읽어올 때 사용하는 기본 캐릭터 셋도 다르다. 예를 들어, 톰캣 8은 GET 방식으로 전달되는 파라미터 값을 읽어올 때 별다른 설정이 없으면 UTF-8을 사용하지만, 톰캣 7의 경우는 ISO-8859-1을 사용한다. 웹 브라우저가 EUC-KR을 이용해서 GET 방식의 파라미터를 인코딩했다면, (별도 설정을 추가하지 않은) 톰캣 8과 톰캣 7은 모두 올바른 파라미터 값을 읽어오지 못한다.

또한, GET 방식으로 전송된 파라미터에 대해서는 request.setCharacterEncoding() 메서드로 지정한 캐릭터 셋이 적용되지 않는다.

```
<%
    // GET 방식으로 전송된 파라미터에 대해서는
    // request.setCharacterEncoding() 메서드로 지정한 캐릭터 셋이 적용되지 않음
    request.setCharacterEncoding("euc-kr");

    // 톰캣 8은 기본적으로 UTF-8 캐릭터 셋을 이용해서
    // GET 방식으로 전송된 파라미터를 읽어오므로 파라미터 값이 깨져서 저장된다.
    String name = request.getParameter("name");
%>
```

NOTE

서블릿 규약에 따르면 setCharacterEncoding() 메서드는 HTTP 프로토콜의 데이터 영역을 인코딩할 때 사용할 캐릭터 셋을 지정한다. POST 방식은 파라미터를 데이터 영역을 통해서 전달하므로 setCharacterEncoding() 메서드에서 지정한 캐릭터 셋이 적용된다. 반면에 GET 방식은 요청 라인에 URI와 함께 쿼리 문자열로 파라미터를 전달하기 때문에 setCharacterEncoding() 메서드에서 지정한 캐릭터 셋이 적용되지 않는 것이 원칙이다.

GET 방식으로 전달되는 파라미터 값을 지정한 캐릭터 셋으로 알맞게 읽어오는 방법은 WAS에 따라서 다른데, 이 책에서는 톰캣 8을 기준으로 GET 방식 파라미터를 올바르게 읽어오는 방법을 살펴볼 것이다.

5.2.5 톰캣에서 GET 방식 파라미터를 위한 인코딩 처리하기

톰캣 8 버전에서 GET 방식으로 전달된 파라미터 값을 읽어올 때 사용하는 캐릭터 셋의 기본값은 UTF-8이다. 따라서 GET 방식으로 전송한 파라미터를 UTF-8로만 디코딩한다면, 톰캣 8에 별도 설정을 하지 않아도 된다.

UTF-8이 아닌 다른 캐릭터 셋을 이용해서 GET 방식의 파라미터를 전송하는 경우가 있다면, 다음과 같은 설정을 톰캣 8에 추가해주면 된다.

- server.xml 파일에서 <Connector>의 useBodyEncodingForURI 속성의 값을 true로 지정하는 방법

기본 제공되는 server.xml 파일의 <Connector> 태그는 아래와 같다. (server.xml 파일은 [톰캣설치폴더]\conf 폴더에 위치한다.)

```
<Connector port="8080" protocol="HTTP/1.1"
           connectionTimeout="20000"
           redirectPort="8443" />
```

위 코드에 다음과 같이 "true" 값을 갖는 useBodyEncodingForURI 속성을 추가하면 된다.

```
<Connector port="8080" protocol="HTTP/1.1"
           connectionTimeout="20000"
           redirectPort="8443"
           useBodyEncodingForURI="true" />
```

useBodyEncodingForURI 속성값을 "true"로 지정하면 GET 방식으로 전달된 파라미터 값을 읽어올 때 request.setCharacterEncoding() 메서드로 지정한 캐릭터 셋을 사용한다. 따라서, 다음과 같이 request.setCharacterEncoding() 메서드를 이용해서 캐릭터 셋을 지정하면 GET 방식으로 전송된 파라미터를 올바르게 읽어올 수 있게 된다.

```
<%
    // server.xml에서 useBodyEncodingForURI 속성을 true로 설정하면,
    // GET 방식 파라미터에도 request.setCharacterEncoding() 메서드로 지정한
    // 캐릭터 셋이 적용된다.
    request.setCharacterEncoding("utf-8");
    String name = request.getParameter("name");
%>
```

NOTE

useBodyEncodingForURI 속성 대신 URIEncoding 속성을 사용할 수도 있다. URIEncoding 속성은 URI 값을 구할 때 사용할 캐릭터 셋을 지정한다. 이 두 속성이 GET 방식의 요청 파라미터에 어떻게 적용되는지 자세히 알고 싶은 독자는 다음 주소를 참고하기 바란다.

https://tomcat.apache.org/tomcat-8.0-doc/config/http.html

5.3 요청 헤더 정보의 처리

HTTP 프로토콜은 헤더 정보에 부가적인 정보를 담도록 하고 있다. 예를 들어, 웹 브라우저는 웹 브라우저의 종류, 선호하는 언어에 대한 정보를 헤더에 담아서 전송한다. 다음은 크롬 브라우저를 사용할 때 웹 서버에 전송하는 일부 헤더 정보를 표시한 것이다. Accept, User-Agent, Accept-Language 등이 헤더 이름이고 콜론(:) 뒤에 위치한 문자열이 헤더 값이 된다.

```
Accept: text/html,application/xhtml+xml,application/xml;q=0.9,image/webp,*/*;q=0.8
User-Agent: Mozilla/5.0 (Macintosh; Intel Mac OS X 10_10_3) AppleWebKit/537.36
(KHTML, like Gecko) Chrome/42.0.2311.135 Safari/537.36
Content-Type: application/x-www-form-urlencoded
Referer: http://localhost:8080/chap03/form.jsp
Accept-Language: ko,en-US;q=0.8,en;q=0.6
```

request 기본 객체는 이러한 헤더 정보를 읽어올 수 있는 기능을 제공하고 있다. 헤더와 관련된 메서드는 [표 3.6]과 같다.

표 3.6 request 기본 객체가 제공하는 헤더 관련 메서드

메서드	리턴 타입	설명
getHeader(String name)	String	지정한 이름의 헤더 값을 구한다.
getHeaders(String name)	java.util.Enumeration	지정한 이름의 헤더 목록을 구한다.
getHeaderNames()	java.util.Enumeration	모든 헤더의 이름을 구한다.
getIntHeader(String name)	int	지정한 헤더의 값을 정수 값으로 읽어온다.
getDateHeader(String name)	long	지정한 헤더의 값을 시간 값으로 읽어온다. (이때 시간은 1970년 1월 1일 이후로 흘러간 1/1000초 단위의 값을 가진다.

getHeaderNames() 메서드와 getHeader() 메서드를 사용하는 예제 코드는 [리스트 3.18]과 같다. 이 코드는 웹 브라우저가 전송한 전체 헤더의 목록과 값을 출력한다.

[리스트 3.18] chap03\viewHeaderList.jsp

```
<%@ page contentType = "text/html; charset=utf-8" %>
<%@ page import = "java.util.Enumeration" %>
<html>
<head><title>헤더 목록 출력</title></head>
<body>
<%
    Enumeration headerEnum = request.getHeaderNames();
    while(headerEnum.hasMoreElements()) {
        String headerName = (String)headerEnum.nextElement();
        String headerValue = request.getHeader(headerName);
%>
<%= headerName %> = <%= headerValue %> <br>
<%
    }
%>

</body>
</html>
```

웹 브라우저에서 viewHeaderList.jsp를 실행해보면 [그림 3.18]과 비슷한 결과가 출력될 것이다. 실제 실행 결과는 웹 브라우저의 종류, OS, 쿠키 정보 등에 따라 약간씩 다를 수 있다.

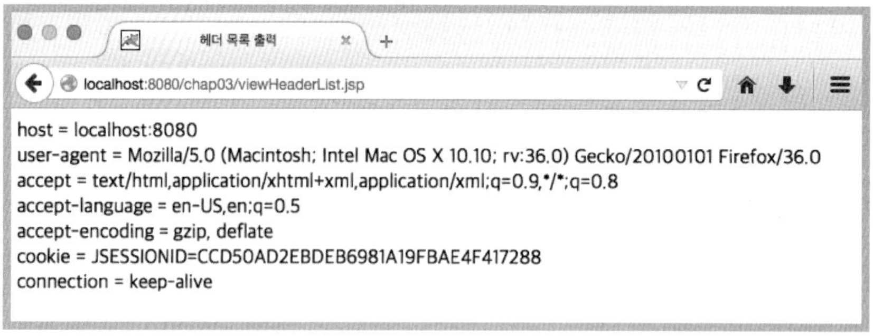

[그림 3.18] 헤더 목록 출력 결과

[그림 3.18]을 보면 user-agent 헤더가 존재하는데, 이 헤더는 사용자가 사용중인 웹 브라우저의 종류를 알려준다. 참고로, [그림 3.18]에서 user-agent 헤더의 값은 맥 OS X 10.10 버전에서 파이어폭스 36 버전을 사용해서 viewHeaderList.jsp에 접속했음을 알려준다.

06 response 기본 객체

response 기본 객체는 request 기본 객체와 반대의 기능을 수행한다. request 기본 객체가 웹 브라우저가 전송한 요청 정보를 담고 있다면 response 기본 객체는 웹 브라우저에 보내는 응답 정보를 담는다.

response 기본 객체가 응답 정보와 관련해서 제공하는 기능은 다음과 같다.

- 헤더 정보 입력
- 리다이렉트 하기

이외에 몇 가지 기능이 더 있으나, JSP 페이지에서는 거의 사용되지 않는다.

6.1 웹 브라우저에 헤더 정보 전송하기

response 기본 객체는 응답 정보에 헤더를 추가하는 기능을 제공한다. response 기본 객체가 제공하는 헤더 관련 메서드는 [표 3.7]과 같다. [표 3.7]에서 메서드의 리턴 타입은 모두 void이다.

표 3.7 response 기본 객체가 제공하는 헤더 추가 메서드

메서드	설명
addDateHeader(String name, long date)	name 헤더에 date를 추가한다. date는 1970년 1월 1일 이후 흘러간 시간을 1/1000초 단위로 나타낸다.
addHeader(String name, String value)	name 헤더에 value를 값으로 추가한다.
addIntHeader(String name, int value)	name 헤더에 정수 값 value를 추가한다.
setDateHeader(String name, long date)	name 헤더의 값을 date로 지정한다. date는 1970년 1월 1일 이후 흘러간 시간을 1/1000초 단위로 나타낸다.
setHeader(String name, String value)	name 헤더의 값을 value로 지정한다.
setIntHeader(String name, int value)	name 헤더의 값을 정수 값 value로 지정한다.
containsHeader(String name)	이름이 name인 헤더를 포함하고 있을 경우 true를, 그렇지 않을 경우 false를 리턴한다.

[표 3.7]에서 이름이 add로 시작하는 메서드는 기존의 헤더에 새로운 값을 추가할 때 사용되며, set로 시작하는 메서드는 헤더의 값을 새로 지정할 때 사용된다.

응답 헤더를 직접 설정해야 하는 경우가 많진 않은데, 그중 하나는 다음 절에서 살펴볼 캐시와 관련된 것이다.

6.2 웹 브라우저 캐시 제어를 위한 응답 헤더 입력

JSP를 비롯한 웹 어플리케이션을 개발하다 보면 새로운 내용을 DB에 추가했는데도 웹 브라우저에 출력되는 내용이 바뀌지 않는 경우가 있다. 웹 브라우저가 변경된 내역을 출력하지 않는 이유 중 하나는 웹 브라우저가 서버가 생성한 결과를 출력하지 않고 캐시에 저장된 데이터를 출력하기 때문이다.

캐시(Cache)란?

웹 브라우저가 WAS에 a.jsp의 실행을 요청하고 잠시 뒤에 한 번 더 a.jsp의 실행을 요청했다고 하자. 첫 번째 요청과 두 번째 요청 사이에 a.jsp가 출력한 결과에 차이가 없다면 웹 브라우저는 불필요하게 동일한 응답 결과를 두 번 요청한 셈이 된다. 캐시는 이렇게 동일한 데이터를 중복해서 로딩하지 않도록 할 때 사용한다. 웹 브라우저는 첫 번째 요청 시 응답 결과를 로컬 PC의 임시 보관소인 캐시에 저장한다. 이후, 동일한 URL에 대한 요청이 있으면 WAS에 접근하지 않고 로컬 PC에 저장된 응답 결과를 사용한다. 캐시에 보관된 데이터를 사용하는 경우, WAS에 접근하지 않기 때문에 훨씬 빠르게 응답 결과를 웹 브라우저에 출력할 수 있게 된다. 따라서 변경이 발생하지 않는 JSP의 응답 결과나 이미지, 정적인 HTML 등은 캐시에 보관함으로써 웹 브라우저의 응답 속도를 향상시킬 수 있다.

내용이 자주 바뀌지 않는 사이트는 웹 브라우저 캐시를 사용해서 보다 빠른 응답을 제공할 수 있다. 하지만, 게시판처럼 내용이 자주 변경되는 사이트는 웹 브라우저 캐시가 적용되면 사용자는 변경된 내용을 확인할 수 없게 된다. 예를 들어, 게시글 목록이 캐시된 경우, 내가 방금 등록한 게시글이 목록 화면에 보이지 않을 수 있다.

HTTP는 특수한 응답 헤더를 통해서 웹 브라우저가 응답 결과를 캐시 할 것인지에 대한 여부를 설정할 수 있다. 응답 헤더와 관련된 헤더는 다음과 같다.

표 3.8 response 기본 객체가 제공하는 헤더 추가 메서드

응답 헤더	설명
Cache-Control	HTTP 1.1 버전에서 지원하는 헤더로서, 이 헤더의 값을 "no-cache"로 지정하면 웹 브라우저는 응답 결과를 캐시하지 않는다. "no-cache"로 설정하더라도 응답 내용을 캐시 저장소에 보관할 수 있다. 예를 들어, "no-cache"를 설정했더라도, 웹 브라우저에 따라 뒤로가기 버튼을 클릭하면 캐시 저장소에 보관된 응답 내용을 사용하기도 한다. 응답 결과가 캐시 저장소 자체에 보관되지 않도록 하려면, 이 헤더에 "no-store"를 추가한다.
Pragma	HTTP 1.0 버전에서 지원하는 헤더로서, 이 헤더의 값을 "no-cache"로 지정하면 웹 브라우저는 응답 결과를 캐시에 저장하지 않는다.
Expires	HTTP 1.0 버전에서 지원하는 헤더로서, 응답 결과의 만료일을 지정한다. 만료일을 현재 시간보다 이전으로 설정함으로써 캐시에 보관되지 않도록 할 수 있다.

최근 웹 브라우저는 HTTP 1.1 버전을 지원하기 때문에 Cache-Control 응답 헤더의 값을 "no-cache"로 지정하면 응답 결과를 웹 브라우저가 캐시에 보관하지 않도록 설정할 수 있다. 하지만, HTTP 1.0 버전만 지원하는 웹 브라우저가 존재할 수 있기 때문에, 다음 코드와 같이 Cache-Control 응답 헤더와 Pragma 응답 헤더를 모두 설정해주는 것이 좋다.

```
<%
    response.setHeader("Cache-Control", "no-cache");
    response.addHeader("Cache-Control", "no-store");
    response.setHeader("Pragma", "No-cache");
    response.setDateHeader("Expires", 1L);
%>
```

위 코드에서 Expires 응답 헤더의 값으로 long 타입 숫자를 설정했다. 이 값은 1970년 1월 1일 이후를 기준으로 1/1000초 단위로 값을 입력한다. 웹 브라우저가 응답을 캐시하지 않도록 하고 싶다면 이 값을 현재 시간보다 이전 값으로 지정하면 된다. 위 설정에 1L을 값으로 주었는데, 이는 만료일을 1970년 1월 1일 0시 0분 0.001초로 설정하는 것이므로 HTTP 1.0을 지원하는 웹 브라우저는 응답 결과를 캐시하지 않는다.

6.3 리다이렉트를 이용해서 페이지 이동하기

response 기본 객체에서 많이 사용되는 기능 중 하나는 리다이렉트 기능이다. 리다이렉트는 웹 서버가 웹 브라우저에게 다른 페이지로 이동하라고 응답하는 기능이다. 예를 들어, 사용자가 로그인에 성공한 후 메인 페이지로 자동으로 이동하는 사이트가 많은데 이렇게 특정 페이지를 실행한 후 지정한 페이지로 이동하길 원할 때 리다이렉트 기능을 사용한다.

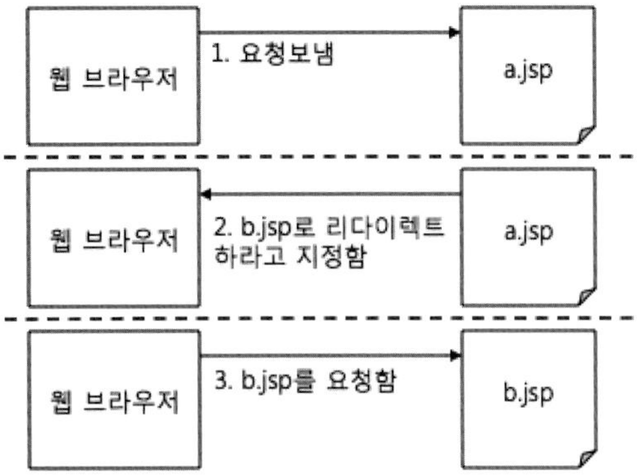

[그림 3.19] 리다이렉트 기능의 흐름

[그림 3.19]에서 보듯 리다이렉트 기능은 웹 서버 측에서 웹 브라우저에게 어떤 페이지로 이동하라고 지정하는 것이다. 그래서 [그림 3.19]과 같이 리다이렉트를 지시한 JSP 페이지가 있을 경우 웹 브라우저는 실질적으로 요청을 두 번 하게 된다.

response 기본 객체는 다음의 메서드를 사용해서 웹 브라우저가 리다이렉트하도록 지시할 수 있다.

- response.sendRedirect(String location)

response.sendRedirect() 메서드는 주로 다음과 같은 형태로 사용된다.

```
<%@ page import = "java.sql.*" %>
...
<%
    // JSP 페이지에서 필요한 코드를 실행한다.
    ...
    response.sendRedirect("이동할페이지");
%>
```

예를 들어, 로그인 후, 첫 페이지로 이동하길 원할 경우 [리스트 3.19]와 같이 sendRedirect() 메서드를 사용하면 된다.

[리스트 3.19] chap03\login.jsp

```
01: <%@ page contentType="text/html; charset=utf-8" %>
02: <%
03:     String id = request.getParameter("memberId");
04:     if (id != null && id.equals("madvirus")) {
05:         response.sendRedirect("/chap03/index.jsp");
06:     } else {
07: %>
08: <html>
09: <head><title>로그인에 실패</title></head>
10: <body>
11: 잘못된 아이디입니다.
12: </body>
13: </html>
14: <%
15:     }
16: %>
```

04행	memberId 파라미터의 값이 "madvirus"인지 비교한다.
05행	파라미터 값이 "madvirus"이면 "/chap03/index.jsp" 페이지로 이동한다.
08-13행	파라미터 값이 "madvirus"가 아니면 HTML 코드를 출력한다.

웹 브라우저를 실행한 후 다음과 같이 URL을 입력해보자.

```
http://localhost:8080/chap03/login.jsp?memberId=madv
```

memberId 파라미터의 값이 "madvirus"가 아니기 때문에 [그림 3.20]과 같은 응답을 확인할 수 있다.

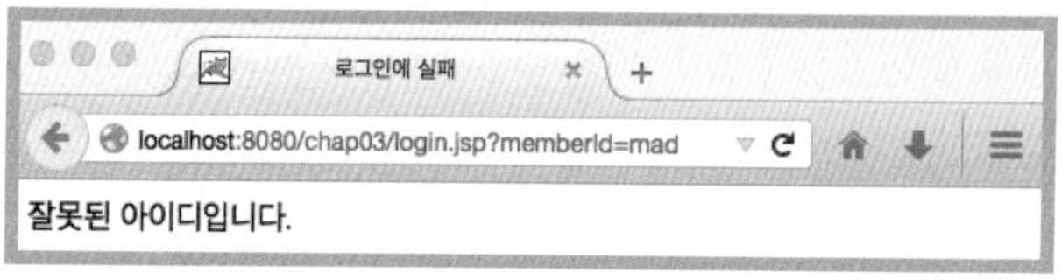

[그림 3.20] login.jsp에서 HTML 코드를 보여주는 경우

반면에 membeId 파라미터의 값을 "madvirus"로 입력한 경우 /chap03/index.jsp로 이동해서 [그림 3.21]과 같이 /chap03에 위치한 index.jsp가 생성한 결과 화면이 출력된다.

NOTE

index.jsp의 소스 코드는 제공하는 예제 파일에 포함되어 있으니, 예제 파일을 참고하기 바란다. 또는 직접 간단하게 작성하면 된다. 예제 파일은 http://github.com/madvirus/jsp23에서 다운로드할 수 있다.

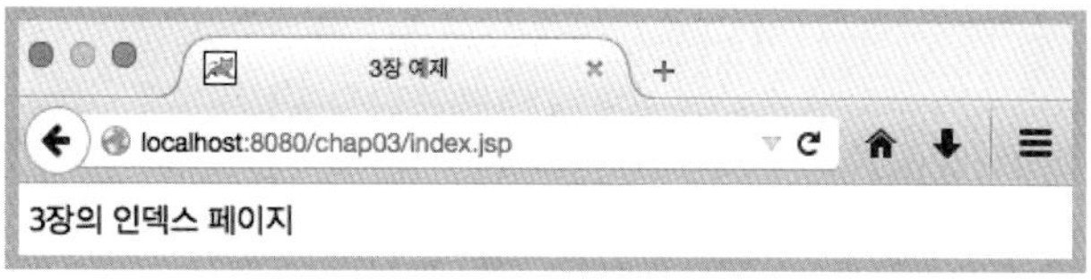

[그림 3.21] login.jsp에서 리다이렉트가 실행된 경우

[리스트 3.19]의 코드는 같은 서버 주소에 위치한 페이지로 리다이렉트했는데, 다른 서버 주소에 위치한 페이지로 이동하도록 지정할 수도 있다. 예를 들어, 필자가 운영중인 '자바캔' 블로그로 리다이렉트시키고 싶다면 다음과 같이 전체 URL을 입력하면 된다.

```
response.sendRedirect("http://javacan.tistory.com/entry/Event-Sourcing-PT");
```

앞서 웹 서버에 전송할 파라미터 값은 알맞게 인코딩해야 한다고 했다. 즉, 알파벳과 숫자 그리고 몇몇 기호를 제외한 나머지 글자들을 URL에 포함시키려면 인코딩을 해주어야 한다. response.sendRedirect() 메서드를 사용하는 경우에도 마찬가지로 인코딩한 쿼리 문자열을 사용해야 한다. 예를 들어, 이름이 name인 파라미터의 값을 '자바'로 지정해서 리다이렉트하고 싶다고 해보자. 이 경우 다음과 같이 '자바'를 인코딩 한 형태로 URL을 입력해야 한다. 인코딩할 때 사용한 캐릭터 셋은 UTF-8이다.

```
/chap03/index.jsp?name=%EC%9E%90%EB%B0%94
```

'자바'를 '%EC%9E%90%EB%B0%94'로 변경해주는 작업을 개발자가 손으로 계산해야 한다면 괴롭겠지만, 다행히 이 기능을 제공해주는 java.net.URLEncoder 클래스가 존재한다. URLEncoder.encode() 메서드를 사용하면 파라미터 값으로 사용될 문자열을 지정한 캐릭터 셋으로 인코딩할 수 있다. [리스트 3.20]의 05행은 URLEncoder.encode() 메서드를 사용하여 파라미터 값으로 사용될 문자열을 UTF-8로 인코딩하는 예를 보여주고 있다.

[리스트 3.20] chap03\redirectEncodingTest.jsp

```
01: <%@ page pageEncoding="utf-8" %>
02: <%@ page import = "java.net.URLEncoder" %>
03: <%
04:     String value = "자바";
05:     String encodedValue = URLEncoder.encode(value, "utf-8");
06:     response.sendRedirect("/chap03/index.jsp?name=" + encodedValue);
07: %>
```

[리스트 3.20]을 실행하면 '/chap03/index.jsp?name=자바'에 해당하는 URL로 리다이렉트한다. 실제 실행 결과는 [그림 3.22]와 같다.

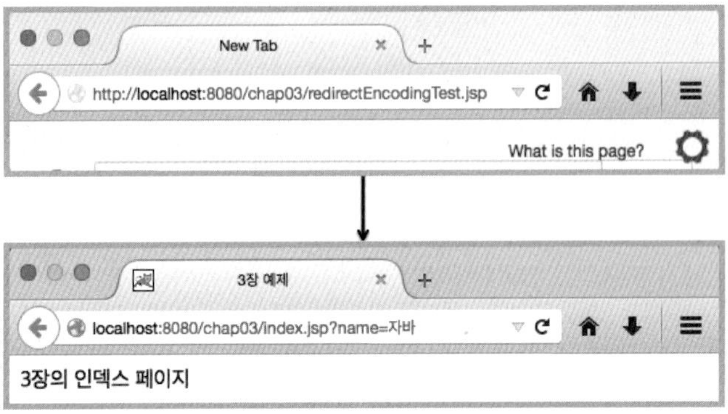

[그림 3.22] 인코딩한 파라미터를 쿼리 문자열로 사용한 리다이렉트 결과

[그림 3.22]에서 쿼리 문자열 부분이 "name=자바"와 같은데, name 파라미터의 값이 "자바"를 UTF-8로 인코딩한 "%EC%9E%90%EB%B0%94"이 아니라 "자바"로 표시되었다. 이는 파이어폭스 웹 브라우저가 UTF-8로 인코딩된 주소 경로나 파라미터 값을 해당 문자로 변환해서 보여줘서 그런 것이다. 실제 주소는 UTF-8로 인코딩한 값이다. 인터넷 익스플로러는 [그림 3.23]과 같이 인코딩된 파라미터 값을 그대로 보여준다.

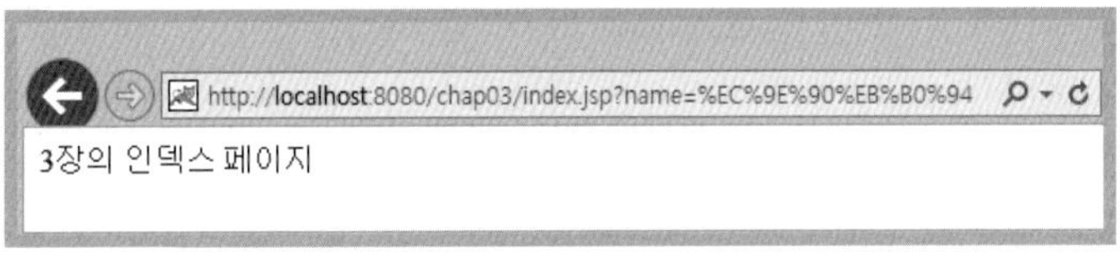

[그림 3.22] 주소를 보면 인코딩된 것을 확인할 수 있다.

07 JSP 주석

스크립트릿과 선언부의 코드 블록은 자바 코드이므로 자바의 주석을 사용할 수 있다.

```
<%
    // 자바 8의 스트림을 이용한 1부터 100까지의 합 구하기
    int sum = IntStream.range(1, 101).sum();
%>
```

JSP 코드 자체를 주석 처리하고 싶다면 다음 코드처럼 '<%--'와 '--%>' 사이에 코드를 위치시키면 된다.

```
<%-- 설명이 들어온다. --%>
```

'<%--'와 '--%>' 사이에 들어오는 문자열은 무엇이 오든 상관없이 주석으로 처리되어 JSP 처리 결과에 포함되지 않는다. 단 주석이 다음과 같이 중첩될 경우 쌍이 맞는 첫 번째 '<%--'와 첫 번째 '--%>' 사이에 있는 문장만 주석으로 처리되며, 마지막 '--%>'는 출력 결과에 그대로 포함된다.

```
<%-- <%-- 주석 --%> --%>
```

JSP 페이지를 실행할 때 JSP 주석으로 처리된 부분은 아무 처리도 하지 않으며, 출력 결과에 포함되지도 않는다. 예를 들어, [리스트 3.21]를 보자.

[리스트 3.21] chap03\jspComment.jsp

```
01: <%@ page contentType = "text/html; charset=utf-8" %>
02: <html>
03: <head><title>JSP 주석</title></head>
04: <body>
05: <%-- JSP 주석입니다. --%>
06: 주석은 출력 결과에 포함되지 않습니다.
07: </body>
08: </html>
```

[리스트 3.21]은 05행에서 JSP 주석을 사용하고 있다. jspComment.jsp를 웹 브라우저에서 실행한 후 소스 보기로 출력된 결과 HTML 코드를 보면, 다음과 같이 JSP 주석이 출력 결과에 포함되지 않은 것을 확인할 수 있다.

```
<html>
<head><title>JSP 주석</title></head>
<body>

주석은 출력 결과에 포함되지 않습니다.
</body>
</html>
```

CHAPTER 04

필수 이해 요소

이 장에서 다룰 내용

- JSP의 요청 처리 과정
- 출력 버퍼
- 웹 어플리케이션 폴더 구조
- war 파일

이 장에서는 JSP 소스 코드가 어떤 과정을 거쳐서 웹 브라우저의 서비스 요청에 응답하는지와 출력 버퍼가 응답 과정에서 어떻게 동작하는 살펴볼 것이다. 이 두 가지 내용을 통해 JSP의 동작 원리를 이해하게 될 것이다. 이 지식을 이해하면 앞으로 배우게 될 나머지 JSP 지식들이 왜 그렇게 구현되는지 이해하는 데 도움이 된다. 추가로 웹 어플리케이션의 폴더 구성과 개발한 웹 어플리케이션을 컨테이너에 배포하는 방법을 살펴본다.

01 JSP 처리 과정

지금까지 몇 가지 JSP 소스 코드를 작성하고 실행했다. 웹 브라우저에 주소를 입력하면 JSP가 실행되는 것처럼 보이지만, 실제로 JSP를 실행하는 과정은 복잡하다. 웹 브라우저에 JSP 페이지에 해당하는 URL을 입력하면, 톰캣 서버는 [그림 4.1]과 같은 과정을 거쳐 JSP 페이지를 실행한다.

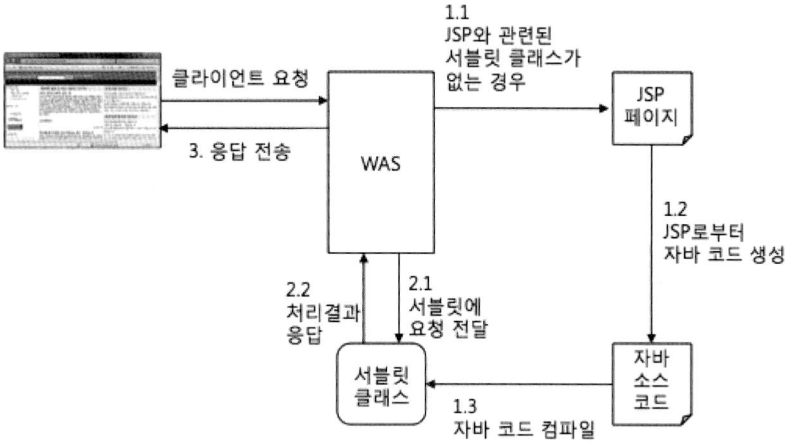

[그림 4.1] JSP 처리 과정

WAS는 JSP 페이지에 대한 요청이 들어오면 다음과 같은 처리를 한다.

- JSP에 해당하는 서블릿이 존재하지 않을 경우(과정 1.1)
  - JSP 페이지로부터 자바 코드를 생성한다. (과정 1.2)
  - 자바 코드를 컴파일해서 서블릿 클래스를 생성한다. (과정 1.3)
  - 서블릿에 클라이언트 요청을 전달한다. (과정 2.1)
  - 서블릿이 요청을 처리한 결과를 응답으로 생성한다. (과정 2.2)
  - 응답을 웹 브라우저에 전송한다. (과정 3)
- JSP에 해당하는 서블릿이 존재하는 경우 (즉, 이미 과정 1.1~1.3을 거친 경우)
  - 서블릿에 클라이언트 요청을 전달한다. (과정 2.1)
  - 서블릿이 요청을 처리한 결과를 응답으로 생성한다. (과정 2.2)
  - 응답을 웹 브라우저에 전송한다. (과정 3)

즉, JSP 페이지를 요청할 때에는 JSP를 직접 실행하는 것이 아니라, JSP를 자바 소스 코드로 변환한 뒤 컴파일해서 생성한 서블릿을 실행하는 것이다. 여기서 JSP 페이지를 자바 코드로 변경하는 단계를 "변환(translation) 단계"(과정 1.2)라고 하며, 자바 코드를 서블릿 클래스로 변경하는 단계를 "컴파일(compile) 단계"(과정 1.3)라고 한다.

톰캣은 work 폴더에 JSP를 변환한 자바 소스 코드와 서블릿 클래스를 생성한다. 예를 들어, 앞서 3장에서 실행했던 JSP의 자바 소스 코드와 서블릿 클래스는 다음 폴더에서 찾을 수 있다.

```
C:\apache-tomcat-8.0.21\work\Catalina\localhost\chap03\org\apache\jsp
```

위 폴더를 보면 [그림 4.2]와 같이 JSP 파일을 자바 코드로 변환한 소스 코드와 컴파일된 클래스 파일을 발견할 수 있다.

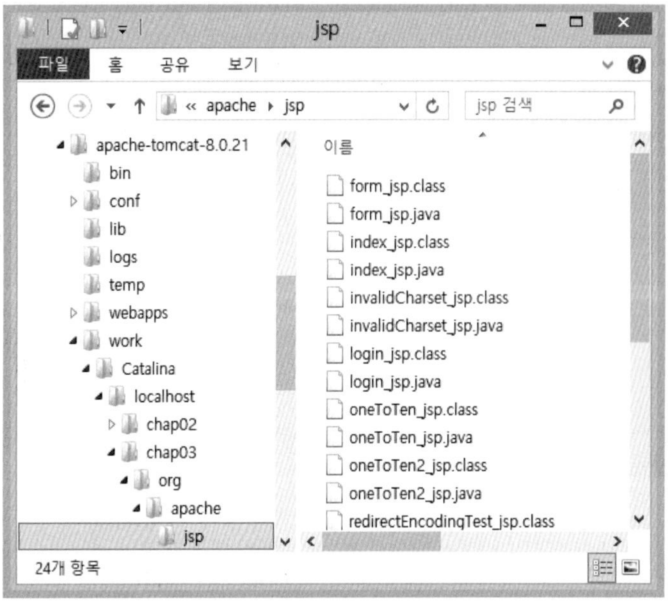

[그림 4.2] JSP와 관련된 자바 소스와 서블릿 클래스 생성

JSP 페이지를 변경하면 JSP 페이지는 기존에 이미 서블릿이 생성되었는지에 상관없이 [그림 4.1]의 과정을 거쳐 JSP 페이지로부터 서블릿 클래스를 다시 생성한다.

NOTE

JSP를 실행한다는 말은 곧 JSP 페이지를 컴파일한 결과인 서블릿 클래스를 실행한다는 의미가 된다. 정확하게 표현하기 위해서는 'JSP 페이지를 컴파일 한 서블릿'이라는 말을 사용해야겠지만, 글이 길어진다. 책에서는 짧게 'JSP를 실행한다.' 또는 'JSP 페이지를 실행한다.'라는 표현을 사용할 것이다.

02 출력 버퍼와 응답

JSP 페이지는 응답 결과를 곧바로 웹 브라우저에 전송하지 않는다. 대신 출력 버퍼(buffer)라고 불리는 곳에 임시로 응답 결과를 저장했다가 한 번에 웹 브라우저에 전송한다.

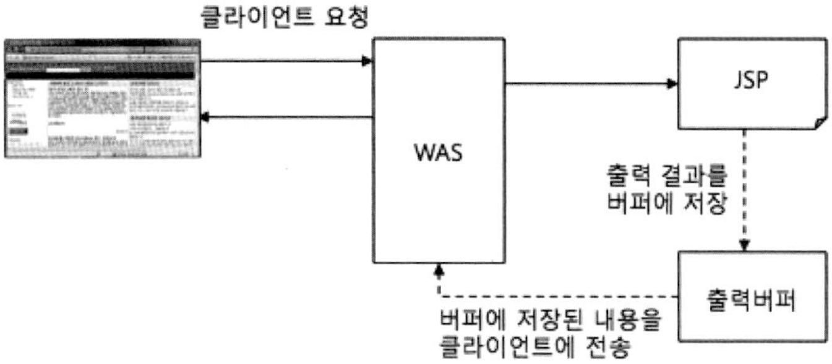

[그림 4.3] JSP는 출력 내용을 버퍼에 저장한 후, 나중에 전송

JSP 페이지가 생성하는 출력 내용을 버퍼에 저장했다가 한꺼번에 웹 브라우저에 전송할 때 생기는 장점은 다음과 같다.

- 데이터 전송 성능 향상
- JSP 실행 도중에 버퍼를 비우고 새로운 내용 전송 가능
- 버퍼가 다 차기 전까지 헤더 변경 가능

버퍼를 사용하면 성능이 향상되는데, 그 이유는 작은 단위로 데이터를 전송하는 것이 아니라 한 번에 큰 단위로 데이터를 전송하는 것이 가능하기 때문이다. 네트워크를 비롯한 모든 데이터 교환에서는 작은 단위를 여러 차례 보내는 것보다, 큰 단위로 한 번에 묶어서 보내는 것이 더 높은 성능을 발휘하게 된다.

두 번째 장점은 버퍼를 사용함으로써 〈jsp:forward〉 기능과 에러 페이지 처리 기능이 가능하다는 점이다. JSP 페이지가 생성한 결과를 일단 버퍼에 저장하기 때문에, 버퍼에 보관된 데이터가 일정 크기가 될 때까지 웹 브라우저에 전송되는 데이터는 없다. 따라서, JSP 페이지가 생성한 내용이 있다 하더라도 버퍼에 저장된 데이터가 웹 브라우저로 전송되기 전까지는 버퍼에 보관된 데이터를 지우고 새로운 내용을 전송할 수 있다. 예를 들어, JSP 실행 과정에서 에러가 발생하면, 지금까지 생성한 내용을 버퍼에서 지우고 에러 화면을 출력할 수 있다.

마지막으로 버퍼가 다 차기 전에는 헤더 정보를 변경할 수 있다. 3장에서 헤더 정보를 지정하는 것에 대해서 살펴봤는데, HTTP 프로토콜의 구조상 응답 상태 코드와 함께 헤더 정보를 가장 먼저 웹 브라우저에 전송해야 한다. 이런 이유로 WAS는 처음 버퍼의 내용을 웹 브라우저로 전송하기 전에 헤더 정보를 전송한다. 따라서 첫 번째로 버퍼의 내용을 웹 브라우저에 전송하기 전까지는 헤더 정보를 얼마든지 변경할 수 있다. 하지만, 일단 버퍼 내용이 웹 브라우저에 전송되면 그 이후로는 헤더 정보를 변경해도 적용되지 않게 된다.

2.1 page 디렉티브에서 버퍼 설정하기 : buffer 속성과 autoFlush 속성

page 디렉티브는 buffer 속성을 제공하고 있다. 이 buffer 속성을 사용하면 JSP 페이지가 사용할 버퍼를 설정할 수 있다. buffer 속성은 JSP 페이지가 사용할 버퍼의 크기를 지정할 때 사용하며, 다음과 같이 킬로바이트 단위로 버퍼의 크기를 지정한다.

```
<%@ page buffer = "4kb" %>
```

buffer 속성값에 kb를 붙이지 않으면 JSP 페이지를 자바 코드로 변환하는 과정에서 에러가 발생한다. 즉, 버퍼는 킬로바이트 단위로 지정할 수 있다.

NOTE

일반적으로 JSP 페이지를 작성할 때에는 buffer 속성을 지정하지 않는다. (지금까지 살펴본 예제들은 모두 buffer 속성을 사용하지 않았다.) JSP 규약은 buffer 속성을 지정하지 않으면 최소한 8KB 이상의 크기를 갖는 버퍼를 사용하도록 규정하고 있다.

버퍼를 사용하고 싶지 않다면 buffer 속성의 값을 다음과 같이 "none"으로 지정하면 된다.

```
<%@ page buffer = "none" %>
```

buffer 속성의 값을 "none"으로 지정하면 JSP 페이지가 출력하는 내용을 곧바로 웹 브라우저에 전송하기 때문에, 다음과 같은 기능을 사용하는 데 제한이 따른다.

- <jsp:forward> 기능을 사용할 수 없다.
- 곧바로 전송되기 때문에 출력한 내용을 취소할 수 없다.

위와 같은 제한이 있기 때문에, buffer 속성의 값을 "none"으로 지정하는 경우는 거의 없지만, 이런 설정도 있다는 정도는 알도록 하자.

버퍼가 다 차면 JSP 페이지는 버퍼의 내용을 웹 브라우저에 전송한 후 버퍼를 비우고 새롭게 버퍼에 내용을 채우기 시작한다. [그림 4.4]는 버퍼의 동작 방식을 보여주고 있다.

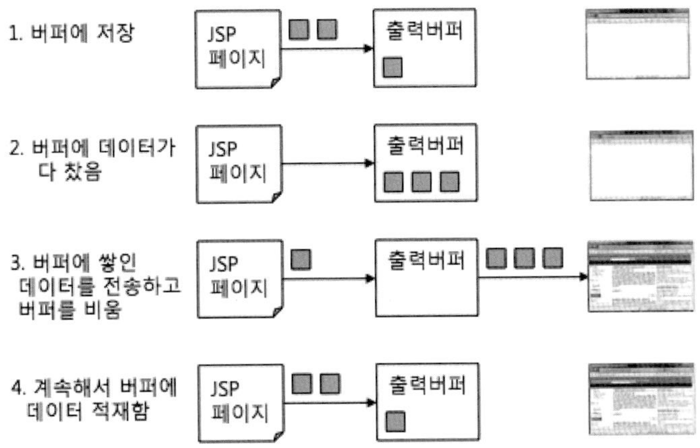

[그림 4.4] 기본적으로 버퍼가 다 차면 자동으로 데이터를 전송한다.

[그림 4.4]의 3번 과정에서 출력 버퍼에 보관한 데이터를 웹 브라우저에 전송하는데, 이때 버퍼에 보관된 응답 데이터를 전송하기 전에 응답 상태 코드와 응답 헤더를 먼저 전송한다. 따라서 이후에는 응답 헤더 값을 변경해도 웹 브라우저에 전송되지 않고 무시된다.

> **용어** **플러시(flush)**
>
> 버퍼가 다 찼을 때, 버퍼에 쌓인 데이터를 실제로 전송되어야 할 곳(또는 저장되어야 할 곳)에 전송하고(또는 저장하고) 버퍼를 비우는 것을 플러시라고 한다. [그림 4.4]의 과정 3에서 플러시하는 것을 보여주고 있다.

page 디렉티브는 autoFlush 속성을 제공한다. 이 속성을 사용하면 버퍼가 다 찼을 때 어떻게 처리할지를 결정할 수 있다. autoFlush 속성은 "true"나 "false"를 값으로 갖는데, 각 값에 따라서 다음과 같이 처리한다.

- true : 버퍼가 다 차면 버퍼를 플러시하고 계속해서 작업을 진행한다.
- false : 버퍼가 다 차면 익셉션을 발생시키고 작업을 중지한다.

이 두 값의 차이점을 비교하기 위해서 [리스트 4.1]과 [리스트 4.2]를 작성해 보았다. 이 두 프로그램은 버퍼의 크기를 1 kb로 지정하고 있고 각 JSP 코드는 1 KB가 넘는 데이터를 생성한다.

[리스트 4.1] chap04\autoFlushFalse.jsp

```
<%@ page contentType = "text/html; charset=utf-8" %>
<%@ page buffer="1kb" autoFlush="false" %>
<html>
<head><title>autoFlush 속성값 false 예제</title></head>
<body>

<% for (int i = 0 ; i < 1000 ; i++) { %>
```

```
08: 1234
09: <% } %>
10:
11: </body>
12: </html>
```

07-19행	이 부분에서만 4KB 이상의 데이터가 생성된다.

[리스트 4.2] chap04\autoFlushTrue.jsp

```
01: <%@ page contentType = "text/html; charset=utf-8" %>
02: <%@ page buffer="1kb" autoFlush="true" %>
03: <html>
04: <head><title>autoFlush 속성값 true 예제</title></head>
05: <body>
06:
07: <% for (int i = 0 ; i < 1000 ; i++) {  %>
08: 1234
09: <% } %>
10:
11: </body>
12: </html>
```

[리스트 4.1]과 [리스트 4.2]는 07~09행에서 4바이트 길이의 문자열인 "1234"를 1000번 출력한다. 즉, 두 JSP는 모두 최소 4,000바이트 이상의 응답 데이터를 생성하므로 buffer 속성에 지정한 1 KB(1,024바이트)보다 많은 응답 데이터를 생성한다.

autoFlushFalse.jsp는 autoFlush 속성을 false로 지정했다. 이 속성이 false이므로, 버퍼 크기보다 많은 데이터를 생성하는 autoFlushFalse.jsp를 실행하면 [그림 4.5]와 같은 익셉션이 발생한다. 에러 메시지를 보면 "root cause" 부분에 "JSP Buffer overflow"라는 문장을 확인할 수 있다.

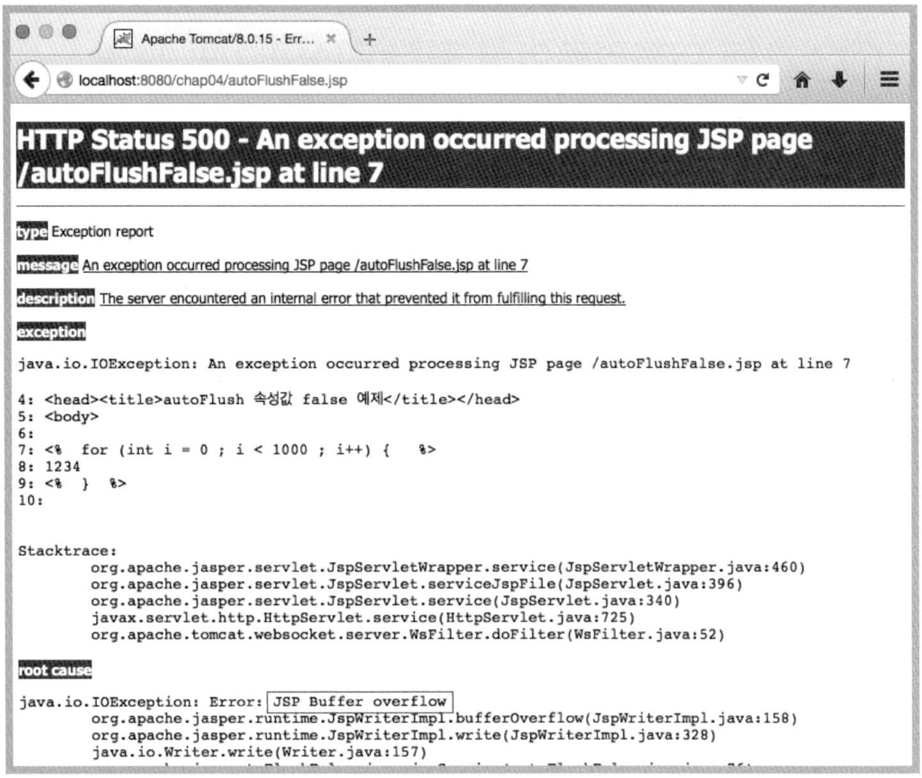

[그림 4.5] autoFlush가 false인 경우 버퍼가 다 차면 에러가 발생한다.

autoFlushTrue.jsp는 autoFlush 속성이 true이므로, JSP 페이지가 생성하는 데이터 크기가 버퍼 크기보다 커지면 자동으로 버퍼를 플러시하기 때문에 [그림 4.6]과 같이 정상적으로 실행된다.

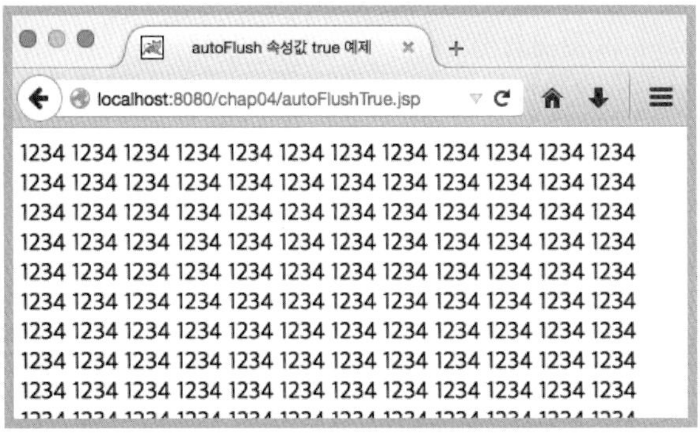

[그림 4.6] autoFlush가 true인 경우, 버퍼가 차면 자동으로 플러시 된다.

03 웹 어플리케이션 폴더 구성과 URL 매핑

JSP를 이용해서 웹 어플리케이션을 개발하려면 기초 문법뿐만 아니라 웹 어플리케이션의 폴더 구조에 대해서도 알아야 한다. 서블릿/JSP 규약은 웹 어플리케이션이 특정 폴더 구조를 따르도록 제한하고 있기 때문에, 이 폴더 구조를 모르면 제대로 동작하는 코드를 작성할 수 없게 된다.

서블릿/JSP로 구성된 웹 어플리케이션의 기본 폴더 구조는 [그림 4.7]과 같다.

[그림 4.7] 웹 어플리케이션 폴더 구조

[그림 4.7]에서 '웹어플리케이션' 폴더는 웹 어플리케이션이 위치하는 폴더를 의미한다. 톰캣의 webapps 디렉터리에 위치한 chap04, chap05, ROOT 등의 폴더가 웹 어플리케이션 폴더에 해당한다. 웹 어플리케이션 폴더는 [그림 4.7]과 같이 WEB-INF 폴더와 그 하위 폴더를 포함한다. 각 폴더는 다음과 같다.

- WEB-INF : 웹 어플리케이션 설정 정보를 담고 있는 web.xml 파일이 위치한다.
- WEB-INF\classes : 웹 어플리케이션에서 사용하는 클래스 파일이 위치한다.
- WEB-INF\lib : 웹 어플리케이션에서 사용하는 jar 파일이 위치한다.

WEB-INF 폴더와 그 하위 폴더를 제외한 나머지 폴더에는 웹 어플리케이션에서 사용할 JSP, HTML, 이미지 등의 파일이 위치한다.

NOTE

서블릿 2.4/JSP 2.0 규약은 web.xml 파일을 반드시 포함하도록 제한하고 있었는데, 서블릿 2.5/JSP 2.1 규약부터는 이 제한이 없어졌다. web.xml 파일을 포함하지 않아도 되도록 바뀐 것이다. 예를 들어, 서블릿 2.5/JSP 2.1 버전 또는 그 이후 버전을 사용한다면, 웹 어플리케이션이 JSP 코드로만 구성될 경우 web.xml 파일을 작성하지 않아도 된다. 그러나 다음 경우에는 web.xml 파일을 작성해야 한다.

- 서블릿을 직접 설정하는 경우
- 리스너(Listener)를 직접 설정하는 경우
- 특정 URL에 속하는 JSP들에 대해 공통 속성값을 설정하는 경우

3.1 웹 어플리케이션 폴더와 URL의 관계

한 웹 어플리케이션은 한 개 폴더를 차지한다. 지금까지 예제 코드를 작성할 때 [톰캣]\webapps 폴더에 chap02, chap03, chap04와 같은 하위 폴더를 생성했다. webapps 폴더에 생성한 각 하위 폴더 구조는 앞서 살펴본 웹 어플리케이션 폴더 구조를 따른다.

톰캣에서 웹 어플리케이션은 [톰캣]\webapps 폴더에 위치한다. [톰캣]\webapps 폴더에 있는 하위 폴더는 자동으로 웹 어플리케이션에 포함된다. 각 폴더의 이름은 웹 어플리케이션을 실행할 때 사용되는 URL과 관련이 있다. 예를 들어, 이 장의 예제는 webapps\chap04 폴더에 위치하는데, 이 폴더의 이름과 웹 어플리케이션을 실행할 때 사용하는 URL과의 관계는 [그림 4.8]과 같다.

[그림 4.8] 웹 어플리케이션 디렉터리와 URL과의 관계

[그림 4.8]의 웹 브라우저 주소 부분을 보면 URL의 경로가 /chap04로 시작하는데, 경로 이름이 웹 어플리케이션 폴더의 이름과 같은 것을 알 수 있다. 즉, 다음과 같은 관계가 있다.

- [톰캣]\webapps\[웹경로] → http://host:port[/웹경로]

톰캣의 webapps 폴더에는 ROOT라는 특수 폴더가 존재한다. 이 폴더는 루트 웹 어플리케이션을 위한 특수 폴더이다. 지금까지 예제를 위해 작성한 폴더와 URL 경로 간의 관계는 [그림 4.9]와 같다.

webapps₩**chap02** → http://localhost:8080**/chap02**
webapps₩**chap03** → http://localhost:8080**/chap03**
webapps₩**chap04** → http://localhost:8080**/chap04**
webapps₩**ROOT** → http://localhost:8080

[그림 4.9] 웹 어플리케이션 디렉터리와 URL의 관계

http://localhost:8080/chap04에서 웹 어플리케이션 경로에 해당하는 "/chap04"를 컨텍스트 경로(context path)라고 한다. 루트 웹 어플리케이션의 경우 컨텍스트 경로는 빈 문자열인 ""이다.

URL의 첫 번째 경로와 일치하는 컨텍스트 경로를 가진 웹 어플리케이션이 존재하지 않으면, 루트 웹 어플리케이션이 요청을 처리한다. 예를 들어, http://localhost:8080/view/loginForm.jsp라는 URL을 입력했다고 하자. /view를 컨텍스트 경로로 갖는 웹 어플리케이션이 존재하지 않으면, 즉 webapps\view 폴더가 존재하지 않으면, 루트 웹 어플리케이션 폴더인 ROOT를 기준으로 /view/loginForm.jsp 파일을 찾는다. 즉 webapps\ROOT\view\loginForm.jsp 파일을 찾아 실행한다.

request 기본 객체는 컨텍스트 경로를 제공하는 메서드를 정의하고 있는데, 이 메서드는 다음과 같다.

- request.getContextPath()

이 메서드를 사용하면 JSP가 포함된 웹 어플리케이션의 컨텍스트 경로를 구할 수 있다. [리스트 4.3]은 request.getContextPath() 메서드의 사용 예를 보여준다. 이 코드를 webapps\chap04 폴더에 저장하자.

[리스트 4.3] chap04\contextPath.jsp

```
<%@ page contentType = "text/html; charset=utf-8" %>
<html>
<head><title>웹 어플리케이션 경로 구하기</title></head>
<body>

웹 어플리케이션 컨텍스트 경로: "<%= request.getContextPath() %>"

</body>
</html>
```

contextPath.jsp를 실행하면 [그림 4.10]과 같이 컨텍스트 경로가 "/chap04"로 출력되는 것을 확인할 수 있다.

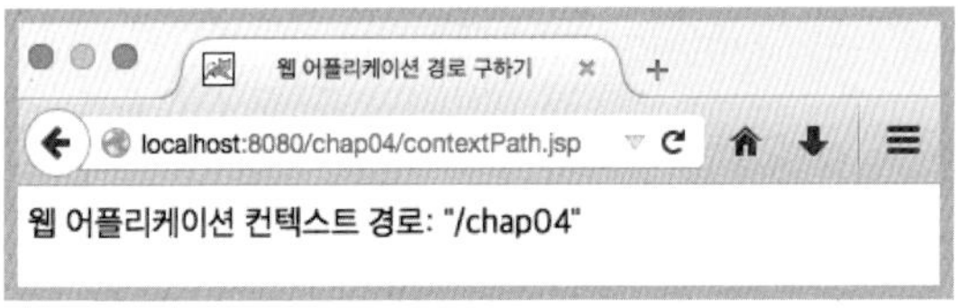

[그림 4.10] chap04 웹 어플리케이션의 컨텍스트 경로 출력

루트 웹 어플리케이션에 해당하는 webapps\ROOT 폴더에 contextPath.jsp 파일을 복사한 후, http://localhost:8080/contextPath.jsp를 실행해보자. 그러면 [그림 4.11]과 같이 웹 어플리케이션의 경로명이 빈 문자열("")로 출력되는 것을 확인할 수 있다.

[그림 4.11] ROOT 웹 어플리케이션의 컨텍스트 경로 출력

3.2 웹 어플리케이션 폴더 내에서의 하위 폴더 사용

지금까지 작성한 예제들은 웹 어플리케이션 폴더에 JSP 파일을 위치시켰다. 예를 들어, 이 장에서 작성한 JSP 파일은 모두 webapps\chap04 폴더에 저장했다. 하지만, 모든 JSP 페이지가 한 폴더에 위치하면, 파일이 많아질수록 JSP 관리가 힘들어진다. 소규모 온라인 쇼핑몰을 만드는 경우에도 수십에서 수백 개의 JSP 파일을 개발한다. 이 JSP 파일을 한 폴더에 위치시키면 JSP 파일을 찾고 수정하기 힘들어질 것이다.

이 문제를 해결하는 쉬운 방법은 웹 어플리케이션 폴더 밑에 하위 폴더를 생성해서 JSP 페이지를 기능별로 분류하는 것이다. 예를 들어, 웹 어플리케이션이 게시판과 회원 관련 기능으로 구성된다고 가정해 보자. 이 경우 [그림 4.12]와 같이 하위 폴더를 생성해서 각각의 폴더에 관련 JSP 페이지를 위치시키면 된다.

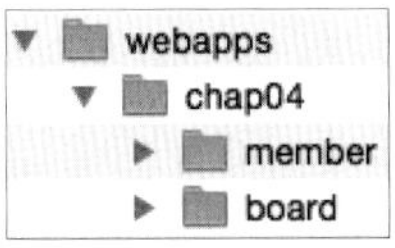

[그림 4.12] 웹 어플리케이션에서 하위 폴더를 사용할 수 있다.

board 폴더에 boardFolder.jsp라는 JSP 페이지가 위치하면 다음과 같은 URL을 사용해서 해당 JSP 페이지를 실행할 수 있다.

```
http://localhost:8080/chap04/board/boardFolder.jsp
```

즉, 웹 어플리케이션 폴더의 하위 폴더를 그대로 URL에서 사용하게 된다. 만약 board\view 폴더에 있는 list.jsp를 실행하고 싶다면 다음과 같은 URL을 사용한다.

```
http://localhost:8080/chap04/board/view/list.jsp
```

하위 폴더를 사용하면 JSP 페이지를 알맞게 기능별로 분류할 수 있으므로, 웹 어플리케이션을 구현할 때에는 하위 폴더를 적극적으로 사용하는 것이 개발 과정이나 유지보수에 이롭다.

04 웹 어플리케이션 배포

웹 어플리케이션을 WAS에 배포하는 방법은 다음의 두 가지가 있다.

- 대상 폴더에 파일을 직접 복사
- war 파일로 묶어서 배포

파일을 직접 복사하는 방법은 간단하다. 이미 예제를 실행할 때 이 방법을 사용하고 있다. 지금까지 톰캣의 webapps\chap03과 같은 폴더에 직접 JSP 파일을 저장했는데, 이는 톰캣 서버의 특정 폴더에 파일을 직접 복사하는 방식을 사용한 것이다. 로컬 PC가 아닌 다른 컴퓨터의 폴더에 복사할 경우 FTP와 같은 파일 전송 기능을 이용해서 배포한다.

4.1 톰캣에 war 파일 배포하기

웹 어플리케이션을 배포하는 두 번째 방법은 웹 어플리케이션을 war 파일로 묶어서 배포하는 것이다. war는 Web Application Archive의 약자로 웹 어플리케이션의 구성 요소를 하나로 묶어 놓은 파일이다.

war 파일로 묶으려면 JDK의 jar 명령어를 사용하면 된다. jar 명령어는 javac 명령어와 동일하게 [JDK설치폴더]\bin 폴더에 포함되어 있다. PATH 환경 변수에 [JDK설치폴더]\bin 폴더를 추가해주면 전체 경로를 입력할 필요 없이 jar 명령어를 실행할 수 있다.

cvf 옵션을 사용해서 jar 명령어를 실행하면 war 파일을 생성할 수 있다. 다음은 jar 명령의 사용 예이다.

```
C:\apache-tomcat-8.0.21\webapps\chap04>jar cvf chap04.war *
Manifest를 추가함
추가하는 중: autoFlushFalse.jsp(입력 = 248) (출력 = 198)(20%를 감소함)
추가하는 중: autoFlushTrue.jsp(입력 = 246) (출력 = 192)(21%를 감소함)
추가하는 중: contextPath.jsp(입력 = 231) (출력 = 191)(17%를 감소함)
```

cvf에서 각 옵션은 다음을 뜻한다.

- c : 새로운 파일을 생성함
- v : 세부 정보를 콘솔(명령 프롬프트)에 표시함
- f : 생성할 파일의 이름을 지정함

옵션 뒤에 위치한 "chap04.war"는 생성할 파일 이름이다. 파일 확장자로 "war"를 사용해서 war 파일임을 알 수 있도록 했다. 마지막의 "*"은 현재 폴더의 모든 파일과 하위 폴더가 대상임을 의미한다. 즉, chap04 폴더에 포함된 모든 파일과 폴더를 묶어서 chap04.war 파일을 만든다.

jar 명령어를 실행하면 chap04.war 파일이 생성된다. 이 파일을 실 서버의 [톰캣]\webapps 폴더에 복사해주면 배포가 된다. 예를 들어, C:\real\tomcat 폴더에 톰캣이 설치되어 있다고 가정하자. 앞서 생성한 chap04.war 파일을 c:\real\tomcat\webapps 폴더에 복사하고 톰캣을 실행해 보자. 그러면, C:\real\tomcat\webapps 폴더에 war 파일 이름과 동일한 이름을 갖는 chap04 폴더가 생성된다. 즉, chap04.war 파일을 webapps 폴더에 복사한 뒤 톰캣을 실행하면 chap04 폴더가 생성되고, 이 폴더는 /chap04 컨텍스트 경로를 갖게 된다.

NOTE

웹로직과 같은 상용 소프트웨어는 웹 어플리케이션을 배포하고 관리할 수 있는 웹 기반 콘솔 프로그램을 제공하고 있기 때문에, 해당 프로그램을 이용해서 war 파일을 배포하고 웹 어플리케이션을 관리할 수 있다. 톰캣도 웹 기반 콘솔을 통해서 war 파일을 배포할 수 있지만, 이 기능을 사용하는 경우는 드물다.

필수 습득

PART 2

CHAPTER

05 기본 객체와 영역

이 장에서 다룰 내용

- JSP 기본 객체
- out 기본 객체
- pageContext 기본 객체
- application 기본 객체
- 기본 객체와 속성

이 장에서는 앞서 학습한 request 기본 객체와 response 기본 객체 이외의 나머지 JSP 기본 객체에 대해서 살펴본다. 그리고 JSP 페이지와 관련된 네 가지 영역과 영역별로 속성을 처리하는 방법에 대해서 배운다.

01 기본 객체

3장에서 request 기본 객체와 response 기본 객체에 대해서 살펴봤는데, JSP는 두 기본 객체를 포함해 [표 5.1]에 표시한 9가지 기본 객체를 제공하고 있다.

표 5.1 JSP가 제공하는 기본 객체

기본 객체	실제 타입	설명
request	javax.servlet.http.HttpServletRequest	클라이언트의 요청 정보를 저장한다.
response	javax.servlet.http.HttpServletResponse	응답 정보를 저장한다.
pageContext	javax.servlet.jsp.PageContext	JSP 페이지에 대한 정보를 저장한다.
session	javax.servlet.http.HttpSession	HTTP 세션 정보를 저장한다.
application	javax.servlet.ServletContext	웹 어플리케이션에 대한 정보를 저장한다.
out	javax.servlet.jsp.JspWriter	JSP 페이지가 생성하는 결과를 출력할 때 사용하는 출력 스트림이다.

config	javax.servlet.ServletConfig	JSP 페이지에 대한 설정 정보를 저장한다.
page	java.lang.Object	JSP 페이지를 구현한 자바 클래스 인스턴스이다.
exception	java.lang.Throwable	**익셉션 객체이다. 에러 페이지에서만 사용한다.**

[표 5.1]에 표시한 기본 객체 중에서 exception 기본 객체를 제외한 나머지 8개 기본 객체는 모든 JSP 페이지에서 사용할 수 있다. exception 기본 객체는 오직 에러 페이지에서만 사용할 수 있다.

이 장에서는 앞서 살펴봤던 request 기본 객체와 response 기본 객체를 제외한 out 기본 객체, pageContext 기본 객체 그리고 application 기본 객체에 대해서 알아본다. exception 기본 객체에 대해서는 "6장, 에러 처리"에서 공부할 것이며, session 기본 객체에 대해서는 "10장, 클라이언트와의 대화 2 : 세션"에서 공부할 것이다.

NOTE

page 기본 객체는 JSP를 변환한 자바 클래스의 인스턴스를 나타낸다. JSP 페이지에서 page 기본 객체를 사용하는 경우는 드물어서, 이 책에서는 page 기본 객체는 설명하지 않을 것이다. config 기본 객체도 거의 사용하지 않으므로 별도로 설명하지 않았다.

02 out 기본 객체

JSP 페이지가 생성하는 모든 내용은 out 기본 객체를 통해 전송된다. JSP 페이지 내에서 사용하는 비-스크립트 요소들(HTML 코드와 텍스트)은 out 기본 객체에 그대로 전달된다. 값을 출력하는 표현식의 결과값도 out 기본 객체에 전달된다.

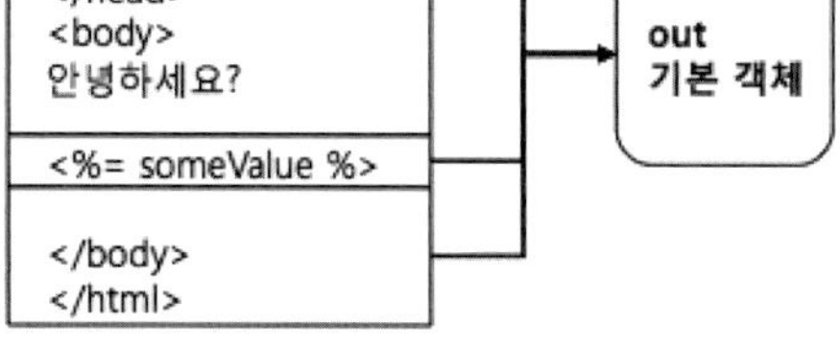

[그림 5.1] out 기본 객체를 통해서 모든 데이터가 출력된다.

out 기본 객체는 웹 브라우저에 데이터를 전송하는 출력 스트림으로서 JSP 페이지가 생성한 데이터를 출력한다. 실제로 [그림 5.1]에서 각각의 HTML 태그 및 표현식은 다음과 같은 자바 코드를 실행하는 것과 동일하다.

```
out.println("<html>");
out.println("<head>");
...
out.println( someValue );
...
```

out 기본 객체를 JSP 페이지의 스크립트릿에서 직접 사용할 수 있다. [리스트 5.1]을 보자.

[리스트 5.1] chap05\useOutObject.jsp

```
01: <%@ page contentType = "text/html; charset=utf-8" %>
02: <html>
03: <head><title>out 기본 객체 사용</title></head>
04: <body>
05: 
06: <%
07:     out.println("안녕하세요?");
08: %>
09: <br>
10: out 기본 객체를 사용하여
11: <%
12:     out.println("출력한 결과입니다.");
13: %>
14: 
15: </body>
16: </html>
```

07행	out 기본 객체를 사용해서 문자열을 출력한다.
12행	out 기본 객체를 사용해서 문자열을 출력한다.

[리스트 5.1]의 useOutOjbect.jsp는 07행과 12행에서 out.println() 메서드를 사용하고 있다. useOutObject.jsp의 실행 결과는 [그림 5.2]와 같은데, 이 결과를 보면 out 기본 객체를 사용해서 출력한 내용이 응답 결과에 포함된 것을 알 수 있다.

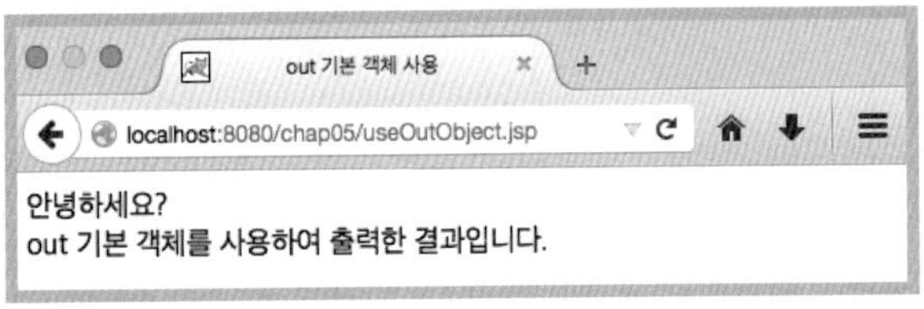

[그림 5.2] out 기본 객체를 직접 사용해서 내용 출력

out 기본 객체는 언제 사용하는가?

out 기본 객체를 직접 사용해서 응답 결과를 생성하는 경우는 많지 않다. 그 이유는 [리스트 5.1]에서 보는 것처럼 스크립트릿 코드 블록을 사용하면 입력할 코드가 늘어나기 때문이다.

조건에 따라 알맞은 값을 출력해야 하는 경우 out 기본 객체를 사용하면 코드를 덜 복잡하게 만들 수 있다. 다음과 같은 if – else 블록을 생각해보자.

```
<%  if ( grade > 10) {  %>
<%= gradeStringA %>
<%  } else if ( grade > 5) {  %>
<%= gradeStringB %>
<%  }  %>
```

이 코드는 if – else 블록과 스크립트를 구분하기 위한 태그(<%와 %>) 때문에 코드가 복잡하다. out 기본 객체를 사용하면 다음과 같이 복잡함을 제거할 수 있다.

```
<%
    if (grade > 10) {
        out.println(gradeStringA);
    } else if (grade > 5) {
        out.println(gradeStringB);
    }
%>
```

표현식과 스크립트릿이 복잡하게 섞여 있을 때보다 간단해지는 것을 알 수 있다. 하지만, 복잡한 조건 비교 때문에 출력 코드가 복잡해지는 경우가 아니면 out 기본 객체를 사용하지 않는 것이 좋다.

2.1 out 기본 객체의 출력 메서드

out 기본 객체는 응답 생성을 위해 다음의 세 가지 메서드를 제공한다.

- **print()** : 데이터를 출력한다.
- **println()** : 데이터를 출력하고, 줄바꿈 문자(\r\n 또는 \n)를 출력한다.
- **newLine()** : 줄바꿈 문자(\r\n 또는 \n)를 출력한다.

print() 메서드와 println() 메서드를 사용하여 출력할 수 있는 값은 boolean, char, char[], double, float, int, long의 기본 데이터 타입과 String이다.

2.2 out 기본 객체와 버퍼의 관계

앞서 "4장, 필수 이해 요소"에서 page 디렉티브의 buffer 속성을 사용해서 JSP 페이지의 버퍼 크기를 조절할 수 있다고 했다. JSP 페이지가 사용하는 버퍼는 실제로 out 기본 객체가 내부적으로 사용하고 있는 버퍼이다. 예를 들어, 다음과 같이 버퍼의 크기를 설정하면, out 기본 객체는 16Kb 크기의 버퍼를 내부적으로 사용한다.

```
<%@ page buffer="16kb" %>
```

out 기본 객체는 버퍼와 관련해서 [표 5.2]의 메서드를 제공한다.

표 5.2 out 기본 객체의 버퍼 관련 메서드

메서드	리턴 타입	설명
getBufferSize()	int	버퍼의 크기를 구한다.
getRemaining()	int	현재 버퍼의 남은 크기를 구한다.
clear()	void	버퍼의 내용을 비운다. 만약 버퍼를 이미 플러시했다면 IOException을 발생시킨다.
clearBuffer()	void	버퍼의 내용을 비운다. clear() 메서드와 달리 버퍼를 플러시한 경우에도 IOException을 발생시키지 않는다.
flush()	void	버퍼를 플러시한다. 즉 버퍼의 내용을 클라이언트에 전송한다.
isAutoFlush()	boolean	버퍼가 다 찼을 때 자동으로 플러시 할 경우 true를 리턴한다.

isAutoFlush() 메서드의 리턴값을 결정하는 것은 page 디렉티브의 autoFlush 속성이다. 아래 코드와 같이 page 디렉티브의 autoFlush 속성의 값을 false로 지정했다면 out.isAutoFlush() 메서드는 false를 리턴한다.

```
<%@ page autoFlush="false" %>
```

[리스트 5.2]는 [표 5.2]에 표시한 메서드를 사용하여 간단하게 JSP 페이지의 버퍼 정보를 출력해주는 예제 코드이다.

[리스트 5.2] chap05\bufferInfo.jsp

```
<%@ page contentType = "text/html; charset=utf-8" %>
<%@ page buffer="8kb" autoFlush="false" %>
<html>
<head><title>버퍼 정보</title></head>
<body>

버퍼 크기: <%= out.getBufferSize() %> <br>
남은 크기: <%= out.getRemaining() %> <br>
auto flush: <%= out.isAutoFlush() %> <br>

</body>
</html>
```

02행	버퍼의 크기를 8KB로, 자동 플러시를 false로 지정한다.
07-09행	버퍼 크기 출력, 남은 버퍼 크기 출력, 자동 플러시 여부를 출력한다.

[리스트 5.2]를 실행하면 [그림 5.3]과 같은 버퍼 정보가 출력되는 것을 확인할 수 있다.

[그림 5.3] bufferInfo.jsp의 실행 결과

03 pageContext 기본 객체

pageContext 기본 객체는 JSP 페이지와 일대일로 연결된 객체로 다음의 기능을 제공한다.

- 기본 객체 구하기
- 속성 처리하기 (이 장에서 설명한다.)
- 페이지의 흐름 제어하기 (7장)
- 에러 데이터 구하기 (6장)

pageContext 기본 객체를 직접 사용하는 경우는 드물다. 하지만, 커스텀 태그를 구현할 때 사용되므로 JSP 프로그래밍을 더 잘하려면 pageContext 기본 객체가 제공하는 기능을 익혀두는 것이 좋다.

pageContext 기능 중에서 기본 객체를 구하는 것에 대한 내용만 본 절에서 살펴보고, 나머지는 위의 기능 옆에 표시한 장에서 살펴볼 것이다.

3.1 기본 객체 접근 메서드

pageContext 기본 객체는 다른 기본 객체에 접근할 수 있는 [표 5.3]의 메서드를 제공한다.

표 5.3 pageContext가 제공하는 기본 객체 접근 메서드

메서드	리턴 타입	설명
getRequest()	ServletRequest	request 기본 객체를 구한다.
getResponse()	ServletResponse	response 기본 객체를 구한다.
getSession()	HttpSession	session 기본 객체를 구한다.
getServletContext()	ServletContext	application 기본 객체를 구한다.
getServletConfig()	ServletConfig	config 기본 객체를 구한다.
getOut()	JspWriter	out 기본 객체를 구한다.
getException()	Exception	exception 기본 객체를 구한다.
getPage()	Object	page 기본 객체를 구한다.

getException() 메서드는 JSP 페이지가 에러 페이지인 경우에만 의미가 있다.

JSP는 웹 환경에서 사용되기 때문에, getRequest() 메서드와 getResponse() 메서드가 실제로 리턴하는 객체의 타입은 HttpServletRequest와 HttpServletResponse이다. [리스트 5.3]은 이 두 메서드를 이용해서 request 기본 객체와 out 기본 객체를 사용하는 예를 보여주고 있다. (물론, request 기본 객체와 out 기본 객체를 이렇게 구하지는 않는다.)

[리스트 5.3] chap05\usePageContext.jsp

```
<%@ page contentType = "text/html; charset=utf-8" %>
<html>
<head><title>pageContext 기본 객체</title></head>
<body>

<%
    HttpServletRequest httpRequest =
        (HttpServletRequest)pageContext.getRequest();
%>

request 기본 객체와 pageContext.getRequest()의 동일여부:

<%= request == httpRequest %>

<br>

pageContext.getOut() 메서드를 사용한 데이터 출력:

<% pageContext.getOut().println("안녕하세요!"); %>
</body>
</html>
```

08행	pageContext.getRequest()의 리턴 타입은 ServletRequest인데, JSP 페이지가 HTTP 요청을 처리하므로 HttpServletRequest로 타입 변환한다.
13행	request 기본 객체와 pageContext.getRequest()의 리턴 값이 같은 객체인지 검사한다.
19행	pageContext.getOut().println()은 out.println()과 동일하다.

usePageContext.jsp의 실행 결과는 [그림 5.4]와 같다. 결과를 보면 13행의 결과가 true인데, 이는 request 기본 객체와 pageContext.getRequest() 메서드로 구한 객체가 같은 객체임을 보여준다. 또한, 19행에서 pageContext.getOut().println() 메서드를 사용해서 출력한 내용이 결과에 포함된 것도 확인할 수 있다.

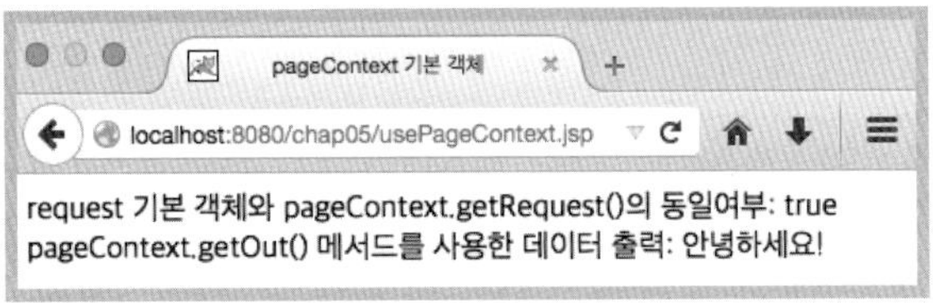

[그림 5.4] usePageContext.jsp의 실행 결과

04 application 기본 객체

"4장, 필수 이해 요소"에서 웹 어플리케이션에 대해 공부했는데, application 기본 객체는 바로 이 웹 어플리케이션과 관련된 기본 객체이다. 특정 웹 어플리케이션에 포함된 모든 JSP 페이지는 하나의 application 기본 객체를 공유하게 된다.

application 기본 객체는 웹 어플리케이션 전반에 걸쳐서 사용되는 정보를 담고 있다. 예를 들어, application 기본 객체를 사용해서 초기 설정 정보를 읽어올 수 있으며, 서버 정보를 읽어올 수 있고, 웹 어플리케이션이 제공하는 자원(파일)을 읽어올 수도 있다.

4.1 웹 어플리케이션 초기화 파라미터 읽어오기

서블릿 규약은 웹 어플리케이션 전체에 걸쳐서 사용할 수 있는 초기화 파라미터를 정의하고 있다. 웹 어플리케이션에서 사용할 수 있는 초기화 파라미터는 WEB-INF\web.xml 파일에 〈context-param〉 태그를 사용하여 추가한다.

```
<context-param>
    <description>파라미터 설명(필수 아님)</description>
    <param-name>파라미터이름</param-name>
    <param-value>파라미터값</param-value>
</context-param>
```

web.xml 파일

web.xml 파일은 웹 어플리케이션을 위한 설정 정보를 담고 있는 파일이다. JSP 프로그래밍을 할 때 web.xml 파일이 꼭 필요한 것은 아니다. 서블릿 2.5/JSP 2.1 버전까지는 web.xml 파일이 필수였지만 서블릿 3.0/JSP 2.2 버전부터 필요할 때만 web.xml 파일을 작성하면 된다.

web.xml 파일은 [웹어플리케이션폴더]\WEB-INF 폴더에 위치해야 한다. 다른 폴더에 위치하면 web.xml 파일을 인식하지 못한다. 5장을 위한 웹 어플리케이션 폴더는 [톰캣폴더]\webapps\chap05이므로 [톰캣폴더]\webapps\chap05\WEB-INF 폴더에 web.xml 파일을 작성해야 한다.

서블릿 3.0 버전부터 web.xml 파일 대신 자바 코드를 이용해서 설정할 수 있는 기능이 추가됐다. 자바 코드를 이용한 설정 방법은 이 책의 후반부에 설명한다.

web.xml 파일에 초기화 파라미터를 추가하면, JSP는 application 기본 객체가 제공하는 메서드를 사용해서 초기화 파라미터를 사용할 수 있다. application 기본 객체는 초기화 파라미터를 읽어올 수 있는 [표 5.4]의 메서드를 제공하고 있다.

표 5.4 application 기본 객체의 웹 어플리케이션 초기화 파라미터 관련 메서드

메서드	리턴 타입	설명
getInitParameter(String name)	String	이름이 name인 웹 어플리케이션 초기화 파라미터의 값을 읽어온다. 존재하지 않으면 null을 리턴한다.
getInitParameterNames()	Enumeration<String>	웹 어플리케이션 초기화 파라미터의 이름 목록을 리턴한다.

위 메서드의 실제 사용 예를 살펴보기 전에 먼저 해야 할 일이 있는데, 그것은 초기화 파라미터를 web.xml 파일에 추가하는 것이다. 이 장에서 테스트를 위해서 사용한 web.xml 파일은 [리스트 5.4]와 같다. web.xml 파일은 [웹어플리케이션]\WEB-INF 폴더에 위치해야 한다.

[리스트 5.4] chap05\WEB-INF\web.xml

```
<?xml version="1.0" encoding="UTF-8"?>

<web-app xmlns="http://xmlns.jcp.org/xml/ns/javaee"
         xmlns:xsi="http://www.w3.org/2001/XMLSchema-instance"
         xsi:schemaLocation="http://xmlns.jcp.org/xml/ns/javaee
            http://xmlns.jcp.org/xml/ns/javaee/web-app_3_1.xsd"
         version="3.1">
```

```
08:
09:     <context-param>
10:         <description>로깅 여부</description>
11:         <param-name>logEnabled</param-name>
12:         <param-value>true</param-value>
13:     </context-param>
14:
15:     <context-param>
16:         <description>디버깅 레벨</description>
17:         <param-name>debugLevel</param-name>
18:         <param-value>5</param-value>
19:     </context-param>
20:
21: </web-app>
```

09-13행	이름이 logEnabled이고 값이 "true"인 초기화 파라미터를 설정한다.
15-19행	이름이 debugLevel이고 값이 "5"인 초기화 파라미터를 설정한다.

NOTE

web.xml 파일을 변경하면 웹 어플리케이션을 자동으로 다시 시작하는 웹 컨테이너가 존재하는데, 톰캣은 그중 하나이다. 톰캣은 web.xml 파일이 변경되면 웹 어플리케이션을 재시작하도록 설정되어 있다. 하지만, 모든 웹 컨테이너가 web.xml 파일이 변경될 때 웹 어플리케이션을 재시작하지는 않는다. 이때는 웹 컨테이너를 수동으로 다시 시작해주어야 한다.

WEB-INF\web.xml 파일에 웹 어플리케이션 초기화 파라미터를 추가했다면 [리스트 5.5]와 같이 application 기본 객체를 사용하여 초기화 파라미터를 읽어올 수 있다.

[리스트 5.5] chap05\readInitParameter.jsp

```
<%@ page contentType = "text/html; charset=utf-8" %>
<%@ page import = "java.util.Enumeration" %>
<html>
<head><title>초기화 파라미터 읽어오기</title></head>
<body>

초기화 파라미터 목록:
<ul>
<%
    Enumeration<String> initParamEnum = application.getInitParameterNames();
    while (initParamEnum.hasMoreElements()) {
        String initParamName = initParamEnum.nextElement();
%>
<li><%= initParamName %> =
    <%= application.getInitParameter(initParamName) %>
<%
```

```
    }
%>
</ul>
</body>
</html>
```

readInitParameter.jsp의 실행 결과는 [리스트 5.4]의 결과와 같다. web.xml 파일에서 설정한 웹 어플리케이션 초기화 파라미터의 이름과 값이 출력되는 것을 확인할 수 있다.

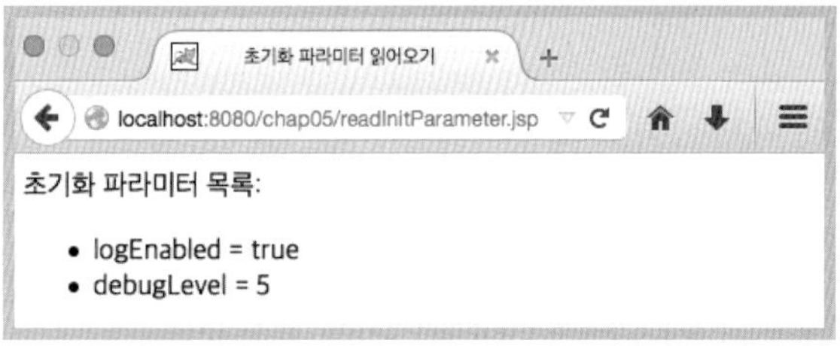

[그림 5.5] 웹 어플리케이션의 초기화 파라미터 출력 결과

웹 어플리케이션 초기화 파라미터는 언제 사용할까?

웹 어플리케이션 초기화 파라미터는 이름처럼 웹 어플리케이션을 초기화하는 데 필요한 설정 정보를 지정하기 위해 사용된다. 예를 들어, 데이터베이스 연결과 관련된 설정 파일의 경로나, 로깅 설정 파일, 또는 웹 어플리케이션의 주요 속성 정보를 담고 있는 파일의 경로 등을 지정할 때 초기화 파라미터를 사용한다.

4.2 서버 정보 읽어오기

application 기본 객체는 현재 사용 중인 웹 컨테이너에 대한 정보를 읽어오는 메서드를 제공하고 있다. 이들 메서드는 [표 5.5]와 같다.

표 5.5 application 기본 객체가 제공하는 서버 정보 관련 메서드

메서드	리턴 타입	설명
getServerInfo()	String	서버 정보를 구한다.
getMajorVersion()	String	서버가 지원하는 서블릿 규약의 메이저 버전을 리턴한다. 버전의 정수 부분을 리턴한다.
getMinorVersion()	String	서버가 지원하는 서블릿 규약의 마이너 버전을 리턴한다. 버전의 소수 부분을 리턴한다.

[표 5.5]에 표시한 메서드를 사용하면 현재 서버 정보 및 지원하는 서블릿 API의 버전을 출력할 수 있다. [리스트 5.6]은 [표 5.5]에 표시한 메서드의 사용 예를 보여주고 있다.

[리스트 5.6] chap05\viewServerInfo.jsp

```
<%@ page contentType = "text/html; charset=utf-8" %>
<html>
<head><title>서버 정보 출력</title></head>
<body>

서버정보: <%= application.getServerInfo() %> <br>
서블릿 규약 메이저 버전: <%= application.getMajorVersion() %> <br>
서블릿 규약 마이너 버전: <%= application.getMinorVersion() %>

</body>
</html>
```

[그림 5.6]은 viewServerInfo.jsp의 실행 결과이다. 실행 결과를 보면 서블릿 규약의 메이저 버전과 마이너 버전이 각각 "3"과 "1"로 출력된 것을 알 수 있다. 이를 통해서 톰캣 8.0.21 버전이 서블릿 3.1 규약을 지원한다는 것을 확인할 수 있다.

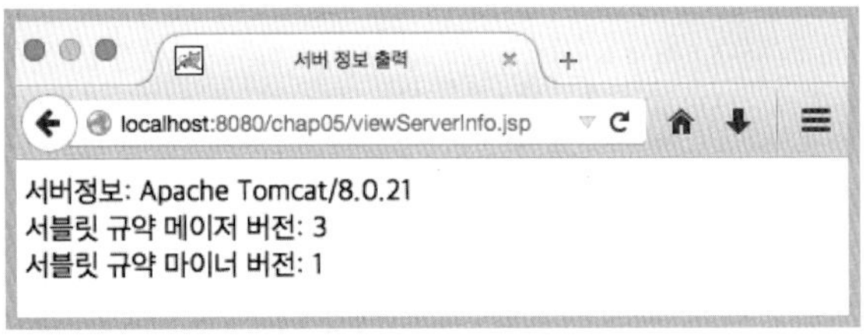

[그림 5.6] 서버 정보 메서드 사용 예

4.3 로그 메시지 기록하기

application 기본 객체는 웹 컨테이너가 사용하는 로그 파일에 로그 메시지를 기록할 수 있도록 [표 5.6]의 메서드를 제공하고 있다.

표 5.6 application 기본 객체가 제공하는 로그 기록 메서드

메서드	리턴 타입	설명
log(String msg)	void	msg를 로그로 남긴다.
log(String msg, Throwable throwable)	void	msg를 로그로 남긴다. 익셉션 정보도 함께 로그에 기록한다.

[표 5.6]의 로그 메서드는 [리스트 5.7]과 같이 사용할 수 있다.

[리스트 5.7] chap05\useApplicationLog.jsp

```
01: <%@ page contentType = "text/html; charset=utf-8" %>
02: <html>
03: <head><title>로그 메시지 기록</title></head>
04: <body>
05:
06: <%
07:     application.log("로그 메시지 기록");
08: %>
09: 로그 메시지를 기록합니다.
10:
11: </body>
12: </html>
```

웹 브라우저에서 useApplicationLog.jsp를 실행해보자. 로그 메시지가 기록되는 파일은 웹 컨테이너에 따라 다르다. 톰캣은 [톰캣설치폴더]\logs 폴더에 있는 localhost.yyyy-mm-dd.log 형식의 파일에 로그를 기록한다. 오늘 날짜가 2015년 5월 10일이라면, localhost_log.2015-05-10.log 파일을 열어서 로그 메시지가 기록되었는지 확인할 수 있다. 해당 파일을 열어보면 다음과 같이, [리스트 5.7]의 07행에서 입력한 로그 메시지가 기록되어 있는 것을 확인할 수 있다.

```
10-May-2015 12:08:22.848 INFO [http-nio-8080-exec-2] org.apache.catalina.
core.ApplicationContext.log 로그 메시지 기록
```

application 기본 객체가 제공하는 log() 메서드뿐만 아니라 JSP 페이지가 제공하는 log() 메서드를 이용해도 로그 메시지를 기록할 수 있다. 예를 들어, [리스트 5.7]에서 로그 메시지를 기록하는 부분을 [리스트 5.8]과 같이 변경할 수도 있다.

[리스트 5.8] chap05\useJspLog.jsp

```
<%@ page contentType = "text/html; charset=utf-8" %>
<html>
<head><title>로그 메시지 기록2</title></head>
<body>

<%
    log("로그 메시지 기록2");
%>
로그 메시지를 기록합니다.

</body>
</html>
```

07행　　JSP가 자체적으로 제공하는 log() 메서드를 사용해도 된다.

톰캣은 07행에서 JSP가 제공하는 log() 메서드를 사용하여 기록한 로그 메시지를 다음과 같이 기록한다.

```
10-May-2015 12:15:34.597 INFO [http-nio-8080-exec-3] org.apache.catalina.
core.ApplicationContext.log jsp: 로그 메시지 기록2
```

위 기록 결과를 보면 application.log() 메서드를 이용하여 기록한 로그 메시지와 달리 중간에 "jsp:"라는 문장이 추가된 것을 알 수 있다.

NOTE

로그 메시지를 기록하는 파일은 웹 컨테이너에 따라 다르다. 톰캣 서버는 [톰캣폴더]\logs 폴더를 사용하지만, 다른 서버는 다른 폴더에 다른 파일 이름을 사용해서 로그 메시지를 기록한다. 또한 application.log() 메서드나 JSP가 제공하는 log() 메서드를 사용해서 기록한 로그 메시지의 형식도 웹 컨테이너마다 다르다.

4.4 웹 어플리케이션의 자원 구하기

JSP 페이지에서 웹 어플리케이션 폴더에 위치한 파일을 사용해야 할 때가 있다. 예를 들어, chap05 웹 어플리케이션 폴더의 하위 폴더에 위치한 message\notice.txt 파일의 내용을 그대로 응답으로 출력하고 싶다고 해보자. 이 경우 JSP 페이지는 [리스트 5.9]와 같이 절대 경로를 사용하여 지정한 자원을 읽어올 수 있다.

[리스트 5.9] chap05\readFileDirectly.jsp

```
<%@ page contentType = "text/html; charset=utf-8" %>
<%@ page import = "java.io.*" %>
<html>
<head><title>절대 경로 사용하여 자원 읽기</title></head>
<body>

<%
    char[] buff = new char[128];
    int len = -1;

    String filePath = "C:\\apache-tomcat-8.0.21\\webapps\\chap05"+
         "\\message\\notice.txt";
    try(InputStreamReader fr = new InputStreamReader(
           new FileInputStream(filePath), "UTF-8")) {
        while ( (len = fr.read(buff)) != -1) {
```

```
16:             out.print(new String(buff, 0, len));
17:         }
18:     } catch(IOException ex) {
19:         out.println("익셉션 발생: "+ex.getMessage());
20:     }
21: %>
22:
23: </body>
24: </html>
```

13-14행	notice.txt로부터 내용을 읽어오는 스트림을 생성한다. 11-12행에 정의한 절대 경로를 사용했다.
15-17행	notice.txt로부터 읽어온 데이터를 out 기본 객체를 사용하여 웹 브라우저에 출력한다.

[리스트 5.9]는 파일의 절대 경로를 사용하여 파일을 읽어온다. 이 책에서 사용하는 notice.txt 파일은 [리스트 5.10]과 같다. notice.txt 파일은 JSP 파일과 동일하게 UTF-8로 인코딩해서 저장한다.

[리스트 5.10] chap05\message\notice.txt

```
01: 본 사이트는 예제 사이트입니다.<br>
02: 이 내용은 <b>notice.txt</b>에 있습니다.
```

readFileDirectly.jsp를 실행하면 [그림 5.7]과 같은 결과가 출력된다.

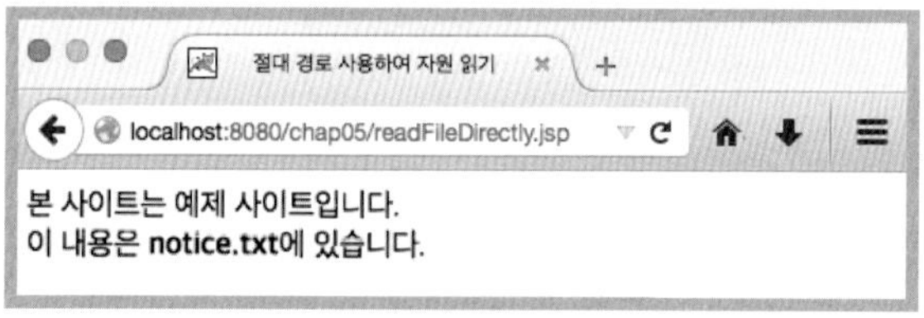

[그림 5.7] readFileDirectly.jsp의 출력 결과

[그림 5.7]을 보면 notice.txt 파일 내용이 출력된 것을 알 수 있다. 하지만, 절대 경로를 사용해서 파일을 읽어오면 유지보수에 문제가 생길 수 있다. 예를 들어, 톰캣 버전을 8.0.21에서 8.0.22로 업그레이드했다고 가정해보자. 이 경우 notice.txt 파일의 절대 경로는 "C:\apache-tomcat-8.0.21"로 시작하지 않고 "C:\apache-tomcat-8.0.22"로 시작하게 된다. 이렇게 경로를 변경해야 하는 JSP 파일 개수가 1~2개뿐이라면 문제가 없겠지만, 변경할 JSP 파일이 많다면 유지보수에 어려움을 겪게 된다.

application 기본 객체는 이런 문제를 해결할 수 있도록 웹 어플리케이션의 파일에 접근할 수 있는 메서드를 제공하고 있다. 그 메서드는 [표 5.7]과 같다.

표 5.7 application 기본 객체가 제공하는 자원 접근 메서드

메서드	리턴 타입	설명
getRealPath(String path)	String	웹 어플리케이션 내에서 지정한 경로에 해당하는 자원의 시스템상에서의 경로를 리턴한다.
getResource(String path)	java.net.URL	웹 어플리케이션 내에서 지정한 경로에 해당하는 자원에 접근할 수 있는 URL 객체를 리턴한다.
getResourceAsStream(String path)	java.io.InputStream	웹 어플리케이션 내에서 지정한 경로에 해당하는 자원으로부터 데이터를 읽어올 수 있는 InputStream을 리턴한다.

[표 5.7]에 있는 메서드를 사용하면 [리스트 5.9]의 readFileDirectly.jsp처럼 절대 경로를 사용하지 않고도 웹 어플리케이션 폴더의 파일에 접근할 수 있다.

웹 어플리케이션 내에서의 경로

application 기본 객체를 포함해 웹 어플리케이션 내에 있는 파일을 사용할 때에는 웹 어플리케이션 폴더를 기준으로 파일의 경로를 지정한다. 예를 들어, 웹 어플리케이션의 폴더가 c:\apache-tomcat-8.0.21\webapps\chap05라고 하자. 이때, 웹 어플리케이션 내에서 웹 어플리케이션 폴더인 c:\apache-tomcat-8.0.21\webapps\chap05\ 폴더의 경로는 "/"가 된다.

c:\apache-tomcat-8.0.21\webapps\chap05\message\notice.txt 파일에 접근할 경우, application 기본 객체는 "/message/notice.txt"와 같이 웹 어플리케이션 폴더를 기준으로 나머지 경로만을 사용해서 파일에 접근하게 된다.

[표 5.7]에 있는 메서드를 사용하면 readFileDirectly.jsp를 [리스트 5.11]과 같이 다시 구현할 수 있다.

[리스트 5.11] chap05\readFileUsingApplication.jsp

```
<%@ page contentType = "text/html; charset=utf-8" %>
<%@ page import = "java.io.*" %>
<html>
<head><title>application 기본 객체 사용하여 자원 읽기</title></head>
<body>

<%
    String resourcePath = "/message/notice.txt";
%>
자원의 실제 경로:<br>
<%= application.getRealPath(resourcePath) %>
<br>
----------<br>
<%= resourcePath %>의 내용<br>
```

```
15: ----------<br>
16: <%
17:     char[] buff = new char[128];
18:     int len = -1;
19:
20:     try(InputStreamReader br = new InputStreamReader(
21:                 application.getResourceAsStream(resourcePath), "UTF-8")) {
22:         while ( (len = br.read(buff)) != -1) {
23:             out.print(new String(buff, 0, len));
24:         }
25:     } catch(IOException ex) {
26:         out.println("익셉션 발생: "+ex.getMessage());
27:     }
28: %>
29:
30: </body>
31: </html>
```

08행	웹 어플리케이션 내에서의 경로를 사용한다.
11행	자원의 실제 경로를 구한다.
20-21행	자원으로부터 데이터를 읽어오는 스트림을 생성한다.
22-24행	스트림으로부터 데이터를 읽어와 출력한다.

[리스트 5.11]은 웹 어플리케이션 내에 위치한 자원에 접근하기 위해 절대 경로를 사용하지 않았다. 대신 웹 어플리케이션 폴더를 기준으로 자원 경로를 지정하였다. [그림 5.8]은 readFileUsingApplication.jsp의 실행 결과 화면이다. 이 결과를 보면 application 기본 객체를 사용하면 웹 어플리케이션 내에서의 경로만으로 자원의 실제 경로를 구할 수 있음을 알 수 있다.

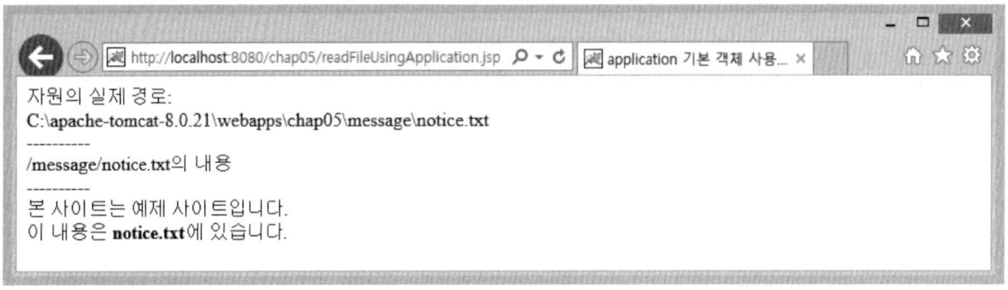

[그림 5.8] application 기본 객체를 이용한 웹 어플리케이션 자원 사용

URL 객체를 리턴하는 application.getResource() 메서드를 사용하면 [리스트 5.12]와 같은 코드를 사용해서 자원에 접근할 수 있다.

[리스트 5.12] chap05\readFileUsingURL.jsp

```
01: <%@ page contentType = "text/html; charset=utf-8" %>
02: <%@ page import = "java.io.*" %>
03: <%@ page import = "java.net.URL" %>
04: <html>
05: <head><title>application 기본 객체 사용하여 자원 읽기2</title></head>
06: <body>
07: 
08: <%
09:     String resourcePath = "/message/notice.txt";
10:     char[] buff = new char[128];
11:     int len = -1;
12:     URL url = application.getResource(resourcePath);
13:     try (InputStreamReader br = new InputStreamReader(url.openStream(), "UTF-8")) {
14:         while ( (len = br.read(buff)) != -1) {
15:             out.print(new String(buff, 0, len));
16:         }
17:     } catch(IOException ex) {
18:         out.println("익셉션 발생: "+ex.getMessage());
19:     }
20: %>
21: 
22: </body>
23: </html>
```

12행 지정한 경로에 해당하는 자원을 위한 URL 생성한다.

13행 url.openSteram() 메서드를 사용하여 자원으로부터 데이터를 읽어오는 InputStream 생성한다. 다음 코드를 보자.

```
URL url = application.getResource(resourcePath);
InputStream is = url.openStream();
```

이 코드는 다음 코드와 동일한 InputStream을 리턴하게 된다.

```
InputStream is = application.getResourceAsStream(resourcePath);
```

[리스트 5.12]를 실행하면 [그림 5.9]와 같은 결과 화면이 출력된다. 이 결과를 보면 application.getResource() 메서드와 application.getResourceAsStream() 메서드가 동일한 자원 경로에 대해서 같은 자원에 접근한다는 것을 알 수 있다.

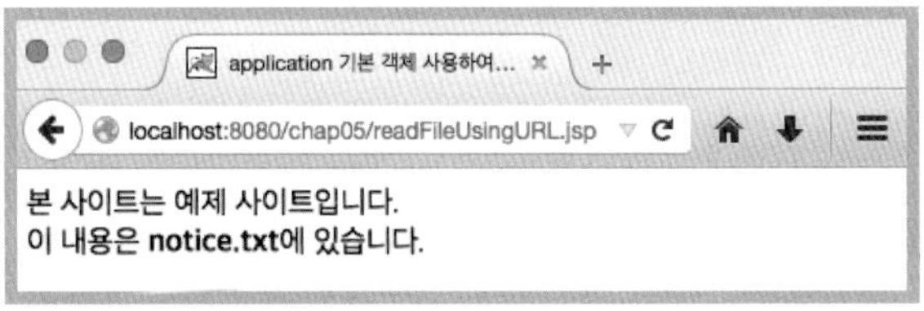

[그림 5.9] application.getResource() 메서드를 사용하여 자원 읽어오기

readFileUsingApplication.jsp나 readFileUsingURL.jsp는 application 기본 객체를 통해서 자원에 접근하기 때문에 웹 어플리케이션 폴더를 변경하더라도 코드에서 자원의 경로를 변경할 필요가 없다. 예를 들어, C:\apache-tomcat-8.0.21\webapps\chap05 폴더를 c:\apache-tomcat-8.0.21\chap05_1로 변경한 뒤, readFileUsingApplication.jsp([리스트 5.11])를 실행해보자. 그러면 [그림 5.10]과 같은 결과를 볼 수 있을 것이다.

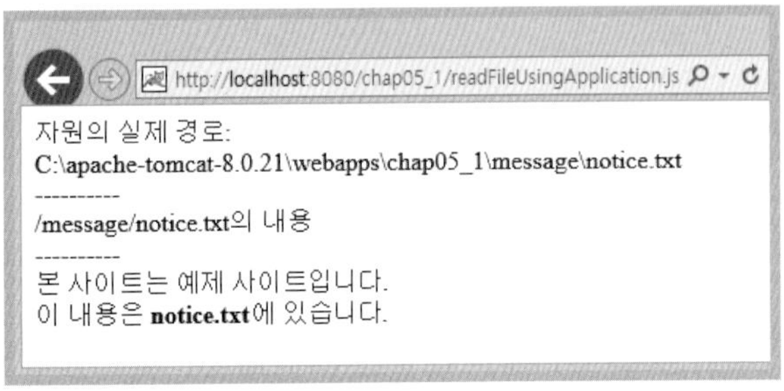

[그림 5.10] 웹 어플리케이션 폴더를 변경해도 application 기본 객체를 사용하면 자원에 접근하는 경로를 변경할 필요가 없다.

[그림 5.10]의 실행 결과를 보면 자원의 실제 경로가 이동한 폴더에 맞게 출력된 것을 알 수 있다. 이렇게 웹 어플리케이션 내에서의 경로를 사용하면 웹 어플리케이션 폴더 경로가 변경되더라도 코드를 변경할 필요가 없다. 이는 [리스트 5.9]의 readFileDirectly.jsp는 폴더가 변경되면 JSP 소스 코드에서 경로 부분을 변경해야 하는 것과 비교된다.

05 JSP 기본 객체와 영역

웹 어플리케이션은 다음의 네 가지 영역(scope)으로 구성된다.

- PAGE **영역** : 하나의 JSP 페이지를 처리할 때 사용되는 영역
- REQUEST **영역** : 하나의 HTTP 요청을 처리할 때 사용되는 영역
- SESSION **영역** : 하나의 웹 브라우저와 관련된 영역
- APPLICATION **영역** : 하나의 웹 어플리케이션과 관련된 영역

PAGE 영역은 한 번의 클라이언트 요청에 대해서 하나의 JSP 페이지를 범위로 갖는다. 웹 브라우저의 요청이 들어오면 JSP 페이지를 실행하는데, 이때 JSP 페이지를 실행하는 범위가 하나의 PAGE 영역이 된다.

REQUEST 영역은 한 번의 웹 브라우저 요청과 관련된다. 웹 브라우저의 주소에 URL을 입력하거나 링크를 클릭해서 페이지를 이동할 때, 웹 브라우저가 웹 서버에 전송하는 요청이 하나의 REQUEST 영역이 된다. 웹 브라우저가 요청을 보낼 때마다 새로운 REQUEST 영역이 생성된다. PAGE 영역은 오직 하나의 JSP 페이지만을 포함하는데 반해, REQUEST 영역은 하나의 요청을 처리하는 데 사용되는 모든 JSP 페이지를 포함한다는 차이점이 있다.

SESSION 영역은 하나의 웹 브라우저와 관련된 영역이다. 세션이 생성되면 하나의 웹 브라우저와 관련된 모든 요청은 하나의 SESSION 영역에 포함된다.

APPLICATION 영역은 하나의 웹 어플리케이션과 관련된 전체 영역을 포함한다. 예를 들어, 이 장에서 사용 중인 예제인 /chap05 웹 어플리케이션에 포함된 모든 JSP 페이지, 이 웹 어플리케이션을 사용하는 모든 요청 그리고 브라우저의 세션은 모두 하나의 APPLICATION 영역에 속하게 된다.

각각의 영역은 관련된 기본 객체를 갖고 있는데, 이들 간의 관계는 다음과 같다.

- **PAGE 영역** : pageContext 기본 객체
- **REQUEST 영역** : request 기본 객체
- **SESSION 영역** : session 기본 객체
- **APPLICATION 영역** : application 기본 객체

[그림 5.11]은 각 영역에 대해서 기본 객체가 어떻게 매핑되는지 보여주고 있다.

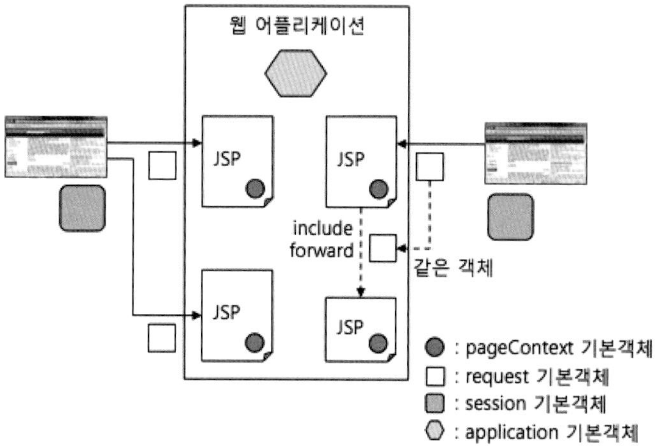

[그림 5.11] 네 가지 영역과 기본 객체의 관계

[그림 5.11]에서 웹 브라우저의 요청을 처리하는 JSP 페이지는 새로운 PAGE 영역에 속하고, 그에 해당하는 pageContext 기본 객체를 갖는다.

웹 브라우저에서 한 번의 요청은 하나의 request 기본 객체와 관련된다. 웹 브라우저가 결과를 받으면 그 요청과 관련된 request 기본 객체는 사라진다. 즉, 웹 브라우저가 요청할 때마다 새로운 request 기본 객체가 생성된다. 즉, 매번 새로운 REQUEST 영역이 생성된다.

하나의 요청을 처리하는 데 두 개 이상의 JSP가 사용될 수도 있다. 예를 들어, 웹 브라우저가 호출한 JSP 페이지가 다른 JSP를 include하거나 forward 할 수 있는데, 이 경우 두 JSP 페이지는 같은 요청 범위에 속하게 된다. 즉, 같은 request 기본 객체를 공유하게 된다. (이에 대한 내용은 7장에서 살펴볼 것이다.)

하나의 웹 브라우저는 하나의 세션과 관련된다. 서로 다른 두 개의 웹 브라우저가 같은 JSP 페이지를 사용한다 하더라도 두 웹 브라우저는 서로 다른 SESSION 영역에 포함되며, 서로 다른 session 기본 객체를 사용하게 된다.

모든 JSP는 한 개의 application 기본 객체를 공유하며, application 기본 객체는 APPLICATION 영역에 포함된다.

06 JSP 기본 객체의 속성(Attribute) 사용하기

네 개의 기본 객체 pageContext, request, session, application은 속성을 갖는다. 각 기본 객체가 존재하는 동안 기본 객체의 속성을 사용할 수 있다. 속성은 JSP 페이지 사이에서 정보를 주고받거나 공유하기 위한 목적으로 사용된다.

속성은 〈속성이름, 값〉의 형태를 갖는다. 네 개의 기본 객체는 서로 다른 이름을 갖는 속성을 여러 개 포함할 수 있다. pageContext, request, session, application 기본 객체는 [표 5.8]에 표시한 메서드를 제공하고 있다. 이들 메서드를 사용해서 속성을 추가하고, 속성의 값을 변경하고, 속성을 삭제한다.

표 5.8 속성 처리 메서드

메서드	리턴 타입	설명
setAttribute(String name, Object value)	void	이름이 name인 속성의 값을 value로 지정한다.
getAttribute(String name)	Object	이름이 name인 속성의 값을 구한다. 지정한 이름의 속성이 존재하지 않으면 null을 리턴한다.
removeAttribute(String name)	void	이름이 name인 속성을 삭제한다.
getAttributeNames()	Enumeration<String>	속성의 이름 목록을 구한다. (pageContext 기본 객체는 이 메서드를 제공하지 않는다.)

간단하게 application 기본 객체에 속성을 추가하고 속성값을 보여주는 JSP 페이지를 작성해보자. 먼저 [리스트 5.13]은 application 기본 객체에 속성값을 추가해주는 JSP 페이지이다.

[리스트 5.13] chap05\setApplicationAttribute.jsp

```
<%@ page contentType = "text/html; charset=utf-8" %>
<%
    String name = request.getParameter("name");
    String value = request.getParameter("value");

    if (name != null && value != null) {
        application.setAttribute(name, value);
    }
%>

<html>
<head><title>application 속성 지정</title></head>
<body>
<%
    if (name != null && value != null) {
%>
application 기본 객체의 속성 설정:
 <%= name %> = <%= value %>
<%
    } else {
%>
application 기본 객체의 속성 설정 안 함
<%
    }
%>
</body>
</html>
```

03행	application 기본 객체에 설정할 속성 이름으로 사용할 파라미터를 읽어온다.
04행	application 기본 객체에 설정할 속성값으로 사용할 파라미터를 읽어온다.
07행	application 기본 객체에 속성을 설정한다. 파라미터로 전달받은 값을 속성 이름과 값으로 사용한다.

setApplicationAttribute.jsp는 다음 형식의 URL로 전달받은 파라미터를 application 기본 객체의 속성으로 설정한다.

```
http://localhost:8080/chap05/setApplicationAttribute.jsp?name=속성이름&value=속성값
```

예를 들어, 속성 이름을 'attr1'로 하고 속성값을 'value1'로 지정하고 싶다면 쿼리 문자열을 다음과 같이 입력하면 된다.

```
?name=attr1&value=value1
```

[그림 5.12]는 setApplicationAttribute.jsp의 실행 결과를 보여주고 있다. 비슷한 방법으로 application 기본 객체에 속성을 더 추가해 보자.

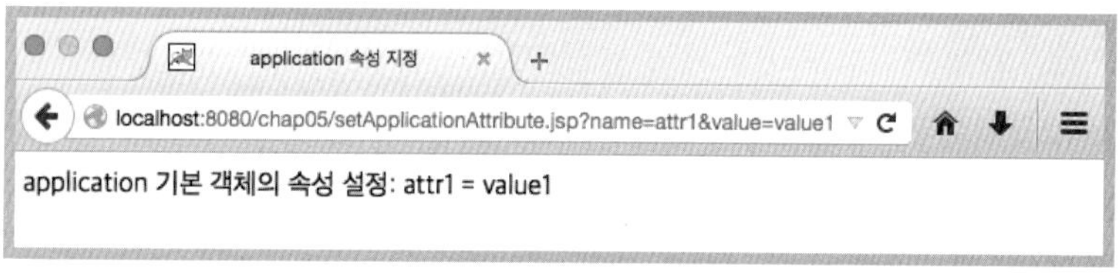

[그림 5.12] setApplicationAttribute.jsp의 실행 결과

이제 속성값을 보여주는 JSP 페이지를 작성할 차례이다. [표 5.8]에서 설명한 메서드를 사용하면 된다. request 요청 파라미터의 목록을 출력했던 것과 같은 방법으로 속성의 이름과 값을 구할 수 있다.

[리스트 5.14] chap05\viewApplicationAttribute.jsp

```
<%@ page contentType = "text/html; charset=utf-8" %>
<%@ page import = "java.util.Enumeration" %>
<html>
<head><title>application 기본 객체 속성 보기</title></head>
<body>
<%
    Enumeration<String> attrEnum = application.getAttributeNames();
    while(attrEnum.hasMoreElements() ) {
        String name = attrEnum.nextElement();
        Object value = application.getAttribute(name);
```

```
%>
application 속성 : <b><%= name %></b> = <%= value %> <br>
<%
    }
%>
</body>
</html>
```

viewApplicationAttribute.jsp를 실행하면 [그림 5.13]과 같이 application 기본 객체에 저장된 모든 속성의 이름과 값이 출력된다.

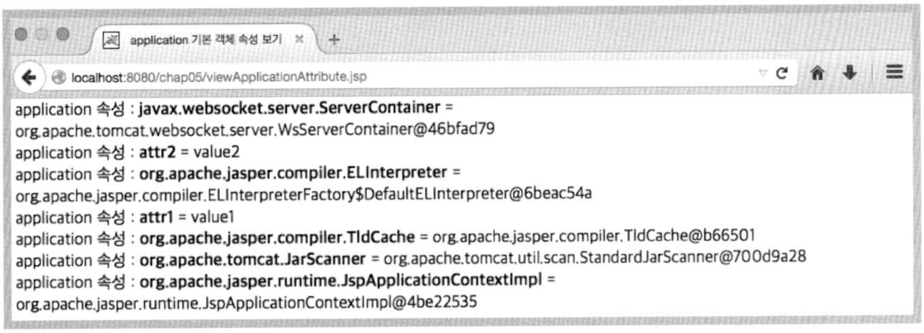

[그림 5.13] application 기본 객체의 속성 출력 결과

[그림 5.13]의 출력 결과를 보면 setApplicationAttribute.jsp에서 설정한 application 기본 객체의 속성이 표시된 것을 확인할 수 있다. 새로운 웹 브라우저를 열고서 viewApplicationAttribute.jsp를 실행해도 같은 결과가 출력되는데, 이렇게 서로 다른 JSP 페이지와 서로 다른 웹 브라우저에서 동일한 application 기본 객체의 속성을 사용하는 이유는 앞에서 설명했듯이 웹 어플리케이션 내에 있는 모든 JSP가 한 개의 application 기본 객체를 공유하기 때문이다.

NOTE

[그림 5.13]의 실행 결과를 보면 setApplicationAttribute.jsp로 지정한 속성 이외에 다른 속성들이 표시된 것을 알 수 있다. 이들 속성은 톰캣 서버가 제공하는 것으로 톰캣에서만 유효한 것들이다. 유지보수 과정에서 톰캣 서버를 JBoss와 같은 서버로 교체하면 톰캣 관련 속성들을 사용할 수 없다. 같은 톰캣 서버라도 버전에 따라 속성이 다를 수 있다. 따라서, 특정 컨테이너에서만 제공하는 속성은 사용하지 않는 것이 좋다.

6.1 속성의 값 타입

속성의 이름은 문자열을 나타내는 String 타입이지만, 값은 모든 클래스 타입이 올 수 있다. [표 5.8]에서 기본 객체의 속성값을 지정하고 읽어오는 메서드는 다음과 같다.

```
public void setAttribute(String name, Object value)
public Object getAttribute(String name)
```

setAttribute() 메서드의 value 파라미터 타입이 Object이고 getAttribute() 메서드의 리턴 타입이 Object이다. 이것은 모든 클래스 타입을 속성의 값으로 사용할 수 있다는 것을 뜻한다. 예를 들어, 다음과 같이 다양한 타입의 객체를 속성값으로 설정할 수 있다.

```
session.setAttribute("session_start", new java.util.Date());
session.setAttribute("memberid", "madvirus");
application.setAttribute("application_temp", new File("c:\\temp"));
```

위 코드는 각각 차례대로 Date, String, File 타입의 객체를 속성값으로 사용하고 있다. 이렇게 다양한 타입의 값을 속성값으로 지정할 수 있으므로, getAttribute() 메서드를 사용해서 속성의 값을 읽을 때에는 다음처럼 속성값을 지정할 때 사용한 타입으로 알맞게 변환해야 한다.

```
Date date = (Date)session.getAttribute("session_start");
String memberID = (String)session.getAttribute("memberid");
File tempDir = (File)application.getAttribute("application_temp");
```

기본 데이터 타입의 값은 래퍼 타입을 대신 사용해야 한다. 예를 들어, int 타입의 값을 속성에 설정하고 싶다면 래퍼 타입인 Integer를 사용해야 한다.

```
// int의 래퍼 타입인 Integer를 이용해서 값을 설정
request.setAttribute("age", new Integer(20));
Integer ageAttr = (Integer)request.getAttribute("age");
int ageValue = ageAttr.intValue();
```

자바는 기본 데이터 타입과 래퍼 타입 간의 변환을 자동으로 처리해주는 오토 박싱/오토 언박싱(auto boxing/auto unboxing) 기능을 제공하므로, setAttribute() 메서드에 기본 데이터 타입의 값을 전달하거나 getAttribute()에서 래퍼 타입으로 읽어온 값을 기본 데이터 타입에 할당할 수 있다. 아래 코드는 오토 박싱과 언박싱을 사용한 코드의 예이다.

```
// int 값 20이 자동으로 Integer로 변환되어 속성값으로 저장
request.setAttribute("age", 20);

// Integer 타입의 값이 자동으로 int 타입으로 변환됨
int age = (Integer)request.getAttribute("age");
```

6.2 속성의 활용

속성은 기본 객체에 따라서 쓰임새가 다르다. 기본 객체별로 속성의 용도는 [표 5.9]와 같다.

표 5.9 속성의 쓰임새

기본 객체	영역	쓰임새
pageContext	PAGE	(한 번의 요청을 처리하는) 하나의 JSP 페이지 내에서 공유할 값을 저장한다. 주로 커스텀 태그에서 새로운 변수를 추가할 때 사용한다.
request	REQUEST	한 번의 요청을 처리하는 데 사용되는 모든 JSP 페이지에서 공유할 값을 저장한다. 주로 하나의 요청을 처리하는 데 사용하는 JSP 페이지 사이에서 정보를 전달하기 위해 사용된다.
session	SESSION	한 사용자와 관련된 정보를 JSP 사이에 공유하기 위해 사용한다. 사용자의 로그인 정보와 같은 것들을 저장한다.
application	APPLICATION	모든 사용자를 위해 공유할 정보를 저장한다. 임시 폴더 경로와 같이 웹 어플리케이션의 설정 정보를 주로 저장한다.

속성을 저장하기 위해 가장 많이 사용되는 기본 객체는 request 기본 객체와 session 기본 객체이다. MVC(Model-View-Controller) 패턴에 기반해서 웹 어플리케이션을 개발할 때 request 기본 객체의 속성을 주로 사용한다. session 기본 객체의 속성은 로그인, 로그아웃과 같이 사용자의 인증정보를 저장할 때 사용한다. 이 두 가지 기본 객체의 속성을 활용하는 방법은 이 책을 공부해 나가면서 배우도록 하자.

CHAPTER 06

에러 처리

이 장에서 다룰 내용
- 익셉션 처리
- 에러 페이지
- 상태 코드와 익셉션 타입별 에러 페이지 지정

이 장에서는 JSP 페이지의 에러 처리와 관련된 내용을 살펴본다. 이를 통해서 독자는 JSP 페이지에서 에러가 발생했을 때 사용자에게 알맞은 에러 화면을 제공하는 방법을 익힐 수 있다.

01 익셉션 직접 처리하기

모든 것이 완벽할 수는 없다. 개발자가 만든 코드에 문제가 발생할 수 있고 데이터베이스에 문제가 생겨서 프로그램이 올바르게 동작하지 않을 수도 있다. JSP 프로그램도 실행 도중에 문제가 발생할 수 있다.

다음 [리스트 6.1]을 보자. 이 코드는 06행에서 "name" 파라미터의 값을 읽어와 대문자로 변환해서 출력한다. 만약 "name" 파라미터가 없으면 request.getParameter("name")는 null을 리턴하므로 이 코드는 실행 도중에 문제가 생겨 NullPointerException을 발생시킨다.

[리스트 6.1] chap06\readParameterNoErrorPage.jsp

```
<%@ page contentType = "text/html; charset=utf-8" %>
<html>
<head><title>파라미터 출력</title></head>
<body>

name 파라미터 값: <%= request.getParameter("name").toUpperCase() %>

</body>
</html>
```

name 파라미터 없이 http://localhost:8080/chap06/readParameterNoErrorPage.jsp를 실행해보자. 그러면 [그림 6.1]과 같은 에러 화면이 출력된다.

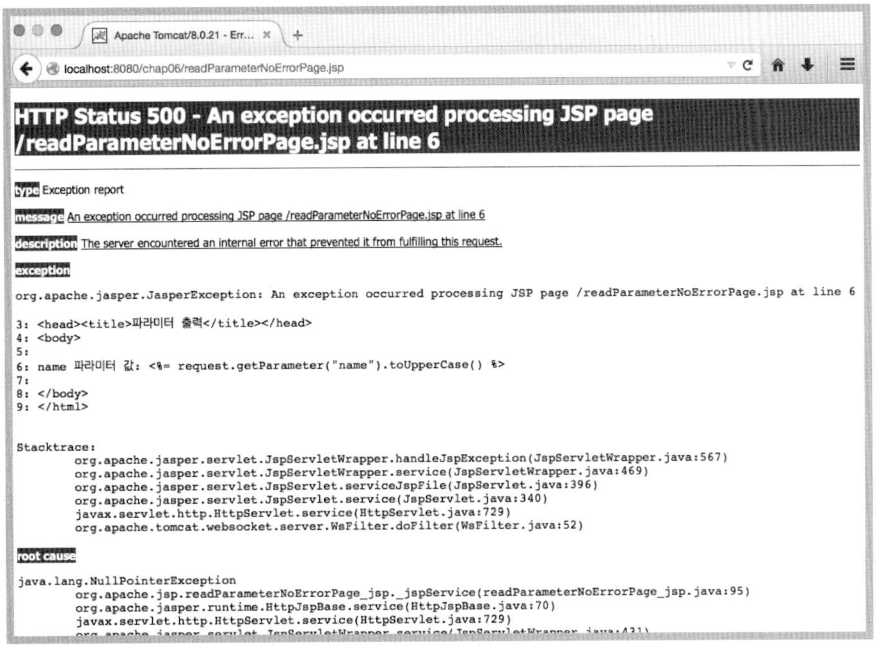

[그림 6.1] 에러 화면

개발 과정에서는 에러 화면에 표시된 에러 내용을 보고 어떤 에러가 발생했는지 알 수 있어서 에러 화면을 보는 것이 도움이 된다. 하지만, 사용자에게 서비스를 제공하고 있는데 [그림 6.1]과 같은 에러 화면을 사용자에게 제공하는 것은 좋아 보이지 않는다. [그림 6.1]과 같은 에러 화면을 본 사용자는 해당 사이트를 신뢰하지 않게 된다. 또한, 코드의 일부가 노출되기 때문에 보안 측면에서도 좋지 않다.

[그림 6.1]의 에러 화면은 톰캣이 생성한 것이다. 이런 에러 화면을 노출하고 싶지 않다면 [리스트 6.2]와 같이 try-catch를 이용해서 익셉션이 발생할 때 알맞은 응답을 생성할 수 있다.

[리스트 6.2] chap06\readParameterWithTry.jsp

```
01: <%@ page contentType = "text/html; charset=utf-8" %>
02: <html>
03: <head><title>파라미터 출력</title></head>
04: <body>
05: 
06: name 파라미터 값:
07: <% try { %>
08: <%= request.getParameter("name").toUpperCase() %>
09: <% } catch(Exception ex) { %>
10: name 파라미터가 올바르지 않습니다.
11: <% } %>
12: </body>
13: </html>
```

[리스트 6.2]에서 07~11행의 try-catch 블록을 실행하는 도중에 08행의 코드에서 익셉션이 발생하면 10행의 메시지를 출력한다. name 파라미터가 null이어서 NullPointerException이 발생하면, [그림 6.2]와 같이 에러 화면 대신에 catch 블록에서 출력한 응답이 표시된다.

[그림 6.2] try-catch로 직접 익셉션을 처리한 결과

try-catch로 직접 익셉션을 처리하면 응답 결과 중 일부만 선택해서 변경할 수 있다. [그림 6.2]도 name 파라미터 값 대신에 값이 올바르지 않다는 메시지를 출력했다.

익셉션이 발생했을 때 이렇게 일부만 응답을 바꾸는 대신 완전히 다른 응답 결과를 보여주고 싶다면 다음에 설명할 에러 페이지를 사용하면 된다.

02 에러 페이지 지정하기

JSP는 실행 도중 익셉션이 발생할 때 앞의 [그림 6.1]과 같은 에러 화면 대신 지정한 JSP 페이지를 보여줄 수 있는 기능을 제공하고 있다. 익셉션이 발생하면 보여줄 JSP 페이지는 page 디렉티브의 errorPage 속성을 사용해서 지정한다. [리스트 6.3]은 에러 페이지를 지정하는 예를 보여주고 있다.

[리스트 6.3] chap06\readParameter.jsp

```
01: <%@ page contentType = "text/html; charset=utf-8" %>
02: <%@ page errorPage = "/error/viewErrorMessage.jsp" %>
03: <html>
04: <head><title>파라미터 출력</title></head>
05: <body>
06:
07: name 파라미터 값: <%= request.getParameter("name").toUpperCase() %>
08:
09: </body>
10: </html>
```

02행	익셉션이 발생하면 /error/viewErrorMessage.jsp 페이지를 실행하도록 지정한다.
07행	name 파라미터의 값을 대문자로 변환하여 출력한다. name 파라미터가 존재하지 않을 경우 익셉션이 발생한다.

readParameter.jsp의 02행을 보면 page 디렉티브의 errorPage 속성을 지정했다. name 파라미터가 존재하지 않아 07행에서 NullPointerException이 발생하면, WAS는 자체적으로 에러 페이지를 생성하는 대신 errorPage 속성에 지정한 JSP를 실행해서 에러 화면을 생성한다.

03 에러 페이지 작성하기

page 디렉티브의 errorPage 속성을 사용해서 에러 페이지를 지정하면, 에러가 발생할 때 지정한 에러 페이지를 사용하게 된다. 에러 페이지에 해당하는 JSP 페이지는 page

디렉티브의 isErrorPage 속성의 값을 "true"로 지정해야 한다. 예를 들어, [리스트 6.3]에서 지정한 에러 페이지인 viewErrorMessage.jsp는 [리스트 6.4]와 같다.

[리스트 6.4] chap06\error\viewErrorMessage.jsp

```
01: <%@ page contentType = "text/html; charset=utf-8" %>
02: <%@ page isErrorPage = "true" %>
03: <html>
04: <head><title>에러 발생</title></head>
05: <body>
06:
07: 요청 처리 과정에서 에러가 발생하였습니다.<br>
08: 빠른 시간 내에 문제를 해결하도록 하겠습니다.
09: <p>
10: 에러 타입: <%= exception.getClass().getName() %> <br>
11: 에러 메시지: <b><%= exception.getMessage() %></b>
12: </body>
13: </html>
```

02행	JSP를 에러 페이지로 지정한다.
10행	exception 기본 객체의 클래스 이름을 출력한다.
11행	익셉션 메시지를 출력한다.

page 디렉티브의 isErrorPage 속성값을 "true"로 지정하면, JSP 페이지는 에러 페이지가 된다. 에러 페이지로 지정된 JSP는 exception 기본 객체를 사용할 수 있다. exception 기본 객체는 JSP 실행 과정에서 발생한 익셉션 객체에 해당한다. 예를 들어, [리스트 6.3]의 readParameter.jsp는 errorPage로 viewErrorMessage.jsp를 지정했는데, readParameter.jsp를 실행하는 과정에서 NullPointerException이 발생하면, 이 익셉션 객체가 viewErrorMessage.jsp의 exception 기본 객체가 된다.

익셉션이 발생했을 때 실제로 에러 페이지가 출력되는지 확인해 보자. 웹 브라우저에 http://localhost:8080/chap06/readParameter.jsp를 입력하면 [그림 6.3]과 같은 결과가 출력된다. name 파라미터가 없으므로 readParameter.jsp를 실행하는 과정에서 NullPointerException이 발생하는데, 에러 페이지로 viewErrorMessage.jsp를 지정했으므로 viewErrorMessage.jsp의 실행 결과가 출력된다.

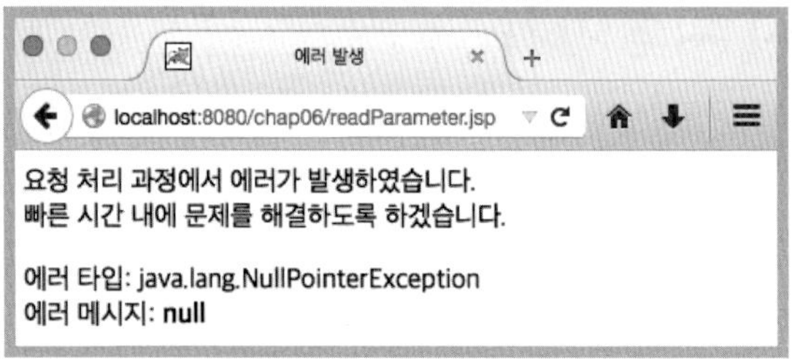

[그림 6.3] 에러 페이지를 지정한 경우, 익셉션이 발생시 지정한 에러 페이지 출력 결과

[그림 6.3]은 파이어폭스에서 실행한 결과 화면이다. 인터넷 익스플로러에서 실행하면 에러 페이지가 출력한 내용 대신에 인터넷 익스플로러가 자체적으로 제공하는 'HTTP 오류 메시지'가 화면에 출력된다. 인터넷 익스플로러에서의 출력 결과는 [그림 6.4]와 같다.

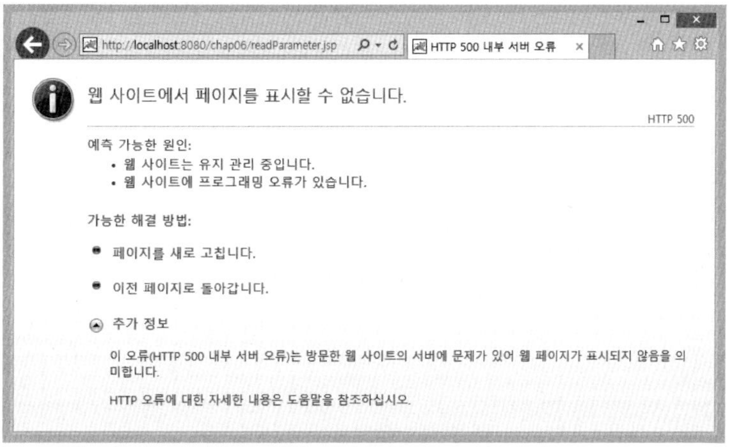

[그림 6.4] 에러 페이지의 응답 길이가 짧으면 인터넷 익스플로러에서는 에러 페이지가 출력한 내용 대신 자체 에러 화면을 표시

인터넷 익스플로러는 다음과 같은 경우에 서버에서 전송한 응답 화면이 아닌 자체적으로 제공하는 오류 메시지 화면을 출력한다.(https://support.microsoft.com/en-us/kb/294807/ko에서 관련 내용을 확인할 수 있다.)

- 응답의 상태 코드가 400, 404나 500 등 에러 코드이고,
- 전체 응답 결과 데이터의 길이가 512바이트보다 작을 때

[리스트 6.4]에서 작성한 에러 페이지가 생성하는 응답 결과의 데이터 길이는 288바이트이기 때문에, 인터넷 익스플로러는 에러 페이지가 작성한 화면 대신 자체적으로 제공하는 에러 메시지를 보여주는 것이다.

따라서, 인터넷 익스플로러에서도 에러 페이지의 내용이 올바르게 출력되길 원한다면, 에러 페이지가 생성하는 응답 데이터가 512바이트보다 커야 한다. 작성하는 에러 페이지의 응답 크기가 [리스트 6.4]와 같이 512바이트보다 작다면, 다음과 같이 HTML 주석을 포함해서 응답 데이터의 크기가 512바이트를 넘도록 해주면 된다.

```
<%@ page contentType = "text/html; charset=euc-kr" %>
<%@ page isErrorPage = "true" %>
<html>
...
...
</html>
<!--
```

```
만약 에러 페이지의 길이가 512바이트보다 작다면,
인터넷 익스플로러는 이 페이지가 출력하는 에러 페이지를 출력하지 않고
자체적으로 제공하는 'HTTP 오류 메시지' 화면을 출력한다.
인터넷 익스플로러에서도 에러 페이지 내용을 올바르게 출력하려면
응답 결과에 이 주석과 같은 내용을 포함해서
에러 데이터가 512바이트를 넘도록 해야 한다.
-->
```

위와 같은 HTML 주석을 viewErrorMessage.jsp에 포함해서 다시 실행해보자. [그림 6.5]와 같이 인터넷 익스플로러에서도 에러 페이지가 생성한 결과 화면이 원하는 대로 출력되는 것을 확인할 수 있다.

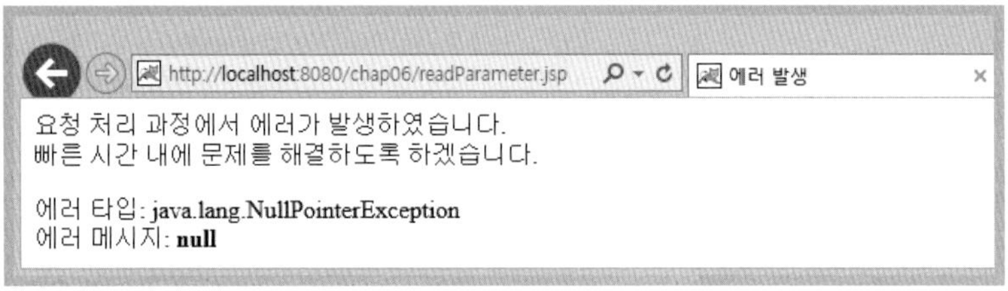

[그림 6.5] 인터넷 익스플로러에 에러 페이지를 원하는 대로 출력하려면 응답 데이터의 길이가 512바이트 이상이어야 한다.

04 응답 상태 코드별로 에러 페이지 지정하기

웹 서버는 존재하지 않는 페이지에 대한 요청을 받으면 [그림 6.6]과 같이 404 에러 코드로 응답한다. [그림 6.6]은 톰캣이 404 응답 상태 코드에 대해 생성하는 결과 화면이다. 이 화면은 웹 서버나 WAS마다 다르다.

[그림 6.6] 존재하지 않는 페이지를 요청하면 404 에러 발생

실제 서비스를 제공할 땐 [그림 6.6]과 같은 에러 화면을 사용자에게 그대로 보여주지 않고, 알맞은 에러 페이지를 보여준다. JSP/서블릿은 에러 코드별로 사용할 에러 페이지를 web.xml 파일에 지정할 수 있다. 에러 코드에 대해 보여줄 에러 페이지를 지정하려면 web.xml 파일에 다음과 같은 설정을 추가해주면 된다.

```
<?xml version="1.0" encoding="utf-8"?>

<web-app ...>
    ...
    <error-page>
        <error-code>에러코드</error-code>
        <location>에러페이지의 URI</location>
    </error-page>
    ...
</web-app>
```

〈error-page〉 태그는 한 개의 에러 페이지를 지정한다. 〈error-code〉 태그는 에러 상태 코드를 지정하고 〈location〉 태그는 에러 페이지로 사용할 JSP 파일의 경로를 지정한다. 예를 들어, 페이지가 존재하지 않을 때 발생하는 404 코드와 서버 내부 에러 코드인 500 에러 코드에 대해서 에러 페이지로 각각 /error/error404.jsp와 /error/error500.jsp를 사용하고 싶다면 [리스트 6.5]와 같이 web.xml 파일에 〈error-page〉 태그를 추가하면 된다.

[리스트 6.5] chap06\WEB-INF\web.xml

```
<?xml version="1.0" encoding="UTF-8"?>

<web-app xmlns="http://xmlns.jcp.org/xml/ns/javaee"
        xmlns:xsi="http://www.w3.org/2001/XMLSchema-instance"
        xsi:schemaLocation="http://xmlns.jcp.org/xml/ns/javaee
           http://xmlns.jcp.org/xml/ns/javaee/web-app_3_1.xsd"
        version="3.1">

    <error-page>
        <error-code>404</error-code>
        <location>/error/error404.jsp</location>
    </error-page>

    <error-page>
        <error-code>500</error-code>
        <location>/error/error500.jsp</location>
    </error-page>

</web-app>
```

09-12행　　404 에러 응답 화면으로 /error/error404.jsp를 사용한다.

14-17행　　500 에러가 발생하면 /error/error500.jsp로 응답 화면을 생성한다.

〈location〉 태그에 지정한 에러 페이지는 일반 JSP와 동일하게 작성하면 된다. 예를 들어, [리스트 6.5]의 11행에서 지정한 error404.jsp는 [리스트 6.6]과 같이 작성할 수 있다.

[리스트 6.6] chap06\error\error404.jsp

```
01: <%@ page contentType = "text/html; charset=utf-8" %>
02: <html>
03: <head><title>404 에러 발생</title></head>
04: <body>
05: <strong>요청한 페이지는 존재하지 않습니다.</strong>
06: <br><br>
07: 주소를 올바르게 입력했는지 확인해보시기 바랍니다.
08: </body>
09: </html>
10: <!--
11: 만약 에러 페이지의 길이가 512바이트보다 작다면,
12: ...생략
13: -->
```

14-17행　　인터넷 익스플로러의 HTTP 오류 메시지가 출력되지 않도록 충분한 길이의 주석을 추가한다.

존재하지 않는 페이지를 요청할 때 서버가 전송하는 응답 코드가 404이므로, 존재하지 않는 페이지를 요청하면 error404.jsp가 생성한 결과 화면이 웹 브라우저에 출력된다. [그림 6.7]은 잘못된 URL을 입력했을 때 error404.jsp가 생성한 결과 화면이 출력되는 것을 보여주고 있다.

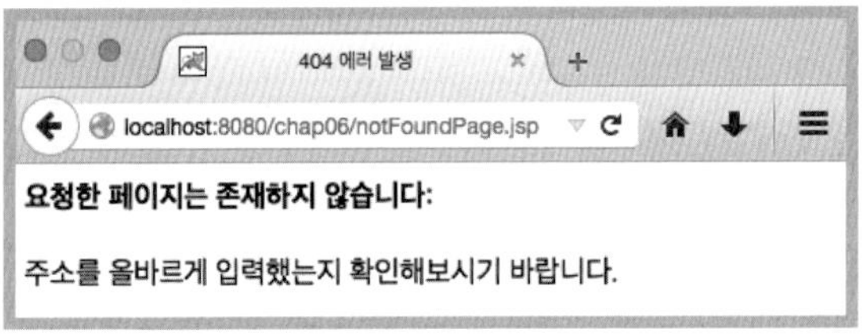

[그림 6.7] 〈error-page〉 태그로 지정한 페이지의 결과

웹 어플리케이션에서 많이 발생하는 에러 코드는 404와 500이다. 404 응답 코드는 사용자가 잘못된 (존재하지 않는) URL을 입력했을 때 사용되며, 500 응답 코드는 JSP 코드를 잘못 작성했거나 서버에서 예상하지 못한 에러가 발생했을 때 사용된다.

개발하는 동안에는 상세한 에러 메시지가 웹 브라우저에 출력되는 것이 개발자에게 도움이 되지만, 실제 서비스하고 있는 상황에서는 상세한 에러 메시지를 보여주는 것이 오히

려 사용자에게 나쁜 인상을 심어줄 수도 있다. 따라서, 자주 발생하는 에러 코드에 대해서는 별도의 에러 페이지를 지정하는 것이 좋다.

주요 응답 상태 코드

HTTP 프로토콜은 응답 상태 코드를 이용해서 서버의 처리 결과를 웹 브라우저에 알려준다. 주요 응답 상태 코드로는 다음과 같은 것들이 있다.

- 200 : 요청을 정상적으로 처리함
- 307 : 임시로 페이지를 리다이렉트함
- 400 : 클라이언트의 요청이 잘못된 구문으로 구성됨
- 401 : 접근을 허용하지 않음
- 404 : 요청한 URL을 처리하기 위한 자원이 존재하지 않음
- 405 : 요청한 메서드(GET, POST, HEAD 등의 전송 방식)를 허용하지 않음
- 500 : 서버 내부 에러가 발생함(예를 들어, JSP에서 익셉션이 발생함)
- 503 : 서버가 일시적으로 서비스를 제공할 수 없음(급격하게 부하가 몰리거나 서버가 임시 보수 중인 경우가 해당)

JSP가 정상적으로 실행되는 경우 응답 코드로 200이 전송되며, response.sendRedirect()를 이용할 경우 응답 코드로 307을 전송한다.

HTTP 응답 코드는 http://goo.gl/D9th8N에서 확인할 수 있다.

05 익셉션 타입별로 에러 페이지 지정하기

JSP 페이지에서 발생하는 익셉션 종류별로 에러 페이지를 지정할 수도 있다. 앞에서 살펴봤던 에러 코드별로 에러 페이지를 지정하는 방법과 유사한데, 다음과 같이 <error-code> 태그 대신에 <exception-type> 태그를 사용하면 된다.

```
<error-page>
    <exception-type>java.lang.NullPointerException</exception-type>
    <location>/error/errorNullPointer.jsp</location>
</error-page>
```

위 코드는 JSP 페이지에서 NullPointerException이 발생할 경우 errorNullPointer.jsp를 에러 페이지로 보여준다는 것을 의미한다. errorNullPointer.jsp의 코드는 [리스트 6.7]과 같다.

[리스트 6.7] chap08\error\errorNullPointer.jsp

```
<%@ page contentType = "text/html; charset=euc-kr" %>
<html>
<head><title>NULL 에러 발생</title></head>
<body>

<strong>서비스 처리 과정에서 널(NULL) 에러가 발생하였습니다.</strong>

</body>
</html>
```

예제 코드에 포함된 chap06\readParameter2.jsp는 [리스트 6.3]에서 작성한 readParameter.jsp와 동일하며 에러 페이지만 지정하지 않았다. 즉, 다음과 같다.

```
<%@ page contentType = "text/html; charset=utf-8" %>
<html>
<head><title>파라미터 출력</title></head>
<body>

name 파라미터 값: <%= request.getParameter("name").toUpperCase() %>

</body>
</html>
```

readParameter2.jsp를 실행할 때 name 파라미터를 전달하지 않으면 NullPointer Exception이 발생한다. web.xml 파일에 이 익셉션에 대한 에러 페이지를 errorNullPointer.jsp로 지정했다면, [그림 6.8]과 같이 errorNullPointer.jsp를 이용해서 에러 페이지를 출력한다.

[그림 6.8] 익셉션 타입별로 에러 페이지 지정

06 에러 페이지의 우선순위와 에러 페이지 지정 형태

지금까지 에러 페이지를 지정하는 3가지 방법에 대해서 살펴봤다. 에러 페이지를 여러 방법으로 지정한 경우 다음의 우선순위에 따라 사용할 에러 페이지를 선택한다.

1. page 디렉티브의 errorPage 속성에 지정한 에러 페이지를 보여준다.
2. JSP 페이지에서 발생한 익셉션 타입이 web.xml 파일의 〈exception-type〉에 지정한 익셉션 타입과 동일한 경우 지정한 에러 페이지를 보여준다.
3. 에러 코드가 web.xml 파일의 〈error-code〉에 지정한 에러 코드와 동일한 경우 지정한 에러 페이지를 보여준다.
4. 아무것도 해당하지 않는 경우 웹 컨테이너가 제공하는 기본 에러 페이지를 보여준다.

이 장에서 살펴본 에러 화면들은 각각 다음과 같이 우선순위가 적용되었다.

- [그림 6.3] : NullPointerException이 발생했고, page 디렉티브의 errorPage 속성에 지정한 에러 페이지를 보여준다.
- [그림 6.8] : NullPointerException이 발생했고, page 디렉티브에서 에러 페이지를 지정하지 않았고 web.xml 파일에 NullPointerException에 대해 에러 페이지를 지정했으므로, web.xml 파일에 NullPointerException을 위해 지정한 에러 페이지를 보여준다.
- [그림 6.7]과 [리스트 6.6] : page 디렉티브의 errorPage 속성으로 지정한 에러 페이지가 없고, 응답으로 404 에러가 발생했다. 발생한 web.xml 파일에 404 에러 코드를 위해 지정한 에러 페이지를 보여준다.
- [그림 6.1] : 어떤 경우에도 해당하지 않으므로 컨테이너의 에러 페이지를 출력한다.

우선순위를 고려해서 다음과 같이 에러 페이지를 지정한다.

- 전용 에러 페이지가 필요한 경우 page 디렉티브의 errorPage 속성을 사용해서 에러 페이지를 지정한다.
- 범용적인 에러 코드(404, 500 등)에 대해 web.xml에 에러 페이지를 지정한다.
- 별도로 처리해야 하는 익셉션 타입(심각함을 나타내는 익셉션)에 대해서는 web.xml에 〈exception-type〉 태그를 추가해서 에러 페이지를 지정한다.

07 버퍼와 에러 페이지의 관계

버퍼가 다 차면 버퍼의 내용을 웹 브라우저에 전달하는데, 처음 버퍼를 플러시 할 때 응답 헤더를 전송한다고 배웠다. 응답 상태 코드는 응답 헤더 앞에 전송되므로 최초로 버퍼를 플러시 하면 응답 상태 코드가 가장 먼저 전송된다. 따라서 버퍼를 최초로 플러시 할 때까지 에러가 발생하지 않으면 웹 브라우저에 200 응답 상태 코드가 전송된다.

이런 이유로 에러 응답 코드와 에러 페이지의 내용을 웹 브라우저에 완전하게 전송하려면 버퍼가 플러시되면 안 된다. 만약 버퍼가 플러시 된 이후에 에러가 발생하면 웹 브라우저에 이미 200 응답 상태 코드와 일부 응답 결과 화면이 전송되기 때문에, 일부 페이지의 내용이 웹 브라우저에 출력되고 그 뒤에 에러 페이지의 내용이 붙게 된다. 또한, 익셉션이 발생하면 응답 상태 코드가 500이 되어야 하는데 이미 200 응답 상태 코드를 전송했기 때문에 웹 브라우저는 정상적으로 응답이 도착했다고 판단한다.

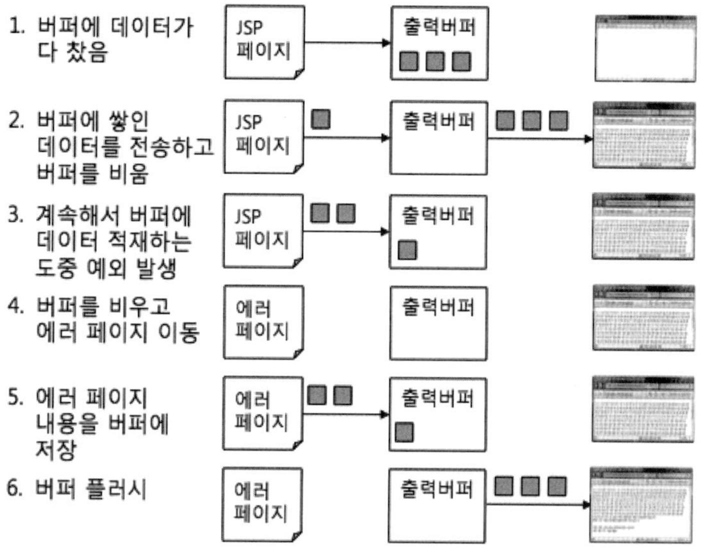

[그림 6.9] 에러 페이지는 버퍼가 플러시 되기 전에 처리되어야 한다.

버퍼를 플러시 한 다음에 익셉션이 발생되는 JSP 페이지를 [리스트 6.8]과 같이 작성해 보았다.

[리스트 6.8] chap06\bufferOverflow.jsp

```
01: <%@ page contentType = "text/html; charset=utf-8" %>
02: <%@ page buffer="1kb" %>
03: <%@ page errorPage = "/error/viewErrorMessage.jsp" %>
04: <html>
05: <head><title>버퍼 플러시 이후 에러 발생 결과</title></head>
06: <body>
07:
08: <% for (int i = 0 ; i < 300 ; i++) { out.println(i); } %>
09:
10: <%= 1 / 0 %>
11:
12: </body>
13: </html>
```

02행	버퍼 크기를 1KB로 설정한다.
03행	에러 페이지를 지정한다.
08행	1KB를 초과하는 데이터를 출력해서 버퍼가 플러시 되도록 한다. 이 과정에서 200 응답 코드가 전송된다.
10행	자바에서는 0으로 나누면 ArithmeticException이 발생한다. 익셉션이 발생하므로 errorPage로 지정한 viewErrorMessage.jsp를 사용한다.

bufferOverflow.jsp를 실행하면 일부 내용이 플러시 되어 웹 브라우저에 전송되며(08행), 그 뒤에 10행에서 익셉션이 발생된다. bufferOverflow.jsp는 에러 페이지를 지정했으므로, 10행을 실행하는 과정에서 에러 페이지로 이동하게 되는데, 실행 결과는 [그림 6.10]과 같다.

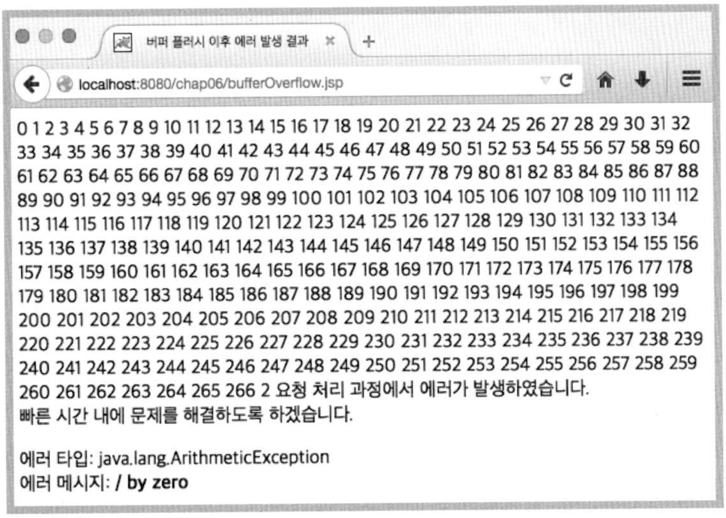

[그림 6.10] bufferOverflow.jsp의 내용이 일부 앞에 출력되고, 그 뒤에 에러 페이지의 내용 출력

[그림 6.10]을 보면 숫자 267의 일부까지만 출력되고, 그 뒤의 숫자는 출력되지 않았다. 이는 267의 '2'까지 버퍼에 저장된 후 플러시 되었다는 것을 의미한다. 플러시 된 이후 나머지 부분이 버퍼에 저장되었는데 익셉션이 발생해서 버퍼의 내용이 지워지고 에러 페이지의 내용이 출력되었다. 그래서, [그림 6.10]과 같이 267의 '2' 뒤에 에러 페이지의 내용이 출력된 것이다.

[그림 6.10]에서 보듯이 버퍼가 플러시 된 이후에 익셉션이 발생하면 에러 페이지가 원하는 형태로 출력되지 않는다. 따라서, 익셉션이 발생하기 전에 버퍼가 플러시 될 가능성이 있다면 버퍼 크기를 늘려서 에러가 발생하기 전에 버퍼가 플러시 되지 않도록 해야 한다.

CHAPTER 07

페이지 모듈화와 요청 흐름 제어

이 장에서 다룰 내용
- 〈jsp:include〉 액션 태그와 모듈화
- include 디렉티브
- 〈jsp:forward〉 액션 태그를 이용한 흐름 이동
- 기본 객체를 이용한 값 전달

이 장에서는 다른 JSP의 실행 결과나 코드를 포함할 때 사용하는 〈jsp:include〉 액션 태그와 include 디렉티브에 대해 알아본다. 이 두 기능을 사용하면 중복된 코드 없이 여러 JSP 코드에 공통된 구성 요소를 만들 수 있다. 그리고, 〈jsp:forward〉 액션 태그를 이용해서 다른 JSP로 요청 처리를 전달하는 방법을 알아본다.

01 <jsp:include> 액션 태그를 이용한 공통 영역 작성

보통 하나의 웹 사이트를 구성하는 페이지들은 동일한 상단 메뉴, 좌측 메뉴 그리고 하단 푸터를 갖는다. 이런 공통 구성 요소를 위한 코드를 모든 JSP 페이지마다 작성한다면 코드 중복이 발생하게 된다. 게다가 공통 구성 요소의 일부를 수정하려면 모든 JSP 페이지를 수정해야 하는 부담도 있다. 이런 화면 구성 요소의 코드 중복 문제를 없앨 때 사용할 수 있는 것이 바로 〈jsp:include〉 액션 태그이다.

〈jsp:include〉 액션 태그는 위치한 부분에 지정한 페이지를 포함한다. 〈jsp:include〉 액션 태그의 동작 방식은 [그림 7.1]과 같다.

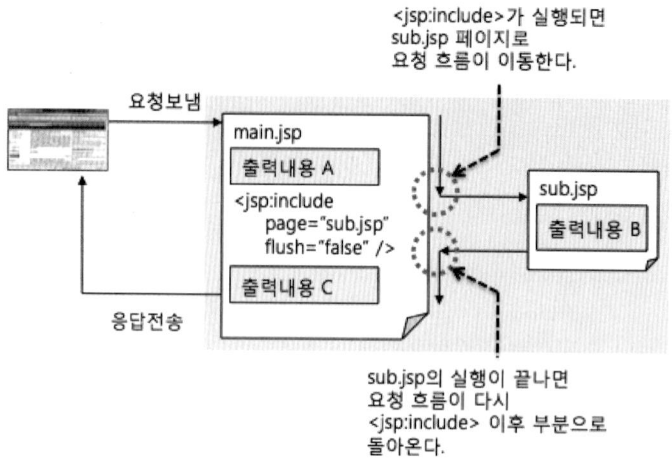

[그림 7.1] 〈jsp:include〉 액션 태그의 동작 방식

[그림 7.1]을 기준으로 〈jsp:include〉 액션 태그의 처리 순서를 설명하면 다음과 같다.

1. main.jsp가 웹 브라우저의 요청을 받는다.
2. [출력내용 A]를 출력 버퍼에 저장한다.
3. 〈jsp:include〉가 실행되면 요청 흐름을 sub.jsp로 이동한다.
4. [출력내용 B]를 출력 버퍼에 저장한다.
5. sub.jsp의 실행이 끝나면 요청 흐름이 다시 main.jsp의 〈jsp:include〉로 돌아온다.
6. 〈jsp:include〉 이후 부분인 [출력내용 C]를 출력 버퍼에 저장한다.
7. 출력 버퍼의 내용을 응답 데이터로 전송한다.

위 처리 순서에 따라, 〈jsp:include〉 액션 태그는 포함할 JSP 페이지의 실행 결과를 현재 위치에 포함한다.

1.1 〈jsp:include〉 액션 태그 사용법

〈jsp:include〉 액션 태그의 기본 사용방법은 다음과 같다.

```
<jsp:include page="포함할페이지" flush="true" />
```

〈jsp:include〉 액션 태그의 두 속성은 다음과 같다.

- **page** : 포함할 JSP 페이지의 경로를 지정한다.
- **flush** : 지정한 JSP 페이지를 실행하기 전에 출력 버퍼를 플러시할지 여부를 지정한다. true이면 출력 버퍼를 플러시하고, false이면 플러시하지 않는다. 기본값은 false이다.

출력 버퍼를 플러시한다는 말은, [그림 7.1]에서 main.jsp에서 <jsp:include> 액션 태그를 실행하는 시점에 출력 버퍼에 저장된 [출력내용 A]를 플러시한 뒤에 sub.jsp 페이지로 흐름이 이동한다는 것을 의미한다. 출력 버퍼를 플러시하면 응답 상태 코드와 HTTP 응답 헤더가 웹 브라우저에 함께 전송된다. 따라서, flush 속성을 true로 지정하면, 이후로 새로운 헤더 정보를 추가해도 반영되지 않게 된다. 예를 들어, [그림 7.1]에서 <jsp:include>의 flush 속성이 true이면 sub.jsp에서 response.setHeader()를 실행해도 헤더가 추가되지 않는다.

<jsp:include> 액션 태그의 동작 방식을 이해하기 위해 간단한 예제를 작성해보자. [리스트 7.1]의 main.jsp는 <jsp:include> 액션 태그를 사용하는 코드이다.

[리스트 7.1] chap07\main.jsp

```
01: <%@ page contentType = "text/html; charset=utf-8" %>
02: <html>
03: <head><title>main</title></head>
04: <body>
05:
06: main.jsp에서 생성한 내용.
07:
08: <jsp:include page="sub.jsp" flush="false" />
09:
10: include 이후의 내용.
11:
12: </body>
13: </html>
```

02-07행	sub.jsp 이전에 내용을 생성한다.
08행	sub.jsp로 요청 처리 흐름을 이동한다.
09-13행	sub.jsp 실행 이후 내용을 생성한다.

sub.jsp는 [리스트 7.2]와 같이 간단한 내용을 생성한다.

[리스트 7.2] chap07\sub.jsp

```
<%@ page contentType = "text/html; charset=utf-8" %>

<p>
sub.jsp에서 생성한 내용.
</p>
```

main.jsp에서는 <jsp:include> 액션 태그를 사용하여 sub.jsp를 포함시키는데 main.jsp의 실행 결과는 [그림 7.2]와 같다. 이 실행 결과를 보면 main.jsp에서 <jsp:include> 액션 태그가 위치한 부분에 sub.jsp가 생성한 내용이 포함된 것을 알 수 있다.

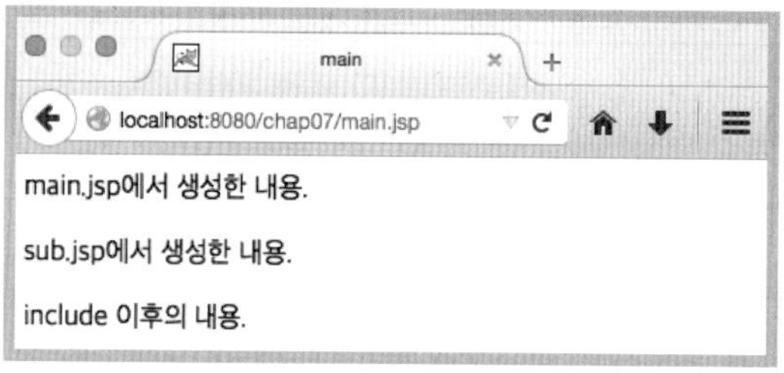

[그림 7.2] main.jsp의 실행 결과

[그림 7.2]에서 웹 브라우저의 소스 보기 기능을 이용하여 출력 결과의 HTML 코드를 보면 좀 더 확실하게 <jsp:include>의 실행 결과를 확인할 수 있다. main.jsp를 실행한 결과로 생성된 HTML 코드는 [리스트 7.3]과 같다. [리스트 7.3]을 보면 main.jsp와 sub.jsp에서 생성한 결과가 처리 순서에 따라서 출력된 것을 확인할 수 있다.

[리스트 7.3] main.jsp를 실행한 결과로 생성된 HTML 코드

```
01:
02: <html>
03: <head><title>main</title></head>
04: <body>
05:
06: main.jsp에서 생성한 내용.
07:
08:
09:
10: <p>
11: sub.jsp에서 생성한 내용.
12: </p>
13:
14:
15: include 이후의 내용.
16:
17: </body>
18: </html>
```

02-06행	main.jsp가 생성한 내용이다.
09-12행	sub.jsp가 생성한 내용이다.
14-18행	main.jsp가 생성한 내용이다.

1.2 <jsp:include> 액션 태그를 이용한 중복 영역 처리

일반적인 웹 사이트는 [그림 7.3]과 같이 상단 메뉴, 좌측 메뉴, 중앙 내용, 하단 메뉴 등의 요소로 구성되어 있다. 구성 요소 중에는 상단 메뉴나 하단 메뉴처럼 모든 페이지에서 동일한 것들도 있고, 좌측 메뉴처럼 페이지에 따라서 변경되는 부분도 있다. 또한, 페이지의 중앙 내용처럼 페이지마다 서로 다른 내용이 출력되는 것도 있다.

[그림 7.3] 다수의 웹 페이지들은 동일한 영역을 갖는다.

[그림 7.3]과 같은 화면을 생성하려면, 각 JSP 페이지마다 다음과 같이 공통된 영역을 위한 코드를 포함해야 한다.

```
<table ..>
<tr>
    <td colspan="2">
    .... <!-- 모든 페이지에서 똑같은 상단 메뉴 HTML 코드 -->
    </td>
</tr>
<tr>
    <td>
    .... <!-- 몇 개의 페이지가 공유하는 좌측 메뉴 HTML 코드 -->
    </td>
    <td>
    .... <!-- 페이지마다 다른 내용 부분 -->
    </td>
</tr>
<tr>
    <td colspan="2">
    .. <!-- 모든 페이지에서 똑같은 하단 메뉴 HTML 코드 -->
    </td>
</tr>
</table>
```

한 개의 JSP 페이지만 위와 같이 코딩하면 문제가 안 되지만 수십 또는 수백 개의 JSP 페이지를 위와 같이 코딩해야 한다면 개발과 유지보수 과정에서 많은 양의 코드를 중복해서 작성해야 한다.

예를 들어, 동일한 상단과 하단 영역을 갖는 JSP 페이지가 50개 있고, 모든 JSP 페이지가 상단과 하단을 생성하는 코드를 포함하고 있다고 생각해보자. 이 경우, [그림 7.4]처럼 공통 부분을 변경하려면, 공통 부분을 포함하고 있는 모든 JSP 페이지를 변경해야 한다. 이는 코드 중복 문제로 코드 변경을 힘들게 만드는 원인이 된다.

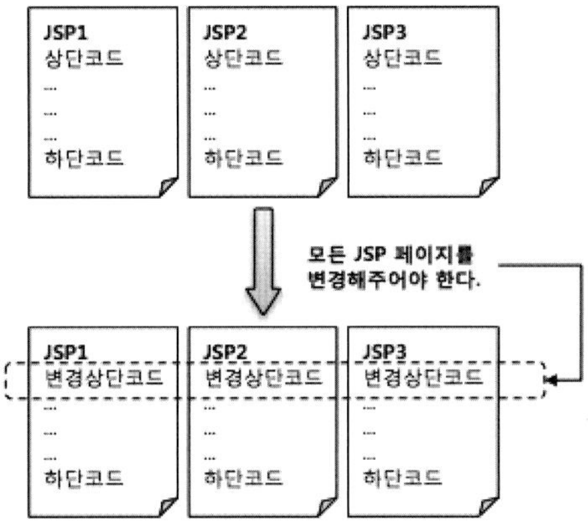

[그림 7.4] 같은 코드를 모든 JSP 페이지가 포함하고 있을 때의 문제

〈jsp:include〉 액션 태그를 사용하면 이 문제를 해결할 수 있다. 〈jsp:include〉 액션 태그는 다른 JSP 페이지의 결과 화면을 포함하므로 [그림 7.5]와 같이 공통 부분을 별도의 JSP 페이지로 작성하고 〈jsp:include〉 액션 태그를 사용해서 공통 JSP 페이지를 지정한 위치에 포함시킬 수 있다.

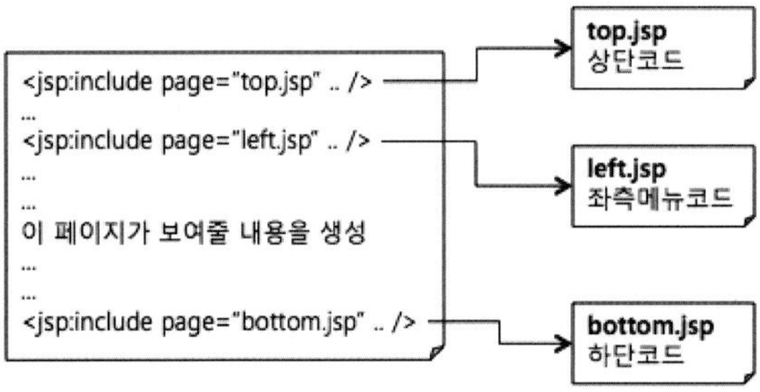

[그림 7.5] 공통 부분을 별도의 JSP 페이지로 작성한 후 〈jsp:include〉로 포함

[그림 7.5]와 같이 공통 영역을 별도의 JSP로 작성한다. 공통 영역을 사용하려는 JSP 페이지는 〈jsp:include〉 액션 태그를 사용해서 공통 영역을 포함할 수 있다. 공통 영역을 생성하는 코드가 한 개의 JSP 페이지에 위치하므로, 공통 영역을 위한 코드가 중복되는 것을 방지할 수 있다. [리스트 7.4]는 〈jsp:include〉 액션 태그를 사용하여 페이지의 공통 부분을 읽어오는 예를 보여주고 있다.

[리스트 7.4] chap07\layout.jsp

```
<%@ page contentType = "text/html; charset=utf-8" %>
<html>
<head><title>layout1</title></head>
<body>

<table width="400" border="1" cellpadding="0" cellspacing="0">
<tr>
    <td colspan="2">
        <jsp:include page="/module/top.jsp" flush="false" />
    </td>
</tr>
<tr>
    <td width="100" valign="top">
        <jsp:include page="/module/left.jsp" flush="false" />
    </td>
    <td width="300" valign="top">
        <!-- 내용 부분: 시작 -->
        레이아웃 1
        <br><br><br>
        <!-- 내용 부분: 끝 -->
    </td>
</tr>
<tr>
    <td colspan="2">
        <jsp:include page="/module/bottom.jsp" flush="false" />
    </td>
</tr>
</body>
</html>
```

layout.jsp는 상당, 좌측, 하단 영역의 코드를 직접 생성하지 않고 <jsp:include> 액션 태그를 사용하여 관련 영역을 생성하고 있다. layout.jsp를 실행하면 [그림 7.6]과 같이 <jsp:include> 액션 태그를 사용하여 포함시킨 공통 부분이 출력되는 것을 확인할 수 있다.

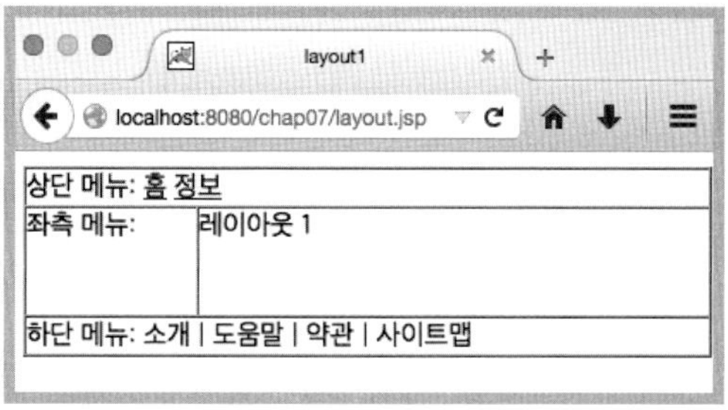

[그림 7.6] 공통 영역을 <jsp:include> 액션 태그로 처리

NOTE

/module/top.jsp나 left.jsp 등의 코드는 간단한 코드이기 때문에 책에는 표시하지 않았다. 이들 코드는 제공한 예제 파일에 포함되어 있다.

이제 layout.jsp와 동일한 공통 부분을 사용하는 JSP 페이지인 layout2.jsp를 만들어보자. layout2.jsp의 상단, 좌측, 하단 관련 코드는 layout.jsp와 동일하다.

[리스트 7.5] chap07\layout2.jsp

```
<%@ page contentType = "text/html; charset=utf-8 " %>
<html>
<head><title>layout2</title></head>
<body>

<table width="400" border="1" cellpadding="0" cellspacing="0">
<tr>
    <td colspan="2">
        <jsp:include page="/module/top.jsp" flush="false" />
    </td>
</tr>
<tr>
    <td width="100" valign="top">
        <jsp:include page="/module/left.jsp" flush="false" />
    </td>
    <td width="300" valign="top">
        이 부분은 layout2.jsp가 생성한다.<br>
        레이아웃 2
        <br><br><br>
    </td>
</tr>
<tr>
    <td colspan="2">
        <jsp:include page="/module/bottom.jsp" flush="false" />
    </td>
</tr>
</body>
</html>
```

layout2.jsp의 실행 결과는 [그림 7.7]과 같다. 공통 영역에 출력된 내용이 [그림 7.6]과 동일한 것을 확인할 수 있다.

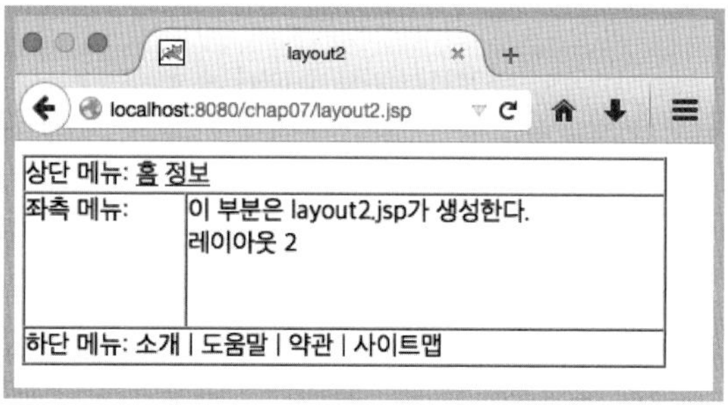

[그림 7.6] layout2.jsp의 실행 결과

NOTE

앞에서 살펴본 layout.jsp와 layout2.jsp의 결과로 알 수 있는 사실은 〈jsp:include〉 액션 태그를 화면의 구성 요소에 대한 모듈로 사용할 수 있다는 것이다. 즉, 상단 메뉴 모듈과 좌측 메뉴 모듈 그리고 하단 메뉴 모듈을 작성하고 각각의 모듈이 필요할 때에 〈jsp:include〉 액션 태그를 사용해서 불러다 쓰는 방식이 된다.

1.3 〈jsp:param〉으로 포함할 페이지에 파라미터 추가하기

〈jsp:include〉 액션 태그는 〈jsp:param〉 태그를 이용해서 포함할 JSP 페이지에 파라미터를 추가할 수 있다. 아래 코드는 〈jsp:param〉 태그의 사용 형식을 보여주고 있다.

```
<jsp:include page="/module/top.jsp" flush="false">
    <jsp:param name="param1" value="value1" />
    <jsp:param name="param2" value="value2" />
</jsp:include>
```

〈jsp:param〉 액션 태그는 〈jsp:include〉 액션 태그의 자식 태그로 추가한다. 〈jsp:param〉 액션 태그의 name 속성과 value 속성은 각각 포함할 페이지에 새로 추가할 파라미터의 이름과 값을 입력한다. value 속성에는 값을 직접 지정하거나 표현식을 이용해서 값을 지정한다.

```
<% String type = "typeA"; %>
<jsp:include page="..." />
  <jsp:param name="name" value="최범균" /> <%-- value에 값을 직접 입력 -->
  <jsp:param name="type" value="<% type %>" /> <%-- 표현식으로 값 입력 -->
</jsp:include>
```

[리스트 7.6]은 〈jsp:param〉 액션 태그를 사용하여 infoSub.jsp에 파라미터를 추가로 전달하는 예이다.

[리스트 7.6] chap07\info.jsp

```
01: <%@ page contentType = "text/html; charset=utf-8" %>
02: <html>
03: <head><title>INFO</title></head>
04: <body>
05: <table width="100%" border="1" cellpadding="0" cellspacing="0">
06: <tr>
07:     <td>제품번호</td> <td>XXXX</td>
08: </tr>
09: <tr>
10:     <td>가격</td> <td>10,000원</td>
11: </tr>
12: </table>
13:
14: <jsp:include page="infoSub.jsp" flush="false">
15:     <jsp:param name="type" value="A" />
16: </jsp:include>
17:
18: </body>
19: </html>
```

14-16행	infoSub.jsp에 이름이 "type"이고 값이 "A"인 파라미터를 추가로 전달한다.

infoSub.jsp 페이지를 제품의 타입별로 추가 정보를 출력해주는 화면이라고 생각하자. infoSub.jsp 소스 코드를 [리스트 7.7]과 같이 작성할 수 있을 것이다.

[리스트 7.7] chap07\infoSub.jsp

```
<%@ page contentType = "text/html; charset=utf-8" %>
<%
    String type = request.getParameter("type");
    if (type == null) {
        return;
    }
%>
<br>
<table width="100%" border="1" cellpadding="0" cellspacing="0">
<tr>
    <td>타입</td>
    <td><b><%= type %></b></td>
</tr>
<tr>
    <td>특징</td>
    <td>
<% if (type.equals("A")) { %>
    강한 내구성.
```

```
19: <% } else if (type.equals("B")) { %>
20:     뛰어난 대처 능력
21: <% } %>
22:     </td>
23: </tr>
24: </table>
```

03행	info.jsp에서 전달한 type 파라미터의 값을 읽어온다.
04-06행	type 파라미터가 null이면 리턴한다.
18행	type 파라미터의 값이 A인 경우 출력된다.
20행	type 파라미터의 값이 B인 경우 출력된다.

info.jsp는 <jsp:param> 액션 태그를 사용하여 infoSub.jsp에 type 파라미터의 값으로 "A"를 전달한다. infoSub.jsp는 type 파라미터의 값이 "A"일 때는 18행을 출력하므로 info.jsp를 실행하면 [그림 7.8]과 같은 결과가 출력된다.

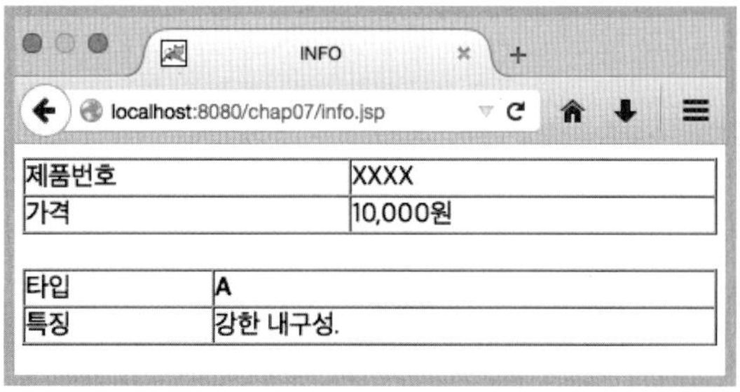

[그림 7.8] <jsp:param> 태그를 사용하여 파라미터로 값을 전달

<jsp:param> 태그는 이미 동일한 이름의 파라미터가 존재하면 기존 파라미터 값을 유지하면서 새로운 값을 추가한다. 예를 들어, [그림 7.9]를 보자.

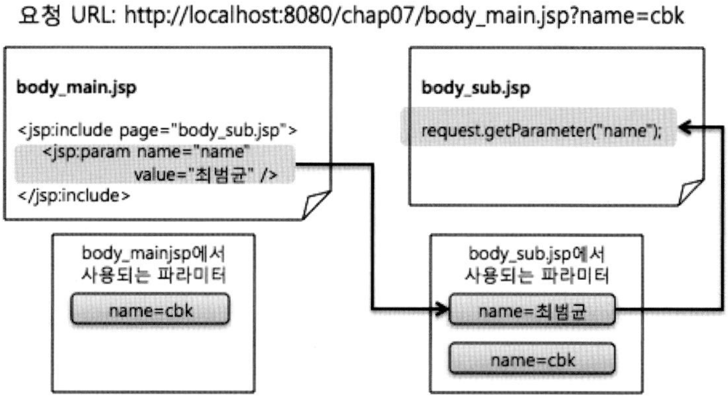

[그림 7.9] <jsp:param> 태그는 기존 파라미터 값을 유지하고 값을 새로 추가한다.

[그림 7.9]에서 요청 URL에 '?name=cbk'가 포함되어 있으므로 body_main.jsp는 이름이 "name"이고 값이 "cbk"인 파라미터를 한 개 갖는다. 이 상태에서 <jsp:param>을 이

용해서 이름이 "name"인 파라미터를 포함될 페이지에 추가하면, [그림 7.9]의 오른쪽과 같이 기존 파라미터를 유지하면서 새로운 파라미터를 추가한다.

<jsp:param> 액션 태그로 추가한 파라미터가 기존 파라미터보다 우선한다. 따라서 포함되는 body_sub.jsp에서 request.getParameter("name")을 실행하면 기존 파라미터가 아닌 <jsp:param> 액션 태그로 추가한 파라미터 값을 사용하게 된다.

body_sub.jsp에서 request.getParameterValues("name") 메서드를 실행하면 <jsp:param>으로 추가한 파라미터 값과 이미 존재하는 파라미터 값을 모두 리턴한다. 즉, [그림 7.9]의 body_sub.jsp에서 request.getParameterValues("name") 코드를 실행하면 ["최범균", "cbk"]를 파라미터 값 목록으로 리턴한다.

NOTE

<jsp:param> 액션 태그를 사용할 때 주의할 점은 <jsp:param> 액션 태그로 추가한 파라미터는 <jsp:include> 액션 태그로 포함하는 페이지에서만 유효하다는 점이다. 예를 들어, [그림 7.9]의 경우 body_main.jsp에서 <jsp:param> 실행 이후에 request.getParameterValues("name")을 실행하면 <jsp:param>으로 추가한 파라미터가 포함되지 않은 ["cbk"]를 값 목록으로 리턴한다.

[리스트 7.8]은 <jsp:param>을 실행하기 전/후 파라미터 값에 변화가 발생하는지 여부를 확인하기 위해 만든 예제 코드이다.

[리스트 7.8] chap07\body_main.jsp

```
<%@ page contentType = "text/html; charset=utf-8" %>
<%
    request.setCharacterEncoding("utf-8");
%>
<html>
<head><title>INFO</title></head>
<body>

include 전 name 파라미터 값: <%= request.getParameter("name") %>

<hr>

<jsp:include page="body_sub.jsp" flush="false">
    <jsp:param name="name" value="최범균" />
</jsp:include>

<hr/>

include 후 name 파라미터 값: <%= request.getParameter("name") %>

</body>
</html>
```

03행	〈jsp:param〉으로 전달되는 값은 request.setCharacterEncoding()에 명시한 캐릭터 셋으로 인코딩해서 전달한다.

[리스트 7.8]의 14행에서 name 파라미터를 새로 추가하고, 09행과 19행에서는 〈jsp:param〉을 실행하기 전/후에 name 파라미터 값을 출력한다.

〈jsp:include〉로 포함하는 body_sub.jsp는 [리스트 7.9]와 같다. body_sub.jsp는 request.getParameter() 메서드와 request.getParameterValues() 메서드를 이용해서 name 파라미터의 값을 출력한다. 이를 통해 〈jsp:param〉 태그가 기존 파라미터 값에 새로운 값을 추가하는지 여부를 확인할 수 있다.

[리스트 7.9] chap07\body_sub.jsp

```
01: <%@ page contentType = "text/html; charset=utf-8" %>
02: body_sub에서 name 파라미터 값: <%= request.getParameter("name") %>
03: <br/>
04: name 파라미터 값 목록:
05: <ul>
06: <%
07:     String[] names = request.getParameterValues("name");
08:     for (String name : names) {
09: %>
10:     <li> <%= name %> </li>
11: <%
12:     }
13: %>
14: </ul>
```

02행	name 파라미터 값을 출력한다.
07-12행	name 파라미터 값 목록을 출력한다.

body_main.jsp와 body_sub.jsp를 작성했으니 이제 body_main.jsp에 GET 방식으로 name 파라미터를 전달해보자. 이 예제에서는 다음과 같은 URL을 사용해서 테스트했다.

```
http://localhost:8080/chap07/body_main.jsp?name=cbk
```

실행 결과는 [그림 7.10]과 같다. 실행 결과를 보면 body_sub.jsp에서 request.getParameter("name")으로 구한 파라미터 값이 〈jsp:param〉을 통해 새로 추가한 값임을 알 수 있다. 또한, request.getParameterValues("name")로 구한 파라미터 값 목록을 보면 새로 추가한 파라미터 값과 기존 파라미터 값이 함께 포함된 것을 확인할 수 있다.

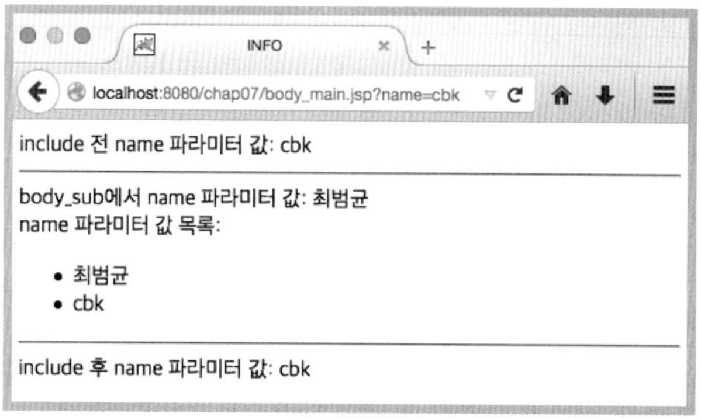

[그림 7.10] 〈jsp:param〉 액션 태그는 기존 파라미터 값을 유지한 채 새로운 파라미터 값을 추가하며, 이때 새롭게 추가된 파라미터 값이 우선한다.

1.4 〈jsp:param〉 액션 태그와 캐릭터 인코딩

앞서 [리스트 7.8]의 02~04행을 보면 request.setCharacterEncoding() 메서드를 이용해서 요청 파라미터의 캐릭터 셋을 지정하고 있는 것을 알 수 있다.

```
<%
    request.setCharacterEncoding("utf-8");
%>
```

〈jsp:param〉 액션 태그는 포함할 페이지에 전달할 요청 파라미터의 값을 인코딩할 때 request.setCharacterEncoding() 메서드로 설정한 캐릭터 셋을 사용한다. request.setCharacterEncoding() 메서드로 알맞은 캐릭터 셋을 지정하지 않으면 〈jsp:param〉으로 설정한 값이 올바르게 전달되지 않는다.

02 include 디렉티브를 이용한 중복된 코드 삽입

include 디렉티브도 〈jsp:include〉 액션 태그처럼 지정한 페이지를 현재 위치에 포함시키는 기능을 제공한다. 하지만, 〈jsp:include〉 액션 태그와 include 디렉티브는 포함하는 방식에 차이가 있다. 〈jsp:include〉 액션 태그는 다른 JSP로 실행 흐름을 이동시켜 실행 결과를 현재 위치에 포함하는 방식인 반면에, include 디렉티브는 다른 파일의 내용을 현재 위치에 삽입한 후에 JSP 파일을 자바 파일로 변환하고 컴파일하는 방식이다.

2.1 include 디렉티브의 처리 방식과 사용법

include 디렉티브의 사용방법은 다음과 같다.

```
<%@ include file="포함할파일" %>
```

file 속성은 include 디렉티브를 사용해서 포함할 파일의 경로를 지정한다. include 디렉티브를 사용하면, JSP 파일을 자바 파일로 변환하기 전에 include 디렉티브에서 지정한 파일의 내용을 해당 위치에 삽입하고, 그 결과로 생긴 자바 파일을 컴파일한다. [그림 7.11]은 page 디렉티브의 처리 순서를 보여주고 있다.

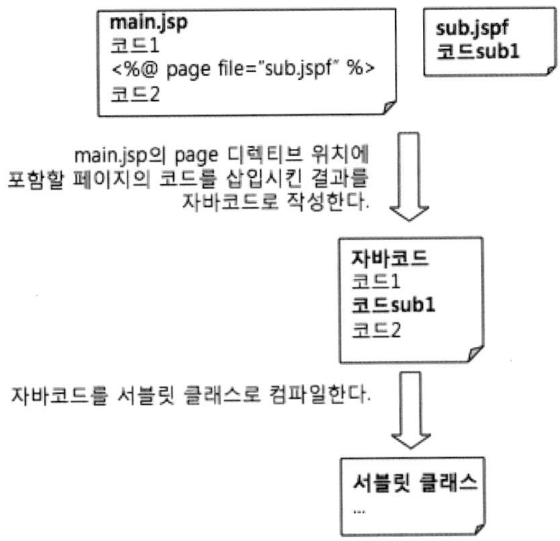

[그림 7.11] include 디렉티브의 처리 방식

이해를 돕기 위해 [리스트 7.10]과 같이 include 디렉티브를 사용하는 간단한 예제 코드를 작성해보자.

[리스트 7.10] chap07\includer.jsp

```
<%@ page contentType = "text/html; charset=utf-8" %>
<html>
<head><title>include 디렉티브</title></head>
<body>

<%
    int number = 10;
%>

<%@ include file="/includee.jspf" %>

```

```
12: 공통변수 DATAFOLDER = "<%= dataFolder %>"
13:
14: </body>
15: </html>
```

10행	includee.jspf 파일 내용을 포함한다.

[리스트 7.10]의 12행을 보면 includer.jsp에서 선언하지 않은 변수인 dataFolder를 사용하고 있다. 이 dataFolder 변수를 선언하는 코드는 includee.jspf 파일에 포함되어 있으며, includee.jspf는 [리스트 7.11]과 같다.

[리스트 7.11] chap07\includee.jspf

```
01: <%@ page contentType = "text/html; charset=utf-8" %>
02: includer.jsp에서 지정한 번호: <%= number %>
03: <p>
04: <%
05:     String dataFolder = "c:\\data";
06: %>
```

05행	includee.jspf를 포함하는 JSP는 dataFolder 변수를 사용할 수 있다.

NOTE

include 디렉티브를 통해 다른 JSP에 포함되는 JSP 파일의 경우 일반 JSP 파일과 구분하기 위해 확장자로 jspf를 사용하는 편이다. 물론 확장자로 jsp를 사용해도 된다. jspf는 JSP Fragment, 즉, JSP의 소스 코드 조각을 의미한다.

includer.jsp를 실행하면 [리스트 7.12]와 같이 includer.jsp의 include 디렉티브 부분에 includee.jspf가 삽입된다.

[리스트 7.12] includer.jsp의 include 디렉티브가 처리된 상태의 코드

```
<%@ page contentType = "text/html; charset=utf-8" %>
<html>
<head><title>include 디렉티브</title></head>
<body>

<%
    int number = 10;
%>

includer.jsp에서 지정한 번호: <%= number %>
<p>
<%
    String dataFolder = "c:\\data";
```

```
14: %>
15:
16: 공통변수 DATAFOLDER = "<%= dataFolder %>"
17:
18: </body>
19: </html>
```

10-14행	includee.jspf 파일의 코드를 삽입한 뒤 자바 파일로 변환한다.

[리스트 7.12]와 같이 include 디렉티브는 코드 차원에서 삽입이 이루어지기 때문에 삽입되는 파일(includee.jspf)에서 선언한 변수(dataFolder)를 삽입하는 JSP(includer.jsp)에서 사용할 수 있다.

WAS는 include 디렉티브에서 지정한 파일의 코드를 포함한 JSP 코드를 자바 코드로 변환해서 컴파일한다. 실제로 includer.jsp를 실행하면 [그림 7.12]와 같이 includer.jsp와 includee.jspf가 합쳐진 [리스트 7.12]를 실행한 결과를 생성하는 것을 알 수 있다.

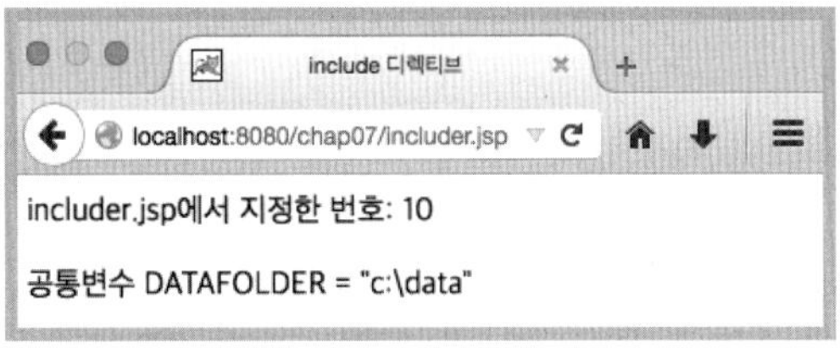

[그림 7.12] include 디렉티브의 실행 결과

NOTE

includee.jspf의 01행을 보면 컨텐츠 타입을 지정하고 있다. 포함되는 파일이라 하더라도 컨텐츠 타입을 알맞게 지정해야 결과가 올바르게 출력된다.

NOTE

JSP 2.3 규약은 include 디렉티브를 통해서 포함되는 파일이 변경될 경우 변경 내역을 어떻게 적용할지에 대한 내용을 정의하고 있지 않다. 하지만, 톰캣 등 컨테이너들은 include 디렉티브를 통해서 포함된 파일이 변경될 경우, 자동으로 변경 내역을 반영해주고 있다.

2.2 include 디렉티브의 활용

include 디렉티브는 코드 차원에서 다른 JSP를 포함하기 때문에 <jsp:include> 액션 태그와는 다른 용도로 사용한다. <jsp:include> 액션 태그가 레이아웃의 한 구성 요소를 모듈화하기 위해 사용되는 반면에, include 디렉티브는 다음의 두 가지 목적으로 주로 사용된다.

- 모든 JSP 페이지에서 사용하는 변수 지정
- 저작권 표시와 같이 모든 페이지에서 중복되는 간단한 문장

include 디렉티브를 사용하면 편리하게 공통 변수를 선언할 수 있다. 예를 들어, 구축하려는 웹 어플리케이션의 다수 JSP 페이지가 application 기본 객체나 session 기본 객체에 저장한 속성값을 읽어와 사용한다고 가정해보자. 이 경우 각 JSP 페이지는 다음과 같이 코드의 시작 부분에 속성값을 읽어와 변수에 저장하는 코드를 추가할 것이다.

```
<%
    String memberID = (String)session.getAttribute("MEMBERID");
    File tempFolder = (File)application.getAttribute("TEMPFOLDER");
%>
...
<%= memberId %>
...
<%
    fw = new FileWriter(tempFolder, "name.tmp");
    ...
%>
...
```

기본 객체로부터 특정 값을 읽어와 변수에 저장한 후 그 변수를 사용하는 JSP 페이지가 많다면, 코드 중복이 많이 발생한다. 이런 상황에서는 다음과 같이 변수를 지정하는 부분을 별도의 파일에 작성하고 그 파일을 include 디렉티브로 포함시키는 것이 더 좋은 방법이다.

포함되는 파일: 변수를 선언

```
<%
    String memberID = (String)session.getAttribute("MEMBERID");
    File tempFolder = (File)application.getAttribute("TEMPFOLDER");
%>
```

포함하는 파일: include 디렉티브로 변수 선언 코드 삽입

```
<%@ include file="commonVariable.jspf" %>
...
<%= memberId %>
...
<%
    fw = new FileWriter(tempFolder, "name.tmp");
    ...
%>
...
```

다음과 같이 간단한 저작권 문장을 포함하고 있는 파일도 include 디렉티브로 읽어올 파일의 좋은 후보가 된다.

```
<%@ page contentType = "text/html; charset=utf-8" %>
이 사이트의 모든 저작물의 저작권은 홍길동에게 있습니다.
```

2.3 코드 조각 자동 포함 기능

JSP는 include 디렉티브를 사용하지 않고 JSP의 앞 · 뒤에 지정한 파일을 삽입하는 기능을 제공하고 있다. 예를 들어, 모든 JSP 페이지가 소스 코드의 위 · 아래에 다음과 같이 include 디렉티브를 사용해서 공통 코드를 삽입한다고 가정해보자.

```
<%@ page contentType="text/html; charset=utf-8"%>
<%@ include file="/common/variable.jspf" %>
<html>
....
....
<%@ include file="/common/footer.jspf" %>
```

variable.jspf와 footer.jspf를 포함하는 JSP 코드가 100개라면, 같은 include 디렉티브 코드를 100개 파일에 삽입해야 한다. 이 역시 코드 중복인데, JSP는 이런 코드 중복을 제거하는 방법을 제공하고 있다. 그것은 바로 web.xml의 <include-prelude>와 <include-coda> 설정을 사용하는 것이다. 다음은 web.xml의 설정 예를 보여주고 있다.

```
<jsp-config>
    <jsp-property-group>
        <url-pattern>/view/*</url-pattern>
        <include-prelude>/common/variable.jspf</include-prelude>
        <include-coda>/common/footer.jspf</include-coda>
    </jsp-property-group>
</jsp-config>
```

각 태그는 다음과 같다.

- <jsp-property-group> : JSP의 프로퍼티를 포함한다.
- <url-pattern> : 프로퍼티를 적용할 JSP 파일의 URL 패턴을 지정한다.
- <include-prelude> : url-pattern 태그에 지정한 패턴에 해당하는 JSP 파일의 앞에 삽입할 파일을 지정한다.
- <include-coda> : url-pattern 태그에 지정한 패턴에 해당하는 JSP 파일의 뒤에 삽입할 파일을 지정한다.

<include-prelude> 태그와 <include-coda> 태그를 모두 설정해야 하는 것은 아니며, 필요한 태그만 설정하면 된다.

NOTE

<url-pattern> 태그에 지정할 수 있는 값의 형식은 17장에서 설명한다.

위 예제 설정 코드는 URL이 "/view/"로 시작하는 모든 JSP 파일의 앞과 뒤에 각각 /common/variable.jspf 파일과 /common/footer.jspf 파일을 삽입하라고 지정하고 있다. 완전한 web.xml 파일은 [리스트 7.13]과 같다.

[리스트 7.13] chap07\WEB-INF\web.xml

```
01: <?xml version="1.0" encoding="utf-8"?>
02:
03: <web-app xmlns="http://xmlns.jcp.org/xml/ns/javaee"
04:          xmlns:xsi="http://www.w3.org/2001/XMLSchema-instance"
05:          xsi:schemaLocation="http://xmlns.jcp.org/xml/ns/javaee
06:             http://xmlns.jcp.org/xml/ns/javaee/web-app_3_1.xsd"
07:          version="3.1">
08:
09:     <jsp-config>
10:         <jsp-property-group>
11:             <url-pattern>/view/*</url-pattern>
12:             <include-prelude>/common/variable.jspf</include-prelude>
13:             <include-coda>/common/footer.jspf</include-coda>
14:         </jsp-property-group>
15:     </jsp-config>
16:
17: </web-app>
```

12행의 variable.jspf 파일은 [리스트 7.14]와 같다. 이 코드는 java.util.Date 클래스를 사용해서 현재 시간을 CURRENT_TIME 변수에 저장한다.

[리스트 7.14] chap07\common\variable.jspf

```
<%@ page contentType = "text/html; charset=utf-8" %>
<%
    java.util.Date CURRENT_TIME = new java.util.Date();
%>
```

footer.jspf는 [리스트 7.15]와 같다. HTML 하단에 추가할 주석 문장을 포함하고 있다.

[리스트 7.15] chap07\common\footer.jspf

```
<%@ page contentType = "text/html; charset=utf-8" %>
<!--
    소스 코드 작성: madvirus.net
-->
```

web.xml 파일에서 /view/*로 들어오는 요청에 대해 variable.jspf와 footer.jspf를 include 디렉티브 방식으로 삽입하도록 설정했다. /view/에 위치한 JSP 파일을 작성해서 실제로 설정한 코드가 삽입되는지 테스트해보자. 테스트 JSP 파일은 [리스트 7.16]과 같다.

[리스트 7.16] chap07\view\autoInclude.jsp

```
01: <%@ page contentType = "text/html; charset=utf-8" %>
02: <html>
03: <head><title>자동 Include 실행</title></head>
04: <body>
05: 
06: 현재 시간은 <%= CURRENT_TIME %> 입니다.
07: 
08: </body>
09: </html>
```

06행	variable.jspf 파일에서 선언한 변수를 사용한다.

[리스트 7.16]의 06행의 코드는 variable.jspf 파일에서 지정한 변수를 사용하고 있다. web.xml 파일에서 /view/로 들어오는 모든 요청에 대해서 variable.jspf를 JSP의 앞에 삽입하도록 설정했으므로, /view/autoInclude.jsp는 variable.jspf에서 선언한 변수를 사용할 수 있다. autoInclude.jsp를 실행하면 [그림 7.13]과 같이 변수의 값이 올바르게 출력된 것을 확인할 수 있다.

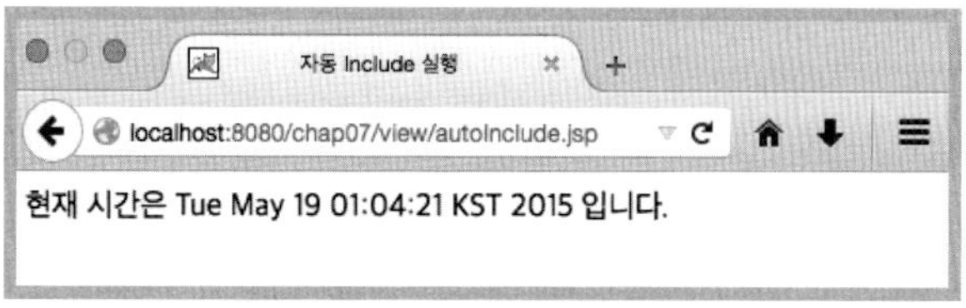

[그림 7.13] web.xml을 설정해서 지정한 파일을 자동으로 JSP에 삽입된다.

[그림 7.13]의 결과만으로는 footer.jspf가 삽입되었는지를 알 수 없으므로 소스 보기로 HTML 문서의 끝에 footer.jspf의 주석문이 포함되어 있는지 확인해보자. [그림 7.13]의 결과 화면에서 소스 보기를 선택하면 [리스트 7.17]과 같은 코드가 출력되는데, 이 결과를 통해서 footer.jspf도 포함한 것을 확인할 수 있다.

[리스트 7.17] autoInclude.jsp 실행 결과로 생성된 HTML 코드

```
01: <html>
02: <head><title>자동 Include 실행</title></head>
03: <body>
04:
05: 현재 시간은 Tue May 19 01:04:21 KST 2015 입니다.
06:
07: </body>
08: </html>
09:
10: <!--
11:     소스 코드 작성: madvirus.net
12: -->
```

10-12행	footer.jspf의 코드가 삽입된 결과

다음과 같이 두 개 이상의 〈jsp-property-group〉 태그를 이용해서 자동으로 삽입될 파일을 지정할 수도 있다.

```
<jsp-config>
    <jsp-property-group>
        <url-pattern>/view/*</url-pattern>
        <include-prelude>/common/variable.jspf</include-prelude>
        <include-coda>/common/footer.jspf</include-coda>
    </jsp-property-group>

    <jsp-property-group>
        <url-pattern>*.jsp</url-pattern>
        <include-prelude>/common/variable2.jspf</include-prelude>
        <include-coda>/common/footer2.jspf</include-coda>
    </jsp-property-group>
</jsp-config>
```

두 개 이상 〈jsp-property-group〉 태그를 설정한 경우, 패턴에 일치하는 설정이 차례대로 적용된다. 예를 들어, /view/autoInclude.jsp를 요청했다고 하자. 이 요청은 위의 두 URL 패턴에 모두 해당한다. (첫 번째는 /view/*로 들어오는 요청, 두 번째는 모든 jsp 요청) 이 경우 autoInclude.jsp의 앞에는 variable.jspf와 variable2.jspf가 차례대로 삽입되고, 뒤에는 footer.jspf와 footer2.jspf가 차례대로 삽입된다.

2.4 〈jsp:include〉 액션 태그와 include 디렉티브의 비교

〈jsp:include〉 액션 태그와 include 디렉티브의 차이점을 [표 7.1]에 정리했으니 애매한 부분이 있다면 정리하고 넘어가도록 하자.

표 7.1 〈jsp:include〉 액션 태그와 include 디렉티브의 차이

비교 항목	〈jsp:include〉	include 디렉티브
처리 시간	요청 시간에 처리	JSP 파일을 자바 소스로 변환할 때 처리
기능	별도의 파일로 요청 처리 흐름을 이동	현재 파일에 삽입시킴
데이터 전달 방법	request 기본 객체나 〈jsp:param〉을 이용한 파라미터 전달	페이지 내의 변수를 선언한 후, 변수에 값 저장
용도	화면의 레이아웃의 일부분을 모듈화할 때 주로 사용한다.	다수의 JSP 페이지에서 공통으로 사용되는 변수를 지정하는 코드나 저작권과 같은 문장을 포함한다.

03 <jsp:forward> 액션 태그를 이용한 JSP 페이지 이동

〈jsp:forward〉 액션 태그는 하나의 JSP 페이지에서 다른 JSP 페이지로 요청 처리를 전달할 때 사용된다. [그림 7.14]는 〈jsp:forward〉 액션 태그를 사용할 때의 요청 흐름이 어떻게 이동하는지 보여준다.

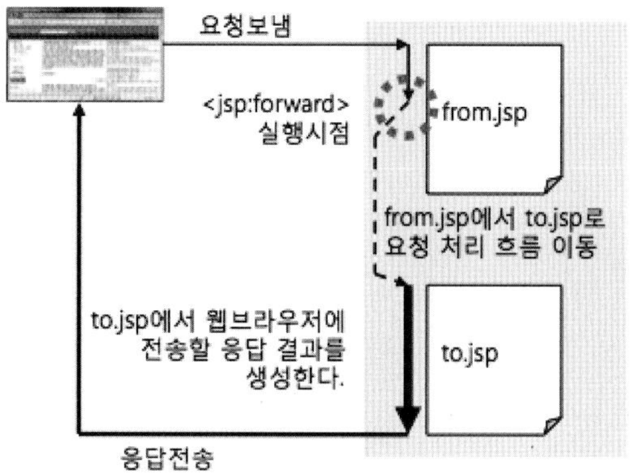

[그림 7.14] 〈jsp:forward〉의 요청 흐름

[그림 7.14]는 from.jsp에서 to.jsp로 요청 흐름이 이동하는 것을 보여준다. 웹 브라우저의 요청을 최초로 전달받는 것은 from.jsp인데 〈jsp:forward〉로 인해 다음과 같은 순서로 실행 흐름이 이동한다.

1. 웹 브라우저 요청을 from.jsp에 전달한다.
2. from.jsp는 <jsp:forward> 액션 태그를 실행한다.
3. <jsp:forward> 액션 태그를 실행하면 요청 흐름이 to.jsp로 이동한다.
4. 요청 흐름이 이동할 때 from.jsp에서 사용한 request 기본 객체와 response 기본 객체가 to.jsp로 전달된다.
5. to.jsp가 응답 결과를 생성한다.
6. to.jsp가 생성한 결과가 웹 브라우저에 전달된다.

이 흐름에서 다음 사실이 중요하다.

- from.jsp가 아닌 to.jsp가 생성한 응답 결과를 웹 브라우저에 전달한다.
- from.jsp에서 사용한 request, response 기본 객체를 to.jsp에 그대로 전달한다.

NOTE

왜 from.jsp에서 모든 것을 처리하면 될 것을 굳이 to.jsp로 요청 흐름을 이동시켜가면서까지 처리하는 것일까? 이 질문에 대한 답은 '간결하고 구조적으로 웹/JSP 프로그래밍을 할 수 있기 때문'이다. 웹 어플리케이션을 개발하다 보면 다양한 조건에 따라 다른 처리를 해야 하는 상황이 발생하는데, 이럴 때 <jsp:forward> 액션 태그를 사용하면 각 조건을 처리하는 JSP를 분리하여 기능별로 모듈화할 수 있게 된다.

3.1 <jsp:forward> 액션 태그의 사용법

<jsp:forward> 액션 태그의 기본 문법은 다음과 같다.

```
<jsp:forward page="이동할 페이지" />
```

이동할 페이지는 웹 어플리케이션 내에서의 경로이다. 다음과 같이 값을 지정하거나 표현식의 결과를 값으로 사용할 수 있다.

```
<jsp:forward page="/to/to.jsp" />

<%
   String uri = "/to/to.jsp";
%>
<jsp:forward page="<%= uri %>" />
```

예제 코드를 작성해서 <jsp:forward> 액션 태그가 어떻게 동작하는지 살펴보자. 먼저, <jsp:forward> 액션 태그를 사용하는 from.jsp를 [리스트 7.18]과 같이 작성한다.

[리스트 7.18] chap07\from\from.jsp

```
01: <%@ page contentType = "text/html; charset=utf-8" %>
02: <%--
03:     <jsp:foward> 액션 태그를 실행하면
04:     생성했던 출력 결과는 모두 제거된다.
05: --%>
06: <html>
07: <head><title>from.jsp의 제목</title></head>
08: <body>
09: 
10: 이 페이지는 from.jsp가 생성한 것입니다.
11: 
12: <jsp:forward page="/to/to.jsp" />
13: 
14: </body>
15: </html>
```

12행	/to/to.jsp로 이동한다.

[리스트 7.18]은 단순히 12행에서 <jsp:forward> 액션 태그를 사용해서 to.jsp로 실행 흐름을 이동시키고 있다. to.jsp는 [리스트 7.19]와 같이 단순히 HTML을 생성한다.

[리스트 7.19] chap07\to\to.jsp

```
<%@ page contentType = "text/html; charset=utf-8" %>
<html>
<head><title>to.jsp의 실행 결과</title></head>
<body>

이 페이지는 to.jsp가 생성한 것입니다.

</body>
</html>
```

웹 브라우저에서 from.jsp를 실행해보자. 실행 결과는 [그림 7.15]와 같다.

[그림 7.15] from.jsp의 실행 결과

[그림 7.15]의 실행 결과를 보면 다음을 알 수 있다.

- from.jsp에서 <jsp:forward>를 사용해서 이동한 to.jsp가 생성한 결과가 웹 브라우저에 출력된다.
- 웹 브라우저의 주소는 from.jsp 그대로이다. 즉, 리다이렉트처럼 to.jsp로 변경되지 않는다.

<jsp:forward>는 웹 컨테이너 내에서 요청 흐름을 이동시키기 때문에, 웹 브라우저는 다른 JSP가 요청을 처리했다는 사실을 알지 못한다. 웹 브라우저 주소는 from.jsp로 변경되지 않으므로 웹 브라우저는 from.jsp가 생성한 결과로 인식한다. 하지만, 실제 출력 결과는 to.jsp가 생성한 것이다.

3.2 <jsp:forward> 액션 태그와 출력 버퍼와의 관계

앞서 from.jsp의 코드를 보면 <jsp:forward> 태그를 실행하기 전에 일부 내용을 출력하고 있다.

```
<html>
<head><title>from.jsp의 제목</title></head>
<body>

이 페이지는 from.jsp가 생성한 것입니다.

<jsp:forward page="/to/to.jsp" />
```

그런데 실제 웹 브라우저의 출력 결과를 보면 from.jsp가 출력한 내용은 존재하지 않는다. 이렇게 <jsp:forward> 액션 태그를 사용하는 JSP 페이지의 출력 결과가 웹 브라우저에 전송되지 않는 이유는 4장에서 설명했던 출력 버퍼 때문이다.

<jsp:forward>가 실행되면 다음 [그림 7.16]과 같이 출력 버퍼의 내용을 버리고 이동한 페이지의 출력 결과를 출력 버퍼에 저장된다.

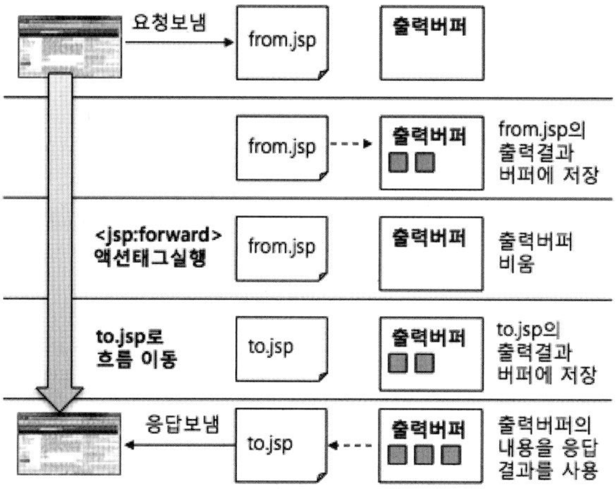

[그림 7.16] 〈jsp:forward〉와 출력 버퍼의 관계

〈jsp:forward〉를 실행하기 전에 [그림 7.16]과 같이 출력 버퍼를 비우기 때문에, 〈jsp:forward〉를 실행하기 이전에 출력 버퍼에 저장했던 내용은 웹 브라우저에 전송되지 않는다. 또한, 〈jsp:forward〉 액션 태그 뒤에 위치한 코드는 실행조차 되지 않는다. [리스트 7.18]은 12행에서 〈jsp:forward〉 액션 태그를 실행하므로 13~15행에 있는 코드는 아예 실행되지 않는다.

〈jsp:forward〉 액션 태그가 올바르게 동작하기 위해서는 〈jsp:forward〉 액션 태그를 실행하기 전에 웹 브라우저에 데이터가 전송되면 안 된다. 만약 출력 버퍼를 플러시한 이후에 〈jsp:forward〉를 실행하면 실행 흐름을 이동하는데 실패한다. 비슷하게 buffer 속성을 none으로 해서 버퍼를 사용하지 않는 경우에도 〈jsp:forward〉 액션 태그를 제대로 동작하지 않는다.

NOTE

JSP 규약에 따르면 버퍼를 플러시한 이후에 〈jsp:forward〉 액션 태그를 실행하거나 buffer 속성을 "none"으로 설정했을 때 〈jsp:forward〉 액션 태그를 실행하면 에러가 발생해야 한다. 하지만, 실제 동작은 사용하는 WAS에 따라 달라질 수 있다. 예를 들어, buffer 속성을 none으로 설정한 상태에서 〈jsp:forward〉 액션 태그를 실행할 때, 톰캣 7 버전은 에러 화면이 표시되는 반면에 톰캣 8.0.21 버전은 〈jsp:forward〉 액션 태그 이전의 내용이 브라우저에 표시되고 응답 상태 코드만 500(서버 에러)으로 전달된다.

3.3 〈jsp:forward〉 액션 태그의 활용

[리스트 7.18]의 from.jsp는 〈jsp:forward〉 액션 태그의 동작 방식을 보여주기 위해 작성한 간단한 예제 코드이다. 이 코드가 〈jsp:forward〉 액션 태그의 활용 방법을 보여주는 것은 아니다. 〈jsp:forward〉 액션 태그를 유용하게 사용할 수 있는 경우는 조건에 따라 다른 결과를 보여줘야 할 때이다. 다음 코드를 보자.

```
<%@ page contentType = "text/html; charset=utf-8" %>
<%
    String forwardPage = null;

    // 조건에 따라 이동할 페이지를 지정
    if (조건판단1) {
        forwardPage = "페이지URI1";
    } else if (조건판단2) {
        forwardPage = "페이지URI2";
    } else if (조건판단3) {
        forwardPage = "페이지URI3";
    }
%>
<jsp:forward page="<%= forwardPage %>" />
```

위 코드는 조건에 따라서 다른 페이지로 이동하는 구조를 갖는다. 조건에 따라 이동할 페이지를 결정하고, <jsp:forward> 액션 태그를 이용해서 해당 페이지로 이동한다. 예를 들어, 파라미터 값에 따라서 서로 다른 결과를 보여줘야 하는 JSP 코드를 생각해보자. <jsp:forward> 액션 태그를 사용하지 않으면 다음과 같은 구조의 코드를 사용해야 한다.

```
<%@ page contentType = "text/html; charset=utf-8" %>
<%
    String option = request.getParameter("option");

    // 조건에 따라 이동할 페이지를 지정
    if (option.equals("A")) {
%>
    .... 내용
<%
    } else if (option.equals("B")) {
%>
    .... 내용
<%
    } else if (option.equals("C")) {
%>
    .... 내용
<%
    }
%>
```

내용 부분에 HTML 코드와 스크립트 코드가 섞이는 것까지 생각하면 위 코드는 매우 복잡해질 것이다. 하지만, <jsp:forward> 액션 태그를 사용하면 다음과 같이 간단하게 코드를 작성할 수 있다.

```
<%@ page contentType = "text/html; charset=euc-kr" %>
<%
    String forwardPage = null;

    // 조건에 따라 이동할 페이지를 지정
    if (option.equals("A")) {
        forwardPage = "/view/typeA.jsp";
    } else if (option.equals("B")) {
        forwardPage = "/view/typeB.jsp";
    } else if (option.equals("C")) {
        forwardPage = "/view/typeC.jsp";
    }
%>
<jsp:forward page="<%= forwardPage %>" />
```

실제로 출력할 내용은 이동할 페이지에서 생성하게 된다. 새로운 조건을 추가할 경우, 한 개의 JSP 페이지에서 처리하면 코드가 더 복잡해지지만, 위와 같이 〈jsp:forward〉 액션 태그를 사용하면 한 개의 else-if 블록만 추가하면 된다.

선택한 옵션에 따라 서로 다른 화면을 보여주는 JSP 페이지를 작성해보자. 이 예제를 통해 실제 〈jsp:forward〉 액션 태그가 어떻게 쓰이는지 감을 잡을 수 있을 것이다. 먼저 옵션을 보여주는 JSP 페이지를 [리스트 7.20]과 같이 작성한다.

[리스트 7.20] chap07\select.jsp

```
<%@ page contentType = "text/html; charset=utf-8" %>
<html>
<head><title>옵션 선택 화면</title></head>
<body>

<form action="<%= request.getContextPath() %>/view.jsp">

보고 싶은 페이지 선택:
    <select name="code">
        <option value="A">A 페이지</option>
        <option value="B">B 페이지</option>
        <option value="C">C 페이지</option>
    </select>

<input type="submit" value="이동">

</form>

</body>
</html>
```

[리스트 7.20]의 실행 결과는 [그림 7.17]과 같다.

[그림 7.17] select.jsp의 실행 결과

[그림 7.17]에서 [이동] 버튼을 누르면 view.jsp로 선택한 옵션 값이 전달된다. view.jsp는 전달받은 옵션 값에 따라 알맞은 페이지로 이동한다. view.jsp의 소스 코드는 [리스트 7.21]과 같다.

[리스트 7.21] chap07\view.jsp

```
01: <%@ page contentType = "text/html; charset=utf-8" %>
02: <%
03:     String code = request.getParameter("code");
04:     String viewPageURI = null;
05:
06:     if (code.equals("A")) {
07:         viewPageURI = "/viewModule/a.jsp";
08:     } else if (code.equals("B")) {
09:         viewPageURI = "/viewModule/b.jsp";
10:     } else if (code.equals("C")) {
11:         viewPageURI = "/viewModule/c.jsp";
12:     }
13: %>
14: <jsp:forward page="<%= viewPageURI %>" />
```

03행	선택한 옵션 값을 code 변수에 저장한다.
06-12행	code 변수의 값에 따라서 이동할 페이지를 선택한다.
14행	선택한 페이지로 이동한다.

view.jsp는 "code" 파라미터의 값에 따라 a.jsp, b.jsp, c.jsp로 흐름을 이동시킨다. 이 장에서는 각각 이동할 페이지를 [리스트 7.22]와 같이 간단히 작성해보았다. 나머지 b.jsp와 c.jsp도 [리스트 7.22]과 비슷하게 작성하였다.

[리스트 7.22] chap07\viewModule\a.jsp

```
<%@ page contentType = "text/html; charset=utf-8" %>
<html>
<head><title>A 페이지</title></head>
<body>

이 페이지는 <b><font size="5">A</font></b> 입니다.

</body>
</html>
```

[그림 7.17]에서 알맞은 것을 선택한 후 [이동] 버튼을 눌러보자. 'B 페이지'를 선택하면 "code" 파라미터의 값으로 "B"가 view.jsp에 전달된다. view.jsp는 "code" 파라미터의 값이 "B"이면 b.jsp로 흐름을 이동시키고, 그 결과 [그림 7.18]과 같이 b.jsp의 실행 결과가 출력된다.

[그림 7.18] code 파라미터의 값이 "B"인 경우 view.jsp 페이지는 b.jsp로 흐름을 이동

3.4 <jsp:param> 액션 태그를 이용해서 이동할 페이지에 파라미터 추가하기

<jsp:param> 액션 태그를 사용하면 <jsp:forward> 액션 태그로 이동할 페이지에 파라미터를 추가로 전달할 수 있다.

```
<jsp:forward page="moveTo.jsp">
    <jsp:param name="first" value="BK" />
    <jsp:param name="last" value="Choi" />
</jsp:forward>
```

<jsp:param>의 동작 방식은 <jsp:include>에서 설명한 것과 동일하다.

04 <jsp:include>와 <jsp:forward> 액션 태그의 page 속성 경로

〈jsp:include〉 액션 태그와 〈jsp:forward〉 액션 태그는 page 속성을 사용해서 포함시키거나 이동할 페이지의 경로를 지정한다. 이 경로는 두 가지 방식으로 입력할 수 있다.

- 웹 어플리케이션 폴더를 기준으로 한 절대 경로
- 현재 JSP 페이지를 기준으로 한 상대 경로

[그림 7.19]는 앞서 작성했던 from.jsp와 to.jsp를 포함하고 있는 폴더 구조를 보여주고 있다. 이 구조를 이용해서 절대 경로와 상대 경로에 대해 살펴보자.

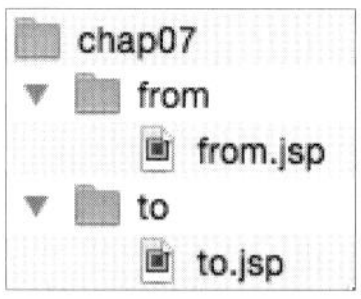

[그림 7.19] chap07 웹 어플리케이션 폴더 예제 구조

[그림 7.19]에서 chap07 폴더는 웹 어플리케이션의 루트 폴더이고, from 폴더와 to 폴더는 웹 어플리케이션 폴더의 하위 폴더이다.

절대 경로는 웹 어플리케이션 폴더를 루트로 사용하는 경로이다. 예를 들어, [리스트 7.18]의 12행은 아래 코드와 같은데, 여기서 사용한 경로가 절대 경로이다.

```
〈jsp:forward page="/to/to.jsp" /〉
```

위 코드에서 "/to/to.jsp"는 '/'로 시작하는데, '/'로 시작하면 절대 경로가 된다. 맨 앞의 '/'가 절대 경로의 기준점인 웹 어플리케이션 폴더를 의미한다.

NOTE

OS에 상관없이 경로를 구분할 때에는 '/'를 사용한다. 이 장의 예제를 테스트할 때에도 윈도우즈와 리눅스에서 테스트했지만, 경로는 '\'가 아닌 '/'를 사용해서 구분하고 있다.

상대 경로는 현재 JSP 페이지를 기준으로 경로를 결정한다. 예를 들어, from.jsp를 기준으로 봤을 때 to.jsp의 경로는 다음과 같이 표시할 수 있다.

```
../to/to.jsp
```

여기서 ".."은 상위 폴더를 의미한다. 예를 들어, from 폴더에 위치한 from.jsp를 기준으로 ".."은 from 폴더의 상위 폴더인 chap07 폴더가 된다.

상대 경로를 사용하면 from.jsp에서 사용하는 <jsp:forward> 액션 태그의 page 속성값을 다음과 같이 변경할 수 있다.

```
<jsp:forward page="../to/to.jsp" />
```

from.jsp가 chap07\from\controller 폴더에 위치한다고 가정해보자. 이 경우 다음과 같은 상대 경로를 사용해서 from.jsp에서 to.jsp로 이동할 수 있다.

```
<jsp:forward page="../../to/to.jsp" />
```

여기서 첫 번째 ".."은 chap07\from\controller 폴더의 상위 폴더인 chap07\from 폴더를, 두 번째 ".."은 chap07\from의 상위 폴더인 chap07 폴더를 나타낸다.

from.jsp 페이지가 chap07 폴더에 위치하고 to.jsp 페이지가 chap07\from\controller 폴더에 위치한 경우, from.jsp에서 to.jsp로 흐름을 이동할 때 사용하는 상대 경로는 다음과 같다.

```
<jsp:forward page="from/controller/to.jsp" />
```

절대 경로를 사용할까? 상대 경로를 사용할까?

필자의 경우는 특별한 경우를 제외하면 절대 경로를 사용하는데, 그 이유는 절대 경로를 사용하면 관련 파일을 쉽게 찾을 수 있기 때문이다. 다음의 경우는 상대 경로를 사용하기도 한다.

- 이동할 페이지가 같은 폴더에 위치한 경우
- 이동할 페이지가 현재 폴더의 하위 폴더에 위치한 경우

05 기본 객체의 속성을 이용해서 값 전달하기

<jsp:include> 액션 태그와 <jsp:forward> 액션 태그는 <jsp:param> 액션 태그를 이용해서 파라미터를 추가로 전달할 수 있다. 하지만, <jsp:param> 액션 태그는 파라미터를 이용해서 데이터를 추가하기 때문에 String 타입의 값만 전달할 수 있다는 제약을 갖는다.

〈jsp:param〉은 String 타입의 값만 전달할 수 있기 때문에, 날짜 데이터나 숫자 또는 객체 타입을 파라미터로 전달하려면 값을 문자열로 변환해주어야 하고, 반대로 문자열을 알맞은 타입으로 변환해주는 기능도 구현해야 한다.

기본 객체의 속성을 이용하면 이런 변환 과정이 필요 없기 때문에 〈jsp:param〉 액션 태그를 사용하는 것보다 편리하게 값을 전달할 수 있다. 포함하거나 이동할 페이지는 동일한 요청 범위(request 범위)를 갖기 때문에, request 기본 객체의 속성을 이용해서 필요한 값을 전달할 수 있다. 이 방식의 원리는 [그림 7.20]과 같다.

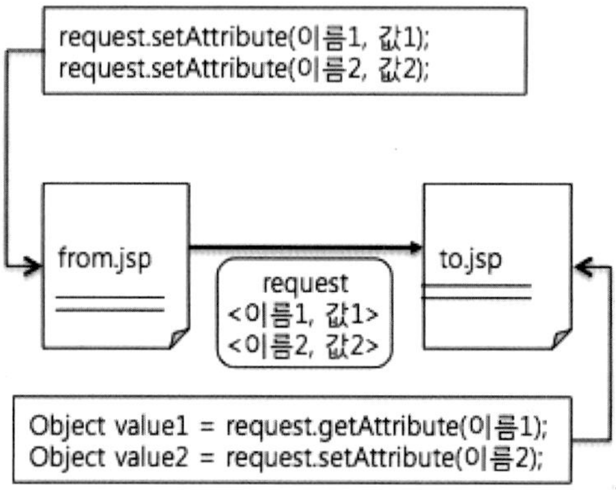

[그림 7.20] 속성을 이용한 값 전달

request 기본 객체는 한 번의 요청에 대해 유효하게 동작하며, 앞에서 설명했듯이 한 번의 요청을 처리하는 데 사용되는 모든 JSP에서 공유된다. [그림 7.20]에서 from.jsp는 〈jsp:forward〉 액션 태그를 사용해서 흐름을 to.jsp로 이동시키는데, 이때 동일한 요청을 처리하기 위해 from.jsp와 to.jsp가 사용된다. 따라서 from.jsp와 to.jsp는 하나의 request 기본 객체를 공유하게 된다.

이 특징을 사용해서, from.jsp에서 request 기본 객체에 새로운 속성을 추가하면 to.jsp는 그 속성을 읽어와 사용할 수 있다. 결과적으로 from.jsp에서 to.jsp로 값을 전달할 수 있게 된다.

[리스트 7.23]는 request 기본 객체에 속성을 추가한 후에 〈jsp:forward〉 액션 태그를 이용해서 흐름을 이동시키는 예제 코드이다.

[리스트 7.23] chap07\from\makeTime.jsp

```
<%@ page contentType = "text/html; charset=utf-8" %>
<%@ page import = "java.util.Calendar" %>
<%
    Calendar cal = Calendar.getInstance();
    request.setAttribute("time", cal);
%>
<jsp:forward page="/to/viewTime.jsp" />
```

04-05행	생성한 Calendar 객체를 request 기본 객체에 저장한다.

makeTime.jsp에서 흐름을 이어받는 viewTime.jsp는 [리스트 7.24]와 같다.

[리스트 7.24] chap07\to\viewTime.jsp

```
01: <%@ page contentType = "text/html; charset=utf-8" %>
02: <%@ page import = "java.util.Calendar" %>
03: <html>
04: <head><title>현재 시간</title></head>
05: <body>
06:
07: <%
08:     Calendar cal = (Calendar) request.getAttribute("time");
09: %>
10: 현재 시간은 <%= cal.get(Calendar.HOUR) %>시
11:             <%= cal.get(Calendar.MINUTE) %>분
12:             <%= cal.get(Calendar.SECOND) %>초 입니다.
13: </body>
14: </html>
```

viewTime.jsp는 08행에서 request 기본 객체에 저장된 속성인 time 값을 읽어온다. request 기본 객체의 time 속성은 앞서 makeTime.jsp의 05행에서 저장한 것이다.

makeTime.jsp를 실행하면 현재 시간을 담고 있는 Calendar 객체를 생성해서 request 기본 객체의 time 속성에 저장한 후 viewTime.jsp로 이동한다. viewTime.jsp는 request 기본 객체의 time 속성에 저장된 Calendar 객체를 읽어와 현재 시간을 출력한다. 실제 makeTime.jsp의 실행 결과는 [그림 7.21]과 같다.

[그림 7.21] makeTime.jsp의 실행 결과

NOTE

속성을 이용한 값 전달 방식은 웹 어플리케이션 개발에서 중요한 기법 중 하나이다. 특히 이 방식은 MVC(Model-View-Controller) 패턴이라는 것에 기반하여 웹 어플리케이션을 구현할 때 필수 요소이기 때문에, request 기본 객체의 속성을 사용하는 방법에 대해서는 반드시 이해하고 넘어가도록 하자.

CHAPTER 08

자바빈과 〈jsp:useBean〉 액션 태그

이 장에서 다룰 내용
- 자바빈과 프로퍼티
- 〈jsp:useBean〉 액션 태그

JSP 기반 웹 어플리케이션에서 정보를 표현할 때 사용하는 것 중 하나가 자바빈(JavaBeans)이다. 예를 들어, 회원 정보, 게시판 글 등의 정보를 출력할 때, 정보를 저장하고 있는 자바빈 객체를 사용하게 된다. 이 장에서는 자바빈이 무엇인지 살펴보고, JSP 페이지에서 자바빈을 사용할 수 있도록 도와주는 〈jsp:useBean〉 액션 태그에 대해서 살펴보도록 하겠다.

01 자바빈(JavaBeans)

자바빈은 속성(데이터), 변경 이벤트, 객체 직렬화를 위한 표준이다. 이 중에서 JSP에서는 속성을 표현하기 위한 용도로 사용된다. 다음은 자바빈 규약을 따르는 클래스의 구조를 보여준다.

```
public class BeanClassName implements java.io.Serializable {
    /* 값을 저장하는 필드 */
    private String value;

    /* BeanClassName의 기본 생성자 */
    public BeanClassName() {
    }
```

```
    /* 필드의 값을 읽어오는 값 */
    public String getValue() {
        return value;
    }

    /* 필드의 값을 변경하는 값 */
    public void setValue(String value) {
        this.value = value;
    }
}
```

자바빈 규약을 따르는 클래스를 자바빈이라 부른다. JSP 프로그래밍에서 사용하는 자바빈 클래스는 위 코드처럼 데이터를 저장하는 필드, 데이터를 읽어올 때 사용되는 메서드 그리고 값을 저장할 때 사용되는 메서드로 구성된다.

1.1 자바빈 프로퍼티

프로퍼티는 자바빈에 저장되는 값을 나타낸다. 메서드 이름을 사용해서 프로퍼티의 이름을 결정하게 된다. 프로퍼티 값을 변경하는 메서드는 프로퍼티의 이름 중 첫 글자를 대문자로 변환한 문자열 앞에 set을 붙인다. 프로퍼티 값을 읽어오는 메서드는 프로퍼티의 이름 중 첫 글자를 대문자로 변환한 문자열 앞에 get을 붙인다. 예를 들어, 프로퍼티의 이름이 maxAge이고 값 타입이 int인 경우, 이 프로퍼티를 위한 메서드의 이름은 다음과 같이 결정된다.

```
public void setMaxAge(int value);
public int getMaxAge();
```

프로퍼티 이름과 필드 이름은 같지 않아도 된다. 예를 들어, maxAge 프로퍼티 값을 실제로 저장하는 필드와 maxAge 프로퍼티 값을 읽고 저장하는 데 사용되는 메서드는 다음과 같이 코딩할 수 있다. 프로퍼티 값을 저장하는 필드 이름이 maximumAge로서 프로퍼티 이름과 다른 것을 알 수 있다.

```
private int maximumAge = 0;
public void setMaxAge(int maxAge) {
    maximumAge = maxAge;
}
public int getMaxAge() {
    return maximumAge;
}
```

프로퍼티 타입이 boolean일 경우 get 대신에 is를 붙일 수 있다. 예를 들어 종료 여부를 나타내는 프로퍼티 이름이 finished이고 값 타입이 boolean이면, 다음과 메서드를 작성할 수 있다.

```
public boolean isFinished() {
    ...
}
public void setFinished(boolean finished) {
    ...
}
```

프로퍼티 값에는 읽기 전용 프로퍼티와 읽기/쓰기 프로퍼티가 존재한다. 이 둘은 다음과 같이 정의된다.

- **읽기 전용 프로퍼티** : get 또는 is 메서드만 존재하는 프로퍼티
- **읽기/쓰기 프로퍼티** : get/set 또는 is/set 메서드가 존재하는 프로퍼티

프로퍼티 값을 변경할 필요 없이 읽기만 필요한 경우에 읽기 전용 프로퍼티를 사용한다. 예를 들어, 섭씨온도 정보를 저장하는 Temperature 자바빈 클래스를 생각해보자. 섭씨온도로부터 화씨온도를 계산해서 알려주는 기능이 필요한 경우 다음과 같이 섭씨온도를 나타내는 읽기/쓰기 celsius 프로퍼티와 화씨온도를 나타내는 읽기 전용 fahrenheit 프로퍼티를 갖도록 클래스를 작성할 수 있을 것이다.

```
public class Temperature {
    private double celsius;

    public double getCelsius() {
        return celsius;
    }

    public void setCelsius(double celsius) {
        this.celsius = celsius;
    }

    // fahrenheit 프로퍼티는 읽기 전용이다.
    public double getFahrenheit() {
        return celsius * 9.0 / 5.0 + 32.0;
    }
}
```

자바빈 프로퍼티는 다음과 같이 배열로 정의할 수도 있다.

```
public int[] getMark()
public void setMark(int[] values)
```

위 코드는 mark 프로퍼티의 값 타입을 int 배열로 지정하고 있다. getMark() 메서드는 배열을 리턴하는데, 배열 대신 한 원소에 접근하는 메서드를 추가할 수 있다. 특정 원소에 접근하는 메서드는 다음과 같이 인덱스를 값으로 갖는다.

```
public int getMark(int index)
public void setMark(int value, int index)
```

위 코드는 지정한 mark 프로퍼티의 값인 int 배열 중에서 지정한 인덱스의 값을 읽거나 변경할 때 사용된다.

02 예제에서 사용할 자바빈 클래스

예제로 사용할 자바빈 클래스는 회원 정보를 저장할 때 사용할 클래스로서 [표 8.1]과 같은 프로퍼티를 갖는다.

표 8.1 MemberInfo 자바빈의 프로퍼티 목록

프로퍼티 이름	값 타입	읽기/쓰기 여부
id	String	읽기/쓰기
password	String	읽기/쓰기
name	String	읽기/쓰기
address	String	읽기/쓰기
registerDate	java.util.Date	읽기/쓰기
email	String	읽기/쓰기

[표 8.1]에서 지정한 프로퍼티 목록에 따라 작성한 MemberInfo 자바빈 클래스의 소스 코드는 [리스트 8.1]과 같다.

[리스트 8.1] chap08\WEB-INF\src\chap08\member\MemberInfo.java

```
package chap08.member;

import java.util.Date;

public class MemberInfo {

    private String id;
    private String password;
    private String name;
    private Date registerDate;
    private String email;

    public String getId() {
        return id;
    }
    public void setId(String val) {
        this.id = val;
    }
    public String getPassword() {
        return password;
    }
    public void setPassword(String val) {
        this.password = val;
    }
    public String getName() {
        return name;
    }
    public void setName(String val) {
        this.name = val;
    }
    public Date getRegisterDate() {
        return registerDate;
    }
    public void setRegisterDate(Date val) {
        this.registerDate = val;
    }
    public String getEmail() {
        return email;
    }
    public void setEmail(String val) {
        this.email = val;
    }
}
```

MemberInfo.java 소스 코드를 작성했다면, 명령 프롬프트를 열고 MemberInfo.java 클래스를 컴파일하자. 실행 순서는 다음과 같다.

1. cd C:\apache-tomcat-8.0.21\webapps\chap08\WEB-INF\
2. mkdir classes
   a. WEB-INF 폴더에 classes 하위 폴더를 생성한다. 탐색기에서 WEB-INF 폴더에 classes 폴더를 생성해도 된다.
3. javac -encoding UTF-8 -d classes src\chap08\member\MemberInfo.java

컴파일에 성공하면, chap08\WEB-INF\classes\chap08\member 폴더에 MemberInfo.class 파일이 생성된다.

javac 옵션

MemberInfo.java를 컴파일할 때 사용한 javac 옵션은 다음과 같다.

- -encoding : 소스 코드의 인코딩을 지정한다. 이 책에서는 모든 소스 코드를 UTF-8로 작성한다고 가정하고 있으므로 소스 코드의 인코딩으로 UTF-8을 지정했다.
- -d : 컴파일 결과로 생성될 클래스 파일의 위치를 지정한다. 실제 클래스 파일은 패키지에 맞는 폴더에 생성된다. 예를 들어, -d 옵션의 값으로 classes 폴더를 지정했는데, MemberInfo.java의 패키지가 "chap08.member"이므로 실제 MemberInfo.class 파일은 패키지에 맞는 classes\chap08\member 폴더에 생성된다.

이외에 컴파일할 때 주로 사용되는 옵션은 다음과 같다.

- -source : 소스 코드의 자바 버전을 지정한다. 1.7이나 1.8과 같은 자바 버전을 지정한다.
- -target : 클래스 파일이 호환될 자바 버전을 지정한다. 1.7, 1.8과 같은 자바 버전을 사용한다.
- -cp : 컴파일할 때 사용할 클래스패스를 지정한다.
- -classpath : -cp 옵션과 동일하다.

03 <jsp:useBean> 태그를 이용한 자바 객체 사용

JSP 페이지의 주된 기능은 데이터를 보여주는 기능이다. 게시판의 글 목록 보기, 글 읽기, 회원 정보 보기 등의 기능이 이에 해당한다. JSP에서 이런 종류의 데이터들은 자바빈과 같은 클래스에 담아서 값을 보여주는 것이 일반적이다. 예를 들어, 회원 정보를 보여주어야 하는 경우 다음과 같이 회원 정보를 나타내는 자바빈 클래스의 객체를 사용해서 정보를 사용한다.

```
<%
    MemberInfo mi = new MemberInfo();
    mi.setId("madvirus");
    mi.setName("최범균");
%>
이름 - <%= mi.getName() %>, 아이디 - <%= mi.getId() %>
```

JSP 규약은 JSP 페이지에서 빈번히 사용되는 자바빈 객체를 위한 액션 태그를 제공하고 있다. 이들 액션 태그를 사용하면 자바빈 객체를 생성하거나, 빈의 프로퍼티를 출력하거나 프로퍼티의 값을 변경할 수 있다. 이 장에서는 JSP 규약이 제공하는 <jsp:useBean>, <jsp:setProperty>, <jsp:getProperty> 액션 태그를 사용하여 JSP 페이지에서 자바빈 객체를 사용하는 방법에 대해서 살펴보도록 하자.

3.1 <jsp:useBean> 액션 태그를 사용하여 객체 생성하기

<jsp:useBean> 액션 태그는 JSP 페이지에서 사용할 자바빈 객체를 지정할 때 사용한다. <jsp:useBean> 액션 태그의 기본 구문은 다음과 같다.

```
<jsp:useBean id="[빈이름]" class="[자바빈클래스이름]" scope="[범위]" />
```

각 속성은 다음과 같다.

- **id** : JSP 페이지에서 자바빈 객체에 접근할 때 사용할 이름을 지정한다.
- **class** : 패키지 이름을 포함한 자바빈 클래스의 완전한 이름을 입력한다.
- **scope** : 자바빈 객체를 저장할 영역을 지정한다. page, request, session, application 중 하나를 값으로 갖는다. 기본값은 page이다.

구체적으로 예를 들어 설명하면 이해가 빠를 것이다. 다음의 코드를 보자.

```
<jsp:useBean id="info" class="chap08.member.MemberInfo" scope="request" />
```

위 코드는 MemberInfo 클래스의 객체를 생성해서 이름이 info인 변수에 할당한다. 그리고 request 기본 객체의 "info" 속성의 값으로 생성된 객체를 저장한다. 즉, 다음과 비슷한 코드가 실행된다.

```
MemberInfo info = new MemberInfo();
request.setAttribute("info", info);
```

〈jsp:useBean〉 액션 태그는 지정한 영역에 이미 id 속성에서 지정한 이름의 속성값이 존재하면, 객체를 새로 생성하지 않고 기존에 존재하는 객체를 그대로 사용한다. 즉, 위의 〈jsp:useBean〉 액션 태그는 다음 코드와 같다.

```
MemberInfo info = (MemberInfo)request.getAttribute("info");
if (info == null) {
    info = new MemberInfo();
    request.setAttribute("info", info);
}
```

〈jsp:useBean〉 액션 태그에서 중요한 점은 객체를 생성할 뿐만 아니라 지정한 영역에 저장한다는 점 그리고 이미 영역에 객체가 존재하면 그 객체를 사용한다는 점이다.

〈jsp:useBean〉 액션 태그의 scope 속성값에 따라 객체는 서로 다른 기본 객체에 저장된다. 각 값과 관련된 기본 객체는 다음과 같다.

- **page** : pageContext 기본 객체
- **request** : request 기본 객체
- **session** : session 기본 객체
- **application** : application 기본 객체

따라서, 〈jsp:useBean〉 액션 태그를 사용하면 영역별로 공유할 데이터를 쉽게 저장할 수 있게 된다.

〈jsp:useBean〉 액션 태그가 어떻게 사용되는지 살펴보기 위해 간단한 예제를 작성해보자. [리스트 8.2]는 〈jsp:useBean〉 액션 태그를 사용하여 MemberInfo 객체를 생성한 후 〈jsp:forward〉를 사용하여 다른 페이지로 흐름을 이동시킨다.

[리스트 8.2] chap08\makeObject.jsp

```
01: <%@ page contentType = "text/html; charset=utf-8" %>
02: <jsp:useBean id="member" scope="request" class="chap08.member.MemberInfo" />
03: <%
04:     member.setId("madvirus");
05:     member.setName("최범균");
06: %>
07: <jsp:forward page="/useObject.jsp" />
```

02행	이름이 member인 객체를 생성해서 request 기본 객체에 저장한다.
04-05행	〈jsp:useBean〉 액션 태그의 id 속성에 지정한 이름을 변수명으로 사용하기 때문에, 스크립트 코드에서 이 이름을 사용하여 생성한 객체에 접근할 수 있다.

makeObject.jsp를 실행하면 MemberInfo의 객체를 생성해서 request 기본 객체의 "member" 속성에 저장한 후 useObject.jsp로 포워딩한다. useObject.jsp는 <jsp:useBean> 액션 태그를 사용하여 makeObject.jsp가 생성한 객체를 사용하는데, 코드는 [리스트 8.3]과 같다.

[리스트 8.3] chap08\useObject.jsp

```
<%@ page contentType = "text/html; charset=utf-8" %>
<jsp:useBean id="member" scope="request"
             class="chap08.member.MemberInfo" />
<html>
<head><title>인사말</title></head>
<body>

<%= member.getName() %> (<%= member.getId() %>) 회원님
안녕하세요.

</body>
</html>
```

웹 브라우저에서 makeObject.jsp를 실행하면 [그림 8.1]과 같은 결과가 출력된다. 출력 결과를 보면 makeObject.jsp에서 생성한 MemberInfo 객체를 useObject.jsp에서 사용한 것을 확인할 수 있다.

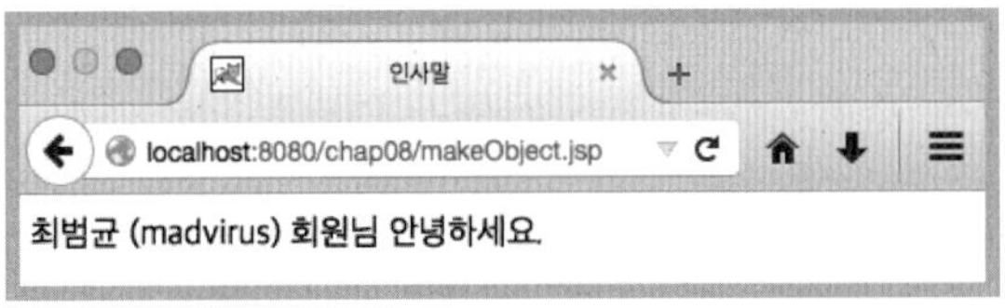

[그림 8.1] <jsp:useBean> 액션 태그로 생성한 객체는 지정한 영역의 속성에 저장되어, 같은 영역을 사용하는 JSP 페이지가 공유할 수 있다.

useObject.jsp를 직접 실행하면 request 기본 객체에 "member" 속성이 존재하지 않으므로 새로운 MemberInfo 클래스의 객체를 생성한다. 이 경우 useObject.jsp에서 생성한 객체의 각 프로퍼티 값을 변경하지 않았기 때문에 [그림 8.2]와 같이 생성될 때의 초기값(null)이 출력된다.

[그림 8.2] useObject.jsp를 직접 실행한 결과

<jsp:useBean> 액션 태그의 class 속성 대신에 type 속성을 사용할 수도 있다. 예를 들면 다음과 같다.

```
<jsp:useBean id="member" type="chap08.member.MemberInfo" scope="request" />
```

type 속성을 사용하면 지정한 영역에 이미 객체가 존재한다고 가정한다. 예를 들어, 위 코드에서는 request 기본 객체의 "member" 속성에 이미 MemberInfo 객체가 존재한다고 가정하며, 존재하지 않으면 새로 MemberInfo 객체를 생성하지 않고 에러를 발생시킨다. 즉, <jsp:useBean> 액션 태그에서 class 속성 대신에 type 속성을 사용할 경우의 코드는 다음과 같은 의미를 갖는다.

```
MemberInfo member = (MemberInfo)request.getAttribute("member");
if (member == null) {
    // 에러를 발생시킨다.
}
```

3.2 <jsp:setProperty> 액션 태그와 <jsp:getProperty> 액션 태그

<jsp:setProperty> 액션 태그를 사용하면 생성한 자바빈 객체의 프로퍼티 값을 변경할 수 있다. <jsp:setProperty> 액션 태그의 구문은 다음과 같다.

```
<jsp:setProperty name="[자바빈]" property="이름" value="[값]" />
```

<jsp:setProperty> 액션 태그의 각 속성은 다음과 같은 값을 갖는다.

- **name** : 프로퍼티의 값을 변경할 자바빈 객체의 이름을 지정한다. <jsp:useBean> 액션 태그의 id 속성에서 지정한 값을 사용한다.
- **property** : 값을 지정할 프로퍼티의 이름을 지정한다.
- **value** : 프로퍼티의 값을 지정한다. 표현식(<%= 값 %>)이나 EL(${값})을 사용할 수 있다. EL에 대한 내용은 11장에서 배운다.

예를 들어, 자바빈 객체의 name 프로퍼티의 값을 "최범균"으로 지정하고 싶다면 다음과 같이 지정하면 된다.

```
<jsp:useBean id="member" class="chap08.member.MemberInfo" />
<jsp:setProperty name="member" property="name" value="최범균" />
```

value 속성 대신에 param 속성을 사용할 수도 있다. param 속성은 파라미터 값을 프로퍼티 값으로 지정할 때 사용된다. 예를 들어, memberId 파라미터의 값을 자바빈 객체의 id 프로퍼티의 값으로 지정하고 싶다면 다음과 같이 param 속성을 사용하면 된다.

```
<jsp:setProperty name="member" property="id" param="memberId" />
```

참고로, param 속성과 value 속성은 함께 사용할 수 없다.

property 속성의 값을 "*"로 지정하면 각 프로퍼티의 값을 같은 이름을 갖는 파라미터의 값으로 설정한다. 다음 코드는 사용 예를 보여주고 있다.

```
<jsp:useBean id="member" class="chap08.member.MemberInfo" />
<jsp:setProperty name="member" property="*" />
```

name 요청 파라미터와 email 요청 파라미터가 있다고 해 보자. 이 경우 위 코드는 name 파라미터의 값을 name 프로퍼티의 값으로 설정하고, email 파라미터의 값을 email 프로퍼티의 값으로 지정한다. 폼에 입력한 값을 자바빈 객체에 담을 때 이 기능을 매우 유용하게 사용할 수 있는데, 이 예제는 잠시 뒤에 살펴보도록 하자.

<jsp:getProperty> 액션 태그는 자바빈 객체의 프로퍼티 값을 출력할 때 사용된다. 이 태그의 구문은 다음과 같다.

```
<jsp:getProperty name="자바빈이름" property="프로퍼티이름" />
```

<jsp:getProperty> 액션 태그의 각 속성은 다음과 같다.

- **name** : <jsp:useBean>의 id 속성에서 지정한 자바빈 객체의 이름을 지정한다.
- **property** : 출력할 프로퍼티의 이름을 지정한다.

예를 들어, 자바빈 객체의 name 프로퍼티의 값을 출력하고 싶다면 다음과 같은 코드를 사용하면 된다.

```
<jsp:getProperty name="member" property="name" />
```

<jsp:setProperty> 액션 태그와 <jsp:getProperty> 액션 태그가 실제로 어떻게 사용되는지 간단한 예제를 이용해서 살펴보자. 이번에 만들 예제는 회원가입 양식에 값을 입력한 후 [회원가입] 버튼을 누르면 입력한 값을 출력해주는 JSP 코드이다. 먼저 회원가입 양식을 보여주는 JSP 페이지를 [리스트 8.4]와 같이 작성한다.

[리스트 8.4] chap08\membershipForm.jsp

```
<%@ page contentType = "text/html; charset=utf-8" %>
<html>
<head><title>회원가입 입력 폼</title></head>
<body>
<form action="/chap08/processJoining.jsp" method="post">
<table border="1" cellpadding="0" cellspacing="0">
<tr>
    <td>아이디</td>
    <td colspan="3"><input type="text" name="id" size="10"></td>
</tr>
<tr>
    <td>이름</td>
    <td><input type="text" name="name" size="10"></td>
    <td>이메일</td>
    <td><input type="text" name="email" size="10"></td>
</tr>
<tr>
    <td colspan="4" align="center">
    <input type="submit" value="회원가입">
    </td>
</tr>
</table>
</form>
</body>
</html>
```

membershipForm.jsp를 실행하면 [그림 8.3]과 같은 입력 폼이 출력된다.

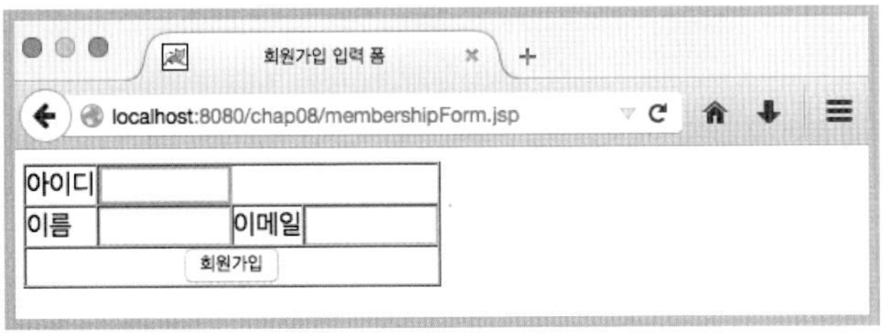

[그림 8.3] 입력 폼

[회원가입] 버튼을 누르면 입력한 데이터를 POST 방식으로 processJoining.jsp에 전달한다. processJoining.jsp는 전달 받은 데이터를 MemberInfo 자바빈 클래스의 객체에 저장해서 화면에 출력해준다.

[리스트 8.5] chap08\processJoining.jsp

```
01: <%@ page contentType = "text/html; charset=utf-8" %>
02: <%
03:     request.setCharacterEncoding("utf-8");
04: %>
05: <jsp:useBean id="memberInfo" class="chap08.member.MemberInfo" />
06: <jsp:setProperty name="memberInfo" property="*" />
07: <jsp:setProperty name="memberInfo" property="password"
08:                 value="<%= memberInfo.getId() %>" />
09: <html>
10: <head><title>가입</title></head>
11: <body>
12: 
13: <table width="400" border="1" cellpadding="0" cellspacing="0">
14: <tr>
15:     <td>아이디</td>
16:     <td><jsp:getProperty name="memberInfo" property="id" /></td>
17:     <td>암호</td>
18:     <td><jsp:getProperty name="memberInfo" property="password" /></td>
19: </tr>
20: <tr>
21:     <td>이름</td>
22:     <td><jsp:getProperty name="memberInfo" property="name" /></td>
23:     <td>이메일</td>
24:     <td><jsp:getProperty name="memberInfo" property="email" /></td>
25: </tr>
26: </table>
27: 
28: </body>
29: </html>
```

03행	읽어올 파라미터의 캐릭터 인코딩을 UTF-8로 지정한다.
05행	MemberInfo 자바빈 클래스의 객체를 생성해서 memberInfo 이름으로 저장한다.
06행	파라미터 값을 memberInfo 자바빈 객체의 프로퍼티 값으로 저장한다.
07-08행	memberInfo 자바빈 객체의 password 프로퍼티 값을 memberInfo.getId()와 동일하게 지정한다. 08행에서 memberInfo 변수를 사용하여 id 프로퍼티에 접근하고 있다.

[그림 8.3]에서 값을 입력한 후 [회원가입] 버튼을 누르면 [그림 8.4]와 같은 결과 화면이 출력된다. 이 결과를 보면 파라미터로 전송된 데이터가 자바빈 객체의 프로퍼티의 값으로 지정된 것을 확인할 수 있다.

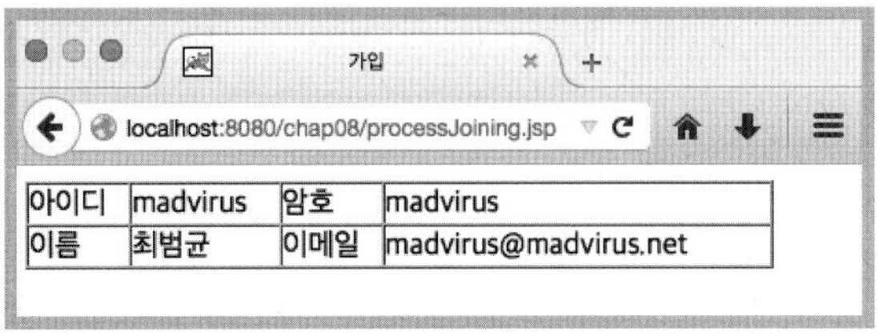

[그림 8.4] processJoining.jsp의 결과. 〈jsp:setProperty〉 액션 태그를 사용하여 파라미터의 값을 자바빈 프로퍼티의 값으로 지정

이번 예제에서 알아야 할 점은 〈jsp:setProperty〉 액션 태그를 사용함으로써 요청 파라미터의 값을 간단하게 자바빈 객체의 프로퍼티에 저장할 수 있다는 점이다. 만약 〈jsp:setProperty〉 액션 태그를 사용하지 않았다면 processJoining.jsp의 06행 코드를 다음과 같이 작성해야 한다.

```
// 〈jsp:setProperty name="memberInfo" property="*" /〉
memberInfo.setId(request.getParameter("id"));
memberInfo.setName(request.getParameter("name"));
memberInfo.setEmail(request.getParameter("email"));
```

이렇게 여러 줄에 걸쳐 처리할 코드가 〈jsp:setProperty〉 액션 태그를 사용하면 한 줄로 끝난다. 이런 이유로 사용자가 입력한 폼 값을 자바빈 객체에 저장할 때에는 〈jsp:setProperty〉 액션 태그를 사용할 수 있도록 파라미터의 이름과 자바빈 프로퍼티의 이름을 맞춰준다.

3.3 자바빈 프로퍼티 타입에 따른 값 매핑

자바빈 프로퍼티의 타입이 int인 경우를 생각해보자. 이 경우 〈jsp:setProperty〉 액션 태그는 값을 어떻게 처리할까?

```
〈jsp:setProperty name="someBean" property="width" value="100" /〉
```

위 코드에서 width 프로퍼티의 타입이 int라면 value에 입력한 값 "100"을 int 타입으로 변환해서 저장한다. 〈jsp:setProperty〉 액션 태그는 프로퍼티 타입에 따라서 알맞게 값을 처리하며, 그 기준은 [표 8.2]와 같다. 값이 ""이면 기본값이 사용된다.

표 8.2 프로퍼티의 타입에 따른 값 매핑

프로퍼티 이름	변환 방법	기본값
boolean 또는 Boolean	Boolean.valueOf(String)을 값으로 갖는다.	false
byte 또는 Byte	Byte.valueOf(String)을 값으로 갖는다.	(byte) 0
short 또는 Short	Short.valueOf(String)을 값으로 갖는다.	(short) 0
char 또는 Character	입력한 값의 첫 번째 글자를 값으로 갖는다.	(char) 0
int 또는 Integer	Integer.valueOf(String)을 값으로 갖는다.	0
long 또는 Long	Long.valueOf(String)을 값으로 갖는다.	0L
double 또는 Double	Double.valueOf(String)을 값으로 갖는다.	0.0
float 또는 Float	Float.valueOf(String)을 값으로 갖는다.	0.0f

<jsp:useBean> 액션 태그의 사용 감소 이유

18장에서 MVC에 대해서 살펴보는데, MVC를 사용하는 경우 로직은 자바 클래스에서 처리하고 그 결과를 JSP를 통해 보여주게 된다. 클래스에서는 〈jsp:useBean〉 액션 태그를 사용할 수 없기 때문에 request.getParameter() 메서드를 사용해서 파라미터 값을 읽어와 자바 객체에 저장하거나 〈jsp:useBean〉 액션 태그와 비슷한 기능을 제공하는 모듈을 사용하게 된다. 따라서, MVC 프레임워크를 도입하면 〈jsp:useBean〉 액션 태그를 사용할 일이 없다.

또한, JSP 2.0 버전부터 표현 언어(Expression Language)가 추가되었는데, 표현 언어를 사용하면 〈jsp:getProperty〉 액션 태그를 사용하는 것보다 간결한 코드를 이용해서 프로퍼티 값을 읽어올 수 있다. 아래 코드는 실제로 〈jsp:getProperty〉 액션 태그를 사용하는 경우와 표현 언어를 사용하는 경우의 예를 보여주고 있다.

```
// <jsp:getProperty> 액션 태그를 사용한 코드
<jsp:getProperty name="memberInfo" property="email" />

// 표현 언어를 사용한 코드
${memberInfo.email}
```

스프링 프레임워크처럼 MVC를 지원하는 프레임워크의 도입과 표현 언어의 사용으로 〈jsp:useBean〉 액션 태그를 비롯한 〈jsp:getProperty〉 액션 태그 및 〈jsp:setProperty〉 액션 태그의 사용 빈도는 낮아지고 있다.

하지만, JSP만을 이용해서 웹 어플리케이션을 구현해야 하는 경우는 간단하게 파라미터 값을 빈 객체에 복사하기 위한 용도로 〈jsp:useBean〉 액션 태그를 사용하곤 한다.

CHAPTER 09

클라이언트와의 대화 1 : 쿠키

이 장에서 다룰 내용

- 쿠키란
- 쿠키 생성과 사용
- 쿠키를 이용한 로그인 처리

웹 서버는 쿠키를 이용해서 웹 브라우저에 정보를 전송할 수 있다. 웹 서버로부터 쿠키를 전달받은 웹 브라우저는 이후 웹 서버에 요청을 보낼 때 쿠키를 함께 전송한다. 이를 사용하면 웹 서버와 웹 브라우저는 필요한 값을 공유하고 상태를 유지할 수 있다. 이 장에서는 쿠키가 무엇인지 알아보고 JSP에서 사용하는 방법을 설명한다.

01 쿠키 사용하기

쿠키(cookie)는 웹 브라우저가 보관하는 데이터이다. 웹 브라우저는 웹 서버에 요청을 보낼 때 쿠키를 함께 전송하며, 웹 서버는 웹 브라우저가 전송한 쿠키를 사용해서 필요한 데이터를 읽을 수 있다. 쿠키는 웹 서버와 웹 브라우저 양쪽에서 생성할 수 있는데, JSP에서 생성하는 쿠키는 웹 서버에서 생성하는 쿠키이다. 쿠키의 동작 방식은 다음의 [그림 9.1]과 같다.

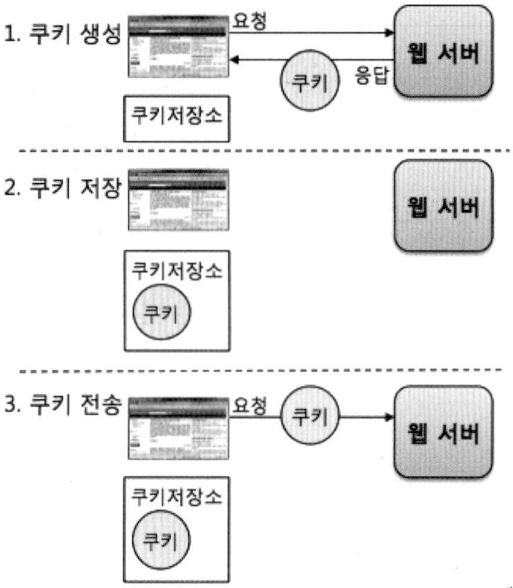

[그림 9.1] 쿠키 동작 방식

쿠키 동작 방식은 [그림 9.1]에서 보는 것처럼 3단계로 구성된다.

- **쿠키 생성 단계** : 쿠키를 사용하려면 먼저 쿠키를 생성해야 한다. JSP 프로그래밍에서 쿠키는 웹 서버 측에서 생성한다. 생성한 쿠키를 응답 데이터의 헤더에 저장해서 웹 브라우저에 전송한다.
- **쿠키 저장 단계** : 웹 브라우저는 응답 데이터에 포함된 쿠키를 쿠키 저장소에 보관한다. 쿠키의 종류에 따라 메모리나 파일에 저장한다.
- **쿠키 전송 단계** : 웹 브라우저는 저장한 쿠키를 요청이 있을 때마다 웹 서버에 전송한다. 웹 서버는 웹 브라우저가 전송한 쿠키를 사용해서 필요한 작업을 수행한다.

일단 웹 브라우저에 쿠키가 저장되면, 웹 브라우저는 쿠키가 삭제되기 전까지 웹 서버에 쿠키를 전송한다. 따라서 웹 어플리케이션을 사용하는 동안 지속적으로 유지해야 하는 정보는 쿠키를 사용해서 저장하면 된다.

1.1 쿠키의 구성

쿠키를 구성하는 요소는 다음과 같다.

- **이름** : 각각의 쿠키를 구별하는 데 사용되는 이름
- **값** : 쿠키의 이름과 관련된 값
- **유효시간** : 쿠키의 유지 시간
- **도메인** : 쿠키를 전송할 도메인
- **경로** : 쿠키를 전송할 요청 경로

쿠키의 핵심 요소는 이름과 값이다. 하나의 웹 브라우저는 여러 개의 쿠키를 가질 수 있는데, 각 쿠키를 구분할 때 이름을 사용한다. 각 쿠키는 값을 가지며 서버는 이 값을 사용해서 원하는 작업을 수행하게 된다.

쿠키 이름은 콤마, 세미콜론, 공백, 등호기호('=')를 제외한 출력 가능한 아스키 문자로 구성된다. 여러 문자를 사용할 수 있지만 보통 쿠키 이름을 작성할 때에는 알파벳과 숫자만 이용한다. 쿠키 값은 콤마, 세미콜론, 공백 문자를 제외한 나머지 출력 가능한 아스키 문자를 사용할 수 있다. 값으로 사용할 수 있는 문자가 한정되어 있기 때문에 쿠키 값을 생성할 때에는 알맞은 방식으로 인코딩한다. 예를 들어, 자바에서는 URL 인코딩을 사용해서 쿠키 값으로 사용할 문자열을 변환할 수 있는데, 이에 대한 내용은 뒤에서 다시 살펴보도록 하자.

NOTE

여기서는 간단하게 설명했지만 실제로 쿠키 이름과 값은 더 많은 제약을 갖는다. 예를 들어, RFC2965 규약에 따르면 쿠키 값은 '(' 또는 ')' 등의 문자를 포함할 수 없다.

유효시간을 사용하면 웹 브라우저가 쿠키를 얼마 동안 보관할지를 지정할 수 있다. 예를 들어, 쿠키 유효 시간을 1시간으로 지정하면 1시간 뒤에 웹 브라우저는 해당 쿠키를 삭제하며, 별도 유효 시간을 지정하지 않으면 웹 브라우저를 종료할 때 쿠키를 함께 삭제한다. 또한, 지정한 도메인이나 경로로만 쿠키를 전송하도록 제한할 수도 있다.

1.2 쿠키 생성하기

JSP에서 쿠키를 생성할 때에는 Cookie 클래스를 사용한다. Cookie 클래스를 사용해서 쿠키를 추가하는 코드는 다음과 같다.

```
<%
    Cookie cookie = new Cookie("cookieName", "cookieValue");
    response.addCookie(cookie);
%>
```

위 코드에서 첫 번째 줄은 쿠키 정보를 담고 있는 Cookie 객체를 생성한다. Cookie 클래스 생성자의 첫 번째 인자는 쿠키의 이름을, 두 번째 인자는 쿠키의 값을 지정한다.

생성할 쿠키 정보를 담고 있는 Cookie 객체를 생성했다면, response 기본 객체의 addCookie() 메서드를 사용하여 쿠키를 추가하면 된다. response.addCookie() 메서드를 사용하면 response 기본 객체는 웹 브라우저에 쿠키 정보를 전송한다.

[리스트 9.1]은 앞에서 살펴본 코드를 사용해서 쿠키를 생성하는 예제 코드이다.

[리스트 9.1] chap09\makeCookie.jsp

```
01: <%@ page contentType = "text/html; charset=utf-8" %>
02: <%@ page import = "java.net.URLEncoder" %>
03: <%
04:     Cookie cookie = new Cookie("name", URLEncoder.encode("최범균", "utf-8"));
05:     response.addCookie(cookie);
06: %>
07: <html>
08: <head><title>쿠키생성</title></head>
09: <body>
10:
11: <%= cookie.getName() %> 쿠키의 값 = "<%= cookie.getValue() %>"
12:
13: </body>
14: </html>
```

04행	추가할 쿠키 정보를 담고 있는 Cookie 객체를 생성한다. URLEncoder 클래스를 사용해서 쿠키 값을 인코딩한다.
05행	응답 데이터에 쿠키를 추가한다.

makeCookie.jsp의 실행 결과는 [그림 9.2]와 같다. 결과를 보면 쿠키 값을 인코딩해서 저장한 것을 확인할 수 있다.

[그림 9.2] makeCookie.jsp의 실행 결과

Cookie 객체를 생성한 후에는 [표 9.1]과 같은 메서드를 사용하여 쿠키의 특징을 변경하거나 읽어올 수 있다.

표 9.1 Cookie 클래스가 제공하는 메서드

메서드	리턴 타입	설명
getName()	String	쿠키 이름을 구한다.
getValue()	String	쿠키 값을 구한다.
setValue(String value)	void	쿠키 값을 지정한다.
setDomain(String pattern)	void	이 쿠키가 전송될 서버의 도메인을 지정한다.
getDomain()	String	쿠키의 도메인을 구한다.
setPath(String uri)	void	쿠키를 전송할 경로를 지정한다.
getPath()	String	쿠키의 전송 경로를 구한다.

setMaxAge(int expiry)	void	쿠키의 유효시간을 초 단위로 지정한다. 음수를 입력할 경우 웹 브라우저를 닫을 때 쿠키가 함께 삭제된다.
getMaxAge()	int	쿠키의 유효시간을 구한다.

쿠키의 도메인과 경로는 도메인 간에 또는 특정 요청 경로에 위치한 JSP 간에 쿠키를 공유할 때 필요한데, 이에 대한 내용은 뒤에서 살펴보도록 하겠다.

1.3 쿠키 값 읽어오기

쿠키를 생성하면, 그 이후부터 해당 쿠키를 사용할 수 있다. 웹 브라우저는 요청 헤더에 쿠키를 저장해서 보내며, JSP는 다음 코드를 사용해서 쿠키 값을 읽어올 수 있다.

```
Cookie[] cookies = request.getCookies();
```

request.getCookies() 메서드는 Cookie 배열을 리턴한다. 이 메서드는 읽어올 쿠키가 존재하지 않으면 null을 리턴한다. [리스트 9.2]는 request.getCookies() 메서드를 사용하여 웹 브라우저가 전송한 쿠키 목록을 출력해주는 예제이다.

[리스트 9.2] chap09\viewCookies.jsp

```
<%@ page contentType = "text/html; charset=utf-8" %>
<%@ page import = "java.net.URLDecoder" %>
<html>
<head><title>쿠키 목록</title></head>
<body>
쿠키 목록<br>
<%
    Cookie[] cookies = request.getCookies();
    if (cookies != null && cookies.length > 0) {
        for (int i = 0 ; i < cookies.length ; i++) {
%>
    <%= cookies[i].getName() %> =
    <%= URLDecoder.decode(cookies[i].getValue(), "utf-8") %><br>
<%
        }
    } else {
%>
쿠키가 존재하지 않습니다.
<%
    }
%>
</body>
</html>
```

08-09행	쿠키 배열을 구한다. 쿠키가 없으면 null을 리턴한다.
13행	인코딩해서 값을 저장했으므로, 디코딩해서 값을 읽는다.

null 여부를 확인하지 않고 쿠키를 사용하면 NullPointerException이 발생할 수 있으므로, 쿠키를 사용할 때에는 항상 09행처럼 request.getCookies() 메서드가 리턴한 값이 null인지의 여부를 확인해야 한다.

makeCookie.jsp를 실행하면 쿠키가 생성되는데, 그 이후에 웹 브라우저를 닫지 않고 viewCookies.jsp를 실행하면 [그림 9.3]과 같이 makeCookie.jsp에서 생성한 name 쿠키를 읽어오는 것을 확인할 수 있다.

[그림 9.3] 쿠키가 생성된 경우 viewCookies.jsp 결과

1.4 쿠키 값 변경 및 쿠키 삭제하기

쿠키 값을 변경하려면 같은 이름의 쿠키를 새로 생성해서 응답 데이터로 보내면 된다. 예를 들어, 이름이 "name"인 쿠키의 값을 변경하기 위해서는 다음과 같이 새로운 Cookie 객체를 생성해서 응답 데이터에 추가하면 된다.

```
Cookie cookie = new Cookie("name", URLEncoder.encode("새로운값", "euc-kr"));
response.addCookie(cookie);
```

쿠키의 값을 변경한다는 것은 기존에 존재하는 쿠키의 값을 변경한다는 것이다. 위 코드를 실행하면 쿠키가 존재하지 않으면 쿠키가 생성되므로, 쿠키 값을 변경하려면 쿠키가 존재하는지 먼저 확인해야 한다. 예를 들어 다음 코드처럼 존재 여부를 확인한 후 값을 변경해주면 된다.

```
Cookie[] cookies = request.getCookies();
if (cookies != null && cookies.length > 0) {
    for (int i = 0 ; i < cookies.length ; i++) {
        if (cookies[i].getName().equals("name")) {
            Cookie cookie = new Cookie(name, value);
            response.addCookie(cookie);
        }
```

```
    }
}
```

실제로 [리스트 9.1]의 makeCookie.jsp에서 생성한 name 쿠키의 값을 변경해주는 JSP 페이지는 [리스트 9.3]과 같이 작성할 수 있다.

[리스트 9.3] chap09\modifyCookie.jsp

```
01: <%@ page contentType = "text/html; charset=utf-8" %>
02: <%@ page import = "java.net.URLEncoder" %>
03: <%
04:     Cookie[] cookies = request.getCookies();
05:     if (cookies != null && cookies.length > 0) {
06:         for (int i = 0 ; i < cookies.length ; i++) {
07:             if (cookies[i].getName().equals("name")) {
08:                 Cookie cookie = new Cookie("name",
09:                     URLEncoder.encode("JSP프로그래밍", "utf-8"));
10:                 response.addCookie(cookie);
11:             }
12:         }
13:     }
14: %>
15: <html>
16: <head><title>값 변경</title></head>
17: <body>
18: name 쿠키의 값을 변경합니다.
19: </body>
20: </html>
```

07행	name 쿠키인지 여부를 확인한다. (name 쿠키의 존재 여부 확인)
08-10행	name 쿠키가 존재할 경우, 이름이 "name"인 Cookie 객체를 새롭게 생성해서 응답 헤더에 추가한다.

modifyCookie.jsp를 실행하면 name 쿠키의 값을 "JSP프로그래밍"으로 변경한다. 실제로 쿠키 값이 변경되는지 확인하기 위해 다음과 같은 순서로 예제를 실행해보자.

makeCookie.jsp → viewCookies.jsp → modifyCookie.jsp → viewCookies.jsp

먼저, makeCookie.jsp를 실행하면 〈name, 최범균〉 쿠키가 생성되고, 그 결과를 viewCookies.jsp로 확인할 수 있다. ([그림 9.3]과 같은 결과 화면이 출력된다.) 이 상태에서 modifyCookie.jsp를 실행하면 name 쿠키의 값을 변경하고, 다시 viewCookies.jsp를 실행하면 [그림 9.4]처럼 name 쿠키 값이 변경된 것을 확인할 수 있다.

[그림 9.4] modifyCookie.jsp를 실행하면 name 쿠키의 값이 변경된다.

쿠키를 삭제하려면 다음과 같이 Cookie 클래스의 setMaxAge() 메서드를 호출할 때 인자 값으로 0을 주면 된다.

```
Cookie cookie = new Cookie(name, value);
cookie.setMaxAge(0);
response.addCookie(cookie);
```

Cookie 클래스는 쿠키를 삭제하는 기능을 별도로 제공하지 않는다. 위 코드처럼 유효시간을 0으로 지정해준 후 응답 헤더에 추가하면, 웹 브라우저가 관련 쿠키를 삭제하게 된다. 예를 들어, 앞에서 생성한 name 쿠키를 삭제하는 코드는 [리스트 9.4]와 같이 작성할 수 있다.

[리스트 9.4] chap09\deleteCookie.jsp

```
<%@ page contentType = "text/html; charset=utf-8" %>
<%@ page import = "java.net.URLEncoder" %>
<%
    Cookie[] cookies = request.getCookies();
    if (cookies != null && cookies.length > 0) {
        for (int i = 0 ; i < cookies.length ; i++) {
            if (cookies[i].getName().equals("name")) {
                Cookie cookie = new Cookie("name", "");
                cookie.setMaxAge(0);
                response.addCookie(cookie);
            }
        }
    }
%>
<html>
<head><title>쿠키 삭제</title></head>
<body>
name 쿠키를 삭제합니다.
</body>
</html>
```

deleteCookie.jsp를 실행한 후 viewCookies.jsp를 실행하면, name 쿠키가 삭제된 것을 확인할 수 있을 것이다.

1.5 쿠키의 도메인

기본적으로 쿠키는 그 쿠키를 생성한 서버에만 전송된다. 예를 들어, "http://javacan.somehost.com"에 연결해서 생성된 쿠키는 다른 사이트로 연결할 때에는 전송되지 않으며, "http://javacan.somehost.com"에 연결할 때에만 전송된다.

하지만, 같은 도메인을 사용하는 모든 서버에 쿠키를 보내야 할 때가 있다. 예를 들어, www.somehost.com 서버에서 생성한 쿠키를 mail.somehost.com 서버와 javacan.somehost.com 서버에 전송해야 할 때가 있다. 이럴 때 setDomain() 메서드를 사용한다.

setDomain() 메서드는 생성한 쿠키를 전송할 수 있는 도메인을 지정한다. 다음의 두 가지 형식으로 도메인을 지정할 수 있다.

- **.somehost.com** : 점으로 시작하는 경우 관련 도메인에 모두 쿠키를 전송한다. 예를 들어, ".somehost.com"으로 설정하면, mail.somehost.com, www.somehost.com, javacan.somehost.com에 모두 쿠키를 전송한다.
- **www.somehost.com** : 특정 도메인에 대해서만 쿠키를 전송한다.

도메인을 지정할 때 주의할 점은 setDomain()의 값으로 현재 서버의 도메인 및 상위 도메인만 전달할 수 있다는 것이다. 예를 들어, JSP 페이지가 실행되는 서버의 주소가 mail.somehost.com이라고 가정하자. 이 경우 setDomain() 메서드에 줄 수 있는 값은 "mail.somehost.com"이나 ".somehost.com"이다. "www.somehost.com"과 같은 다른 주소를 값으로 주는 경우 쿠키는 생성되지 않는다.

도메인이 실제로 어떻게 동작하는지 예제를 통해 살펴보자. [리스트 9.5]는 서로 다른 도메인 설정을 갖는 세 개의 쿠키를 생성하는 예제이다.

[리스트 9.5] chap09\makeCookieWithDomain.jsp

```
<%@ page contentType = "text/html; charset=utf-8" %>
<%@ page import = "java.net.URLEncoder" %>
<%
    Cookie cookie1 = new Cookie("id", "madvirus");
    cookie1.setDomain(".somehost.com");
    response.addCookie(cookie1);

    Cookie cookie2 = new Cookie("only", "onlycookie");
    response.addCookie(cookie2);
```

```
10:
11:     Cookie cookie3 = new Cookie("invalid", "invalidcookie");
12:     cookie3.setDomain("javacan.tistory.com");
13:     response.addCookie(cookie3);
14: %>
15: <html>
16: <head><title>쿠키생성</title></head>
17: <body>
18:
19: 다음과 같이 쿠키를 생성했습니다.<br>
20: <%= cookie1.getName() %>=<%= cookie1.getValue() %>
21: [<%= cookie1.getDomain() %>]
22: <br>
23: <%= cookie2.getName() %>=<%= cookie2.getValue() %>
24: [<%= cookie2.getDomain() %>]
25: <br>
26: <%= cookie3.getName() %>=<%= cookie3.getValue() %>
27: [<%= cookie3.getDomain() %>]
28:
29: </body>
30: </html>
```

04-06행	도메인이 .somehost.com인 id 쿠키를 추가한다.
08-09행	도메인을 설정하지 않은 only 쿠키를 추가한다.
11-13행	도메인이 javacan.tistory.com인 invalid 쿠키를 추가한다.

NOTE

도메인에 대한 예제를 테스트하려면 여러 도메인이 필요하기 때문에, localhost로는 테스트 할 수가 없다. 도메인과 관련된 예제를 실행해서 결과를 보기 위해 별도의 서버를 활용할 수도 있지만, 다음과 같이 hosts 파일에 직접 도메인을 추가해서 테스트하는 방법도 있다.

```
127.0.0.1 javacan.somehost.com
127.0.0.1 www.somehost.com
127.0.0.1 otherdomain.com
```

참고로 hosts 파일은 윈도우 7이나 윈도우 8.x에는 C:\Windows\System32\drivers\etc 폴더에 위치하며 리눅스의 경우는 /etc 폴더에 위치한다.

윈도우에서 hosts 파일을 수정하려면 관리자 권한으로 편집기를 실행해야 한다. 그렇지 않으면 권한이 없어 hosts 파일을 수정할 수 없다. 리눅스의 hosts 파일도 root로 접속한 뒤 수정해야 한다.

javacan.somehost.com 호스트에 대해 makeCookieWithDomain.jsp를 실행한 결과는 [그림 9.5]와 같다. (즉, 이 http://javacan.somehost.com:8080/chap09/makeCookieWithDomain.jsp이다.)

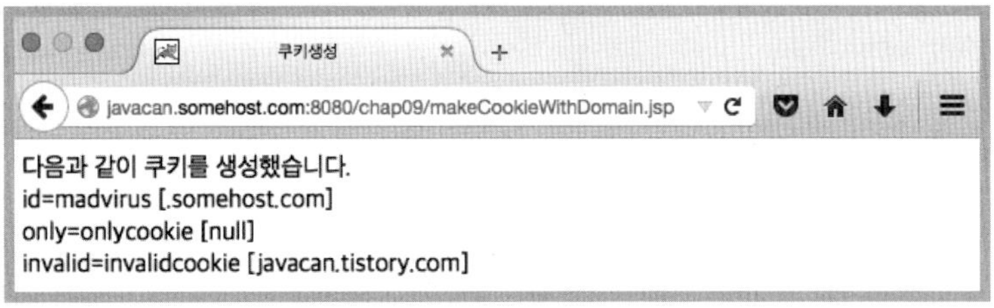

[그림 9.5] javacan.somehost.com 서버에서 makeCookieWithDomain.jsp를 실행한 결과

makeCookieWithDomain.jsp를 실행하면 웹 브라우저는 [그림 9.6]과 같이 세 개의 쿠키를 추가한다는 응답을 받는다. 웹 브라우저는 이 세 쿠키 중에서 웹 서버의 도메인인 somehost.com과 관련 없는 쿠키는 저장하지 않는다.

[그림 9.6] 쿠키 도메인이 쿠키를 생성한 서버의 도메인을 벗어나면 웹 브라우저는 쿠키를 저장하지 않는다.

따라서, [그림 9.5]처럼 javacan.somehost.com 서버의 makeCookieWithDomain.jsp를 실행하면, 웹 브라우저에 저장되는 쿠키는 "id" 쿠키와 "only" 쿠키이다.

NOTE

웹 브라우저가 타 도메인으로 지정한 쿠키를 받지 않는 이유는 보안 문제 때문이다. 예를 들어, www.somehost.com 서버의 프로그램이 "ROLE" 쿠키를 사용해서 보안 정책을 정한다고 해 보자. 이때, 임의의 다른 서버에서 "ROLE" 쿠키의 값을 마음대로 변경할 수 있다면, www.somehost.com의 웹 어플리케이션 보안은 뚫리게 된다. 이런 이유로, 웹 브라우저는 현재 서버의 도메인과 다른 도메인에 대한 쿠키 생성은 허용하지 않는다.

웹 브라우저는 쿠키의 도메인에 따라 쿠키를 서버에 전송한다. [그림 9.7]을 보면 도메인 값이 ".somehost.com"인 "id" 쿠키는 somehost.com 도메인에 속하는 javacan.somehost.com 서버와 www.somehost.com 서버에 모두 전달된다. 반면에 별도로 도메인 설정을 하지 않은 "only" 쿠키는 only 쿠키를 생성한 javacan.somehost.com 서버로만 전달된다. 그리고 이 두 쿠키 모두 다른 도메인에 속하는 javacan.tistory.com 서버로는 전달되지 않는다.

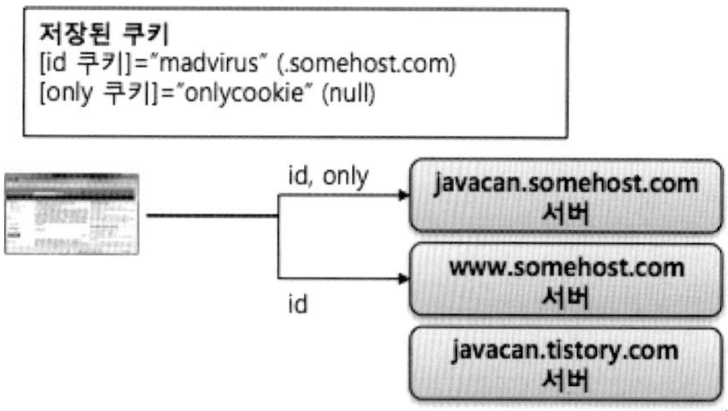

[그림 9.7] 쿠키 생성시 설정한 도메인에 따라서 쿠키가 전송된다.

[그림 9.7]과 같이 동작하는지 확인하기 위해 [리스트 9.2]의 viewCookies.jsp를 javacan.somehost.com 도메인과 www.somehost.com 도메인을 사용해서 실행해보자. 실행 결과는 [그림 9.8]과 [그림 9.9]와 같다. 이 결과를 보면 도메인에 따라 쿠키를 전송한다는 것을 확인할 수 있다.

[그림 9.8] javacan.somehost.com으로 전송된 쿠키 목록

[그림 9.9] www.somehost.com으로 전송된 쿠키 목록

NOTE

[그림 9.9]를 보면 이름이 JSESSIONID인 쿠키가 존재하는데, 이 쿠키는 JSP/서블릿에서 세션 관리를 위해 사용된다. 세션에 대해서는 다음 장에서 설명한다.

1.6 쿠키의 경로

도메인이 쿠키를 공유할 도메인 범위를 지정한다면, 경로는 쿠키를 공유할 기준 경로를 지정한다. 쿠키의 경로를 지정할 때에는 Cookie 클래스의 setPath() 메서드를 사용한다. 여기서 경로는 URL에서 도메인 이후의 부분에 해당한다. 예를 들어, 다음의 URL을 보도록 하자.

```
http://localhost:8080/chap09/path2/viewCookies.jsp
```

이 URL에서 경로는 서버 주소 이후 부분인 /chap09/path2/viewCookies.jsp이다. 쿠키에서 사용하는 경로는 디렉터리 수준의 경로를 사용한다. 예를 들어, 위 URL에서는 "/"나 "/chap09" 또는 "/chap09/path2" 등을 쿠키 경로로 사용할 수 있다.

setPath() 메서드를 사용하여 쿠키의 경로를 지정하면, 웹 브라우저는 지정한 경로 또는 하위 경로에 대해서만 쿠키를 전송한다. 예를 들어, 다음 코드를 보자.

```
Cookie cookie = new Cookie("name", "value");
cookie.setPath("/chap09");
```

이 코드는 쿠키 경로를 "/chap09"로 지정한다. 이 경우 웹 브라우저는 name 쿠키를 /chap09 또는 그 하위 경로(예를 들어, /chap09/page, /chap09/view/dir)에만 전송한다. 쿠키 경로를 지정할 때 실제로 쿠키가 어떻게 전달되는지 확인하기 위해 간단한 예제를 작성해보자.

[리스트 9.6] chap09\path1\setCookieWithPath.jsp

```
<%@ page contentType = "text/html; charset=utf-8" %>
<%@ page import = "java.net.URLEncoder" %>
<%
    Cookie cookie1 = new Cookie("path1",
            URLEncoder.encode("경로:/chap09/path1", "utf-8"));
    cookie1.setPath("/chap09/path1");
    response.addCookie(cookie1);

    Cookie cookie2 = new Cookie("path2",
            URLEncoder.encode("경로:", "utf-8"));
    response.addCookie(cookie2);

    Cookie cookie3 = new Cookie("path3",
            URLEncoder.encode("경로:/", "utf-8"));
    cookie3.setPath("/");
    response.addCookie(cookie3);

    Cookie cookie4 = new Cookie("path4",
            URLEncoder.encode("경로:/chap09/path2", "utf-8"));
    cookie4.setPath("/chap09/path2");
    response.addCookie(cookie4);
%>

<html>
```

```
<head><title>쿠키 경로 지정</title></head>
<body>

다음과 같이 쿠키를 생성했습니다.<br>
<%= cookie1.getName() %>=<%= cookie1.getValue() %>
[<%= cookie1.getPath() %>]
<br>
<%= cookie2.getName() %>=<%= cookie2.getValue() %>
[<%= cookie2.getPath() %>]
<br>
<%= cookie3.getName() %>=<%= cookie3.getValue() %>
[<%= cookie3.getPath() %>]
<br>
<%= cookie4.getName() %>=<%= cookie4.getValue() %>
[<%= cookie4.getPath() %>]

</body>
</html>
```

[리스트 9.6]의 setCookieWithPath.jsp는 /chap09/path1 경로에 위치하며, 다음과 같이 쿠키의 경로를 지정하고 있다.

쿠키 이름	경로
path1	/chap09/path1
path2	지정하지 않았음
path3	/
path4	/chap09/path2

setCookieWithPath.jsp를 실행하면 위 표와 같은 쿠키 목록이 웹 브라우저에 전달된다. 웹 브라우저는 지정한 경로에 따라 쿠키를 전송한다. 쿠키에 경로를 지정하지 않으면, 실행한 URL의 경로 부분을 사용한다. 즉, /chap09/path1/setPathCookie.jsp 경로를 사용해서 setPathCookie.jsp를 실행하면 "path2" 쿠키는 /chap09/path1 경로를 기준으로 전송된다.

실제로 쿠키가 경로에 따라서 다르게 전송되는지 확인해 보자. setCookieWithPath.jsp를 실행한 후, [리스트 9.2]의 viewCookies.jsp를 다음과 같이 여러 폴더에 위치시켜 실행해보았다.

- chap09\path1
- chap09\path2
- chap09\
- chap08\

먼저, chap09\path1에 있는 viewCookies.jsp를 실행하면 [그림 9.10]과 같은 결과가 출력된다. 이 결과를 보면 경로를 /chap09/path2로 지정한 path4 쿠키를 제외한 나머지 세 개 쿠키가 전송된 것을 확인할 수 있다.

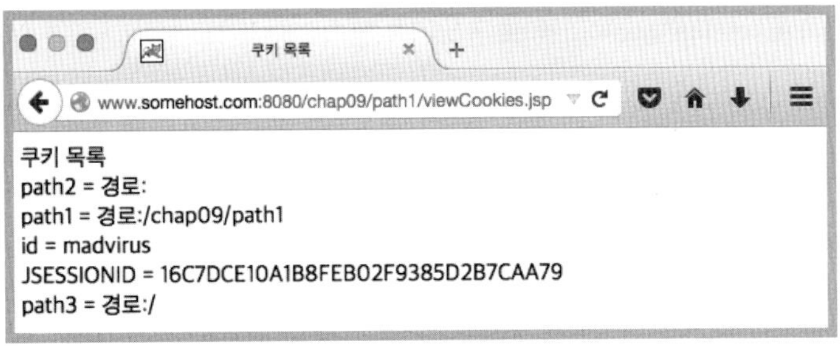

[그림 9.10] /chap09/path1 경로로 전송되는 쿠키

/chap09/path2/viewCookies.jsp를 실행하면 [그림 9.11]과 같은 결과가 출력된다. [그림 9.11]을 보면 /chap09/path1로 경로를 지정한 path1 쿠키와 path2 쿠키는 전송되지 않은 것을 알 수 있다.

[그림 9.11] /chap09/path2 경로로 전송되는 쿠키

NOTE

일반적으로 쿠키는 웹 어플리케이션에 포함된 다수의 JSP와 서블릿에서 사용하기 때문에, 쿠키 경로를 "/"으로 지정한다.

1.7 쿠키의 유효시간

쿠키는 유효시간을 갖는다. 쿠키의 유효시간을 지정하지 않으면 웹 브라우저를 종료할 때 쿠키를 함께 삭제한다. 웹 브라우저 종료 후 다시 웹 브라우저를 실행하면 삭제한 쿠키는 서버에 전송되지 않는다. 쿠키의 유효시간을 정해 놓으면 그 유효시간 동안 쿠키가 존재하며, 웹 브라우저를 종료해도 유효시간이 지나지 않았으면 쿠키를 삭제하지 않는다.

유효 시간을 지정하려면 setMaxAge() 메서드를 사용한다. setMaxAge()는 초 단위로 유효 시간을 지정한다. 예를 들어, [리스트 9.7]은 쿠키의 유효시간을 1시간으로 지정하고 있다.

[리스트 9.7] chap09\makeCookieWithMaxAge.jsp

```
<%@ page contentType = "text/html; charset=utf-8" %>
<%
    Cookie cookie = new Cookie("oneh", "1time");
    cookie.setMaxAge(60 * 60); // 60초(1분) * 60 = 1시간
    response.addCookie(cookie);
%>
<html>
<head><title>쿠키유효시간설정</title></head>
<body>

유효시간이 1시간인 oneh 쿠키 생성.

</body>
</html>
```

makeCookieWithMaxAge.jsp를 실행한 후, 웹 브라우저를 종료하자. 브라우저 창을 여러 개 실행하고 있다면, 모두 종료해야 한다. 종료한 뒤 1시간 이내에 웹 브라우저를 실행하고 viewCookies.jsp를 실행해서 쿠키 목록을 살펴보자. 그럼, [그림 9.12]와 같이 쿠키가 삭제되지 않고 웹 서버에 전송되는 것을 확인할 수 있다.

[그림 9.12] 웹 브라우저를 닫더라도 유효시간이 남아 있는 쿠키는 삭제되지 않는다.

아이디 기억하기 기능의 구현 방법

아이디 기억하기 기능을 구현할 때 쿠키를 사용한다. 사용자가 로그인에 성공하면 아이디를 값으로 저장하고 있는 쿠키의 유효시간을 1달 정도로 여유롭게 잡아서 생성한다. 그러면 웹 브라우저를 닫더라도 유효시간이 충분히 남아 있기 때문에 다음에 웹 브라우저를 실행할 때 아이디를 저장하고 있는 쿠키를 사용할 수 있다. 따라서 웹 프로그램은 아이디 쿠키가 존재하면 쿠키 값을 로그인 폼에 출력해서 아이디 기억하기 기능을 구현할 수 있다. 비슷한 방식으로 로그인 정보를 쿠키에 보관하면 자동 로그인 기능을 구현할 수도 있다.

1.8 쿠키와 헤더

response.addCookie()로 쿠키를 추가하면 실제로 Set-Cookie 헤더를 통해서 전달된다. 한 개의 Set-Cookie 헤더는 한 개의 쿠키 값을 전달한다. Set-Cookie 헤더의 구성은 다음과 같다.

```
쿠키이름=쿠키값; Domain=도메인값; Path=경로값; Expires=GMT형식의만료일시
```

아래 코드는 Set-Cookie 헤더 값의 예를 보여주고 있다.

```
Set-Cookie: id=madvirus; Domain=.somehost.com
Set-Cookie: invalid=invalidcookie; Domain=javacan.tistory.com
Set-Cookie: path3=%EA%B2%BD%EB%A1%9C%3A%2F; Path=/
Set-Cookie: oneh=1time; Expires=Tue, 06-Jun-2015 02:57:41 GMT
```

앞서 4장에서 출력 버퍼에 저장되어 있는 내용을 플러시해서 웹 브라우저에 데이터가 전송되면 그다음부터는 응답 헤더에 새로운 값을 추가할 수 없다고 했던 것을 기억할 것이다. 쿠키는 응답 헤더를 사용해서 웹 브라우저에 전달하기 때문에, 쿠키 역시 출력 버퍼가 플러시 된 이후에는 새롭게 추가할 수 없다. 따라서 쿠키는 출력 버퍼를 플러시하기 전에 추가해야 한다.

02 쿠키 처리를 위한 유틸리티 클래스

특정 쿠키의 값을 읽으려면 다음과 같은 형태의 코드를 사용해야 한다.

```
Cookie[] cookies = request.getCookies();
Cookie nameCookie = null;
Cookie idCookie = null;
if (cookies != null) {
    for (int i = 0 ; i < cookies.length ; i++) {
        if (cookies[i].getName().equals("name")) {
            nameCookie = cookies[i];
        } else if (cookies[i].getName().equals("id")) {
            idCookie = cookies[i];
        }
    }
}
String name = URLDecoder.decode(nameCookie.getValue(), "utf-8");
...
```

위 코드는 Cookie 목록을 가져와 if-else 블록에서 쿠키 이름을 비교해서 필요한 쿠키를 구하고 있다. 이런 구조는 사용할 쿠키가 많아질수록 if-else 코드가 복잡해지는 문제가 있다. 그래서 더욱 편리하게 쿠키를 사용할 수 있도록 도와주는 보조 유틸리티 클래스를 [리스트 9.8]과 같이 작성해 보았다.

[리스트 9.8] chap09\WEB-INF\src\util\Cookies.java

```
package util;

import javax.servlet.http.HttpServletRequest;
import javax.servlet.http.Cookie;
import java.util.Map;
import java.net.URLEncoder;
import java.net.URLDecoder;
import java.io.IOException;

public class Cookies {

    private Map<String, Cookie> cookieMap =
            new java.util.HashMap<String, Cookie>();

    public Cookies(HttpServletRequest request) {
        Cookie[] cookies = request.getCookies();
        if (cookies != null) {
            for (int i = 0 ; i < cookies.length ; i++) {
                cookieMap.put(cookies[i].getName(), cookies[i]);
            }
        }
    }

    public Cookie getCookie(String name) {
        return cookieMap.get(name);
    }

    public String getValue(String name) throws IOException {
        Cookie cookie = cookieMap.get(name);
        if (cookie == null) {
            return null;
        }
        return URLDecoder.decode(cookie.getValue(), "euc-kr");
    }

    public boolean exists(String name) {
        return cookieMap.get(name) != null;
    }

```

```
40:     public static Cookie createCookie(String name, String value)
41:     throws IOException {
42:         return new Cookie(name, URLEncoder.encode(value, "utf-8"));
43:     }
44:
45:     public static Cookie createCookie(String name, String value, String path,
46:         int maxAge) throws IOException {
47:         Cookie cookie = new Cookie(name, URLEncoder.encode(value, "utf-8"));
48:         cookie.setPath(path);
49:         cookie.setMaxAge(maxAge);
50:         return cookie;
51:     }
52:
53:     public static Cookie createCookie(String name, String value, String domain,
54:             String path, int maxAge) throws IOException {
55:         Cookie cookie = new Cookie(name, URLEncoder.encode(value, "utf-8"));
56:         cookie.setDomain(domain);
57:         cookie.setPath(path);
58:         cookie.setMaxAge(maxAge);
59:         return cookie;
60:     }
61:
62: }
```

12-13행	쿠키를 〈쿠키이름, Cookie 객체〉 쌍 형태로 저장하는 맵을 생성한다.
15-22행	Cookies 클래스의 생성자이다. 파라미터로 전달받은 request로부터 Cookie 배열을 읽어와(16행), 각각의 Cookie 객체를 12행에서 선언한 cookieMap에 저장(19행)한다.
24-26행	cookieMap에서 지정한 이름의 Cookie 객체를 구한다. 지정한 이름의 쿠키가 존재하지 않으면 null을 리턴한다.
28-34행	지정한 이름을 갖는 쿠키의 값을 구하는 메서드이다.
36-38행	지정한 이름의 Cookie가 존재하는 경우 true, 그렇지 않은 경우 false를 리턴한다.
40-43행	이름이 name이고 값이 value인 Cookie 객체를 생성해서 리턴한다.
45-51행	이름이 name, 값이 value, 경로가 path, 유효시간이 maxAge인 Cookie 객체를 생성해서 리턴한다.
53-60행	이름이 name, 값이 value, 도메인이 domain, 경로가 path, 유효시간이 maxAge인 Cookie 객체를 생성해서 리턴한다.

Cookies 클래스를 사용하려면 먼저 Cookies.java를 컴파일해서 Cookies.class를 생성해야 한다. Cookies.java 파일의 컴파일 방법을 잘 모르는 독자는 명령 프롬프트에서 다음과 같은 순서로 명령어를 실행하면 된다. Cookies 클래스가 사용하는 Cookie 클래스는 서블릿 API에 포함되어 있으므로 톰캣의 servlet-api.jar 파일을 클래스패스에 추가했다. 다음 코드에서 C:\...\WEB-INF는 C:\apache-tomcat-8.0.21\webapps\chap09\WEB-INF를 줄여서 표현한 것이다.

1. javac 명령어를 실행하기 위해 PATH 환경 변수에 JDK의 bin 폴더를 추가한다.
   C:\>set PATH=c:\java\jdk1.8.0_45\bin;%PATH%
2. 컴파일하는 데 필요한 jar 파일을 클래스패스에 추가한다.
   C:\>set CLASSPATH=c:\apache-tomcat-8.0.21\lib\servlet-api.jar
3. chap09 웹 어플리케이션 폴더의 WEB-INF 폴더로 이동한다.
   C:\>cd apache-tomcat-8.0.21\webapps\chap09\WEB-INF
4. WEB-INF 폴더에 classes 하위 폴더를 생성한다.
   C:\...\WEB-INF>mkdir classes
5. javac 명령어를 이용해서 Cookies.java 파일을 컴파일한다.
   C:\...\WEB-INF>javac -d classes src\util\Cookies.java

javac 명령어까지 실행하면 WEB-INF\classes\util 폴더에 Cookies.class 파일이 생성되었을 것이다. Cookies 클래스 파일을 생성했다면, Cookies 클래스를 사용해서 쿠키 처리 코드를 간단하게 작성할 수 있다.

2.1 Cookies 클래스를 이용한 쿠키 생성

Cookies 클래스로 쿠키를 생성하는 방법을 살펴보자. 쿠키를 생성할 때에는 Cookies.createCookie() 메서드를 사용한다. Cookies 클래스는 세 가지 createCookie() 메서드를 제공하며, 다음과 같이 사용할 수 있다.

```
Cookie cookie1 = Cookies.createCookie("name", "최범균");
Cookie cookie2 = Cookies.createCookie("name2", "최범균", "/path1", -1);
Cookie cookie3 = Cookies.createCookie("id", "jsp", ".madvirus.net", "/", 60);
```

Cookie 클래스를 직접 사용하면 다음과 같이 도메인, 경로, 유효시간을 설정할 때 입력할 코드가 많아지는데, Cookies 클래스를 사용하면 코드가 간결해지는 것을 알 수 있다.

```
Cookie cookie = new Cookie("id", URLEncoder.encode(value, "utf-8"));
cookie.setDomain(".madvirus.net");
cookie.setPath("/");
cookie.setMaxAge(60);
```

[리스트 9.9]는 Cookies.createCookie() 메서드를 사용해서 쿠키를 생성하는 JSP 코드를 보여주고 있다.

[리스트 9.9] chap09\makeCookieUsingCookies.jsp

```
<%@ page contentType = "text/html; charset=utf-8" %>
<%@ page import = "util.Cookies" %>
<%
    response.addCookie(Cookies.createCookie("name", "최범균"));
    response.addCookie(
        Cookies.createCookie("id", "madvirus", "/chap09", -1));
%>
<html>
<head><title>Cookies 사용 예</title></head>
<body>

Cookies를 사용하여 쿠키 생성

</body>
</html>
```

2.2 Cookies 클래스를 이용한 쿠키 읽기

웹 브라우저가 전송한 쿠키를 읽으려면 다음과 같이 Cookies 객체를 생성한 후 getCookie(), getValue(), exists() 등의 메서드를 사용하면 된다.

```
// request 기본 객체로부터 쿠키 정보를 읽어온다.
Cookies cookies = new Cookies(request);
// 쿠키가 존재하는 지 확인
if (cookies.exists("name")) {
    // Cookie 클래스로 사용할 경우 getCookie() 메서드 사용
    Cookie cookie = cookies.getCookie("name");
    ...
}
if (cookies.exists("id")) {
    // 값만 사용할 경우 getValue() 메서드 사용
    String value = cookies.getValue("name");
    ....
}
```

이 코드를 보면 Cookies 클래스를 사용함으로써 쿠키를 사용하는 코드가 간결해지고 가독성이 향상된 것을 확인할 수 있다. [리스트 9.10]은 Cookies 클래스를 사용해서 앞에서 작성한 makeCookieUsingCookies.jsp가 생성한 쿠키의 값을 출력하는 코드이다.

[리스트 9.10] chap09\readCookieUsingCookies.jsp

```
<%@ page contentType = "text/html; charset=utf-8" %>
<%@ page import = "util.Cookies" %>
<%
    Cookies cookies = new Cookies(request);
%>
<html>
<head><title>Cookie 사용</title></head>
<body>

name 쿠키 = <%= cookies.getValue("name") %> <br>
<% if (cookies.exists("id")) { %>
id 쿠키 = <%= cookies.getValue("id") %> <br>
<% } %>
</body>
</html>
```

웹 브라우저에서 makeCookieUsingCookies.jsp를 실행한 뒤, readCookieUsingCookies.jsp를 실행하면 [그림 9.13]과 같이 Cookies 클래스가 올바르게 동작하는 것을 확인할 수 있다.

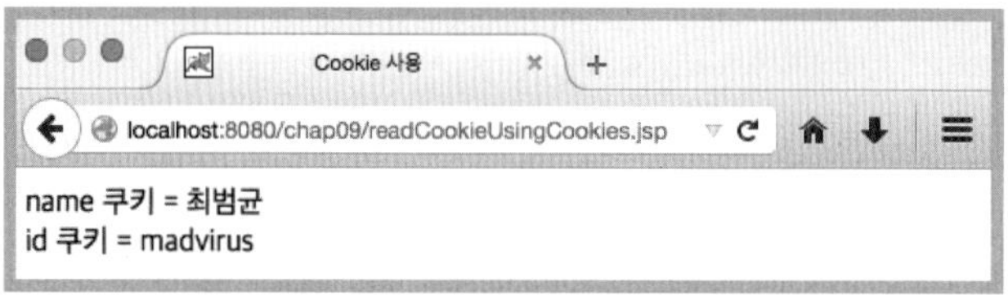

[그림 9.13] Cookies 클래스를 사용하면 쿠키 처리가 쉬워진다.

03 쿠키를 사용한 로그인 상태 유지

웹 사이트의 기본 기능 중 하나는 로그인/로그아웃 기능이다. 웹 브라우저에서 페이스북이나 메일 서비스를 사용할 때 가장 먼저 하는 것이 로그인이다. 로그인하지 않은 상태에서 접근하면 로그인하도록 유도하는데, 이는 로그인했는지 여부를 확인할 수 있는 방법이 필요하다는 것을 뜻한다. 로그인 상태를 확인할 때 가장 많이 사용하는 방법이 바로 쿠키를 이용하는 것이다.

쿠키를 이용하면 다음과 같은 방법으로 로그인 상태를 유지할 수 있다.

1. 로그인에 성공하면 특정 이름을 갖는 쿠키를 생성한다.
2. 해당 쿠키가 존재하면 로그인한 상태라고 판단한다.
3. 로그아웃하면 해당 쿠키를 삭제한다.

예를 들어, 로그인에 성공하면 "AUTH"라는 쿠키를 생성하고, "AUTH" 쿠키가 존재하면 로그인한 상태라고 인식하는 것이다.

3.1 로그인 처리

쿠키를 이용해서 로그인 상태를 확인하는 코드를 만들기 전에 간단한 로그인 폼을 보여주는 JSP 코드를 작성하자. [리스트 9.11]은 간단한 로그인 폼을 생성해주는 JSP 코드이다.

[리스트 9.11] chap09\member\loginForm.jsp

```
<%@ page contentType = "text/html; charset=utf-8" %>
<html>
<head><title>로그인폼</title></head>
<body>

<form action="<%= request.getContextPath() %>/member/login.jsp"
      method="post">
아이디 <input type="text" name="id" size="10">
암호 <input type="password" name="password" size="10">
<input type="submit" value="로그인">
</form>

</body>
</html>
```

loginForm.jsp를 실행하면 [그림 9.14]와 같은 결과가 출력된다.

[그림 9.14] 로그인 폼

[로그인] 버튼을 누르면 login.jsp로 입력한 데이터를 전송한다. 이 장에서는 쿠키를 이용한 로그인 기법을 익힐 것이므로 아이디와 암호가 같으면 로그인에 성공한다고 가정할 것이다. login.jsp는 [리스트 9.12]와 같다.

[리스트 9.12] chap09\member\login.jsp

```
01: <%@ page contentType = "text/html; charset=utf-8" %>
02: <%@ page import = "util.Cookies" %>
03: <%
04:     String id = request.getParameter("id");
05:     String password = request.getParameter("password");
06: 
07:     if (id.equals(password)) {
08:         // ID와 암호가 같으면 로그인에 성공한 것으로 판단.
09:         response.addCookie(
10:             Cookies.createCookie("AUTH", id, "/", -1)
11:         );
12: %>
13: <html>
14: <head><title>로그인성공</title></head>
15: <body>
16: 
17: 로그인에 성공했습니다.
18: 
19: </body>
20: </html>
21: <%
22:     } else { // 로그인 실패시
23: %>
24: <script>
25: alert("로그인에 실패하였습니다.");
26: history.go(-1);
27: </script>
28: <%
29:     }
30: %>
```

07행	입력한 ID와 암호가 올바른지 검사한다.
09-11행	이름이 "AUTH"이고 값이 사용자가 입력한 아이디인 쿠키를 생성한다. 로그인 상태인지 여부를 판단할 때 이 쿠키를 사용한다.

login.jsp는 로그인에 성공했을 경우, 로그인과 관련된 AUTH 쿠키를 추가하고 [그림 9.15]와 같은 화면을 출력한다.

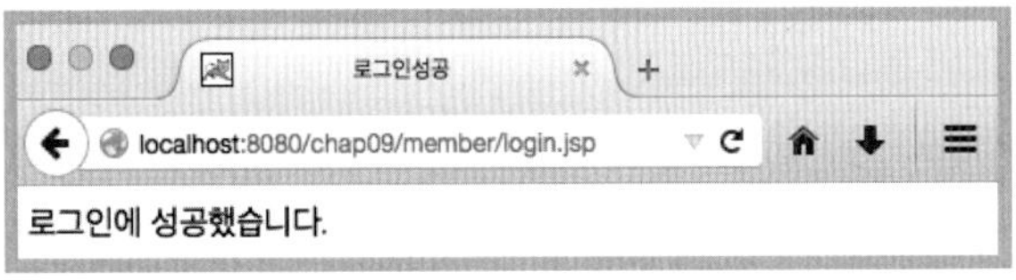

[그림 9.15] 로그인에 성공할 경우 login.jsp의 결과

로그인에 실패하면 [그림 9.16]과 같은 화면을 출력한다.

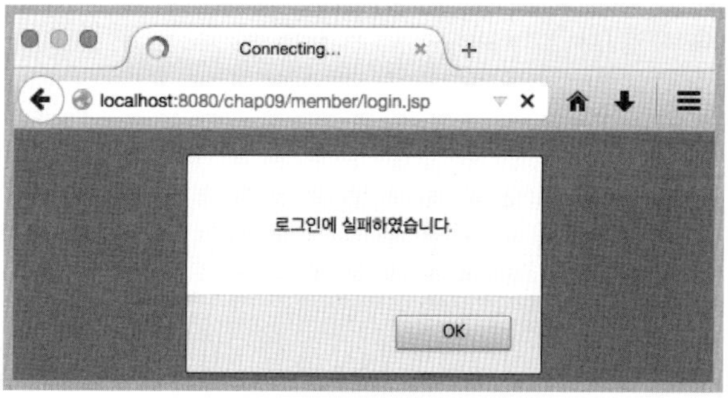

[그림 9.16] 로그인 실패시 login.jsp의 결과

3.2 로그인 여부 판단

로그인에 성공했음을 나타내는 쿠키를 생성한 이후, 웹 브라우저는 요청을 보낼 때마다 쿠키를 전송한다. 그러므로 로그인에 성공할 때 생성되는 쿠키가 존재하는지 확인하면 현재 로그인했는지 여부를 판단할 수 있다. 따라서 로그인 여부를 판단하는 코드는 다음과 같은 형태를 띠게 된다.

```
Cookies cookies = new Cookies(request);
String id = cookies.getValue("AUTH"));
if (id != null) {
    // 로그인 한 경우의 처리
    ...
} else {
    // 로그인 하지 않은 경우의 처리
    ...
}
```

[리스트 9.12]의 login.jsp에서 생성한 AUTH 쿠키를 사용해서 로그인 여부를 판단하는 JSP 페이지는 [리스트 9.13]과 같이 작성할 수 있다.

[리스트 9.13] chap09\member\loginCheck.jsp

```
<%@ page contentType = "text/html; charset=utf-8" %>
<%@ page import = "util.Cookies" %>
<%
    Cookies cookies = new Cookies(request);
%>
<html>
<head><title>로그인여부 검사</title></head>
<body>
```

```
09:
10: <%
11:     if (cookies.exists("AUTH")) {
12: %>
13: 아이디 "<%= cookies.getValue("AUTH") %>"로 로그인 한 상태
14: <%
15:     } else {
16: %>
17: 로그인하지 않은 상태
18: <%
19:     }
20: %>
21: </body>
22: </html>
```

11행	login.jsp에서 생성한 AUTH 쿠키를 사용하여 로그인 여부를 판단한다.

loginCheck.jsp는 AUTH 쿠키가 존재하면 로그인을 했다고 판단한다. [그림 9.15]와 같이 로그인한 상태에서 loginCheck.jsp를 실행하면 [그림 9.17]과 같은 화면을 볼 수 있을 것이다.

[그림 9.17] 쿠키를 사용해서 로그인 여부를 검사

로그인하지 않은 상태, 즉 AUTH 쿠키가 없는 상태에서 loginCheck.jsp를 실행하면 [그림 9.18]과 같은 결과 화면이 출력된다.

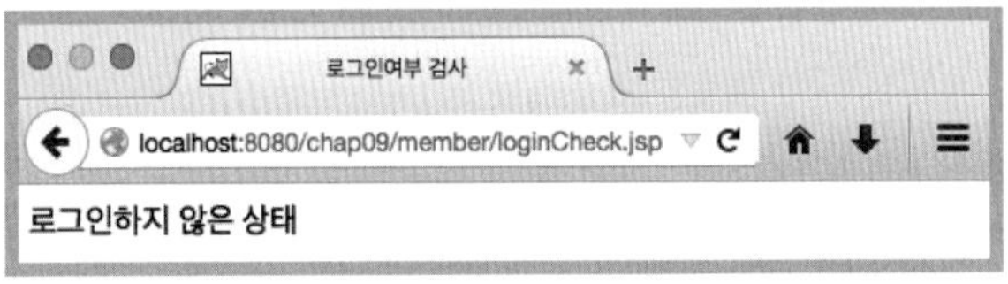

[그림 9.18] 로그인하지 않은 상태에서 loginCheck.jsp의 결과

이 장의 예제에서 사용한 AUTH 쿠키는 로그인한 아이디를 값으로 가졌는데, 이는 어디까지나 쿠키의 사용 예를 보여주기 위해 그런 것이다. 아이디를 평문 형태로 쿠키 값으로 사용하면 보안에 큰 문제가 생긴다. 웹 브라우저는 자체적으로 개발도구를 제공하고 있는데 이 개발도구를 사용하면 쿠키 값을 쉽게 변경할 수 있기 때문에, 쿠키 값을 변경해서 서버에 전송할 수 있다. 즉, 다른 아이디로 서버에 접근할 수 있게 되는 것이다. 이런 이유로 쿠키에 아이디를 저장할 때에는 평문으로 저장하지 않고 다양한 암호화 방식을 혼합해서 저장한다.

3.3 로그아웃 처리

로그인에 성공하면 쿠키를 생성하므로, 로그아웃을 처리하려면 쿠키를 삭제하면 된다. 이 장의 예제는 "AUTH" 쿠키를 사용하므로 [리스트 9.14]와 같이 AUTH 쿠키의 유효시간을 0으로 지정하면 된다.

[리스트 9.14] chap09\member\logout.jsp

```
01: <%@ page contentType = "text/html; charset=utf-8" %>
02: <%@ page import = "util.Cookies" %>
03: <%
04:     response.addCookie(
05:         Cookies.createCookie("AUTH", "", "/", 0)
06:     );
07: %>
08: <html>
09: <head><title>로그아웃</title></head>
10: <body>
11: 
12: 로그아웃하였습니다.
13: 
14: </body>
15: </html>
```

05행	유효시간을 0으로 지정한다.

로그인한 상태라면 logout.jsp를 실행한 후 loginCheck.jsp를 실행해보자. logout.jsp를 실행하면 AUTH 쿠키를 삭제하므로, 앞서 봤던 [그림 9.18]과 같은 화면이 출력될 것이다.

CHAPTER

10 클라이언트와의 대화 2 : 세션

이 장에서 다룰 내용

- session 기본 객체와 세션
- session 속성
- 세션을 사용한 로그인 처리

서버 세션을 사용하면 클라이언트의 상태를 저장할 수 있다. 쿠키와의 차이점은 세션은 웹 브라우저가 아니라 서버에 값을 저장한다는 점이다. 서버는 세션을 사용해서 클라이언트 상태를 유지할 수 있기 때문에, 로그인한 사용자 정보를 유지하기 위한 목적으로 세션을 사용한다. 이 장에서는 세션의 사용법과 세션을 이용한 인증 정보 유지 방법을 살펴보도록 하겠다.

01 세션 사용하기 : session 기본 객체

웹 브라우저에 정보를 보관할 때 쿠키를 사용한다면, 세션은 웹 컨테이너에 정보를 보관할 때 사용한다. 세션은 오직 서버에만 생성된다. 세션의 기본 개념은 [그림 10.1]과 같다.

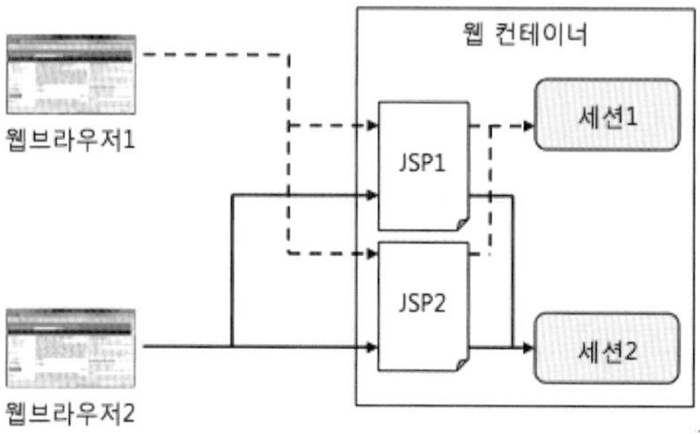

[그림 10.1] 세션은 웹 브라우저와 연관된 서버 영역 저장 공간이다.

웹 컨테이너는 기본적으로 한 웹 브라우저마다 한 세션을 생성한다. 예를 들어, [그림 10.1]에서 JSP1과 JSP2가 세션을 사용한다고 해보자. 이 경우 웹 브라우저1이 JSP1과 JSP2를 실행하면, 웹 브라우저1과 관련된 세션1을 사용한다. 웹 브라우저2가 JSP1과 JSP2를 실행하면 웹 브라우저2와 관련된 세션2를 사용한다. 즉, 같은 JSP 페이지라도 웹 브라우저에 따라 서로 다른 세션을 사용한다.

웹 브라우저마다 세션이 따로 존재하기 때문에, 세션은 웹 브라우저와 관련된 정보를 저장하기에 알맞은 장소이다. 즉, 쿠키가 클라이언트 측의 데이터 보관소라면 세션은 서버 측의 데이터 보관소인 것이다. 쿠키와 마찬가지로 세션도 생성을 해야만 정보를 저장할 수 있다. 일단 세션을 생성하면 session 기본 객체를 통해서 세션을 사용할 수 있다.

1.1 세션 생성하기

JSP에서 세션을 생성하려면 다음과 같이 page 디렉티브의 session 속성을 "true"로 지정하면 된다.

```
〈%@ page contentType = ... %〉
〈%@ page session = "true" %〉
〈%
    ...
    session.setAttribute("userInfo", userInfo);
    ...
%〉
```

그런데 page 디렉티브의 session 속성은 기본값이 true이므로 session 속성값을 false로 지정하지만 않으면 세션이 생성된다. 세션이 생성되면 session 기본 객체를 통해서 세션을 사용할 수 있다.

[그림 10.2]와 같이 세션을 사용하는 서버 프로그램에 웹 브라우저가 처음 접속할 때 세션을 생성하고, 이후로는 이미 생성된 세션을 사용한다.

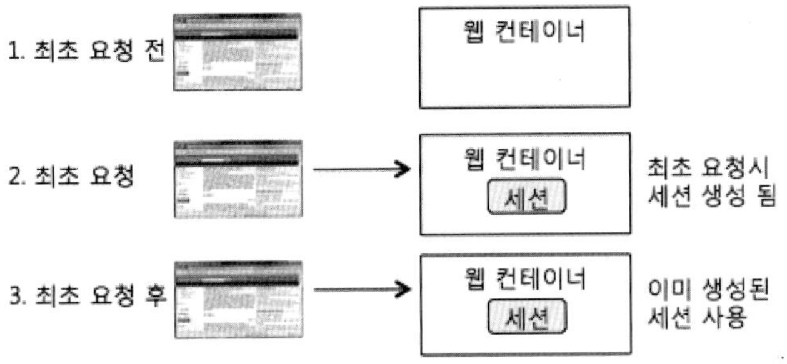

[그림 10.2] 한 번 세션을 생성하면 이후로는 이미 생성한 세션을 사용

1.2 session 기본 객체

세션을 사용한다는 것은 session 기본 객체를 사용한다는 것을 말한다. session 기본 객체는 request 기본 객체와 마찬가지로 속성을 제공하므로 setAttribute(), getAttribute() 등의 메서드를 사용하여 속성값을 저장하거나 읽어올 수 있다. 추가로 세션은 세션만의 고유 정보를 제공하며, 이들 정보를 구할 때 사용하는 메서드는 [표 10.1]과 같다.

표 10.1 session 기본 객체가 제공하는 세션 정보 관련 메서드

메서드	리턴 타입	설명
getId()	String	세션의 고유 ID를 구한다.(세션 ID라고 한다.)
getCreationTime()	long	세션이 생성된 시간을 구한다. 시간은 1970년 1월 1일 이후 흘러간 시간을 의미하며, 단위는 1/1000초이다.
getLastAccessedTime()	long	웹 브라우저가 가장 마지막에 세션에 접근한 시간을 구한다. 시간은 1970년 1월 1일 이후 흘러간 시간을 의미하며, 단위는 1/1000초이다.

앞에서 웹 브라우저마다 별도의 세션을 갖는다고 했다. 이때 각 세션을 구분하기 위해 세션마다 고유 ID를 할당하는데 그 아이디를 세션 ID라고 한다. 웹 서버는 웹 브라우저에 세션 ID를 전송한다. 웹 브라우저는 웹 서버에 연결할 때마다 매번 세션 ID를 보내서 웹 서버가 어떤 세션을 사용할지 판단할 수 있게 한다.

웹 서버는 세션 ID를 이용해서 웹 브라우저를 위한 세션을 찾기 때문에, 웹 서버와 웹 브라우저는 세션 ID를 공유할 수 있는 방법이 필요하다. 세션 ID를 공유하기 위해 사용하는 것이 쿠키이다. 앞서 9장의 [그림 9.4]를 아래 다시 표시했는데, 쿠키 목록 중에 이름이 JSESSIONID인 쿠키가 있는 것을 알 수 있다. 이 JSESSIONID 쿠키가 세션 ID를 공유할 때 사용하는 쿠키이다.

다음 [리스트 10.1]은 [표 10.1]에 표시한 메서드를 사용하여 현재 사용 중인 세션 정보를 보여주는 JSP 페이지이다.

[리스트 10.1] chap10\sessionInfo.jsp

```
01: <%@ page contentType = "text/html; charset=utf-8" %>
02: <%@ page session = "true" %>
03: <%@ page import = "java.util.Date" %>
04: <%@ page import = "java.text.SimpleDateFormat" %>
05: <%
06:     Date time = new Date();
07:     SimpleDateFormat formatter =
08:       new SimpleDateFormat("yyyy-MM-dd HH:mm:ss");
09: %>
10: <html>
11: <head><title>세션정보</title></head>
12: <body>
13: 세션ID: <%= session.getId() %> <br>
14: <%
15:     time.setTime(session.getCreationTime());
16: %>
17: 세션생성시간: <%= formatter.format(time) %> <br>
18: <%
19:     time.setTime(session.getLastAccessedTime());
20: %>
21: 최근접근시간: <%= formatter.format(time) %>
22:
23: </body>
24: </html>
```

02행	세션을 사용한다고 지정한다. session 속성의 기본값은 true이므로 이 코드를 생략해도 세션을 사용한다. 세션이 존재하지 않으면 새로 생성한다.
06행	long 타입의 시간 값을 저장하기 위해 사용하는 Date 객체를 생성한다.
07-08행	Date 객체의 시간 값을 지정한 양식으로 출력하기 위해 SimpleDateFormat 객체를 생성한다.
13행	세션 ID를 출력한다.
15행	세션의 생성 시간을 Date 객체인 time에 저장한다.
17행	세션의 생성 시간을 출력한다.
21행	세션의 마지막 접근 시간을 출력한다.

sessionInfo.jsp를 실행하면 [그림 10.3]과 같이 생성된 세션 정보를 출력한다. [그림 10.3]에서 세션 ID는 세션이 새로 생성될 때마다 새로운 값을 사용한다.

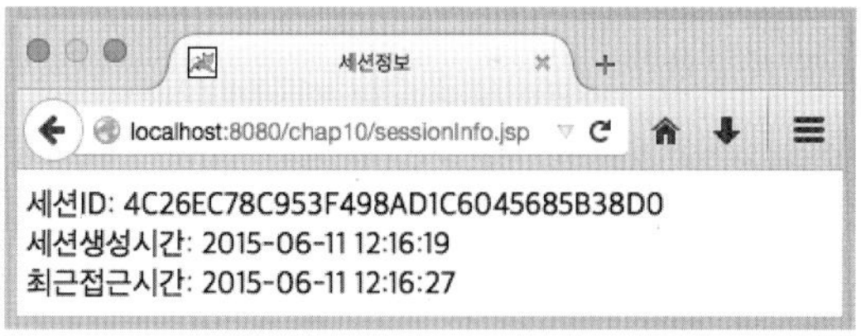

[그림 10.3] 세션 정보 출력

[그림 10.3]의 결과는 하나의 웹 브라우저에서 sessionInfo.jsp를 몇 번 실행한 후의 결과 화면이다. 세션을 생성한 시간과 현재 session 기본 객체를 사용한 시간에 차이가 나므로 [그림 10.3]과 같이 세션 생성 시간과 최근 세션 접근 시간이 달라진다.

1.3 기본 객체의 속성 사용

한 번 생성된 세션은 지정한 유효 시간 동안 유지된다. 따라서, 웹 어플리케이션을 실행하는 동안 지속적으로 사용해야 하는 데이터의 저장소로 세션이 적당하다. request 기본 객체가 하나의 요청을 처리하는 데 사용되는 JSP 페이지 사이에서 공유된다면, session 기본 객체는 웹 브라우저의 여러 요청을 처리하는 JSP 페이지 사이에서 공유된다. 따라서, 로그인한 회원 정보 등 웹 브라우저와 일대일로 관련된 값을 저장할 때에는 쿠키 대신 세션을 사용할 수 있다.

세션에 값을 저장할 때는 속성을 사용한다. 속성에 값을 저장하려면 setAttribute() 메서드를 사용하고, 속성값을 읽으려면 getAttribute() 메서드를 사용한다. 예를 들어, 사용자 정보 중의 하나인 회원 아이디와 이름을 저장할 때에는 [리스트 10.2]와 같은 코드를 사용할 수 있을 것이다.

[리스트 10.2] chap10\setMemberInfo.jsp

```
<%@ page contentType = "text/html; charset=utf-8" %>
<%
    session.setAttribute("MEMBERID", "madvirus");
    session.setAttribute("NAME", "최범균");
%>
<html>
<head><title>세션에 정보 저장</title></head>
<body>

세션에 정보를 저장하였습니다.

</body>
</html>
```

03-04행	세션의 속성에 정보를 저장한다.

setMemberInfo.jsp를 실행하면 [그림 10.4]와 같은 결과 화면이 출력된다. 실행 후 03~04행에서 session 기본 객체에 저장한 두 속성을 사용할 수 있게 된다.

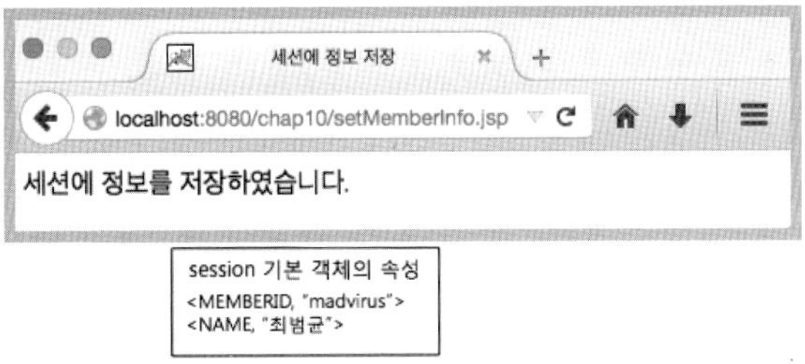

[그림 10.4] 세션 속성에 저장된 값은 세션이 종료될 때까지 사용할 수 있다.

일단 session 기본 객체에 속성을 설정하면 세션이 종료되기 전까지는 다음과 같이 속성 값을 사용할 수 있다.

```
〈%
    String name = (String)session.getAttribute("NAME");
%〉
회원명: 〈%= name %〉
```

쿠키 vs 세션

쿠키 대신에 세션을 사용하는 가장 큰 이유는 세션이 쿠키보다 보안에서 앞선다는 점이다. 쿠키의 이름이나 데이터는 네트워크를 통해 전달되기 때문에 HTTP 프로토콜을 사용하는 경우 중간에 누군가 쿠키의 값을 읽어올 수 있다. 하지만, 세션의 값은 오직 서버에만 저장되기 때문에 중요한 데이터를 저장하기에 알맞은 장소이다.

세션을 사용하는 두 번째 이유는 (흔치 않지만) 웹 브라우저가 쿠키를 지원하지 않을 경우 또는 강제적으로 쿠키를 막는 경우 쿠키는 사용할 수 없게 되지만, 세션은 쿠키 설정 여부에 상관없이 사용할 수 있다는 점이다. 서블릿/JSP는 쿠키를 사용할 수 없는 경우, URL 재작성 방식을 사용해서 세션 ID를 웹 브라우저와 웹 서버가 공유할 수 있다.

하지만, 세션은 여러 서버에서 공유할 수 없다. 예를 들어, www.daum.net의 세션과 mail.daum.net의 세션은 다르다. 반면에 쿠키는 도메인을 이용해서 쿠키를 여러 도메인 주소에 공유할 수 있다. 이런 이유로 Daum과 같은 포털 사이트는 쿠키를 이용해서 로그인 정보를 저장한다.

1.4 세션 종료

세션을 유지할 필요가 없으면 session.invalidate() 메서드를 사용해서 세션을 종료한다. 세션을 종료하면 현재 사용 중인 session 기본 객체를 삭제하고 session 기본 객체에 저장했던 속성 목록도 함께 삭제한다. [리스트 10.3]은 세션을 종료하는 예제 코드이다.

[리스트 10.3] chap10\closeSession.jsp

```
<%@ page contentType = "text/html; charset=utf-8" %>
<%
    session.invalidate();
%>
<html>
<head><title>세션 종료</title></head>
<body>

세션을 종료하였습니다.

</body>
</html>
```

세션을 종료하면 기존 session 객체를 제거하고, 세션 종료 후 다음 요청에서 session을 사용하면 새로운 session 기본 객체를 생성한다. 실제로 그렇게 되는지 확인해보기 위해서 [리스트 10.1]의 sessionInfo.jsp와 [리스트 10.3]의 closeSession.jsp를 [그림 10.5]와 같은 순서로 실행해보자.

[그림 10.5] 세션을 종료하면, 다음에는 새로운 세션을 생성한다.

먼저 sessionInfo.jsp를 실행하면 세션을 생성한다. 기존에 이미 세션을 생성했다면 생성된 세션을 사용한다. 이 상태에서 closeSession.jsp를 실행하면 세션을 종료하고 사용 중인 session 객체를 제거한다. 세션을 종료한 상태에서 다시 sessionInfo.jsp를 실행하면, 세션이 존재하지 않으므로 새로운 세션을 생성한다. [그림 10.5]의 실행 결과를 보면 첫 번째 sessionInfo.jsp를 실행할 때의 세션 ID와 closeSesison.jsp를 실행한 뒤의 세션 ID가 다른 것을 확인할 수 있다.

1.5 세션 유효 시간

세션은 최근 접근 시간을 갖는다. session 기본 객체를 사용할 때마다 세션의 최근 접근 시간은 갱신된다. [리스트 10.1]의 sessionInfo.jsp를 보면 19행에서 다음과 같은 코드를 볼 수 있다.

```
session.getLastAccessedTime()
```

여기서 getLastAccessedTime() 메서드는 최근에 session 기본 객체에 접근한 시간을 나타낸다. JSP 페이지가 session 기본 객체를 사용하도록 설정했다면(즉, page 디렉티브의 session 속성값이 "true"인 경우, 또는 "false"로 지정하지 않은 경우), 웹 브라우저가 JSP 페이지를 실행할 때마다 session 기본 객체에 접근하게 된다. 이 말은 세션을 사용하도록 설정된 JSP 페이지에 접근할 때마다 세션의 최근 접근 시간을 변경한다는 것을 의미한다.

세션은 마지막 접근 이후 일정 시간 이내에 다시 세션에 접근하지 않는 경우 자동으로 세션을 종료하는 기능을 갖고 있다. 예를 들어, 세션 유효 시간이 30분이라고 가정해보자. 이 경우 [그림 10.6]과 같이 마지막 접근 시간에서 30분이 지나면 자동으로 세션을 종료하고, 이후 세션을 요청하면 새로운 세션을 생성한다.

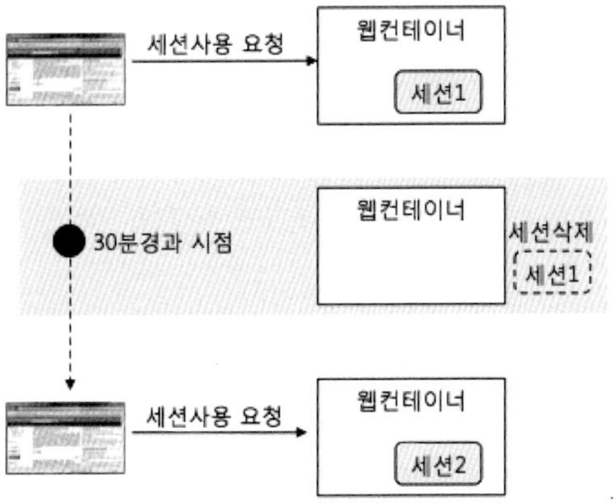

[그림 10.6] 세션은 타임아웃 기능을 갖고 있다.

세션 유효 시간은 두 가지 방법으로 설정할 수 있다. 첫 번째는 WEB-INF\web.xml 파일에 다음과 같이 <session-config> 태그를 사용하여 세션 유효 시간을 지정하는 방법이다.

```
<?xml version="1.0" encoding="euc-kr"?>

<web-app xmlns="http://xmlns.jcp.org/xml/ns/javaee"
        xmlns:xsi="http://www.w3.org/2001/XMLSchema-instance"
        xsi:schemaLocation="http://xmlns.jcp.org/xml/ns/javaee
           http://xmlns.jcp.org/xml/ns/javaee/web-app_3_1.xsd"
        version="3.1">

    <session-config>
        <session-timeout>50</session-timeout>
    </session-config>
</web-app>
```

<session-timeout> 태그 값을 세션의 유효 시간으로 사용한다. 이 값의 단위는 분이다. 위 코드는 세션 타임아웃 시간을 50분으로 지정하고 있다.

세션의 유효 시간을 지정하는 두 번째 방법은 session 기본 객체가 제공하는 setMaxInactiveInterval() 메서드를 사용하는 것이다. 예를 들어, 세션의 유효 시간을 60분으로 지정하고 싶다면 다음과 같이 setMaxInactiveInterval() 메서드를 사용하면 된다.

```
<%
   session.setMaxInactiveInterval(60 * 60);
%>
```

web.xml 파일에서 분 단위로 유효 시간을 설정했던 반면 session.setMaxInactive Interval() 메서드는 초 단위로 유효 시간을 설정한다.

<session-timeout>의 값을 0이나 음수로 설정하면 세션은 유효 시간을 갖지 않는다. 이 경우 명시적으로 session.invalidate() 메서드를 호출하기 전까지 세션 객체가 서버에 유지된다. 즉, 유효 시간이 없는 상태에서 session.invalidate() 메서드를 실행하지 않으면, 세션 객체가 계속 메모리에 남게 되어 메모리 부족 현상이 발생하게 된다.

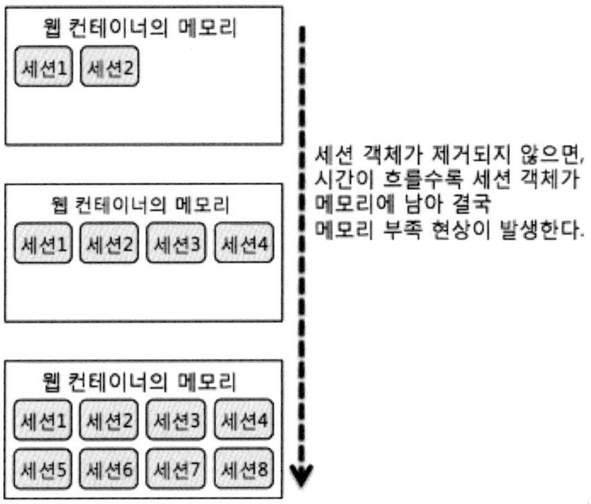

[그림 10.6] 세션이 유효 시간을 갖지 않으면, 세션 객체가 메모리에 제거되지 않아 메모리 부족 현상이 발생할 수 있다.

제거되지 않는 세션 객체로 인해 메모리가 부족해지는 현상을 방지하려면, 반드시 세션 타임아웃 시간을 지정해주어야 한다.

1.6 request.getSession()을 이용한 세션 생성

HttpSession을 생성하는 또 다른 방법은 request 기본 객체의 getSession() 메서드를 사용하는 것이다. request.getSession() 메서드는 현재 요청과 관련된 session 객체를 리턴한다. 아래 코드는 사용 예다. request.getSession()을 이용해서 세션을 구하므로, page 디렉티브의 session 속성값은 false로 지정한다.

```
<%@ page session="false" %>
<%
    HttpSession httpSession = request.getSession();
    List list = (List)httpSession.getAttribute("list");
    list.add(productId);
%>
```

request.getSession() 메서드는 session이 존재하면 해당 session을 리턴하고 존재하지 않으면 새롭게 session을 생성해서 리턴한다.

session이 생성된 경우에만 session 객체를 구하고 싶다면, getSession() 메서드에 false를 인자로 전달하면 된다. request.getSession(false)를 실행하면 세션이 존재하는 경우에만 session 객체를 리턴하고 세션이 존재하지 않으면 null을 리턴한다.

```
<%@ page session="false" %>
<%
    HttpSession httpSession = request.getSession(false);
    List list = null;
    if (httpSession != null) {
        list = (List)httpSession.getAttribute("list");
    } else {
        list = Collections.emptyList();
    }
%>
```

02 세션을 사용한 로그인 상태 유지

세션을 사용해서 로그인을 처리하는 방식은 쿠키를 사용한 방식과 비슷하다.

1. 로그인에 성공하면 session 기본 객체의 특정 속성에 데이터를 기록한다.
2. 이후로 session 기본 객체의 특정 속성이 존재하면 로그인한 것으로 간주한다.
3. 로그아웃할 경우 session.invalidate() 메서드를 호출하여 세션을 종료한다.

2.1 인증된 사용자 정보 session 기본 객체에 저장하기

세션을 사용해서 로그인 상태를 유지하려면 session 기본 객체의 속성에 로그인 성공 정보를 저장하면 된다. 예를 들면, [리스트 10.4]와 같이 session 기본 객체의 특징 속성을 로그인 상태 정보로 사용하면 된다.

[리스트 10.4] chap10\member\sessionLogin.jsp

```
<%@ page contentType = "text/html; charset=utf-8" %>
<%
    String id = request.getParameter("id");
    String password = request.getParameter("password");

    if (id.equals(password)) {
        session.setAttribute("MEMBERID", id);
%>
<html>
```

```
10: <head><title>로그인성공</title></head>
11: <body>
12:
13: 로그인에 성공했습니다.
14:
15: </body>
16: </html>
17: <%
18:     } else { // 로그인 실패시
19: %>
20: <script>
21: alert("로그인에 실패하였습니다.");
22: history.go(-1);
23: </script>
24: <%
25:     }
26: %>
```

07행	session 기본 객체의 MEMBERID 속성을 사용해서 로그인 상태를 저장한다.

sessionLogin.jsp는 id 요청 파라미터와 password 요청 파라미터가 같으면 로그인에 성공한 것으로 간주하고, session 기본 객체의 "MEMBERID" 속성에 사용자 아이디 정보를 저장한다. 즉, "MEMBERID" 속성이 존재하면 현재 사용자는 로그인한 사용자로 간주한다. 이 코드는 단순히 세션을 이용한 로그인 처리 방식을 보여주기 위한 예제로, 실제 로그인 처리 코드는 이보다 더 복잡하다.

sessionLogin.jsp에 아이디와 암호를 전송하는 폼을 보여주는 JSP 코드는 [리스트 10.5]와 같다.

[리스트 10.5] chap10\member\sessionLoginForm.jsp

```
<%@ page contentType = "text/html; charset=utf-8" %>
<html>
<head><title>로그인폼</title></head>
<body>

<form action="<%= request.getContextPath() %>/member/sessionLogin.jsp"
      method="post">
아이디 <input type="text" name="id" size="10">
암호 <input type="password" name="password" size="10">
<input type="submit" value="로그인">
</form>

</body>
</html>
```

2.2 인증 여부 판단

session 기본 객체에 로그인 상태를 위한 속성의 존재 여부에 따라 로그인 상태를 판단할 수 있다. 예를 들어, [리스트 10.4]의 sessionLogin.jsp은 로그인에 성공하면 MEMBERID 속성에 로그인 상태 정보를 보관하므로, [리스트 10.6]과 같이 session 기본 객체의 "MEMBERID" 속성을 사용해서 로그인 여부를 판단하면 된다.

[리스트 10.6] chap10\member\sessionLoginCheck.jsp

```
<%@ page contentType = "text/html; charset=utf-8" %>
<%
    String memberId = (String)session.getAttribute("MEMBERID");
    boolean login = memberId == null ? false : true;
%>
<html>
<head><title>로그인여부 검사</title></head>
<body>

<%
    if (login) {
%>
아이디 "<%= memberId %>"로 로그인 한 상태
<%
    } else {
%>
로그인하지 않은 상태
<%
    }
%>
</body>
</html>
```

2.3 로그아웃 처리

로그아웃을 처리할 때에는 [리스트 10.7]과 같이 session.invalidate() 메서드를 사용하여 세션을 종료하면 된다.

[리스트 10.7] chap10\member\sessionLogout.jsp

```
<%@ page contentType = "text/html; charset=utf-8" %>
<%
    session.invalidate();
%>
```

```
<html>
<head><title>로그아웃</title></head>
<body>

로그아웃하였습니다.

</body>
</html>
```

session.invalidate() 메서드를 호출하지 않고, 다음과 같이 로그인 상태를 보관할 때 사용한 session 기본 객체를 모두 삭제해도 로그아웃한 효과를 낼 수 있다.

```
session.removeAttribute("MEMBERID");
```

하지만, 로그인할 때 session 기본 객체에 추가하는 속성이 늘어나면 로그아웃 코드도 함께 변경해야 하므로, session.invalidate() 메서드를 사용하는 것이 좋다.

03 연관된 정보 저장을 위한 클래스 작성

앞서 예제 코드에서 사용자 정보를 다음과 같이 저장했다.

```
<%
    session.setAttribute("MEMBERID", memberId);
%>
```

회원 ID뿐만 아니라 회원 이름과 같은 추가 정보를 세션에 저장해야 한다면, 다음과 같이 세션 속성을 하나 더 추가하는 방법으로 구현해 볼 수 있을 것 같다.

```
<%
    session.setAttribute("MEMBERID", memberId);
    session.setAttribute("NAME", name);
%>
```

session 기본 객체에서 속성을 가져와 사용하는 부분도 새로운 코드가 추가될 것이다.

```
<%
    String memberId = (String)session.getAttribute("memberId");
    String name = (String)session.getAttribute("name");
%>
...
<%= name %>
```

만약 세션에 저장할 값의 개수가 많다면 어떻게 될까? 이 경우, 세션에서 값을 읽어오는 코드는 다음과 같이 변경될 것이다.

```
<%
    String memberId = (String)session.getAttribute("memberId");
    String name = (String)session.getAttribute("name");
    String email = (String)session.getAttribute("email");
    boolean male = (Boolean)session.getAttribute("male");
    int age = (Integer)session.getAttribute("age");
%>
...
<%
    if (age < 18) {
        ...
    }
```

속성에 저장되는 값의 개수나 변수명의 개수가 증가할수록 코드를 분석하고 관리하는 데 더 많은 시간이 소요된다. 또한, 연관된 속성 중 일부를 실수로 잘못 처리할 수도 있다. 예를 들어, 이메일 주소 정보가 더는 필요하지 않아서 세션에 저장하지 않는데, 이메일 주소 정보를 세션에서 읽어오는 코드를 실수로 남겨둘 수도 있다. 이 경우 NullPointerException이 발생할 수 있고 개발자는 익셉션 발생 원인을 찾느라 불필요한 시간을 허비하게 된다.

```
<%-- 세션을 설정하는 부분 -->
<%
    session.setAttribute("memberId", memberId);
    // session.setAttribute("email", email); 코드 제거
%>
<%-- 세션을 읽어오는 부분에서 삭제해야 할 코드를 놓침 --%>
<%
    String memberId = (String)session.getAttribute("memberId");
    String email = (String)session.getAttribute("email");
%>
...
<%= email.toLowerCase() %> // NullPointerException 발생
```

세션에 여러 속성을 사용해서 연관 정보들을 저장할 때 발생할 수 있는 문제점을 줄일 수 있는 방법은 클래스를 사용하는 것이다. 예를 들어, 회원과 관련된 정보를 다음과 같은 클래스에 묶어서 저장한다고 해보자.

```
public class MemberInfo {
    private String id;
    private String name;
    private String email;
    private boolean male;
    private int age;

    // get 메서드
}
```

연관된 정보를 클래스로 묶어서 저장하면 각 정보를 개별 속성으로 저장하지 않고 다음과 같이 한 개의 속성을 이용해서 저장할 수 있게 된다.

```
<%
    MemberInfo memberInfo = new MemberInfo(id, name);
    session.setAttribute("memberInfo", memberInfo);
%>
```

연관된 정보를 한 객체에 담아 저장하기 때문에, 세션에 저장한 객체를 사용할 때에도 다음과 같이 객체를 가져온 뒤 객체로부터 필요한 값을 읽어올 수 있다.

```
<%
    MemberInfo member = (MemberInfo)session.getAttribute("memberInfo");
%>
...
<%= member.getEmail().toLowerCase() %>
```

만약 이메일 주소를 저장할 필요가 없어서 getEmail() 메서드를 MemberInfo 클래스에서 삭제했다고 하자. 이 경우 위 코드를 실행하면 NullPointerException이 발생하기보다는 MemberInfo 클래스에는 getEmail() 메서드가 존재하지 않는다는 컴파일 에러가 발생한다. 익셉션을 추적하는 것보다 컴파일 에러를 처리하는 게 상대적으로 쉽기 때문에 개발자가 문제를 해결하기 쉬워진다.

04 서블릿 컨텍스트와 세션

이 장의 예제를 실행하기 위해 톰캣 webapps 폴더에 chap10 폴더를 만들었을 것이다. 추가로 chap10_2 폴더를 만들자. 그리고 9장에서 작성한 viewCookies.jsp 코드를 chap10 폴더와 chap10_2 폴더에 복사한다. 이제 다음의 두 URL을 사용해서 viewCookies.jsp를 실행할 수 있다.

- http://localhost:8080/chap10/viewCookies.jsp
- http://localhost:8080/chap10_2/viewCookies.jsp

웹 브라우저를 모두 종료하고 다시 실행한 뒤에 각 URL을 두 번씩 실행해보자. 처음 실행할 때는 세션이 없으므로 세션을 생성하고, 세션 ID를 값으로 갖는 JSESSIONID 쿠키를 응답으로 전송한다. 같은 URL을 두 번째 실행하면 JSESSIONID 쿠키를 서버에 전송하므로 viewCookies.jsp의 실행 결과로 JSESSIONID 쿠키 값이 출력되는 것을 확인할 수 있다. 한 브라우저에서 두 URL을 번갈아가면서 차례대로 실행해보면 /chap10과 /chap10_2 경로에 대해 [그림 10.8]과 같이 서로 다른 JSESSIONID 값을 출력하는 것을 확인할 수 있다.

[그림 10.8] 컨텍스트 경로마다 세션이 다르다.

같은 서버에서 /chap10 경로와 /chap10_2 경로가 서로 다른 JSESSIONID 값을 사용하는 이유는 두 경로가 서로 다른 웹 어플리케이션이기 때문이다. 세션 ID를 보관할 때 사용할 JSESSIONID 쿠키의 경로로 웹 어플리케이션의 컨텍스트 경로를 사용한다. 즉, 웹 어플리케이션의 컨텍스트 경로가 /chap10이면, 세션을 위한 JSESSIONID 쿠키의 경로도 /chap10이 된다. 경로가 /chap10인 쿠키는 URL이 /chap10 경로로 시작하는 경우에만 전송되므로, /chap10 웹 어플리케이션에서 생성한 JSESSIONID 쿠키는 /chap10 웹 어플리케이션에서만 사용한다. 비슷하게 /chap10_2 웹 어플리케이션에서 생성한 JSESSIONID 쿠키는 /chap10_2 웹 어플리케이션에서만 사용한다.

서로 다른 두 웹 어플리케이션이 다른 세션 ID를 사용하고 다른 JSESSIONID 쿠키를 사용한다는 것은, 다시 말하면 서로 다른 웹 어플리케이션이 세션을 공유하지 않음을 의미한다. 즉, 같은 웹 브라우저라 하더라도 /chap10 어플리케이션에서 사용하는 session 기본 객체와 /chap10_2 어플리케이션에서 사용하는 session 기본 객체가 다르다.

CHAPTER 11

표현 언어(Expression Language)

이 장에서 다룰 내용

- 표현 언어의 데이터 타입
- 표현 언어의 기본 객체
- 연산자
- 컬렉션
- 표현 언어에서 메서드 호출하기
- 표현 언어의 람다식과 스트림 API

표현 언어(Expression Language)는 다른 형태의 스크립트 언어로서 스크립트 요소 중의 하나이다. 표현 언어는 표현식보다 간결하고 편리하기 때문에 많이 사용된다. 이 장에서는 표현 언어가 무엇이고 어떻게 사용하는지 살펴보도록 하자.

01 표현 언어란?

표현 언어(Expression Language)는 JSTL(JSP Standard Tag Library) 1.0 규약에 소개된 내용으로서 JSP 2.0 버전부터 표현 언어가 JSP에 포함되었고, JSP 2.1 버전부터 표현 언어와 관련된 규약을 별도 문서로 제공하고 있다. JSP 2.3과 쌍을 이루는 표현 언어 버전은 3.0으로, 이 책에서는 표현 언어 3.0 규약을 기준으로 설명할 것이다.

표현 언어는 값을 표현하는 데 사용하는 스크립트 언어로, JSP의 스크립트 요소를 보완하는 역할을 한다. 표현 언어는 다음과 같은 기능을 제공하고 있다.

- JSP의 네 가지 기본 객체가 제공하는 영역의 속성 사용
- 수치 연산, 관계 연산, 논리 연산자 제공
- 자바 클래스 메서드 호출 기능 제공
- 쿠키, 기본 객체의 속성 등 JSP를 위한 표현 언어의 기본 객체 제공
- 람다식을 이용한 함수 정의와 실행 (EL 3.0)

- 스트림 API를 통한 컬렉션 처리 (EL 3.0)
- 정적 메서드 실행 (EL 3.0)

표현 언어를 사용하면 JSP 표현식을 사용하는 것보다 간결한 코드를 사용해서 값을 출력할 수 있다. 예를 들어, 다음 코드는 표현식과 표현 언어를 사용한 코드의 차이를 보여주고 있다.

```
<%-- 표현식 --%>
<%= member.getAddress().getZipcode() %>

<%-- 표현 언어 --%>
${member.address.zipcode}
```

이 코드에서 보듯 표현 언어를 사용한 코드가 더 간결하고 이해가 쉽다. 이런 이유로 실제 프로젝트에서는 표현식보다 표현 언어를 사용한다.

이후로 표현 언어를 짧게 EL로 표시하겠다.

1.1 EL의 구성

EL은 다음과 같이 $와 괄호('{' 와 '}') 그리고 표현식을 사용하여 값을 표현한다.

```
${expr}
```

expr 부분에는 표현 언어가 정의한 문법에 따라 값을 표현하는 식이 온다. EL은 액션 태그나 12장에서 배울 JSTL의 속성값으로 사용할 수 있다. 예를 들어, 다음과 같은 형태로 사용할 수 있다.

```
<jsp:include page="/module/${skin.id}/header.jsp" flush="true" />
```

액션 태그나 커스텀 태그뿐만 아니라 비스크립트 요소 부분에서도 값을 출력하기 위해 사용할 수 있다.

```
<b>${sessionScope.member.id}</b>님 환영합니다.
```

EL은 JSP의 스크립트 요소(스크립트릿, 표현식, 선언부)를 제외한 나머지 부분에서 사용될 수 있으며, EL을 통해서 표현식보다 편리하게 값을 출력할 수 있다.

JSP 2.1 버전부터는 ${expr} 형식뿐만 아니라 #{expr} 구문을 새롭게 지원하고 있다. #{expr} 형식은 JSF(JavaServer Faces)에서 사용한 EL 구문으로 JSP 2.1 버전에 추가되었다. #{expr}과 ${expr}의 가장 큰 차이점은 실제로 EL의 값을 언제 생성하느냐에 있다.

${expr} 형식의 EL은 ${expr} 구문을 분석할 때 곧바로 값을 계산한다. 예를 들어, 아래 코드를 보자.

```
<%
    Member m = new Member();
    m.setName("이름1");
%>
<c:set var="m" value="<%= m %>" />
<c:set var="name" value="${m.name}" /><%-- 이 시점에 바로 값 계산 --%>
<% m.setName("이름2"); %>
${name} <%-- name의 값은 "이름1" --%>
```

아직 배우진 않았지만 <c:set> JSTL 태그는 EL 변수를 생성해주는 기능을 제공한다. 위 코드에서 EL 변수 name의 값으로 ${m.name}을 지정했는데, m.name을 계산한 결과인 (즉, m.getName()의 결과인) "이름1"을 name의 값으로 할당한다. 따라서, 그 뒤에 m.setName()으로 값을 변경하더라도 name 변수의 값은 변경되지 않는다.

반면에 #{expr} 형식은 실제로 값이 사용될 때 값을 계산한다. 다음 코드는 사용 예를 보여주고 있다.

```
<%
    Member m = new Member();
    m.setName("이름1");
%>
<c:set var="m" value="<%= m %>" />
<c:set var="name" value="#{m.name}" /><%-- 이 시점에는 값 생성하지 않음 --%>
<% m.setName("이름2"); %>
${name} <%-- 사용될 때 값 계산, "이름2" 출력 --%>
<% m.setName("이름3"); %>
${name} <%-- 사용될 때 값 계산, "이름3" 출력 --%>
```

앞서 코드와 차이가 있다면 ${m.name} 대신에 #{m.name}을 사용한 것인데, #{m.name}은 실제로 값을 계산하지 않고 name 변수의 값을 m.name으로부터 가져온다고만 설정한다. 그리고 실제로 값을 사용할 때 값을 계산해서 출력한다. 위 코드에서는 name을 출력하기 전에 m.setName()을 이용해서 값을 변경해주었는데 앞서 ${expr}을 사용한 경우와 달리 값이 필요할 때 계산하기 때문에 ${name} 코드는 변경된 값을 출력하게 된다.

이렇게 #{expr} 형식의 EL은 실제로 값이 필요할 때 계산을 수행하기 때문에 Deferred Expression이라고 부른다. #{expr}은 곧바로 값이 생성되는 것이 아니기 때문에 JSP의 템플릿 텍스트에서는 사용할 수 없다. 예를 들어, 아래와 같이 #{expr}을 일반 텍스트에서 사용하면 에러가 발생한다.

```
<%-- JSP의 템플릿 텍스트에서 #{expr}을 사용하면 에러 발생 --%>
#{sessionScope.name.id}님 환영합니다.
```

JSP에서 #{expr}은 Deferred Expression을 허용하는 태그의 속성에만 위치할 수 있다. 예를 들어, 앞서 JSTL의 〈c:out〉 태그의 value 속성은 Deferred Expression을 허용하므로 〈c:out〉 태그의 value 속성에는 #{expr} 형식의 EL을 값으로 설정할 수 있다.

JSP에서 Deferred Expression을 사용하는 경우가 드물기 때문에 이 장에서는 ${expr} 형식을 중심으로 EL의 사용법을 살펴볼 것이다.

02 EL 기초

EL은 일종의 스크립트 언어로 자료 타입, 수치 연산자, 논리 연산자, 비교 연산자 등을 제공한다. EL의 언어적인 측면과 규칙들을 숙지하지 않으면 나중에 EL을 사용할 때 버그나 논리적인 오류들을 쉽게 찾을 수 없으므로, 이 절의 EL 기초를 충분히 익히도록 하자.

2.1 EL의 데이터 타입과 리터럴

EL은 불리언(Boolean) 타입, 정수 타입, 실수 타입, 문자열 타입 그리고 널 타입의 5가지 타입을 제공하고 있다. 각 타입의 표현 방식은 다음과 같다.

- **불리언(Boolean) 타입** : true와 false가 있다.
- **정수 타입** : 0~9로 이루어진 값을 정수로 사용한다. 음수의 경우 '-'가 붙는다. EL에서 정수 타입은 java.lang.Long 타입이다.
- **실수 타입** : 0~9로 이루어져 있으며, 소수점('.')을 사용할 수 있고, 3.24e3과 같이 지수형으로 표현 가능하다. EL에서 실수 타입은 java.lang.Double 타입이다.
- **문자열 타입** : 따옴표('또는")로 둘러싼 문자열. 만약 작은따옴표(')를 사용해서 표현하는 경우 값에 포함된 작은따옴표는 \'와 같이 \ 기호와 함께 사용해야 한다. \ 기호 자체는 \\

로 표시한다. 문자열은 java.lang.String 타입이다.
- **널 타입** : null

예를 들어, 다음 코드에서 첫 번째 EL과 두 번째 EL은 각각 정수 타입 값과 실수 타입 값을 출력한다.

```
${10}은 정수, ${10.1}은 실수
```

정수 타입, 실수 타입, 문자열 타입 사이에서의 타입 변환은 정해진 규칙에 따라서 자동으로 이루어지는데 이에 대한 내용은 뒤에서 자세하게 살펴보도록 하겠다.

2.2 EL의 기본 객체

JSP는 웹 어플리케이션을 구현하는 데 필요한 요청, 응답, 세션 등에 쉽게 접근할 수 있도록 request, response, session 등의 기본 객체를 제공하고 있다. JSP는 EL에서 사용할 수 있는 기본 객체도 제공하고 있다. 이 객체를 이용해서 요청 파라미터나 세션 속성값 등을 표현 언어에서 사용할 수 있다. JSP에서 EL이 사용할 수 있는 기본 객체는 [표 11.1]과 같다.

표 11.1 EL에서 사용할 수 있는 기본 객체

기본 객체	설명
pageContext	JSP의 pageContext 기본 객체와 동일하다.
pageScope	pageContext 기본 객체에 저장된 속성의 〈속성, 값〉 매핑을 저장한 Map 객체이다.
requestScope	request 기본 객체에 저장된 속성의 〈속성, 값〉 매핑을 저장한 Map 객체이다.
sessionScope	session 기본 객체에 저장된 속성의 〈속성, 값〉 매핑을 저장한 Map 객체이다.
applicationScope	application 기본 객체에 저장된 속성의 〈속성, 값〉 매핑을 저장한 Map 객체이다.
param	요청 파라미터의 〈파라미터 이름, 값〉 매핑을 저장한 Map 객체이다. 파라미터 값 타입은 String이며, request.getParameter(이름)의 결과와 동일하다.
paramValues	요청 파라미터의 〈파라미터 이름, 값 배열〉 매핑을 저장한 Map 객체이다. 값 타입은 String[]로서, request.getParameterValues(이름)의 결과와 동일하다.
header	요청 정보의 〈헤더 이름, 값〉 매핑을 저장한 Map 객체이다. request.getHeader(이름)의 결과와 동일하다.
headerValues	요청 정보의 〈헤더 이름, 값 배열〉 매핑을 저장한 Map 객체이다. request.getHeaders(이름)의 결과와 동일하다.
cookie	〈쿠키 이름, Cookie〉 매핑을 저장한 Map 객체이다. request.getCookies()로 구한 Cookie 배열로부터 매핑을 생성한다.
initParam	초기화 파라미터의 〈이름, 값〉 매핑을 저장한 Map 객체이다. application.getInitParameter(이름)의 결과와 동일하다.

이들 객체를 사용하는 예제 코드를 작성해보자. [리스 11.1]은 간단하게 EL의 기본 객체를 사용해서 몇 가지 정보를 보여주는 예이다.

[리스트 11.1] chap11\useELObject.jsp

```
01: <%@ page contentType = "text/html; charset=utf-8" %>
02: <%
03:     request.setAttribute("name", "최범균");
04: %>
05: <html>
06: <head><title>EL Object</title></head>
07: <body>
08:
09: 요청 URI: ${pageContext.request.requestURI}<br>
10: request의 name 속성: ${requestScope.name}<br>
11: code 파라미터: ${param.code}
12:
13: </body>
14: </html>
```

09행	pageContext.getRequest().getRequestURI()의 값을 출력한다.
10행	request 영역에 저장된 name 속성의 값을 출력한다.
11행	이름이 "code"인 요청 파라미터의 값을 출력한다. code 요청 파라미터가 존재하지 않으면 아무것도 출력하지 않는다.

useELObject.jsp를 실행하면 [그림 11.1]과 같은 결과가 출력된다. 결과를 보면 code 파라미터 값이 존재하지 않지만, null을 출력하지 않았다. 이는 EL의 특징으로 EL은 값이 존재하지 않는 경우 아무것도 출력하지 않는다.

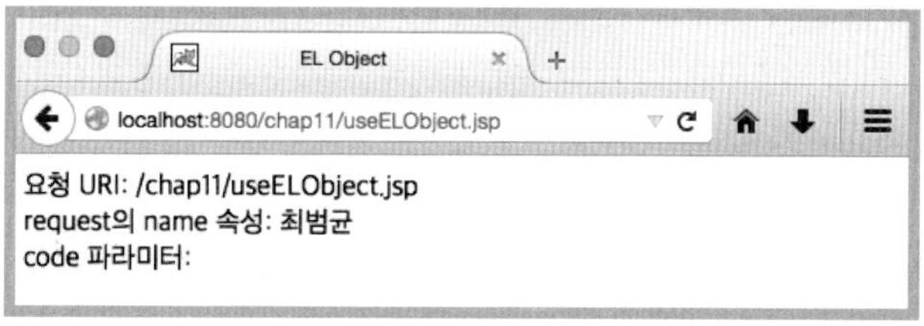

[그림 11.1] useELObject.jsp의 실행 결과

code 파라미터의 값을 지정하면 [그림 11.2]와 같이 파라미터 값을 출력한다.

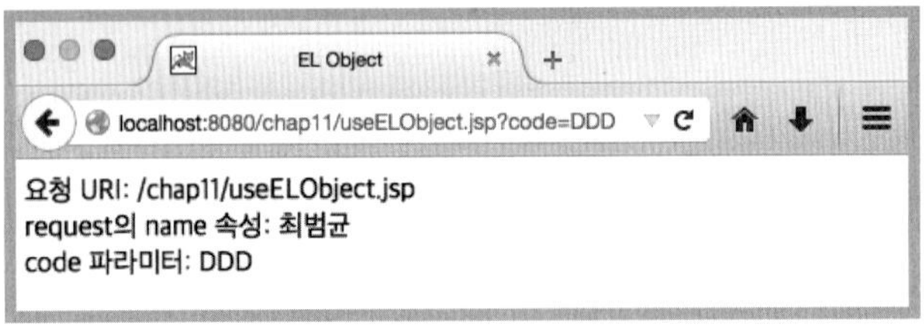

[그림 11.2] code 파라미터를 전달한 경우의 useELObject.jsp의 실행 결과

[리스트 11.1]에서 보여준 방법대로 다른 기본 객체들도 사용할 수 있다. 예를 들어, 이름이 "ID"인 쿠키의 값을 출력하고 싶다면 다음과 같은 표현 언어를 사용하면 된다.

```
${cookie.ID.value}
```

여기서 표현 언어의 cookie 기본 객체는 〈쿠키 이름, Cookie 객체〉 맵이기 때문에 cookie.ID는 이름이 ID인 Cookie 객체를 리턴한다. 따라서 cookie.ID.value가 출력하는 값은 이름이 ID인 Cookie 객체의 getValue() 메서드가 리턴한 값이 된다. 이름이 "ID"인 쿠키가 존재하지 않으면 아무 값도 출력하지 않는다.

2.3 객체 접근

앞에서 EL의 cookie 기본 객체를 설명할 때 다음 코드를 사용했다.

```
${cookie.ID.value}
```

EL에서 cookie 기본 객체는 〈쿠키 이름, Cookie 객체〉의 매핑 정보를 담고 있는 Map 객체인데, 어떻게 cookie.ID를 처리할 수 있을까? 또, cookie.ID 결과 타입은 Cookie 객체인데 어떻게 cookie.ID.value를 처리할까?

EL 언어는 객체에 저장된 값에 접근할 때 점(.)이나 대괄호([])를 사용한다. 이 두 연산자는 동일한 연산자로서 cookie.name과 cookie['name']은 같은 결과를 리턴한다.

```
〈표현1〉.〈표현2〉 또는 〈표현1〉[〈표현2〉]
```

〈표현1〉.〈표현2〉 표현식은 다소 복잡한 과정을 거쳐 값으로 변환되는데, 이 과정을 간략하게 정리하면 다음과 같다.

1. 〈표현1〉을 〈값1〉로 변환한다.
2. 〈값1〉이 null이면 null을 리턴한다.

3. 〈값1〉이 null이 아닌 경우 〈표현2〉를 〈값2〉로 변환한다.
   A. 〈값2〉가 null이면 null을 리턴한다.
4. 〈값1〉이 Map, List, 배열인 경우
   A. 〈값1〉이 Map이면
      i. 〈값1〉.containsKey(〈값2〉)가 false이면 null을 리턴한다.
      ii. 그렇지 않으면 〈값1〉.get(〈값2〉)를 리턴한다.
   B. 〈값1〉이 List나 배열이면
      i. 〈값2〉가 정수값인지 검사한다. (정수값이 아닌 경우 에러 발생)
      ii. 〈값1〉.get(〈값2〉) 또는 Array.get(〈값1〉, 〈값2〉)를 리턴한다.
      iii. 위 코드가 익셉션을 발생하면 에러를 발생한다.
5. 〈값1〉이 다른 객체이면
   A. 〈값2〉를 문자열로 변환한다.
   B. 〈값1〉 객체가 〈값2〉를 이름으로 갖는 읽기 가능한 프로퍼티를 포함하고 있다면 프로퍼티의 값을 리턴한다.
   C. 그렇지 않을 경우 에러를 발생한다.

위의 과정에 맞춰서 ${cookie.ID.value} EL 표현식을 분석해보자.

1. cookie는 EL이 제공하는 기본 객체로 타입은 Map이다. (과정 중 4-A)
2. cookie.ID의 값을 구할 때에는 cookie.containsKey("ID")의 존재 여부를 확인한 후, 존재할 경우 cookie.get("ID")를리턴한다. (과정 4-A-ii)
3. cookie.get("ID")가 리턴하는 객체는 Cookie 객체이므로 cookie.ID.value는 위의 과정에서 5에 해당한다. value를 문자열로 변환한 후, cookie.ID 객체에 읽기 가능한 value 프로퍼티가 있는지 조사한다. (5-B 과정)
4. cookie.ID는 Cookie 클래스의 객체이고 Cookie 클래스는 getValue() 메서드를 제공하므로 읽기 가능한 value 프로퍼티가 존재한다. 따라서 결과적으로 cookie.ID.value는 이름이 ID인 쿠키의 값을 리턴한다.

2.4 객체 탐색

앞서 EL에서 PAGE, REQUEST, SESSION, APPLICATION 영역에 저장된 속성에 접근할 때에는 pageScope, requestScope, sessionScope, applicationScope 기본 객체를 사용한다고 했다. 예를 들어, 다음의 코드는 PAGE 영역에 저장되어 있는 NAME이라는 속성값을 참고한다.

```
${pageScope.NAME}
```

영역을 나타내는 EL 기본 객체를 사용하지 않고 이름만 지정하는 경우 EL은 네 개의 영역을 차례대로 검색해서 속성이 존재하는지 확인한다. 예를 들어, 다음의 코드를 보자.

```
${name}
```

이 EL 요소는 PAGE, REQUEST, SESSION 그리고 APPLICATION 영역을 차례대로 검사해서 이름이 name인 속성이 존재하는지 확인하고 존재하는 경우 그 속성의 값을 사용한다.

2.5 수치 연산자

수치 연산자는 다음과 같이 6개가 있다.

- + 연산자 : 덧셈
- - 연산자 : 빼셈
- * 연산자 : 곱셈
- / 또는 div : 나눗셈
- % 또는 mod : 나머지
- - 단항 연산자 : 단항 빼셈

각 연산자의 의미는 자바 연산자와 완전히 동일하며 나눗셈과 나머지를 구하는 연산자의 경우 div와 mod를 각각 추가로 사용할 수 있다.

수치 연산자는 정수 타입과 실수 타입에 대해서만 동작한다. 숫자 타입과 객체를 수치 연산자와 함께 사용하는 경우 해당 객체를 숫자로 변환한 후에 연산을 수행한다. 예를 들어, 다음 코드를 보자.

```
${"10" + 1}
```

자바에 익숙한 개발자는 "10" + 1은 문자열 "101"이 될 것으로 예상할 것이다. 하지만, 이 코드의 결과는 숫자 11이다. EL에서 + 연산자는 수치 연산자이므로 "10"을 숫자로 먼저 변환하고 그다음에 연산을 수행한다. 따라서, 위 코드 결과는 문자열 "101"이 아니라 숫자 11이 된다.

만약 다음과 같이 숫자로 변환할 수 없는 객체와 수치 연산자를 함께 사용하면 에러가 발생한다.

```
${"일" + 10}
```

얼핏 생각하기에 위 코드는 "일10" 이라는 문자열을 생성할 것 같지만 EL에서는 "일"을 숫자로 변환할 수 없기 때문에 에러를 발생시킨다.

문자열을 숫자로 변환하는 것처럼 수치 연산자는 몇 가지 규칙을 사용해서 타입을 변환한다. 먼저 +, −, * 연산자는 두 피연산자 A, B에 대해 다음 규칙을 순서대로 적용해서 값을 변환한다. 즉, ${A + B}, ${A * B}, ${A − B}의 경우 다음 규칙에 따라 값을 변환해서 연산한다.

1. A와 B가 null이면, Long 타입 0을 리턴한다.
2. A나 B가 BigDecimal이면 다른 하나를 BigDecimal로 변환한 뒤에 연산을 수행한다. (BigDecimal에 정의된 add(), subtract(), multiply() 사용)
3. A나 B가 Float, Double 또는 실수값을 표현하는 문자열(.이 있거나 e나 E 문자를 포함하는 수 표현)인 경우
   a. 다른 하나가 BigInteger면 모두 BigDecimal로 변환한 뒤 연산을 수행한다.
   b. 다른 하나가 BigInteger가 아니라면, 모두 Double로 변환한 뒤 연산을 수행한다.
4. A나 B가 BigInteger면 둘 다 BigInteger로 변환한 뒤 연산을 수행한다.
5. 1부터 4까지 모두 아니면 A와 B를 Long으로 변환한 뒤 연산을 수행한다.
6. 변환이나 연산에 실패하면 익셉션을 발생한다.

이 규칙에 따라 ${"10" + 1}은 위의 규칙 1~4에는 모두 해당하지 않고 5번에 해당하므로 "10"을 Long으로 변환한 뒤에 10 + 1 연산을 수행한다.

1번 규칙에 따라 수치 연산자에서 사용되는 피연산자가 null이면 0으로 처리된다. 예를 들어, 다음 코드의 결과는 1이다.

```
${null + 1}
```

NOTE

BigDecimal이나 BigInteger는 보다 정확한 수치 연산을 위해 제공하는 클래스로서 java.math 패키지에 포함되어 있다. 예를 들어, 자바에서 1.0 − 0.9의 계산 결과는 0.1이 아니라 0.1에 가까운 0.09999999999999998이다. 이런 일이 벌어지는 이유는 float 타입을 메모리에 보관할 때 사용하는 부동 소수점 방식 때문이다. BigDecimal을 사용하면 값 손실 문제없이 실수 연산을 처리할 수 있다.

${A / B} 나누기 연산의 경우 다음 규칙에 따라 값을 변환해서 연산한다.

1. A와 B가 null이면, Long 타입 0을 리턴한다.
2. A와 B가 BigDecimal이나 BigInteger면,
   a. 둘 다 BigDecimal로 변환한 뒤에 A.divide(B, BigDecimal.ROUND_HALF_UP)으로 연산한다.
3. 둘 다 Double로 변환한 뒤에 연산한다.
4. 변환이나 연산에 실패하면 익셉션을 발생한다.

위 변환 규칙을 보면 나누기 연산은 실수 타입(BigDecimal이나 Double)을 결과로 갖는다. 예를 들어, 자바에서 3 / 2는 정수 타입 간의 나누기 연산이므로 결과가 1이 되지만, ${3 / 2}는 3과 2를 Double로 변환한 뒤에 연산을 수행하므로 연산 결과는 1.5가 된다.

나머지 연산의 규칙은 다음과 같다.

1. A와 B가 null이면 Long 타입 0을 리턴한다.
2. A나 B가 Float, Double 또는 실수값을 표현하는 문자열(.이 있거나 e나 E 문자를 포함하는 수 표현)인 경우 둘 다 Double로 변환해서 연산한다.
3. A나 B가 BigInteger면 둘 다 BigInteger로 변환한 뒤에 A.remainder(B)로 결과를 구한다.
4. 1부터 3 모두 아니면 A와 B를 Long으로 변환해서 연산한다.
5. 변환이나 연산에 실패하면 익셉션을 발생한다.

단항 빼셈 연산자는 ${ -someValue }와 같이 사용하고, 음수를 양수로, 양수를 음수로 변환한다. 단항 빼셈 연산인 ${-A}의 연산 규칙은 다음과 같다.

1. A가 null이면 Long 타입 0을 리턴한다.
2. A가 BigDecimal이나 BigInteger면 A.negate()를 리턴한다.
3. A가 문자열이고 "."이나 "e", "E"를 포함하면 Double로 변환 후 연산을 수행한다.
4. A가 문자열이면 Long으로 변환 후 연산을 수행한다.
5. A가 Byte, Short, Integer, Long, Float, Double 타입이면 타입을 그대로 유지하고 연산을 수행한다.
6. 모두 아니면 에러를 발생한다.

수치 연산의 특징은 값이 null이면 정수 타입 0을 값으로 사용한다는 점이다. 또, 정수 타입보다 실수 타입이 우선한다. 예를 들어, 피연산자 중에 Float, Double, BigDecimal이 있으면 나머지 실수 타입인 Double이나 BigDecimal로 변환한 뒤에 연산을 수행한다. 비슷하게 실수 타입 값이 없으면 Long 타입이나 BigInteger로 변환해서 연산을 수행한다.

2.6 비교 연산자

EL이 제공하는 비교 연산자에는 다음과 같이 6가지가 있다.

- == 또는 eq
- != 또는 ne
- 〈 또는 lt
- 〉 또는 gt
- 〈= 또는 le
- 〉= 또는 ge

숫자의 경우 자바 연산자와 동일한 방법으로 사용되므로 별다른 설명은 덧붙이지 않겠다.

문자열을 비교할 경우 String.compareTo() 메서드를 사용한다. 예를 들어 다음 코드를 보자.

```
${someValue == '2004'}
```

이 코드는 (someValue.compareTo("2004") == 0)과 같은 의미를 지닌다. 문자열뿐만 아니라 객체도 compareTo() 메서드를 사용하여 객체가 같은 값을 갖는지를 비교한다.

2.7 논리 연산자

EL은 다음의 세 가지 논리 연산자를 제공한다.

- && 또는 and
- || 또는 or
- ! 또는 not

이들 세 연산자는 자바 언어의 같은 연산자와 완전히 동일하다.

2.8 empty 연산자

empty 연산자는 검사할 객체가 텅 빈 객체인지를 검사하기 위해 사용한다. empty 연산자는 다음과 같이 사용한다.

```
empty 〈값〉
```

여기서 〈값〉에 따라서 리턴되는 값은 다음과 같이 결정된다.

1. 〈값〉이 null이면 true를 리턴한다.
2. 〈값〉이 빈 문자열("")이면 true를 리턴한다.
3. 〈값〉이 길이가 0인 배열이면 true를 리턴한다.
4. 〈값〉이 빈 Map이면 true를 리턴한다.
5. 〈값〉이 빈 Collection이면 true를 리턴한다.
6. 이외의 경우에는 false를 리턴한다.

2.9 비교 선택 연산자

비교 선택 연산자는 다음과 같다.

```
<수식> ? <값1> : <값2>
```

<수식>의 결과값이 true이면 <값1>을 리턴하고, false이면 <값2>를 리턴한다.

2.10 문자열 연결

자바에서 "문자" + "열"의 연산 결과는 String 타입의 "문자열"이지만, EL에서 "문자"+ "열"의 결과는 에러다. 앞서 수치 연산자에서 설명했듯이 + 연산자는 피연산자를 숫자로 변환한 뒤에 연산을 수행하는데, "문자"나 "열"은 숫자로 변환할 수 없기 때문에 에러가 발생하는 것이다.

EL 2.2 버전까지는 문자열 연결을 지원하지 않았는데, EL 3.0 버전에 문자열 연결을 위한 += 연산자가 추가됐다. 이 연산자를 사용하면 다음과 같이 EL에서 문자열을 연결할 수 있다.

```
<% request.setAttribute("title", "JSP 프로그래밍"); %>
${ "문자" += "열" += "연결"} → "문자열연결"
${ "제목 : " += title } → "제목 : JSP 프로그래밍"
```

NOTE

EL 3.0 버전을 지원하는 JSP 버전은 2.3이다. JSP 2.2 버전의 경우 EL 2.2 버전을 지원하므로, JSP 2.2 버전까지 지원하는 톰캣 7 버전을 사용하면 문자열 연결 연산자를 사용할 수 없다.

2.11 컬렉션

EL 2.2 버전은 컬렉션을 위한 표현 방식을 지원하지 않았다. 그래서 List 객체를 생성해서 EL에서 사용하려면 다음과 같이 스크립트릿을 이용해서 List 객체를 생성해야 했다. 다음 코드에서 myfunc:sum()은 EL에서 함수를 호출할 때 사용하는 코드로 이에 대한 내용은 뒤에서 설명한다. 일단 지금은 컬렉션 자체에 집중하자.

```
<%
    List<Long> values = Arrays.asList(1L, 2L, 5L, 10L);
    request.setAttribute("vals", values);
%>
${myfunc:sum(vals)}
```

다음 장에서 살펴볼 JSTL을 사용해도 List 객체를 생성하려면 스크립트릿을 사용해야 했다. 아래 코드에서 <c:set> 태그가 JSTL에서 제공하는 태그인데, 이 태그는 EL에서 사용할 수 있는 변수를 생성해주는 기능을 제공한다.

```
<%
    List<Long> values = Arrays.asList(1L, 2L, 5L, 10L); // List 생성 위한 자바 코드
%>
<%-- vals 변수에 values 값을 할당 --%>
<c:set var="vals" value="<%= values %>" />
${myfunc:sum(vals)}
```

NOTE

위 코드에서 <c:set> 태그를 사용하려면 JSTL 라이브러리를 WEB-INF/lib 폴더에 복사해주어야 한다. JSTL 라이브러리가 없는 상태에서 위 코드를 실행하면 에러가 발생한다. JSTL 라이브러리의 사용방법은 다음 장에서 설명한다.

EL 3.0 버전부터 EL 식에서 직접 List, Map, Set 타입의 객체를 생성할 수 있게 되었다. 예를 들어, 위 코드를 다음과 같이 구현할 수 있다.

```
<c:set var="vals" values="${ [1, 2, 5, 10] }" />
${myfunc:sum(vals)}
```

EL 변수 vals가 필요 없다면 다음과 같이 더 간단하게 표현할 수도 있다.

```
${myfunc:sum( [1, 2, 5, 10] )}
```

EL에서 List 타입 객체를 생성할 때는 다음 구문을 사용한다.

```
[원소1, 원소2, 원소3]
```

대괄호 사이에 List의 각 원소를 콤마로 구분해서 입력하면 된다. List의 각 항목에 접근할 때는 다음과 같이 변수명[인덱스] 형식을 사용한다.

```
<c:set var="vals" values="${ [1, 2, 5, 10] }" />
${vals[2]} → 5
```

Map 타입의 컬렉션 객체를 생성할 때에는 다음 구문을 사용한다.

```
{'name' : '홍길동', 'age' : 20}
```

중괄호 사이에 (키, 값) 쌍을 콤마로 구분해서 지정하고, 키와 값은 콜론(:)으로 구분한다. 위와 같이 생성한 Map 객체는 EL에서 다음과 같이 사용할 수 있다.

```
<c:set var="mem" value="${  {'name' : '홍길동', 'age' : 20} }" />
${mem.name}, ${mem.age}
```

Set 타입의 EL 객체를 생성할 때는 {원소1, 원소2, 원소3} 구문을 사용한다. 다음은 사용 예이다.

```
<c:set var="hangul" value="${ {'가', '나', '다'} }" />
${hangul}
```

Map과 List를 혼합해서 생성할 수도 있다. 예를 들어, 다음과 같이 List와 Map을 섞어서 정의할 수 있다.

```
<c:set var="codes" value="${ [ {'code': '001', 'label': '1번'}, {'code': '001', 'label': '1번'} ] }" />
${codes[0].code} / ${codes[0].label}
```

2.12 세미콜론 연산자

세미콜론 연산자는 EL 3.0에 추가된 연산자로서, 세미콜론 연산자를 사용하면 다음과 같이 두 개의 식을 붙일 수 있다.

```
${ 1 + 1 ; 10 + 10 }
```

위 식의 결과는 20이다. ${ A ; B }의 EL을 사용하면 A 값은 출력되지 않고 B 값만 출력한다.

2.13 할당 연산자

앞서 EL 변수를 생성하기 위해 다음의 두 코드 중 하나를 사용했다.

```
<% request.setAttribute("var1", 10L); %>

또는

<c:set var="var1" value="${10}" />
```

EL 3.0 버전은 할당 연산자를 제공하는데, 이 연산자를 사용하면 다음과 같은 코드를 사용해서 EL 변수를 생성할 수 있다.

```
${ var1 = 10 }
```

할당 연산자를 사용할 때 주의할 점은 할당 연산자 자체도 출력 결과를 생성한다는 점이다. 즉, 위 코드를 실행하면 응답 결과로 10이 출력된다. 예를 들어, 다음 코드를 실행하면 응답 결과에 "10 10"이 출력된다.

```
${var1 = 10} ${var1} → 10 10
```

보통은 할당 연산자의 결과를 응답 결과에 포함시킬 이유가 없는데, 다음과 같이 세미콜론 연산자를 함께 사용하면 할당 연산자의 결과 대신 빈 문자열을 결과로 출력할 수 있다.

```
${hangul = ['가', '나', '다'] ; ''} → 응답 결과에 빈 문자열('') 출력.
${hangul[0]} → hangul 변수 값 사용
```

2.14 연산자 우선순위

EL 언어에서 사용되는 연산자들은 우선순위를 갖고 있다. 예를 들어, && 연산자보다는 + 연산자가 먼저 실행되고, || 연산자보다는 && 연산자가 먼저 실행된다. EL에서 연산자의 우선순위를 정리하면 다음과 같다.

- [] .
- ()
- \- (단항) not ! empty
- * / div % mod
- \+ -

- +=
- < ><= >= ltgt le ge
- == != eq ne
- && and
- || or
- ? :
- ->
- =
- ;

위쪽에 있는 것의 우선순위가 높고 같은 줄에 표시한 연산자의 우선순위는 동일하다. 우선순위가 같은 경우 실행 순서는 왼쪽에서 오른쪽으로 진행된다.

2.15 특수 문자 처리하기

EL은 ${expr}이나 #{expr}의 형식을 갖는데, 때론 JSP에서 이런 형식의 문자열을 출력해야 할 때가 있을 것이다. 이런 경우에는 다음과 같이 역슬래시(₩ 또는 \) 뒤에 ${ 이나 #{ 문자를 위치시키면 된다.

```
표현식 기본 문법: \${expr} 또는 \#{expr}
```

위 코드에서 \${expr}과 \#{expr}은 각각 문자열 "${expr}"과 "#{expr}"을 출력한다.

03 EL에서 객체의 메서드 호출

JSP2.2/EL 2.2 버전부터 객체의 메서드를 직접 호출할 수 있다. JSP 2.1의 경우 아래와 같이 EL에서 메서드를 호출하는 EL을 사용하면 에러가 발생했다.

```
${m.getName()} <%-- JSP 2.1 또는 그 이전버전에서는 컴파일 에러 --%>
```

EL 2.2 버전부터는 메서드를 호출할 수 있다. 즉, 위 코드는 더는 에러가 아니다. 테스트를 위해 [리스트 11.2]의 자바 클래스를 만들어보자.

[리스트 11.2] chap11\WEB-INF\src\chap11\Thermometer.java

```
01: package chap11;
02:
03: import java.util.HashMap;
04: import java.util.Map;
05:
06: public class Thermometer {
07:
08:     private Map<String, Double> locationCelsiusMap =
09:             new HashMap<String, Double>();
10:
11:     public void setCelsius(String location, Double value) {
12:         locationCelsiusMap.put(location, value);
13:     }
14:
15:     public Double getCelsius(String location) {
16:         return locationCelsiusMap.get(location);
17:     }
18:
19:     public Double getFahrenheit(String location) {
20:         Double celsius = getCelsius(location);
21:         if (celsius == null) {
22:             return null;
23:         }
24:         return celsius.doubleValue() * 1.8 + 32.0;
25:     }
26:
27:     public String getInfo() {
28:         return "온도계 변환기 1.1";
29:     }
30: }
```

08-09행	[위치, 온도] 정보를 보관할 Map 타입의 필드를 정의한다.
11-13행	[위치, 온도] 정보를 추가한다. 리턴 타입이 void이고 두 개의 파라미터를 갖는다.
15-17행	location 파라미터 값에 해당하는 위치의 섭씨온도 구한다. 리턴 타입이 Double이고 한 개의 파라미터를 갖는다.
19-25행	location 파라미터 값에 해당하는 위치의 화씨온도 구한다. 리턴 타입이 Double이고 한 개의 파라미터를 갖는다.
27-29행	정보를 제공하는 메서드로서, 리턴 타입이 String이고 파라미터를 갖지 않는 전형적인 get 메서드이다.

Thermometer.java의 컴파일 과정은 다음과 같다.

1. 명령 프롬프트를 실행한다.
2. 다음 명령어로 폴더를 이동한다.
   cd c:\apache-tomcat-8.0.21\webapps\chap11\WEB-INF
3. classes 폴더를 생성한다.
   mkdir classes
4. javac 명령어를 컴파일한다.
   javac -d classes src\chap11\Thermometer.java
5. classes\chap11 폴더에 Thermometer.class 파일이 생성되었는지 확인한다.

JSP 2.2 버전부터는 setCelsius(String location, Double value)나 Double getFahrenheit(String location)와 같이 리턴 타입이 void이거나 파라미터 개수가 한 개 이상 존재하는 메서드를 EL에서 호출할 수 있다.

실제로 EL이 메서드 호출을 지원하는지 확인해보기 위해 [리스트 11.3]과 같은 JSP 코드를 작성해 보았다.

[리스트 11.3] chap11\thermometer.jsp

```
01: <%@page import="chap11.Thermometer"%>
02: <%@ page contentType="text/html; charset=utf-8"%>
03: <%
04:     Thermometer thermometer = new Thermometer();
05:     request.setAttribute("t", thermometer);
06: %>
07: <html>
08: <head>
09:     <title>온도 변환 예제</title>
10: </head>
11: <body>
12:     ${t.setCelsius('서울', 27.3)}
13:     서울 온도: 섭씨 ${t.getCelsius('서울')}도 / 화씨 ${t.getFahrenheit('서울')}
14: 
15:     <br/>
16:     정보: ${t.info}
17: </body>
18: </html>
```

04-05행	Thermometer 객체를 생성하고, EL에서 사용할 수 있도록 request의 속성으로 추가한다.
12행	setCelsius() 메서드를 실행한다. 리턴 타입이 void이므로 아무값도 출력되지 않는다.
13행	getCelsius()와 getFahrenheit() 메서드를 실행한다. 두 메서드의 리턴 값이 출력된다.
16행	t.info는 getInfo() 메서드의 결과를 값으로 출력한다.

thermometer.jsp는 12행 코드처럼 EL에서 리턴 타입이 void인 메서드를 호출하고 13행 코드처럼 리턴 값과 파라미터를 갖는 메서드를 호출한다. thermometer.jsp를 웹 브라우저에 실행해 보면 [그림 11.3]과 같은 결과가 출력된다.

[그림 11.3] EL이 메서드를 호출한 결과

출력 결과를 보면 EL을 통해서 객체의 메서드를 호출한 것을 확인할 수 있다.

04 EL에서 정적 메서드 호출하기 1

JSP의 표현식은 자바의 클래스를 마음대로 사용할 수 있다. 예를 들어, 다음의 코드를 살펴보자.

```
<%
    SimpleDateFormat format = new SimpleDateFormat("yyyy-MM-dd");
    Date date = new Date();
%>
...
오늘은 <%= formatter.format(date) %> 입니다.
```

EL은 위 코드처럼 직접 자바 코드를 사용할 수 없기 때문에 값을 처리하는 방식에 한계가 생긴다. 이런 한계를 줄이기 위해 EL은 자바 클래스의 정적 메서드를 호출할 수 있는 두 가지 방법을 제공하고 있다. 이 중 첫 번째 방법은 JSP 2.0 버전부터 지원하는 기능으로 EL의 함수로 지정하는 방식이다.

4.1 예제에서 사용할 클래스 작성

실제로 EL에서 어떻게 클래스의 정적 메서드를 실행하는지 살펴보기 위해 EL에서 사용할 간단한 클래스를 작성해보자. [리스트 11.4]는 정수 숫자를 "1,100"과 같은 형식으로 변환해주는 기능을 제공하는 FormatUtil 클래스이다.

[리스트 11.4] chap15\WEB-INF\src\util\FormatUtil.java

```
package util;

import java.text.DecimalFormat;

public class FormatUtil {

    public static String number(long number, String pattern) {
        DecimalFormat format = new DecimalFormat(pattern);
        return format.format(number);
    }

}
```

07-10행	EL에서 호출할 메서드

EL에서 클래스의 메서드를 사용하기 위해서는 클래스의 메서드를 static으로 정의해야 하며, static이 아닌 메서드는 사용할 수 없다.

4.2 함수를 정의한 TLD 파일 작성

클래스 파일을 작성했다면 TLD 파일을 작성한다. TLD는 Tag Library Descriptor의 약자로서 이 파일은 태그 라이브러리에 대한 설정 정보를 담고 있다. 태그 라이브러리에 대해서는 "16장 커스텀 태그"에서 보다 자세하게 살펴볼 것이다. 이 장에서는 EL에서 클래스의 메서드를 호출하는 것과 관련된 부분에 대해서만 알아보자.

이 장에서 작성할 TLD 파일은 el-functions.tld로 [리스트 11.5]와 같다. TLD 파일은 WEB-INF\tlds 폴더나 WEB-INF\jsp 폴더와 같은 곳에 위치시킨다. 이 장에서는 WEB-INF\tlds 폴더에 TLD 파일을 위치시켰다.

[리스트 11.5] chap11\WEB-INF\tlds\el-functions.tld

```
<?xml version="1.0" encoding="utf-8" ?>

<taglib xmlns="http://java.sun.com/xml/ns/javaee"
    xmlns:xsi="http://www.w3.org/2001/XMLSchema-instance"
    xsi:schemaLocation="http://java.sun.com/xml/ns/javaee
        http://java.sun.com/xml/ns/javaee/web-jsptaglibrary_2_1.xsd"
    version="2.1">

    <description>EL에서 함수실행</description>
    <tlib-version>1.0</tlib-version>
    <short-name>ELfunctions</short-name>
```

```
12:
13:     <function>
14:         <description>숫자 포맷팅</description>
15:         <name>formatNumber</name>
16:         <function-class>util.FormatUtil</function-class>
17:         <function-signature>
18:             java.lang.String number(long, java.lang.String)
19:         </function-signature>
20:     </function>
21:
22: </taglib>
```

13-20행	<function> 태그를 이용해서 EL에서 사용할 함수를 정의한다. 한 개의 함수마다 한 개의 <function> 태그를 정의한다.
15행	<name> 태그는 EL에서 사용할 함수의 이름을 정의한다.
16행	<function-class> 태그는 함수 기능을 제공할 클래스의 완전한 이름을 지정한다.
17-19행	<function-signature> 태그는 함수 기능을 실행할 메서드를 지정한다. 리턴 타입과 파라미터 타입은 완전한 클래스 이름을 적는다. 파라미터의 경우 이름은 적지 않으며 타입 이름만 적는다.

4.3 web.xml 파일에 TLD 내용 추가하기

TLD 파일을 작성한 다음에는 web.xml 파일에 TLD 파일 설정을 추가해야 한다. 예를 들어, 앞서 제작한 TLD 파일에 대한 정보를 추가한 web.xml 파일은 [리스트 11.6]과 같다.

[리스트 11.6] chap11\WEB-INF\web.xml

```
<?xml version="1.0" encoding="UTF-8"?>

<web-app xmlns="http://xmlns.jcp.org/xml/ns/javaee"
        xmlns:xsi="http://www.w3.org/2001/XMLSchema-instance"
        xsi:schemaLocation="http://xmlns.jcp.org/xml/ns/javaee
            http://xmlns.jcp.org/xml/ns/javaee/web-app_3_1.xsd"
        version="3.1">

    <jsp-config>
        <taglib>
            <taglib-uri>
                /WEB-INF/tlds/el-functions.tld
            </taglib-uri>
            <taglib-location>
                /WEB-INF/tlds/el-functions.tld
```

```
16:             </taglib-location>
17:         </taglib>
18:     </jsp-config>
19:
20: </web-app>
```

10-17행	<taglib> 태그는 사용할 태그 라이브러리를 지정한다.
11-13행	<taglib-uri> 태그는 JSP에서 해당 태그 라이브러리를 참조할 때 사용하는 식별자이다.
14-16행	<taglib-location> 태그는 태그 라이브러리를 기술한 TLD 파일의 위치를 명시한다.

JSP 페이지는 <taglib-uri>에 명시한 식별자를 이용해서 태그 라이브러리(위 예제에서는 el-functions.tld)를 사용한다.

4.4 EL에서 함수 사용하기

함수를 정의한 태그 라이브러리를 사용할 준비가 됐으므로 EL에서 함수를 사용해보자. EL에서 함수를 실행하려면 다음과 같은 형태의 코드를 사용한다.

```
<%@ taglib prefix="pre" uri="..." %>
...
${pre:functionName(arg1, arg2, ..) }
...
```

taglib 디렉티브는 앞서 web.xml 파일에서 설정한 태그 라이브러리를 JSP 페이지에서 사용한다는 것을 명시한다. taglib 디렉티브의 prefix 속성은 태그 라이브러리를 구분할 때 사용할 접두어를 나타낸다. EL에서 태그 라이브러리에 정의된 함수를 사용하려면 위 코드처럼 ${ 태그라이브러리접두어:함수이름(인자, 인자, ..) } 의 코드를 사용한다.

함수 이름은 TLD 파일에서 <function> 태그의 자식 태그인 <name> 태그에서 지정한 이름과 동일하다. [리스트 11.5]에서 작성한 el-functions.tld 파일은 함수 이름을 formatNumber로 지정했는데, 이 함수를 사용하는 JSP 예제 코드를 [리스트 11.7]과 같이 작성해보았다.

[리스트 11.7] chap11\viewNumber.jsp

```
<%@ page contentType = "text/html; charset=utf-8" %>
<%@ taglib prefix="elfunc" uri="/WEB-INF/tlds/el-functions.tld" %>
<%
    request.setAttribute("price", 12345);
%>
```

```
06: <html>
07: <head><title>EL 함수 호출</title></head>
08: <body>
09:
10: 오늘은 <b>${elfunc:formatNumber(price, '#,##0') }</b> 입니다.
11:
12: </body>
13: </html>
```

02행	함수를 정의한 태그 라이브러리를 지정한다. 태그 라이브러리에 대한 접두어를 "elfunc"로 지정했다.
10행	함수를 사용해서 price 변수의 값을 포맷팅하여 출력한다. 접두어가 "elfunc"이며, 호출하는 함수는 formatNumber이다.

EL에서 태그 라이브러리로 지정한 함수를 호출할 때 주의할 점은 실제 사용할 클래스의 메서드 이름이 아닌 TLD 파일의 <name> 태그에서 지정한 이름을 사용한다는 점이다. [리스트 11.7]에서도 실제 호출되는 함수는 FormatUtil.format() 함수이지만, JSP에서 사용하는 함수 이름은 TLD 파일의 <name> 태그에 지정한 formatNumber이다.

[리스트 11.7]의 viewNumber.jsp를 실행하면 [그림 11.4]와 같이 함수를 올바르게 호출한 것을 확인할 수 있다.

[그림 11.4] EL에서 함수를 호출한 결과

05 EL에서 정적 메서드 호출하기 2

앞에 배운 내용을 보면 EL에서 클래스의 정적 메서드를 호출하기 위해 할 것이 많다. TLD 파일을 작성해야 하고, web.xml 파일도 설정해야 하고, taglib 디렉티브도 설정해야 한다. 메서드를 호출할 때에도 TLD 파일에 설정한 이름을 사용해야 한다.

EL 3.0 버전은 이런 복잡한 과정이 없이 정적 메서드를 호출할 수 있는 기능을 추가했다. 앞서 정적 메서드 호출 코드를 EL 3.0 기준으로 다시 작성하면 [리스트 11.8]과 같은 JSP 코드만 작성하면 된다. TLD 파일이나 web.xml 파일 설정을 할 필요가 없다.

[리스트 11.8] chap11/viewPrice2.jsp

```
01: <%@ page contentType = "text/html; charset=utf-8" %>
02: <%@ page import="util.FormatUtil" %>
03: <%
04:     request.setAttribute("price", 12345L);
05: %>
06: <html>
07: <head><title>EL 함수 호출</title></head>
08: <body>
09:
10: 가격은 <b>${FormatUtil.number(price, '#,##0') }</b>원 입니다.
11:
12: </body>
13: </html>
```

02행	정적 메서드를 포함한 클래스를 임포트한다.
10행	EL에서 임포트한 클래스의 정적 메서드를 호출한다.

10행의 코드를 보면 클래스의 정적 메서드를 EL에서 직접 호출하는 것을 알 수 있다. JSP 2.3부터 page 디렉티브의 import 속성을 이용해서 임포트한 클래스의 정적 메서드를 EL에서 호출할 수 있다.

java.lang 패키지는 기본적으로 임포트하므로 다음과 같이 Long, Integer와 같은 클래스의 정적 메서드도 사용할 수 있다.

```
${Long.parseLong('10')}
```

06 람다식 사용하기

할당 연산자, 세미콜론 연산자, 정적 메서드 호출 등 EL 3.0에 새롭게 추가된 것이 많은데 이 절에서 살펴볼 람다식도 EL 3.0에 추가된 것이다. 람다식(lambda expression)은 함수처럼 파라미터를 가진 코드 블록이다. EL에서 사용 가능한 람다식은 다음의 형식을 갖는다.

```
(파라미터1, 파라미터2) -> EL식
```

예를 들어, a가 b보다 큰 경우 true를 리턴하고 크지 않다면 false를 리턴하는 람다식은 다음과 같이 작성할 수 있다.

```
(a, b) -> a > b ? true : false
```

이 람다식을 EL에서 사용하는 예는 다음과 같다.

```
${ greaterThan = (a, b) -> a > b ? true : false ; '' }
```

이 코드는 람다식을 greaterThan 변수에 할당한다. 세미콜론 연산자를 사용한 이유는 응답 결과에 객체 이름이 표시되지 않도록 하기 위함이다. 예를 들어, 다음과 같이 람다식을 할당하는 EL을 사용하면, 응답 결과로 객체 이름이 표시된다.

```
${ greaterThan = (a, b) -> a > b ? true : false } → javax.el.LambdaExpression@57dbdcf5
```

이런 결과를 응답에 포함시키고 싶지 않을 것이므로 세미콜론 연산자를 함께 사용해서 결과로 빈 문자열을 생성한 것이다.

람다식은 일종의 함수이기 때문에, 람다식을 할당한 greaterThan을 함수처럼 호출할 수 있다. EL에서 greaterThan(1, 3)을 실행하면, greaterThan에 해당하는 람다식을 실행한다.

```
${greaterThan(1, 3)} → 1 > 3 ? true : false → false
```

람다식을 특정 변수에 할당하지 않고, 바로 호출할 수도 있다.

```
${ ((a, b) -> a > b ? true : false)(1, 3) }
```

이 코드에서 앞의 괄호는 람다식을 생성하고, 뒤의 괄호는 생성한 람다식을 호출한다.

람다식은 재귀호출도 가능하다. 다음 코드처럼 람다식 안에서 람다를 호출하면 된다.

```
${ factorial = (n) -> n == 1 ? 1 : n * factorial(n-1) ; ''}
${ factorial(5) }
```

이 코드에서 람다식의 파라미터는 한 개인데, 파라미터가 한 개인 경우 파라미터의 괄호를 생략해도 된다.

```
<%-- 람다식의 파라미터가 한 개인 경우 파라미터의 괄호를 생략해도 된다. --%>
${ factorial = n -> n == 1 ? 1 : n * factorial(n-1) ; ''}
```

07 스트림 API 사용하기

EL은 for나 while 같은 반복문을 제공하지 않는다. 이런 이유로 EL 3.0 이전에는 List에 담긴 정수의 합을 구하려면 다음과 같이 JSTL의 <c:forEach> 태그와 <c:set> 태그를 사용해야 했다.

```
<c:set var="lst" value="<%= java.util.Arrays.asList(1, 2, 3, 4, 5) %>" />
<c:forEach var="val" items="${lst}">
    <c:set var="sum" value="${sum + val}" />
</c:forEach>
```

EL 3.0 버전에는 컬렉션 객체를 위한 스트림 API가 추가됐다. 스트림 API를 사용하면 다음과 같이 간단한 코드로 합을 구할 수 있다.

```
<c:set var="lst" value="<%= java.util.Arrays.asList(1, 2, 3, 4, 5) %>" />
<c:set var="sum" value="${lst.stream().sum()}" />
```

세미콜론 연산자와 할당 연산자를 함께 사용하면 JSTL 태그를 사용하지 않고 EL만으로 합을 sum 변수에 할당할 수 있다.

```
${lst = [1, 2, 3, 4, 5]; sum = lst.stream().sum() ; ''}
```

EL 3.0은 다양한 스트림 API를 지원하는데, 이 책에서는 주로 사용할만한 API를 기준으로 살펴볼 것이다.

7.1 스트림 API 기본

스트림 API의 기본 형태는 [그림 11.5]와 같다.

collection.stream()	콜렉션에서 스트림 생성
.map(x -> x * x)	중간 연산(스트림 변환)
.toList()	최종 연산(결과 생성)

[그림 11.5] 스트림 API 기본 형태

컬렉션 객체에 대해 stream()을 실행하면 스트림 객체를 생성한다. 스트림은 이어지는 연산에 원소를 차례대로 제공한다. [그림 11.5]의 경우 collection.stream()이 생성한 스트림 객체는 collection에 담긴 원소를 차례대로 map() 함수에 제공한다.

스트림 객체의 중간 연산 메서드는 새로운 스트림 객체를 생성하는데, 이 과정에서 변환을 수행한다. 예를 들어, 중간 연산 메서드인 map() 메서드는 스트림이 제공하는 각 원소를 변경해서 새로운 스트림을 생성한다.

최종 연산은 스트림에서 데이터를 읽어와 최종 결과를 생성한다. [그림 11.5]에서 toList() 메서드는 스트림에서 원소를 차례대로 가져와 새로운 List 객체를 생성한다.

최종 연산을 하기 전까지 중간 연산을 여러 번 수행할 수 있다. 예를 들어, 리스트에서 짝수인 값만 골라서 제곱한 결과 리스트를 구하려면 다음의 EL을 사용하면 된다.

```
${lst.stream()
    .filter(x -> x % 2 == 0)
    .map(x -> x * x)
    .toList() }
```

이 코드는 filter()를 이용해서 짝수인 원소만 제공하는 새로운 스트림을 생성한다. 그리고 새로운 스트림의 map()을 실행해서 각 원소를 제곱한 스트림을 생성한다. 최종적으로 toList() 메서드를 이용해서 List 객체를 생성한다.

변환이 필요 없다면 최종 결과를 바로 생성한다. 예를 들어, 리스트의 각 요소의 합을 구한다면 다음과 같이 중간 변환 과정 없이 최종 연산을 바로 수행한다.

```
lst.stream().sum()
```

sum()은 스트림의 합을 구할 때 사용하는 최종 결과 생성 메서드이다. toList(), sum()을 포함한 결과 생성 기능은 뒤에서 자세히 살펴보도록 하자.

7.2 stream()을 이용한 스트림 생성

List를 포함한 java.util.Collection 타입의 객체에 대해 stream() 메서드를 실행하면 EL 스트림 객체를 생성한다.

```
${ lst = [1, 2, 3, 4, 5] ; '' }
${ lst.stream().sum() }
```

일단 스트림을 생성하면 스트림 객체를 이용해서 중간 변환과 최종 연산을 통해 새로운 결과를 생성할 수 있다.

EL은 Map 타입의 값에 대해 stream()을 지원하지 않는다. Map에 stream()을 사용하고 싶다면 다음과 같이 Map.entrySet()과 같이 Map에서 컬렉션 타입 객체를 생성한 다음에 그 객체의 stream() 메서드를 사용하면 된다.

```
<%
    java.util.Map<String, String> map = new java.util.HashMap<>();
    map.put("code1", "코드1");
    map.put("code2", "코드2");
    request.setAttribute("map", map);
%>
${map.entrySet().stream().map(entry -> entry.value).toList()}
```

Map의 entrySet()은 java.util.Entry의 집합을 리턴하므로, EL의 stream() 메서드가 생성하는 스트림 객체의 원소 타입은 Entry가 된다.

NOTE

stream() 메서드는 실제로 자바 컬렉션 API에서 제공하는 메서드가 아니라 EL에서 제공하는 메서드이다. 자바 8은 컬렉션에 대해 stream() 메서드를 제공하지만, 자바 8에서 EL을 실행하는 경우 stream()은 자바 8의 stream() 메서드가 아닌 EL의 stream() 메서드를 실행한다. 즉, 다음 코드에서 스크립트릿의 lst.stream()은 자바 8의 stream() 메서드를 실행하는 반면에 EL의 lst.stream()은 EL의 stream() 메서드를 실행한다.

```
<%
    List<String> lst = Arrays.asList("1", "2", "3");
    Stream<String> str = lst.stream(); // 자바 8의 stream()
    request.setAttribute("lst", lst);
%>
${ lst.stream() } <%-- EL의 stream() --%>
```

7.3 filter()를 이용한 걸러내기

filter()는 값을 걸러낼 때 사용한다. filter 메서드는 람다식을 파라미터로 갖는다. 이 람다식은 한 개 파라미터를 갖고 결과로 Boolean을 리턴한다. filter() 메서드는 스트림의 각 원소에 대해 람다식을 실행하고 그 결과가 true인 원소를 제공하는 새로운 스트림을 생성한다.

collection.stream()	콜렉션이 [1, 2, 3, 4, 5]일 경우
.filter(x -> x % 2 == 0)	각 원소에 대해 filter()의 람다식 실행해서 람다식이 true인 [2, 4] 원소를 갖는 새로운 스트림 생성
.toList()	filter()의 결과 스트림에서 새로운 List 생성

[그림 11.6] filter()는 조건을 충족하는 원소만 제공하는 새로운 스트림을 생성한다.

[그림 11.6]에서 filter() 메서드의 람다식은 값을 2로 나눴을 때 나머지가 0이면 true를 리턴한다. 따라서, filter() 메서드는 짝수만 포함하는 새로운 스트림을 생성한다.

7.4 map()을 이용한 변환

map()은 원소를 변환한 새로운 스트림을 생성한다. map() 메서드는 람다식을 파라미터로 갖는다. 이 람다식은 한 개 파라미터를 갖고 결과로 파라미터를 변환한 새로운 값을 리턴한다. map() 메서드는 스트림의 각 원소에 대해 람다식을 실행하고 람다식의 결과로 구성된 새로운 스트림을 생성한다.

collection.stream()	콜렉션이 [1, 2, 3, 4, 5]일 경우
.map(x -> x * x)	각 원소에 대해 map()의 람다식을 실행해서 [1, 4, 9, 16, 25]를 원소로 갖는 새로운 스트림 생성
.toList()	

[그림 11.7] map()은 원소의 값을 변경한 새로운 스트림을 생성한다.

[그림11.7]에서 map() 메서드의 람다식은 각 원소를 제곱한 값을 생성한다. 따라서, map()은 원본 컬렉션의 각 원소를 제곱한 값을 갖는 스트림을 생성한다.

map() 메서드는 컬렉션에 포함된 원소에서 특정 값을 추출하는 용도에 적합하다. 예를 들어, 회원 데이터 목록을 갖는 members라는 리스트 객체가 있다고 하자. 이 리스트 객체가 보관하고 있는 각 원소가 age라는 필드를 갖고 있다고 할 경우, 다음 코드를 이용해서 회원의 나이를 원소로 갖는 리스트 객체를 생성할 수 있다.

```
${ ageList = members.stream().map(mem -> mem.age).toList() ; " }
```

filter()와 map()을 함께 쓰면 다음과 같은 코드도 가능하다.

```
${ members.stream().map(mem -> mem.age).filter(x -> x >= 20).average().get() }
```

위 코드는 members 컬렉션 객체의 스트림을 생성한다. 먼저 map()을 이용해서 스트림의 각 원소의 age 프로퍼티를 값으로 갖는 새로운 스트림을 생성한다. 이어서 age를 값으로 갖는 스트림에 대해 filter()를 이용해서 age가 20보다 크거나 같은 원소를 갖는 또 다른 스트림을 생성한다. 최종적으로 average() 메서드를 이용해서 원소의 평균값을 구한다. 즉, 위 코드는 회원 컬렉션에서 20세 이상 회원의 평균 나이를 구한다. filter()와 map()의 순서를 바꿔 다음처럼 작성할 수도 있다.

```
${ members.stream().filter(m -> m.age >= 20).map(m -> m.age).average().get() }
```

7.5 sorted()를 이용한 정렬

sorted()를 사용하면 스트림을 정렬할 수 있다. 다음 코드는 sorted()를 이용해서 오름차순으로 정렬한 결과를 구하는 EL 코드의 예이다. 이 EL 코드를 실행하면 sortedVals 변수에 vals 리스트를 정렬한 [2, 9, 17, 20, 23, 30] 리스트 객체를 할당한다.

```
${ vals = [20, 17, 30, 2, 9, 23] ;
   sortedVals = vals.stream().sorted().toList() }
```

sorted()가 모든 타입의 원소를 정렬할 수 있는 것은 아니다. 예를 들어, 다음 클래스를 보자.

```
public class Member {
    private String name;
    private int age;
    public Member(String name, int age) {
        this.name = name;
        this.age = age;
    }
    public String getName() { return name; }
    public int getAge() { return age; }
}
```

Member 클래스는 두 개의 프로퍼티-name 프로퍼티와 age 프로퍼티-를 갖는 단순한 클래스이다. 이 클래스를 이용해서 members 리스트를 생성하고, EL의 sorted()를 실행해보자.

```
<%
    List<Member> memberList = Arrays.asList(
        new Member("홍길동", 20), new Member("이순신", 54),
        new Member("유관순", 19), new Member("왕건", 42) );
    request.setAttribute("members", memberList);
%>
${ members.stream().sorted().toList() } <%-- 에러! --%>
```

위 코드를 톰캣에서 실행하면 다음과 같은 에러가 발생한다.

```
org.apache.jasper.JasperException: javax.el.ELException: java.lang.
ClassCastException: chap11.Member cannot be cast to java.lang.Comparable
```

이 에러가 발생한 이유는 Member 클래스가 Comparable 인터페이스를 구현하고 있지 않기 때문이다. sorted() 메서드는 원소를 정렬할 때 Comparable 인터페이스에 정의된 기능을 사용하기 때문에, 이 인터페이스를 구현하지 않은 타입의 원소는 정렬할 수 없다. Integer, Long, String과 같은 타입은 이미 오름차순에 맞게 Comparable을 구현하고 있기 때문에 sorted()를 실행하면 오름차순으로 정렬된 결과를 구할 수 있는 것이다.

Member 클래스처럼 Comparable 인터페이스를 구현하고 있지 않은 원소를 정렬해야 하거나, 오름차순이 아닌 다른 순서로 정렬하고 싶은 경우에는 sorted() 메서드에 값을 비교할 때 사용할 람다식을 전달하면 된다. 예를 들어, 다음은 람다식을 이용해서 숫자 값을 갖는 리스트를 내림차순으로 정렬하는 코드이다.

```
${ vals = [20, 17, 30, 2, 9, 23] ;
  sortedVals = vals.stream().sorted((x1, x2) -> x1 < x2 ? 1 : -1).toList() }
```

sorted()의 람다식은 두 개의 파라미터를 갖는다. 첫 번째 파라미터와 두 번째 파라미터를 비교해서, 첫 번째 파라미터가 정렬 순서상 앞에 위치해야 하면 음수를 리턴하고 뒤에 위치해야 하면 양수를 리턴한다. 정렬 순서가 같다면 0을 리턴한다. 내림차순으로 정렬하려면 작은 값이 뒤에 위치해야 하므로, x1이 x2보다 작으면 양수 1을 리턴하는 람다식을 사용했다.

Member 객체의 리스트를 나이 순서로 정렬하려면 다음과 같이 sorted() 함수에 람다식을 전달하면 된다. 이 람다식은 두 원소의 age 프로퍼티 값을 비교한다.

```
<%
    List<Member> memberList = Arrays.asList(
        new Member("홍길동", 20), new Member("이순신", 54),
        new Member("유관순", 19), new Member("왕건", 42) );
    request.setAttribute("members", memberList);
%>
${ sortedMem = members.stream()
                    .sorted((m1, m2) -> m1.age.compareTo(m2.age))
                    .toList() ; ''}
```

NOTE

제공한 소스 코드에서 sorted.jsp 파일을 보면 sorted() 예제를 확인할 수 있다. 이 예제를 실행하려면 Member.java 코드를 컴파일해야 한다. 이 코드는 WEB-INF\src\chap11에 위치한다. 명령 프롬프트에서 WEB-INF 폴더로 이동 후 다음 명령어를 실행해서 컴파일하면 된다.

```
javac -d classes src\chap11\Member.java
```

7.6 limit()을 이용한 개수 제한

limit()은 지정한 개수를 갖는 새로운 스트림을 생성한다. sorted()와 limit()을 함께 사용하면 값을 정렬하고 그 결과 중에서 앞에 n개만 걸러낼 수 있다. 다음은 숫자를 정렬하고 그중 앞에서 세 개만 갖는 리스트를 생성하는 EL의 예를 보여주고 있다.

```
${ nums.stream().sorted().limit(3).toList() }
```

7.7 toList()와 toArray()를 이용한 결과 생성

EL 스트림은 toList()와 toArray()의 두 가지 결과 생성 방법을 제공한다. toList()는 자바 리스트 객체를 생성하고, toArray()는 자바 배열 객체를 생성한다.

```
${ lst = members.stream().map(m -> m.name).toList() ; '' }
${ arr = members.stream().map(m -> m.age).toArray() ; '' }
```

EL에서 ${ 리스트타입값 }과 ${ 배열타입값 }은 서로 다르게 출력한다. 리스트 타입의 경우 각 원소의 값을 문자열로 변환해서 출력한다. 예를 들어, 다음 코드에서 EL은 최종적으로 Member 객체의 이름을 가진 리스트 객체를 생성하는데, 이 경우 "[홍길동, 이순신, 유관순, 왕건]"을 EL의 결과로 출력한다.

```
<%
    List<Member> memberList = Arrays.asList(
        new Member("홍길동", 20), new Member("이순신", 54),
        new Member("유관순", 19), new Member("왕건", 42) );
    request.setAttribute("members", memberList);
%>
${ members.stream().map(m -> m.name).toList() } → [홍길동, 이순신, 유관순, 왕건] 출력
```

반면에 toList() 대신 toArray()를 사용하면 아래 코드처럼 배열 객체의 문자열 표현을 출력한다.

```
${ members.stream().map(m -> m.name).toArray() } → [Ljava.lang.Object;@7385b0f9 출력
```

7.8 count()를 이용한 개수 확인

count() 연산은 스트림의 원소 개수를 리턴한다.

```
${ members.stream().count() }
```

count()의 결과값 타입은 Long이다.

7.9 Optional 타입

뒤에서 설명할 average()나 min(), max() 등은 결과값이 존재하지 않을 수도 있다. 예를 들어, 원소가 하나도 없는 스트림에서 최소값을 구하면, 원소가 하나도 없으므로 최소값 자체가 존재하지 않는다. 이렇게 결과값이 존재하거나 존재하지 않는 경우가 있을 때 사용하는 타입이 Optional이다. Optional은 다음의 메서드를 제공한다.

- **get()** : 값이 존재할 경우 값을 리턴한다. 값이 존재하지 않으면 ELException을 발생한다.
- **orElse(other)** : 값이 존재하면 해당 값을 리턴하고, 값이 존재하지 않으면 other를 리턴한다.
- **orElseGet((() -> T) other)** : 값이 존재하면 해당 값을 리턴하고, 값이 존재하지 않으면 람다식 other를 실행한 결과를 리턴한다.
- **ifPresent(((x) -> void) consumer)** : 값이 존재하면 람다식 consumer를 실행한다. 존재하는 값을 람다식의 파라미터로 전달한다.

예를 들어, 뒤에서 설명할 max()는 최대값을 구할 때 사용하는데, 이 메서드는 Optional을 결과로 리턴한다. 따라서, 결과값을 구할 때는 get()을 사용할 수 있다.

```
${ [1, 2, 3].stream().max().get() } → max()의 결과는 Optional이므로 get()은 3을 리턴
```

값이 존재하지 않는 Optional에 대해 get()을 실행하면 ELException이 발생한다. 예를 들어, 다음 코드에서 min() 함수는 값이 없는 Optional을 리턴하는데, 이 Optional 객체의 get()을 실행하면 ELException이 발생한다.

```
${ [].stream().min().get() }
→ 빈 스트림에 대한 min()의 결과는 값이 없는 Optional이므로 ELException 발생
```

따라서 값이 존재하지 않을 수도 있다면, get() 대신 orElse()를 사용해서 값이 없을 때 다른 값을 사용해야 한다.

```
${ [].stream().min().orElse('없음') } → 값이 없으므로 '없음' 결과 출력
${ [1, 2, 3].stream().min().orElse('없음') } → 값이 있으므로 결과값(1) 출력
```

orElse() 대신 orElseGet()을 사용해도 된다. orElseGet()은 값 대신 값을 생성하는 람다식을 사용한다.

```
${ [].stream().min().orElseGet(() -> -1) } → 값이 없으므로 -1 결과 출력
```

값이 존재할 때 코드를 실행하고 싶다면 ifPresent()를 사용한다. ifPresent()는 결과값을 받아 코드를 실행할 람다식을 파라미터로 갖는다.

다음은 람다식을 이용해서 결과값을 EL 변수인 minValue에 할당하는 코드의 예를 보여주고 있다. 람다식을 보면 할당 연산자(=)를 괄호로 둘러쌌는데, 그 이유는 -> 연산자가 = 연산자보다 우선순위가 높기 때문에 괄호로 둘러싸지 않으면 ((x -> minValue) = 4)와 같은 코드가 되어 문법 오류가 발생하기 때문이다.

```
${minValue = '-' ; '' }
${ [1, 2, 3].stream().min().ifPresent(x -> (minValue = x) ) }
최소값은 ${minValue}입니다.
```

위 코드는 먼저 minValue 변수에 '-'를 할당한다. ifPresent()를 이용해서 min() 함수의 실행 결과가 존재하면 minValue 변수에 min()이 구한 최소값을 할당한다. 그리고 minValue 값을 출력한다. 따라서, 최소값이 존재하면 해당 최소값을 출력하고, 존재하지 않으면 '-'를 리턴한다.

7.10 sum()과 average()를 이용한 수치 연산 결과 생성

스트림이 숫자로 구성된 경우 sum()을 이용해서 합을 구할 수 있다. 다음은 sum()의 사용 예이다.

```
${ [1, 2, 3, 4, 5].stream().sum() } → 15 출력
```

average()는 값의 평균을 구한다. sum()과 차이점이 있다면 avergage()는 EL의 Optional 타입을 리턴한다는 점이다. average()가 리턴하는 Optional은 Double 타입 값을 갖는다.

```
${ [1, 2, 3, 4].stream().average().get() } → 2.5 출력
```

스트림의 원소가 없는 경우 average()는 값이 없는 Optional을 리턴한다. 아래 코드는 원소가 없는 리스트 객체의 평균값을 구하는데, 원소가 없으므로 평균값이 존재할 수 없다.

```
${ [].stream().average().orElse('없음') } → '없음' 출력
```

다음은 average()의 사용 예를 보여주고 있다.

```
${ [1, 2, 3, 4, 5].stream().average().get() } → 3.0
${ [1, 2, 3, 4, 5].stream().average().orElse(null) } → 3.0
${ [].stream().orElse(0) } → 0
${ [].stream().orElse(null) } → 빈문자열('')
${ [1].stream().average().ifPresent(x -> someObject.add(x)) }
  → 1.0을 someObject.add() 메서드에 전달
```

7.11 min()과 max()를 이용한 최소/최대 구하기

min()과 max()를 사용하면 최소값과 최대값을 구할 수 있다. 스트림 원소가 Long이나 String과 같이 Comparable을 구현하고 있다면 다음과 같은 코드로 min(), max() 값을 구할 수 있다.

```
${ someLongVals.stream().min().get() }
```

average()와 동일하게 min()과 max()는 Optional 타입을 리턴한다.

크기를 구하는 규칙이 달라야 한다면 sorted()처럼 크기 비교를 위한 람다식을 사용할 수 있다. 예를 들어, age 프로퍼티 값이 가장 큰 객체를 구하고 싶다면 다음과 같이 max() 함수에 람다식을 전달하면 된다.

```
<%
    List<Member> memberList = Arrays.asList(
        new Member("홍길동", 20), new Member("이순신", 54),
        new Member("유관순", 19), new Member("왕건", 42) );
    request.setAttribute("members", memberList);
%>
${ maxAgeMemOpt = members.stream()
                        .max((m1, m2) -> m1.age.compareTo(m2.age)) ; ''}

${ maxAgeMemOpt.get().name } (${maxAgeMemOpt.get().age}세)
```

min()이나 max()는 Optional 타입을 리턴하므로 실제 값을 구할 때는 get()이나 orElse() 등을 이용해서 구한다.

7.12 anyMatch(), allMatch(), noneMatch()를 이용한 존재 여부 확인

anyMatch()는 스트림에 조건을 충족하는 요소가 존재하는지 검사할 때 사용한다. 조건을 충족하는지 검사하기 위해 (S) -> Boolean 타입 람다식을 사용한다. 다음은 anyMatch() 메서드의 사용 예를 보여주고 있다.

```
${ lst = [1, 2, 3, 4, 5] ; '' }

<%-- 4보다 큰 원소가 존재하는지 확인 --%>
${ matchOpt = lst.stream().anyMatch( v -> v > 4 ) ; ''}
${ matchOpt.get() } → true
```

anyMatch() 메서드는 Optional 객체를 리턴한다. 조건을 충족하는 값이 존재할 경우 Optional은 true를 값으로 갖고 존재하지 않으면 false를 값으로 갖는다. 위 코드는 lst 리스트 객체에 4보다 큰 원소가 존재하므로 matchOpt에 true를 값으로 갖는 Optional을 할당한다.

원소가 없는 빈 스트림에 대해 anyMatch()를 실행하면 값이 없는 Optional을 리턴한다. 다음 코드를 보자.

```
${ matchOpt = [].stream().anyMatch( v -> v > 4) ; " }
${ matchOpt.orElse(false) } → 값이 없는 Optional인 경우 false 리턴
${ matchOpt.get() } → matchOpt는 값이 없는 Optional이므로 ELException 발생
```

위 코드에서 [] 리스트 객체의 스트림은 원소가 없으므로, anyMatch() 메서드는 값이 없는 Optional을 리턴한다. 따라서, matchOpt.get()을 실행하면 ELException이 발생한다. 원소가 없는 빈 스트림이나 조건을 충족하는 원소가 없는 스트림에 대해 false를 구하려면 위 코드처럼 orElse()로 값을 구해서 ELException이 발생하지 않도록 해야 한다.

anyMatch()가 스트림에서 한 원소라도 조건을 충족할 때 true를 값으로 갖는 Optional을 리턴한다면, allMatch()는 스트림의 모든 원소가 조건을 충족할 때 true를 값으로 갖는 Optional을 리턴한다.

```
${ lst = [1, 2, 3, 4, 5] ; " lst.stream().allMatch( x -> x > 5 ).get() } → false
```

noneMatch()는 조건을 충족하는 원소가 한 개도 존재하지 않을 때 true를 갖는 Optional을 리턴한다. 예를 들어, 다음 코드 결과는 true가 된다.

```
${ lst = [1, 2, 3, 4, 5] ; " lst.stream().noneMatch( x -> x > 5 ).get() } → true
```

allMatch()와 noneMatch() 모두 빈 스트림에 대해 값이 없는 Optional을 리턴한다. 따라서, anyMatch()와 마찬가지로 스트림에 값이 없을 가능성이 있다면 get() 대신 orElse()나 ifPresent() 등을 사용해서 값이 없어도 에러가 발생하지 않도록 해야 한다.

08 표현 언어 비활성화 방법

JSP 규약은 ${expr}이나 #{expr}과 같은 EL을 비활성화시키는 세 가지 방법을 제공하고 있다.

- web.xml 파일에 비활성화 옵션 지정하기
- JSP 페이지에 비활성화 옵션 지정하기
- web.xml 파일을 서블릿 2.3 또는 2.4 버전에 맞게 작성하기

8.1 web.xml 파일에 EL 비활성화 옵션 추가하기

EL을 비활성화 시키는 첫 번째 방법은 web.xml 파일에서 EL을 비활성화 시켜주는 옵션을 추가하는 것이다. 아래 코드는 설정 예를 보여주고 있다.

```
<?xml version="1.0" encoding="UTF-8"?>
<web-app ...>

    <jsp-config>
        ...
        <jsp-property-group>
            <url-pattern>/oldversion/*</url-pattern>
            <el-ignored>true</el-ignored>
        </jsp-property-group>
    </jsp-config>

</web-app>
```

<jsp-property-group> 태그의 <el-ignored> 태그의 값으로 true를 설정하면 <url-pattern> 태그로 명시한 URL 패턴에 해당하는 JSP는 ${expr}과 #{expr} 형식의 EL을 모두 일반 문자로 처리한다. 예를 들어, web.xml 파일에 위 코드와 같이 true를 값으로 갖는 <el-ignored> 태그를 추가할 경우 /oldversion 경로에 위치한 JSP 파일은 EL 식을 일반 문자열로 처리한다.

NOTE

<url-pattern> 태그에 지정할 수 있는 값의 형식은 17장에서 설명한다.

실제로 위와 같은 설정 내용을 web.xml 파일에 추가하고 앞서 [리스트 11.1]에서 작성했던 useELObject.jsp 파일을 /oldversion 폴더에 복사한 후 웹 브라우저에서 실행해 보자. 그러면 [그림 11.8]과 같이 JSP 코드에 포함된 EL이 분석되지 않고 문자열 그대로 출력되는 것을 확인할 수 있다.

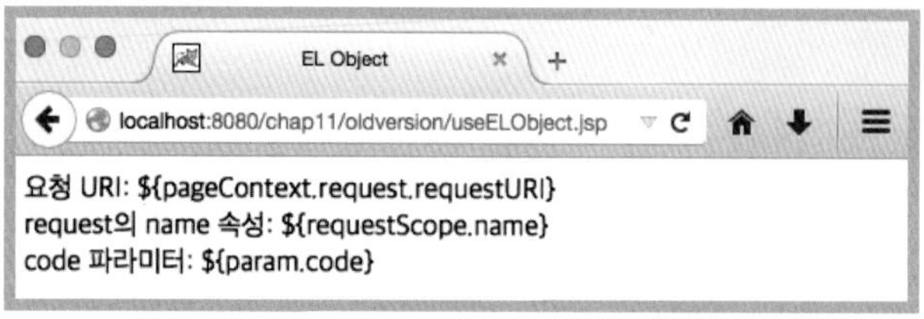

[그림 11.8] web.xml 파일에서 EL 비활성화 설정한 경우 실행 예

EL 중에서 ${expr} 형식은 그대로 EL로 처리하고 #{expr} 형식의 EL만 문자열로 처리하고 싶다면 web.xml 파일에 <deferred-syntax-allowed-as-literal> 태그의 값을 true로 지정해주면 된다.

```
<web-app ...>

  <jsp-config>
    ...
    <jsp-property-group>
      <url-pattern>/oldversion/*</url-pattern>
      <el-ignored>true</el-ignored>
    </jsp-property-group>

    <jsp-property-group>
      <url-pattern>/oldversion2_4/*</url-pattern>
      <deferred-syntax-allowed-as-literal>
        true
      </deferred-syntax-allowed-as-literal>
    </jsp-property-group>
  </jsp-config>

</web-app>
```

위 코드와 같이 설정한 경우 /oldversion2_4/* URL 패턴에 일치하는 JSP를 실행하는 경우 #{expr} 형식의 EL은 값을 분석하지 않고 일반 문자열로 처리된다.

NOTE

/oldversion/ 경로에 있는 JSP를 한번 실행한 뒤에 web.xml 파일에 EL 비활성화 옵션을 추가한 뒤 다시 /oldversion/ 경로에 있는 JSP를 실행하면 EL이 비활성화되지 않을 수 있다. 그 이유는 EL이 활성화된 상태에서 JSP를 실행하면 EL이 적용된 JSP가 서블릿으로 변환되고 그 이후에는 JSP가 수정되기 전까지 다시 서블릿을 생성하지 않고 이미 생성된 서블릿을 사용하기 때문이다.

8.2 JSP 페이지에서 EL 비활성화 시키기

web.xml 파일에서 EL을 비활성화했는지 여부에 상관없이 JSP 페이지의 page 디렉티브를 이용해서 EL을 활성화 시키거나 비활성화 시킬 수 있다. 이와 관련된 page 디렉티브 속성은 다음과 같다.

- isELIgnored : 이 값이 true일 경우 EL을 일반 문자열로 처리한다.
- deferredSyntaxAllowedAsLiteral : 이 값이 true일 경우 #{expr} 형식의 EL을 문자열로 처리한다.

두 속성을 사용한 예는 다음과 같다.

```
<%-- EL을 비활성화 시키는 경우 --%>
<%@ page isELIgnored="true" %>


<%-- #{expr} 형식의 EL을 비활성화 시키는 경우 --%>
<%@ page deferredSyntaxAllowedAsLiteral="true" %>
```

web.xml 파일과 JSP 페이지에서 EL 비활성화 상태에서 따라서 JSP 페이지의 EL 요소가 처리되는 지의 여부는 [표 11.2]와 같다.

표 11.2 비활성화 처리 여부

web.xml의 JSP 설정의 <el-ignored>	page 디렉티브의 isELIgnored	EL 처리 여부
설정하지 않음	설정하지 않음	web.xml 파일이 서블릿 2.3 또는 그 이전 버전이라면 EL을 처리하지 않는다.
false	설정하지 않음	EL을 처리한다.
true	설정하지 않음	EL을 처리하지 않는다.
상관없음	false	EL을 처리한다.
상관없음	true	EL을 처리하지 않는다.

8.3 web.xml 파일의 버전에 따른 EL 처리

web.xml 파일이 사용하는 서블릿 버전에 따라서 EL 지원 여부가 결정된다.

- **서블릿 2.3 버전의 web.xml** : EL을 지원하지 않는다.
- **서블릿 2.4 버전의 web.xml** : #{expr}을 지원하지 않는다.
- **서블릿 2.5/서블릿 3.0/서블릿 3.1 버전 web.xml** : ${expr}와 #{expr}을 지원한다.

서블릿 2.3 버전의 web.xml 파일은 다음과 같이 XML 스키마가 아닌 DTD를 이용해서 web.xml 파일의 구조를 정의하고 있다. web.xml 파일이 아래와 같이 서블릿 2.3 기준으로 작성되어 있을 경우 JSP는 1.2 버전을 사용하게 되는데, JSP 1.2는 EL을 지원하지 않으므로 JSP에 포함된 EL을 처리하지 않는다.

```
<?xml version="1.0" encoding="UTF-8"?>

<!DOCTYPE web-app PUBLIC
    "-//Sun Microsystems, Inc.//DTD Web Application 2.3//EN"
    "http://java.sun.com/dtd/web-app_2_3.dtd">

<web-app>
    ...
</web-app>
```

서블릿 2.4 버전의 경우 다음 코드와 같은 형식을 갖는다. XML 네임스페이스가 j2ee로 끝나고 스키마의 경로가 http://java.sun.com/xml/ns/j2ee/web-app_2_4.xsd를 가리키고 있다. 다음과 같이 web.xml 파일이 서블릿 2.4 기준으로 작성된 경우 JSP는 2.0 버전을 사용하게 되며, JSP 2.0은 #{expr} 형식의 EL을 지원하지 않으므로 JSP에 포함된 #{expr} 형식은 문자열로 처리된다.

```
<?xml version="1.0" encoding="UTF-8"?>

<web-app xmlns:xsi="http://www.w3.org/2001/XMLSchema-instance"
         xmlns="http://java.sun.com/xml/ns/j2ee"
         xsi:schemaLocation="http://java.sun.com/xml/ns/j2ee
             http://java.sun.com/xml/ns/j2ee/web-app_2_4.xsd"
         version="2.4">
    ...
</web-app>
```

CHAPTER 12

표준 태그 라이브러리(JSTL)

이 장에서 다룰 내용

- 변수 지원 태그
- 흐름 제어 태그
- URL 처리 태그
- 출력 태그
- 국제화 태그
- 함수

JSP는 〈jsp:include〉와 같은 태그를 개발자가 추가할 수 있는 기능을 제공하는데 이를 커스텀 태그라고 한다. 커스텀 태그 중에서 많이 사용되는 것들을 모아서 JSTL(JSP Standard Tag Library)이라는 표준을 만들었다. 이 표준 태그 라이브러리를 사용하면 스크립트릿 코드의 사용을 줄이면서 더욱 간결하고 이해하기 쉬운 JSP 코드를 작성할 수 있다.

01 JSTL이란

JSP는 스크립트릿과 표현식 등의 스크립트 코드와 HTML 코드가 뒤섞이게 되는데, 이렇게 뒤섞인 JSP 코드는 알아보기가 쉽지 않다. 예를 들어, 중첩된 if-else 블록과 for 구문 등이 섞여 있는 JSP 코드는 다음과 같은 형태를 띠게 되는데, 스크립트를 표시하기 위한 〈%와 %〉가 복잡하게 섞여 있기 때문에 코드를 한 번에 알아보기 힘들고 {나 }와 같은 괄호를 맞추는 것에도 주의해야 한다.

```
<%
    if (list.size() > 0) {
        for (int i = 0 ; i < list.size() ; i++) {
            Data data = (Data) list.get(i);
%>
```

```
    <%= data.getTitle() %>
    ...
<%
        }
    } else {
%>
    데이터가 없습니다.
<%
    }
%>
```

JSP는 실행 코드와 화면을 구성하는 HTML 코드를 쉽게 섞을 수 있어서 개발이 편리하지만, 반대로 스크립트 코드와 HTML 코드가 섞이면서 코드의 가독성은 도리어 나빠진다.

그런데 위 코드를 다음과 같이 HTML 태그와 비슷한 코드를 사용해서 처리할 수 있다면 어떨까?

```
<ctag:if test="!empty ${list}">
  <ctag:foreach varName="data" list="${list}">
    ${data.title}
  </ctag:foreach>
</ctag:if>
<ctag:if test="empty ${list}">
    데이터가 없습니다.
</ctag>
```

HTML 태그와 비슷한 태그를 사용해서 반복문이나 조건문을 처리할 수 있다면, 스크립트 코드를 사용할 때보다 보기 좋고 이해하기 쉬운 코드를 작성할 수 있을 것이다.

JSP는 새로운 태그를 추가할 수 있는 기능을 제공하고 있는데, 이것이 바로 커스텀 태그(Custom tag)이다. JSP는 <jsp:include>나 <jsp:useBean>과 같은 액션 태그를 제공하는데, 이들은 특수한 기능을 수행한다. 이와 비슷하게 커스텀 태그도 특수한 기능을 수행하도록 작성할 수 있다.

JSP 페이지에서 많이 사용되는 논리적인 판단, 반복 처리, 포맷 처리를 위한 커스텀 태그를 표준으로 만들어서 정의한 것이 있는데, 그것이 바로 JSTL(JSP Standard Tag Library)이다.

NOTE

커스텀 태그가 무엇이며 어떻게 구현하는지에 대한 자세한 내용은 "16장 커스텀 태그"에서 살펴볼 것이며, 이 장에서는 커스텀 태그를 표준화한 JSTL에 대해서만 살펴보기로 하자.

JSP 2.3과 호환되는 JSTL 버전은 1.2이며, 이 장에서는 JSTL 1.2 버전을 기준으로 사용방법을 살펴보도록 하겠다. 참고로 JSTL 1.2 버전은 JSP 2.2와 2.1과도 호환된다.

1.1 JSTL이 제공하는 태그의 종류

JSTL 1.2는 [표 12.1]과 같이 5가지 종류의 태그를 제공하고 있다.

표 12.1 JSTL이 제공하는 태그의 종류

라이브러리	주요 기능	접두어	관련 URI
코어	변수지원 흐름 제어 URL 처리	c	http://java.sun.com/jsp/jstl/core
XML	XML 코어 흐름 제어 XML 변환	x	http://java.sun.com/jsp/jstl/xml
국제화	지역 메시지 형식 숫자 및 날짜 형식	fmt	http://java.sun.com/jsp/jstl/fmt
데이터베이스	SQL	sql	http://java.sun.com/jsp/jstl/sql
함수	컬렉션 처리 String 처리	fn	http://java.sun.com/jsp/jstl/functions

이 5가지 종류의 커스텀 태그 중에서, 코어 라이브러리, 국제화 라이브러리, 함수 라이브러리를 많이 사용한다.

접두어는 JSP 페이지가 커스텀 태그를 호출할 때 사용한다. [표 12.1]에서 보여준 접두어는 JSTL에 대해 일반적으로 사용하는 것들이다. [표 12.1]에 표시한 접두어가 아닌 다른 문자열을 사용하더라도 상관없다.

관련 URI는 JSTL이 제공하는 커스텀 태그를 구분해주는 식별자이다. 이 식별자를 이용해서 JSP 페이지에서 사용할 커스텀 태그 라이브러리를 선택할 수 있다. 이에 대해서는 뒤에서 예제를 통해서 확인하자.

1.2 JSTL 라이브러리 받기

JSTL을 사용하려면 JSTL 1.2 버전을 구현한 jar 파일을 다운로드해야 한다. 다음 사이트에 접속한 뒤 jstl-1.2.jar 파일을 클릭하면 다운로드할 수 있다.

- http://search.maven.org/#browse%7C-658715035

다운로드한 JSTL jar 파일을 WEB-INF/lib 디렉터리에 복사한다. 그러면 JSP 페이지에서 JSTL이 제공하는 태그 라이브러리를 사용할 수 있게 된다.

참고로, JSTL 1.2는 JSP 2.1 이상을 지원하는 웹 컨테이너를 요구하기 때문에 톰캣 6 이상 버전이나 JSP 2.1 또는 그 이상을 지원하는 컨테이너에서 사용해야 한다.

02 코어 태그

코어 태그 라이브러리는 변수 설정이나 if-else와 같은 논리 처리에 사용되는 스크립트 코드를 대체하는 태그를 제공한다. 관련 태그는 [표 12.2]와 같다.

표 12.2 코어 태그 라이브러리

기능 분류	태그	설명
변수 지원	set	JSP에서 사용할 변수를 설정한다.
	remove	설정한 변수를 제거한다.
흐름 제어	if	조건에 따라 내부 코드를 수행한다.
	choose	다중 조건을 처리할 때 사용된다.
	forEach	컬렉션이나 Map의 각 항목을 처리할 때 사용된다.
	forTokens	구분자로 분리된 각각의 토큰을 처리할 때 사용된다.
URL 처리	import	URL을 사용하여 다른 자원의 결과를 삽입한다.
	redirect	지정한 경로로 리다이렉트 한다.
	url	URL을 재작성 한다.
기타 태그	catch	익셉션을 처리할 때 사용한다.
	out	JspWriter에 내용을 출력한다.

코어 태그 라이브러리를 사용하려면 JSP 페이지에 다음과 같이 taglib 디렉티브를 추가해야 한다.

```
<%@ taglib prefix="c" uri="http://java.sun.com/jsp/jstl/core" %>
```

prefix 속성에 지정한 값은 JSP 코드에서 코어 태그 라이브러리를 호출할 때 사용할 접두어가 된다. uri 속성값은 http://java.sun.com/jsp/jstl/core인데, 이 URI는 앞서 [표 12.1]에서 보여준 URI와 동일한 것을 알 수 있다.

2.1 변수 지원 태그

변수 지원 태그는 JSTL이 지원하는 태그에서 사용할 수 있는 변수를 설정하기 위해 사용한다. 변수 지원 태그에는 set 태그와 remove 태그가 있다.

2.1.1 <c:set> 태그

〈c:set〉 태그는 EL 변수의 값이나 EL 변수의 프로퍼티 값을 지정할 때 사용된다. 〈c:set〉 태그의 첫 번째 사용방법은 EL 변수를 생성하는 것으로서 형식은 다음과 같다.

```
〈c:set var="변수명" value="값" [scope="영역"] /〉

〈c:set var="변수명" [scope="영역"]〉값〈/c:set〉
```

위 형식에서 각 속성은 다음과 같은 의미를 지닌다.

- **var** : 값을 저장할 EL 변수의 이름을 지정한다.
- **value** : 변수의 값을 지정한다. 표현식, EL, 정적인 텍스트를 사용해서 값을 지정할 수 있다.
- **scope** : 변수를 저장할 영역을 지정한다. 값은 page, request, session, application 중 하나가 온다. 지정하지 않으면 page를 기본값으로 사용한다.

〈c:set〉 태그는 scope 속성에서 지정한 영역에 값을 저장한다. 예를 들어, scope 속성이 page이고 var 속성과 value 속성이 각각 "varName"과 "varValue"라고 하자. 이 경우 내부적으로 pageContext.setAttribute(varName, varValue, scope)를 호출해서 지정한 영역의 속성으로 설정한다.

다음은 〈c:set〉 태그를 이용해서 EL 변수를 설정하는 다양한 예를 보여주고 있다.

```
〈%-- value 속성 사용 예 --%〉
〈c:set var="name" value="최범균" /〉
〈c:set var="name" value="〈%= m.getFirstName() %〉" scope="request" /〉
〈c:set var="name" value="${m.lastName} ${m.firstName}" /〉

〈%-- 태그의 몸체를 값으로 사용하는 예 --%〉
〈c:set var="name"〉최범균〈/c:set〉
〈c:set var="name"〉〈%= m.getLastName() %〉 〈%= m.getFirstName() %〉〈/c:set〉
〈c:set var="name"〉${m.lastName} ${m.firstName}〈/c:set〉
```

〈c:set〉 태그의 두 번째 사용방법은 객체의 프로퍼티 값을 설정하는 것이다.

```
<c:set target="대상" property="프로퍼티이름" value="값" />

<c:set target="대상" property="프로퍼티이름">값</c:set>
```

프로퍼티 값을 설정할 때 사용되는 각 속성은 다음과 같다.

- **target** : 프로퍼티 값을 설정할 대상 객체를 지정한다. 표현식(<%= 변수 %>)이나 EL 변수(${varName})를 사용할 수 있다. 대상 객체는 자바빈 객체나 Map이어야 한다.
- **property** : 설정할 프로퍼티의 이름을 지정한다. target이 자바빈 객체인 경우 프로퍼티 이름에 해당하는 set 메서드를 제공해야 한다. 예를 들어, 프로퍼티 이름이 name인 경우 target 객체는 setName() 메서드를 제공해야 한다. Map인 경우 Map.put(프로퍼티이름, 값)을 이용해서 값을 설정한다.
- **value** : 프로퍼티의 값을 지정한다.

다음은 프로퍼티 값을 설정하기 위한 <c:set> 태그의 사용 예를 보여주고 있다.

```
<% Member member = new Member(); %>
<%-- member.setName("최범균1")과 동일 -->
<c:set target="<%= member %>" property="name" value="최범균1" />
<%= member.getName() %> <%-- 값 최범균1 출력 --%>

<c:set var="m" value="<%= member %>" />
<%-- member.setName("최범균2")와 동일 -->
<c:set target="${m}" property="name" value="최범균2" />
${m.name} <%-- 값 최범균2 출력 --%>

<% Map<String, String> prop = new HashMap<String, String>(); %>
<%-- prop.set("host", "localhost")와 동일 -->
<c:set target="<%= prop %>" property="host" value="localhost" />
<%= prop.get("host") %> <%-- 값 localhost 출력 --%>
```

target 속성을 설정할 때 주의할 점은 다음과 같이 프로퍼티 값을 설정할 EL 변수의 이름만 지정하는 실수를 하기 쉽다는 점이다.

```
<c:set var="member" value="<%= member %>" />
<c:set target="member" property="name" value="최범균2" />
```

target 대상이 EL 변수인 경우 target 속성의 값을 ${member}와 같이 EL을 이용해서 설정해야 한다는 것에 주의한다.

NOTE

〈c:set〉 태그에서 value 속성의 값을 null로 설정할 수 있다. 이 경우, 변수의 값을 설정하는 〈c:set〉 태그는 (즉, var 속성을 갖는) PageContext.removeAttribute(변수명, scope)를 이용해서 변수를 삭제한다. 프로퍼티의 값을 설정하는 〈c:set〉 태그는 (즉, target 속성을 갖는 경우) 자바빈 객체인 경우 프로퍼티 값을 null로 처리하고 Map인 경우 프로퍼티 이름에 해당하는 키를 Map에서 삭제한다.

[표 12.3]은 〈c:set〉 태그의 속성에 대한 설명을 요약한 것이다.

표 12.3 〈c:set〉 태그의 속성 설명 요약

속성	표현식/EL	타입	설명
var	사용 불가	String	EL 변수 이름
value	사용 가능	Object	변수에 할당할 값
scope	사용 불가	String	변수를 생성할 영역. 기본값은 page
target	사용 가능	Object	프로퍼티 값을 설정할 객체 지정
property	사용 가능	String	프로퍼티 이름

2.1.2 <c:remove> 태그

remove 태그는 set 태그로 지정한 변수를 삭제할 때 사용한다. 구문은 다음과 같다.

```
<c:remove var="varName" [scope="영역"] />
```

var 속성과 scope 속성은 set 태그의 두 속성과 동일한 의미를 갖는다. remove 태그를 사용할 때 주의할 점은 삭제할 변수의 scope를 지정하지 않으면 동일한 이름으로 저장된 모든 영역의 변수를 삭제한다는 점이다. 예를 들어, 다음 코드를 보자.

```
<c:set var="name" value="최범균" scope="request" />
<c:set var="name" value="최범균" scope="session" />
<c:remove var="name" />
```

위 코드에서 처음 두 줄은 〈c:set〉 태그를 이용해서 request 영역과 session 영역에 각각 이름이 "name"이고 값이 "최범균"인 변수를 추가한다. 그리고 〈c:remove〉 태그는 이름이 "name"인 변수를 삭제한다. 이 경우 모든 영역에 저장된 "name" 속성이 모두 삭제되므로 앞서 〈c:set〉 태그를 이용해서 설정한 두 변수가 함께 삭제된다.

서로 다른 영역에 동일한 이름을 갖는 변수가 존재하고 특정 영역에 속한 변수만 제거하고 싶다면, scope 속성으로 명확하게 영역을 지정해주어야 한다.

[표 12.4]는 〈c:remove〉 태그의 속성에 대한 설명을 요약한 것이다.

표 12.4 <c:remove> 태그의 속성 설명 요약

속성	표현식/EL	타입	설명
var	사용 불가	String	삭제할 EL 변수 이름
scope	사용 불가	String	삭제할 변수가 포함된 영역

2.2 흐름 제어 태그

JSTL에서 많이 사용되는 태그 중 하나는 흐름 제어 태그이다. JSP에서 스크립트 코드로 if-else 블록이나 for 반복문 등을 조금만 중첩해서 사용해도 <%, %>, {, } 등이 복잡하게 얽히는데, 이는 개발자가 코드를 이해하는 데 방해된다. 이런 코드의 복잡함을 없애기 위해 JSTL은 흐름 제어를 처리할 수 있는 태그를 제공한다. JSTL이 제공하는 흐름 제어 태그는 if, choose, forEach, forTokens의 네 개가 있다.

2.2.1 <c:if> 태그

if 태그는 이름에서 알 수 있듯이 자바 언어의 if 블록과 비슷한 기능을 제공한다. 중첩된 if-else 블록과 같은 효과를 낼 순 없지만 단순한 if 블록을 쉽게 대체할 수 있기 때문에 많이 사용한다. 사용방법은 다음과 같다.

```
<c:if test="조건">
...
</c:if>
```

test 속성은 true나 false에 해당하는 값이 온다. 이 조건 값이 true이면 <c:if> 태그의 몸체 내용을 처리한다. test 속성은 표현식이나 EL 또는 정적 문자열을 값으로 가질 수 있다. Deferred Expression은 값으로 가질 수 없다.

```
항상 true. 몸체 내용 실행 함
<c:if test="true">...</c:if>

항상 false. 몸체 내용 실행하지 않음
<c:if test="some txt">...</c:if>

EL의 결과값이 true인 경우 몸체 내용 실행 함
<c:if test="${expr}">...</c:if>

표현식의 결과값이 true인 경우 몸체 내용 실행 함
<c:if test="<%= expr %>">...</c:if>
```

<c:if> 태그의 test 속성의 계산 결과를 var 속성으로 지정한 EL 변수에 저장할 수 있다. 예를 들어, 다음 코드는 <%= someCondition %>의 값을 testResult EL 변수에 저장한다.

```
<c:if test="<%= someCondition %>" var="testResult">
...
</c:if>
테스트 조건 검사 결과는 ${testResult}임
```

[리스트 12.1]은 <c:if> 태그의 사용 예제이다.

[리스트 12.1] chap12\use_if_tag.jsp

```
01: <%@ page contentType = "text/html; charset=utf-8" %>
02: <%@ taglib prefix="c" uri="http://java.sun.com/jsp/jstl/core" %>
03: <html>
04: <head><title>if 태그</title></head>
05: <body>
06: <c:if test="true">
07: 무조건 수행<br>
08: </c:if>
09: 
10: <c:if test="${param.name == 'bk'}">
11: name 파라미터의 값이 ${param.name} 입니다.<br>
12: </c:if>
13: 
14: <c:if test="${18 < param.age}">
15: 당신의 나이는 18세 이상입니다.
16: </c:if>
17: </body>
18: </html>
```

06행의 if 태그는 조건문의 결과값이 true이기 때문에 07행을 항상 실행한다. 10행과 14행은 전달받은 파라미터의 값에 따라서 실행 여부가 결정된다. name 파라미터 값을 bk로 전달해서 use_if_tag.jsp를 실행하면 [그림 12.1]과 같은 결과를 볼 수 있는데, 이를 보면 11행의 코드가 실행된 것을 알 수 있다.

[그림 12.1] name 파라미터의 값을 bk로 전달한 경우 use_if_tag.jsp의 결과

[표 12.5]는 〈c:if〉 태그의 속성에 대한 설명을 요약한 것이다.

표 12.5 〈c:if〉 태그의 속성 설명 요약

속성	표현식/EL	타입	설명
test	사용 가능	boolean	검사 조건
var	사용 불가	String	검사 조건의 계산 결과값을 저장할 EL 변수
scope	사용 불가	String	if 결과를 저장할 EL 변수의 영역

2.2.2 <c:choose>, <c:when>, <c:otherwise> 태그

〈c:choose〉 태그는 자바의 switch 구문과 if-else 블록을 혼합한 형태로서 다수의 조건문을 하나의 블록에서 수행할 때 사용한다. 사용방법은 다음과 같다.

```
<c:choose>
   <c:when test="${member.level == 'trial'}" >
     ...
   </c:when>
   <c:when test="${member.level == 'regular'}" >
     ...
   </c:when>
   <c:when test="${member.level == 'provider'}" >
     ...
   </c:when>
   <c:otherwise>
     ...
   </c:otherwise>
</c:choose>
```

〈c:choose〉 태그는 다수의 〈c:when〉 태그를 중첩해서 사용하는데, 각각의 〈c:when〉 태그는 test 속성의 값이 true일 때 내부 블록을 수행한다. test 결과가 true인 첫 번째 〈c:when〉 태그의 몸체 내용만 실행되며, 그 이후의 〈c:when〉 태그는 실행되지 않는다. 만약 모든 〈c:when〉 태그의 test 결과값이 false이면 〈c:otherwise〉를 실행한다. 〈c:otherwise〉 태그는 필수는 아니며 필요한 경우에만 추가하면 된다.

[리스트 12.2]는 〈c:choose〉 태그의 사용 예이다.

[리스트 12.2] chap12\use_choose_tag.jsp

```
<%@ page contentType = "text/html; charset=utf-8" %>
<%@ taglib prefix="c" uri="http://java.sun.com/jsp/jstl/core" %>
<html>
<head><title>choose 태그</title></head>
<body>
```

```

<ul>
<c:choose>
  <c:when test="${param.name == 'bk'}" >
    <li> 당신의 이름은 ${param.name} 입니다.
  </c:when>
  <c:when test="${param.age > 20}" >
    <li> 당신은 20세 이상입니다.
  </c:when>
  <c:otherwise>
    <li> 당신은 'bk'가 아니고 20세 이상이 아닙니다.
  </c:otherwise>
</c:choose>
</ul>

</body>
</html>
```

use_choose_tag.jsp는 name 파라미터와 age 파라미터 값에 따라 다른 결과 화면을 보여준다. 파라미터를 입력하지 않거나 조건에 맞는 파라미터가 존재하지 않을 때 결과 화면은 [그림 12.2]와 같다.

[그림 12.2] <c:otherwise> 태그를 실행한 결과

[리스트 12.2]의 결과를 보면 모든 <c:when> 태그의 조건이 충족되지 않으면 <c:otherwise> 태그를 실행한다는 것을 확인할 수 있다. 만약 <c:when> 조건이 하나라도 충족되면 <c:otherwise> 태그를 실행하지 않는다. 예를 들어, age 파라미터의 값을 20 이상의 값으로 설정하면 [그림 12.3]과 같이 두 번째 <c:when> 태그가 실행되고 <c:otherwise> 태그는 실행되지 않는다.

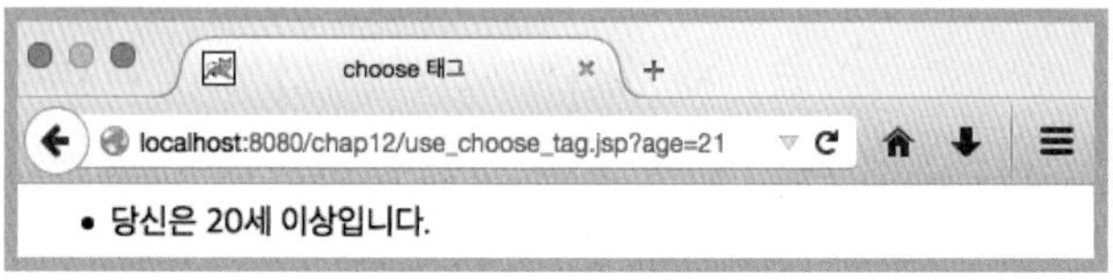

[그림 12.3] 두 번째 <c:when> 태그가 실행된 결과

2.2.3 <c:forEach> 태그

forEach 태그는 배열, Collection 또는 Map에 저장되어 있는 값들을 순차적으로 처리할 때 사용한다. 자바의 for, do-while 등을 대신해서 사용할 수 있다. forEach 태그의 기본적인 사용방법은 다음과 같다.

```
<c:forEach var="변수" items="아이템">
  ...
  <tr>
    <td align="right" bgcolor="#ffffff">
    ${변수사용}
  </td>
  ...
</c:forEach>
```

items 속성에는 Map, 배열, Collection이 올 수 있다. 배열의 경우는 객체의 배열뿐만 아니라 기본 데이터 타입의 배열에 대해서도 알맞게 처리를 하며, 기본 데이터 타입은 Integer나 Double과 같은 래퍼 클래스를 사용해서 처리하게 된다.

forEach 태그를 사용해서 자바의 for 구문과 같은 효과를 낼 수도 있는데, 다음과 같이 begin 속성과 end 속성을 통해 범위를 지정해서 forEach 태그를 사용하면 된다. 다음 코드에서 var 속성에 지정한 변수 i는 1부터 10까지의 값을 차례대로 갖게 된다.

```
<c:forEach var="i" begin="1" end="10">
  ${i} 사용
</c:forEach>
```

step 속성을 사용하면 증가분을 변경할 수 있다. 예를 들어, 다음과 같이 step 속성값으로 2를 주면, 변수 i는 1, 3, 5, 7, 9의 값을 차례대로 갖게 된다.

```
<c:forEach var="i" begin="1" end="10" step="2">
  ${i} 사용
</c:forEach>
```

items 속성과 함께 begin, end 속성을 사용하면 참조할 변수의 개수를 제한할 수 있다. 예를 들어, 정수형 배열에서 2번 인덱스부터 4번 인덱스까지만 값을 참고하고 싶다면 다음과 같이 begin, end 속성을 지정하면 된다.

```
<c:forEach var="i" items="${intArray}" begin="2" end="4">
[${i}]
</c:forEach>
```

배열뿐만 아니라 List, Iterator, Enumeration, Map에서도 begin 속성과 end 속성을 사용해서 읽어올 항목의 개수를 제한할 수 있다. 단, Iterator나 Enumeration, Map의 경우는 삽입한 순서와 읽어오는 순서가 일치하지 않을 수도 있기 때문에, 이들 타입에 대해서는 begin 속성과 end 속성을 쓰기에 적당하지 않다.

items에 Map 객체를 전달한 경우 〈키, 값〉 쌍 정보를 담고 있는 java.util.Map.Entry 타입의 객체를 변수에 할당하며, key 프로퍼티와 value 프로퍼티를 사용하여 저장된 값에 접근할 수 있다.

items 속성값으로 List와 같은 컬렉션이나 배열을 전달한 경우, forEach 태그의 몸체에서 현재 사용하는 항목의 인덱스 값을 사용해야 할 때가 있다. 이 경우 varStatus 속성을 이용해서 인덱스 값을 사용할 수 있다.

```
<c:forEach var="item" items="<%= someItemList %>" varStatus="status">
${status.index + 1} 번째 항목 : ${item.name}
</c:forEach>
```

varStatus 속성은 루프 정보를 담는 객체를 저장할 변수명을 값으로 갖는다. 〈c:forEach〉 태그 몸체에서는 varStatus 속성에 명시한 변수를 이용해서 현재 처리 중인 인덱스, begin 속성값, end 속성값 등을 구할 수 있다. varStatus 속성에 명시한 변수가 제공하는 프로퍼티는 다음과 같다.

- **index** : 루프 실행에서 현재 인덱스
- **count** : 루프 실행 횟수
- **begin** : begin 속성값
- **end** : end 속성값
- **step** : step 속성값
- **first** : 현재 실행이 첫 번째 실행인 경우 true
- **last** : 현재 실행이 루프의 마지막 실행인 경우 true
- **current** : 컬렉션 중 현재 루프에서 사용할 객체

[리스트 12.3]은 〈c:forEach〉 태그의 다양한 사용 예를 보여주고 있다.

[리스트 12.3] chap12\use_foreach_tag.jsp

```
<%@ page contentType = "text/html; charset=utf-8" %>
<%@ page import="java.util.HashMap" %>
<%@ taglib prefix="c" uri="http://java.sun.com/jsp/jstl/core" %>
<%
    HashMap<String,Object> mapData = new HashMap<String,Object>();
    mapData.put("name", "최범균");
```

```
07:     mapData.put("today", new java.util.Date());
08: %>
09: <c:set var="intArray" value="<%= new int[] {1,2,3,4,5} %>" />
10: <c:set var="map" value="<%= mapData %>" />
11: <html>
12: <head><title>forEach 태그</title></head>
13: <body>
14: <h4>1부터 100까지 홀수의 합</h4>
15: <c:set var="sum" value="0" />
16: <c:forEach var="i" begin="1" end="100" step="2">
17: <c:set var="sum" value="${sum + i}" />
18: </c:forEach>
19: 결과 = ${sum}
20:
21: <h4>구구단: 4단</h4>
22: <ul>
23: <c:forEach var="i" begin="1" end="9">
24:     <li>4 * ${i} = ${4 * i}
25: </c:forEach>
26: </ul>
27:
28: <h4>int형 배열</h4>
29:
30: <c:forEach var="i" items="${intArray}" begin="2" end="4" varStatus="status">
31:     ${status.index}-${status.count}-[${i}] <br />
32: </c:forEach>
33:
34: <h4>Map</h4>
35:
36: <c:forEach var="i" items="${map}">
37:     ${i.key} = ${i.value}<br>
38: </c:forEach>
39:
40: </body>
41: </html>
```

16행	변수 i의 값을 1부터 100까지 2씩 증가한다. 즉, i 값은 1, 3, 5, ..., 97, 99가 된다.
23행	변수 i의 값을 1부터 9까지 1씩 증가한다.
30행	배열 intArray의 인덱스 2부터 4까지의 요소의 값을 변수 i에 저장한다. 루프 상태 값을 변수 status에 저장한다.
36행	Map의 각 원소를 나타내는 Map.Entry를 i에 저장한다.

실제 use_foreach_tag.jsp의 실행 결과는 [그림 12.4]와 같다.

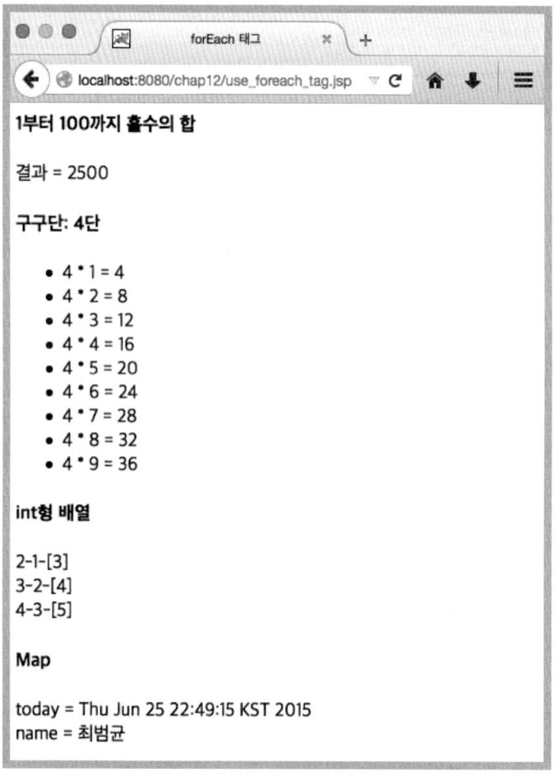

[그림 12.4] use_foreach_tag.jsp의 실행 결과

[표 12.6]은 〈c:forEach〉 태그의 속성에 대한 설명을 요약한 것이다.

표 12.6 〈c:forEach〉 태그의 속성 설명 요약

속성	표현식/EL	타입	설명
var	사용 불가	String	몸체에서 사용할 EL 변수 이름
items	사용 가능	Collection, Iterator, Enumeration, Map, 배열	반복 처리할 데이터
varStatus	사용 불가	String	루프 상태를 저장할 EL 변수 이름
begin	사용 가능	int	시작 인덱스 값
end	사용 가능	int	끝 인덱스 값
step	사용 가능	int	인덱스 증분 값

2.2.4 <c:forTokens> 태그

forTokens 태그는 java.util.StringTokenizer 클래스와 같은 기능을 제공하는 태그로서 기본 형식은 다음과 같다.

```
<c:forTokens var="token" items="문자열" delims="구분자">
  ${token}의 사용
</c:forTokens>
```

<c:forTokens> 태그는 items 속성으로 전달받은 문자열을 구분자를 이용해서 나누고, 구분한 각 문자열을 var 속성에 명시한 변수에 저장한다. 예를 들어, 아래 코드는 items 속성의 값을 콤마(",")로 나눈 "red", "green", "blue" 문자열을 color 변수에 차례대로 대입한다.

```
<c:forTokens var="color" items="red,green,blue" delims=",">
  ${color}
</c:forTokens>
```

<c:forTokens> 태그는 <c:forEach> 태그와 동일하게 begin, end, step, varStatus 속성을 제공한다.

[리스트 12.4]는 콤마(",")와 점(".")을 구분자로 사용해서 문자열에서 토큰을 추출하는 예를 보여주고 있다.

[리스트 12.4] chap12\use_fortokens_tag.jsp

```
<%@ page contentType = "text/html; charset=utf-8" %>
<%@ taglib prefix="c" uri="http://java.sun.com/jsp/jstl/core" %>

<html>
<head><title>forTokens 태그</title></head>
<body>

콤마와 점을 구분자로 사용:<br>
<c:forTokens var="token"
             items="빨강색,주황색.노란색.초록색,파랑색,남색.보라색"
             delims=",.">
${token}
</c:forTokens>

</body>
</html>
```

use_fortokens_tag.jsp의 실행 결과는 [그림 12.5]와 같다.

[그림 12.5] use_fortokens_tag.jsp의 실행 결과

<c:forTokens> 태그의 items 속성값이 String이라는 것을 제외하면, 나머지 <c:forTokens> 태그의 속성은 <c:forEach> 태그의 속성과 동일하다. ([표 12.6] 참고)

2.3 URL 처리 태그

URL 관련 태그는 다음의 두 가지 기능을 제공한다.

- **URL 생성** : <c:url> 태그
- **리다이렉트 처리** : <c:redirect> 태그

2.3.1 <c:url> 태그

<c:url> 태그는 URL을 생성해주는 기능을 제공한다. 기본 사용방법은 다음과 같다.

```
<c:url value="URL" [var="varName"] [scope="영역"]>
    <c:param name="이름" value="값" />
</c:url>
```

var 속성과 scope 속성은 생략 가능하다. var 속성을 지정하지 않으면 현재 위치에 생성한 URL을 출력하며, var 속성을 지정하면 해당 변수에 생성한 URL을 저장한다. <c:param> 태그를 이용해서 파라미터를 URL에 추가할 수 있다.

value 속성은 다음과 같이 절대 URL과 상대 URL의 두 가지 방식으로 입력할 수 있다.

- 절대 URL : http://javacan.tistory.com/100과 같은 완전한 URL
- 상대 URL
  - 웹 어플리케이션 내에서의 절대 경로 : 슬래시로 시작. 예) /view/list.jsp
  - 현재 JSP에 대한 상대 경로 : 슬래시로 시작하지 않음. 예) ../view/list.jsp

웹 어플리케이션 내에서의 절대 경로를 사용할 경우 실제로 생성되는 URL은 컨텍스트 경로를 포함한다. 예를 들어, 컨텍스트 경로가 /chap12라고 하자.

```
<c:url value="/view/list.jsp" />
```

이 경우 위 코드가 생성하는 URL은 다음과 같다.

```
/chap12/view/list.jsp
```

〈c:param〉 태그로 파라미터를 지정하면 파라미터 이름과 값의 URL 인코딩 처리는 contentType에 명시된 캐릭터 셋을 이용해서 처리한다.

[리스트 12.5] chap12\use_url_tag.jsp

```
<%@ page contentType="text/html; charset=utf-8" session="false" %>
<%@ taglib prefix="c" uri="http://java.sun.com/jsp/jstl/core" %>
<html>
<body>
<c:url value="http://search.daum.net/search" var="searchUrl">
    <c:param name="w" value="blog" />
    <c:param name="q" value="공원" />
</c:url>

<ul>
    <li>${searchUrl}</li>
    <li><c:url value="/use_if_tag.jsp" /></li>
    <li><c:url value="./use_if_tag.jsp" /></li>
</ul>

</body>
</html>
```

use_url_tag.jsp의 실행 결과는 [그림 12.6]과 같다.

[그림 12.6] 〈c:url〉 태그가 생성한 URL

[표 12.7]은 〈c:url〉 태그의 속성에 대한 설명을 요약한 것이다.

표 12.7 <c:url> 태그의 속성 설명 요약

속성	표현식/EL	타입	설명
value	사용 가능	String	읽어올 URL
var	사용 불가	String	읽어온 결과를 저장할 변수 이름
scope	사용 불가	String	변수를 저장할 영역

2.3.2 <c:redirect> 태그

〈c:redirect〉 태그는 response.sendRedirect()처럼 지정한 페이지로 리다이렉트 시켜주는 기능을 제공한다. 〈c:redirect〉 태그의 사용방법은 다음과 같다.

```
<c:redirect url="URL" [context="컨텍스트경로"]>
    <c:param name="이름" value="값" />
</c:redirect>
```

url 속성의 값이 슬래시로 시작할 경우 리다이렉트 URL에 컨텍스트 경로가 추가된다. 예를 들어, 현재 웹 어플리케이션의 컨텍스트가 경로가 /chap12이라고 하자.

```
<c:redirect url="/use_c_set.jsp" />
```

이 경우, 위 코드는 실제로 /chap12/use_c_set.jsp로 리다이렉트 된다.

만약 다른 컨텍스트 경로에 포함된 URL로 리다이렉트하고 싶다면 context 속성에 다른 컨텍스트의 경로를 적어주면 된다. 예를 들어, /chap15/viewToday.jsp로 리다이렉트 하고 싶다면 다음과 같이 〈c:redirect〉 태그를 사용하면 된다.

```
<c:redirect url="/viewToday.jsp" context="/chap15" />
```

〈c:redirect〉 태그도 〈c:param〉 태그를 이용해서 파라미터를 설정할 수 있다. 아래 코드는 〈c:param〉 태그의 사용 예를 보여주고 있다.

```
<c:redirect url="http://search.daum.net/search">
    <c:param name="w" value="blog" />
    <c:param name="q" value="보라매 공원" />
</c:redirect>
```

참고로, 〈c:redirect〉 태그를 실행하면 그 이후의 코드는 실행되지 않는다.

[표 12.8]은 〈c:redirect〉 태그의 속성에 대한 설명을 요약한 것이다.

표 12.8 〈c:redirect〉 태그의 속성 설명 요약

속성	표현식/EL	타입	설명
url	사용 가능	String	리다이렉트 할 URL
context	사용 가능	String	컨텍스트 경로

2.4 기타 코어 태그

2.4.1 <c:out> 태그

out 태그는 JspWriter에 데이터를 출력할 때 사용되는 태그로서 다음과 같이 사용할 수 있다.

```
<c:out value="value" [escapeXml="(true|false)"] [default="기본값"] />

<c:out value="value" [escapeXml="(true|false)"]>기본값</c:out>
```

out 태그의 각 속성은 다음과 같다.

- **value** : JspWriter에 출력할 값을 나타낸다. 일반적으로 value 속성의 값은 String과 같은 문자열이다. value가 java.io.Reader의 한 종류라면 out 태그는 Reader로부터 데이터를 읽어와 JspWriter에 값을 출력한다.
- **escapeXml** : 이 속성값이 true면 [표 12.9]와 같이 문자를 변경한다. 생략할 수 있으며, 기본값은 true이다.
- **default** : value 속성에서 지정한 값이 존재하지 않을 때 사용될 값을 지정한다.

표 12.9 escapeXml 속성이 true일 경우 변환되는 문자

문자	변환된 형태
〈	<
〉	>
&	&
'	'
"	"

예를 들어, 〈c:out〉 태그를 사용하여 지정한 파일의 내용을 보여주는 JSP 페이지는 [리스트 12.6]과 같이 작성할 수 있다.

[리스트 12.6] chap12\use_out_tag.jsp

```
<%@ page contentType = "text/html; charset=utf-8" %>
<%@ page import = "java.io.IOException, java.io.FileReader" %>
<%@ taglib prefix="c" uri="http://java.sun.com/jsp/jstl/core" %>
<html>
<head><title>소스 보기</title></head>
<body>

<%
    FileReader reader = null;
    try {
        String path = request.getParameter("path");
        reader = new FileReader(getServletContext().getRealPath(path));
%>
<pre>
소스 코드 = <%= path %>
<c:out value="<%= reader %>" escapeXml="true" />
</pre>
<%
    } catch(IOException ex) {
%>
에러: <%= ex.getMessage() %>
<%
    } finally {
        if (reader != null)
            try {
                reader.close();
            } catch(IOException ex) {}
    }
%>

</body>
</html>
```

위 코드는 path 파라미터로 지정한 파일에 대한 FileReader 객체를 생성한 후 out 태그를 사용하여 파일의 내용을 출력한다. path 파라미터의 값을 "/use_if_tag.jsp"로 주었을 때의 실행 결과는 [그림 12.7]과 같다.

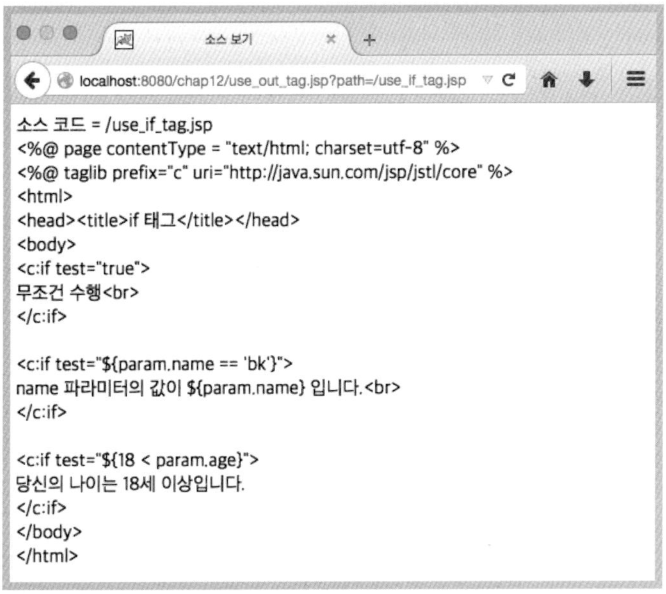


```
소스 코드 = /use_if_tag.jsp
<%@ page contentType = "text/html; charset=utf-8" %>
<%@ taglib prefix="c" uri="http://java.sun.com/jsp/jstl/core" %>
<html>
<head><title>if 태그</title></head>
<body>
<c:if test="true">
무조건 수행<br>
</c:if>

<c:if test="${param.name == 'bk'}">
name 파라미터의 값이 ${param.name} 입니다.<br>
</c:if>

<c:if test="${18 < param.age}">
당신의 나이는 18세 이상입니다.
</c:if>
</body>
</html>
```

[그림 12.7] 〈c:out〉 태그에 Reader를 전달한 결과

[표 12.10]은 〈c:out〉 태그의 속성에 대한 설명을 요약한 것이다.

표 12.10 〈c:out〉 태그의 속성 설명 요약

속성	표현식/EL	타입	설명
value	사용 가능	Object	출력할 값
escapeXml	사용 가능	boolean	특수 문자를 변환할 지의 여부
default	사용 가능	Object	value의 결과값이 null인 경우 출력할 값

2.4.2 <c:catch> 태그

〈c:catch〉 태그는 발생된 익셉션을 EL 변수에 저장할 때 사용되는 태그로서, 다음과 같이 사용한다.

```
〈c:catch var="exName"〉
...
익셉션이 발생할 수 있는 코드
...
〈/c:catch〉
...
${exName} 사용
```

〈c:catch〉 태그 블록에서 익셉션이 발생할 경우 그 익셉션 객체를 exName 변수에 할당한다. 따라서, 〈c:catch〉 태그 블록 밖에서는 이 exName 변수를 사용하여 익셉션에 따른 처리를 하면 된다. 〈c:catch〉 태그의 사용 예는 [리스트 12.7]과 같다.

[리스트 12.7] chap12\use_catch_tag.jsp

```
01: <%@ page contentType = "text/html; charset=utf-8" %>
02: <%@ taglib prefix="c" uri="http://java.sun.com/jsp/jstl/core" %>
03: <html>
04: <head><title>catch 태그</title></head>
05: <body>
06:
07: <c:catch var="ex">
08: name 파라미터의 값 = <%= request.getParameter("name") %><br>
09: <% if (request.getParameter("name").equals("test")) { %>
10: ${param.name}은 test 입니다.
11: <% } %>
12: </c:catch>
13: <p>
14: <c:if test="${ex != null}">
15: 익셉션이 발생하였습니다:<br>
16: ${ex}
17: </c:if>
18:
19: </body>
20: </html>
```

07행	07행과 12행 사이에서 익셉션이 발생할 경우 ex 변수에 발생한 익셉션 객체를 저장한다.
09행	name 파라미터가 존재하지 않을 경우 NullPointerException이 발생한다.
14-17행	ex 변수에 저장된 값이 null이 아닌 경우 실행된다. 익셉션이 발생하면 ex 변수에 익셉션 객체가 저장되므로, 익셉션이 발생하면 실행된다.

use_catch_tag.jsp를 실행할 때 name 파라미터를 전달하지 않으면 익셉션이 발생하는데, 익셉션이 발생할 때의 결과 화면은 [그림 12.8]과 같다.

[그림 12.8] 익셉션이 발생할 경우 use_cach_tag.jsp의 실행 결과

03 국제화 태그

국제화 태그는 특정 지역에 따라 알맞은 메시지를 출력해야 할 때 사용한다. 예를 들어, 한글 브라우저에서 접속하면 한글 메시지를 출력하고 영문 브라우저에서 접속하면 영문 메시지를 출력해야 할 때 국제화 태그를 사용한다.

이런 기능을 제공하기 위해 언어마다 별도의 JSP 페이지를 작성해야 한다면 개발자는 똑같은 JSP 페이지를 복사하고 수정하느라 시간을 다 보내게 될 것이다. JSTL은 이런 중복 작업을 덜고 하나의 JSP 페이지에서 다양한 언어에 맞는 메시지를 출력할 수 있도록 해주는 태그를 제공하고 있는데, 이들 태그는 [표 12.11]과 같다.

표 12.11 국제화 태그 라이브러리

기능분류	태그	설명
로케일 지정	setLocale	Locale을 지정한다.
	requestEncoding	요청 파라미터의 캐릭터 인코딩을 지정한다.
메시지 처리	bundle	사용할 번들을 지정한다.
	message	지역에 알맞은 메시지를 출력한다.
	setBundle	리소스 번들을 읽어와 특정 변수에 저장한다.
숫자 및 날짜 포맷팅	formatNumber	숫자를 포맷팅한다.
	formatDate	Date 객체를 포맷팅한다.
	parseDate	문자열로 표시된 날짜를 분석해서 Date 객체로 변환한다.
	parseNumber	문자열로 표시된 날짜를 분석해서 숫자로 변환한다.
	setTimeZone	시간대 정보를 특정 변수에 저장한다.
	timeZone	시간대를 지정한다.

3.1 로케일 지정 태그

로케일 지정과 관련된 태그는 다음의 두 가지가 있다.

- 〈fmt:setLocale〉 : 국제화 태그들이 사용할 로케일을 지정한다.
- 〈fmt:requestEncoding〉 : 요청 파라미터의 캐릭터 인코딩을 지정한다.

웹 브라우저는 Accept-Language 헤더를 사용해서 수용 가능한 언어 목록을 전송하는데, JSTL의 국제화 태그들은 이 헤더의 값을 사용해서 언어별로 알맞은 처리를 하게 된다. 예를 들어, 메시지를 출력해주는 message 태그는 Accept-Language 헤더의 값이

'ko'인 경우 한글 메시지를 우선순위로 처리하며, 'en'인 경우 영문 메시지를 우선순위로 처리하게 된다.

국제화 태그가 Accept-Language 헤더에서 지정한 언어가 아닌 다른 언어를 사용하도록 지정할 때 사용하는 것이<c:setLocale> 태그다. <c:setLocale> 태그는 다음과 같이 사용한다.

```
<%@ taglib prefix="fmt" uri="http://java.sun.com/jsp/jstl/fmt" %>
<fmt:setLocale value="ko" scope="request" />
```

각각의 속성은 다음과 같다.

- **value** : Locale을 "언어코드_국가코드" 형식으로 지정한다. 두 글자 언어 코드는 반드시 지정해야 하며, 두 글자로 된 국가 코드를 추가로 지정할 수 있다. 언어 코드와 국가 코드는 하이픈(-)이나 밑줄(_)로 구분해야 한다. 예를 들어, 한글 언어와 한국 국가를 표현하는 코드는 "ko_kr"이다.(ko는 한글의 언어 코드, kr은 한국의 국가 코드) value 값이 null이면 기본 로케일을 사용한다. JVM의 기본 로케일 또는 web.xml 파일에서 설정한 로케일을 기본 로케일로 사용한다.
- **scope** : 지정한 Locale이 영향을 미치는 범위를 지정한다. 기본값은 page이다.

일반적으로 웹 브라우저가 전송한 Accept-Language 헤더 값에 맞게 메시지를 출력하기 때문에 <c:setLocale> 태그를 사용하는 경우는 드물다. 이 장에서는 '메시지 처리 태그' 부분에서 예를 들기 위해 <c:setLocale> 태그를 사용해볼 것이다.

<c:requestEncoding> 태그는 요청 파라미터의 캐릭터 인코딩을 지정한다. 예를 들어, 요청 파라미터의 인코딩을 utf-8로 지정하고 싶다면 다음과 같이 하면 된다.

```
<fmt:requestEncoding value="utf-8" />
```

위 코드는 다음 코드와 동일하다.

```
<%
    request.setCharacterEncoding("utf-8");
%>
```

3.2 예제로 사용할 리소스 번들

메시지 처리 태그에 대해서 살펴보기 전에 메시지 태그에서 사용할 리소스 번들 파일을 작성해보자. 메시지 번들 파일은 클래스패스에 위치해야 하기 때문에 WEB-INF\classes 폴더에 작성하거나 WEB-INF\lib에 포함된 jar 파일에 포함시켜야 한다.

먼저 영문 메시지를 보여줄 때 사용할 리소스 번들 파일을 작성해보자. 이 파일은 [리스트 12.8]과 같다.

[리스트 12.8] chap12\WEB-INF\classes\resource\message.properties

```
TITLE = MadVirus's Learning JSP 2.3
GREETING = HI! I'm BK
VISITOR = Your ID is {0}.
```

한글 메시지를 보여주는 리소스 번들의 파일의 원본은 [리스트 12.9]와 같다.

[리스트 12.9] chap12\WEB-INF\classes\resource\message_ko.properties.src

```
TITLE = 최범균의 JSP 2.2 배우기
GREETING = 안녕하세요. 최범균입니다.
VISITOR = 당신의 아이디는 {0}입니다.
```

JSTL은 리소스 번들 기본 구현을 사용한다. 기본 구현은 [리스트 12.9]와 같은 한글을 직접적으로 사용할 수 없으며, 각 글자를 유니코드 숫자로 표시한 형태로 변환한 것을 사용할 수 있다. 이 변환을 할 때 JDK가 제공하는 native2ascii.exe를 사용한다. 명령 프롬프트에서 다음과 같이 이 명령어를 실행하면 [리스트 12.9]에 해당하는 리소스 번들 파일을 생성할 수 있다.

```
C:\...\resource>native2ascii message_ko.properties.src message_ko.properties
```

이렇게 생성된 리소스 번들 파일인 message_ko.properties 파일은 [리스트 12.10]과 같다.

[리스트 12.10] chap12\WEB-INF\classes\resource\message_ko.properties

```
TITLE = \ucd5c\ubc94₩uade0\uc758 JSP 2.2 \ubc30\uc6b0\uae30
GREETING = \uc548\ub155\ud558\uc138\uc694. \ucd5c\ubc94\uade0\uc785\ub2c8\ub2e4.
VISITOR = \ub2f9\uc2e0\uc758 \uc544\uc774\ub514\ub294 {0}\uc785\ub2c8\ub2e4.
```

NOTE

자바의 리소스 번들은 java.util.Properties 클래스에 정의된 방법으로 파일을 읽어오는데, java.util.Properties 클래스는 알파벳이나 숫자, 라틴문자 등을 제외한 나머지 언어에 대해서는 [리스트 12.10]과 같이 유니코드에서의 코드값으로 표현하도록 하고 있다. 물론, 직접 리소스 번들을 구현하면 UTF-8 인코딩으로 작성한 파일을 리소스 번들 파일로 사용할 수도 있는데, 이는 이 책의 범위를 벗어나므로 이 책에서는 소개하지 않는다.

3.3 메시지 처리 태그

메시지 처리 태그는 다음과 같이 세 가지가 있다.

- <fmt:bundle> : 태그 몸체에서 사용할 리소스 번들을 지정한다.
- <fmt:message> : 메시지를 출력한다.
- <fmt:setBundle> : 특정 메시지 번들을 사용할 수 있도록 로딩한다.

이 세 개의 태그를 사용하면 언어권에 따라서 알맞은 메시지를 출력해줄 수 있다.

3.3.1 <fmt:bundle> 태그와 <fmt:message> 태그

<fmt:bundle> 태그는 사용할 메시지 번들을 지정하며 다음과 같이 <fmt:message> 태그와 함께 사용한다.

```
<fmt:bundle basename="resource.message">
...
   <fmt:message key="GREETING" />
..
</fmt:bundle>
```

<fmt:bundle> 태그는 [표 12.12]와 같은 두 개의 속성을 제공한다.

표 12.12 <fmt:bundle> 태그의 속성 설명 요약

속성	표현식/EL	타입	설명
basename	사용 가능	String	사용할 리소스 번들의 이름
prefix	사용 가능	String	bundle 태그의 내부에서 사용되는 message 태그의 key 속성의 값 앞에 자동으로 붙게 될 문자열

basename 속성은 리소스 번들의 이름을 나타낸다. 리소스 번들과 이름에 대한 내용은 다음의 "리소스 번들의 이름" 글을 참고하기 바란다.

prefix는 bundle 태그 내에서 사용할 message 태그의 key 속성값 앞에 자동으로 붙게 될 문장을 입력한다. 예를 들어, 다음의 두 bundle 태그는 동일한 결과를 출력한다.

```
<fmt:bundle basename="resource.error" prefix="SYSTEM_">
    <fmt:message key="001" />
</fmt:bundle>

<fmt:bundle basename="resource.error">
    <fmt:message key="SYSTEM_001" />
</fmt:bundle>
```

리소스 번들의 이름

bundle 태그는 자바의 리소스 번들을 사용하며, basename 속성을 통해서 사용할 리소스 번들을 지정한다. 자바에서 리소스 번들은 일반적으로 클래스패스에 위치한다. 예를 들어, 이 장의 예제에서 사용할 리소스 번들은 WEB-INF\classes\resource 폴더에 위치하고 있다.

리소스 번들 파일은 기본적으로 java.util.Properties 클래스를 사용해서 읽어오기 때문에 확장자가 .properties이다. 이 장의 예제에서는 WEB-INF\classes\resource 폴더에 위치한 message.properties 파일과 message_ko.properties 파일을 리소스 번들 파일로 사용한다.

리소스 번들 파일에서 중요한 점은 리소스 번들 파일의 이름을 다음과 같은 형태로 구성한다는 것이다.

    번들이름_언어_국가.properties

'언어'와 '국가' 부분에는 두 글자로 된 언어 코드와 국가 코드가 온다. 여기서 국가 코드는 생략할 수 있다. 언어와 국가 코드가 명시되어 있지 않으면 기본적으로 사용되는 번들이 된다. 예를 들어, 다음의 두 파일을 생각해보자.

    message.properties
    message_ko.properties

이 두 파일은 동일한 메시지 번들에 속하며(번들 이름이 같다), 로케일을 ko로 지정한 경우에는(즉, 한글로 지정한 경우에는) message_ko.properties 번들 파일이 사용된다. 로케일에 따라서 사용할 파일이 결정되기 때문에 하나의 프로그램으로 한글, 영어, 중국어 등의 메시지를 처리할 수 있다. 지정한 로케일에 해당하는 번들 파일이 존재하지 않으면 언어와 국가 코드가 명시되어 있지 않은 기본 번들 파일을 사용한다. 위 파일에서는 message.properties 파일이 기본 번들 파일이다.

bundle 태그의 basename 속성은 사용할 리소스 번들의 이름을 명시한다. 리소스 번들의 이름은 패키지와 같은 스타일을 사용한다. 예를 들어, 이 장의 예제에서는 클래스 경로를 기준으로 resource 패키지에 message 리소스 번들이 존재하는데, 이때 message 리소스 번들의 이름은 resource.message가 된다.

message 태그는 지정한 리소스 번들로부터 메시지를 읽어와 출력한다. message 태그가 제공하는 속성은 다음과 같다.

- key : 읽어올 메시지의 키 값

- **var** : 메시지를 저장할 변수 명
- **scope** : 변수가 저장되는 영역 지정
- **bundle** : <fmt:setBundle> 태그를 사용해서 로딩한 번들로부터 메시지를 읽어올 때 사용

var 속성을 지정할 경우 message 태그는 메시지를 출력하지 않고 var 속성으로 지정한 변수에 메시지를 저장한다. bundle 속성은 <fmt:setBundle> 태그를 사용해서 생성한 번들로부터 메시지를 읽어오고 싶은 경우에 사용한다. bundle 속성을 사용하는 방법은 <fmt:setBundle> 태그에 대해서 살펴볼 때 익히도록 하자.

리소스 번들이 제공하는 메시지 중에서는 다음과 같이 {0}, {1}, {2}와 같이 변경 가능한 요소를 제공하는 메시지가 존재할 수도 있다. ([리스트 12.8]의 03행을 보자.)

```
VISITOR = Your ID is {0}.
```

이때 {0}이나 {1} 부분에 들어갈 값을 지정하려면 <fmt:message> 태그에 <fmt:param> 태그를 사용해야 한다. 예를 들어서 다음과 같이 <fmt:param> 태그를 사용해서 메시지에 포함되어 있는 {n} 부분에 값을 채울 수 있다.

```
<fmt:message key="VISITOR">
    <fmt:param value="${id}" />
</fmt:message>
```

메시지에 {n}이 한 개 이상 존재하면 다음과 같이 순서대로 <fmt:param> 태그를 사용하면 된다.

```
<fmt:message key="MESSAGEKEY">
    <fmt:param value="${id}" /> <!-- {0}에 들어간다. -->
    <fmt:param value="${name}" /> <!-- {1}에 들어간다. -->
    <fmt:param value="${email}" /> <!-- {2}에 들어간다. -->
    ...
</fmt:message>
```

주의할 점은 자바 배열의 인덱스와 마찬가지로 시작 번호가 0이라는 것이다.

다음 [리스트 12.11]은 <fmt:bundle> 태그와 <fmt:message> 태그를 사용하여 리소스 번들로부터 메시지를 읽어와 출력하는 예제이다. 사용하는 리소스 번들은 앞서 [리스트 12.8]과 [리스트 12.10]에서 작성했던 resource.message 번들이다.

[리스트 12.11] chap12\use_message_tag.jsp

```
01: <%@ page contentType = "text/html; charset=utf-8" %>
02: <%@ taglib prefix="fmt" uri="http://java.sun.com/jsp/jstl/fmt" %>
03: <%@ taglib prefix="c" uri="http://java.sun.com/jsp/jstl/core" %>
04: <%-- <fmt:setLocale value="en" /> --%>
05: <fmt:bundle basename="resource.message">
06: <fmt:message key="TITLE" var="title"/>
07: <html>
08: <head><title>${title}</title></head>
09: <body>
10:
11: <fmt:message key="GREETING" />
12: <br>
13: <c:if test="${! empty param.id}">
14: <fmt:message key="VISITOR">
15:     <fmt:param value="${param.id}" />
16: </fmt:message>
17: </c:if>
18:
19: </body>
20: </html>
21: </fmt:bundle>
```

05행	resource.message 리소스 번들을 기본으로 사용하도록 지정한다.
06행	키값이 TITLE인 메시지를 변수 title에 저장한다.
11행	키값이 GREETING인 메시지를 출력한다.
13행	id 파라미터가 존재할 경우 14-16행을 실행한다.
14-16행	키값이 VISITOR인 메시지를 출력한다. 메시지의 {0}에는 id 파라미터의 값을 삽입한다.

use_message_tag.jsp를 실행하면 [그림 12.9]와 같은 결과가 출력된다. [그림 12.9]의 메시지는 WEB-INF\classes\resource\message_kr.properties 파일로부터 읽어온 것인데, 한글 리소스 번들을 사용한 이유는 웹 브라우저가 전송한 Accept-Language 헤더의 값이 한글을 나타내는 "ko"이고 따라서 메시지 처리 태그들은 기본적으로 "ko" 로케일을 사용하기 때문이다.

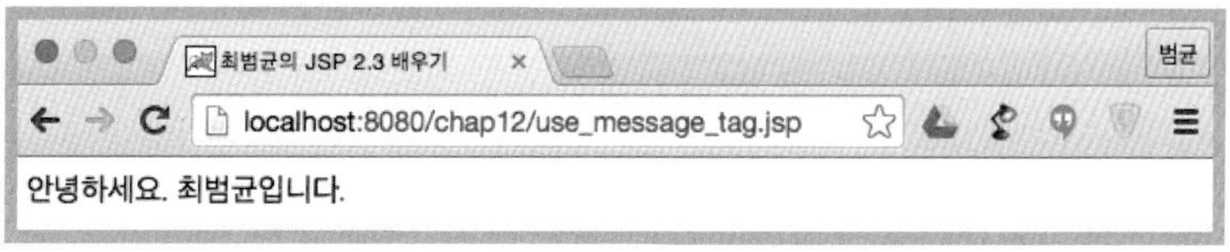

[그림 12.9] message_kr.properties로부터 메시지를 읽어온 결과

URL에 id 파라미터를 추가해서 15행의 param 태그가 올바르게 동작하는지 확인할 수 있다. 예를 들어, id 파라미터의 값을 "madvirus"로 전달하면 [그림 12.10]과 같은 결과가 출력된다.

[그림 12.10] id 파라미터를 전달했을 때 use_message_tag.jsp의 실행 결과

지정한 로케일에 따라서 다르게 출력되는지 확인해보기 위해 웹 브라우저의 기본 로케일을 변경한 뒤 use_message_tag.jsp를 실행해보자. 인터넷 익스플로러 11에서 [도구]→[인터넷옵션] 메뉴를 실행하면 언어 설정을 변경할 수 있는 대화창이 나타나는데, 이때 윈도우 8을 사용하고 있다면 '언어 기본 설정 변경' 대화창이 나타난다. 이 대화창에서 언어 기본 설정을 [그림 12.11]과 같이 영어로 변경해보자.

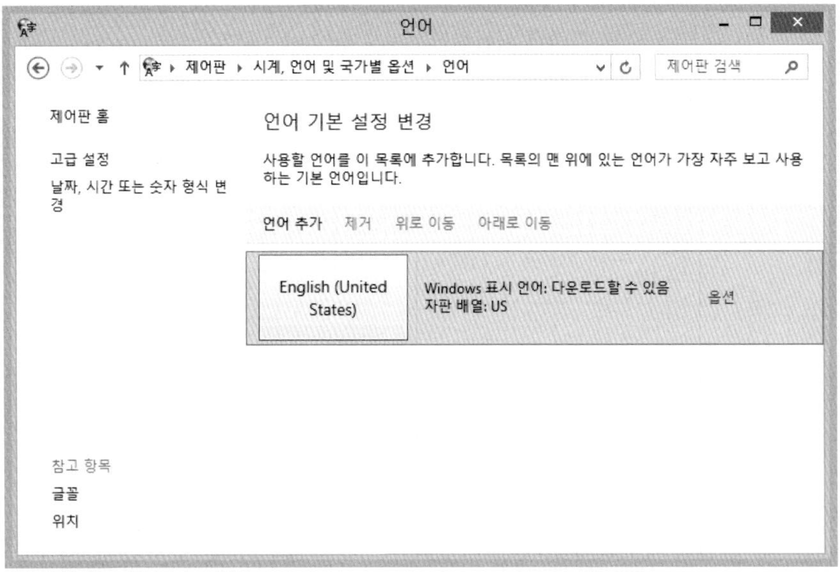

[그림 12.11] 언어 설정을 변경하는 화면

영어로 변경한 후 웹 브라우저를 재시작한 뒤 use_message_tag.jsp를 실행해보자. 그러면 [그림 12.12]와 같이 영어 메시지가 출력되는 것을 알 수 있다.

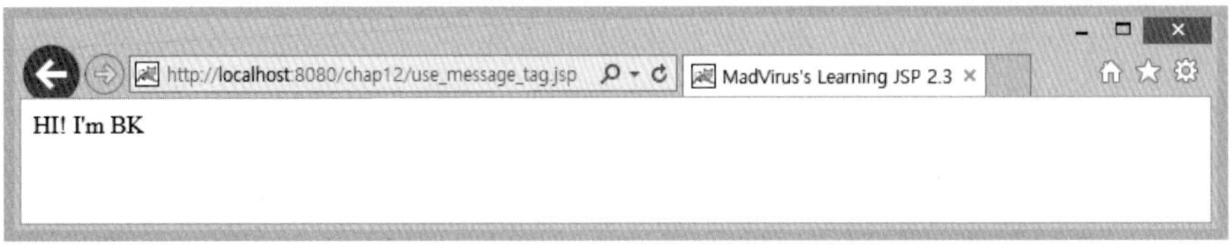

[그림 12.12] 웹 브라우저의 언어 설정에 따라 알맞은 리소스 번들이 선택된다.

영어일 경우 사용되는 리소스 번들은 message_en.properties이지만, 이 파일이 존재하지 않으므로 기본 리소스 번들인 message.properties를 사용한다. message.

properties는 [리스트 12.8]과 같으므로 [그림 12.12]와 같은 결과가 출력된 것이다.

만약 웹 브라우저의 언어 설정에 상관없이 〈fmt:bundle〉 태그가 사용하는 리소스 번들의 로케일을 변경하고 싶다면 [리스트 12.11]의 04행에 주석 처리한 〈fmt:setLocale〉 태그를 사용하면 된다.

```
<%-- <fmt:setLocale value="en" /> --%>
```

여기서 주석을 없애고 value 속성에 알맞은 로케일 코드를 입력하면 〈fmt:bundle〉 태그는 원하는 로케일의 리소스 번들을 사용할 것이다.

3.3.2 <fmt:setBundle> 태그와 <fmt:message> 태그

〈fmt:bundle〉이 태그 안에서 사용될 리소스 번들을 지정하는 반면에 〈fmt:setBundle〉 태그는 리소스 번들을 변수로 저장한 후, 어디서나 사용할 수 있도록 해준다. 〈fmt:setBundle〉 태그는 다음과 같이 사용된다.

```
<fmt:setBundle var="message" basename="resource.message" />
...
<fmt:message bundle="${message}" key="GREETING" />
```

〈fmt:setBundle〉 태그에서 리소스 번들을 지정하면, 〈fmt:message〉 태그는 bundle 속성을 사용해서 〈fmt:setBundle〉 태그에서 지정한 리소스 번들을 사용할 수 있다.

〈fmt:setBundle〉 태그에서 제공하는 속성은 [표 12.13]과 같다.

표 12.13 〈fmt:setBundle〉 태그의 속성 설명 요약

속성	표현식/EL	타입	설명
basename	사용 가능	String	읽어올 리소스 번들의 이름
var	사용 불가	String	리소스 번들을 저장할 변수명
scope	사용 불가	String	변수를 저장할 영역

앞에서 작성했던 use_message_tag.jsp를 〈fmt:setBundle〉 태그를 사용하는 형태로 변경하면 [리스트 12.12]와 같이 작성할 수 있다.

[리스트 12.12] chap12\use_message_tag2.jsp

```
<%@ page contentType = "text/html; charset=utf-8" %>
<%@ taglib prefix="fmt" uri="http://java.sun.com/jsp/jstl/fmt" %>
<%@ taglib prefix="c" uri="http://java.sun.com/jsp/jstl/core" %>

<fmt:setBundle var="message" basename="resource.message" />

<fmt:message bundle="${message}" key="TITLE" var="title"/>
<html>
<head><title>${title}</title></head>
<body>

<fmt:message bundle="${message}" key="GREETING" />
<br>
<c:if test="${! empty param.id}">
<fmt:message bundle="${message}" key="VISITOR">
    <fmt:param value="${param.id}" />
</fmt:message>
</c:if>

</body>
</html>
```

3.3.3 <fmt:message> 태그의 리소스 번들 검색 순서

<fmt:message> 태그는 메시지를 읽어올 때 다음과 같은 순서로 리소스 번들을 검색한다.

1. bundle 속성에 지정한 리소스 번들을 사용
2. <fmt:bundle> 태그에 중첩된 경우 <fmt:bundle> 태그에서 설정한 리소스 번들 사용
3. 1이나 2가 아닐 경우 기본 리소스 번들 사용. 기본 리소스 번들은 web.xml 파일에서 javax.servlet.jsp.jstl.fmt.localizationContext 컨텍스트 속성을 통해서 설정할 수 있다.

3번의 설정 방법에 대해서는 포맷팅 태그 부분을 설명한 뒤 살펴보도록 하자.

3.4 숫자 및 날짜 포맷팅 처리 태그

숫자와 날짜를 포맷팅할 때 사용하는 태그는 다음과 같다.

- **숫자 출력과 파싱 관련** : <fmt:formatNumber>, <fmt:parseNumber>
- **날짜 출력과 파싱 관련** : <fmt:formatDate>, <fmt:parseDate>
- **시간대 설정 관련** : <fmt:setTimeZone>, <fmt:timeZone>

3.4.1 <fmt:formatNumber> 태그

<fmt:formatNumber> 태그는 숫자를 양식에 맞춰 출력한다. <fmt:formatNumber> 태그의 사용 형식은 다음과 같다.

```
<fmt:formatNumber value="숫자값" [type="값타입"] [pattern="패턴"]
    [currentCode="통화코드"] [currencySymbol="통화심볼"]
    [groupingUsed="(true|false)"] [var="변수명"] [scope="영역"] />
```

<fmt:formatNumber> 태그의 각 속성은 [표 12.14]와 같다.

표 12.14 <fmt:formatNumber> 태그의 속성 설명

속성	표현식/EL	타입	설명
value	사용 가능	String 또는 Number	양식에 맞춰 출력할 숫자를 지정한다.
type	사용 가능	String	어떤 양식으로 출력할지 정한다. number이면 숫자형식으로, percent면 % 형식으로, currency면 통화형식으로 출력한다. 기본값은 number이다.
pattern	사용 가능	String	직접 숫자가 출력되는 양식을 지정한다. java.text.DecimalFormat 클래스에서 정의되어 있는 패턴을 사용한다.
currencyCode	사용 가능	String	통화 코드를 지정한다. 통화 코드는 ISO 4217에 정의되어 있다. 예를 들어 한국의 '원'화에 대한 통화 코드는 KRW이다. type 속성의 값이 currency일 때에만 의미가 있다.
currentSymbol	사용 가능	String	통화를 표현할 때 사용할 기호를 표시한다. type 속성의 값이 currency일 때에만 의미가 있다.
groupingUsed	사용 가능	boolean	콤마(,)와 같이 단위를 구분할 때 사용되는 기호를 사용할 지의 여부를 결정한다. 이 속성의 값이 true일 경우 12,000과 같이 구분 기호를 사용하며, false일 경우 사용하지 않는다. 기본값은 true이다.
var	사용 불가	String	포맷팅한 결과를 저장할 변수명을 지정한다. 저장할 변수 타입은 String이다. var 속성을 사용하지 않으면 결과를 곧바로 출력한다.
scope	사용 불가	String	변수를 저장할 영역을 지정한다. 기본값은 page이다.

예를 들어, <fmt:formatNumber> 태그를 사용해서 숫자를 타입별로 출력하는 JSP 페이지는 [리스트 12.13]과 같이 작성할 수 있다.

[리스트 12.13] chap12\use_number_tag.jsp

```
<%@ page contentType = "text/html; charset=utf-8" %>
<%@ taglib prefix="fmt" uri="http://java.sun.com/jsp/jstl/fmt" %>
<%@ taglib prefix="c" uri="http://java.sun.com/jsp/jstl/core" %>
```

```
<html>
<head><title>numberFormat 태그 사용</title></head>
<body>

<c:set var="price" value="10000" />
<fmt:formatNumber value="${price}" type="number" var="numberType" />
<br/>
통화: <fmt:formatNumber value="${price}"
            type="currency" currencySymbol="원" />
<br/>
퍼센트: <fmt:formatNumber value="${price}"
            type="percent" groupingUsed="false" />
<br/>
숫자: ${numberType}
<br/>
패턴: <fmt:formatNumber value="${price}" pattern="00000000.00"/>
</body>
</html>
```

use_number_tag.jsp의 실행 결과는 [그림 12.13]과 같다.

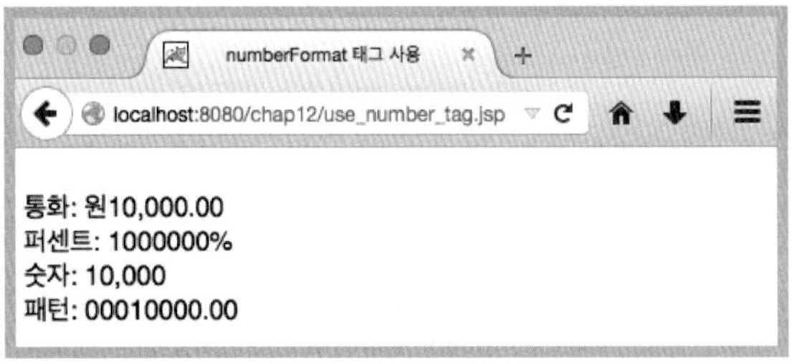

[그림 12.13] use_number_tag.jsp의 실행 결과

3.4.2 <fmt:parseNumber> 태그

<fmt:parseNumber> 태그는 문자열을 숫자(Number 타입)로 변환해주는 기능을 제공한다. <fmt:parseNumber> 태그의 사용 형식은 다음과 같다.

```
<fmt:parseNumber value="값" [type="값타입"] [pattern="패턴"]
   [parseLocale="통화코드"] [integerOnly="true|false"]
   [var="변수명"] [scope="영역"] />
```

<fmt:parseNumber>의 각 속성은 [표 12.15]와 같다.

표 12.15 <fmt:parseNumber> 태그의 속성 설명

속성	표현식/EL	타입	설명
value	사용 가능	String	파싱할 문자열을 지정한다.
type	사용 가능	String	value 속성의 문자열 타입을 지정한다. number, currency, percentage가 올 수 있다. 기본값은 number이다.
pattern	사용 가능	String	직접 파싱할 때 사용할 양식을 지정한다.
parseLocale	사용 가능	String 또는 java.util.Locale	파싱할 때 사용할 로케일을 지정한다.
integerOnly	사용 가능	boolean	정수 부분만 파싱할 지의 여부를 지정한다. 기본값은 false이다.
var	사용 불가	String	파싱한 결과를 저장할 변수명을 지정한다.
scope	사용 불가	String	변수를 저장할 영역을 지정한다. 기본값은 page이다.

다음 코드는 <fmt:parseNumber>의 사용 예를 보여주고 있다.

```
<fmt:parseNumber value="1,100.12" pattern="0,000.00" var="num" />
${num}
```

3.4.3 <fmt:formatDate> 태그

<fmt:formatDate> 태그는 날짜 정보를 담고 있는 객체를 포맷팅하여 출력할 때 사용하며, 사용 형식은 다음과 같다.

```
<fmt:formatDate value="날짜값"
    [type="타입"] [dateStyle="날짜스타일"] [timeStyle="시간스타일"]
    [pattern="패턴"] [timeZone="타임존"]
    [var="변수명"] [scope="영역"] />
```

<fmt:formatDate> 태그의 각 속성은 [표 12.16]과 같다.

표 12.16 <fmt:formatDate> 태그의 속성 설명

속성	표현식/EL	타입	설명
value	사용 가능	java.util.Date	포맷팅할 시간 값을 지정한다.
type	사용 가능	String	날짜, 시간 또는 둘 다 포맷팅할지 여부를 지정한다. time, date, both 중 한 가지 값을 가질 수 있으며, 기본값은 date이다.
dateStyle	사용 가능	String	날짜에 대해 미리 정의된 포맷팅 스타일을 지정한다. default, short, medium, long, full 중 한 가지 값을 가질 수 있으며, 기본값은 default이다.

timeStyle	사용 가능	String	시간에 대해 미리 정의된 포맷팅 스타일을 지정한다. default, short, medium, long, full 중 한 가지 값을 가질 수 있으며, 기본값은 default이다.
pattern	사용 가능	String	직접 파싱할 때 사용할 양식을 지정한다. java.text.DateFormat에 있는 양식을 사용한다.
timeZone	사용 가능	String 또는 java.util.TimeZone	시간대를 변경하고 싶을 때 사용한다. 〈fmt:setTimeZone〉 태그에서 생성한 TimeZone 객체를 사용한다.
var	사용 불가	String	파싱한 결과를 저장할 변수명을 지정한다.
scope	사용 불가	String	변수를 저장할 영역을 지정한다. 기본값은 page이다.

NOTE

dateStyle 및 timeStyle에서 사용되는 full, medium, long 등의 값이 실제로 어떤 포맷으로 값을 출력하는지에 대한 내용은 DateFormat 클래스에 대한 API 문서(아래 URL)를 참고하기 바란다.

– http://docs.oracle.com/javase/8/docs/api/java/text/SimpleDateFormat.html

〈fmt:formatDate〉 태그는 다양하게 날짜 및 시간을 출력할 수 있도록 해준다. [리스트 12.14]는 다양한 옵션을 주어 〈fmt:formatDate〉 태그를 사용하는 예를 보여주고 있다.

[리스트 12.14] chap16\use_date_tag.jsp

```
<%@ page contentType = "text/html; charset=utf-8" %>
<%@ taglib prefix="fmt" uri="http://java.sun.com/jsp/jstl/fmt" %>
<%@ taglib prefix="c" uri="http://java.sun.com/jsp/jstl/core" %>
<html>
<head><title>numberFormat 태그 사용</title></head>
<body>

<c:set var="now" value="<%= new java.util.Date() %>" />
<fmt:formatDate value="${now}" type="date" dateStyle="full" /> <br>
<fmt:formatDate value="${now}" type="date" dateStyle="short" /> <br>
<fmt:formatDate value="${now}" type="time" /> <br>
<fmt:formatDate value="${now}" type="both"
                dateStyle="full" timeStyle="full" /> <br>
<fmt:formatDate value="${now}" pattern="z a h:mm" /> <br>

</body>
</html>
```

use_date_tag.jsp를 실행하면 [그림 12.14]와 같은 결과가 출력된다. 이 출력 결과를 보면 〈fmt:formatDate〉 태그의 옵션에 따라서 값이 어떻게 달라지는지 확인할 수 있을 것이다.

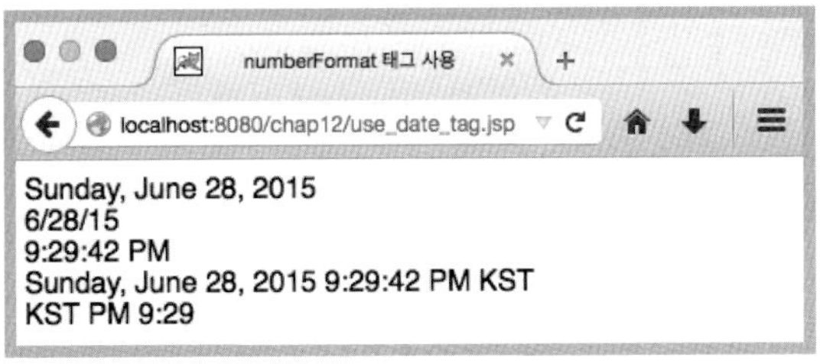

[그림 12.14] use_date_tag.jsp의 실행 결과

3.4.4 <fmt:parseDate> 태그

〈fmt:parseDate〉 태그는 문자열로 표시된 날짜와 시간 값을 java.util.Date로 파싱해 주는 기능을 제공한다. 〈fmt:parseDate〉 태그의 사용 형식은 다음과 같다.

```
<fmt:formatDate value="날짜값"
   [type="타입"] [dateStyle="날짜스타일"] [timeStyle="시간스타일"]
   [pattern="패턴"] [timeZone="타임존"] [parseLocale="로케일"]
   [var="변수명"] [scope="영역"] />
```

〈fmt:parseDate〉 태그의 각 속성은 [표 12.17]과 같다.

표 12.17 〈fmt:parseDate〉 태그의 속성 설명

속성	표현식/EL	타입	설명
value	사용 가능	String	파싱할 문자열을 지정한다.
type	사용 가능	String	날짜, 시간 또는 둘 다 포맷팅할지 여부를 지정한다. time, date, both 중 한 가지 값을 가질 수 있으며, 기본값은 date이다.
dateStyle	사용 가능	String	날짜에 대해 미리 정의된 포맷팅 스타일을 지정한다. default, short, medium, long, full 중 한 가지 값을 가질 수 있으며, 기본값은 default이다.
timeStyle	사용 가능	String	시간에 대해 미리 정의된 포맷팅 스타일을 지정한다. default, short, medium, long, full 중 한 가지 값을 가질 수 있으며, 기본값은 default이다.
pattern	사용 가능	String	직접 파싱할 때 사용할 양식을 지정한다. java.text.DateFormat에 있는 양식을 사용한다.
timeZone	사용 가능	String 또는 java.util.TimeZone	시간대를 변경하고 싶을 때 사용한다. 〈fmt:setTimeZone〉 태그에서 생성한 TimeZone 객체를 사용한다.
parseLocale	사용 가능	String 또는 java.util.Locale	파싱할 때 사용할 로케일을 지정한다.
var	사용 불가	String	파싱한 결과를 저장할 변수명을 지정한다.
scope	사용 불가	String	변수를 저장할 영역을 지정한다. 기본값은 page이다.

다음 코드는 〈fmt:parseDate〉의 사용 예를 보여주고 있다.

```
<fmt:parseDate value="2009-03-01 13:00:59"
            pattern="yyyy-MM-dd HH:mm:ss" var="date" />
${date}
```

3.4.5 <fmt:timeZone> 태그와 <fmt:setTimeZone> 태그

날짜와 시간에는 시간대라는 것이 존재한다. 한국 시간과 미국 LA의 시간은 차이가 나며, 시간대별로 권역을 묶어 같은 시간을 사용하고 있다. JSTL 포맷팅 태그도 시간대별로 시간을 처리할 수 있는 기능을 제공하는데 이때 사용되는 태그가 바로 〈fmt:timeZone〉 태그와 〈fmt:setTimeZone〉 태그이다.

먼저 〈fmt:timeZone〉 태그에 대해서 살펴보자. 〈fmt:timeZone〉 태그는 value 속성으로 시간대를 입력 받으며 다음과 같이 〈fmt:timeZone〉 태그 안에서 사용된 〈fmt:formatDate〉 태그에 영향을 미친다.

```
<fmt:timeZone value="Hongkong">
...
  <fmt:formatDate ... /> <!-- 사용하는 시간을 Hongkong 시간대에 맞춘다. -->
...
</fmt:timeZone>
```

예를 들어, 시간을 현재 시간과 홍콩 시간의 두 가지로 출력하고 싶다면 [리스트 12.15]와 같이 〈fmt:timeZone〉 태그를 사용하면 된다.

[리스트 12.15] chap12\use_timezone_tag.jsp

```
<%@ page contentType = "text/html; charset=utf-8" %>
<%@ taglib prefix="fmt" uri="http://java.sun.com/jsp/jstl/fmt" %>
<%@ taglib prefix="c" uri="http://java.sun.com/jsp/jstl/core" %>
<html>
<head><title>timeZone 태그 사용</title></head>
<body>

<c:set var="now" value="<%= new java.util.Date() %>" />

<fmt:formatDate value="${now}" type="both"
                dateStyle="full" timeStyle="full" />

<br>
<fmt:timeZone value="Hongkong">
<fmt:formatDate value="${now}" type="both"
```

```
16:                 dateStyle="full" timeStyle="full" />
17: </fmt:timeZone>
18:
19: </body>
20: </html>
```

예제를 실행한 장비는 한국 시간대로 잡혀 있다. 따라서 한국 시간대를 사용할 때에는 14행처럼 timeZone 태그를 사용하지 않아도 된다.

[리스트 12.15]의 use_timezone_tag.jsp를 실행하면 [그림 12.15]와 같은 결과가 출력된다. 이 결과를 보면 <fmt:formatDate> 태그가 해당 시간대에 맞게 시간을 출력하는 것을 확인할 수 있다. (홍콩은 한국보다 1시간 느리다.)

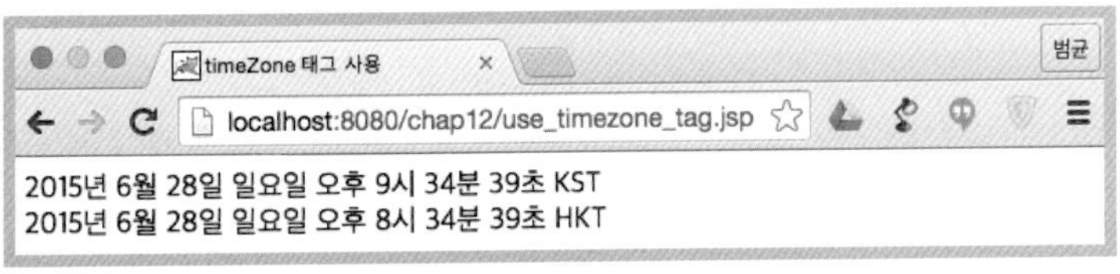

[그림 12.15] use_timezone_tag.jsp의 실행 결과

timeZone 태그의 value 속성에는 String이나 TimeZone 객체를 값으로 줄 수 있다. 만약 value 속성에 문자열로 값을 주고 싶다면 java.util.TimeZone 클래스를 이용해서 시간대를 표현하는 문자열 값을 구할 수 있다. [리스트 12.16]은 TimeZone 클래스를 사용해서 사용 가능한 시간대 목록을 출력해주는 코드를 작성한 것이다.

[리스트 12.16] chap12\listTimeZones.jsp

```
<%@ page contentType = "text/html; charset=utf-8" %>
<%@ taglib prefix="c" uri="http://java.sun.com/jsp/jstl/core" %>
<html>
<head><title>시간대 목록</title></head>
<body>

<c:forEach var="id" items="<%= java.util.TimeZone.getAvailableIDs() %>">
    ${id}<br/>
</c:forEach>

</body>
</html>
```

3.5 web.xml 파일에 국제화 관련 태그 기본값 설정하기

웹 어플리케이션이 기본으로 사용할 로케일 정보나 시간대를 web.xml 파일에 컨텍스트 초기화 파라미터를 이용해서 설정할 수 있다. 이들 컨텍스트 초기화 파라미터는 [표 12.18]과 같다.

표 12.18 국제화 관련 컨텍스트 초기화 파라미터

속성 이름	설명
javax.servlet.jsp.jstl.fmt.localizationContext	기본으로 사용할 리소드 번들을 지정한다. 리소스 번들의 basename을 입력한다.
javax.servlet.jsp.jstl.fmt.locale	기본으로 사용할 로케일을 지정한다.
javax.servlet.jsp.jstl.fmt.timeZone	기본으로 사용할 시간대를 지정한다.

예를 들어, 기본 리소스 번들은 resource.message를 사용하고 시간대를 홍콩 시간대로 지정하고 싶다면 다음과 같이 web.xml 파일에 컨텍스트 초기화 파라미터를 추가해주면 된다.

```
<web-app ...>
...
    <context-param>
        <param-name>javax.servlet.jsp.jstl.fmt.localizationContext</param-name>
        <param-value>resource.message</param-value>
    </context-param>

    <context-param>
        <param-name>javax.servlet.jsp.jstl.fmt.timeZone</param-name>
        <param-value>Hongkong</param-value>
    </context-param>
...
</web-app>
```

04 함수

JSTL은 표현 언어에서 사용할 수 있는 함수를 제공하고 있다. EL에서 객체의 메서드를 직접 호출할 수 있게 되면서 효용성이 다소 떨어졌지만, 이런 것이 있다는 정도는 알고 넘어가도록 하자. JSTL이 제공하는 EL 함수는 [표 12.19]와 같다.

표 12.19 JSTL이 제공하는 EL 함수

속성 이름	설명
length(obj)	obj가 List와 같은 Collection인 경우 저장된 항목의 개수를 리턴하고, obj가 문자열일 경우 문자열의 길이를 리턴한다.
toUpperCase(str)	str을 대문자로 변환한다.
toLowerCase(str)	str을 소문자로 변환한다.
substring(str, idx1, idx2)	str.substring(idx1, idx2)의 결과를 리턴한다. idx2가 -1일 경우 str.substring(idx1)과 동일하다.
substringAfter(str1, str2)	str1에서 str1에 포함되어 있는 str2 이후의 문자열을 구한다.
substringBefore(str1, str2)	str1에서 str1에 포함되어 있는 str2 이전의 문자열을 구한다.
trim(str)	str 좌우의 공백문자를 제거한다.
replace(str, src, dest)	str에 있는 src를 dest로 변환한다.
indexOf(str1, str2)	str1에서 str2가 위치한 인덱스를 구한다.
startsWith(str1, str2)	str1이 str2로 시작할 경우 true를, 그렇지 않을 경우 false를 리턴한다.
endsWith(str1, str2)	str1이 str2로 끝나는 경우 true를, 그렇지 않을 경우 false를 리턴한다.
contains(str1, str2)	str1이 str2를 포함하고 있을 경우 true를 리턴한다.
containsIgnoreCase(str1, str2)	대소문자 구분 없이 str1이 str2를 포함하고 있을 경우 true를 리턴한다.
split(str1, str2)	str2로 명시한 글자를 기준으로 str1을 분리해서 배열로 리턴한다.
join(array, str2)	array에 저장된 문자열을 합친다. 이때 각 문자열 사이에는 str2이 붙는다.
escapeXml(str)	XML의 객체 참조에 해당하는 특수 문자를 처리한다. 예를 들어, '&'는 '&'로 변환한다.

[리스트 12.17]은 [표 12.19]의 함수를 사용한 예제이다. 결과를 통해서 각 함수가 어떻게 동작하는지 확인할 수 있을 것이다.

[리스트 12.17] chap12\use_function.jsp

```
<%@ page contentType = "text/html; charset=utf-8" %>
<%@ taglib prefix="c" uri="http://java.sun.com/jsp/jstl/core" %>
<%@ taglib prefix="fn" uri="http://java.sun.com/jsp/jstl/functions" %>
<html>
<head><title>함수 사용</title></head>
<body>
<c:set var="str1" value="Functions <태그>를 사용합니다. " />
<c:set var="str2" value="사용" />
<c:set var="tokens" value="1,2,3,4,5,6,7,8,9,10" />

length(str1) = ${fn:length(str1)} <br>
toUpperCase(str1) = "${fn:toUpperCase(str1)}" <br>
toLowerCase(str1) = "${fn:toLowerCase(str1)}" <br>
```

```
substring(str1, 3, 6) = "${fn:substring(str1, 3, 6)}" <br>
substringAfter(str1, str2) = "${fn:substringAfter(str1, str2)}" <br>
substringBefore(str1, str2) = "${fn:substringBefore(str1, str2)}" <br>
trim(str1) = "${fn:trim(str1)}" <br>
replace(str1, src, dest) = "${fn:replace(str1, " ", "-")}" <br>
indexOf(str1, str2) = "${fn:indexOf(str1, str2)}" <br>
startsWith(str1, str2) = "${fn:startsWith(str1, 'Fun')}" <br>
endsWith(str1, str2) = "${fn:endsWith(str1, "합니다.")}" <br>
contains(str1, str2) = "${fn:contains(str1, str2)}" <br>
containsIgnoreCase(str1, str2) = "${fn:containsIgnoreCase(str1, str2)}" <br>

<c:set var="array" value="${fn:split(tokens, ',')}" />

join(array, "-") = "${fn:join(array, "-")}" <br>
escapeXml(str1) = "${fn:escapeXml(str1)}" <br>

</body>
</html>
```

use_function.jsp의 실행 결과는 [그림12.16]과 같다.

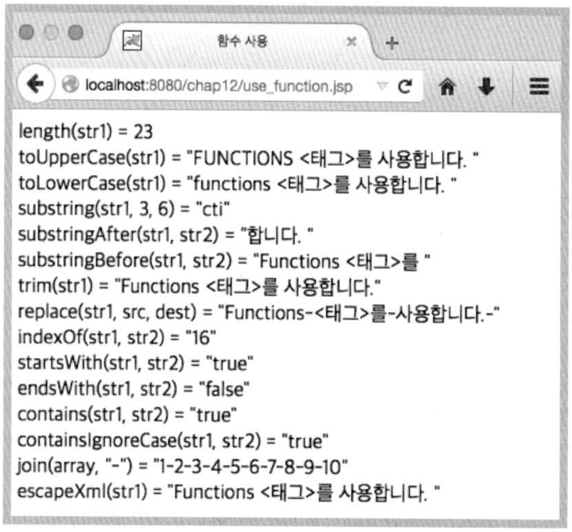

[그림 12.16] JSTL이 제공하는 함수의 실행 결과

이클립스를 이용한 웹 개발

PART 3

CHAPTER 13

이클립스를 이용한 웹 개발

이 장에서 다룰 내용
- 이클립스 설치와 설정
- 이클립스 웹 프로젝트

이 장에서는 자바 기반의 어플리케이션을 개발할 때 널리 사용되는 통합 개발 환경(IDE) 도구인 이클립스(Eclipse)를 이용해서 웹 어플리케이션을 개발하는 방법을 살펴보도록 하겠다. 이클립스를 이용하면 자바 소스 코드를 컴파일하거나 톰캣 서버 관리와 같은 작업을 더욱 편하게 할 수 있기 때문에, 일반 편집기를 사용할 때보다 효율적으로 웹 어플리케이션을 개발할 수 있을 것이다.

01 이클립스 설치 및 실행하기

지금까지 자바 소스 코드를 컴파일할 때 명령 프롬프트에서 javac 명령어를 이용했다. 소스 코드를 수정하면 javac 명령어로 컴파일해야 소스 코드를 잘못 작성했는지 여부를 확인할 수 있었다. 또한, 톰캣 서버를 이용해서 테스트할 때에도 명령 프롬프트에서 명령어를 직접 실행해야 했다.

자바 소스 코드를 수정하면 소스 코드를 컴파일하고 서버를 재시작해야 하는데, 이는 매우 성가신 작업 중 하나이고 개발 속도를 늦추는 원인이기도 하다. 통합 개발 환경(IDE) 도구를 사용하면 이런 성가신 작업을 개발 도구가 대신 처리해주기 때문에 개발 속도를 높일 수 있다.

현재 널리 사용하는 통합 개발 환경 도구로는 이클립스(Eclipse)가 있다. 최신 버전의 이클립스는 http://www.eclipse.org/downloads/ 사이트에서 다운로드할 수 있다. 이 책을 쓰는 시점에 최신 버전의 이클립스는 Mars(4.5) 버전이므로 이 버전을 기준으로 사용법을 설명할 것이다. 다운로드 사이트에는 몇 가지 형식의 이클립스 배포판이 존재하는데 웹 개발을 하려면 'Eclipse IDE for Java EE Developers' 배포판을 다운로드하면 된다.

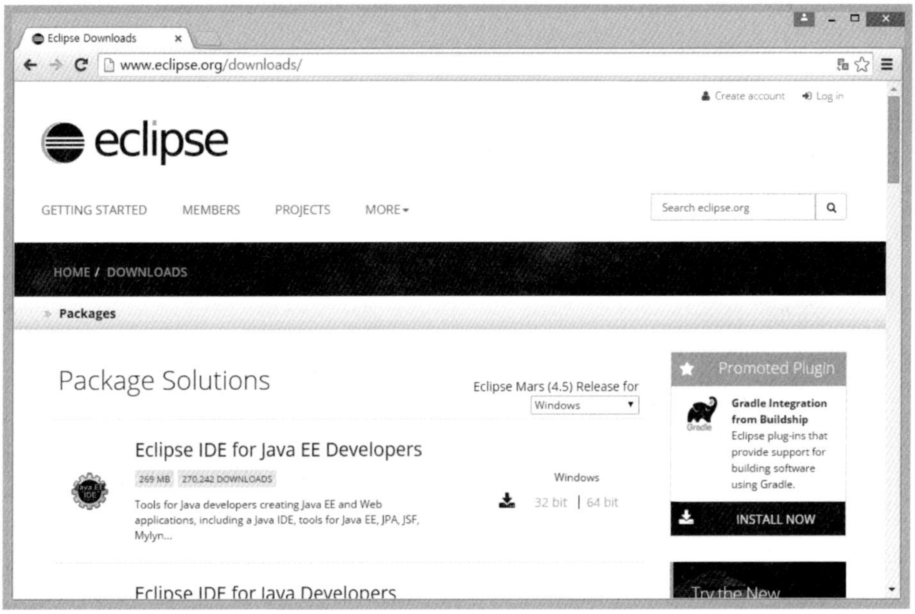

[그림 13.1] 이클립스 다운로드 사이트

윈도우즈 64비트용 이클립스 Mars(4.5) 버전 파일은 eclipse-jee-mars-R-win32-x86_64.zip이다. 이 파일의 압축을 풀면 eclipse 폴더가 생성된다. 예를 들어, C:\ 폴더에 압축을 풀면 c:\eclipse 폴더가 생성된다. 이걸로 이클립스 설치가 끝났다. eclipse 폴더를 보면 eclipse.exe 파일이 존재하는데 이 파일을 실행하면 이클립스가 실행된다.

이클립스를 실행하면 잠시 뒤에 [그림 13.2]와 같이 작업공간(workspace)으로 사용할 폴더를 선택하는 대화창이 출력된다.

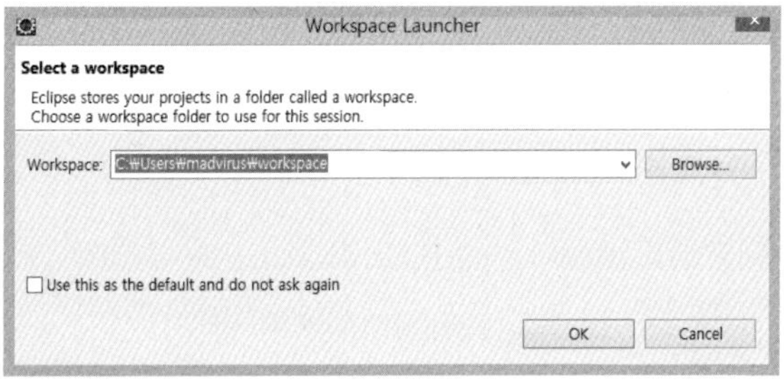

[그림 13.2] 이클립스 작업 폴더 설정 대화창

처음 이클립스를 실행하면 C:\Users\[사용자계정]\workspace를 작업공간 경로로 보여준다. 이 경로를 사용하고 싶지 않으면 [그림 13.2]의 작업공간 경로 설정 화면에서 경로를 변경해주면 된다. 이 장에서는 C:\work\workspace 폴더를 작업 폴더로 사용한다고 가정하고 진행할 것이다. 'Workspace'의 값으로 C:\work\workspace 경로를 입력하고 [OK] 버튼을 클릭하자. 그러면, [그림 13.3]과 같이 이클립스가 실행된다.

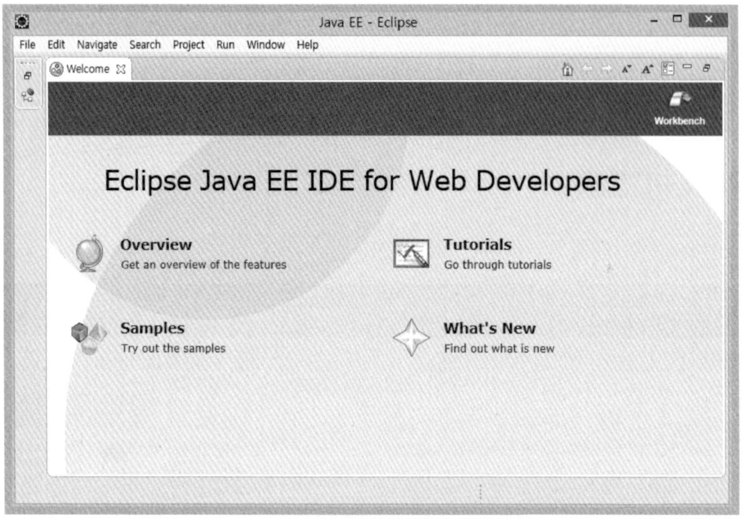

[그림 13.3] 이클립스 실행 화면

[그림 13.3] 화면은 이클립스를 처음 실행할 때 출력되는 화면인데, 이 화면에서 'Welcome' 탭을 닫으면 [그림 13.4]와 같은 Java EE 개발 환경의 기본 화면을 볼 수 있다.

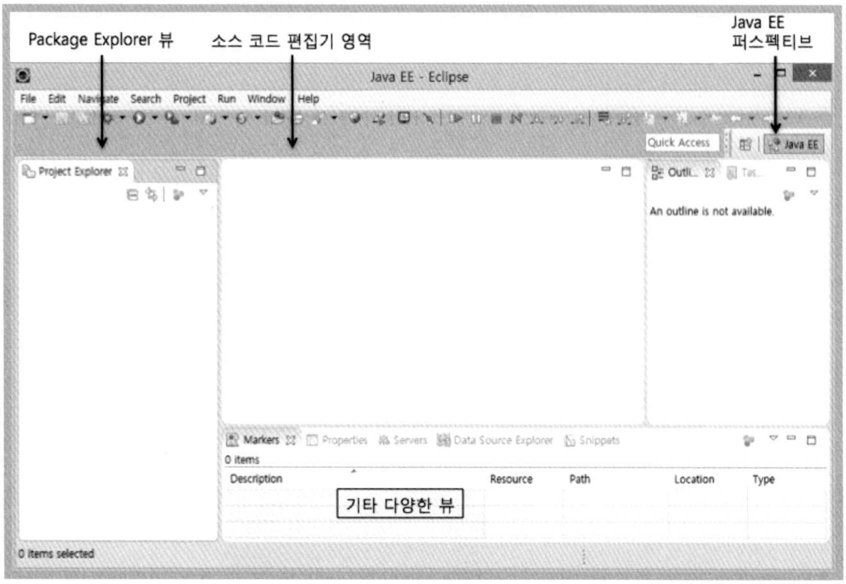

[그림 13.4] 이클립스의 Java EE 개발 환경

NOTE

이 장에서는 이클립스의 기본적인 사용법은 설명하지 않고 이클립스를 이용해서 웹 어플리케이션을 개발하는 데 필요한 내용만 설명한다. 이클립스의 기본적인 사용법이 궁금한 독자는 이클립스 관련 글을 찾아 참고하기 바란다.

02 서버 실행 환경 설정하기

이클립스를 이용해서 웹 어플리케이션을 개발하려면, 개발 과정에서 사용할 서버를 설정해야 한다. 이클립스에서 [Window]→[Preferences] 메뉴를 실행하면 [그림 13.5]와 같은 대화창이 출력되는데, 왼쪽 트리 메뉴에서 [Server]→[Runtime Environments] 메뉴를 선택하면 서버 실행 환경을 추가/삭제/편집할 수 있는 설정 화면이 나타난다.

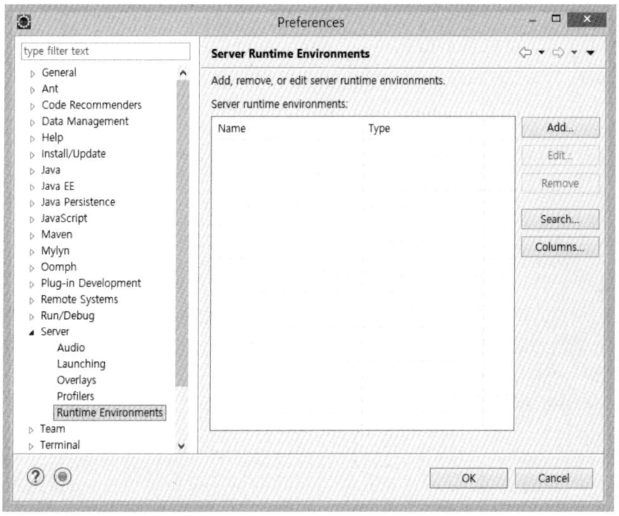

[그림 13.5] 서버 실행 환경 설정 화면

서버 실행 환경 설정 화면에서 [Add...] 버튼을 클릭하면 [그림 13.6]과 같이 새로운 실행 환경으로 사용할 서버 타입을 선택하는 대화창이 뜬다.

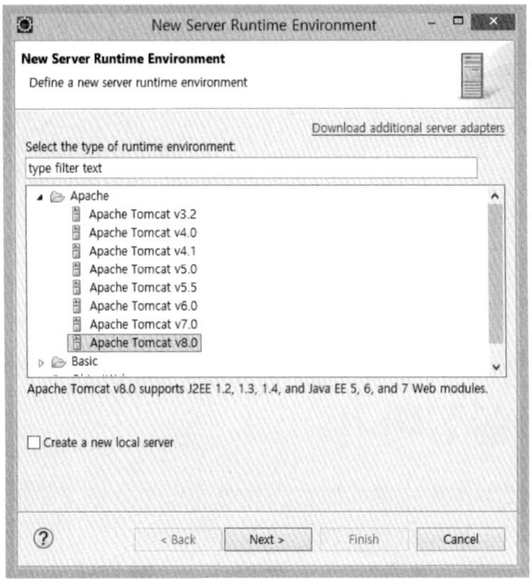

[그림 13.6] 실행 환경으로 사용할 서버 선택 대화창

서버 선택 대화창에서 'Apache Tomcat v8.0'을 선택하고 [Next] 버튼을 클릭한다. 그러면 [그림 13.7]과 같은 화면이 출력된다.

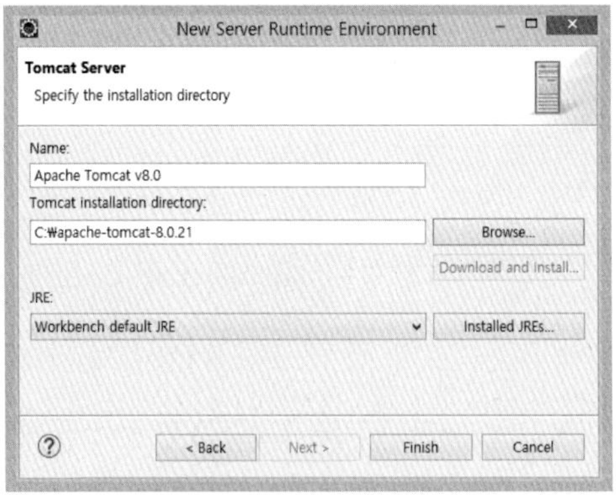

[그림 13.7] 서버 실행 환경의 톰캣 설정 화면

[그림 13.7]의 톰캣 설정 화면에서 각 입력 항목은 다음과 같다.

- Name : 서버 실행 환경을 식별하기 위한 이름을 입력한다.
- Tomcat installation directory : 톰캣 설치 폴더를 지정한다. 예를 들어, 이 책에서는 C:\apache-tomcat-8.0.21에 톰캣을 설치했다고 가정하므로, 이 폴더 경로를 입력한다. [Browse...] 버튼을 클릭해서 폴더를 선택할 수도 있다.

서버 실행 환경 이름과 톰캣 설치 폴더를 선택한 뒤 [Finish] 버튼을 클릭하면 서버 실행 환경 추가가 완료되고, [그림 13.8]과 같이 설정한 서버가 목록에 추가된 것을 확인할 수 있다.

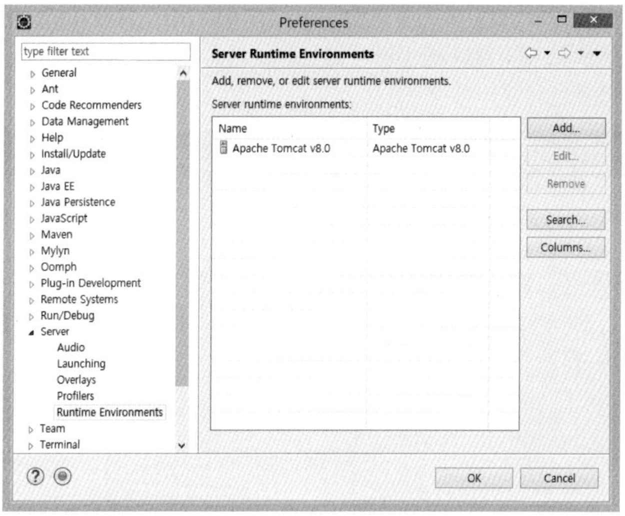

[그림 13.8] 설정한 서버 실행 환경 정보가 목록에 추가된 결과

03 UTF-8 설정

[Window]→[Preferences] 메뉴를 실행한 뒤, 왼쪽 트리 메뉴에서 [General] →[Workspace] 메뉴를 선택하면 [그림 13.9]와 같은 작업공간 설정 화면이 나온다.

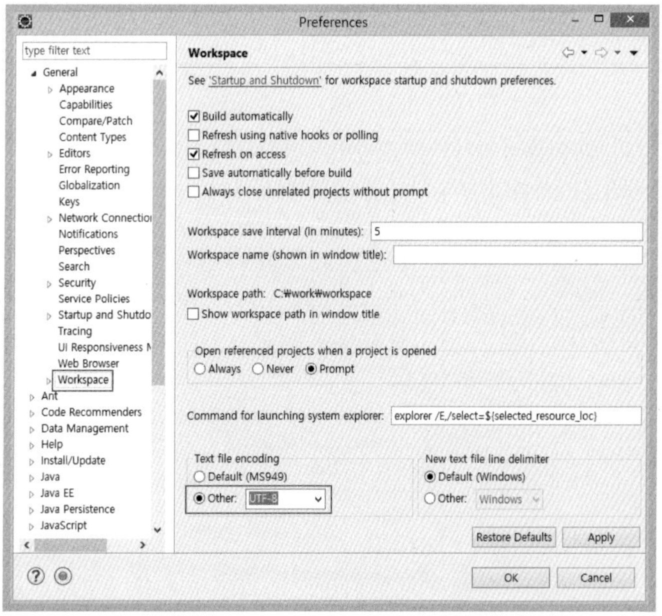

[그림 13.9] 작업공간의 인코딩을 UTF-8로 변경

이 책에서 만드는 예제 코드는 UTF-8을 사용하므로 Text file encoding의 값을 UTF-8로 변경하고 [OK] 버튼을 클릭해서 작업공간의 기본 인코딩을 UTF-8로 변경한다.

다음으로 JSP 파일의 기본 인코딩을 UTF-8로 변경한다. 좌측 메뉴에서 [Web]→[JSP Files] 메뉴를 선택하면 [그림 13.10]의 설정 화면이 나온다. 여기서 JSP 파일의 인코딩도 UTF-8로 변경한다.

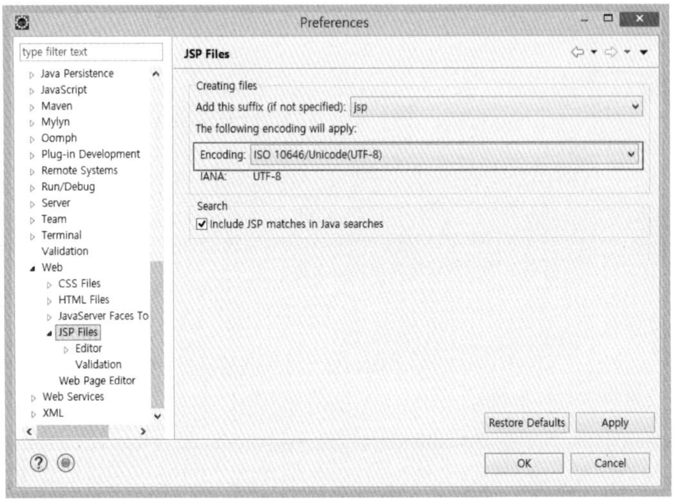

[그림 13.10] JSP 파일의 인코딩을 UTF-8로 변경

04 웹 프로젝트 생성하기

서블릿/JSP 기반의 웹 어플리케이션을 개발하려면 [File]→[Dynamic Web Project] 메뉴를 선택해서 웹 어플리케이션 프로젝트를 생성해야 한다.

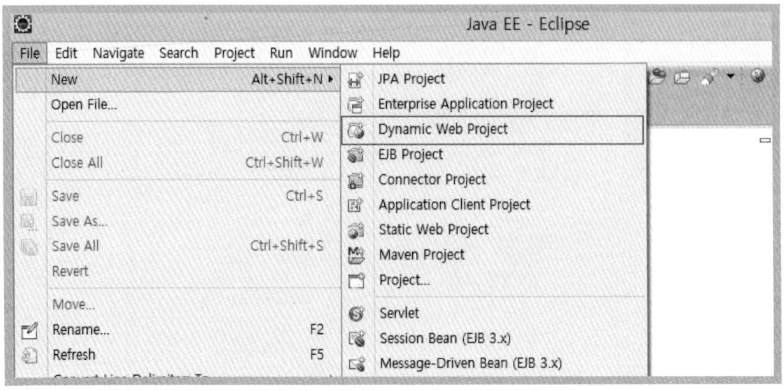

[그림 13.11] 동적인 웹 프로젝트 생성 메뉴

'Dynamic Web Project' 타입 프로젝트를 선택하면 [그림 13.12]와 같은 대화창이 나온다. 이 대화창에서 웹 어플리케이션 개발을 위한 프로젝트 관련 정보를 입력한다.

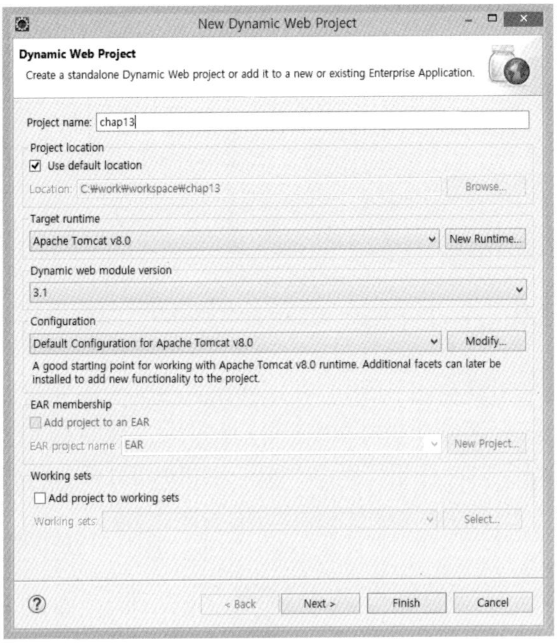

[그림 13.12] 동적 웹 프로젝트 설정 화면

[그림 13.12]에서 주요 입력 항목은 다음과 같다.

- **Project name** : 프로젝트의 이름을 입력한다.
- **Project location** : 프로젝트 생성 폴더를 지정한다.
  - Use default location : 선택되어 있는 경우, [이클립스작업공간]/[프로젝트이름] 폴더에 프로젝트를 생성한다.
- **Target Runtime** : 웹 어플리케이션을 실행할 때 사용할 서버를 선택한다. 앞서 설정한 서버 실행 환경을 선택한다.
- **Dynamic Web Module Version** : 서블릿 버전을 선택한다. JSP 2.3은 서블릿 3.1 버전을, JSP 2.2의 경우 서블릿 3.0 버전을 선택한다.

[그림 13.12]의 웹 프로젝트 설정 화면에 알맞은 값을 선택한 뒤 [Next] 버튼을 클릭하면 [그림 13.13]과 같이 자바 소스 폴더 설정 화면이 출력된다.

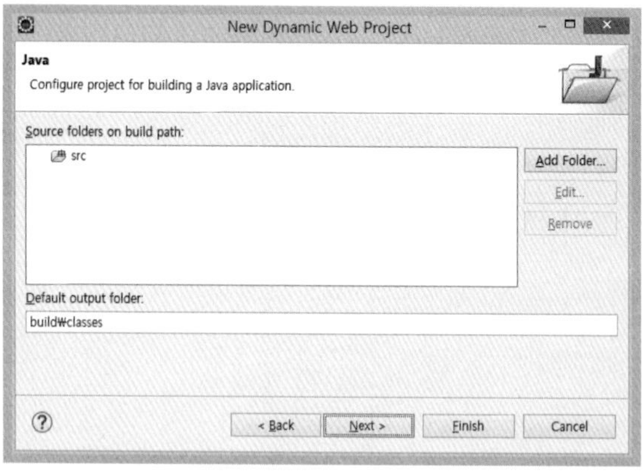

[그림 13.13] 소스 폴더 설정 화면

소스 폴더에는 자바 소스 파일인 java 파일이 위치하며, java 파일을 컴파일해서 생성된 class 파일은 build\classes 폴더에 위치하게 된다. 기본 소스 폴더 설정을 그대로 사용할 것이므로 위 설정 그대로 [Next] 버튼을 클릭한다. 그러면, [그림 13.14]와 같은 웹 모듈 설정 화면이 표시된다.

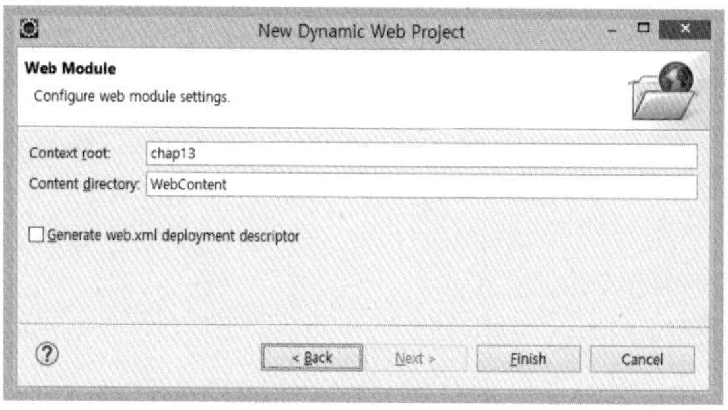

[그림 13.14] 웹 모듈 설정 화면

[그림13.14]의 웹 모듈 설정 화면에서 각 입력 항목은 다음과 같다.

- **Context root** : 웹 어플리케이션의 컨텍스트 경로를 입력한다. 이 항목에 입력한 값을 이용해서 http://서버:포트/[컨텍스트경로] 형식의 주소로 접근한다. 루트('/') 컨텍스트인 경우 값을 입력하지 않는다.
- **Content directory** : JSP, HTML, 이미지, WEB-INF 폴더가 위치할 폴더를 입력한다.
- **Generate web.xml deployment descriptor** : web.xml 파일을 생성할지를 지정한다.

[그림 13.14]에서 Context root 값을 chap13으로 입력하고 [Finish] 버튼을 클릭하면 웹 어플리케이션 개발을 위한 프로젝트가 생성된다. Project Explorer 뷰를 보면 [그림 13.15]와 같이 프로젝트가 생성된 것을 확인할 수 있다.

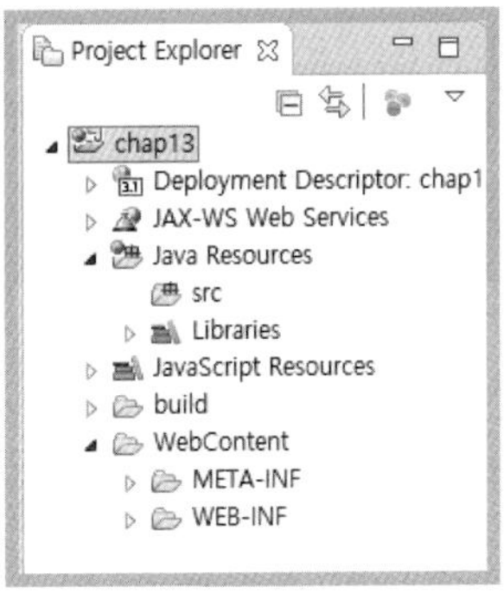

[그림 13.15] Project Explorer에 생성된 프로젝트가 표시된다.

05 JSP와 자바 코드 작성하기

동적 웹 프로젝트를 생성했다면 JSP와 자바 코드를 작성해서 필요한 기능을 제공하는 웹 어플리케이션을 개발할 수 있다. 이 절에서는 생성한 웹 프로젝트에 JSP, 자바 코드, 필요한 jar 파일을 추가하는 방법을 살펴보도록 하자.

5.1 JSP 추가하기

JSP 파일을 추가하려면 웹 프로젝트의 WebContent 폴더에서 마우스의 오른쪽 버튼을 클릭한 뒤 [New]→[JSP File] 메뉴를 실행한다. 또는 WebContent에 새로운 하위 폴더를 생성한 뒤 그 하위 폴더에서 동일한 방법으로 메뉴를 실행해도 된다.

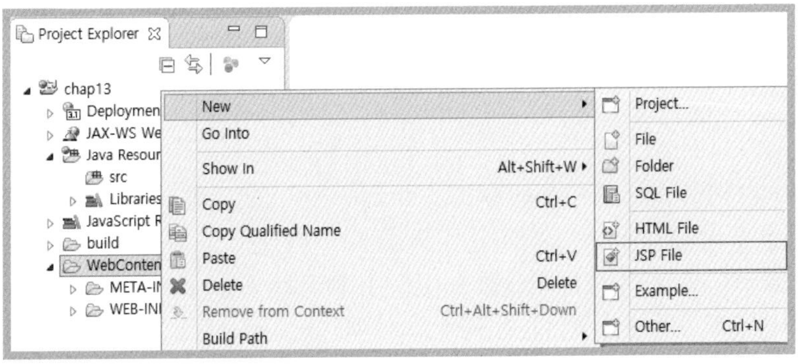

[그림 13.16] JSP 추가 메뉴

[File]→[New]→[Others...] 메뉴를 실행하면 [그림 13.17]과 같은 대화창이 출력되는데, 이 대화창에서 Web/JSP Files를 선택한 뒤 [Next] 버튼을 클릭해도 된다.

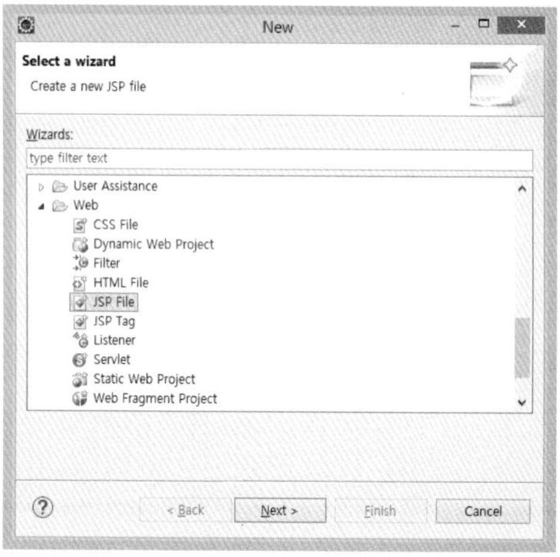

[그림 13.17] New 대화창

[그림 13.16]이나 [그림 13.17]에서 JSP를 선택하면 [그림 13.18]과 같이 생성할 JSP 파일의 이름을 입력받는 대화창이 출력된다.

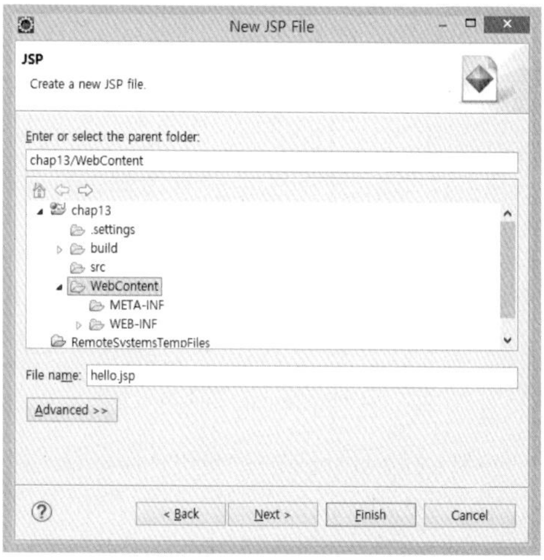

[그림 13.18] JSP 파일 이름 입력

JSP 파일이 위치할 폴더를 선택하고 File name에 JSP 파일 이름을 입력한 뒤 [Finish] 버튼을 클릭하면 새로운 JSP 파일이 생성된다. 생성된 JSP 파일은 [그림 13.19]와 같이 Project Explorer 뷰에서 확인할 수 있으며, Project Explorer에서 해당 파일을 더블클릭하면 오른쪽의 편집 영역을 통해서 소스 코드를 보고 수정할 수 있다.

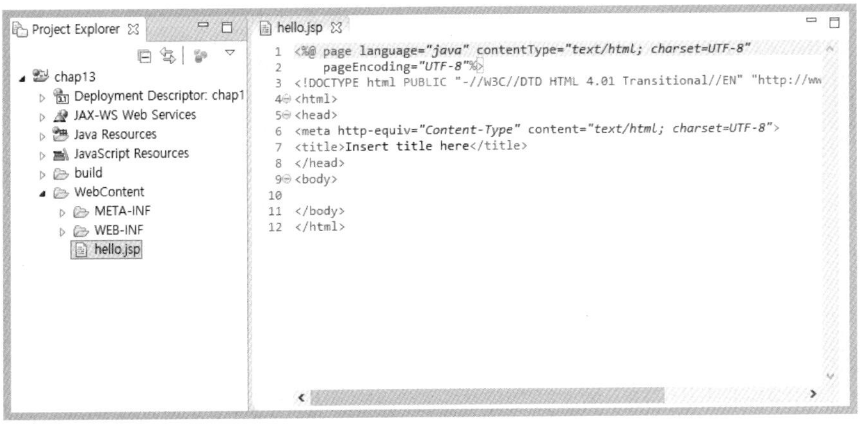

[그림 13.19] 새로 생성된 JSP 파일

JSP 생성 메뉴를 통해서 JSP 파일을 생성하면 [그림 13.19]와 같이 기본 제공하는 내용으로 JSP 파일을 생성한다. 아무 내용도 갖지 않는 JSP 파일을 생성하고 싶다면 [그림 13.16]에서 'File' 메뉴를 선택하고 [그림 13.17]의 New 대화창에서는 'General/File'을 선택한다.

5.2 자바 코드 추가하기

앞서 11장에서는 개발 편의를 위해 자바 소스 코드를 WEB-INF/src 폴더에 위치시켰다. 이클립스 웹 프로젝트를 사용하는 경우에는 [프로젝트폴더]/src 폴더를 소스 코드 저장 폴더로 사용한다. 이 src 폴더는 웹 프로젝트를 생성하는 과정에서([그림 13.13] 참고) 설정한 폴더이다.

먼저 소스 폴더에 패키지를 추가해보자. 패키지를 추가하려면 Project Explorer에서 마우스 오른쪽 버튼을 클릭한 뒤 [New]→[Package] 메뉴를 실행하면 된다.

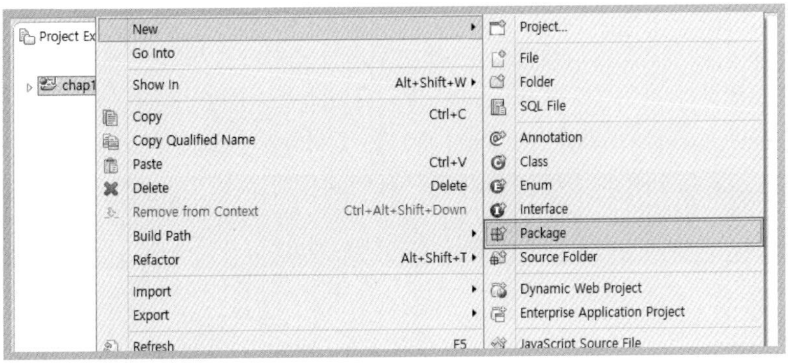

[그림 13.20] Package 메뉴

또는 [File]→[New]→[Others...] 메뉴를 실행한 뒤 New 대화창에서 Java/Package를 선택한 뒤 [Next] 버튼을 클릭해도 된다. Package 메뉴를 실행하거나 New 대화창에서 Package를 선택하면 [그림 13.21]과 같은 대화창이 출력된다.

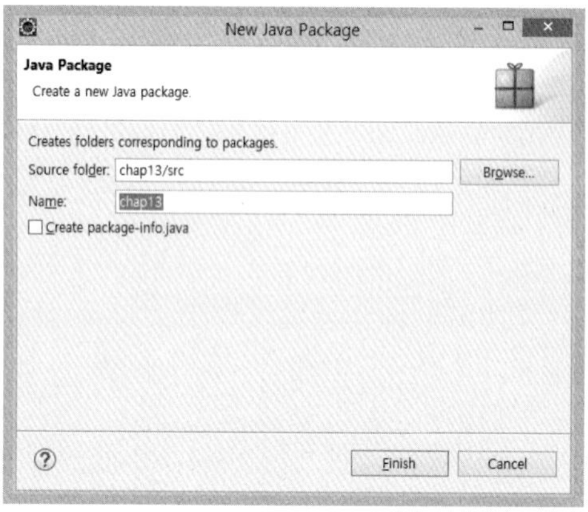

[그림 13.21] 패키지 생성 대화창

New Java package 대화창에서 Name에 생성할 패키지 이름을 입력하고 [Finish] 버튼을 클릭하면 패키지가 생성된다. 패키지 생성이 완료되면 [그림 13.22]와 같이 Project Explorer 뷰의 'Java Resources/src' 폴더에 패키지가 추가된 것을 확인할 수 있다.

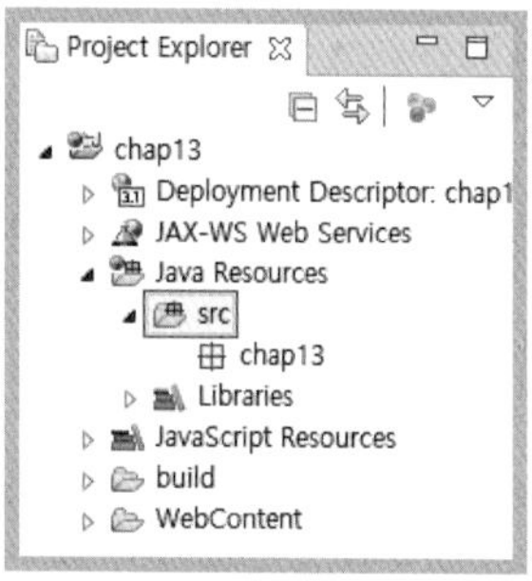

[그림 13.22] 패키지 생성

이제 자바 클래스를 추가해보자. 자바 클래스를 추가하는 방법은 패키지를 추가하는 방법과 동일하다. [File]→[New]→[Others...] 메뉴를 실행하면 출력되는 New 대화창에서 Java/Class를 선택한 뒤 [Next] 버튼을 클릭하거나 또는 Project Explorer 뷰에서 마우스 오른쪽 버튼을 클릭한 뒤 [New]→[Class] 메뉴를 실행하면 [그림 13.23]과 같은 클래스 생성 대화창이 출력된다.

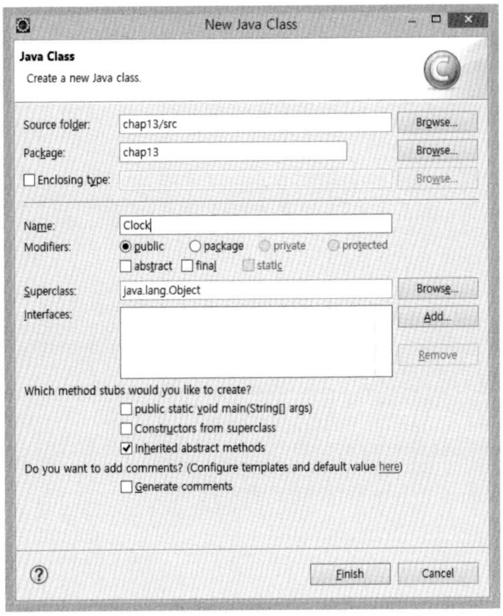

[그림 13.23] 클래스 생성 대화창

클래스 생성 대화창에서 주요 입력 항목은 다음과 같다.

- **Package** : 클래스가 포함될 패키지를 입력한다. [Browse...] 버튼을 클릭하면 패키지를 선택할 수 있는 대화창이 출력된다.
- **Name** : 클래스 이름을 입력한다.
- **Superclass** : 상위 클래스를 입력한다. [Browse...] 버튼을 클릭해서 상속받을 클래스를 검색할 수 있다.
- **Interfaces** : 구현할 인터페이스를 선택한다. [Add...] 버튼을 클릭해서 구현할 인터페이스를 검색할 수 있다.

패키지를 선택하고 클래스의 이름을 입력한 뒤 [Finish] 버튼을 클릭하면 클래스 생성이 완료된다. 생성된 클래스는 [그림 13.24]와 같이 Project Explorer 뷰에서 확인할 수 있다. 생성한 클래스 파일을 더블 클릭하면 편집 영역에서 소스 코드를 수정할 수 있다.

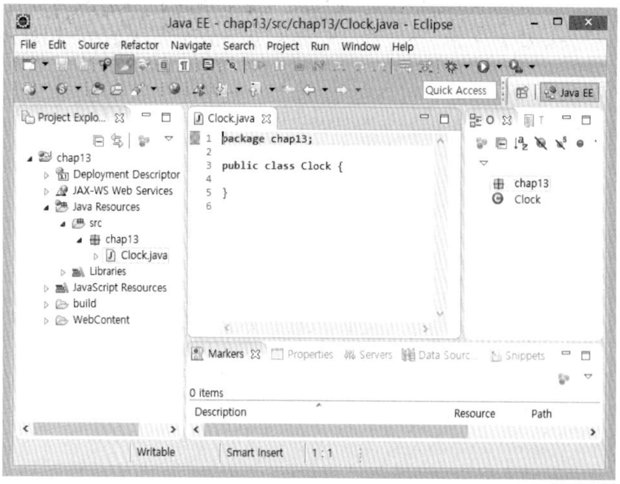

[그림 13.24] 생성한 클래스 파일의 소스 코드

이클립스는 자바 코드에 문법 오류가 있으면 해당 위치에 빨간색 밑줄을 보여준다. 그리고 빨간색 밑줄이 쳐진 곳에 마우스 포인터를 위치시키면 [그림 13.25]와 같이 어떤 에러인지 설명해주고 수정하는 방법을 제시해 준다.

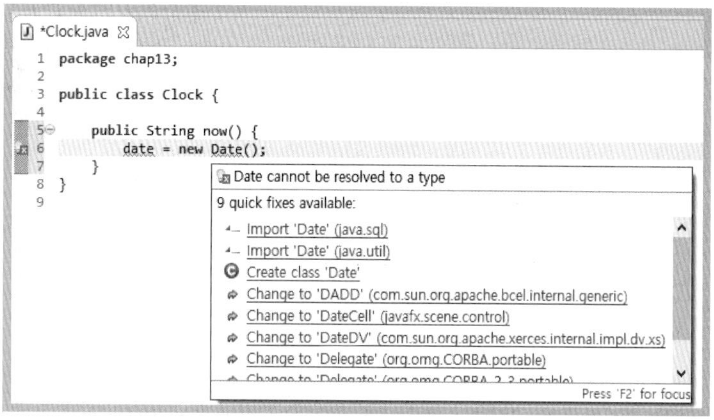

[그림 13.25] 이클립스를 이용하면 문법 오류를 쉽게 확인할 수 있다.

이클립스는 자바 소스 코드를 저장할 때마다 자동으로 자바 파일을 컴파일해서 클래스 파일을 생성한다. 즉, 개발자가 소스 코드를 수정할 때마다 javac 명령어로 소스 코드를 컴파일할 필요가 없다. 생성된 자바 클래스 파일은 [프로젝트]\build\classes 폴더에 생성된다. 윈도우즈 탐색기를 이용해서 프로젝트 폴더의 build\classes 폴더를 보면 추가한 클래스의 class 파일이 생성된 것을 확인할 수 있을 것이다.

5.3 jar 파일 추가하기

앞서 12장에서 JSTL을 사용하기 위해 jstl-1.2.jar 파일을 WEB-INF/lib 폴더에 복사했다. 이클립스를 사용할 경우, Project Explorer의 WebContent/WEB-INF/lib 폴더에 필요한 jar 파일을 위치시키면 된다. 보통 탐색기에서 필요한 jar 파일을 Ctrl+C로 복사한 뒤 이클립스 프로젝트의 WEB-INF/lib 폴더에서 Ctrl+V로 붙여넣기 하면 복사된다.

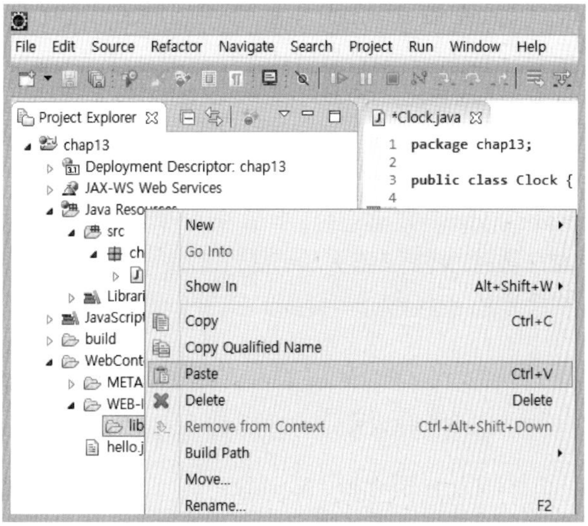

[그림 13.26] WEB-INF/lib 디렉터리에서 Paste를 실행하면 자동으로 jar 파일이 클래스패스에 추가된다.

'Dynamic Web Project'는 WEB-INF/lib 폴더에 추가한 jar 파일을 자동으로 클래스패스에 추가해준다. 따라서 클래스패스를 따로 설정해주지 않더라도 추가한 jar 파일을 사용할 수 있다.

06 서버를 이용해서 웹 어플리케이션 실행하기

현재 시간을 출력해주는 간단한 예제를 작성한 뒤 서버를 통해서 실행해보도록 하자. 먼저 현재 시간을 구해주는 Clock 클래스를 [리스트 13.1]과 같이 작성한다.

[리스트 13.1] chap13/src/chap13/Clock.java

```java
package chap13;

import java.text.SimpleDateFormat;
import java.util.Date;

public class Clock {

    public String now() {
        SimpleDateFormat format = new SimpleDateFormat("HH시 mm분 ss초");
        return format.format(new Date());
    }
}
```

앞서 설명한 방식으로 Clock.java 파일을 생성한 뒤 편집기에서 [리스트 13.1]의 코드를 입력하면 된다. 코드를 수정한 뒤에는 Ctrl+S 키를 눌러서 저장한다. (또는 [File]→[Save] 메뉴를 이용해서 저장한다.) 자바 코드를 저장하면 이클립스가 코드를 컴파일한다.

Clock 클래스를 작성했다면 다음 단계로 Clock 클래스를 이용해서 현재 시간을 출력해주는 JSP인 now.jsp를 작성해보자. now.jsp의 소스 코드는 [리스트 13.2]와 같다.

[리스트 13.2] chap13/WebContent/now.jsp

```jsp
<%@ page language="java" contentType="text/html; charset=UTF-8"
    pageEncoding="UTF-8"%>
<%@ page import="chap13.Clock"%>
<!DOCTYPE html PUBLIC
    "-//W3C//DTD HTML 4.01 Transitional//EN"
    "http://www.w3.org/TR/html4/loose.dtd">
<html>
<head>
<meta http-equiv="Content-Type" content="text/html; charset=UTF-8">
<title>현재 시간 출력</title>
</head>
<body>
현재 시간은 <%= new Clock().now() %> 입니다.
</body>
</html>
```

코드를 작성했다면 chap13 프로젝트를 선택한 뒤 [그림 13.27]과 같이 [Run]→[Run As]→[Run on Server] 메뉴를 실행한다. 또는 Project Explorer 뷰에서 프로젝트를 선택한 뒤, 마우스 오른쪽 버튼을 클릭해서 [Run As]→[Run on Server] 메뉴를 실행해도 된다.

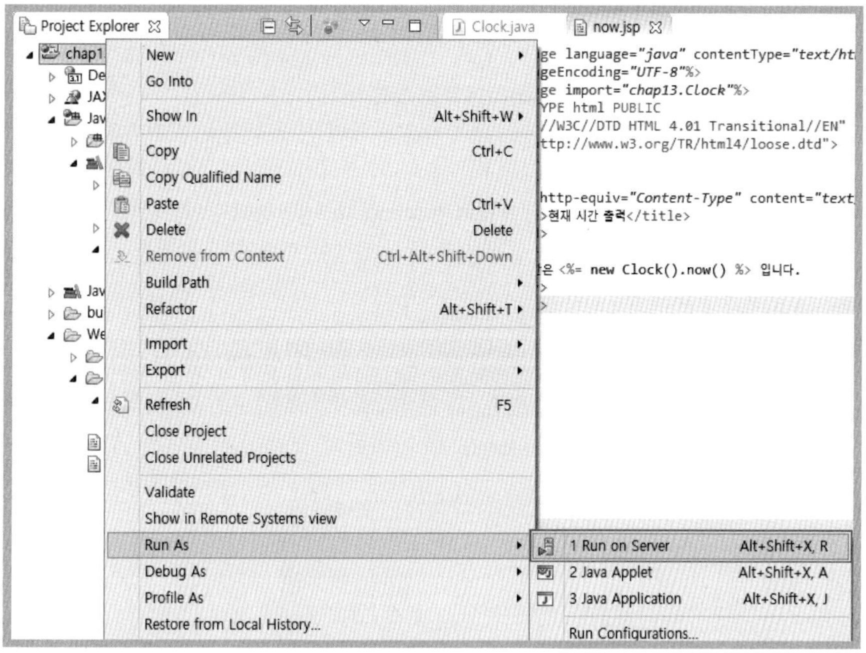

[그림 13.27] 서버를 이용해서 웹 프로젝트 실행하기

[Run on Server] 메뉴를 처음 실행하면 웹 어플리케이션을 실행할 때 사용할 서버 정보 설정 화면이 출력된다.

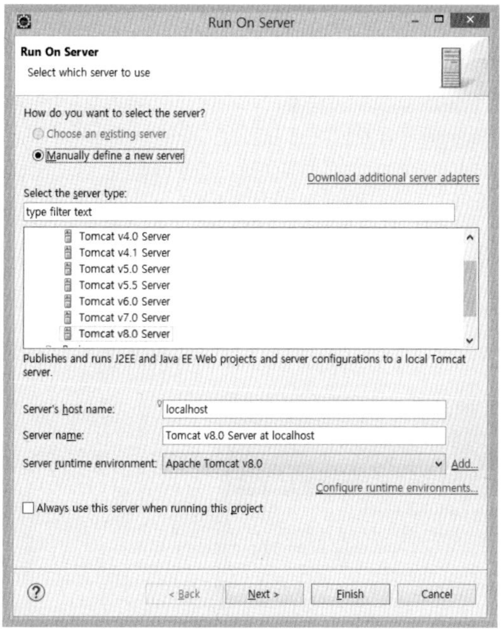

[그림 13.28] 신규 서버 정보 정의 화면

[그림 13.28]에서 각 입력 항목은 다음과 같다.

- Server name : 실행할 서버 이름을 설정한다.
- Server runtime environment : 사용할 서버 실행 환경을 선택한다. 앞서 설정한 톰캣 실행 환경을 선택한다.
- Always use this server when running this project : 이 옵션을 선택하면 프로젝트를 'Run on Server' 메뉴로 실행할 때 항상 선택한 서버 실행 환경을 이용해서 웹 어플리케이션을 구동한다.

[그림 13.28]에서 [Next] 버튼을 클릭하면 서버가 실행할 때 사용할 웹 어플리케이션 프로젝트 목록을 선택하는 화면인 [그림 13.29]가 출력된다. 이 화면에서 실행할 프로젝트를 오른쪽(Configured projects)으로 이동한다.

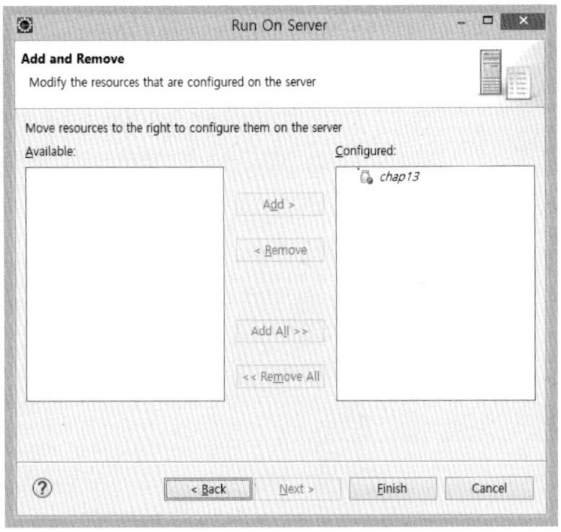

[그림 13.29] 서버에서 실행할 프로젝트 선택

실행할 프로젝트를 설정하고 [Finish] 버튼을 클릭하면 잠시 후 서버가 실행된다. 윈도우에서 처음 실행하면 [그림 13.30]과 같이 윈도우 방화벽에서 보안 경고가 뜬다. 이클립스에서 톰캣이 원활하게 동작하도록 [액세스 허용] 버튼을 클릭해서 이클립스의 통신을 허용한다.

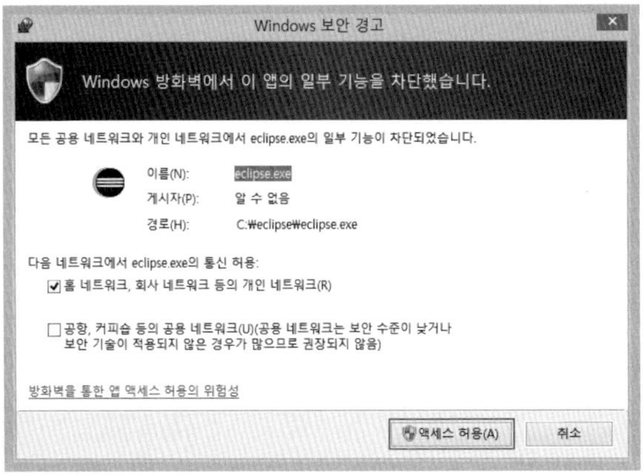

[그림 13.30] 방화벽 보안 경고가 뜨면 이클립스의 통신을 허용한다.

[Run on Server] 메뉴를 이용해서 서버를 실행하면 편집 영역에 내장 웹 브라우저가 삽입된다. 이 내장 웹 브라우저를 이용해서 웹 어플리케이션을 실행할 수 있다. [그림 13.31]은 이클립스 내장 웹 브라우저를 이용해서 이 장의 예제를 실행한 결과 화면이다.

[그림 13.31] 이클립스에서 설정한 톰캣 서버로 실행한 결과

이클립스 하단에는 [그림 13.32]와 같은 Servers 뷰가 출력되는데 이 뷰에서 제공하는 버튼을 이용해서 서버를 시작하거나 중지할 수 있다.

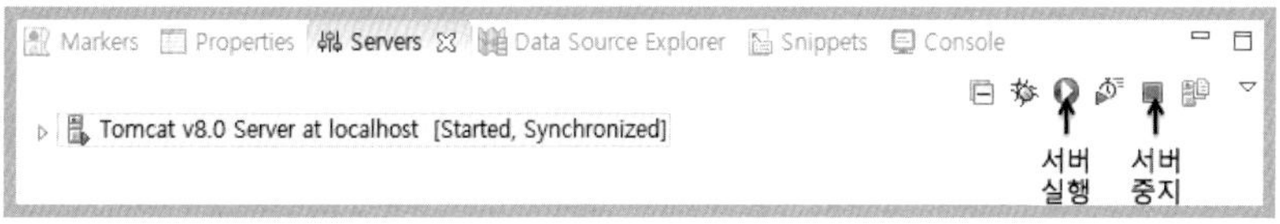

[그림 13.32] Servers 뷰

한 번 서버를 실행하면, 그 이후에 다시 [Run on Server] 메뉴를 실행할 때 [그림 13.33]과 같이 기존에 이미 생성한 서버 정보를 이용해서 실행할지를 묻는다. 여기서 기존에 설정한 서버 정보를 선택하고 [Next] 버튼을 클릭하면 앞서 [그림 13.29]의 프로젝트 선택 화면이 출력된다.

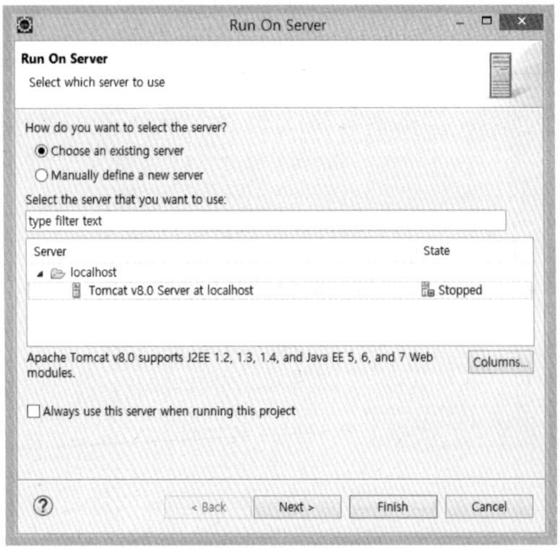

[그림 13.33] 서버 정보를 설정한 뒤 [Run on Server] 메뉴를 실행하면 기존에 설정한 서버 정보가 목록에 출력된다.

NOTE

이클립스에서 서버를 실행하기 전에 설치한 톰캣을 실행 중인지 확인해보자. 만약 다른 톰캣을 이미 실행 중이라면 이클립스에서 서버를 실행할 때 에러가 발생한다. 그 이유는 포트 때문이다. 설치한 톰캣이 사용하는 기본 포트 번호는 8080이고, 이클립스에서 실행하는 톰캣이 사용하는 포트 번호도 8080이다. 이 포트 번호를 이용해서 실행 중인 서버가 존재하면, 이클립스에서 서버를 실행할 때 다음과 같은 에러가 발생한다.

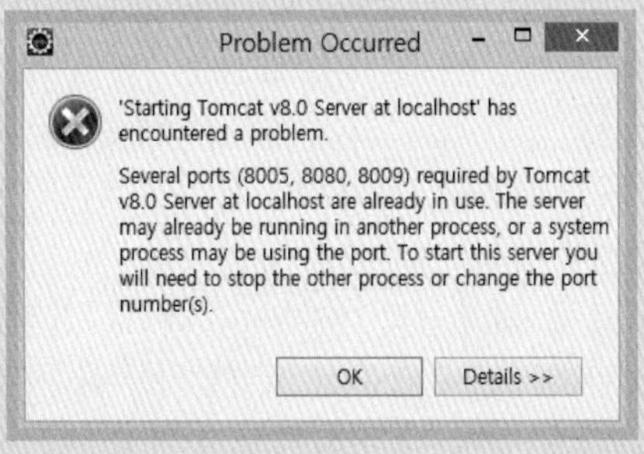

이클립스에서 이런 에러가 발생하면 이미 다른 톰캣 서버가 실행 중일 가능성이 높으니, 이미 실행 중인 톰캣을 종료한 뒤에 다시 시도해보기 바란다.

07 배포할 WAR 파일 생성하기

이클립스의 동적 웹 프로젝트 폴더 구조는 서블릿 규약에 정의되어 있는 표준 폴더 구조와 다르다. 예를 들어, 서블릿 표준 규약은 WEB-INF/classes 폴더에 클래스 파일이 위치하도록 정의하고 있지만 이클립스의 동적 웹 프로젝트는 [프로젝트]/build 폴더에 클래스 파일을 생성한다. 따라서, 개발한 코드를 실제로 사용할 WAS에 배포해서 테스트하려면 서블릿 규약에 맞는 폴더 구조를 생성하고 각 폴더에 필요한 파일을 알맞게 복사해주어야 한다.

테스트할 때마다 매번 알맞은 폴더로 파일을 복사하는 것은 성가신 일인데, 이클립스가 제공하는 'WAR Export' 기능을 사용하면 이런 번거로움을 해소할 수 있다. 이클립스의 'WAR Export' 기능을 사용하려면 프로젝트를 선택한 뒤 마우스 오른쪽 버튼을 클릭해서 [Export]→[WAR file] 메뉴를 실행한다. 또는 [File]→[Export...] 메뉴를 실행하면 나오는 대화창에서 Web/WAR file을 선택한 뒤 [Next] 버튼을 클릭한다. 그러면 [그림 13.34]와 같은 대화창이 나타난다.

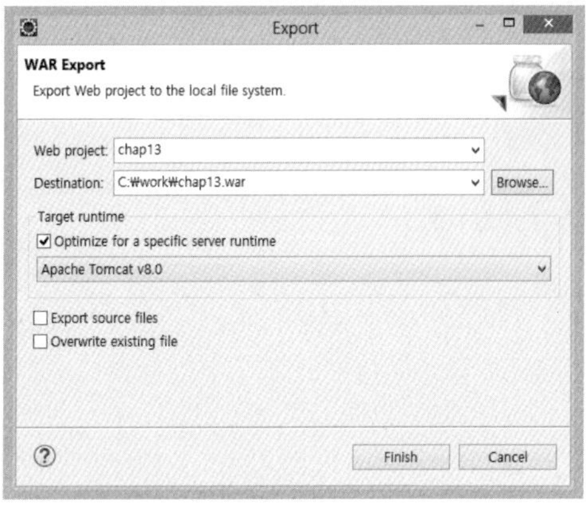

[그림 13.34] WAR 생성 대화창

이 대화창에서 각 입력 항목은 다음과 같다.

- **Web project** : WAR 파일을 생성할 동적 웹 프로젝트 선택
- **Destination** : WAR 파일을 생성할 디렉터리 선택
- **Export source files** : 생성된 WAR 파일에 자바 소스 파일을 포함할지를 선택한다. 이 옵션을 선택하면 WEB-INF\classes 폴더를 기준으로 패키지에 알맞은 위치에 클래스 파일과 함께 소스 파일이 war 파일에 포함된다.

알맞게 값을 입력한 뒤 [Finish] 버튼을 클릭하면 WAR 파일이 Destination에 지정한

폴더에 생성된다. 실제 생성된 WAR 파일을 보면 [그림 13.35]와 같이 서블릿 표준에 정의된 폴더 구조에 맞게 WAR 파일이 생성된 것을 확인할 수 있다.

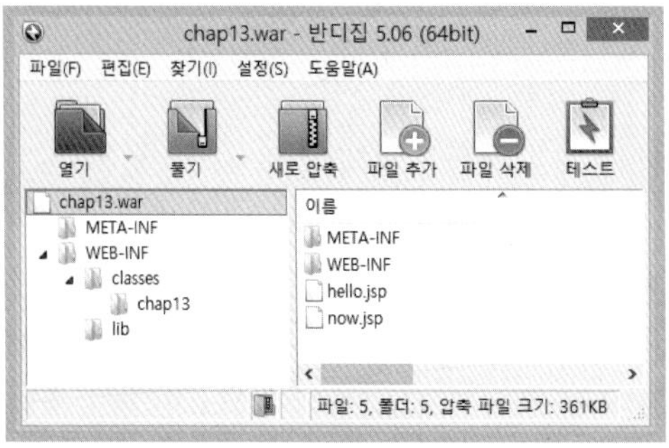

[그림 13.35] 이클립스가 생성한 WAR 파일의 구조

생성한 WAR 파일을 [톰캣]\webapps 폴더에 복사하면 배포가 끝난다. 실제로 chap13.war 파일을 [톰캣]\webapps 폴더에 복사한 뒤 톰캣을 실행해보자. 그러면 [톰캣]\webapps\chap13 폴더가 생성되는 것을 확인할 수 있을 것이다. 즉, war 파일의 이름을 웹 어플리케이션의 컨텍스트 경로로 사용한다. 따라서, chap13.war 파일을 배포했다면 http://localhost:8080/chap13/now.jsp 주소를 이용해서 실행할 수 있다.

중급 내용 익히기

PART 4

CHAPTER 14

데이터베이스 프로그래밍 기초

이 장에서 다룰 내용
- 데이터베이스 기초
- SQL 기초
- JDBC 기초
- 트랜잭션 처리
- DBCP를 이용한 커넥션 풀

다수의 웹 어플리케이션이 회원 정보, 게시글 내용, 컨텐츠 데이터 등을 저장하기 위해 데이터베이스를 사용한다. 웹 프로그래밍에서 데이터베이스를 다루는 것은 반드시 익혀야 하는 기술 중의 하나이다. 웹 프로그래밍은 데이터베이스 프로그래밍이 반이라고 할 정도로 거의 모든 JSP 페이지가 데이터베이스와 통신한다. 자바에서는 JDBC API를 이용해서 데이터베이스 프로그래밍을 하게 되는데, 이 장에서는 웹 프로그래밍을 하는 데 있어 최소한 알아야 하는 JDBC API 사용법을 익혀보도록 하겠다.

01 데이터베이스 기초

이 책의 독자들은 JSP를 처음 배우는 사람들이 많을 것으로 생각한다. 그리고 데이터베이스 프로그래밍에 익숙하지 않은 독자들도 많을 것이다. 그래서 자바에서 데이터베이스를 처리하는 데 사용되는 JDBC 프로그래밍에 대해 살펴보기 전에 먼저 데이터베이스가 무엇인지에 대해서 간단하게 살펴보도록 하겠다.

NOTE

이 책은 JSP에 대한 책이므로 데이터베이스에 대한 내용은 이 장의 내용을 이해하는 데 필요한 정도의 수준으로 간단하게 살펴볼 것이며, JSP에서 데이터베이스를 사용하는 부분에 많은 분량을 할당할 것이다. 만약 SQL 쿼리나 데이터베이스에 이미 익숙한 독자라면 곧바로 JDBC 프로그래밍 부분부터 읽으면 된다.

1.1 데이터베이스와 DBMS

우리가 흔히 '데이터베이스(Database)'라고 부르는 것의 주요 목적은 데이터를 저장했다가 필요할 때에 사용하는 것이다. 데이터베이스를 관리하는 시스템을 DBMS(Database Management System)라고 부르며 주로 사용하는 DBMS로는 오라클, MySQL, MS SQL 서버 등이 있다.

데이터베이스는 데이터를 지속적으로 관리하고 보호하는 것을 주목적으로 하기 때문에, DBMS는 데이터를 안정적으로 보관할 수 있는 다양한 기능을 제공하고 있다. 예를 들어, 데이터베이스를 백업하는 기능이 이에 해당한다. 데이터의 손실이 발생하면 안 되기 때문에 DBMS는 트랜잭션(Transaction)을 보장하여 데이터의 신뢰성을 높여주기도 한다. 이외에도 DBMS는 여러 가지 기능을 제공하고 있는데, 몇 가지 중요한 기능들을 정리하면 다음과 같다.

- 데이터의 추가/조회/변경/삭제
- 데이터의 무결성(integrity) 유지
- 트랜잭션 관리
- 데이터의 백업 및 복원
- 데이터 보안

웹 어플리케이션을 구축할 때 주로 사용하는 데이터베이스는 관계형 데이터베이스(Relational DBMS)이다. 널리 사용하고 있는 오라클, MySQL, MS SQL 등은 모두 관계형 데이터베이스다. 이 책에서는 관계형 데이터베이스를 기준으로 내용을 진행할 것이다.

1.2 테이블과 레코드

RDBMS에서 데이터를 저장하는 장소를 테이블(table)이라고 한다. 테이블은 어떤 데이터를 저장하며 그 데이터의 길이는 최대 몇 글자인지 등의 정보를 갖고 있는데, 이처럼 테이블의 구조와 관련된 정보를 테이블 '스키마(Schema)'라고 부른다.

테이블의 구조는 각각의 정보를 저장하는 칼럼과 칼럼 타입 그리고 각 칼럼의 길이로 구성된다. 예를 들어, 회원 정보를 저장하는 테이블의 스키마는 [그림 14.1]과 같은 구조를 갖는다.

칼럼 이름	칼럼 타입	길이
MEMBERID	VARCHAR	10
PASSWORD	VARCHAR	10
NAME	VARCHAR	20
EMAIL	VARCHAR	80

[그림 14.1] 회원 정보를 저장하는 테이블의 스키마 예제

자바 언어를 보면 'int val = 10;'과 같은 코드를 사용하여 변수를 저장한다. 여기서 int는 값의 타입을 나타내고 val은 변수의 이름을 나타내는 것처럼, 테이블 스키마에서도 저장되는 데이터를 구분하기 위해 칼럼 이름을 사용하고 각 칼럼에 저장되는 값의 종류를 구분하기 위해서 칼럼 타입을 사용한다. 칼럼 타입은 SQL 타입으로서 이에 대해서는 뒤에서 설명할 것이다. 자바의 변수 타입이 저장 가능한 값의 범위가 있듯이 테이블에 저장되는 값의 길이에도 제약이 있다.

스키마는 하나의 데이터에 대한 구조를 나타낸다. 예를 들어, [그림 14.1]의 스키마는 '회원 정보' 데이터에 대한 구조를 보여주고 있다. 여기서 'MEMBERID, PASSWORD, NAME, EMAIL'의 칼럼 데이터 모음을 '레코드(record)'라고 부른다. [그림 14.2]를 살펴보자.

MEMBERID	PASSWORD	NAME	EMAIL
javaman	java	최범균	javaman@a.com
jspman	jsp	최모모	jspman@a.com

레코드(Record)

[그림 14.2] 테이블의 칼럼과 레코드

[그림 14.2]에서 보듯이 하나의 테이블은 여러 개의 레코드로 구성된다. 각 레코드는 테이블의 스키마에 정의된 칼럼에 해당하는 값을 갖는다. 이 레코드, 칼럼 그리고 테이블을 사용해서 데이터를 저장하고 조회하는 작업을 수행하는 것이 바로 데이터베이스 프로그래밍이다.

1.3 주요키(Primary Key)와 인덱스(Index)

테이블에 저장한 레코드를 사용하려면 각 레코드를 구별하는 방법이 필요하다. 예를 들어, 전체 레코드 중에서 특정한 레코드를 한 개만 읽어 와야 한다고 해보자. 이때 각 레코드를 구분하는 방법이 존재하지 않으면 처음부터 끝까지 모든 레코드를 검색해야만 한다. 레코드 수가 수십에서 수백 개라면 빠르게 찾을 수 있겠지만, 수십만에서 수백만 개

라면 한 개의 레코드를 찾는 데 많은 시간이 걸린다.

레코드를 미리 특정 값을 이용해서 정렬해 놓으면 좀 더 빠르게 레코드를 찾을 수 있을 것이다. 이런 목적으로 사용할 수 있는 것이 바로 주요키(Primary key) 칼럼이다. 주요키 칼럼은 하나의 테이블에 저장된 모든 레코드가 서로 다른 값을 갖는 칼럼을 의미한다. 회원 아이디와 같이 서로 다른 값을 가져야 하는 칼럼을 주요키로 사용한다. [그림 14.2]에서 MEMBERID 칼럼이 레코드마다 서로 다른 값을 가진다면, MEMBERID 칼럼을 주요키로 사용할 수 있다.

주요키와 더불어 레코드를 분류할 때 사용되는 것이 인덱스(Index)이다. 인덱스는 데이터의 순서를 미리 정렬해서 저장할 때 사용된다. 예를 들어, 도서관을 생각해보자. 도서관은 보통 책의 이름에 따라서 책의 위치를 정리해놓는다. 그렇게 함으로써 사람들이 책 이름으로 쉽게 책의 위치를 찾을 수 있도록 하고 있다. 이와 비슷하게 데이터베이스도 레코드의 특정 칼럼을 사용해서 레코드를 쉽게 찾을 수 있도록 미리 정리된 표를 만들어 두는데, 이것이 바로 인덱스이다. 주요키도 인덱스의 일종으로서, 인덱스는 중복된 값에 대한 정렬이 가능하지만 주요키는 중복된 값을 가질 수 없다는 차이가 있다.

예를 들어, [그림 14.2]에서 MEMBERID 칼럼은 모든 레코드가 서로 다른 값을 가지므로 주요키로 사용되지만, 이름을 저장하는 NAME 칼럼은 두 레코드가 같은 값을 가질 수 있다. 회원의 이름으로 데이터를 조회하는 기능이 많은 경우에는 회원의 이름 칼럼을 사용한 인덱스를 생성하면 회원 이름으로도 빠르게 데이터를 조회할 수 있게 된다.

1.4 데이터베이스 프로그래밍의 일반적 순서

데이터베이스 프로그래밍은 [그림 14.3]과 같이 네 단계를 거치는 것이 일반적이다.

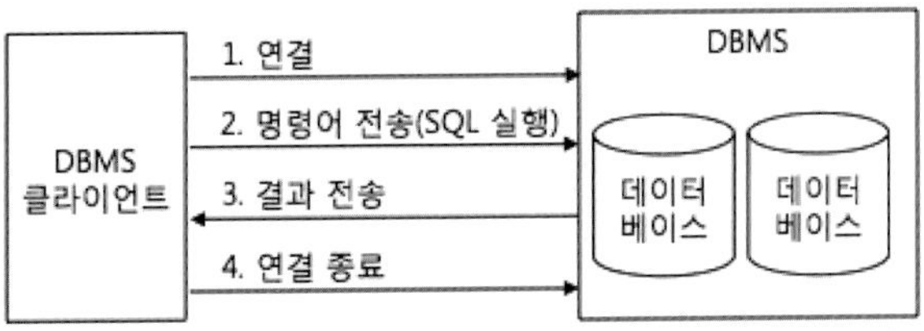

[그림 14.3] DBMS의 사용 순서

데이터베이스를 사용하려면 먼저 데이터베이스에 연결해야 한다. 그런 후, 데이터베이스에 데이터를 삽입하거나 변경하거나 삭제하는 등의 작업을 수행한다. 마지막으로 원하는 작업을 수행했으면 연결을 종료한다. 이때 2~3번 과정은 작업을 완료할 때까지 반복해서 수행할 수 있다.

데이터베이스 프로그래밍의 네 단계 과정은 자바의 데이터베이스 프로그래밍인 JDBC 프로그래밍에서도 동일하게 적용된다.

1.5 데이터베이스 프로그래밍의 필수 요소

데이터베이스 프로그래밍에는 [그림 14.3]에서 보는 것처럼 3개의 요소가 필요하다.

- **DBMS** : 데이터베이스를 관리해주는 시스템
- **데이터베이스** : 데이터를 저장할 공간
- **DBMS 클라이언트** : 데이터베이스를 사용하는 어플리케이션

DBMS는 앞에서 말했듯이 오라클이나 MySQL과 같은 데이터베이스 관리 프로그램을 의미한다. DBMS가 필요하다는 말은 다시 말해서 오라클이나 MySQL과 같은 프로그램을 설치해야 한다는 것을 뜻한다.

데이터를 저장하려면 데이터를 저장할 공간인 데이터베이스를 만들어주어야 한다. 데이터베이스를 생성하는 방법은 DBMS마다 다르므로, 실제로 사용할 DBMS에 맞게 생성해주어야 한다.

마지막으로 DBMS 클라이언트가 필요하다. DBMS를 설치할 때 클라이언트가 함께 설치되기도 하고, 클라이언트만 따로 설치할 수도 있다. 한 DBMS에는 여러 종류의 클라이언트가 존재하기도 한다. 오라클은 SQL Plus라는 클라이언트를 함께 제공하며, TOAD라는 오라클 클라이언트 프로그램이 따로 존재한다. MySQL을 설치할 때 사용되는 기본 클라이언트는 mysql.exe이지만, MySQL Workbench라는 클라이언트를 따로 설치할 수도 있다. 자바에서는 JDBC Driver가 클라이언트의 역할을 대신하게 된다.

02 예제 실행을 위한 데이터베이스 생성

이 장에서 작성할 예제들을 실행하기 위해서는 데이터베이스를 생성해야 한다. 이 장에서는 데이터베이스 생성이나 사용자 계정 관리 등을 MySQL DBMS를 중심으로 설명할 것이다. 오라클이나 기타 DBMS에서 데이터베이스를 생성하는 방법에 대한 내용은 관련 서적들을 참고하기 바란다. MySQL을 설치하고 실행하는 방법은 [부록 A]에서 설명하고 있으니, MySQL의 기본적인 설치 방법을 모르는 독자는 [부록 A]를 참고하자.

[부록 A]에서 설치한 MySQL 워크벤치를 실행하고 root 계정으로 DB에 연결하자. 그리고 다음의 쿼리를 실행하여 예제에서 사용할 데이터베이스를 생성한다.

```
create database chap14 default character set utf8;
```

NOTE

DBMS는 운영체제와 별도로 자신만의 사용자 계정을 갖고 있다. MS SQL의 경우는 윈도우즈 운영체제의 사용자 계정을 그대로 사용할 수도 있지만, 그 외 다른 DBMS는 별도의 사용자 계정을 관리하고 있다. MySQL의 경우 root 계정이 기본적으로 제공되는 데이터베이스 관리 계정이다.

데이터베이스를 추가한 뒤에는 MySQL에서 사용할 사용자를 추가한다. 사용자를 추가하기 위해서는 다음과 같은 순서로 명령을 실행하면 된다.

```
CREATE USER 'jspexam'@'localhost' IDENTIFIED BY 'jsppw';
GRANT ALL PRIVILEGES ON chap14.* TO 'jspexam'@'localhost';

CREATE USER 'jspexam'@'%' IDENTIFIED BY 'jsppw';
GRANT ALL PRIVILEGES ON chap14.* TO 'jspexam'@'%';
```

CREATE USER 쿼리는 새로운 계정을 생성한다. 구조는 다음과 같다.

```
create user '[계정]'@'[호스트]' identified by '[암호]'
```

[계정]은 DB 계정을, [암호]는 연결할 때 사용할 암호를 입력한다. [호스트]는 해당 계정이 접근하는 호스트 정보를 입력한다. 호스트 값이 localhost인 경우 localhost에서 해당 계정으로 접근할 때 해당 암호를 사용한다는 것을 뜻한다. 호스트 값이 '%'인 경우 모든 호스트에서 해당 계정으로 접근할 때 해당 암호를 사용한다는 것을 뜻한다. MySQL은 localhost와 다른 호스트를 구분하므로 사용자 계정을 생성할 때에는 localhost용 계정과 외부에서 접근할 때 사용할 계정을 각각 생성해주어야 한다.

GRANT 쿼리는 MySQL DBMS 계정에 권한을 부여할 때 사용하는 명령어로서, 기본 구조는 다음과 같다.

```
grant [권한목록] on [데이터베이스].[대상] to '[계정]'@'[호스트]'
```

권한 목록이 all privileges이면 모든 권한을 부여한다. 특정 권한만 부여하고 싶다면 다음과 같이 개별 권한 목록을 지정하면 된다.

```
grant select, insert, update, delete, create, drop on chap14.* to 'jspexam'@'%';
```

권한 부여 대상을 전체로 하고 싶다면 "*"을 값으로 사용한다. 예를 들어, 다음 코드는 jspexam 계정에 대해 chap14 데이터베이스의 모든 테이블에 모든 권한을 부여한다.

```
grant all privileges on chap14.* to 'jspexam'@'%';
```

GRANT 명령어를 사용해서 'jspexam' 계정이 chap14 데이터베이스를 사용할 수 있도록 권한을 부여했다면, 제대로 연결되는지 확인할 차례다. MySQL 워크벤치에 다음 정보를 사용하는 연결을 새로 추가한 뒤 연결이 잘 되는지 확인해보자.

- Connection Name : chap14 DB
- Username : jspexam
- Password : jsppw ([Store in Vault...] 버튼을 클릭해서 암호 입력)
- Default Schema : chap14

워크벤치의 연결 추가 대화창에 정보를 입력한 뒤 [Test Connection] 버튼을 클릭해서 [그림 14.4]와 같이 연결에 성공하는지 확인한다.

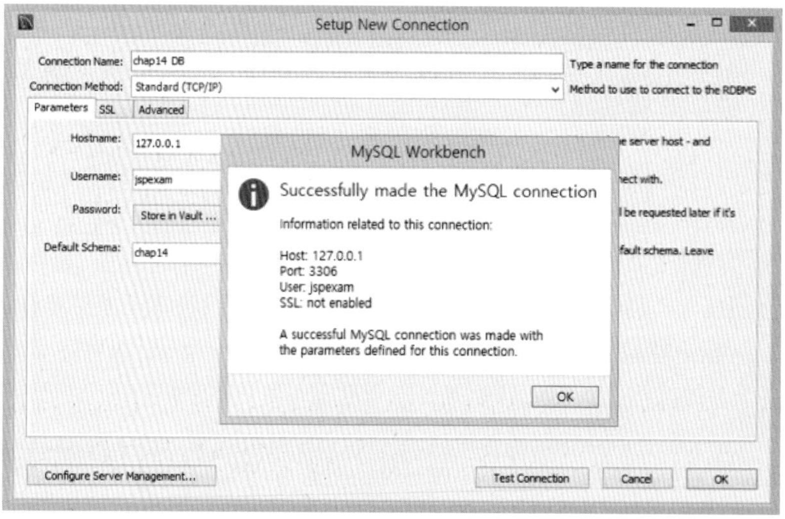

[그림 14.4] 새로 생성한 데이터베이스에 대한 연결 확인

03 SQL 기초

SQL은 'Structured Query Language'의 약자로서 데이터베이스로부터 데이터를 조회하고 삭제하는 등의 작업을 수행할 때 사용하는 언어이다. 이 책은 쿼리 자체를 학습하기 위한 책은 아니지만, 입문자가 책 내용을 이해하는 데 필요한 최소한의 SQL 문법을 설명할 것이다. SQL에 대해 자세한 내용을 알고 싶은 독자들은 SQL 관련 서적이나 문서를 참고하기 바란다.

3.1 주요 SQL 타입

먼저 SQL 타입에 대해 알아보자. 자바에 int, long, double, String과 같이 데이터 종류에 따라 알맞은 타입이 존재하는 것처럼 SQL도 저장할 데이터 종류에 따라 다양한 타입을 제공한다.

표 14.1 표준 SQL의 주요 타입

SQL 타입	설명
CHAR	확정 길이의 문자열을 저장한다. 표준의 경우 255글자까지만 저장할 수 있다.
VARCHAR	가변 길이의 문자열을 저장한다. 표준의 경우 255글자까지만 저장할 수 있다.
LONG VARCHAR	긴 가변 길이의 문자열을 저장한다.
NUMERIC	숫자를 저장한다.
DECIMAL	십진수를 저장한다.
INTEGER	정수를 저장한다.
TIMESTAMP	날짜와 시간을 저장한다.
TIME	시간을 저장한다.
DATE	날짜를 저장한다.
CLOB	대량의 문자열 데이터를 저장한다.
BLOB	대량의 이진 데이터를 저장한다.

NOTE

표준 SQL 타입이 존재하긴 하지만, DBMS는 표준 SQL 타입뿐만 아니라 DBMS 자체적으로 확장 타입을 추가 제공한다. 예를 들어, 오라클은 VARCHAR2라는 타입을 제공하는데 이 타입은 4,000바이트까지 저장할 수 있다. 사실 오라클에서 VARCHAR와 VHARCAR2는 동일하므로 VARCHAR를 사용해도 4,000바이트까지 저장할 수 있다. MySQL도 비슷하게 Timestamp 타입뿐만 아니라 DATETIME이라는 타입을 제공하고 있다. 이렇듯 DBMS가 제공하는 확장 타입은 표준 SQL에 정의된 타입이 아니기 때문에 DBMS마다 서로 호환되지 않고 표준 SQL 타입과 다른 제약을 갖는다. 심지어 오라클의 VARCHAR처럼 표준 SQL과 이름은 같지만 완전히 다른 경우도 존재한다. 따라서, DBMS가 제공하는 타입에 대해 기본적인 제약사항을 알고 타입을 사용해야 한다.

3.2 테이블 생성 쿼리

데이터가 실제로 저장되는 공간은 테이블이므로, 데이터베이스 프로그래밍을 하려면 테이블을 생성해야 한다. 테이블을 생성할 때 사용하는 쿼리 형식은 다음과 같다.

```
create table TABLENAME (
    COL_NAME1        COL_TYPE1(LEN1),
    COL_NAME2        COL_TYPE2(LEN2),
    ...,
    COL_NAMEn        COL_TYPEn(LENn)
)
```

여기서 각 요소는 다음과 같다.

- TABLENAME : 테이블을 식별할 때 사용할 이름
- COL_NAME : 각 칼럼의 이름
- COL_TYPE : 각 칼럼에 저장될 값의 타입
- LEN : 저장될 값의 최대 길이

예를 들어, [그림 14.1]에 표시한 테이블의 이름을 MEMBER라고 하면, MEMBER 테이블을 생성할 때 다음과 같은 쿼리를 사용한다.

```
create table MEMBER (
    MEMBERID VARCHAR(10),
    PASSWORD VARCHAR(10),
    NAME VARCHAR(20),
    EMAIL VARCHAR(80)
)
```

위와 같이 테이블을 생성하면 주요키에 대한 정보가 표시되지 않는다. 또한, 필수 값에 대한 여부도 표시되어 있지 않다. 주요키 칼럼을 표시할 때에는 칼럼 타입 뒤에 'PRIMARY KEY'라는 문장을 추가하며, 필수 값에 대해서는 'NOT NULL'을 추가한다. 예를 들어, MEMBERID 칼럼이 주요키이고, PASSWORD, NAME 칼럼이 필수 요소라고 생각해보자. 이 경우 위 SQL 쿼리는 다음과 같이 변경된다.

```
create table MEMBER (
   MEMBERID VARCHAR(10) NOT NULL PRIMARY KEY,
   PASSWORD VARCHAR(10) NOT NULL,
   NAME VARCHAR(20) NOT NULL,
   EMAIL VARCHAR(80)
)
```

이 SQL 쿼리를 MySQL 콘솔 프로그램에서 직접 실행하면 다음과 같은 결과가 출력된다. 참고로 경로 부분에 [MySQL설치폴더] 부분은 [Program Files\MySQL\MySQL Server 5.7]이다. (쿼리를 다 입력한 뒤에는 세미콜론(';')을 입력해서 명령어를 끝낸다.)

```
C:\[MySQL설치폴더]\bin>mysql -u jspexam -p chap14 --default-character-set=utf8
Enter password: *****
...생략
mysql> create table MEMBER (
    ->    MEMBERID VARCHAR(10) NOT NULL PRIMARY KEY,
    ->    PASSWORD VARCHAR(10) NOT NULL,
    ->    NAME VARCHAR(20) NOT NULL,
    ->    EMAIL VARCHAR(80)
    -> ) engine=InnoDB default character set = utf8;
Query OK, 0 rows affected (0.09 sec)
```

이 쿼리에서 engine=InnoDB는 MySQL에서 사용되는 구문이다. 이 구문은 테이블을 InnoDB라는 저장 엔진을 사용해서 생성한다는 것을 의미한다. InnoDB 엔진을 사용하는 이유는 트랜잭션 때문인데, InnoDB 엔진을 사용하지 않으면 트랜잭션이 올바르게 처리되지 않는다. 트랜잭션에 대한 내용은 뒤에서 다시 살펴본다.

NOTE

위 테이블 생성 쿼리에서 "default character set = utf8"은 MySQL에서만 사용되는 구문으로 테이블에서 사용될 캐릭터 셋이 UTF-8임을 뜻한다. 또한, 명령 프롬프트에서 mysql 프로그램을 실행할 때 --default-character-set 옵션의 값으로 utf8을 주었는데, 이는 mysql 클라이언트가 UTF-8 캐릭터 셋을 사용한다는 것을 의미한다. 이 옵션을 주지 않고 쿼리를 실행하는 경우 UTF-8을 사용하는 테이블에 대한 글자 처리가 올바르게 되지 않는다.

워크벤치를 사용하면 워크벤치가 캐릭터 셋 처리를 알아서 처리해주므로, mysql 프로그램보다 워크벤치를 사용하는 것이 편리하다.

워크벤치에서 테이블 생성 쿼리를 실행한 결과는 [그림 14.5]와 같다.

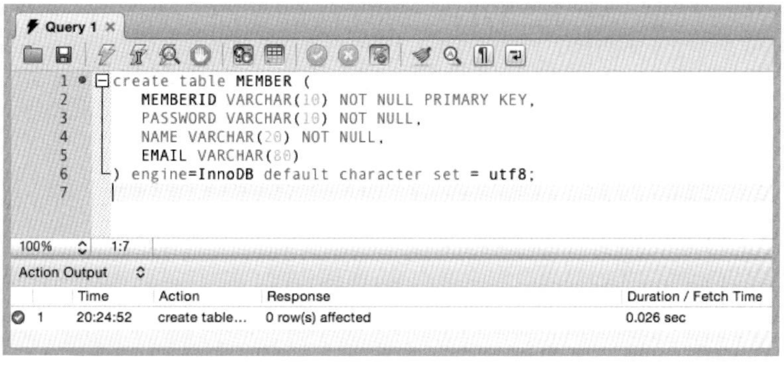

[그림 14.5] 워크벤치에서 테이블 생성 쿼리를 실행한 결과

3.3 데이터 삽입 쿼리

테이블에 데이터를 추가할 때는 INSERT 쿼리를 사용한다. INSERT 쿼리는 테이블에 한 레코드를 삽입할 때 사용하며 기본 문법은 다음과 같다.

```
insert into [테이블이름] ([칼럼1], [칼럼2], .., [칼럼n])
        values ([값1], [값2], .., [값n])
```

[테이블이름]은 레코드를 삽입할 테이블 이름을 나타낸다. [칼럼]에는 값을 입력할 칼럼의 이름을 입력하고, [값]에는 해당 칼럼의 값을 입력한다. 예를 들어, 앞서 생성한 MEMBER 테이블에 값을 추가하고 싶다면 아래와 같은 쿼리를 실행하면 된다.

```
insert into MEMBER (MEMBERID, PASSWORD, NAME)
        values ('madvirus', '1234', '최범균');
```

위 쿼리는 MEMBER 테이블의 MEMBERID, PASSWORD, NAME 칼럼의 값이 각각 "madvirus", "1234", "최범균"인 레코드를 삽입한다. EMAIL 칼럼의 값은 지정하지 않았는데 이처럼 값을 지정하지 않으면 널(null) 값이 들어간다.

위 쿼리에서 큰따옴표가 아닌 작은따옴표를 사용하여 값을 표현하고 있는데, SQL에서는 작은따옴표를 사용하여 문자열을 표시한다.

NOTE

널(null) 값이란? 널 값은 칼럼에 어떤 값도 들어가 있지 않다는 것을 의미한다. 예를 들어, INTEGER 타입의 칼럼이 널 값을 가진 경우, 이 칼럼은 값을 갖고 있지 않은 상태가 된다. 즉, 0이나 1등의 기본값을 사용하지 않고 아예 값이 없는 상태가 된다. 테이블 생성 쿼리에서 NOT NULL로 지정한 칼럼은 널을 값으로 갖지 못한다.

칼럼 목록을 표시하지 않으면 전체 칼럼에 대해 값을 지정해야 한다. 예를 들어, MEMBER 테이블에 레코드를 추가하려면 다음과 같이 칼럼명을 입력하지 않고 모든 칼럼의 값을 순서대로 지정해도 된다.

```
insert into MEMBER values ('era13', '5678', '최범균', 'madvirus@madvirus.net')
```

값에 작은따옴표가 있을 때는 어떻게?

SQL에서는 작은따옴표를 사용해서 문자열을 표현한다. 그래서, 값 자체에 작은따옴표가 포함되어 있으면 문제가 발생한다. 예를 들어, 다음의 SQL 쿼리를 보자.

```
insert into MEMBER values('era13', '5678', '최'범균', 'madvirus2@gmail.com')
```

세 번째에 삽입하는 값은 "최'범균" 인데, 실제로 쿼리는 '최' 부분만 값으로 인식하고 나머지 부분은 값으로 인식하지 않기 때문에 SQL 에러가 발생하게 된다. 값에 작은따옴표가 포함되어 있으면, 작은따옴표를 연달아 두 번 사용해서 작은따옴표를 표현해야 에러가 발생하지 않는다. 예를 들어, "최'범균"이라는 문자열은 다음과 같이 표시한다.

```
'최''범균'
```

3.4 데이터 조회 쿼리 – 조회 및 조건

테이블에 저장된 데이터를 조회할 때에는 SELECT 쿼리를 사용한다. SELECT 쿼리의 기본 문법은 다음과 같다.

```
select [칼럼1], [칼럼2], ..., [칼럼n] from [테이블이름]
```

여기서 [칼럼]은 읽어오고자 하는 칼럼의 목록이다. 다음은 앞서 생성했던 MEMBER 테이블에서 MEMBERID 칼럼과 NAME 칼럼의 값을 읽어오는 쿼리를 실행한 결과 화면이다.

```
mysql> select MEMBERID, NAME from MEMBER;
+----------+---------+
| MEMBERID | NAME    |
+----------+---------+
| era13    | 최범균  |
| madvirus | 최범균  |
+----------+---------+
2 rows in set (0.00 sec)
```

만약 전체 칼럼을 모두 읽고 싶으면 전체 칼럼 이름을 적는 대신 다음과 같이 별표('*')를 사용하면 된다.

```
select * from MEMBER;
```

SELECT 쿼리는 기본적으로 모든 레코드의 목록을 읽어온다. 그런데 보통 특정 조건을 충족하는 레코드만 필요한 경우가 많기 때문에, 특정 조건을 충족하는 레코드만 조회하는 방법이 필요하다. 예를 들어, 회원 아이디가 'madvirus'인 회원 정보를 보고 싶으면, 전체 회원 정보를 읽어온 뒤 그중에서 아이디가 'madvirus'인 레코드를 찾기보다는, 회원 아이디가 'madvirus'인 레코드만 조회해서 보고 싶을 것이다. 이럴 때 WHERE 절을 사용한다. WHERE 절은 FROM 부분 뒤에 오며 다음과 같이 사용된다.

```
select * from MEMBER where NAME = '최범균';
```

위 코드는 NAME 칼럼의 값이 '최범균'인 레코드의 목록만 읽어온다. AND와 OR를 사용하면 한 개 이상의 조건을 동시에 부여할 수도 있다.

```
select * from MEMBER
        where NAME = '최범균' and EMAIL = 'madvirus@madvirus.net';
```

자바의 조건 연산자와 마찬가지로 AND를 사용하면 양쪽 조건을 모두 충족해야 하고 OR를 사용하면 두 조건 중의 하나만 충족하면 된다. 위 쿼리는 NAME 칼럼 값이 '최범균'이고 EMAIL 칼럼 값이 'madvirus@madvirus.net'인 레코드만 검색한다.

같지 않음을 표현할 때에는 '<>' 연산자를 사용한다. 예를 들어, EMAIL 칼럼의 값이 빈 문자열('')이 아닌 레코드를 검색하고 싶다면 다음과 같은 쿼리를 사용하면 된다.

```
select * from MEMBER where EMAIL <> '';
```

칼럼 값이 NULL이거나 NULL이 아닌 레코드를 구하고 싶다면 다음과 같이 NULL과 관련된 전용 쿼리를 사용할 수도 있다.

```
select * from MEMBER where EMAIL is NULL;
select * from MEMBER where EMAIL is not NULL;
```

'IS NULL' 연산자는 해당 칼럼이 NULL인지 여부를 판단하며, 'IS NOT NULL' 연산자는 해당 칼럼이 NULL이 아닌지 여부를 판단한다.

부등호 기호를 사용할 수도 있다. 예를 들어, 숫자 칼럼에서 값의 범위가 1부터 100 사이에 있는 레코드를 읽어오고 싶다고 해보자. 이 경우 다음과 같이 '<', '>', '<=', '>=' 등의 연산자를 사용하면 된다.

```
where SALARY >= 1000 and SALARY <= 2000
```

LIKE 조건을 사용해서 특정 문장을 포함하고 있는지 검사할 수 있다. 예를 들어, NAME 칼럼의 값이 '최'로 시작하는 레코드를 찾고 싶다면 다음과 같이 LIKE 조건을 사용할 수 있다.

```
where NAME like '최%'
```

여기서 '%'는 모든 것을 의미하는 것으로서 위 조건은 NAME 칼럼의 값이 '최*****'의 형태를 갖는지 여부를 판단할 때 사용한다. 만약 '%범%'과 같이 조건을 주면 앞뒤로 모든 문장이 오고 중간에 '범'이 포함된 값인지의 여부를 판단하게 된다.

LIKE 검색시 주의 사항

LIKE 검색은 편리하지만, 검색 속도가 매우 느리다. 예를 들어 NAME 칼럼 값에 '은'이 포함된 레코드를 검색하고자 할 경우 다음과 같은 쿼리를 사용한다.

```
select ... from member where name like '%은%'
```

레코드 수가 수천 개 이내라면 이 쿼리를 수행하는데 시간이 많이 걸리지 않지만 수백만이나 수천만 개라면 (포털의 회원수를 생각해보자) 검색 속도가 참을 수 없을 만큼 느려진다. 따라서, 빠른 검색 속도가 필요하다면 LIKE 검색 대신 별도의 검색 엔진을 사용해야 한다.

3.5 데이터 쿼리 조회 – 정렬

게시판이나 회원 목록 등을 출력할 때 이름 순서나 아이디 오름차순 또는 번호 순으로 정렬하는 것이 보통이다. SQL 쿼리에서는 ORDER BY 절을 사용해서 데이터 정렬을 처리한다. ORDER BY 절은 WHERE 절 뒤에(WHERE 절이 없으면 FROM 절 뒤) 붙으며 다음과 같이 사용된다.

```
select .. from [테이블이름] where [조건절] order by [칼럼1] asc, [칼럼2] desc, ...;
```

[칼럼]은 정렬하고 싶은 칼럼의 이름이고 칼럼 이름 뒤에 'asc'나 'desc'를 붙인다. 'asc'를 붙이면 오름차순으로 정렬하고 'desc'를 붙이면 내림차순으로 정렬한다. 여러 개의 칼럼을 사용하면 지정한 칼럼 순서대로 정렬한다. 예를 들어, 다음 쿼리를 보자.

```
select * from MEMBER order by NAME asc, MEMBERID asc;
```

이 쿼리는 NAME 칼럼을 기준으로 오름차순으로 먼저 정렬하고, 그 상태에서 MEMBERID 칼럼에 대해서 오름차순으로 정렬하게 된다. 이때 주의할 점은 일단 NAME 칼럼으로 정렬된 상태가 되면, NAME 칼럼이 같은 값을 갖는 것들에 대해서만 MEMBERID 칼럼으로 정렬한다는 점이다.

3.6 데이터 쿼리 조회 – 집합

집합 관련된 쿼리에는 sum(), max(), min(), count() 등의 함수가 있다. 이들 함수는 각각 총합, 최대, 최소, 개수를 구할 때 사용된다. 예를 들어, 테이블의 SALARY 칼럼의 가장 큰 값과, 가장 작은 값 그리고 전체 레코드의 칼럼 합을 구할 때는 다음과 같은 쿼리를 사용한다.

```
select max(SALARY), min(SALARY), sum(SALARY) from ...;
```

전체 레코드 개수는 다음 쿼리를 사용해서 구할 수 있다.

```
select count(*) from MEMBER;
```

특정 조건에 해당하는 레코드에 대해서만 집합 관련 함수를 실행하고 싶다면 where 조건문을 붙이면 된다. 예를 들어, NAME 칼럼 값이 '최'로 시작하는 레코드의 개수를 구하고 싶다면 다음과 같은 쿼리를 실행하면 된다.

```
select count(*) from MEMBER where NAME like '최%';
```

3.7 데이터 수정 쿼리

데이터를 수정할 때에는 UPDATE 쿼리를 사용한다. UPDATE 쿼리의 문법은 다음과 같다.

```
update [테이블이름] set [칼럼1]=[값1], [칼럼2]=[값2], .. where [조건절];
```

UPDATE 쿼리를 실행할 때 WHERE 절을 사용해서 조건을 명시하지 않으면 모든 레코드의 값을 변경한다. 예를 들어, 다음 쿼리는 모든 레코드의 NAME 칼럼 값을 '최범균'으로 변경한다.

```
update MEMBER set NAME='최범균';
```

따라서, UPDATE 쿼리를 실행할 때에는 WHERE 절을 알맞게 사용해서 전체 레코드를 변경하지 않도록 주의해야 한다.

3.8 데이터 삭제 쿼리

DELETE 쿼리를 실행해서 레코드 단위로 데이터를 삭제할 수 있으며 문법은 다음과 같다.

```
delete from [테이블이름] where [조건절]
```

UPDATE 쿼리와 마찬가지로 DELETE 쿼리도 WHERE 절에 조건을 입력하지 않으면 전체 레코드를 삭제한다. 즉, 다음 쿼리는 MEMBER 테이블에 있는 모든 레코드를 삭제한다.

```
delete from MEMBER
```

따라서 특정 조건의 레코드를 삭제할 때에는 반드시 WHERE 절을 사용해서 삭제 범위를 지정해야 한다. 예를 들어, 특정 회원 아이디에 대한 정보를 삭제하고 싶다면 다음과 같이 WHERE 절을 사용한다.

```
delete from MEMBER where MEMBERID = 'era13'
```

3.9 조인

조인(Join)은 두 개 이상의 테이블에서 관련 있는 데이터를 함께 읽어올 때 사용된다. 조인의 기본 형식은 다음과 같다.

```
select A. 칼럼1, A. 칼럼2, B. 칼럼3, B. 칼럼4
from [테이블1] as A, [테이블2] as B
where A.[ 칼럼x] = B.[ 칼럼y]
```

위 쿼리에서 "[테이블1] as A"는 테이블1을 A로 표시한다는 것을 의미한다. 마찬가지로 B는 [테이블2]를 나타낸다. 위 쿼리는 테이블1의 칼럼x와 테이블2의 칼럼y의 값이 같은 레코드를 하나의 행(row)으로 읽어온다.

조인의 예를 들기 위해서 다음과 같은 테이블을 생성해보자.

```
create table MEMBER_ETC (
   MEMBERID      VARCHAR(10) NOT NULL PRIMARY KEY,
   BIRTHDAY      CHAR(8)
)
```

MEMBER_ETC 테이블에 여러 레코드를 삽입한 후 다음과 같이 쿼리를 실행해보자.

```
mysql> select * from MEMBER as A, MEMBER_ETC as B
    -> where A.MEMBERID = B.MEMBERID;
+----------+----------+-------+---------------------------+----------+----------+
| MEMBERID | PASSWORD | NAME  | EMAIL                     | MEMBERID | BIRTHDAY |
+----------+----------+-------+---------------------------+----------+----------+
| era13    | 5678     | 최범균 | madvirus@madvirus.net     | era13    | 19780809 |
| madvirus | 1234     | 최범균 | NULL                      | madvirus | 19770831 |
+----------+----------+-------+---------------------------+----------+----------+
2 rows in set (0.00 sec)
```

위 쿼리는 두 테이블의 MEMBERID 칼럼이 같은 레코드를 함께 읽어오도록 하고 있다. 결과를 보면 좌측의 네 칼럼-MEMBERID, PASSWORD, NAME, EMAIL-은 MEMBER 테이블의 칼럼이고 우측의 두 칼럼-MEMBERID, BIRTHDAY-은 MEMBER_ETC 테이블의 칼럼임을 알 수 있다. 이렇게 두 개 이상의 테이블로부터 같은 값을 갖는 칼럼을 사용하여 함께 레코드를 묶어서 읽어오는 것을 조인이라고 한다.

조인을 사용하면 관련된 테이블로부터 필요한 칼럼을 모아서 한꺼번에 읽어올 수 있기 때문에, 여러 테이블에 분산해서 저장된 정보를 읽어올 때 유용하게 사용할 수 있다.

NOTE

조인은 데이터베이스 프로그래밍에서 반드시 알고 있어야 하는 지식 중의 하나이다. 책에서는 간단하게 내부 조인에 대해서만 설명했지만, 실제로 조인은 다양한 형태로 존재한다. 또한, 조인을 어떻게 하느냐에 따라 쿼리 성능에 많은 영향을 미치므로 사용하는 데이터베이스에서 어떻게 조인을 실행하는 것이 좋은지에 대한 지식을 공부해 두는 것이 좋다.

04 프로젝트 준비

예제를 실행하기 전에 웹 어플리케이션 프로젝트를 생성하자. 이클립스를 이용해서 14장의 예제를 테스트하고 싶다면 다음 과정을 따른다.

1. [File]→[New]→[Dynamic Web Project] 메뉴를 실행한다.
2. New Dynamic Web Project 대화창에서 다음과 같이 설정 후 [Finish] 버튼을 클릭해서 프로젝트를 생성한다.
   a. Project name : chap14
   b. Target runtime : Apache Tomcat v8.0 (톰캣 런타임을 다른 이름으로 등록했다면 해당 이름 사용)
   c. Dynamic web module version : 3.1

12장까지 했던 방식처럼 톰캣 설치 폴더에 직접 웹 어플리케이션을 생성하고 테스트하고 싶다면 다음과 같이 웹 어플리케이션 폴더를 생성한다.

1. c:\apache-tomcat-8.0.21\webapps\chap14 폴더를 생성한다.
2. chap14 폴더에 WEB-INF 하위 폴더를 생성한다.
3. WEB-INF 하위 폴더에 lib 하위 폴더, classes 하위 폴더, src 하위 폴더를 생성한다.

이 장에서는 이클립스 프로젝트를 생성했다는 가정하게 경로를 표시할 것이다. 책에 표시한 이클립스 프로젝트 경로와 직접 생성한 웹 어플리케이션 폴더는 다음과 같이 짝을 이룬다.

- 이클립스 : chap14/src → 웹 어플리케이션 : chap14\WEB-INF\src
- 이클립스 : chap14/WebContent → 웹 어플리케이션 : chap14
- 이클립스 : chap14/WebContent/WEB-INF/lib → 웹 어플리케이션 : chap14\WEB-INF\lib

05 JSP에서 JDBC 프로그래밍하기

자바에서 데이터베이스 프로그래밍을 할 때에는 JDBC API를 사용한다. JDBC는 Java DataBase Connectivity의 약자로서 자바에서 데이터베이스와 관련된 작업을 처리할 때 사용하는 API이다. 자바는 DBMS의 종류에 상관없이 하나의 JDBC API를 사용해서 데이터베이스 작업을 처리할 수 있기 때문에, 일단 익혀두면 모든 DBMS에 대해서 동일한 방식으로 데이터베이스 작업을 처리할 수 있게 된다.

5.1 JDBC의 구조

JDBC 프로그래밍에 대해서 설명하기 전에 먼저 간단하게 JDBC API의 구조에 대해서 살펴보자. JDBC API를 사용하는 어플리케이션의 개략적인 구조는 [그림 14.6]과 같다.

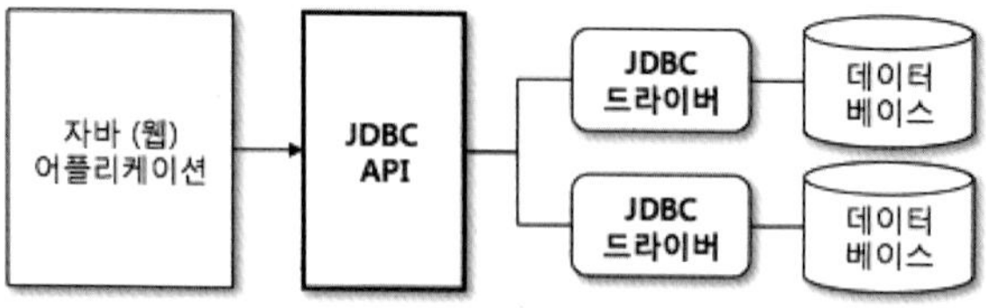

[그림 14.6] JDBC 프로그래밍의 구조

JSP를 포함한 자바 어플리케이션에서 데이터베이스를 사용할 때에는 데이터베이스 종류에 상관없이 JDBC API를 이용해서 데이터베이스에 접근한다. 각각의 DBMS는 자신에게 알맞은 JDBC 드라이버를 제공하고 있다. JDBC API는 JDBC 드라이버를 거쳐 데이터베이스와 통신을 한다.

JDBC API를 사용하면 DBMS에 알맞은 JDBC 드라이버만 있으면 어떤 데이터베이스라도 사용할 수 있다. 현재 오라클, MySQL, MS-SQL 등 주요 DBMS에 알맞은 JDBC 드라이버를 제공하고 있기 때문에 JDBC 드라이버가 존재하지 않아서 JSP에서 데이터베이스 프로그래밍을 할 수 없는 상황은 발생하지 않을 것이다.

5.2 JDBC 드라이버 준비하기

JDBC 프로그래밍을 하려면 DBMS에 알맞은 JDBC 드라이버를 준비해야 한다. JDBC 드라이버는 클래스 형태로 존재하며 일반적으로 Jar 파일로 제공된다. [부록 A]에서 설명한 과정에 따라 MySQL을 설치했다면 "C:\Program Files (x86)\MySQL\Connector.J 5.1" 폴더에서 mysql-connector-java-5.1.35-bin.jar 파일을 찾을 수 있을 것이다. 파일 이름의 숫자는 설치한 MySQL 버전에 따라 다르다. (MySQL JDBC 드라이버를 따로 받고 싶다면 다음 노트의 주소를 참고한다.)

NOTE

주요 DBMS별로 JDBC 드라이버를 다운로드 받을 수 있는 사이트는 다음과 같다.

- MySQL : http://dev.mysql.com/downloads/connector/j/
- 오라클 : http://www.oracle.com/technetwork/database/features/jdbc/index.html

웹 어플리케이션 폴더의 WEB-INF\lib 폴더에 JDBC 드라이버 파일을 복사하면 웹 어플리케이션에서 JDBC 드라이버를 사용할 수 있다. 이클립스 프로젝트를 생성했다면

WebContent/WEB-INF/lib 폴더에 MySQL JDBC 드라이버 파일을 복사한다. 그러면 [그림 14.7]과 같이 이클립스 프로젝트가 사용하는 라이브러리에 복사한 jar 파일이 자동으로 포함되는 것을 확인할 수 있을 것이다.

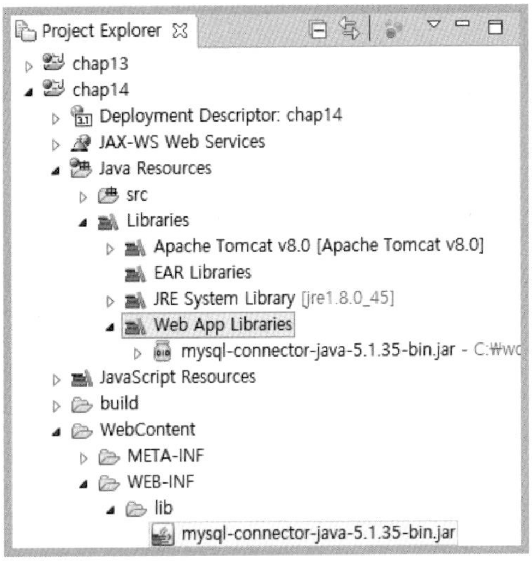

[그림 14.7] JDBC 드라이버를 웹 어플리케이션 라이브러리로 등록

일반 웹 어플리케이션 폴더를 생성했다면 chap14\WEB-INF\lib 폴더에 mysql-connector-java-5.1.35-bin.jar 파일을 복사하면 된다.

5.3 JDBC 프로그래밍의 코딩 스타일

JDBC 프로그램의 전형적인 실행 순서는 다음과 같다.

1. JDBC 드라이버 로딩
2. 데이터베이스 커넥션 구함
3. 쿼리 실행을 위한 Statement 객체 생성
4. 쿼리 실행
5. 쿼리 실행 결과 사용
6. Statement 종료
7. 데이터베이스 커넥션 종료

위 순서에 맞춰서 테이블로부터 정보를 읽어와 출력하는 JSP 예제를 작성해보자. 소스 코드를 먼저 작성하고 설명을 시작하겠다. JSP 예제 코드는 [리스트 14.1]과 같다. 참고로 [리스트 14.1]의 경로는 이클립스 프로젝트를 기준으로 한 경로이다. 직접 웹 어플리케이션을 생성해서 테스트한다면 톰캣의 webapps 폴더인 C:\apacha-tomcat-8.0.21\webapps\chap14 폴더에 viewMemberList.jsp 코드를 작성하면 된다.

[리스트 14.1] chap14/WebContent/viewMemberList.jsp

```
<%@ page contentType = "text/html; charset=utf-8" %>
<%@ page import = "java.sql.DriverManager" %>
<%@ page import = "java.sql.Connection" %>
<%@ page import = "java.sql.Statement" %>
<%@ page import = "java.sql.ResultSet" %>
<%@ page import = "java.sql.SQLException" %>

<html>
<head><title>회원 목록</title></head>
<body>

MEMBER 테이블의 내용
<table width="100%" border="1">
<tr>
    <td>이름</td><td>아이디</td><td>이메일</td>
</tr>
<%
    // 1. JDBC 드라이버 로딩
    Class.forName("com.mysql.jdbc.Driver");

    Connection conn = null;
    Statement stmt = null;
    ResultSet rs = null;

    try {
        String jdbcDriver = "jdbc:mysql://localhost:3306/chap14?" +
                            "useUnicode=true&characterEncoding=utf8";
        String dbUser = "jspexam";
        String dbPass = "jsppw";

        String query = "select * from MEMBER order by MEMBERID";

        // 2. 데이터베이스 커넥션 생성
        conn = DriverManager.getConnection(jdbcDriver, dbUser, dbPass);

        // 3. Statement 생성
        stmt = conn.createStatement();

        // 4. 쿼리 실행
        rs = stmt.executeQuery(query);

        // 5. 쿼리 실행 결과 출력
        while(rs.next()) {
%>
<tr>
```

```
46:     <td><%= rs.getString("NAME") %></td>
47:     <td><%= rs.getString("MEMBERID") %></td>
48:     <td><%= rs.getString("EMAIL") %></td>
49: </tr>
50: <%
51:         }
52:     } catch(SQLException ex) {
53:         out.println(ex.getMessage());
54:         ex.printStackTrace();
55:     } finally {
56:         // 6. 사용한 Statement 종료
57:         if (rs != null) try { rs.close(); } catch(SQLException ex) {}
58:         if (stmt != null) try { stmt.close(); } catch(SQLException ex) {}
59:
60:         // 7. 커넥션 종료
61:         if (conn != null) try { conn.close(); } catch(SQLException ex) {}
62:     }
63: %>
64: </table>
65:
66: </body>
67: </html>
```

02-06행	데이터베이스 처리에 필요한 클래스를 import 한다.
46-48행	쿼리 실행 결과로부터 데이터를 읽어온다.

[리스트 14.1]의 viewMemberList.jsp는 전형적인 JDBC 프로그래밍의 코드를 보여주고 있다. JDBC API를 사용하는 코드 대부분은 [리스트 14.1]과 비슷한 코드를 사용한다. 각각의 코드가 어떤 기능을 수행하는지 아직은 모르지만 일단 viewMemerList.jsp를 실행해서 결과부터 살펴보자. 실행하기 전에 다음의 내용을 확인한다.

- WebContent/WEB-INF/lib 폴더에 MySQL JDBC 드라이버를 복사했는지 여부
- MySQL에 chap14 데이터베이스 생성 여부(MySQL에서 데이터베이스 생성 방법은 '예제 실행을 위한 데이터베이스 생성' 절을 참고)
- chap14 데이터베이스에 MEMBER 테이블 생성 여부(MEMBER 테이블 생성 쿼리는 '테이블 생성 쿼리' 절을 참고)

예제를 실행할 준비가 되었다면 톰캣을 실행한다. 이클립스 프로젝트라면 13장에서 설명한 것처럼 [Run]→[Run on Server] 메뉴를 이용해서 chap14 프로젝트를 이클립스 톰캣으로 실행한다. 톰캣을 실행했다면 viewMemberList.jsp를 웹 브라우저에서 실행한다. 그러면, [그림 14.8]과 같이 MEMBER 테이블에 저장된 레코드의 내용이 출력될 것이다.

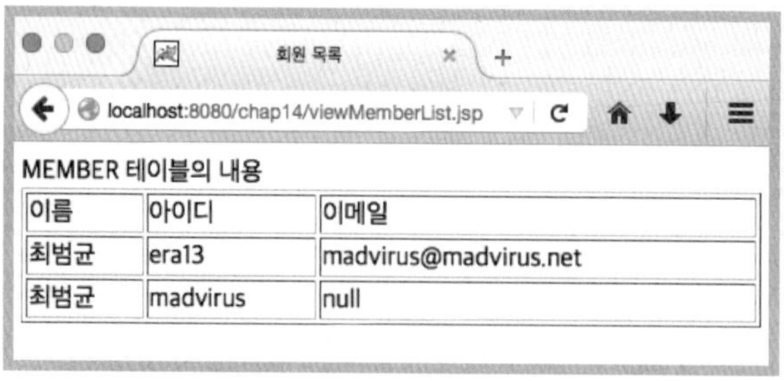

[그림 14.8] viewMemberList.jsp의 실행 결과

28~29행에 입력한 DB 계정이나 암호를 잘못 입력한 경우 다음과 같은 에러 메시지가 콘솔(명령 프롬프트)에 찍힌다.

```
java.sql.SQLException: Access denied for user 'jspexam'@'localhost' (using password: YES)
    at com.mysql.jdbc.SQLError.createSQLException(SQLError.java:998)
    at com.mysql.jdbc.MysqlIO.checkErrorPacket(MysqlIO.java:3835)
    at com.mysql.jdbc.MysqlIO.checkErrorPacket(MysqlIO.java:3771)
    ...생략
```

viewMemberList.jsp는 익셉션이 발생하면 52~54행에서 그 내용을 출력하도록 구현했는데, 위와 같은 에러가 발생하면 웹 브라우저에 다음과 같은 내용이 출력된다.

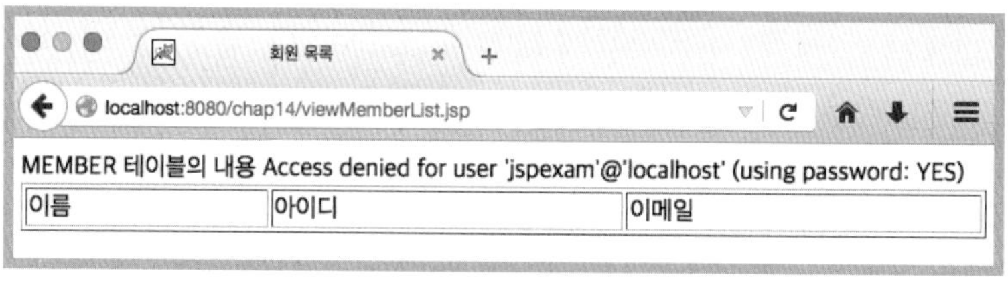

[그림 14.9] 권한 설정을 안 했거나 데이터베이스가 없는 경우의 에러 메시지

MySQL DB 연결 과정에서 문제가 발생했는데, 에러 메시지가 'Access denied for'로 시작하면 다음 중 하나를 확인하기 바란다.

- 데이터베이스를 올바르게 생성했는지
- 데이터베이스에 접근할 때 사용한 DB 계정과 암호가 올바른지
- 해당 계정이 데이터베이스에 접근할 권한이 있는지

간단한 예제를 이용해서 데이터베이스에서 데이터를 읽어와 출력해보았는데, 지금부터 JDBC API의 기능들을 이용해서 데이터베이스를 사용하는 방법을 살펴보도록 하자.

5.4 DBMS와의 통신을 위한 JDBC 드라이버

JDBC 드라이버는 DBMS와의 통신을 담당하는 자바 클래스로서 [그림 14.6]에서 설명했듯이 DBMS마다 별도의 JDBC 드라이버가 필요하다. 각 DBMS는 JDBC 드라이버를 jar 파일 형태로 제공한다.

JDBC 드라이버를 로딩해야 데이터베이스에 연결해서 원하는 작업을 수행할 수 있다. JDBC 드라이버를 로딩하는 방법은 다음과 같다.

```
try {
    Class.forName("JDBC 드라이버 클래스의 완전한 이름");
} catch(ClassNotFoundException ex) {
    // 지정한 클래스가 존재하지 않는 경우 에러가 발생한다.
}
```

다음은 주요 데이터베이스의 JDBC 드라이버에 해당하는 클래스이다.

- **MySQL** : com.mysql.jdbc.Driver
- **오라클** : oracle.jdbc.driver.OracleDriver
- **MS SQL 서버** : com.microsoft.sqlserver.jdbc.SQLServerDriver

예를 들어, 오라클 JDBC 드라이버를 로딩할 때에는 다음과 같은 코드를 사용하면 된다.

```
try {
    Class.forName("oracle.jdbc.driver.OracleDriver");
} catch(ClassNotFoundException ex) {
    // 지정한 클래스가 존재하지 않을 경우 에러가 발생한다.
    // 에러 처리
}
```

NOTE

Class.forName() 메서드는 지정한 클래스 정보를 담고 있는 Class 인스턴스를 구해주는 기능만을 제공한다. JDBC 드라이버에 해당하는 클래스들은 Class.forName() 메서드를 통해서 로딩될 때 자동으로 JDBC 드라이버로 등록한다.

5.5 데이터베이스 식별을 위한 JDBC URL

웹 주소를 구분할 때 http://www.google.com이나 http://javacan.tistory.com과 같은 URL을 사용하는 것처럼, 데이터베이스를 구분할 때에도 URL과 비슷한 형식을 갖는

JDBC URL을 사용한다. 사용하는 JDBC 드라이버에 따라서 JDBC URL의 표현 방식에 차이가 나는데 일반적인 형식은 다음과 같다.

```
jdbc:[DBMS]:[데이터베이스식별자]
```

예를 들어, 이 책에서 제공하는 MySQL JDBC 드라이버는 다음과 같은 JDBC URL을 사용한다.

```
jdbc:mysql://HOST[:PORT]/DBNAME[?param=value&param1=value2&...]
```

여기서 [HOST]는 MySQL 서버의 호스트 주소를 나타내며, [DBNAME]은 데이터베이스 이름을 나타낸다. [PORT]는 MySQL 서버가 사용하는 포트 번호를 나타낸다. JDBC URL 뒤에 몇 가지 설정 정보를 추가할 수 있으며, 표현 방식은 파라미터와 동일하다.

예를 들어, 로컬 PC에서 실행 중인 MySQL 서버의 chap14 데이터베이스를 나타낼 때에는 다음과 같은 JDBC URL을 사용하면 된다.

```
jdbc:mysql://localhost:3306/chap14
```

MySQL JDBC 드라이버가 MySQL 서버와 데이터를 주고받을 때 사용되는 캐릭터 셋을 올바르게 지정하지 않으면 한글이나 한자와 같은 글자가 잘못된 값으로 데이터베이스에 저장될 수 있다. 따라서, MySQL에서 한글 데이터를 올바르게 하기 위해서는 다음과 같이 추가 파라미터를 이용해서 캐릭터 셋을 알맞게 지정해주어야 한다.

```
jdbc:mysql://localhost:3306/chap14?useUnicode=true&characterEncoding=utf8
```

UTF-8의 경우 MySQL에서는 utf8을 값으로 사용하며 EUC-KR은 euckr을 값으로 사용한다. MySQL에서 지원하는 전체 캐릭터 셋 목록은 'show character set' 쿼리로 확인할 수 있다. [그림 14.10]은 워크벤치에서 이 쿼리를 실행했을 때의 결과 중 일부를 캡처한 것이다.

Result Set Filter: Search Export:

Charset	Description	Default collation	Maxlen
big5	Big5 Traditional Chinese	big5_chinese_ci	2
dec8	DEC West European	dec8_swedish_ci	1
cp850	DOS West European	cp850_general_ci	1
hp8	HP West European	hp8_english_ci	1
koi8r	KOI8-R Relcom Russian	koi8r_general_ci	1
latin1	cp1252 West European	latin1_swedish_ci	1
latin2	ISO 8859-2 Central European	latin2_general_ci	1
swe7	7bit Swedish	swe7_swedish_ci	1
ascii	US ASCII	ascii_general_ci	1
ujis	EUC-JP Japanese	ujis_japanese_ci	3
sjis	Shift-JIS Japanese	sjis_japanese_ci	2
hebrew	ISO 8859-8 Hebrew	hebrew_general_ci	1
tis620	TIS620 Thai	tis620_thai_ci	1
euckr	EUC-KR Korean	euckr_korean_ci	2
koi8u	KOI8-U Ukrainian	koi8u_general_ci	1
gb2312	GB2312 Simplified Chinese	gb2312_chinese_ci	2
greek	ISO 8859-7 Greek	greek_general_ci	1
cp1250	Windows Central European	cp1250_general_ci	1
gbk	GBK Simplified Chinese	gbk_chinese_ci	2
latin5	ISO 8859-9 Turkish	latin5_turkish_ci	1
armscii8	ARMSCII-8 Armenian	armscii8_general_ci	1
utf8	UTF-8 Unicode	utf8_general_ci	3
ucs2	UCS-2 Unicode	ucs2_general_ci	2
cp866	DOS Russian	cp866_general_ci	1

[그림 14.10] MySQL 서버가 지원하는 캐릭터 셋 목록

오라클에서 제공하는 JDBC 드라이버는 다음과 같은 형식의 JDBC URL을 사용한다.

```
jdbc:oracle:thin:@HOST:PORT:SID
```

여기서, HOST, PORT는 각각 오라클이 설치된 호스트의 주소와 포트 번호를 나타내며, SID는 사용할 데이터베이스의 SID를 나타낸다. 예를 들어, 로컬 서버에 설치된 오라클의 SID가 ORCL인 데이터베이스에 접근할 때에는 다음과 같은 JDBC URL을 사용한다.

```
jdbc:oracle:thin:@127.0.0.1:1521:ORCL
```

NOTE

오라클 드라이버에는 Thin 드라이버와 OCI 드라이버가 있다. Thin 드라이버는 자바 언어로만 구현된 JDBC 드라이버로서 JDK만 설치되어 있으면 어디서든 사용할 수 있다. 반면에 OCI 드라이버는 네이티브(Native) 모듈을 사용하는 JDBC 드라이버로서 해당 모듈을 설치해주어야만 사용할 수 있다. 위 오라클 JDBC URL을 보면 jdbc:oracle:thin과 같이 'thin'이 포함되어 있는데, 이는 Thin 드라이버를 사용해서 연결함을 뜻한다.

5.6 데이터베이스 커넥션

JDBC를 이용해서 데이터베이스를 사용하려면 데이터베이스와 연결된 커넥션을 구해야 한다. java.sql.Connection 타입이 데이터베이스 커넥션을 나타내며, java.sql.DriverManager 클래스가 제공하는 getConnection() 메서드를 사용해서 커넥션을 구

할 수 있다. DriverManager 클래스는 다음의 두 getConnection() 메서드를 제공하고 있다.

- DriverManager.getConnection(String jdbcURL)
- DriverManager.getConnection(String jdbcURL, String user, String password)

getConnection() 메서드의 jdbcURL은 데이터베이스에 연결할 때 사용할 JDBC URL을 나타낸다. user와 password는 데이터베이스의 계정과 암호를 나타낸다.

JDBC URL, 올바른 DB 사용자 계정과 암호를 사용하면 DriverManager.getConnection() 메서드는 DB와 연결된 Connection 객체를 리턴한다. 이 Connection 객체를 사용해서 필요한 작업을 시작할 수 있다.

DriverManager.getConnection() 메서드는 Connection 객체를 생성하지 못하면 SQLException을 발생시킨다. 따라서, getConnection() 메서드를 사용할 때에는 [그림 14.11]과 같이 try - catch 블록을 사용해서 SQLException에 대한 익셉션을 처리해야 한다.

```
Connection conn = null;
try {
   conn = DriverManager.getConnection(...);
   ...
   ...
} catch(SQLException ex) {
   ... // 익셉션 처리
}
```

커넥션을 구하지 못하면 SQLException이 발생

[그림 14.11] Connection을 구할 때에는 SQLException 처리가 필요하다.

자바 초보자를 위한 자바의 익셉션 처리

자바에서는 에러를 익셉션(Exception)으로 처리한다. 처리 과정에서 어떤 문제가 발생하면 문제와 관련된 익셉션을 발생시킨다. 예를 들어, DriverManager.getConnection() 메서드는 데이터베이스 커넥션을 연결하는 과정에서 문제가 발생하면 SQLException을 발생시킨다. 이런 익셉션을 처리할 때 try-catch-finally 블록을 사용한다. try-catch-finally 블록은 다음과 같은 형태를 취한다.

```
try {
   // 익셉션이 발생할 수 있는 코드의 실행
   코드1
   코드2
   코드3
   ...
} catch(익셉션1 ex) {
   // 익셉션1에 대한 처리
} catch(익셉션2 ex) {
   // 익셉션2에 대한 처리
} finally {
   // 익셉션 발생 여부에 상관없이 가장 마지막에 실행된다.
}
```

try 블록 안에는 DriverManager.getConnection()과 같이 익셉션이 발생할 수 있는 코드가 위치한다. 익셉션이 발생하면 이후 코드를 실행하지 않고 catch 블록을 실행한다. 예를 들어, 코드2에서 익셉션2가 발생하면 코드3은 실행되지 않으며 익셉션2에 대한 catch 블록이 실행된다.

finally 블록은 익셉션의 발생 여부에 상관없이 최종적으로 실행되는 코드이다. try 블록에서 익셉션이 발생하지 않아도 finally 블록을 실행하며, 익셉션이 발생해서 catch 블록이 실행된 이후에도 finally 블록을 실행한다.

finally 블록은 사용하지 않을 수도 있으며, 주로 사용한 시스템 자원을 반납하는 코드를 finally 블록에서 실행한다.

Connection 객체를 다 사용한 뒤에는 close() 메서드를 호출해서 Connection 객체가 사용한 시스템 자원을 반환해야 한다. 그렇지 않으면 시스템 자원이 불필요하게 소모되어 커넥션을 구할 수 없는 상황이 발생할 수도 있다. 예를 들어, [리스트 14.1]에서 커넥션을 구하는 부분의 코드를 다시 한 번 살펴보자.

```
Connection conn = null;
try {
    String jdbcDriver = "jdbc:mysql://localhost:3306/chap14?" +
                        "useUnicode=true&characterEncoding=utf8";
    String dbUser = "jspexam";
    String dbPass = "jsppw";

    conn = DriverManager.getConnection(jdbcDriver, dbUser, dbPass);
    ...
} catch(SQLException ex) {
    // 에러 발생
} finally {
    if (conn != null) try { conn.close(); } catch(SQLException ex) {}
}
```

위 코드를 보면 finally 블록에서 Connection 객체의 close() 메서드를 호출해서 사용한 자원을 반환하고 있다. DriverManager.getConnection() 메서드가 익셉션을 발생시킬 경우 conn에 Connection 객체가 할당되지 않으므로, null인지의 여부를 판단한 후에 close() 메서드를 호출해야 한다.

5.7 Statement를 사용한 쿼리 실행

Connection 객체를 생성한 후에는 Connection 객체로부터 Statement를 생성하고 쿼리를 실행할 수 있다. Statement는 다음과 같이 Connection의 createStatement() 메서드를 사용하여 생성한다.

```
Statement stmt = conn.createStatement();
```

Statement 객체를 사용하면 쿼리를 실행할 수 있다. 쿼리를 실행할 때 사용하는 메서드는 다음과 같다.

- **ResultSet executeQuery(String query)** : SELECT 쿼리를 실행한다.
- **int executeUpdate(String query)** : INSERT, UPDATE, DELETE 쿼리를 실행한다.

executeQuery() 메서드는 SELECT 쿼리의 결과값을 java.sql.ResultSet 객체에 저장해서 리턴한다. 두 번째 executeUpdate() 메서드는 INSERT, UPDATE, DELETE 쿼리를 실행하고, 그 결과로 변경된 (또는 삽입된) 레코드의 개수를 리턴한다. ResultSet에 대해서는 뒤에서 살펴보기로 하고, 이 절에서는 Statement를 사용해서 값을 변경하는 예제를 작성할 것이다. 작성할 예제는 아이디와 새로운 이름을 입력하면 MEMBER 테이블의 NAME 칼럼 값을 변경하는 JSP 코드이다.

먼저 아이디와 새로운 이름을 입력받는 폼을 출력해주는 JSP를 [리스트 14.2]와 같이 작성한다.

[리스트 14.2] chap14/WebContent/update/updateForm.jsp

```
<%@ page contentType = "text/html; charset=utf-8" %>
<html>
<head><title>이름 변경폼</title></head>
<body>

<form action="/chap14/update/update.jsp" method="post">
<table border="1">
<tr>
    <td>아이디</td>
    <td><input type="text" name="memberID" size="10"></td>
    <td>이름</td>
    <td><input type="text" name="name" size="10"></td>
</tr>
<tr>
    <td colspan="4"><input type="submit" value="변경"></td>
</tr>
</table>
</form>
</body>
</html>
```

updateForm.jsp의 실행 결과는 [그림 14.12]와 같다.

[그림 14.12] updateForm.jsp의 실행 결과

[그림 14.12]의 폼을 처리해주는 update.jsp는 파라미터로부터 회원 아이디와 이름을 입력 받아 MEMBER 테이블의 NAME 칼럼 값을 변경한다. update.jsp의 코드는 [리스트 14.3]과 같다.

[리스트 14.3] chap14/WebContent/update/update.jsp

```
<%@ page contentType = "text/html; charset=utf-8" %>

<%@ page import = "java.sql.DriverManager" %>
<%@ page import = "java.sql.Connection" %>
<%@ page import = "java.sql.Statement" %>
<%@ page import = "java.sql.SQLException" %>

<%
    request.setCharacterEncoding("utf-8");

    String memberID = request.getParameter("memberID");
    String name = request.getParameter("name");

    int updateCount = 0;

    Class.forName("com.mysql.jdbc.Driver");

    Connection conn = null;
    Statement stmt = null;

    try {
        String jdbcDriver = "jdbc:mysql://localhost:3306/chap14?" +
                            "useUnicode=true&characterEncoding=utf8";
        String dbUser = "jspexam";
        String dbPass = "jsppw";

        String query = "update MEMBER set NAME = '"+name+"' "+
                       "where MEMBERID = '"+memberID+"'";

        conn = DriverManager.getConnection(jdbcDriver, dbUser, dbPass);
        stmt = conn.createStatement();
        updateCount = stmt.executeUpdate(query);
```

```
33:     } finally {
34:         if (stmt != null) try { stmt.close(); } catch(SQLException ex) {}
35:         if (conn != null) try { conn.close(); } catch(SQLException ex) {}
36:     }
37: %>
38: <html>
39: <head><title>이름 변경</title></head>
40: <body>
41: <% if (updateCount > 0) { %>
42: <%= memberID %>의 이름을 <%= name %>(으)로 변경
43: <% } else { %>
44: <%= memberID %> 아이디가 존재하지 않음
45: <% } %>
46: 
47: </body>
48: </html>
```

11-12행	memberID 파라미터와 password 파라미터 값을 구한다.
27-28행	MEMBER 테이블의 NAME 칼럼을 변경하는 UPDATE 쿼리를 생성한다.
30행	데이터베이스와 연결된 Connection을 생성한다.
31행	Connection으로부터 Statement를 생성한다.
32행	Statement의 executeUpdate() 메서드를 사용하여 쿼리를 실행한다. 실행 결과로 변경된 레코드 개수를 updateCount 변수에 저장한다.
41-45행	updateCount가 0보다 크면 변경된 값이 존재한 것으로 간주한다.
34행	Statement의 사용이 끝나면 close() 메서드를 호출해서 사용한 자원을 시스템에 반환한다.

NOTE

JDBC 드라이버는 맨 처음에 한 번만 로딩하면 되는데, 위 예제는 실행할 때마다 매번 로딩하도록 되어 있다. 실제 코드에서는 이렇게 매번 JDBC 드라이버를 로딩하도록 구현할 필요가 없으며 웹 어플리케이션을 구동할 때 한 번만 로딩하도록 구현하면 된다. 이에 대한 내용은 뒤에서 살펴보기로 하고, 일단 그전까지는 JSP 페이지에서 매번 JDBC 드라이버를 로딩하는 형태의 코드를 사용하겠다.

[그림 14.12]에서 아이디와 변경할 이름을 알맞게 입력한 후 [변경] 버튼을 눌러보자. 존재하는 아이디를 입력했다면 [그림 14.13]과 같은 결과 화면을 볼 수 있을 것이다.

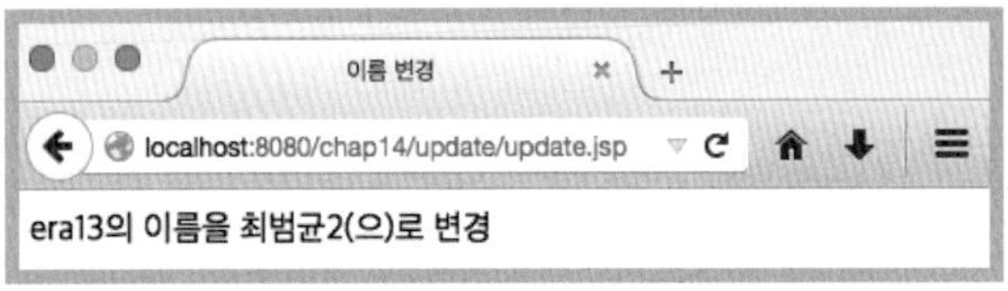

[그림 14.13] update.jsp에서 UPDATE 쿼리가 실행된 결과

실제로 값이 변경되었는지를 확인해보기 위해서 MEMBER 테이블의 레코드 목록을 출

력해주는 [리스트 14.1]의 viewMemberList.jsp를 실행해보자. 그러면 [그림 14.14]와 같이 입력한 값으로 NAME 칼럼이 변경된 것을 확인할 수 있을 것이다. (MySQL 클라이언트에서 SELECT 쿼리를 실행해서 직접 확인해 볼 수도 있다.)

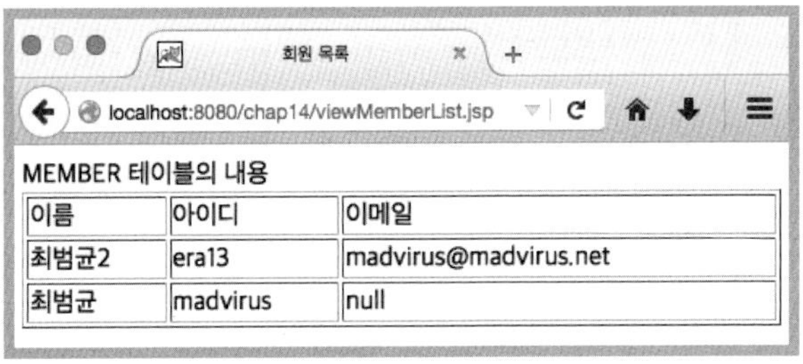

[그림 14.14] UPDATE 쿼리 실행 결과 확인

Statement의 executeUpdate() 메서드는 변경된 레코드의 개수를 리턴한다고 했다. update.jsp의 경우 UPDATE 쿼리를 통해서 변경된 레코드의 개수를 리턴한다. update.jsp에서 사용하는 UPDATE 쿼리는 다음과 같은 형태였다.

```
update MEMBER set NAME = '이름' where MEMBERID = '아이디';
```

따라서, WHERE 조건에서 지정한 아이디가 존재하지 않으면 변경된 레코드가 존재하지 않으므로 Statement.executeUpdate() 메서드는 0을 리턴한다. update.jsp는 변경된 레코드의 개수를 사용해서 지정한 아이디가 존재하는지 여부를 판단하고 있다. (41~45행 참고)

5.8 ResultSet에서 값 읽어오기

Statement의 executeQuery() 메서드는 SELECT 쿼리를 실행할 때 사용되며, SELECT 쿼리의 실행 결과를 java.sql.ResultSet 객체에 담아서 리턴한다. 따라서, ResultSet이 제공하는 메서드를 사용해서 결과값을 읽어올 수 있다.

ResultSet 클래스는 next() 메서드를 제공하는데, next() 메서드를 사용해서 SELECT 결과의 존재 여부를 확인할 수 있다. [그림 14.15]를 보면서 next() 메서드에 대해서 설명하도록 하겠다.

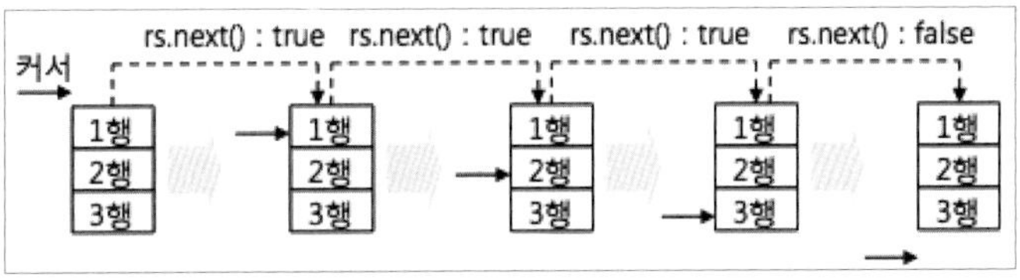

[그림 14.15] ResultSet.next() 메서드와 커서의 이동

ResultSet은 SELECT 쿼리 결과를 [그림 14.15]와 같은 행으로 저장하며 커서를 통해서 각 행의 데이터에 접근한다. 최초에 커서는 1행 이전에 존재한다. ResultSet.next() 메서드는 커서의 다음 행이 존재하는 경우 true를 리턴하고 커서를 그 행으로 이동시킨다. next() 메서드를 계속해서 호출하면 [그림 14.15]와 같이 커서는 순차적으로 다음 행으로 이동한다. 마지막 행에 커서가 도달하면 next() 메서드는 false를 리턴한다.

SELECT 쿼리에 따라서 행의 내용이 결정되는데, 예를 들어 다음과 같은 SELECT 쿼리를 생각해보자.

```
select NAME, MEMBERID, EMAIL from MEMBER;
```

위 쿼리의 실행 결과는 다음과 같은 형태를 취한다. 칼럼의 순서가 SELECT 쿼리에서 지정한 칼럼의 순서와 동일한 것을 알 수 있다. 또한, 각 칼럼은 SELECT 쿼리에서 지정한 칼럼의 이름과 동일한 이름을 갖는다.

구분	칼럼1(NAME)	칼럼2(MEMBERID)	칼럼3(EMAIL)
행1	값	값	값
행2	값	값	값
...	...	...	...

만약 select * from MEMBER와 같이 칼럼 이름을 일일이 적지 않고 '*'를 사용하여 모든 칼럼을 읽어올 경우에는 테이블 칼럼의 순서와 이름이 곧 칼럼의 순서와 이름이 된다.

ResultSet은 현재 커서 위치에 있는 행으로부터 데이터를 읽어오기 위해 getOOOO() 형태의 메서드를 제공하는데, 이들 메서드 중에서 자주 사용되는 메서드는 [표 14.2]와 같다.

표 14.2 ResultSet 클래스의 주요 데이터 읽기 메서드

메서드	리턴 타입	설명
getString(String name) getString(int index)	String	지정한 칼럼 값을 String으로 읽어온다.
getCharacterStream(String name) getCharacterStream(int index)	java.io.Reader	지정한 칼럼 값을 스트림 형태로 읽어온다. LONG VARCHAR 타입을 읽어올 때 사용한다.
getInt(String name) getInt(int index)	int	지정한 칼럼 값을 int 타입으로 읽어온다.
getLong(String name) getLong(int index)	long	지정한 칼럼 값을 long 타입으로 읽어온다.
getDouble(String name) getDouble(int index)	double	지정한 칼럼 값을 double 타입으로 읽어온다.

getFloat(String name) getFloat(int index)	float	지정한 칼럼 값을 float 타입으로 읽어온다.
getTimestamp(String name) getTimestamp(int index)	java.sql.Timestamp	지정한 칼럼 값을 Timestamp 타입으로 읽어온다. SQL TIMESTAMP 타입을 읽어올 때 사용한다.
getDate(String name) getDate(int index)	java.sql.Date	지정한 칼럼 값을 Date 타입으로 읽어온다. SQL DATE 타입을 읽어올 때 사용한다.
getTime(String name) getTime(int index)	java.sql.Time	지정한 칼럼 값을 Time 타입으로 읽어온다. SQL TIME 타입을 읽어올 때 사용한다.

ResultSet의 get 계열의 메서드는 현재 커서에서 데이터를 읽어온다. ResultSet은 처음에 첫 번째 행 이전에 커서가 위치하기 때문에([그림 14.15] 참고), 첫 번째 행에 저장된 데이터를 읽으려면 다음과 같이 next() 메서드를 사용해서 커서를 이동시켜야 한다.

```
rs = stmt.executeQuery("select * from member");
if (rs.next()) { // 다음 행(첫 번째 행)이 존재하면 rs.next()는 true를 리턴
    // rs.next()에 의해 다음 행(첫 번째 행)으로 이동
    String name = rs.getString("NAME");
    ...
} else {
    // 첫 번째 행이 존재하지 않는다. 즉, 결과가 없다.
    ...
}
```

한 개 이상의 행을 처리할 때에는 while 구문이나 do-while 구문을 사용한다. 먼저 while 구문을 사용할 때에는 다음과 같은 형태를 띠게 된다.

```
rs = stmt.executeQuery(...);
while(rs.next()) {
    // 한 행씩 반복 처리
    String name = rs.getString(1);
}
```

do-while 구문을 사용할 때에는 다음과 같이 if 문을 사용해서 먼저 데이터가 존재하는지 여부를 확인한 후에 루프를 반복해야 한다.

```
rs = stmt.executeQuery(...);
if (rs.next()) {
    do {
        String name = rs.getString("NAME");
        ...
    } while( rs.next() );
}
```

간단하게 파라미터로 아이디를 전달받으면 MEMBER 테이블로부터 해당 회원 정보를 읽어와 출력하는 JSP 페이지를 작성해보자. JSP 페이지의 코드는 [리스트 14.4]와 같다.

[리스트 14.4] chap14/WebContent/viewMember.jsp

```
<%@ page contentType = "text/html; charset=utf-8" %>

<%@ page import = "java.sql.DriverManager" %>
<%@ page import = "java.sql.Connection" %>
<%@ page import = "java.sql.Statement" %>
<%@ page import = "java.sql.ResultSet" %>
<%@ page import = "java.sql.SQLException" %>

<%
    String memberID = request.getParameter("memberID");
%>
<html>
<head><title>회원 정보</title></head>
<body>

<%
    Class.forName("com.mysql.jdbc.Driver");

    Connection conn = null;
    Statement stmt = null;
    ResultSet rs = null;

    try {
        String jdbcDriver = "jdbc:mysql://localhost:3306/chap14?" +
                        "useUnicode=true&characterEncoding=utf8";
        String dbUser = "jspexam";
        String dbPass = "jsppw";
        String query =
          "select * from MEMBER where MEMBERID = '"+memberID+"'";

        conn = DriverManager.getConnection(jdbcDriver, dbUser, dbPass);
        stmt = conn.createStatement();

        rs = stmt.executeQuery(query);
        if( rs.next() ) {
%>
<table border="1">
<tr>
    <td>아이디</td><td><%= memberID %></td>
</tr>
<tr>
    <td>암호</td><td><%= rs.getString("PASSWORD") %></td>
```

```
43: </tr>
44: <tr>
45:     <td>이름</td><td><%= rs.getString("NAME") %></td>
46: </tr>
47: <tr>
48:     <td>이메일</td><td><%= rs.getString("EMAIL") %></td>
49: </tr>
50: </table>
51: <%
52:         } else {
53: %>
54: <%= memberID %>에 해당하는 정보가 존재하지 않습니다.
55: <%
56:         }
57:     } catch(SQLException ex) {
58: %>
59: 에러 발생: <%= ex.getMessage() %>
60: <%
61:     } finally {
62:         if (rs != null) try { rs.close(); } catch(SQLException ex) {}
63:         if (stmt != null) try { stmt.close(); } catch(SQLException ex) {}
64:         if (conn != null) try { conn.close(); } catch(SQLException ex) {}
65:     }
66: %>
67: 
68: </body>
69: </html>
```

35행	데이터가 존재하면 36~51행의 블록을 실행한다.
52-56행	35행의 rs.next()가 false를 리턴하는 경우 실행된다.
62행	ResultSet도 close()를 실행해서 자원을 반환해야 한다.

웹 브라우저에 다음과 같은 URL을 입력해서 viewMember.jsp를 실행해보자.

```
http://localhost:8080/chap14/viewMember.jsp?memberID=아이디
```

MEMBER 테이블의 MEMBERID 칼럼 값이 입력한 아이디와 일치하는 레코드가 존재한다면 다음 [그림 14.16]과 같은 결과가 출력되고, 존재하지 않으면 [그림 14.17]과 같은 결과 화면이 출력될 것이다.

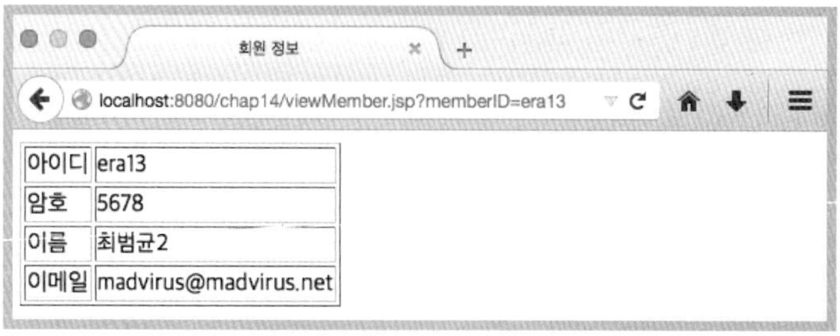

[그림 14.16] 존재하는 아이디를 전달한 viewMember.jsp의 실행 결과

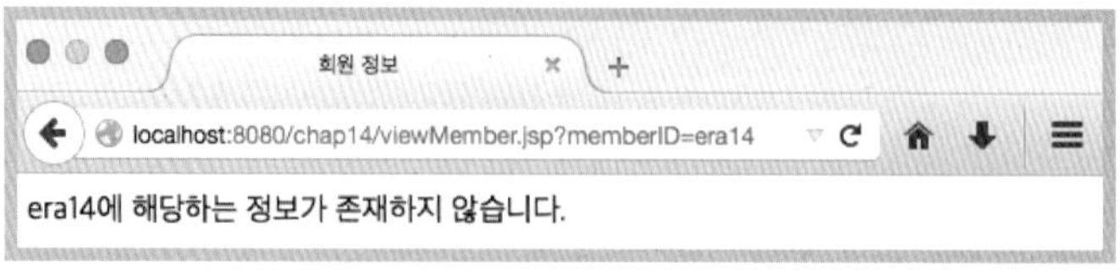

[그림 14.17] 존재하지 않는 아이디를 전달한 viewMember.jsp의 실행 결과

5.9 ResultSet에서 LONG VARCHAR 타입 값 읽어오기

SQL의 LONG VARCHAR 타입은 대량의 텍스트 데이터를 저장할 때 사용한다. ResultSet에서 LONG VARCHAR 타입의 데이터를 읽어오려면 getCharacterStream() 메서드를 사용해야 한다. ResultSet.getCharacterStream() 메서드는 리턴 타입이 java.io.Reader이기 때문에 사용방법을 잘 모를 수도 있을 것 같아 별도로 정리했다.

LONG VARCHAR 타입의 값을 읽어오는 코드는 다음과 같다.

```
String data = null; // 스트림으로 읽어온 데이터를 저장한다.
java.io.Reader reader = null; // LONG VARCHAR 데이터를 읽어올 스트림
try {
    // 1. ResultSet의 getCharacerStream()으로 Reader 구함
    reader = rs.getCharacterStream("FIELD"); // 스트림 읽어옴

    if (reader != null) {
        // 2. 스트림에서 읽어온 데이터를 저장할 버퍼를 생성한다.
        StringBuilder buff = new StringBuilder();
        char[] ch = new char[512];
        int len = -1;

        // 3. 스트림에서 데이터를 읽어와 버퍼에 저장한다.
        while( (len = reader.read(ch)) != -1) {
            buff.append(ch, 0, len);
        }
```

```
        // 4. 버퍼에 저장한 내용을 String으로 변환한다.
        data = buff.toString();
    }
} catch(IOException ex) {
    // 5. IO 관련 처리 도중 문제가 있으면 IOException이 발생한다.
    // 익셉션 발생
} finally {
    // 6. Reader를 종료한다.
    if (reader != null) try { reader.close(); } catch(IOException ex) {}
}
// ... data를 사용
```

이 코드를 사용하면 LONG VARCHAR로 되어 있는 SQL 타입의 값을 읽어올 수 있다. IO 처리가 포함되어 있어 코드가 다소 길다.

LONG VARCHAR 타입의 값을 읽어와 출력하는 JSP 페이지를 작성해보자. 먼저, LONG VARCHAR 타입을 포함하는 테이블이 필요하다. 다음은 LONG VARCHAR 타입의 칼럼을 포함하고 있는 간단한 테이블의 생성 쿼리이다. 참고로 다음 쿼리에서 default character set 부분은 MySQL에서만 올바르게 동작한다.

```
create table MEMBER_HISTORY (
    MEMBERID VARCHAR(10) NOT NULL PRIMARY KEY,
    HISTORY LONG VARCHAR
)
default character set=utf8 ;
```

테이블을 생성했다면 HISTORY 칼럼 부분에 길이가 긴 문자열을 값으로 입력하자. (LONG VARCHAR 칼럼을 제대로 테스트하려면 수천 글자 정도 되는 데이터를 입력해야겠지만 지면 관계상 짧은 데이터를 사용했다.)

```
insert into MEMBER_HISTORY values ('madvirus',
  concat(
    '2015 스프링4 프로그래밍입문<br>',
    '2013 Spring4.0프로그래밍<br>',
    '2012 객체 지향과 디자인 패턴<br>',
    '2012 JSP 2.2웹프로그래밍\n'
  )
);
```

concat() 함수는 MySQL에서 문자열을 연결할 때 사용한다. 실제로 위 쿼리는 다음 쿼리와 동일한 문자열을 추가하는데, 쿼리가 너무 길어져서 알아보기 좋게 하려고

concat() 함수를 사용해서 문자열을 연결했다.

```
insert into MEMBER_HISTORY values ('madvirus',
    '2015 스프링4 프로그래밍입문<br>2013 Spring4.0프로그래밍<br>2012 객체 지향과
디자인 패턴<br>'2012 JSP 2.2웹프로그래밍\n'
);
```

[리스트 14.4]의 viewMember.jsp와 비슷하게, memberID 파라미터로 입력받은 값을 사용하여 정보를 검색해서 출력하는 JSP 페이지는 [리스트 14.5]와 같다.

[리스트 14.5] chap14/WebContent/viewMemberHistory.jsp

```
<%@ page contentType = "text/html; charset=utf-8" %>

<%@ page import = "java.sql.DriverManager" %>
<%@ page import = "java.sql.Connection" %>
<%@ page import = "java.sql.Statement" %>
<%@ page import = "java.sql.ResultSet" %>
<%@ page import = "java.sql.SQLException" %>
<%@ page import = "java.io.Reader" %>
<%@ page import = "java.io.IOException" %>

<%
    String memberID = request.getParameter("memberID");
%>
<html>
<head><title>회원 정보</title></head>
<body>

<%
    Class.forName("com.mysql.jdbc.Driver");

    Connection conn = null;
    Statement stmt = null;
    ResultSet rs = null;

    try {
        String jdbcDriver = "jdbc:mysql://localhost:3306/chap14?" +
                            "useUnicode=true&characterEncoding=utf8";
        String dbUser = "jspexam";
        String dbPass = "jsppw";
        String query =  "select * from MEMBER_HISTORY "+
                        "where MEMBERID = '"+memberID+"'";

        conn = DriverManager.getConnection(jdbcDriver, dbUser, dbPass);
        stmt = conn.createStatement();
```

```

        rs = stmt.executeQuery(query);
        if(rs.next()) {
%>
<table border="1">
<tr>
    <td>아이디</td><td><%= memberID %></td>
</tr>
<tr>
    <td>히스토리</td>
    <td>
<%
            String history = null;
            Reader reader = null;
            try {
                reader = rs.getCharacterStream("HISTORY");

                if (reader != null) {
                    StringBuilder buff = new StringBuilder();
                    char[] ch = new char[512];
                    int len = -1;

                    while( (len = reader.read(ch)) != -1) {
                        buff.append(ch, 0, len);
                    }

                    history = buff.toString();
                }
            } catch(IOException ex) {
                out.println("익셉션 발생:"+ex.getMessage());
            } finally {
                if (reader != null) try { reader.close(); } catch(IOException ex) {}
            }
%>
    <%= history %>
    </td>
</tr>
</table>
<%
        } else {
%>
<%= memberID %> 회원의 히스토리가 없습니다.
<%
        }
    } catch(SQLException ex) {
%>
```

```
에러 발생: <%= ex.getMessage() %>
<%
    } finally {
        if (rs != null) try { rs.close(); } catch(SQLException ex) {}
        if (stmt != null) try { stmt.close(); } catch(SQLException ex) {}
        if (conn != null) try { conn.close(); } catch(SQLException ex) {}
    }
%>

</body>
</html>
```

웹 브라우저에서 다음과 같이 URL에 memberID 파라미터 값을 붙여서 실행해보자.

```
http://localhost:8080/chap14/viewMemberHistory.jsp?memberID=madvirus
```

MEMBER_HISTORY 테이블이 memberID 파라미터와 같은 값을 갖는 MEMBERID 칼럼이 존재한다면, [그림 14.18]과 같은 결과 화면이 출력될 것이다.

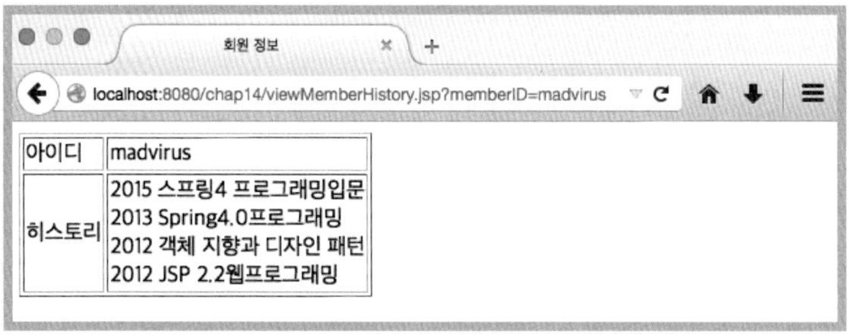

[그림 14.18] viewMemberHistory.jsp의 실행 결과

LONG VARCHAR 타입과 DBMS의 타입

오라클에서는 LONG VARCHAR를 LONG으로 표시하며, MySQL에서는 MEDIUMTEXT로 표시하고 있다. 간혹 오라클의 LONG 타입 칼럼을 읽을 때 타입 이름만 보고서 ResultSet의 getLong() 메서드를 사용하는 실수를 하는데, 오라클의 LONG은 LONG VARCHAR이므로 getCharacterStream() 메서드를 사용해서 읽어와야 한다. MySQL의 경우 MEDIUMTEXT 타입과 함께 TINYTEXT, TEXT, LONGTEXT의 네 가지 TEXT 타입을 지원하고 있으며, 이 네 가지 타입의 값을 읽어올 때에는 getCharacterStream() 메서드를 사용하면 된다.

LONG VARCHAR 타입의 칼럼은 getCharacterStream() 메서드를 사용해서 읽어오는 것이 원칙이지만, 다수의 JDBC 드라이버는 getString() 메서드를 사용해서 읽어올 수 있도록 하고 있다. 예를 들어, MySQL의 JDBC 드라이버를 사용하면 getString() 메서드를 사용해서 LONG VARCHAR 타입을 읽어올 수 있다.

getString() 메서드를 사용해서 LONG VARCHAR 타입을 읽어올 수 있는 JDBC 드라이버는 앞서 살펴본 복잡한 코드를 사용하지 않아도 되므로 스트림을 사용해야 할 이유가 없다면 getString() 메서드를 사용하는 것이 편리하다.

5.10 Statement를 이용한 쿼리 실행 시 작은따옴표 처리

SQL 쿼리를 실행할 때 값에 작은따옴표가 들어가면 작은따옴표 두 개를 사용하는 형태로 변경해야 한다고 "데이터 삽입 쿼리" 절에서 설명한 바 있다. 예를 들어, "king's choice"와 같이 작은따옴표가 들어간 값으로 칼럼 값을 변경해야 할 경우 다음처럼 작은따옴표를 두 개 사용해야 한다.

```
update TABLENAME set SOMEFIELD = 'king''s choice' where ...
```

String 클래스의 replaceAll() 메서드를 사용하면 문자열에 포함된 특정 문자나 단어를 손쉽게 변경할 수 있다. 예를 들어, 문자열에 포함되어 있는 작은따옴표 한 개를 두 개로 변경하고 싶다면 다음과 같이 String 클래스의 replaceAll() 메서드를 사용하면 된다.

```
String value = "king's choice";
String replcaed = value.replaceAll("'", "''");
```

replaceAll()로 문자열을 치환해주기 어렵지는 않지만, 매번 치환 처리를 하는 것은 귀찮기도 하고 놓치기도 쉽다. PreparedStatement를 사용하면 이런 치환 없이 따옴표가 포함된 것을 사용할 수 있는데, Preparedstatement에 대해 알아보자.

5.11 PreparedStatement를 사용한 쿼리 실행

java.sql.PreparedStatement는 java.sql.Statement와 동일한 기능을 제공한다. 차이점이 있다면 PreparedStatement는 SQL 쿼리의 틀을 미리 생성해 놓고 값을 나중에 지정한다는 것이다. PreparedStatement를 사용하는 순서는 다음과 같다.

1. Connection.prepareStatement() 메서드를 사용하여 PreparedStatement 생성
2. PreparedStatement의 set 메서드를 사용하여 필요한 값 지정
3. PreparedStatement의 executeQuery() 또는 executeUpdate() 메서드를 사용하여 쿼리를 실행
4. finally 블록에서 사용한 PreparedStatement를 닫음(close() 메서드 실행)

PreparedStatement를 생성할 때에는 실행할 쿼리를 미리 입력하는데, 이때 다음과 같이 값 부분을 물음표('?')로 대치한 쿼리를 사용한다.

```
PreparedStatement pstmt = null;
...
pstmt = conn.prepareStatement(
   "insert into MEMBER (MEMBERID, NAME, EMAIL) values (?, ?, ?)");
```

PreparedStatement 객체를 생성한 다음에는 PreparedStatement가 제공하는 set 계열의 메서드를 사용해서 물음표를 대체할 값을 지정해주어야 한다. 예를 들면 다음과 같이 각각의 물음표에 들어갈 값을 지정한다.

```
pstmt.setString(1, "madvirus"); // 첫 번째 물음표의 값 지정
pstmt.setString(2, "최범균");   // 두 번째 물음표의 값 지정
...
```

이때 첫 번째 물음표의 인덱스는 1이며, 이후 물음표의 인덱스는 나오는 순서대로 인덱스 값이 1씩 증가한다.

ResultSet의 get 계열의 메서드와 마찬가지로 PreparedStatement는 각각의 SQL 타입을 처리할 수 있는 set 계열의 메서드를 제공하고 있다. 이들 메서드는 [표 14.3]과 같다.

표 14.3 PreparedStatement 클래스가 제공하는 set 메서드

메서드	설명
setString(int index, String x)	지정한 인덱스의 파라미터 값을 x로 지정한다.
setCharacterStream(int index, Reader reader, int length)	지정한 인덱스의 파라미터 값을 LONG VARCHAR 타입의 값으로 지정할 때 사용한다. Reader는 값을 읽어올 스트림이며, length는 지정한 문자열의 길이를 나타낸다.
setInt(int index, int x)	지정한 인덱스의 파라미터 값을 int 값 x로 지정한다.
setLong(int index, long x)	지정한 인덱스의 파라미터 값을 long 값 x로 지정한다.
setDouble(int index, double x)	지정한 인덱스의 파라미터 값을 double 값 x로 지정한다.
setFloat(int index, float x)	지정한 인덱스의 파라미터 값을 float 값 x로 지정한다.
setTimestamp(int index, Timesetamp x)	지정한 인덱스의 값을 SQL TIMESTMAP 타입을 나타내는 java.sql.Timestamp 타입으로 지정한다.
setDate(int index, Date x)	지정한 인덱스의 값을 SQL DATE 타입을 나타내는 java.sql.Date 타입으로 지정한다.
setTime(int index, Time x)	지정한 인덱스의 값을 SQL TIME 타입을 나타내는 java.sql.Time 타입으로 지정한다.

set 계열의 메서드를 사용하여 물음표에 해당하는 값들을 모두 지정했다면 다음의 두 메서드를 이용해서 쿼리를 실행할 수 있다. PreparedStatement를 생성할 때에 실행할 쿼리를 지정하기 때문에 이 메서드는 쿼리를 인자로 입력받지 않는다.

- ResultSet executeQuery() : SELECT 쿼리를 실행할 때 사용하며 ResultSet을 결과값으로 리턴한다.
- int executeUpdate() : INSERT, UPDATE, DELETE 쿼리를 실행할 때 사용하며, 실행 결과로 변경된 레코드의 개수를 리턴한다.

간단하게 PreparedStatement 클래스를 사용하여 MEMBER 테이블에 값을 삽입하는 예제를 작성해보자. 먼저, 데이터 입력 폼은 [리스트 14.6]과 같다.

[리스트 14.6] chap14/WebContent/insert/insertForm.jsp

```
<%@ page contentType = "text/html; charset=utf-8" %>
<html>
<head><title>MEMBER 테이블 레코드 삽입</title></head>
<body>

<form action="/chap14/insert/insert.jsp" method="post">
<table border="1">
<tr>
    <td>아이디</td>
    <td><input type="text" name="memberID" size="10"></td>
    <td>암호</td>
    <td><input type="text" name="password" size="10"></td>
</tr>
<tr>
    <td>이름</td>
    <td><input type="text" name="name" size="10"></td>
    <td>이메일</td>
    <td><input type="text" name="email" size="10"></td>
</tr>
<tr>
    <td colspan="4"><input type="submit" value="삽입"></td>
</tr>
</table>
</form>
</body>
</html>
```

[그림 14.19]는 insertForm.jsp의 실행 결과이다.

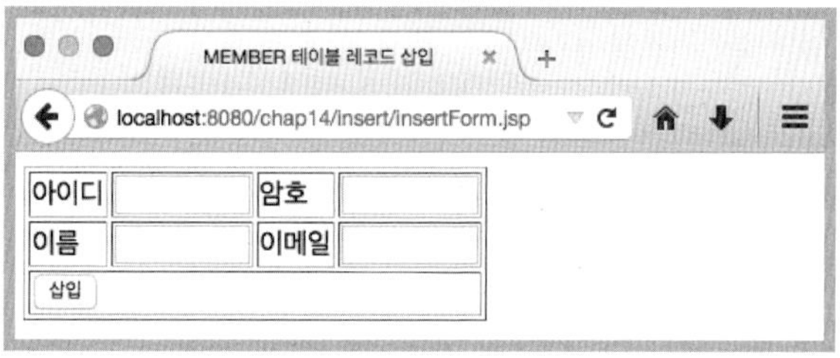

[그림 14.19] insertForm.jsp의 출력 결과

[그림 14.19]에서 [삽입] 버튼을 누르면 insert.jsp에 POST 방식으로 데이터를 전송한다. insert.jsp는 [리스트 14.7]과 같은데, PreparedStatement를 사용해서 입력받은 데

이터를 테이블에 저장한다.

[리스트 14.7] chap14/WebContent/insert/insert.jsp

```
<%@ page contentType = "text/html; charset=utf-8" %>

<%@ page import = "java.sql.DriverManager" %>
<%@ page import = "java.sql.Connection" %>
<%@ page import = "java.sql.PreparedStatement" %>
<%@ page import = "java.sql.SQLException" %>

<%
    request.setCharacterEncoding("utf-8");

    String memberID = request.getParameter("memberID");
    String password= request.getParameter("password");
    String name = request.getParameter("name");
    String email = request.getParameter("email");

    Class.forName("com.mysql.jdbc.Driver");

    Connection conn = null;
    PreparedStatement pstmt = null;

    try {
        String jdbcDriver = "jdbc:mysql://localhost:3306/chap14?" +
                        "useUnicode=true&characterEncoding=utf8";
        String dbUser = "jspexam";
        String dbPass = "jsppw";

        conn = DriverManager.getConnection(jdbcDriver, dbUser, dbPass);
        pstmt = conn.prepareStatement(
            "insert into MEMBER values (?, ?, ?, ?)");
        pstmt.setString(1, memberID);
        pstmt.setString(2, password);
        pstmt.setString(3, name);
        pstmt.setString(4, email);

        pstmt.executeUpdate();
    } finally {
        if (pstmt != null) try { pstmt.close(); } catch(SQLException ex) {}
        if (conn != null) try { conn.close(); } catch(SQLException ex) {}
    }

%>
<html>
<head><title>삽입</title></head>
```

```
44: <body>
45:
46: MEMBER 테이블에 새로운 레코드를 삽입했습니다
47:
48: </body>
49: </html>
```

28-29행	실행할 쿼리를 생성한다.
30-33행	쿼리의 각 물음표에 알맞은 값을 지정한다.
35행	쿼리를 실행한다.

[그림 14.19]에서 데이터를 알맞게 입력한 후 [삽입] 버튼을 클릭해보자. 별다른 문제 없이 쿼리를 실행했다면 [그림 14.20]과 같은 결과 화면이 출력될 것이다.

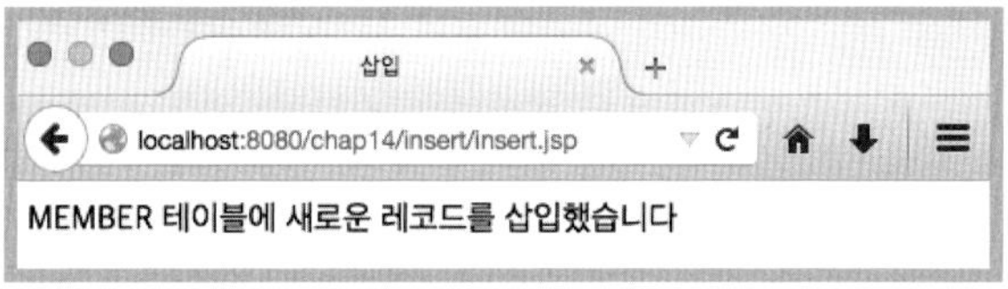

[그림 14.20] 데이터 삽입 결과

앞서 작성한 [리스트 14.1]의 viewMemberList.jsp를 실행해서 값이 올바르게 추가되었는지 확인해보자.

5.12 PreparedStatement에서 LONG VARCHAR 타입 값 지정하기

PreparedStatement에서 LONG VARCHAR 타입의 값을 지정할 때에는 다음의 메서드를 사용한다고 [표 14.3]에서 설명한 바 있다.

- setCharacterStream(int index, Reader reader, int length)

setCharacterStream() 메서드는 Reader로부터 length 글자 수만큼 데이터를 읽어와 저장한다. Reader에는 String으로부터 데이터를 읽어오는 Reader와 파일로부터 읽어오는 Reader 등 다양한 Reader가 있다. 예를 들어, setCharacterStream() 메서드를 이용해서 String 타입의 값을 저장하고 싶다면 다음 코드와 같이 StringReader를 이용하면 된다.

```
PreparedStatement pstmt = null;
try {
    String value = "...."; // LONG VARCHAR에 넣을 값
    pstmt = conn.prepareStatement(...);
    java.io.StringReader reader = new java.io.StringReader(value);
    pstmt.setCharacterStream(1, reader, value.length() );
    ...
} catch(SQLException ex) {
    ...
} finally {
    ...
    if (pstmt != null) try { pstmt.close(); } catch(SQLException ex) {}
}
```

텍스트 파일로부터 데이터를 읽어와 저장하고 싶다면 다음과 같이 FileReader를 이용하면 된다.

```
PreparedStatement pstmt = null;
FileReader reader = null;
try {
    pstmt = conn.prepareStatement(...);
    reader = new java.io.FileReader(파일경로);
    pstmt.setCharacterStream(1, reader);
    ...
} catch(SQLException ex) {
    ...
} catch(IOException ex) {
    ...
} finally {
    ...
    if (pstmt != null) try { pstmt.close(); } catch(SQLException ex) {}
    if (reader != null) try { reader.close(); } catch(IOException ex) {}
}
```

5.13 PreparedStatement 쿼리를 사용하는 이유

Statement 쿼리 대신 PreparedStatement 쿼리를 사용하는 주된 이유는 다음과 같다.

- 값 변환을 자동으로 하기 위해
- 간결한 코드를 위해

PreparedStatement를 사용할 때의 장점은 값 변경을 하지 않아도 된다는 점이다. 예를 들어, Statement를 사용해서 "최'범균"과 같이 중간에 작은따옴표가 포함된 값을 지정하려면 다음과 같이 작은따옴표를 두 번 사용하는 형태로 변경해야 한다.

```
stmt.executeQuery("select * from member where name = '"+
        "최'범균".replaceAll("'", "''") + "' ");
```

하지만, PreparedStatement의 경우는 setString() 메서드를 호출할 때 알아서 값을 변경해주기 때문에 작은따옴표를 변환할 필요가 없다.

```
pstmt.setString(1, "최'범균"); // 알맞게 따옴표 처리
```

TIMESTAMP나 DATE, TIME 타입의 경우는 더욱 복잡해서 DBMS마다 날짜와 시간을 표현하는 방식이 다르기 때문에 Statement를 이용해서 직접 쿼리에 값을 지정하면 DBMS마다 코드가 달라진다. 반면에, PreparedStatement를 사용하면 DBMS에 상관없이 다음과 같은 동일한 코드를 사용하게 된다.

```
Timestamp time = new Timestamp(System.currentTimeMillis());
pstmt.setTimestamp(3, time);
```

값 변환이 쉬워지는 것과 더불어 PreparedStatement 클래스를 사용하면 코드가 깔끔해진다. 예를 들어, Statement 클래스를 사용하는 경우 UPDATE 쿼리는 다음과 같은 형태가 된다.

```
stmt.executeQuery("update member set NAME = '"+name+"' where "+
            "MEMBERID = '" + id + "'");
```

지정할 값이 많아질 경우 따옴표가 복잡하게 얽히기 때문에 코드 작성 과정에서 오류가 발생할 수도 있고, 나중에 코드를 수정할 때에도 조심스럽게 변경해야 한다. 하지만, PreparedStatement를 사용하면 위 코드는 다음과 같이 복잡하지 않은 코드로 바뀐다.

```
PreparedStatement pstmt = conn.prepareStatement(
   "update member set NAME= ? where MEMBERID = ?");
pstmt.setString(1, name);
pstmt.setString(2, id);
```

이러한 PreparedStatement의 장점 때문에 검색 조건과 같이 값을 지정해야 하는 쿼리를 실행할 때에는 PreparedStatement를 선호한다.

06 웹 어플리케이션 구동 시 JDBC 드라이버 로딩하기

지금까지 예제 코드는 모두 앞부분에서 다음과 같은 코드를 사용해서 JDBC 드라이버를 로딩했다.

```
Class.forName(jdbcDriverClass);
```

하지만, JDBC 드라이버는 한 번만 로딩하면 이후로 계속해서 사용할 수 있기 때문에 JSP를 실행할 때마다 JDBC 드라이버를 로딩할 필요가 없다.

JDBC 드라이버를 로딩하기에 가장 좋은 시점은 웹 어플리케이션이 시작할 때다. 즉, 톰캣과 같은 웹 컨테이너가 시작될 때 자동으로 JDBC 드라이버를 로딩하도록 지정하면 JSP 페이지에서 매번 JDBC 드라이버를 로딩할 필요가 없다.

웹 어플리케이션이 시작될 때 자동으로 JDBC 드라이버를 로딩하도록 만들려면 [리스트 14.8]과 같은 서블릿 클래스를 사용하면 된다. 이클립스 프로젝트를 사용하고 있다면 jdbc 패키지를 생성한 후에 jdbc 패키지에 MySQLDriverLoader 클래스를 추가한 뒤 코드를 작성하면 된다. 아직 서블릿을 배우진 않았지만 일단 코드를 작성해보자. 서블릿에 대한 내용은 17장에서 다룬다.

[리스트 14.8] chap14/src/jdbc/MySQLDriverLoader.java

```
package jdbc;

import javax.servlet.http.HttpServlet;
import javax.servlet.ServletConfig;
import javax.servlet.ServletException;

public class MySQLDriverLoader extends HttpServlet {

    public void init(ServletConfig config) throws ServletException {
        try {
            Class.forName("com.mysql.jdbc.Driver");
        } catch(Exception ex) {
            throw new ServletException(ex);
        }
    }
}
```

07행	HttpServlet 클래스를 상속한다.
09행	서블릿을 초기화할 때 호출되는 init() 메서드를 구현한다.
11행	MySQL JDBC 드라이버를 로딩한다.
12-14행	JDBC 드라이버 로딩 과정에서 문제가 있을 경우 익셉션을 발생시킨다.

HttpServlet은 서블릿을 위한 상위 클래스이다. 서블릿은 init() 메서드를 제공하고 있는데, 이 init() 메서드는 서블릿을 초기화할 때 최초에 한 번 실행된다. 톰캣과 같은 컨테이너는 서블릿을 사용하기 전에 초기화를 수행하므로 init() 메서드에서 JDBC 드라이버를 로딩하도록 구현하면 컨테이너를 실행할 때 JDBC 드라이버를 로딩할 수 있다.

이클립스 프로젝트를 사용한다면 MySQLDriverLoader.java를 컴파일 할 필요가 없다. 코드를 저장할 때 이클립스가 알아서 컴파일해주기 때문이다. 이클립스가 아니라 웹 어플리케이션의 WEB-INF\src\jdbc 폴더에 직접 소스 코드를 작성했다면 다음과 같은 명령어를 이용해서 MySQLDriverLoader.java를 컴파일하자.

```
C:\>set CLASSPATH=c:\apache-tomcat-8.0.21\lib\servlet-api.jar
C:\>cd apache-tomcat-8.0.21\webapps\chap14\WEB-INF
C:\...\chap14\WEB-INF>mkdir classes
C:\...\chap14\WEB-INF>javac -d classes src\jdbc\MySQLJdbcLoader.java
```

javac를 실행하면 chap14\WEB-INF\classes\jdbc 폴더에 MySQLDriverLoader.class 파일이 생성될 것이다.

MySQLDriverLoader.java를 작성했다면 웹 어플리케이션이 시작될 때 자동으로 MySQLDriverLoader 서블릿 클래스를 실행하도록 설정해야 한다. 이를 위해 [리스트 14.9]와 같이 web.xml 파일을 만들어 〈servlet〉 태그를 추가하면 된다.

[리스트 14.9] chap14/WebContent/WEB-INF/web.xml

```
<?xml version="1.0" encoding="UTF-8"?>
<web-app xmlns:xsi="http://www.w3.org/2001/XMLSchema-instance"
  xmlns="http://xmlns.jcp.org/xml/ns/javaee"
  xsi:schemaLocation="http://xmlns.jcp.org/xml/ns/javaee
    http://xmlns.jcp.org/xml/ns/javaee/web-app_3_1.xsd"
  version="3.1">

  <servlet>
    <servlet-name>mysqlDriverLoader</servlet-name>
    <servlet-class>jdbc.MySQLDriverLoader</servlet-class>
    <load-on-startup>1</load-on-startup>
  </servlet>

</web-app>
```

08-12행	MySQLDriverLoader 서블릿 클래스에 대한 설정을 추가한다.
11행	웹 어플리케이션이 시작될 때, 서블릿 클래스를 자동으로 로딩하도록 설정한다.

web.xml 파일에 [리스트 14.9]와 같이 〈servlet〉 태그를 추가하면 웹 어플리케이션 구동 시 자동으로 MySQLDriverLoader 서블릿 클래스의 init() 메서드가 실행되므로, 결과적으로 웹 어플리케이션을 시작할 때 MySQL JDBC 드라이버를 로딩한다. (MySQLDriverLoader 클래스의 init() 메서드에서 드라이버를 로딩한다.)

웹 어플리케이션을 시작할 때 MySQLDriverLoader 클래스를 이용해서 JDBC 드라이버를 로딩하므로 개별 JSP는 JDBC 드라이버를 로딩할 필요가 없어진다. (즉 JSP 코드에서 Class.forName() 코드를 사용할 필요가 없어진다.)

NOTE

이클립스 프로젝트에서 클래스를 수정하면 톰캣이 자동으로 chap14 어플리케이션을 재로딩한다. 따라서 코드를 수정할 때마다 서버를 중지하고 다시 시작할 필요는 없다. 가끔 재로딩이 제대로 되지 않는 경우도 있는데 이럴 때는 서버를 재시작하면 된다.

07 JDBC에서 트랜잭션 처리

트랜잭션을 설명하기 전에 아래의 코드를 살펴보자.

```
pstmtIns = conn.prepareStatement(
    "insert into ARTICLE (ID, TITLE, CONTENT) values (?, ?, ?)");
pstmtIns.setInt(1, id);
...
pstmtIns.executeUpdate();

pstmtUpdate = conn.prepareStatement(
        "update BOARD set LASTARTICLEID = ? where BOARDID = ?");
pstmtUpdate.setInt(1, id);
...
pstmtUpdate.executeUpdate();
```

위 코드는 먼저 INSERT 쿼리를 이용해서 ARTICLE 테이블에 데이터를 삽입하는데 ID 칼럼의 값으로 id 변수를 설정한다. INSERT 쿼리가 정상 실행되면 BOARD 테이블의 LASTARTICLEID 칼럼 값을 id 변수의 값으로 변경한다. 즉, BOARD 테이블의 LASTARTICLEID 칼럼은 마지막에 저장된 ARTICLE의 식별 값을 저장하도록 코드를 작성했다.

두 쿼리가 모두 정상적으로 실행되면 ARTICLE 테이블과 BOARD 테이블에는 올바른 값이 들어갈 것이다. 그런데 만약 첫 번째 INSERT 쿼리를 실행한 뒤 두 번째 UPDATE 쿼리를 실행하는 과정에서 익셉션이 발생하면 어떻게 될까? 이 경우 ARTICLE 테이블에는 새로운 데이터가 삽입되었는데 BOARD 테이블의 LASTARTICLEID 칼럼의 값은 변경되지 않을 것이다. 이는 곧 데이터가 잘못된 상태로 저장되는 것을 의미한다.

이 예에서는 두 쿼리를 모두 정상적으로 실행해야 데이터가 올바르게 유지된다. 이렇게 두 개 이상의 쿼리를 모두 성공적으로 실행해야 데이터가 정상적으로 처리되는 경우 DBMS는 트랜잭션(transaction)을 이용해서 두 개 이상의 쿼리를 마치 한 개의 쿼리처럼 처리할 수 있도록 하고 있다.

트랜잭션은 시작과 종료를 갖고 있다. 트랜잭션이 시작되면 이후로 실행되는 쿼리 결과는 DBMS에 곧바로 반영되지 않고 임시로 보관된다. 이후 트랜잭션을 커밋(commit)하면 임시 보관한 모든 쿼리 결과를 실제 데이터에 반영한다.

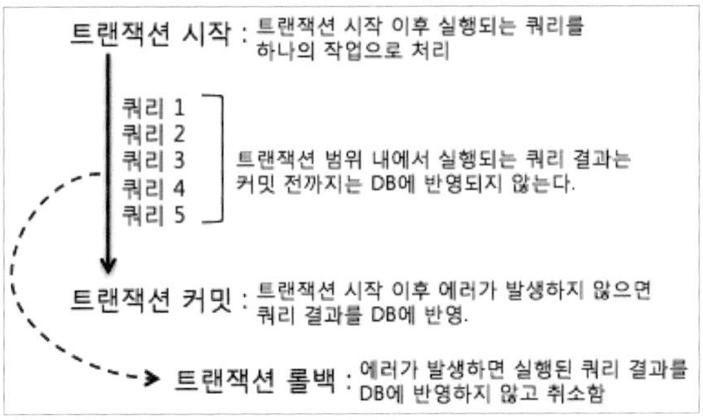

[그림 14.21] DBMS는 트랜잭션은 커밋하거나 롤백한다.

트랜잭션을 커밋하기 전에 에러가 발생하면 임시로 보관한 모든 쿼리 결과를 실제 데이터에 반영하지 않고 취소한다. 즉, 트랜잭션이 시작되면 트랜잭션 범위 내에 있는 모든 쿼리 결과가 DB에 반영되거나 또는 반영되지 않게 된다. 이때 트랜잭션을 반영하지 않고 취소하는 것을 롤백(rollback)이라고 한다.

트랜잭션을 구현하는 방법에는 다음의 두 가지 방식이 있다.

- JDBC의 오토 커밋 모드를 false로 지정하는 방법
- JTA(Java Transaction API)를 이용하는 방법

단일 데이터베이스에 접근하는 경우 JDBC 기반의 트랜잭션을 이용해서 구현하고, 두 개 이상의 데이터베이스를 트랜잭션으로 처리하려면 JTA를 이용해야 한다. JTA에 대한

설명은 이 책의 범위를 넘어서므로 이 책에서는 JDBC API에 대한 내용만 살펴보도록 하겠다.

JDBC API를 이용해서 두 개 이상의 쿼리를 트랜잭션으로 묶어서 처리하고 싶다면 다음과 같이 쿼리를 실행하기 전에 Connection.setAutoCommit() 메서드에 false를 값으로 전달해서 트랜잭션을 시작하면 된다.

```
try {
    conn = DriverManager.getConnection(...);
    // 트랜잭션 시작
    conn.setAutoCommit(false);

    ... // 쿼리 실행
    ... // 쿼리 실행

    // 트랜잭션 커밋
    conn.commit();
} catch(SQLException ex) {
    if (conn != null) {
        // 트랜잭션 롤백
        conn.rollback();
    }
} finally {
    if (conn != null) {
        try {
            conn.close();
        } catch(SQLException ex) {}
    }
}
```

트랜잭션이 실제로 어떻게 동작하는지 살펴보기 위해 간단하게 세 개의 테이블에 데이터를 삽입하는 예제를 작성해보도록 하자. 먼저 다음의 쿼리를 이용해서 두 개의 테이블을 생성해보자.

```
create table ITEM (
    ITEM_ID int not null primary key,
    NAME varchar(100)
) engine=InnoDB default character set = utf8;

create table ITEM_DETAIL (
    ITEM_ID int not null primary key,
    DETAIL varchar(200)
) engine=InnoDB default character set = utf8;
```

이제 위 두 테이블에 데이터를 삽입하는 JSP 코드를 [리스트 14.10]과 같이 작성하자.

[리스트 14.10] chap14/WebContent/insertItem.jsp

```
<%@ page contentType = "text/html; charset=utf-8" %>
<%@ page import = "java.sql.DriverManager" %>
<%@ page import = "java.sql.Connection" %>
<%@ page import = "java.sql.PreparedStatement" %>
<%@ page import = "java.sql.SQLException" %>
<%
    String idValue = request.getParameter("id");

    Connection conn = null;
    PreparedStatement pstmtItem = null;
    PreparedStatement pstmtDetail = null;

    String jdbcDriver = "jdbc:mysql://localhost:3306/chap14?" +
                        "useUnicode=true&characterEncoding=utf8";
    String dbUser = "jspexam";
    String dbPass = "jsppw";

    Throwable occuredException = null;

    try {
        int id = Integer.parseInt(idValue);

        conn = DriverManager.getConnection(jdbcDriver, dbUser, dbPass);
        conn.setAutoCommit(false);

        pstmtItem = conn.prepareStatement("insert into ITEM values (?, ?)");
        pstmtItem.setInt(1, id);
        pstmtItem.setString(2, "상품 이름 " + id);
        pstmtItem.executeUpdate();

        if (request.getParameter("error") != null) {
            throw new Exception("의도적 익셉션 발생");
        }

        pstmtDetail = conn.prepareStatement(
            "insert into ITEM_DETAIL values (?, ?)");
        pstmtDetail.setInt(1, id);
        pstmtDetail.setString(2, "상세 설명 " + id);
        pstmtDetail.executeUpdate();

        conn.commit();
    } catch(Throwable e) {
        if (conn != null) {
```

```
44:             try {
45:                 conn.rollback();
46:             } catch(SQLException ex) {}
47:         }
48:         occuredException = e;
49:     } finally {
50:         if (pstmtItem != null)
51:             try { pstmtItem.close(); } catch(SQLException ex) {}
52:         if (pstmtDetail != null)
53:             try { pstmtDetail.close(); } catch(SQLException ex) {}
54:         if (conn != null) try { conn.close(); } catch(SQLException ex) {}
55:     }
56: %>
57: <html>
58: <head><title>ITEM 값 입력</title></head>
59: <body>
60:
61: <% if (occuredException != null) { %>
62: 에러가 발생하였습: <%= occuredException.getMessage() %>
63: <% } else { %>
64: 데이터가 성공적으로 들어감
65: <% } %>
66: </body>
67: </html>
```

24행	트랜잭션을 시작한다.
26-29행	ITEM 테이블에 데이터를 삽입하는 첫 번째 쿼리를 실행한다.
31-33행	error 파라미터가 존재할 경우 익셉션을 발생시킨다.
35-39행	ITEM_DETAIL 테이블에 데이터를 삽입하는 두 번째 쿼리를 실행한다.
41행	트랜잭션을 커밋한다.
43-48행	익셉션이 발생할 경우 트랜잭션을 롤백하고, 발생한 익셉션을 occuredException에 할당한다.
61-62행	occuredException이 null이 아닌 경우 익셉션 메시지를 출력한다.

insertItem.jsp는 id 파라미터로 전달받은 값을 이용해서 ITEM 테이블과 ITEM_DETAIL 테이블에 삽입할 데이터를 생성한다. 첫 번째 쿼리 실행 후 error 파라미터 값이 null이 아니면 익셉션을 발생시켜서 두 번째 쿼리를 실행하지 않는다. insertItem.jsp는 첫 번째 쿼리를 실행하기 전에 트랜잭션을 시작하기 때문에 error 파라미터가 존재할 경우 첫 번째 쿼리 실행 결과가 DB에 반영되지 않고 롤백된다.

실제로 다음의 두 가지 URL을 요청해 보자.

- http://localhost:8080/chap14/insertItem.jsp?id=1
- http://localhost:8080/chap14/insertItem.jsp?id=2&error=t

http://localhost:8080/chap14/insertItem.jsp?id=1 URL을 실행하면 [그림 14.22]와 같은 결과 화면이 출력될 것이다. (이 URL을 두 번 실행하면 이미 동일한 값의 주요키가 존재하기 때문에 주요키 중복 익셉션이 발생한다.)

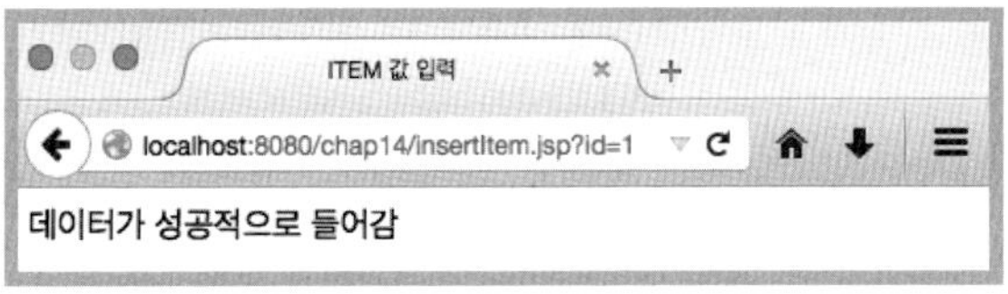

[그림 14.22] 데이터 삽입에 성공한 결과

DB에서 ITEM 테이블과 ITEM_DETAIL 테이블을 조회해 보면 주요키가 1인 데이터가 올바르게 삽입된 것을 확인할 수 있다.

http://localhost:8080/chap14/insertItem.jsp?id=2&error=t URL을 실행하면 error 파라미터가 존재하므로 첫 번째 쿼리 실행 후 익셉션을 발생시키고 트랜잭션이 롤백된다. 실행 결과는 [그림 14.23]과 같다.

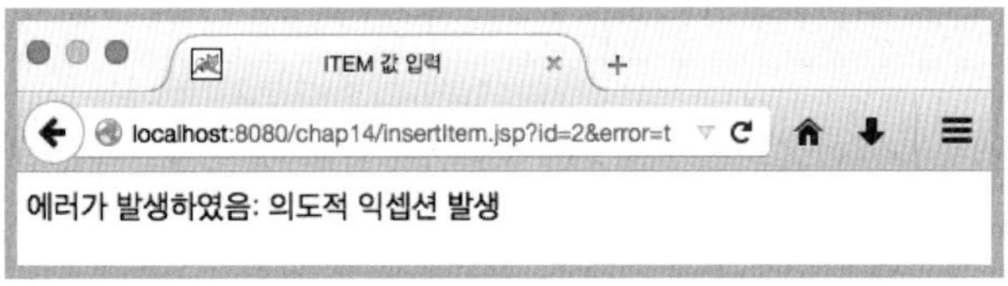

[그림 14.23] 첫 번째 쿼리 실행 후 익셉션을 발생시켜 트랜잭션을 롤백함

실행 후 ITEM 테이블과 ITEM_DETAIL 테이블을 보면 주요키가 2인 데이터가 ITEM 테이블과 ITEM_DETAIL 테이블에 모두 삽입되지 않은 것을 확인할 수 있을 것이다. 즉, ITEM 테이블에 데이터를 삽입해주는 첫 번째 쿼리 실행 후 트랜잭션이 롤백된 경우, 쿼리 실행 결과가 DB에 반영되지 않는 것을 확인할 수 있다.

08 커넥션 풀

지금까지 살펴본 예제들은 모두 데이터베이스 작업이 필요할 때 커넥션을 생성해서 사용했다. 이 방식을 사용하면 JSP 페이지를 실행할 때마다 커넥션을 생성하고 닫는 데 시간이 소모되기 때문에 동시 접속자가 많은 웹 사이트에서는 전체 성능이 낮아진다. 성능 문제를 해결하기 위해서 사용하는 일반적인 방식은 커넥션 풀 기법을 사용하는 것이다.

이 절에서는 커넥션 풀이 무엇인지 간단하게 설명하고 커넥션 풀을 구현하는 방법을 살펴보도록 하겠다.

8.1 커넥션 풀이란

먼저 커넥션 풀이 무엇인지 살펴보자. 커넥션 풀 기법이란 데이터베이스와 연결된 커넥션을 미리 만들어서 풀(pool) 속에 저장해 두고 있다가 필요할 때에 커넥션을 풀에서 가져다 쓰고 다시 풀에 반환하는 기법을 의미한다.

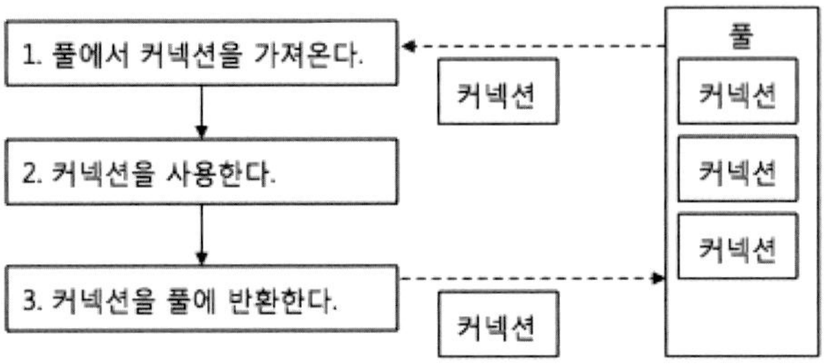

[그림 14.24] 커넥션 풀 기법

커넥션 풀 기법은 [그림 14.24]와 같이 풀 속에 데이터베이스와 연결된 커넥션을 미리 생성해놓는다. 데이터베이스 커넥션이 필요하면, 커넥션을 새로 생성하는 것이 아니라 풀 속에 미리 생성된 커넥션을 가져다가 사용하고, 사용이 끝나면 커넥션을 풀에 반환한다. 풀에 반환된 커넥션은 다음에 다시 사용된다.

커넥션 풀의 특징은 다음과 같다.

- 풀 속에 미리 커넥션이 생성되어 있기 때문에 커넥션을 생성하는 데 드는 연결 시간을 줄일 수 있다.
- 커넥션을 계속해서 재사용하기 때문에 생성되는 커넥션 수가 일정하게 유지된다.

커넥션 풀을 사용하면 커넥션을 생성하고 닫는 데 필요한 시간이 소모되지 않기 때문에 그만큼 어플리케이션의 실행 속도가 빨라진다. 또한, 한 번에 생성될 수 있는 커넥션 수를 제어하기 때문에 동시 접속자 수가 몰려도 웹 어플리케이션이 쉽게 다운되지 않는다. 커넥션 풀을 사용하면 전체적인 웹 어플리케이션의 성능과 처리량이 향상되므로 많은 웹 어플리케이션이 커넥션 풀을 기본으로 사용하고 있다.

다양한 커넥션 풀 라이브러리가 존재하는데 이 절에서는 오픈 소스 프로젝트인 DBCP API를 이용해서 커넥션 풀을 제공하는 방법을 살펴보도록 하겠다.

8.2 DBCP를 이용해서 커넥션 풀 사용하기

자카르타 프로젝트의 DBCP2 API를 사용할 때에는 다음과 같은 과정을 거치면 된다.

1. DBCP 관련 jar 파일과 JDBC 드라이버 jar 파일 설치하기
2. 커넥션 풀 초기화하기
3. 커넥션 풀로부터 커넥션 사용하기

이 네 가지 절차에 대해서 차례대로 살펴보도록 하자.

8.2.1 필요한 jar 파일 복사하기

DBCP API를 사용하기 위해서는 다음과 같은 라이브러리가 필요하다.

- Commons DBCP API 관련 jar 파일(최신 버전은 2.1)
- Commons DBCP API가 사용하는 Commons Pool API의 Jar 파일(최신 버전은 2.4.1)
- 로그 기록에 사용하는 Commons Logging API 관련 jar 파일(최신 버전은 1.2)

현재 이 글을 쓰는 시점에서 최신 버전의 Commons DBCP 버전은 2.1이다. DBCP 2.1 버전은 Commons Pool 2 이상의 버전을 필요로 한다. 이 두 라이브러리와 로그 기록에 사용하는 Commons Logging은 http://commons.apache.org/ 사이트에서 다운로드할 수 있다. 이 글을 쓰는 시점에서 다운로드한 파일 이름은 다음과 같다.

- commons-dbcp2-2.1-bin.zip
- commons-pool2-2.4.1-bin.zip
- commons-logging-1.2-bin.zip

이 세 파일의 압축을 풀면 다음과 같은 jar 파일들을 발견할 수 있는데, 세 개의 jar 파일을 WEB-INF/lib 디렉터리에 복사한다.

- commons-dbcp2-2.1.jar
- commons-pool2-2.4.1.jar
- commons-logging-1.2.jar

책의 예제 코드에도 이 세 개의 파일이 포함되어 있으니 그 파일을 사용해도 된다.

8.2.2 커넥션 풀 초기화 서블릿 클래스

커넥션 풀 초기화 코드는 다소 복잡하다. 일단 코드를 먼저 보자.

[리스트 14.11] chap14/src/jdbc/DBCPInit.java

```java
package jdbc;

import java.sql.DriverManager;
import java.util.Properties;

import javax.servlet.ServletException;
import javax.servlet.http.HttpServlet;

import org.apache.commons.dbcp2.BasicDataSource;
import org.apache.commons.dbcp2.BasicDataSourceFactory;
import org.apache.commons.dbcp2.ConnectionFactory;
import org.apache.commons.dbcp2.DriverManagerConnectionFactory;
import org.apache.commons.dbcp2.PoolableConnection;
import org.apache.commons.dbcp2.PoolableConnectionFactory;
import org.apache.commons.dbcp2.PoolingDriver;
import org.apache.commons.pool2.ObjectPool;
import org.apache.commons.pool2.impl.GenericObjectPool;
import org.apache.commons.pool2.impl.GenericObjectPoolConfig;

public class DBCPInit extends HttpServlet {

    @Override
    public void init() throws ServletException {
        loadJDBCDriver();
        initConnectionPool();
    }

    private void loadJDBCDriver() {
        try {
            Class.forName("com.mysql.jdbc.Driver");
        } catch (ClassNotFoundException ex) {
            throw new RuntimeException("fail to load JDBC Driver", ex);
        }
    }

    private void initConnectionPool() {
        try {
            String jdbcUrl =
                    "jdbc:mysql://localhost:3306/chap14?" +
                    "useUnicode=true&characterEncoding=utf8";
            String username = "jspexam";
            String pw = "jsppw";

            ConnectionFactory connFactory =
                    new DriverManagerConnectionFactory(jdbcUrl, username, pw);
```

```
46:
47:                PoolableConnectionFactory poolableConnFactory =
48:                        new PoolableConnectionFactory(connFactory, null);
49:                poolableConnFactory.setValidationQuery("select 1");
50:
51:                GenericObjectPoolConfig poolConfig = new GenericObjectPoolConfig();
52:                poolConfig.setTimeBetweenEvictionRunsMillis(1000L * 60L * 5L);
53:                poolConfig.setTestWhileIdle(true);
54:                poolConfig.setMinIdle(4);
55:                poolConfig.setMaxTotal(50);
56:
57:                GenericObjectPool<PoolableConnection> connectionPool =
58:                        new GenericObjectPool<>(poolableConnFactory, poolConfig);
59:                poolableConnFactory.setPool(connectionPool);
60:
61:                Class.forName("org.apache.commons.dbcp2.PoolingDriver");
62:                PoolingDriver driver = (PoolingDriver)
63:                        DriverManager.getDriver("jdbc:apache:commons:dbcp:");
64:                driver.registerPool("chap14", connectionPool);
65:            } catch (Exception e) {
66:                throw new RuntimeException(e);
67:            }
68:        }
69:    }
```

30행	커넥션 풀이 내부에서 사용할 JDBC 드라이버를 로딩한다. 예제의 경우 MySQL에 연결하므로 MySQL용 JDBC 드라이버를 로딩한다.
44-45행	커넥션 풀이 새로운 커넥션을 생성할 때 사용할 커넥션 팩토리를 생성한다. MySQL에 연결할 때 사용할 JDBC URL, DB 계정, 암호를 생성자로 지정한다.
47-48행	PoolableConnection을 생성하는 팩토리를 생성한다. DBCP는 커넥션 풀에 커넥션을 보관할 때 PoolableConnection을 사용한다. 이 클래스는 내부적으로 실제 커넥션을 담고 있으며, 커넥션 풀을 관리하는 데 필요한 기능을 추가로 제공한다. 예를 들어 close() 메서드를 실행하면 실제 커넥션을 종료하지 않고 풀에 커넥션을 반환한다.
49행	커넥션이 유효한지 여부를 검사할 때 사용할 쿼리를 지정한다.
51-55행	커넥션 풀의 설정 정보를 생성한다. 유휴 커넥션 검사 주기(52행), 풀에 보관 중인 커넥션이 유효한지 검사할지 여부(53행), 커넥션 최소 개수(54행), 커넥션 최대 개수(55행)를 지정한다.
57-58행	커넥션 풀을 생성한다. 생성자는 PoolableConnection을 생성할 때 사용할 팩토리(47-50행에서 생성)와 커넥션 풀 설정(51-55행에서 생성)을 파라미터로 전달받는다.
59행	PoolableConnectionFactory에도 57-58행에서 생성한 커넥션 풀을 연결한다.
61행	커넥션 풀을 제공하는 JDBC 드라이버를 등록한다.
64행	커넥션 풀 드라이버에 56-57행에서 생성한 커넥션 풀을 등록한다. "chap14"를 커넥션 풀 이름으로 주었는데, 이 경우 프로그램에서 사용하는 JDBC URL은 "jdbc:apache:commons:dbcp:chap14"가 된다.

코드가 다소 복잡한데, 요약하면 다음과 같다.

- 실제 커넥션을 생성할 ConnectionFactory를 생성한다.
- 커넥션 풀로 사용할 PoolableConnection을 생성하는 PoolableConnectionFactory를 생성한다.
- 커넥션 풀의 설정 정보를 생성한다.
- 커넥션 풀을 사용할 JDBC 드라이버를 등록한다.

이클립스를 사용하지 않고 직접 코드를 컴파일해야 한다면 다음의 jar 파일을 클래스패스로 사용해서 컴파일해야 한다.

- commons-dbcp2-2.1.jar
- commons-pool2-2.4.1.jar
- commons-logging-1.2.jar
- servlet-api.jar

다음은 컴파일 명령어의 실행 예이다.

```
C:\>set CLASSPATH=c:\apache-tomcat-8.0.21\webapps\chap14\WEB-INF\lib\commons-dbcp2-2.1.jar
C:\>set CLASSPATH=%CLASSPATH%;c:\apache-tomcat-8.0.21\webapps\chap14\WEB-INF\lib\commons-pool2-2.4.1.jar
C:\>set CLASSPATH=%CLASSPATH%;c:\apache-tomcat-8.0.21\webapps\chap14\WEB-INF\lib\commons-logging-1.2.jar
C:\>set CLASSPATH=%CLASSPATH%;c:\apache-tomcat-8.0.21\lib\servlet-api.jar
C:\>cd apache-tomcat-8.0.21\webapps\chap14\WEB-INF
C:\...\WEB-INF>javac -d classes src\jdbc\ConnectionPoolInit.java
```

커넥션의 유효 시간

회사 내부에서 사용하는 그룹웨어가 있다고 하자. 이 그룹웨어는 내부적으로 20개의 커넥션을 미리 생성한 커넥션 풀을 사용하고 있다. 새벽 시간대에 이 그룹웨어를 사용하는 사람은 아무도 없다. 그럼, 새벽 시간 동안 어떤 커넥션도 사용되지 않는다. 그런데, DBMS에 설정된 커넥션의 유효시간이 10분이다. 이렇게 되면 새벽 시간 동안 모든 커넥션이 10분 넘게 사용되지 않으므로 DBMS는 커넥션 풀에 있는 모든 커넥션의 연결을 끊는다. 커넥션 풀의 모든 연결이 끊긴 상태에서 그룹웨어에 접속하면 DB에 연결할 수 없기 때문에 익셉션이 발생한다.

이런 문제를 방지하기 위해 커넥션 풀은 커넥션이 유효한지(즉, 연결이 끊어지지 않았는지) 여부를 검사하는 기능을 제공하고 있다. 일정 주기로 풀에 있는 커넥션을 검사하기도 하고, 커넥션을 풀에서 가져올 때 검사하기도 한다. 커넥션이 유효한지 여부를 검사할 때 흔히 사용하는 방법이 쿼리를 실행하는 것이다. [리스트 14.11]에서는 "select 1" 쿼리를 사용해서 커넥션을 검사하도록 했다.

8.2.3 커넥션 풀 초기화 서블릿 설정

커넥션 풀을 초기화하기 위한 서블릿을 만들었으므로, 이제 웹 어플리케이션을 구동할 때 이 서블릿을 실행하도록 설정할 차례이다. 앞서 DriverLoader와 동일하게 web.xml 파일에 설정하면 된다. 아래와 같은 코드를 web.xml 파일에 추가해주면 된다.

```
<servlet>
    <servlet-name>DBCPInit</servlet-name>
    <servlet-class>jdbc.DBCPInit</servlet-class>
    <load-on-startup>1</load-on-startup>
</servlet>
```

위와 같이 코드를 추가하면 웹 어플리케이션이 시작할 때 DBCPInit 서블릿 클래스가 자동으로 시작되고 init() 메서드가 호출된다.

8.2.4 커넥션 풀로부터 커넥션 사용하기

DBCP가 제공하는 PoolingDriver는 커넥션 풀을 위한 JDBC 드라이버이다. PoolingDriver를 통해 커넥션 풀로부터 커넥션을 가져오려면 다음 형식의 JDBC URL을 사용하면 된다.

```
jdbc:apache:commons:dbcp:풀이름
```

풀 이름은 PoolingDriver에 커넥션 풀을 등록할 때 지정한다. 예를 들어, 앞서 DBCPInit 클래스를 보면 다음과 같은 코드가 있다.

```
// 61-64행
Class.forName("org.apache.commons.dbcp2.PoolingDriver");
PoolingDriver driver = (PoolingDriver)
        DriverManager.getDriver("jdbc:apache:commons:dbcp:");
driver.registerPool("chap14", connectionPool);
```

이 코드를 보면 커넥션 풀을 등록할 때, 풀의 이름으로 "chap14"를 사용했다. 따라서, 위 커넥션 풀로부터 커넥션을 구하려면 다음과 같은 JDBC URL을 사용하면 된다.

```
Connection conn = null;
....
try {
    String jdbcUrl = "jdbc:apache:commons:dbcp:chap14";
    // 커넥션 풀에서 커넥션을 구함
    conn = DriverManager.getConnection(jdbcUrl);
    ...
} finally {
    ...
    // 커넥션을 풀에 반환함
    if (conn != null) try { conn.close(); } catch(SQLException ex) {}
}
```

이 코드를 보면 DBCP API 기반의 커넥션 풀을 사용한다고 해서 특별히 코드가 달라지는 부분이 없다는 것을 알 수 있다. 일반 경우와 마찬가지로 DriverManager.getConnection() 메서드를 사용해서 커넥션을 구해오고, 커넥션을 사용하면 close() 메서드로 사용한 커넥션을 닫는다.

커넥션 풀에서 구한 Connection의 close() 메서드를 호출하면 DB와의 연결을 끊지 않고 해당 커넥션을 풀에 반환한다.

실제로 커넥션 풀을 사용하는 완전한 예제는 [리스트 14.12]이다. [리스트 14.12]는 앞서 작성했던 viewMemberList.jsp를 커넥션 풀을 사용하도록 변경한 것이다.

[리스트 14.12] chap14/WebContent/viewMemberUsingPool.jsp

```
<%@ page contentType = "text/html; charset=utf-8" %>
<%@ page import = "java.sql.DriverManager" %>
<%@ page import = "java.sql.Connection" %>
<%@ page import = "java.sql.Statement" %>
<%@ page import = "java.sql.ResultSet" %>
<%@ page import = "java.sql.SQLException" %>
<html>
<head><title>회원 목록</title></head>
<body>

MEMBER 테이블의 내용
<table width="100%" border="1">
<tr>
    <td>이름</td><td>아이디</td><td>이메일</td>
</tr>
<%

    Connection conn = null;
    Statement stmt = null;
    ResultSet rs = null;

    try {
        String jdbcDriver = "jdbc:apache:commons:dbcp:chap14";
        String query = "select * from MEMBER order by MEMBERID";
        conn = DriverManager.getConnection(jdbcDriver);
        stmt = conn.createStatement();
        rs = stmt.executeQuery(query);
        while(rs.next()) {
%>
<tr>
    <td><%= rs.getString("NAME") %></td>
    <td><%= rs.getString("MEMBERID") %></td>
```

```
        <td><%= rs.getString("EMAIL") %></td>
</tr>
<%
            }
        } finally {
            if (rs != null) try { rs.close(); } catch(SQLException ex) {}
            if (stmt != null) try { stmt.close(); } catch(SQLException ex) {}
            if (conn != null) try { conn.close(); } catch(SQLException ex) {}
        }
%>
</table>

</body>
</html>
```

viewMemberUsingPool.jsp를 실행하면 [그림 14.25]처럼 MEMBER 테이블로부터 조회한 결과가 출력되는 것을 확인할 수 있을 것이다.

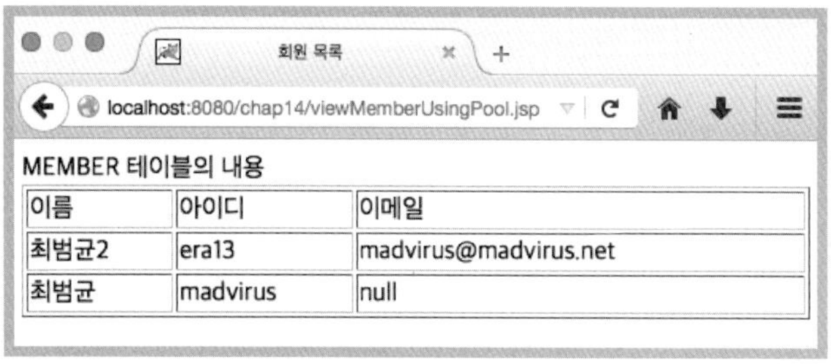

[그림 14.25] 커넥션 풀을 이용한 결과

8.2.5 커넥션 풀 속성 설명

앞에서 살펴본 DBCPInit 클래스를 보면 커넥션 풀을 설정할 때 GenericObjectPoolConfig 클래스를 사용했다. 이 클래스는 커넥션 풀의 크기, 커넥션의 검사 주기 등을 설정할 수 있는 메서드를 제공하고 있다. 예를 들어, 커넥션 풀의 최대 크기를 지정할 수 있는 setMaxTotal() 메서드를 제공한다. setMaxTotal() 메서드를 포함해 커넥션 풀의 개수와 대기 시간을 설정하기 위한 GenericObjectPoolConfig 클래스의 설정 메서드는 [표 14.4]와 같다.

표 14.4 GenericObjectPoolConfig 클래스의 커넥션 개수와 대기 관련 설정 메서드

메서드	설명	기본값
setMaxTotal(int)	풀이 관리하는 커넥션의 최대 개수를 설정한다. 음수면 제한이 없다.	8
setMaxIdle(int)	커넥션 풀이 보관할 수 있는 최대 유휴 개수를 지정한다. 음수면 제한이 없다.	8

setMinIdle(int)	커넥션 풀이 유지할 최소 유휴 커넥션 개수를 지정한다. 이 값이 maxIdle 보다 크면 maxIdle을 minIdle 값으로 사용한다.	0
setBlockWhenExhausted(boolean)	풀이 관리하는 커넥션이 모두 사용중인 상태에서 커넥션을 요청할 때 풀에 커넥션이 반환될 때까지 대기할지 여부를 지정한다. true면 대기하고, false면 NoSuchElementException을 발생한다.	true
setMaxWaitMillis(long)	blockWhenExhausted가 true일 때, 최대 대기 시간을 설정한다. 음수면 풀에서 커넥션을 구할 수 있을 때까지 대기한다. 단위는 밀리초이다.	-1L

커넥션 풀은 사용되지 않는 유휴 커넥션을 제거하는 기능을 제공한다. 이 기능을 사용하면 주기적으로 커넥션을 검사하기 때문에, DBMS에서 연결을 끊기 전에 먼저 커넥션을 풀에서 제거할 수 있다. 관련 메서드는 [표 14.5]와 같다.

표 14.5 GenericObjectPoolConfig 클래스의 유휴 커넥션 제거 및 검사 관련 설정 메서드

메서드	설명	기본값
setTimeBetweenEvictionRunsMillis(long)	풀에 있는 유휴 커넥션 검사 주기를 설정한다. 양수가 아니면 검사하지 않는다. 단위는 밀리초이다.	-1L
setNumTestsPerEvictionRun(int)	각 주기 때마다 검사할 커넥션의 개수를 설정한다. 음수면 유휴 커넥션 개수를 검사 개수의 절대값으로 나눈 값을 사용한다.	3
setMinEvictableIdleTimeMillis(long)	풀에 머물 수 있는 최소 유휴 시간을 설정한다. 커넥션을 검사할 때 이 시간을 초과한 커넥션이 제거 대상이 된다. 이 시간이 양수가 아니면 유휴 시간으로 검사하지 않는다. 단위는 밀리초이다.	1800000L (30분)
setTestWhileIdle(boolean)	true면 유휴 커넥션이 유효한지 검사한다.	false
setTestOnBorrow(boolean)	true면 커넥션 풀에서 커넥션을 가져올 때 유효한지 검사한다.	false
setTestOnReturn(boolean)	true면 커넥션을 풀에 반환할 때 유효한지 검사한다.	false

커넥션 풀에 있는 커넥션 중 오랜 시간 동안 사용되지 않는 커넥션은 DBMS와 연결이 끊길 가능성이 높다. 연결이 끊긴 커넥션을 사용하면 프로그램 실행 도중 오류가 발생하기 때문에 주기적으로 커넥션 풀에 있는 커넥션을 검사해서 사전에 제거해주는 것이 좋다. DBCP는 다음의 두 가지 기준으로 풀에 있는 커넥션을 검사한다.

1. 커넥션이 최소 유휴 시간보다 오래 풀에 있는 경우 (minEvictableIdleTimeMillis)
2. 커넥션이 유효한지 여부 확인 (testWhileIdle)

이 두 속성은 기본적으로 검사 주기(timeBetweenEvictionRunsMillis)가 양수일 때 적용된다. 검사 주기가 양수가 아니면 유휴 커넥션 제거 처리 자체를 하지 않기 때문에, 검사 주기 값을 설정해야 유효 커넥션을 제거한다.

testWhileIdle이 true면 PoolableConnectionFactory의 커넥션 검사 기능을 사용한다. 앞서 DBCPInit을 보면 다음 코드를 찾을 수 있는데, 이 코드에서 setValidationQuery() 메서드가 커넥션이 유효한지 검사할 때 사용할 쿼리를 지정한다.

```
PoolableConnectionFactory poolableConnFactory =
        new PoolableConnectionFactory(connFactory, null);
poolableConnFactory.setValidationQuery("select 1");
```

PoolableConnectionFactory 클래스의 커넥션 검사 기능과 관련된 설정 메서드는 [표 14.6]과 같다.

표 14.6 PoolableConnectionFactory의 커넥션 검사 기능과 관련된 설정 메서드

메서드	설명	기본값
setMaxConnLifetimeMillis(long)	커넥션의 최대 사용 시간을 설정한다. 커넥션을 생성한 뒤 최대 사용 시간이 지나면 유효하지 않은 것으로 간주한다. 양수가 아니면 적용하지 않는다. 단위는 밀리초이다.	-1L
setValidationQuery(String)	커넥션을 검사할 때 사용할 쿼리를 설정한다.	

GenericObjectPoolConfig 클래스에서 설정하는 풀의 몇 가지 속성은 성능에 큰 영향을 미치기 때문에 웹 어플리케이션의 사용량에 따라서 알맞게 지정해야 한다.

- maxTotal : 사이트의 최대 커넥션 사용량을 기준으로 지정한다. 이 값이 불필요하게 커질 경우 커넥션 개수가 비대하게 늘어나 DBMS가 수용할 수 있는 수준을 넘어서면 오히려 전체 성능에 좋지 않은 영향을 끼칠 수 있다.
- minIdle : 사용되지 않는 커넥션의 최소 개수를 0으로 지정하면 풀에 저장된 커넥션 개수가 0이 될 수 있다. 이 경우 커넥션이 필요할 때 다시 커넥션을 생성하게 된다. 따라서 커넥션의 최소 개수는 시스템 사용이 가장 적은 시간을 기준으로 설정한다.
- timeBetweenEvctionRunsMillis : 이 값을 설정해서 주기적으로 유휴 커넥션을 풀에서 제거하는 것이 좋다. 커넥션의 동시 사용량은 보통 새벽에 최저이고 낮 시간대에 최대에 이르게 된다. 이 두 시간대에 필요한 커넥션의 개수 차이는 수십에서 수백 개에 이른다. 이때 최대 상태에 접어들었다가 최소 상태로 가게 되면 풀에서 사용되지 않는 커넥션의 개수가 점차 증가한다. 따라서 DB와의 연결이 끊기기 전에 유휴 커넥션을 미리 풀에서 제거해주는 것이 좋다. 보통 10~30분 단위로 유휴 커넥션을 검사하도록 지정하는 것이 좋다.
- testWhileIdle : 유휴 커넥션을 검사할 때 유효하지 않은 커넥션도 검사해서 연결이 끊긴 커넥션을 사전에 제거하는 것이 좋다.
- maxWaitMillis : 커넥션 풀에 커넥션이 없으면 일정 시간 대기 후 익셉션을 발생시키는 것이 좋다. 커넥션을 대기하느라 수십 초 이상 대기하면 사용자는 응답이 없으므로 브라우저의 새로 고침을 누르거나 DB를 사용하는 다른 페이지로 이동해서 다시 풀에서 가져오기 위해 대기하게 된다. 사용자가 아무 응답 없이 대기하는 것 보다 1초 미만의 길지 않은 시간 안에 커넥션을 구하지 못하면 익셉션을 발생시켜서 알맞은 안내 화면을 보여주는 것이 더 좋다.

CHAPTER

15

웹 어플리케이션의 일반적인 구성 및 방명록 구현

이 장에서 다룰 내용

- 웹 어플리케이션의 구성 요소
- DAO 구현
- 서비스 구현
- ConnectionProvider 처리
- 방명록 구현

웹 어플리케이션을 개발할 때 클래스를 구성하는 전형적인 구조가 있는데, 이 장에서는 처음 웹 개발을 시작하는 초보 개발자가 사용하기에 좋은 구조를 소개하고자 한다. 또한, 이 장에서 소개하는 구조를 기반으로 방명록을 구현해 봄으로써 실제로 어떻게 적용되는지 살펴보도록 하겠다.

01 웹 어플리케이션의 전형적인 구성 요소

웹 어플리케이션을 포함한 많은 소프트웨어는 최초 개발 이후에도 지속해서 기능을 개선하거나 추가한다. 한 번 만들고 끝나는 경우는 없다고 보면 된다. 이는 개발이 완료된 이후에도 지속적으로 웹 어플리케이션의 코드를 수정하거나 새롭게 작성해야 한다는 것을 의미한다.

JSP만 이용해서 웹 어플리케이션을 개발하면 코드를 수정하는 것이 쉽지 않을 때가 있다. 코드 수정이 어려워지는 이유 중 하나는 동일하거나 비슷한 기능을 제공하는 코드가 여러 파일에 중복되는 상황이 발생하기 때문이다. 예를 들어, 블로그의 글 목록을 일반적인 웹 화면과 RSS 피드의 두 가지로 제공하는 경우를 생각해보자. 다음 [그림 15.1]에서 왼쪽 그림은 일반적인 목록 화면이고 오른쪽 그림은 동일한 목록을 RSS 형식으로 읽은 화면인데, 이 두 화면은 모두 동일한 데이터를 사용하고 있다.

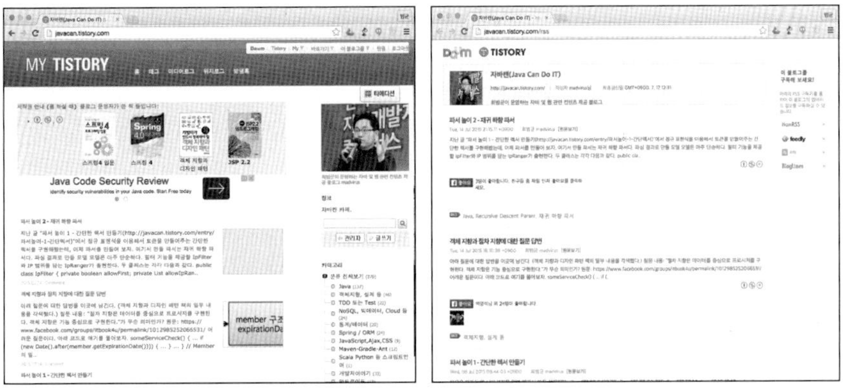

웹의 일반적인 글 목록 화면　　　글 목록을 RSS로 읽어온 화면

[그림 15.1] 동일한 데이터를 다르게 보여주는 예시

지금까지 배운 내용을 기반으로 동일한 데이터를 웹 화면과 XML(RSS) 형식으로 제공하는 웹 어플리케이션을 개발하려면 [그림 15.2]와 같이 일반 웹 화면을 제공하는 JSP와 RSS 형식의 XML을 제공하는 JSP를 구현하게 된다.

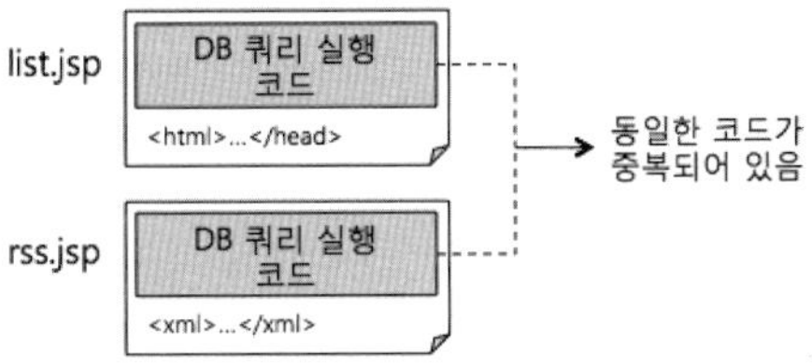

[그림 15.2] 두 JSP가 동일한 DB 쿼리 실행 코드를 포함

DB에서 게시판 글 목록을 읽어오는 코드는 두 JSP에서 동일할 것이다. 추가로 외부에서 JSON 형식으로 게시판 글 목록을 제공해 달라는 요청이 들어왔다고 하자. 이 경우 [그림 15.3]과 같이 동일한 코드를 갖는 JSP가 한 벌 더 생긴다.

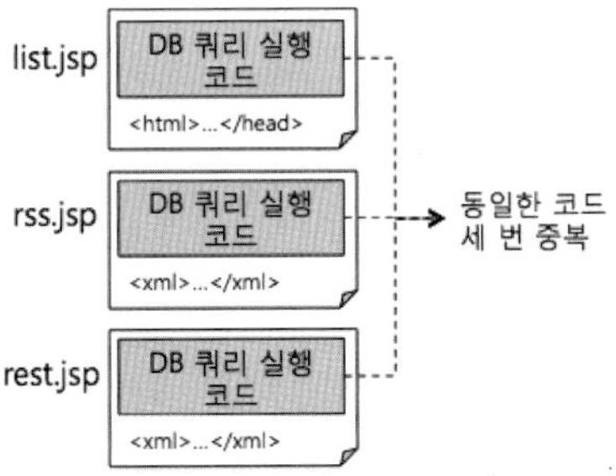

[그림 15.3] 중복되는 코드가 증가하는 상황

웹 어플리케이션을 1년 정도 사용했는데 목록 조회 속도가 느려져서 코드를 수정해야 한다고 해보자. 이 경우 동일한 코드가 세 개의 JSP에 중복해서 존재하므로 같은 코드를 세 번 수정해야 한다. 또한, 1년이라는 시간 동안 세 개의 JSP는 서로 다른 코드를 일부

포함할 수도 있기 때문에 코드를 수정하는 데 소요되는 개발 시간은 더 증가한다. 실수로 세 개의 JSP 중 두 개만 수정하고 한 개는 수정하지 않을 수도 있다.

이처럼 거의 유사한 코드가 여러 파일에 중복되어 있으면 앞으로 코드를 수정하는 데 더 많은 개발 시간이 필요하고 심한 경우 일부 코드의 수정을 빠뜨려서 심각한 문제가 발생할 수도 있다. 이런 문제를 해결하는 좋은 방법은 중복 코드를 별도 클래스로 모으고 기능이 필요하면 그 클래스를 사용하도록 구현하는 것이다. 예를 들어, [그림 15.4]와 같이 중복된 DB 쿼리 실행 코드를 별도의 클래스에 구현하고 해당 기능을 필요로 하는 각 JSP는 클래스를 사용하는 방식으로 개발을 진행하면 동일한 코드가 여러 곳에 중복되는 것을 피할 수 있다.

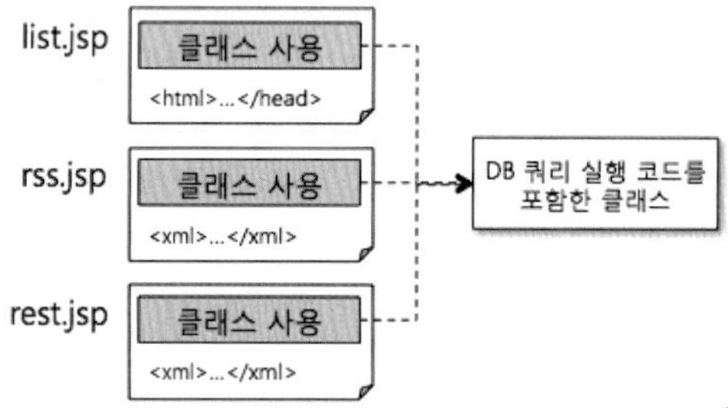

[그림 15.4] 중복된 코드를 별도 클래스로 분리

[그림 15.4]와 같이 DB 쿼리를 실행하는 코드를 별도로 분리한 뒤 쿼리를 변경해야 하는 상황이 발생하면, 한 개의 클래스만 변경하면 된다. 앞서 세 개의 JSP를 수정해야 했던 것과 비교하면 개발 시간이 단축되고 실수할 가능성도 줄어든다.

1~4개월 동안 임시로 사용할 웹 어플리케이션은 중복된 코드가 있더라도 추가 개발 작업이 거의 없고 있더라도 짧은 시간에 개발할 수 있는 경우가 많지만, 6개월 이상 사용되는 웹 어플리케이션은 지속적으로 기능이 추가되고 변경되기 때문에 코드가 중복되지 않도록 노력하는 것이 매우 중요하다.

중복된 코드를 만들지 않는 여러 가지 방법이 있는데 그중 하나는 화면을 보여주기 위한 코드와 상관없이 사용자의 요청을 처리하는 코드를 별도 클래스로 분리하는 것이다. 또한, DB 처리와 같이 여러 기능에서 사용될 수 있는 코드를 별도 클래스로 분리하기도 한다. 클래스를 알맞은 단위로 분리함으로써 중복된 코드 때문에 발생하는 문제를 없애고 클래스의 재사용 비율도 높일 수 있게 된다.

1.1 웹 어플리케이션의 주요 구성 요소

웹 어플리케이션의 구성 요소를 설계하는 방법은 여러 가지가 있는데, 처음 웹 어플리케이션을 개발할 때 사용하기에 좋은 기본적인 구조는 다음 [그림 15.5]와 같다.

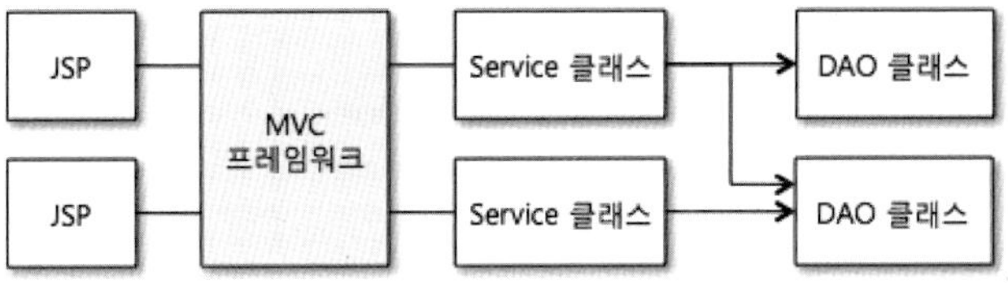

[그림 15.5] 웹의 일반적인 구성 요소

[그림 15.5]에서 각 구성 요소는 다음과 같은 역할을 한다.

- **Service 클래스** : 사용자의 요청을 처리하는 기능을 제공한다. 기능을 제공하기 위한 로직을 구현하며 DAO 클래스를 이용해서 DB 연동을 처리한다. 가입 신청 처리, 글 목록 제공 등의 기능을 구현한다.
- **DAO 클래스** : DB와 관련된 쿼리를 실행한다. Service 클래스들은 데이터를 DB에서 읽어오거나 DB에 데이터를 저장할 때 DAO 클래스를 사용한다.
- **JSP(뷰)** : Service 클래스가 실행한 결과를 화면에 출력하거나 Service가 기능을 수행하는 데 필요한 데이터를 전달한다.
- **MVC 프레임워크** : 사용자의 요청을 Service에 전달하고 Service의 실행 결과를 JSP와 같은 뷰에 전달한다. 스프링 MVC와 같은 프레임워크가 MVC 프레임워크에 해당한다.

이 장에서는 MVC 프레임워크에 대해서는 설명하지 않고 Service 클래스와 DAO 클래스가 일반적으로 어떻게 구현되는지 설명할 것이다. 그리고 간단한 방명록 예제를 구현하면서 이들 Service와 DAO 클래스가 실제로 어떻게 사용되는지 실습해보자. MVC 프레임워크에 대한 내용은 18장에서 설명한다.

1.2 데이터 접근 객체(Data Access Object)의 구현

먼저 살펴볼 대상은 DAO이다. DAO는 Data Access Object의 약자로 DAO 클래스는 이름 그대로 데이터에 접근할 때 사용하는 객체를 위한 클래스를 의미한다. 일반적으로 한 개의 DB 테이블마다 한 개의 DAO 클래스를 작성한다. 각 DAO 클래스는 INSERT, SELECT, UPDATE, DELETE 쿼리를 실행해주는 메서드를 제공한다.

- **insert() 메서드** : INSERT 쿼리를 실행한다.
- **select() 메서드** : SELECT 쿼리를 실행한다. 검색 조건에 따라서 두 개 이상의 select() 메서드를 제공한다.
- **update() 메서드** : UPDATE 쿼리를 실행한다.
- **delete() 메서드** : DELETE 쿼리를 실행한다.

DAO 클래스는 테이블로부터 데이터를 읽어와 자바 객체로 변환하거나 자바 객체의 값을 테이블에 저장한다. 따라서, DAO를 구현하면 [그림 15.6]과 같이 테이블의 칼럼과 매핑되는 프로퍼티를 갖는 자바 클래스를 함께 작성한다.

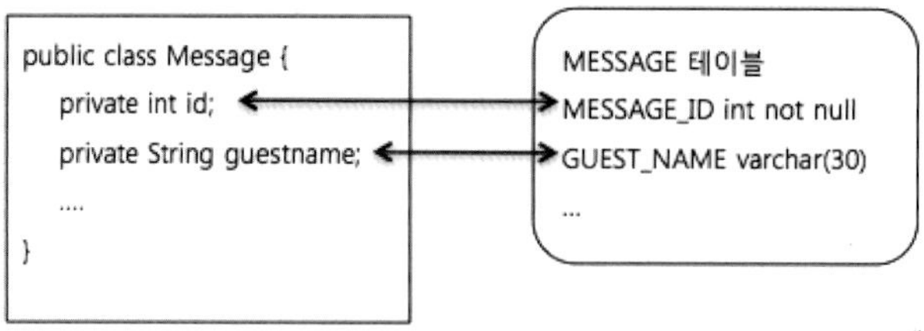

[그림 15.6] 테이블 칼럼과 매핑되는 프로퍼티를 갖는 클래스

insert() 메서드나 update() 메서드는 자바 객체로부터 값을 읽어와 쿼리를 실행한다. 아래 코드는 DAO 클래스의 insert() 메서드 작성 예를 보여주고 있다.

```
public void insert(Connection conn, Message message) throws SQLException {
    PreparedStatememt pstmt = null;
    try {
        pstmt = conn.prepareStatement("insert into message values (?, ?, ?)");
        pstmt.setInt(1, message.getId());
        pstmt.setString(2, message.guestName());
        ...
        return pstmt.executeUpdate();
    } finally {
        if (pstmt != null) try { pstmt.close(); } catch(SQLException ex) {}
    }
}
```

select() 메서드는 SELECT 쿼리 실행 결과로부터 값을 읽어와 자바 객체를 생성해서 리턴한다. 예를 들어, 아래 코드는 테이블에서 지정한 키값을 갖는 데이터를 읽어와 Message 객체에 저장한 뒤 Message 객체를 리턴하는 예를 보여주고 있다.

```
public Message select(Connection conn, int messageId) throws SQLException {
    PreparedStatement pstmt = null;
    ResultSet rs = null;

    try {
        pstmt = conn.prepareStatement(
                "select * from message where message_id = ?");
        pstmt.setInt(1, messageId);
        rs = pstmt.executeQuery();

        if ( !rs.next() ) return null;

        Message message = new Message();
        message.setId(rs.getInt("message_id"));
        message.setGuestName(rs.getString("guest_name"));
        ...
```

```
        return message;
    } finally {
        if (rs != null) try { rs.close(); } catch(SQLException ex) {}
        if (pstmt != null) try { pstmt.close(); } catch(SQLException ex) {}
    }
}
```

용어 CRUD

DB를 이용한 개발을 하다 보면 CRUD란 용어를 자주 듣게 된다. 이 용어는 Create-Read-Update-Delete의 약자로 데이터 생성(insert 쿼리), 읽기(select 쿼리), 수정(update 쿼리), 삭제(delete 쿼리)를 의미한다. 즉, CRUD는 DB 처리를 의미한다.

1.2.1 DAO에서 Connection에 접근하는 방식

DAO가 쿼리를 실행하려면 Statement나 PreparedStatement가 필요한데, 이 두 객체는 Connection 객체로부터 구할 수 있다. 따라서, DAO 클래스는 Connection 객체에 접근할 수 있어야 하는데, Connection 객체를 구하는 방법은 다음과 같은 세 가지 방식이 있다.

- DAO 클래스의 메서드에서 직접 Connection을 생성
- DAO 객체를 생성할 때 생성자로 Connection을 전달받기
- DAO 클래스의 메서드 파라미터로 Connection을 전달받기

첫 번째 방식은 DAO 클래스의 메서드에서 직접 Connection을 생성하는 방식이다. 다음 코드는 이 방식의 예제 코드이다.

```
public class MessageDao {
    public Message selectById(int messageId) throws SQLException {
        Connection conn = null;
        PreparedStatement pstmt = null;
        ResultSet rs = null;
        try {
            conn = DriverManager.getConnection(jdbcUrl, userId, userPassword);
            ...
        } finally {
            ...
            if (conn != null) try { conn.close(); } catch(SQLException ex) {}
        }
    }
}
```

위와 같이 작성한 DAO 클래스를 사용할 때에는 다음처럼 DAO 객체를 생성하고 메서드를 호출하게 된다.

```
MessageDao dao = ...// MessageDao 객체 구함
Message message = dao.selectById(messageId); // 커넥션 생성
message.increaseReadCount();
dao.updateReadCount(messageId, message.getReadCount()); // 커넥션 생성
```

DAO 메서드에서 Connection을 직접 생성하는 방식의 단점은 메서드를 실행할 때마다 매번 Connection을 생성한다는 점이다. 위 코드는 하나의 기능을 실행할 때 두 개의 DAO 메서드를 호출한다. 각 DAO 메서드에서 Connection을 생성하므로 위 코드는 두 개의 Connection 객체를 생성하게 된다. 이는 각 메서드가 서로 다른 Connection 객체를 사용한다는 것을 의미한다. 이 경우 두 메서드를 하나의 트랜잭션으로 처리할 수 없게 된다. JDBC 기반의 트랜잭션은 한 개의 Connection 객체에서만 유효하기 때문이다.

두 번째 방식은 DAO 객체를 생성할 때 Connection을 전달하는 방식이다. 다음 코드는 생성자를 통해서 Connection을 전달받는 DAO 클래스의 예를 보여주고 있다.

```
public class MessageDao {
    private Connection conn;
    public MessageDao(Connection conn) {
        this.conn = conn;
    }

    public Message selectById(int messageId) throws SQLException {
        PreparedStatement pstmt = null;
        ResultSet rs = null;
        try {
            pstmt = conn.prepareStatement(query, userId, password);
            ...
        } finally {
            ...
        }
    }
}
```

위 DAO 클래스를 사용하는 코드는 다음과 같이 DAO 객체를 생성할 때 Connection을 전달한 뒤 필요한 메서드를 사용하면 된다.

```
Connection conn = null;
try {
    conn = ... // 커넥션을 구함
    MessageDao dao = new MessageDao(conn);
    Message message = dao.selectById(messageId);
    message.increaseReadCount();
    dao.updateReadCount(messageId, message.getReadCount());
} finally {
    if (conn != null) try { conn.close(); } catch(SQLException ex) {}
}
```

위 코드에서 DAO 객체의 각 메서드는 하나의 Connection 객체를 사용하기 때문에 JDBC 트랜잭션을 이용할 수 있다. 하지만, 매번 새로운 DAO 객체를 생성한다는 단점이 있다.

세 번째 방식은 DAO 메서드를 실행할 때 Connection을 전달하는 방식이다. 다음 코드는 메서드로 Connection을 전달받는 방식의 예를 보여주고 있다.

```
public class MessageDao {

    public Message selectById(Connection conn, int messageId) throws SQLException {
        PreparedStatement pstmt = null;
        ResultSet rs = null;
        try {
            pstmt = conn.prepareStatement(query, userId, password);
            ...
        } finally {
            ...
        }
    }
}
```

위 DAO 클래스를 사용하는 코드는 다음과 같이 DAO 메서드를 실행할 때 Connection 객체를 전달해준다.

```
Connection conn = null;
try {
    conn = ... // 커넥션을 구함
    MessageDao dao = ... // DAO 객체 구함
    Message message = dao.selectById(conn, messageId);
    message.increaseReadCount(conn);
    dao.updateReadCount(conn, messageId, message.getReadCount());
} finally {
```

```
    if (conn != null) try { conn.close(); } catch(SQLException ex) {}
}
```

세 번째 방식은 두 번째 방식과 마찬가지로 한 개의 Connection 객체를 사용하므로 JDBC 트랜잭션을 사용할 수 있으며 DAO 객체를 매번 생성하지 않아도 된다는 장점이 있다. 하지만, DAO 객체의 메서드를 실행할 때마다 Connection 객체를 파라미터로 전달해야 하므로 첫 번째나 두 번째 방식과 비교하면 메서드 호출 코드가 다소 길어진다는 단점이 있다. 또한, 실수로 한 트랜잭션으로 실행해야 할 메서드에 다른 Connection을 전달할 수도 있다.

NOTE

자바의 ThreadLocal을 사용하면 좀 더 편리한 방법으로 Connection 객체를 전달할 수 있는데, 이에 대한 자세한 내용은 이 책의 범위를 벗어나므로 궁금한 독자는 필자가 정리해 놓은 http://javacan.tistory.com/entry/ThreadLocalUsage 글을 참고하기 바란다.

1.2.2 간단한 close() 및 rollback() 처리 코드를 위한 JdbcUtil

Connection, Statement 그리고 ResultSet과 같은 클래스는 사용이 끝나면 close() 메서드를 호출해서 자원을 반환해야 한다. 그래서 익셉션 발생 여부에 상관없이 close() 할 수 있도록 finally 블록에서 close() 메서드를 호출하도록 구현한다.

```
try {
    ...
} finally {
    if (rs != null) try { rs.close(); } catch(SQLException ex) {}
    if (pstmt != null) try { pstmt.close(); } catch(SQLException ex) {}
    if (conn != null) try { conn.close(); } catch(SQLException ex) {}
}
```

finally 블록에서 매번 위와 같은 코드를 작성하는 것은 성가시므로 반복되는 close() 처리 코드를 줄이기 위해 [리스트 15.1]과 같은 보조 클래스를 작성하였다. 예제 코드를 작성하기 전에 15장을 위한 이클립스 동적 웹 프로젝트를 생성하고, 코드를 추가하자. 이클립스의 동적 웹 프로젝트를 생성하는 방법은 13장을 참고한다.

[리스트 15.1] chap15\src\jdbc\JdbcUtil.java

```
package jdbc;

import java.sql.Connection;
import java.sql.ResultSet;
import java.sql.SQLException;
```

```
import java.sql.Statement;

public class JdbcUtil {

    public static void close(ResultSet rs) {
        if (rs != null) {
            try {
                rs.close();
            } catch (SQLException ex) {
            }
        }
    }

    public static void close(Statement stmt) {
        if (stmt != null) {
            try {
                stmt.close();
            } catch (SQLException ex) {
            }
        }
    }

    public static void close(Connection conn) {
        if (conn != null) {
            try {
                conn.close();
            } catch (SQLException ex) {
            }
        }
    }

    public static void rollback(Connection conn) {
        if (conn != null) {
            try {
                conn.rollback();
            } catch (SQLException ex) {
            }
        }
    }
}
```

JdbcUtil 클래스는 close() 메서드를 호출하는 코드를 제공하므로 JdbcUtil 클래스를 이용하면 작성할 코드를 줄일 수 있다.

```
Connection conn = null;
PreparedStatement pstmt = null;
ResultSet rs = null;
try {
    conn = ...;
    pstmt = conn.prepareStatement(query);
    ...
    ...
} finally {
    // JdbcUtil 클래스를 사용함으로써 아래 코드와 같이
    // 성가신 코드 작성을 줄일 수 있다.
    // if (rs != null) try { rs.close(); } catch(SQLException ex) {}
    JdbcUtil.close(rs);
    JdbcUtil.close(pstmt);
    JdbcUtil.close(conn);
}
```

NOTE

위 코드는 JdbcUtil 보조 클래스를 이용해서 반복되는 코드의 양을 줄였는데, 템플릿 메서드 패턴(Template Method Pattern)과 전략 패턴(Strategy Pattern)을 사용하면 PreparedStatement의 생성부터 쿼리 실행과 같은 코드의 반복되는 코드 입력도 줄일 수 있다. 이와 관련된 내용은 http://javacan.tistory.com/entry/116에서 확인해 보기 바란다.

1.3 서비스 클래스의 구현

DAO가 데이터 접근 기능을 제공한다면 서비스 클래스는 사용자의 요청을 처리하기 위한 기능을 제공한다. 서비스 클래스는 주로 DAO를 통해서 데이터에 접근하고 기능을 수행하는 데 필요한 로직을 구현한다. 예를 들어, 게시글 조회 기능은 다음과 같이 여러 번의 데이터 접근을 수행한다.

1. DAO의 select() 메서드를 이용해서 테이블에서 지정한 식별 값을 갖는 데이터를 읽어온다.
   A. 데이터가 존재하지 않으면 익셉션을 발생한다.
   B. 데이터가 존재하면 데이터 값을 갖는 Article 객체를 리턴한다.
2. Article 객체의 조회수 값을 1 증가시킨다.
3. DAO의 update() 메서드를 이용해서 변경된 조회수 값을 테이블에 반영한다.

이 경우 서비스 클래스는 다음과 같이 구현할 수 있다.

```
public class ReadArticleService {
    ...
    public Article read(int articleId) {
        Connection conn = null;
        try {
            conn = ...// Conneciton 구함
            conn.setAutoCommit(false); // 트랜잭션 시작

            // 기능을 구현하는 데 필요한 DAO를 구한다.
            ArticleDao articleDao = ArticleDao.getInstance();

            Article article = articleDao.selectById(conn, articleId);
            if (article == null) {
                throw new ArticleNotFoundException(articleId);
            }
            article.increaseReadCount();
            articleDao.updateReadCount(conn, article);

            conn.commit();
            return article;
        } catch (ArticleNotFoundException ex) {
            JdbcUtil.rollback(conn);
            throw ex;
        } catch (SQLException ex) {
            JdbcUtil.rollback(conn);
            throw new ArticleServiceException("에러 발생: " + ex.getMessage(), ex);
        } finally {
            JdbcUtil.close(conn);
        }
    }
}
```

주요 기능별로 서비스 클래스를 구현한다. 예를 들어, 서비스 클래스에서 제공하기에 알맞은 기능 단위는 다음과 같다.

- 게시글 목록 제공
- 게시글 쓰기
- 회원 등록
- 회원 정보 수정

JSP는 다음과 같이 서비스 클래스를 사용해서 필요한 기능을 사용자(웹 브라우저)에게 제공한다.

```
<%
    int messageId = Integer.parseInt(request.getParameter("messageId"));
    ReadArticleService service = ReadArticleService.getInstance();
    Article article = service.read(messageId);
    ...
%>
글 제목: <%= article.getSubject() %> <br/>
조회수: <%= article.getReadCount() %> <br/>
...
```

1.3.1 서비스 클래스와 트랜잭션 처리

서비스 클래스가 제공하는 기능을 트랜잭션 범위에서 처리해야 한다면, 다음과 같이 메서드에서 로직을 실행하기 전에 Connection.setAutoCommit(false)를 실행해서 트랜잭션을 시작하고 모든 코드가 종료되면 Connection.commit()을 실행해서 트랜잭션을 커밋해야 한다.

```
try {
    conn = ...// Connection을 구한다.

    conn.setAutoCommit(false); // 로직을 수행하기 전에 트랜잭션 시작

    ... 로직 실행

    conn.commit(); // 로직을 수행한 뒤 트랜잭션 커밋
} catch(SQLException ex) {
    if (conn != null)
        try {
            conn.rollback(); // 로직 실행 도중 익셉션이 발생하면 트랜잭션 롤백
        } catch(SQLException ex1) {}
    ...
} finally {
    ...
}
```

로직을 수행하는 도중 익셉션이 발생하면 잘못된 데이터가 DB에 반영되지 않도록 catch 블록에서 트랜잭션을 롤백한다.

1.3.2 서비스 클래스의 익셉션 처리

서비스 클래스가 제공하는 메서드는 내부적으로 데이터베이스 처리 실패와 같은 익셉션이 발생하면, 그 익셉션을 그대로 전파하지 않고 서비스에 알맞은 익셉션을 생성해서 발생시키는 것이 좋다. 예를 들어, DeleteMessageService 클래스가 다음과 같이 삭제 기능을 구현한 deleteMessage() 메서드를 구현하고 있다고 하자.

```
public void deleteMessage(int messageId) {
    Connection conn = null;
    try {
        conn = ...; // Connection을 구한다.
        conn.setAutoCommit(false);

        MessageDao dao = MessageDao.getInstance();
        dao.deleteById(messageId); // SQLException이 발생하면?

        conn.commit();
    } catch (SQLException ex) {
        // 코드 실행 도중 익셉션이 발생하더라도 롤백만 수행하고
        // 아무것도 하지 않는다.
        JdbcUtil.rollback(conn);
    } finally {
        JdbcUtil.close(pstmt);
    }
}
```

위 코드를 보면 아무 문제가 없는 것 같지만, dao.deleteById(messageId) 코드를 실행하는 도중에 SQLException이 발생하더라도 catch 블록에서 롤백만 수행할 뿐 다른 처리는 하지 않는다. 따라서 deleteMessage() 메서드를 호출한 코드는 삭제하는 데 실패했는지 여부를 알 수 없다.

```
DeleteMessageService service = new DeleteMessageService();
// deleteMessage() 메서드에서 삭제에 실패하더라도 실패 여부를 알 수 없다.
service.deleteMessage(messageId);
```

서비스 클래스의 메서드는 기능을 올바르게 실행했는지 여부를 확인할 수 있도록 기능 실행 과정에 문제가 있으면 관련 익셉션을 발생시켜야 한다. 예를 들어, DAO 메서드를 실행할 때 SQLException이 발생하면 아래 코드처럼 서비스 실행에 실패했음을 알려주는 익셉션을 발생시켜 이 메서드를 호출한 코드가 알 수 있도록 해야 한다.

```
public void deleteMessage(int messageId) {
    Connection conn = null;
    try {
        conn = ...; // Connection을 구한다.
        conn.setAutoCommit(false);
        ...
    } catch (SQLException ex) {
        JdbcUtil.rollback(conn);
        throw new DeleteFailException("삭제에 실패했습니다.", ex);
    } finally {
```

```
            JdbcUtil.close(pstmt);
        }
    }
```

이제 deleteMessage() 메서드를 호출한 코드는 익셉션이 발생하면 삭제에 실패했음을 알 수 있다.

```
try {
    deleteMessageService.deleteMessage(messageId);
} catch (DeleteFailException ex) {
    // 삭제에 실패했음을 의미
}
```

서비스 클래스는 내부적으로 발생한 익셉션뿐만 아니라 논리적으로 잘못된 경우에도 익셉션을 발생시켜야 한다. 예를 들어, 존재하지 않는 게시글을 삭제하려는 경우를 생각해 보자. 존재하지도 않는 게시글을 삭제하려는 건 논리적으로 맞지 않다. 따라서, 삭제하려는 게시글이 존재하지 않으면 그에 알맞은 익셉션을 발생시켜서 게시글 삭제 기능을 요청한 코드에 게시글이 존재하지 않음을 알려야 한다.

```
public void deleteMessage(int messageId) {
    Connection conn = null;
    try {
        conn = ...; // Connection을 구한다.
        conn.setAutoCommit(false);

        MessageDao dao = MessageDao.getInstance();
        MessageDao message = dao.selectById(messageId);
        if (message == null) {
            // 논리적으로 잘못된 경우에도 알맞은 익셉션을 발생시킨다.
            throw new MessageNotFoundException(messageId);
        }
        dao.deleteById(messageId); // SQLException이 발생하면?
        ...
```

1.4 싱글톤(Singleton) 패턴을 이용한 구성 요소 구현

서비스 클래스를 개발했다면 다음과 같이 서비스 클래스를 이용해서 객체를 생성한 뒤에 실행할 메서드를 호출하도록 코드를 작성하게 된다.

```
ReadArticleService service = new ReadArticleService();
Article article = service.read(messageId);
```

그런데 다수의 서비스 클래스는 객체를 여러 번 만들더라도 실제로 수행하는 기능은 동일한 경우가 많다. 예를 들어, 다음 코드에서 service1과 service2는 서로 다른 ReadArticleService 객체를 참조하는 레퍼런스인데, service1.read() 메서드를 두 번 실행하나 service2.read() 메서드를 한 번 실행하나 실행되는 결과는 동일하다.

```
ReadArticleService service1 = new ReadArticleService();
ReadArticleService service2 = new ReadArticleService();

Article article1 = service1.read(messageId);
Article article2 = service2.read(messageId);
Article article3 = service1.read(messageId);
```

위와 같이 한 개의 서비스 객체를 여러 번 사용하는 것과 매번 새로운 서비스 객체를 생성해서 사용하는 것이 기능상 차이가 없다면, 매번 새로운 서비스 객체를 생성하지 않고 한 개의 객체를 재사용하도록 구현해도 될 것이다. 이럴 때 적용 가능한 패턴이 싱글톤(Singleton) 패턴이다.

싱글톤 패턴은 특정 클래스의 객체가 단 한 개만 존재하도록 제약하는 구현 패턴으로, 다음과 같은 방식으로 구현한다.

```
public class ReadArticleService {
    // 유일한 객체를 정적 필드에 저장
    private static ReadArticleService instance = new ReadArticleService();

    // 유일한 객체에 접근할 수 있는 정적 메서드 정의
    public static ReadArticleService getInstance() {
        return instance;
    }

    // 생성자를 private으로 설정해서 외부에서 접근하지 못함
    private ReadArticleService() {}

    ...
}
```

싱글톤 패턴을 적용하면 생성자의 접근 제어 수식어가 private이기 때문에 외부 클래스에서는 생성자를 이용해서 객체를 생성할 수 없게 된다. 대신, 싱글톤 패턴은 유일한 객체에 접근할 수 있는 정적 메서드인 getInstance() 메서드를 제공하고 있기 때문에, 객체가 필요한 코드는 getInstance() 메서드를 사용해서 객체를 구한 뒤 필요한 기능을 사용하게 된다.

```
ReadArticleService service1 = ReadArticleService.getInstance();
Article article = service1.read(messageId);

ReadArticleService service2 = ReadArticleService.getInstance();
```

이 코드는 싱글톤 패턴을 적용한 클래스에서 객체를 가져와 사용하는 예를 보여주고 있다. 생성자를 직접 사용하지 않고 객체에 접근할 수 있는 getInstance() 메서드를 이용해서 객체를 구한 뒤 필요한 기능을 실행하는 것을 알 수 있다. 또한, getInstance() 메서드는 매번 동일한 객체를 리턴하므로 위 코드에서 service1과 service2는 같은 객체를 참조하게 된다.

1.5 Connection을 제공하는 ConnectionProvider 만들기

JDBC API를 이용해서 DB 프로그래밍을 하려면 다음과 같이 Connection 객체를 먼저 생성한다.

```
Connection conn = null;
try {
    conn = DriverManager.getConnection(jdbcUrl, userId, userPassword);
    ...
```

DB 연동이 필요한 모든 코드에서 DriverManager.getConnection() 메서드를 사용해서 Connection 객체를 구하는데, 이 경우 JDBC URL, 사용자 아이디, 암호가 모든 코드에서 중복된다. 만약 JDBC URL을 변경해야 한다거나 커넥션 풀 구현을 DBCP에서 다른 라이브러리로 변경해야 한다면, 모든 코드에서 DriverManager.getConnection() 부분을 수정해야 하는 부담이 발생한다. JDBC URL과 같은 DB 연결 설정 정보를 더욱 쉽게 변경할 수 있으려면, DriverManager.getConnection()을 직접 호출해서 Connection 객체를 구하기보다는 Connection을 제공해주는 기능을 별도의 클래스로 분리해주어야 한다.

이 책에서는 [리스트 15.2]와 같은 클래스를 이용해서 Connection 객체를 구할 수 있도록 구현해 보았다.

[리스트 15.2] chap15\src\jdbc\connection\ConnectionProvider.java

```
package jdbc.connection;

import java.sql.Connection;
import java.sql.DriverManager;
import java.sql.SQLException;
```

```
06:
07: public class ConnectionProvider {
08:
09:     public static Connection getConnection() throws SQLException {
10:         return DriverManager.getConnection(
11:                 "jdbc:apache:commons:dbcp:guestbook");
12:     }
13: }
```

11행의 JDBC URL은 앞서 14장에서 살펴본 DBCP 커넥션 풀을 사용할 때의 JDBC URL이다. 이 장의 뒤에서 만들어 볼 방명록 예제를 구현할 때 커넥션 풀의 이름을 guestbook으로 설정하기 때문에 JDBC URL을 11행의 값으로 설정했다.

Connection이 필요한 코드는 DriverManager.getConnection()을 직접 사용하는 대신 다음과 같이 ConnectionProvider.getConnection() 메서드를 사용해서 Connection을 구할 수 있다.

```
Connection conn = null;
try {
    conn = ConnectionProvider.getConnection();
    ...
```

이제 JDBC URL을 변경하거나 커넥션 풀 방식을 변경해야 할 때, Connection을 사용하는 모든 코드를 변경할 필요 없이 ConnectionProvider.getConnection() 메서드만 변경해주면 된다.

NOTE

스프링과 같은 프레임워크를 사용하면 Connection과 관련된 설정을 외부의 설정 파일에서 변경할 수 있도록 하고 있기 때문에, ConnectionProvider와 같은 클래스를 직접 구현하지 않아도 된다. DataSource나 프레임워크에 대한 내용이 궁금한 독자는 이 책을 읽은 뒤 스프링 관련 서적을 참고하면 된다.

02 방명록 구현

이 절에서는 MySQL에서 동작하는 방명록 예제를 작성할 것이다. 이를 통해서 앞에서 공부한 구현 패턴들이 실제로 개발 과정에서 어떻게 적용되는지 살펴보도록 하겠다.

2.1 방명록을 구성하는 클래스의 구조

방명록 구현에 연관된 클래스의 구성은 [그림 15.7]과 같다.

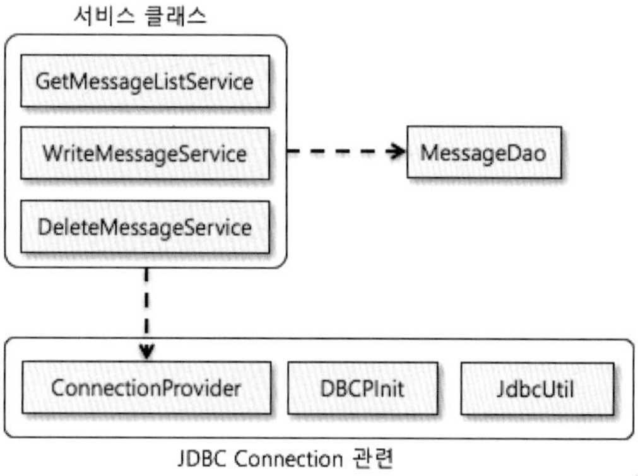

[그림 15.7] 방명록 구현에 관련된 클래스

각 구성 요소 중에서 서비스 관련 클래스가 제공하는 기능은 다음과 같다.

- GetMessageListService : 요청한 페이지 번호에 포함된 메시지 목록을 구한다.
- WriteMessageService : 메시지를 작성하는(등록하는) 기능을 제공한다.
- DeleteMessageService : 작성한 메시지를 삭제하는 기능을 제공한다.

DAO 관련 클래스들은 다음과 같은 기능을 제공한다.

- MessageDao : GUESTBOOK_MESSAGE 테이블에 대한 쿼리를 실행한다.

JDBC Connection 관련 클래스는 다음과 같다.

- ConnectionProvider : Connection을 제공한다. [리스트 15.2]와 동일하다.
- DBCPInit : 14장에 살펴봤던 DBCP 초기화 서블릿이다. 15장에 맞게 수정한 코드는 뒤에서 작성한다.
- JdbcUtil : Connection을 위한 보조 기능을 제공한다. [리스트 15.1]과 동일하다.

서비스 클래스는 ConnectionProvider와 MessageDao를 이용해서 필요한 기능을 구현한다. 예를 들어, 다음과 같이 ConnectionProvider에서 Connection을 구하고 MessageDao를 알맞은 메서드를 호출하는 방식으로 코드를 작성한다.

```
public class DeleteMessageService {
    ... // 싱글톤 구현

    public void deleteMessage(int messageId, String password) {
        Connection conn = null;
        try {
            conn = ConnectionProvider.getConnection();
            conn.setAutoCommit(false);
            MessageDao dao = MessageDao.getInsetance();
            ...
            dao.delete(conn, messageId);
            ...
            conn.commit();
        } catch(SQLException ex) {
            JdbcUtil.rollback(conn);
            ...
        } finally {
            JdbcUtil.close(conn);
        }
    }
}
```

2.2 데이터베이스와 테이블 생성

방명록 예제를 위한 MySQL 데이터베이스와 테이블을 생성하자. 먼저 MySQL 워크벤치에서 MySQL에 root 계정으로 연결한 뒤 다음 쿼리를 이용해서 guestbook 데이터베이스를 생성한다.

```
create database guestbook default character set utf8;
```

데이터베이스를 추가한 뒤에는 MySQL에서 사용할 사용자를 추가한다. 사용자를 추가하기 위해서는 다음과 같은 순서로 명령을 실행하면 된다. 여기서 생성하는 "jspexam" 사용자는 14장에서 생성한 DB 사용자와 동일하다. 14장에서 이미 "jspexam" DB 사용자를 생성했다면, GRANT 쿼리로 "jspexam" 사용자가 guestbook 데이터베이스에 접근할 수 있는 권한만 부여하면 된다.

```
CREATE USER 'jspexam'@'localhost' IDENTIFIED BY 'jsppw';
GRANT ALL PRIVILEGES ON guestbook.* TO 'jspexam'@'localhost';

CREATE USER 'jspexam'@'%' IDENTIFIED BY 'jsppw';
GRANT ALL PRIVILEGES ON guestbook.* TO 'jspexam'@'%';
```

이제 guestbook 데이터베이스에 테이블을 생성할 차례이다. 생성할 guestbook_message 테이블의 구조는 [표 15.1]과 같다.

표 15.1 guestbook_message 테이블의 스키마

필드 이름	필드 타입	설명
MESSAGE_ID	INT	메시지 번호 (PK)
GUEST_NAME	VARCHAR(50)	작성자 이름
PASSWORD	VARCHAR(10)	메시지 암호
MESSAGE	LONG VARCHAR	메시지 내용

이 테이블을 생성하기 위한 MySQL 쿼리는 [리스트 15.3]과 같다.

[리스트 15.3] chap15/sql/ddl.sql

```
01: create table guestbook_message (
02:     message_id int not null auto_increment primary key,
03:     guest_name varchar(50) not null,
04:     password varchar(10) not null,
05:     message text not null
06: ) engine=InnoDB default character set = utf8
```

02행을 보면 message_id 칼럼을 auto_increment로 설정하고 있다. MySQL에서 auto_increment 칼럼은 자동으로 값이 1씩 증가하는 칼럼으로 INSERT 쿼리를 수행할 때 값을 지정하지 않으면 해당 칼럼에 1이 증가된 값을 삽입한다. 예를 들어, 테이블을 생성한 뒤 아래와 같이 쿼리를 세 번 실행하면 message_id 칼럼에는 차례대로 1, 2, 3의 값이 저장된다.

```
insert into guestbook_message (guest_name, password, message) values (...);
insert into guestbook_message (guest_name, password, message) values (...);
insert into guestbook_message (guest_name, password, message) values (...);
```

2.3 이클립스 프로젝트 생성과 필요 모듈 복사

예제를 실행하기 전에 이클립스 동적 웹 프로젝트를 생성하자. 15장 방명록 예제를 위한 웹 프로젝트는 다음 과정을 따라 생성한다.

1. [File]→[New]→[Dynamic Web Project] 메뉴를 실행한다.
2. New Dynamic Web Project 대화창에서 다음과 같이 설정 후 [Finish] 버튼을 클릭해서 프로젝트를 생성한다.
   a. Project name : chap15
   b. Target runtime : Apache Tomcat v8.0 (톰캣 런타임을 다른 이름으로 등록했다면 해당 이름 사용)
   c. Dynamic web module version : 3.1

프로젝트를 생성했다면 14장 예제와 마찬가지로 다음의 jar 파일을 WebContent/WEB-INF/lib 폴더에 복사한다.

- commons-dbcp2-2.1.jar
- commons-logging-1.2.jar
- commons-pool2-2.4.1.jar
- mysql-connector-java-5.1.35-bin.jar

그리고 JSP 코드에서 JSTL이 제공하는 표준 태그를 사용할 것이므로 jstl-1.2.jar 파일도 WEB-INF/lib 폴더에 복사한다. 이 파일은 12장 예제 프로젝트에서 가져오면 된다.

jar 파일을 모두 복사했다면, 앞서 코드로 보여준 [리스트 15.1]의 JdbcUtil 클래스와 [리스트 15.2]의 ConnectionProvider 클래스를 작성하자.

2.4 커넥션 풀 설정 위한 DBCPInit 클래스 구현과 web.xml 설정

DBCPInit 클래스의 코드는 14장의 [리스트 14.11]의 코드와 거의 같다. JDBC URL 부분만 다음과 같이 15장 예제에 맞게 변경하면 된다.

```
// 38-40행, 64행 : "chap14"인 부분을 "guestbook"으로 변경
String jdbcUrl =
        "jdbc:mysql://localhost:3306/guestbook?" +
        "useUnicode=true&characterEncoding=utf8";
```

14장의 DBCPInit 코드를 15장의 jdbc 패키지에 복사한 뒤에 38~40행의 JDBC URL 부분을 위 코드처럼 변경하면 된다.

DBCPInit 클래스에서 JDBC 드라이버를 로딩하고 커넥션 풀을 초기화하므로, 톰캣을 실행할 때 DBCPInit을 실행하도록 web.xml 파일에 DBCPInit을 등록한다. web.xml 파일 코드는 [리스트 15.4]와 같다.

[리스트 15.4] chap15/WebContent/WEB-INF/web.xml

```
<?xml version="1.0" encoding="UTF-8"?>
<web-app xmlns:xsi="http://www.w3.org/2001/XMLSchema-instance"
   xmlns="http://xmlns.jcp.org/xml/ns/javaee"
   xsi:schemaLocation="http://xmlns.jcp.org/xml/ns/javaee
      http://xmlns.jcp.org/xml/ns/javaee/web-app_3_1.xsd"
   version="3.1">

   <servlet>
      <servlet-name>DBCPInit</servlet-name>
      <servlet-class>jdbc.DBCPInit</servlet-class>
      <load-on-startup>1</load-on-startup>
   </servlet>

</web-app>
```

2.5 Message 클래스 작성

guestbook_message 테이블에서 읽어온 값을 저장하거나 또는 사용자가 입력한 값을 DAO에 전달할 때 사용되는 클래스인 Message는 [리스트 15.5]와 같다.

[리스트 15.5] chap15/src/guestbook/model/Message.java

```
package guestbook.model;

public class Message {

   private int id;
   private String guestName;
   private String password;
   private String message;

   public int getId() {
      return id;
   }

   public void setId(int id) {
```

```
15:         this.id = id;
16:     }
17:
18:     public String getGuestName() {
19:         return guestName;
20:     }
21:
22:     public void setGuestName(String guestName) {
23:         this.guestName = guestName;
24:     }
25:
26:     public String getPassword() {
27:         return password;
28:     }
29:
30:     public void setPassword(String password) {
31:         this.password = password;
32:     }
33:
34:     public String getMessage() {
35:         return message;
36:     }
37:
38:     public void setMessage(String message) {
39:         this.message = message;
40:     }
41:
42:     public boolean hasPassword() {
43:         return password != null && !password.isEmpty();
44:     }
45:
46:     public boolean matchPassword(String pwd) {
47:         return password != null && password.equals(pwd);
48:     }
49: }
```

Message 클래스는 guestbook_message 테이블 칼럼과 매핑되는 프로퍼티 목록을 갖고 있다. 42~44행에 구현한 hasPassword() 메서드는 방명록 메시지에 암호가 지정되어 있는지 확인한다. 46~48행의 matchPassword() 메서드는 파라미터로 전달받은 pwd가 암호를 저장한 password 필드와 같은지 확인한다. 이 두 메서드는 DeleteMessageService 클래스에서 삭제 기능을 구현할 때 사용된다.

2.6 MessageDao 클래스 구현

MessageDao 클래스는 guestbook_message 테이블에 대한 CRUD 메서드를 제공한다. 코드가 다소 길지만 내용 자체는 복잡하지 않기 때문에 코드를 이해하기 어렵진 않을 것이다. MessageDao 클래스의 소스 코드는 [리스트 15.6]과 같다.

[리스트 15.6] chap15/src/guestbook/dao/MessageDao.java

```
package guestbook.dao;

import java.sql.Connection;
import java.sql.PreparedStatement;
import java.sql.ResultSet;
import java.sql.SQLException;
import java.sql.Statement;
import java.util.ArrayList;
import java.util.Collections;
import java.util.List;

import guestbook.model.Message;
import jdbc.JdbcUtil;

public class MessageDao {
    private static MessageDao messageDao = new MessageDao();
    public static MessageDao getInstance() {
        return messageDao;
    }

    private MessageDao() {}

    public int insert(Connection conn, Message message) throws SQLException {
        PreparedStatement pstmt = null;
        try {
            pstmt = conn.prepareStatement(
                    "insert into guestbook_message " +
                    "(guest_name, password, message) values (?, ?, ?)");
            pstmt.setString(1, message.getGuestName());
            pstmt.setString(2, message.getPassword());
            pstmt.setString(3, message.getMessage());
            return pstmt.executeUpdate();
        } finally {
            JdbcUtil.close(pstmt);
        }
    }

    public Message select(Connection conn, int messageId) throws SQLException {
```

```
        PreparedStatement pstmt = null;
        ResultSet rs = null;
        try {
            pstmt = conn.prepareStatement(
                    "select * from guestbook_message where message_id = ?");
            pstmt.setInt(1, messageId);
            rs = pstmt.executeQuery();
            if (rs.next()) {
                return makeMessageFromResultSet(rs);
            } else {
                return null;
            }
        } finally {
            JdbcUtil.close(rs);
            JdbcUtil.close(pstmt);
        }
    }

    private Message makeMessageFromResultSet(ResultSet rs) throws SQLException {
        Message message = new Message();
        message.setId(rs.getInt("message_id"));
        message.setGuestName(rs.getString("guest_name"));
        message.setPassword(rs.getString("password"));
        message.setMessage(rs.getString("message"));
        return message;
    }

    public int selectCount(Connection conn) throws SQLException {
        Statement stmt = null;
        ResultSet rs = null;
        try {
            stmt = conn.createStatement();
            rs = stmt.executeQuery("select count(*) from guestbook_message");
            rs.next();
            return rs.getInt(1);
        } finally {
            JdbcUtil.close(rs);
            JdbcUtil.close(stmt);
        }
    }

    public List<Message> selectList(Connection conn, int firstRow, int endRow)
            throws SQLException {
        PreparedStatement pstmt = null;
        ResultSet rs = null;
        try {
```

```
85:             pstmt = conn.prepareStatement(
86:                     "select * from guestbook_message " +
87:                     "order by message_id desc limit ?, ?");
88:             pstmt.setInt(1, firstRow - 1);
89:             pstmt.setInt(2, endRow - firstRow + 1);
90:             rs = pstmt.executeQuery();
91:             if (rs.next()) {
92:                 List<Message> messageList = new ArrayList<Message>();
93:                 do {
94:                     messageList.add(makeMessageFromResultSet(rs));
95:                 } while (rs.next());
96:                 return messageList;
97:             } else {
98:                 return Collections.emptyList();
99:             }
100:        } finally {
101:            JdbcUtil.close(rs);
102:            JdbcUtil.close(pstmt);
103:        }
104:    }
105:
106:    public int delete(Connection conn, int messageId) throws SQLException {
107:        PreparedStatement pstmt = null;
108:        try {
109:            pstmt = conn.prepareStatement(
110:                "delete from guestbook_message where message_id = ?");
111:            pstmt.setInt(1, messageId);
112:            return pstmt.executeUpdate();
113:        } finally {
114:            JdbcUtil.close(pstmt);
115:        }
116:    }
117:
118:}
```

16-21행	한 개 객체만 사용하도록 싱글톤 패턴을 적용한다.
23-36행	insert 쿼리를 이용해서 message 파라미터 데이터를 guestbook_message 테이블에 삽입한다. auto_increment인 message_id 칼럼은 값이 자동으로 증가하므로 21-22행의 insert 쿼리는 message_id 칼럼 값을 설정하지 않았다.
38-55행	guestbook_message에서 message_id 칼럼의 값이 messageId인 레코드를 읽어온다. 레코드가 존재하면 makeMessageFromResultSet() 메서드를 이용해서 Message 객체를 생성한다. 존재하지 않으면 null을 리턴한다.
57-64행	ResultSet에서 데이터를 읽어와 Message를 생성한다. select() 메서드와 selectList() 메서드에서 사용한다.
66-78행	guestbook_message 테이블의 전체 레코드 개수를 구한다.
80-104행	guestbook_message 테이블의 데이터를 message_id 내림차순으로 정렬해서 조회한다.

106-116행 guestbook_message 테이블에서 message_id 칼럼 값이 messageId인 레코드를 삭제한다.

86~87행의 쿼리를 보면 "limit ?, ?" 부분이 있다. MySQL의 limit 구문은 지정한 행부터 지정한 개수만큼 행을 가져오는 기능을 제공하며, 다음과 같이 사용한다.

```
select * from TABLENAME ... limit [시작행번호], [읽어올개수]
```

[시작행번호]는 0부터 시작한다. 따라서, 다섯 번째 행부터 3개의 행을 읽어오고 싶다면 다음과 같이 limit 문을 사용하여 쿼리를 작성해야 한다.

```
select * from tablename where ... limit 4, 3
```

limit의 [시작행번호]가 0 기반이기 때문에 [리스트 15.6]의 81행을 보면 읽어올 첫 번째 행 번호를 의미하는 firstRow에서 1을 뺀 값을 limit의 첫 번째 값으로 설정했다.

limit 문을 사용하면 간단하게 페이징을 구현할 수 있다. 예를 들어, 한 페이지에 10개의 게시글을 보여준다고 해보자. 이 경우 첫 페이지, 두 번째 페이지, 세 번째 페이지의 데이터를 읽어오고 싶다면 다음과 같이 limit 문을 이용한 쿼리를 실행하면 된다.

```
-- 첫 번째 행부터 10개의 행 조회
select * from guestbook_message order by message_id desc limit 0, 10;

-- 11 번째 행부터 10개의 행 조회
select * from guestbook_message order by message_id desc limit 10, 10;

-- 21 번째 행부터 10개의 행 조회
select * from guestbook_message order by message_id desc limit 20, 10;
```

2.7 서비스 클래스의 구현

MessageDao를 구현했으므로 이제 MessageDao를 이용해서 방명록 기능을 제공하는 서비스 클래스를 구현해보자. 주요 기능별로 구현할 클래스는 다음과 같다.

- **방명록에 등록된 메시지 목록 제공** : GetMessageListService
- **신규 메시지 등록 기능** : WriteMessageService
- **메시지 삭제 기능** : DeleteMessageService

방명록 예제에서 사용할 서비스 클래스들은 DAO를 실행하는 도중에 SQLException이 발생하면 다음과 같이 ServiceException을 발생시키도록 구현할 것이다.

```
try {
    ...
} catch (SQLException ex) {
    ...
    throw new ServiceException("메시지 목록 구하기 실패", ex);
}
```

ServiceException 클래스는 간단한 익셉션 클래스로서 [리스트 15.7]과 같이 작성한다.

[리스트 15.7] chap15/src/guestbook/service/ServiceException.java

```
package guestbook.service;

public class ServiceException extends RuntimeException {

    public ServiceException(String message, Exception cause) {
        super(message, cause);
    }

    public ServiceException(String message) {
        super(message);
    }

}
```

2.7.1 GetMessageListService 클래스의 구현

GetMessageListService는 요청한 페이지 번호에 해당하는 메시지 목록을 제공하는 getMessageList() 메서드를 제공한다.

```
public class GetMessageListService {
    ...
    public MessageListView getMessageList(int pageNumber)
        throws ServiceException {
        ...
    }
}
```

MessageListView 클래스는 요청한 페이지 번호, 요청한 페이지의 메시지 목록, 전체 메시지 개수, 페이지 개수, 페이지 당 보여줄 메시지 개수 등의 정보를 담은 클래스로 [리스트 15.8]과 같다.

[리스트 15.8] chap15/src/guestbook/service/MessageListView.java

```
package guestbook.service;

import java.util.List;

import guestbook.model.Message;

public class MessageListView {

    private int messageTotalCount;
    private int currentPageNumber;
    private List<Message> messageList;
    private int pageTotalCount;
    private int messageCountPerPage;
    private int firstRow;
    private int endRow;

    public MessageListView(List<Message> messageList, int messageTotalCount,
            int currentPageNumber, int messageCountPerPage,
            int startRow, int endRow) {
        this.messageList = messageList;
        this.messageTotalCount = messageTotalCount;
        this.currentPageNumber = currentPageNumber;
        this.messageCountPerPage = messageCountPerPage;
        this.firstRow = startRow;
        this.endRow = endRow;

        calculatePageTotalCount();
    }

    private void calculatePageTotalCount() {
        if (messageTotalCount == 0) {
            pageTotalCount = 0;
        } else {
            pageTotalCount = messageTotalCount / messageCountPerPage;
            if (messageTotalCount % messageCountPerPage > 0) {
                pageTotalCount++;
            }
        }
    }

    public int getMessageTotalCount() {
        return messageTotalCount;
    }

    public int getCurrentPageNumber() {
```

```
46:         return currentPageNumber;
47:     }
48:
49:     public List<Message> getMessageList() {
50:         return messageList;
51:     }
52:
53:     public int getPageTotalCount() {
54:         return pageTotalCount;
55:     }
56:
57:     public int getMessageCountPerPage() {
58:         return messageCountPerPage;
59:     }
60:
61:     public int getFirstRow() {
62:         return firstRow;
63:     }
64:
65:     public int getEndRow() {
66:         return endRow;
67:     }
68:
69:     public boolean isEmpty() {
70:         return messageTotalCount == 0;
71:     }
72: }
```

17-28행	생성자를 정의한다. 메시지 목록(messageList), 메시지 전체 개수(messageTotalCount), 요청 페이지 번호(currentPageNumber), 페이지 당 메시지 출력 개수(messageCountPerPage), 전체 메시지 중에서 현재 메시지 목록의 시작 행(startRow)과 끝 행(endRow)을 전달받는다.
30-39행	전체 메시지 개수와 페이지 당 메시지 출력 개수를 이용해서 전체 페이지 개수를 구한다.

GetMessageListService는 다음 순서로 필요한 작업을 실행한다.

1. 전체 메시지 개수를 구한다. MessageDao의 selectCount() 메서드를 사용한다.
2. 요청한 페이지 번호에 해당하는 메시지의 시작 행과 끝 행을 구한다.
3. 시작 행과 끝 행에 포함된 메시지 목록을 구한다. MessageDao의 selectList() 메서드를 사용한다.
4. MessageViewList 객체를 리턴한다.

실제 GetMessageListService 클래스의 구현 코드는 [리스트 15.9]와 같다.

[리스트 15.9] chap15\src\guestbook\service\GetMessageListService.java

```java
package guestbook.service;

import java.sql.Connection;
import java.sql.SQLException;
import java.util.Collections;
import java.util.List;

import guestbook.dao.MessageDao;
import guestbook.model.Message;
import jdbc.JdbcUtil;
import jdbc.connection.ConnectionProvider;

public class GetMessageListService {
    private static GetMessageListService instance = new GetMessageListService();

    public static GetMessageListService getInstance() {
        return instance;
    }

    private GetMessageListService() {
    }

    private static final int MESSAGE_COUNT_PER_PAGE = 3;

    public MessageListView getMessageList(int pageNumber) {
        Connection conn = null;
        int currentPageNumber = pageNumber;
        try {
            conn = ConnectionProvider.getConnection();
            MessageDao messageDao = MessageDao.getInstance();

            int messageTotalCount = messageDao.selectCount(conn);

            List<Message> messageList = null;
            int firstRow = 0;
            int endRow = 0;
            if (messageTotalCount > 0) {
                firstRow =
                        (pageNumber - 1) * MESSAGE_COUNT_PER_PAGE + 1;
                endRow = firstRow + MESSAGE_COUNT_PER_PAGE - 1;
                messageList =
                        messageDao.selectList(conn, firstRow, endRow);
            } else {
                currentPageNumber = 0;
                messageList = Collections.emptyList();
```

```
46:             }
47:             return new MessageListView(messageList,
48:                     messageTotalCount, currentPageNumber,
49:                     MESSAGE_COUNT_PER_PAGE, firstRow, endRow);
50:         } catch (SQLException e) {
51:             throw new ServiceException("목록 구하기 실패: " + e.getMessage(), e);
52:         } finally {
53:             JdbcUtil.close(conn);
54:         }
55:     }
56: }
```

14-21행	싱글톤 패턴을 적용한다.
23행	한 페이지에 보여줄 메시지 개수를 3으로 지정한다.
32행	MessageDao.selectCount()를 이용해서 전체 메시지 개수를 구한다.
38-40행	메시지 개수가 0보다 크면 요청한 페이지에 속하는 메시지의 시작 행과 끝 행을 구한다. 예를 들어, 전체 메시지 개수가 7이고 요청한 페이지 번호가 2인 경우, 읽어올 메시지의 시작 행 번호와 끝 행 번호는 각각 4와 6이 된다.
41-42행	MessageDao.selectList()를 이용해서 시작 행과 끝 행에 속하는 메시지 목록을 구한다.
44-45행	메시지 개수가 0인 경우 빈 List를 messageList에 할당한다.
47-49행	MessageViewList 객체를 리턴한다.

2.7.2 WriteMessageService 클래스의 구현

WriteMessageService 클래스는 [리스트 15.10]과 같다.

[리스트 15.10] chap15/src/guestbook/service/WriteMessageService.java

```
package guestbook.service;

import java.sql.Connection;
import java.sql.SQLException;

import guestbook.dao.MessageDao;
import guestbook.model.Message;
import jdbc.JdbcUtil;
import jdbc.connection.ConnectionProvider;

public class WriteMessageService {
    private static WriteMessageService instance = new WriteMessageService();

    public static WriteMessageService getInstance() {
        return instance;
    }

```

```
18:     private WriteMessageService() {
19:     }
20:
21:     public void write(Message message) {
22:         Connection conn = null;
23:         try {
24:             conn = ConnectionProvider.getConnection();
25:             MessageDao messageDao = MessageDao.getInstance();
26:             messageDao.insert(conn, message);
27:         } catch (SQLException e) {
28:             throw new ServiceException("메시지 등록 실패: " + e.getMessage(), e);
29:         } finally {
30:             JdbcUtil.close(conn);
31:         }
32:     }
33:
34: }
```

12-19행	싱글톤 패턴을 구현한다.
26행	MessageDao.insert() 메서드를 이용해서 메시지를 테이블에 추가한다.

WriteMessageService 클래스는 별도 로직을 수행하지 않고 MessageDao의 insert() 메서드를 실행한다. write() 메서드에서 문제의 소지가 있는 것은 message 파라미터다. message 파라미터에 담긴 값이 올바르지 않을 수도 있는데, 이 경우 DB 테이블에 잘못된 값을 추가하게 된다. 예를 들어, message 객체의 guestName 필드가 null이거나 message 필드가 null이면, guestbook_message 테이블의 두 칼럼(guest_name, message) 값이 null이 된다. 따라서, 실제 코드에서는 다음처럼 값이 올바른지 검사하는 코드를 먼저 실행하는 것이 좋다.

```
public void writeMessage(Message message) throws ServiceException {
    if (message.getGuestName() == null || message.getGuestName.isEmpty()) {
        throw new IllegalArgumentException("invalid guest name", message);
    }
    ...
}
```

2.7.3 DeleteMessageService 클래스의 구현

메시지 삭제 기능을 제공하는 DeleteMessageService 클래스는 다음과 같은 순서로 기능을 실행한다.

1. 지정한 번호에 해당하는 메시지를 검색한다. MessageDao.select() 메서드를 사용한다.
2. 메시지가 존재하지 않으면 익셉션을 발생한다.

3. 메시지에 암호가 지정되어 있지 않으면 익셉션을 발생한다.
4. 메시지의 메시지와 파라미터로 전달받은 암호가 다르면 익셉션을 발생한다.
5. 메시지를 삭제한다. MessageDao.delete() 메서드를 사용한다.

메시지 삭제 기능은 다소 복잡한데, 그 이유는 존재하지 않는 메시지를 삭제하려고 시도하는 경우와 잘못된 암호를 입력한 경우를 처리하기 때문이다. 실제 DeleteMessageService 클래스의 소스 코드는 [리스트 15.11]과 같다.

[리스트 15.11] chap15/src/guestbook/service/DeleteMessageService.java

```
package guestbook.service;

import java.sql.Connection;
import java.sql.SQLException;

import guestbook.dao.MessageDao;
import guestbook.model.Message;
import jdbc.JdbcUtil;
import jdbc.connection.ConnectionProvider;

public class DeleteMessageService {

    private static DeleteMessageService instance = new DeleteMessageService();

    public static DeleteMessageService getInstance() {
        return instance;
    }

    private DeleteMessageService() {
    }

    public void deleteMessage(int messageId, String password) {
        Connection conn = null;
        try {
            conn = ConnectionProvider.getConnection();
            conn.setAutoCommit(false);

            MessageDao messageDao = MessageDao.getInstance();
            Message message = messageDao.select(conn, messageId);
            if (message == null) {
                throw new MessageNotFoundException("메시지 없음");
            }
            if (!message.matchPassword(password)) {
                throw new InvalidPasswordException("bad password");
            }
            messageDao.delete(conn, messageId);
```

```
37:
38:             conn.commit();
39:         } catch (SQLException ex) {
40:             JdbcUtil.rollback(conn);
41:             throw new ServiceException("삭제 실패:" + ex.getMessage(), ex);
42:         } catch (InvalidPasswordException | MessageNotFoundException ex) {
43:             JdbcUtil.rollback(conn);
44:             throw ex;
45:         } finally {
46:             JdbcUtil.close(conn);
47:         }
48:     }
49: }
```

26행	트랜잭션을 시작한다.
29행	삭제할 메시지에 해당하는 Message 객체를 구한다.
30-32행	Message가 존재하지 않으면 MessageNotFoundException을 발생시킨다.
33-35행	Message 객체의 matchPassword() 메서드를 이용해서 파라미터로 전달받은 password가 메시지를 등록할 때 사용한 암호화 일치하는지 검사한다. 암호가 일치하지 않으면 InvalidPasswordException을 발생한다.
36행	MessageDao.delete() 메서드를 이용해서 지정한 ID에 해당하는 메시지를 삭제한다.
38행	트랜잭션을 커밋한다.
39-41행	처리 도중 SQLException이 발생하면 트랜잭션을 롤백하고 ServiceException을 발생시킨다.
42-44행	30-35행에서 메시지가 없거나 암호가 일치하지 않아 익셉션이 발생한 경우, 트랜잭션을 롤백하고 익셉션을 재발생한다.

DeleteMessageService 클래스를 작성하려면 ServiceException 외에 MessageNotFoundException 클래스와 InvalidPasswordException 클래스를 작성해야 한다. 이 두 클래스의 소스 코드는 각각 [리스트 15.12]와 [리스트 15.13]과 같다.

[리스트 15.12] chap15/src/guestbook/service/MessageNotFoundException.java

```
package guestbook.service;

public class MessageNotFoundException extends ServiceException {

    public MessageNotFoundException(String message) {
        super(message);
    }

}
```

[리스트 15.13] chap15/src/guestbook/service/InvalidPasswordException.java

```
package guestbook.service;

public class InvalidPasswordException extends ServiceException {

    public InvalidPasswordException(String message) {
        super(message);
    }

}
```

2.8 JSP에서 서비스 사용하기

지금까지 방명록 웹 어플리케이션을 구현하는데 필요한 DB와 자바 코드를 모두 만들었다. 이제 남은 것은 JSP에서 이들 클래스를 사용해서 방명록 기능을 완성하는 것이다.

2.8.1 메시지 목록을 보여주는 list.jsp

먼저 메시지 목록을 보여주는 JSP를 작성해보자. 목록을 보여 줄 list.jsp의 소스 코드는 [리스트 15.14]와 같다.

[리스트 15.14] chap15/WebContent/list.jsp

```
<%@ page contentType="text/html; charset=utf-8" %>
<%@ page import="guestbook.model.Message"%>
<%@ page import="guestbook.service.MessageListView"%>
<%@ page import="guestbook.service.GetMessageListService"%>
<%@ taglib prefix="c" uri="http://java.sun.com/jsp/jstl/core" %>
<%
    String pageNumberStr = request.getParameter("page");
    int pageNumber = 1;
    if (pageNumberStr != null) {
        pageNumber = Integer.parseInt(pageNumberStr);
    }

    GetMessageListService messageListService =
            GetMessageListService.getInstance();
    MessageListView viewData =
            messageListService.getMessageList(pageNumber);
%>
<c:set var="viewData" value="<%= viewData %>"/>
<html>
<head>
```

```
21:     <title>방명록 메시지 목록</title>
22: </head>
23: <body>
24:
25: <form action="writeMessage.jsp" method="post">
26: 이름: <input type="text" name="guestName"> <br>
27: 암호: <input type="password" name="password"> <br>
28: 메시지: <textarea name="message" cols="30" rows="3"></textarea> <br>
29: <input type="submit" value="메시지 남기기" />
30: </form>
31: <hr>
32: <c:if test="${viewData.isEmpty()}">
33: 등록된 메시지가 없습니다.
34: </c:if>
35:
36: <c:if test="${!viewData.isEmpty()}">
37: <table border="1">
38:     <c:forEach var="message" items="${viewData.messageList}">
39:     <tr>
40:         <td>
41:         메시지 번호: ${message.id} <br/>
42:         손님 이름: ${message.guestName} <br/>
43:         메시지: ${message.message} <br/>
44:         <a href="confirmDeletion.jsp?messageId=${message.id}">[삭제하기]</a>
45:         </td>
46:     </tr>
47:     </c:forEach>
48: </table>
49:
50: <c:forEach var="pageNum" begin="1" end="${viewData.pageTotalCount}">
51: <a href="list.jsp?page=${pageNum}">[${pageNum}]</a>
52: </c:forEach>
53:
54: </c:if>
55: </body>
56: </html>
```

07-11행	page 파라미터의 값을 이용해서 읽어올 페이지 번호를 생성한다.
15-16행	GetMessageListService.getMessageList() 메서드를 이용해서 지정한 페이지에 해당하는 메시지 목록을 구한다.
18행	viewData를 EL에서 사용할 수 있도록 변수로 지정한다.
25-30행	신규 메시지 입력 폼을 출력한다.
32-34행	메시지가 없는 경우 안내 문구를 출력한다.
37-48행	메시지가 존재할 경우 <c:forEach>를 이용해서 메시지를 차례대로 출력한다.
50-52행	전체 페이지 목록을 출력한다.

list.jsp는 GetMessageListService를 이용해서 MessageListView 객체를 구한 뒤, MessageListView 객체에 저장된 값을 화면에 알맞게 출력한다.

JSP를 테스트하기 전에 이클립스에서 톰캣을 실행한다. chap15 프로젝트를 선택한 뒤 [Run]→[Run As]→[Run on Server] 메뉴를 이용해서 톰캣을 실행하면 된다.

톰캣을 실행했다면 웹 브라우저에서 list.jsp를 실행하자. 테이블에 데이터가 존재하지 않으므로 [그림 15.8]과 같은 결과가 출력된다.

[그림 15.8] 메시지가 없는 경우 list.jsp의 결과

등록된 메시지가 존재하면 [그림 15.9]와 같이 최근에 기록된 메시지 세 개가 화면에 출력되고, 하단에는 페이지를 이동할 수 있는 링크가 출력된다. 메시지 등록을 처리하는 코드를 바로 이어서 살펴보도록 하자.

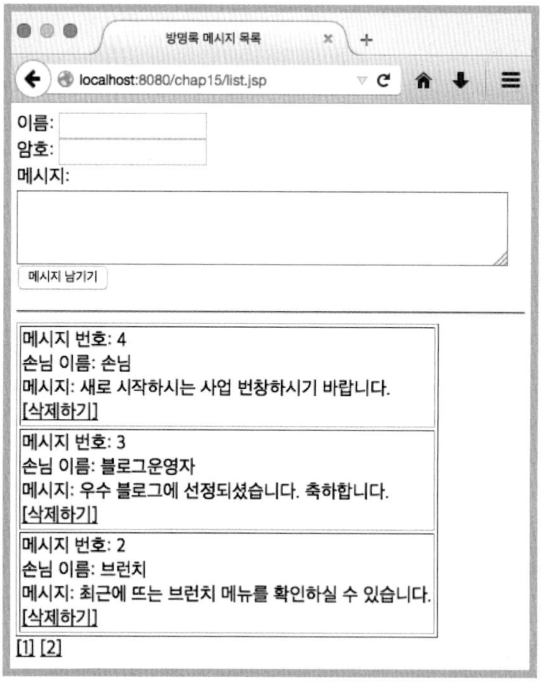

[그림 15.9] 메시지가 등록된 경우 list.jsp의 결과

2.8.2 메시지 등록을 처리하는 write.jsp

list.jsp는 25~30행에서 새로운 메시지를 입력할 수 있는 폼을 제공하고 있다. 이 폼에 알맞은 값을 입력한 뒤 [메시지 남기기] 버튼을 클릭하면 writeMessage.jsp로 입력한 데이터를 전송한다.

writeMessage.jsp는 전달받은 요청 파라미터를 이용해서 Message 객체를 생성한 뒤, WriteMessageService를 이용해서 메시지를 기록한다. writeMessage.jsp의 코드는 [리스트 15.15]와 같다.

[리스트 15.15] chap15/WebContent/writeMessage.jsp

```
01: <%@ page contentType="text/html; charset=utf-8" %>
02: <%@ page import="guestbook.model.Message" %>
03: <%@ page import="guestbook.service.WriteMessageService" %>
04: <%
05:     request.setCharacterEncoding("utf-8");
06: %>
07: <jsp:useBean id="message" class="guestbook.model.Message">
08:     <jsp:setProperty name="message" property="*" />
09: </jsp:useBean>
10: <%
11:     WriteMessageService writeService = WriteMessageService.getInstance();
12:     writeService.write(message);
13: %>
14: <html>
15: <head>
16:     <title>방명록 메시지 남김</title>
17: </head>
18: <body>
19: 방명록에 메시지를 남겼습니다.
20: <br/>
21: <a href="list.jsp">[목록 보기]</a>
22: </body>
23: </html>
```

07-09행	Message 객체를 생성하고 요청 파라미터의 값을 Message 객체의 프로퍼티에 저장한다.
12행	WriteMessageService.write() 메서드를 실행해서 사용자가 입력한 정보를 저장한다.
14-23행	WriteMessageService.write() 메서드가 정상적으로 실행되면 메시지를 남겼다는 안내 문구와 목록 화면으로 이동할 수 있는 링크를 출력한다.

writeMessage.jsp는 〈jsp:useBean〉 액션 태그를 이용해서 사용자가 입력한 값을 Message 객체에 저장하고, WriteMessageService.write() 메서드를 이용해서 Message 객체의 값을 저장한다. 실제 list.jsp의 입력 폼에서 데이터를 입력한 뒤 [메시지 남기기] 버튼을 클릭하면 [그림 15.10]과 같은 화면이 출력될 것이다.

[그림 15.10] writeMessage.jsp가 정상적으로 실행된 경우의 결과

2.8.3 메시지 삭제 폼을 제공하는 confirmDeletion.jsp

list.jsp의 44행을 보면 다음과 같이 메시지를 삭제할 수 있는 링크를 제공하는 것을 알 수 있다.

```
<a href="confirmDeletion.jsp?messageId=${message.id}">[삭제하기]</a>
```

위 링크를 클릭하면 confirmDeletion.jsp로 이동하는데, confirmDeletion.jsp는 메시지를 삭제할 때 필요한 암호를 입력받는 폼을 제공한다. 소스 코드는 [리스트 15.16]과 같다.

[리스트 15.16] chap15/WebContent/confirmDeletion.jsp

```
<%@ page contentType="text/html; charset=utf-8" %>
<html>
<head>
    <title>방명록 메시지 삭제 확인</title>
</head>
<body>

<form action="deleteMessage.jsp" method="post">
<input type="hidden" name="messageId" value="${param.messageId}">
메시지를 삭제하시려면 암호를 입력하세요:<br>
암호: <input type="password" name="password"> <br>
<input type="submit" value="메시지 삭제하기">
</form>
</body>
</html>
```

confirmDeletion.jsp는 hidden 타입의 <input> 태그를 이용해서 삭제할 메시지 번호를 설정하고, password 타입의 <input> 태그를 이용해서 메시지를 기록할 때 입력한 암호를 입력받는다. 실제 list.jsp 결과 화면에서 [삭제하기] 링크를 클릭하면 [그림 15.11]과 같은 화면이 출력된다.

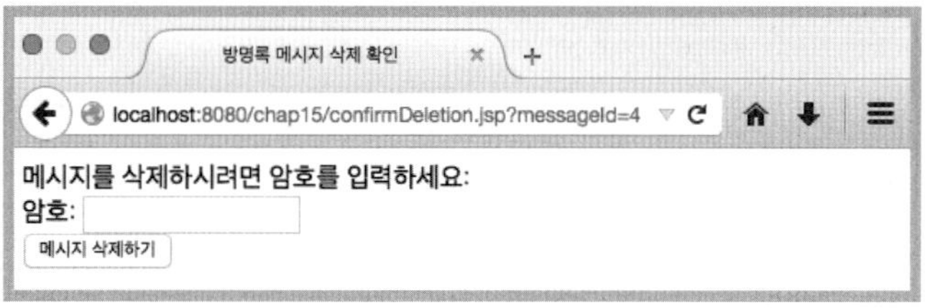

[그림 15.11] 메시지 삭제 폼

2.8.4 메시지 삭제 요청을 처리하는 deleteMessage.jsp

메시지 삭제 폼에서 암호를 입력하고 [메시지 삭제하기] 버튼을 클릭하면 삭제 요청을 deleteMessage.jsp에 전달한다. deleteMessage.jsp는 메시지 아이디(messageId 파라미터)와 삭제 암호(password 파라미터)를 DeleteMessageService 객체의 deleteMessage() 메서드에 전달해서 메시지 삭제를 시도하고, 결과에 따라 알맞은 문구를 출력한다. deleteMessage.jsp의 소스 코드는 [리스트 15.17]과 같다.

[리스트 15.17] chap15/WebContent/deleteMessage.jsp

```
<%@ page contentType="text/html; charset=utf-8" %>
<%@ page import="guestbook.service.DeleteMessageService" %>
<%@ page import="guestbook.service.InvalidPasswordException" %>
<%
    int messageId = Integer.parseInt(request.getParameter("messageId"));
    String password = request.getParameter("password");
    boolean invalidPassword = false;
    try {
        DeleteMessageService deleteService = DeleteMessageService.getInstance();
        deleteService.deleteMessage(messageId, password);
    } catch(InvalidPasswordException ex) {
        invalidPassword = true;
    }
%>
<html>
<head>
    <title>방명록 메시지 삭제함</title>
</head>
<body>
<% if (!invalidPassword) { %>
메시지를 삭제하였습니다.
<% } else { %>
입력한 암호가 올바르지 않습니다. 암호를 확인해주세요.
<% }%>
<br/>
<a href="list.jsp">[목록 보기]</a>
</body>
</html>
```

10행	DeleteMessageService.deleteMessage()를 실행해서 메시지 삭제 처리를 시도한다.
11-13행	암호가 올바르지 않으면 익셉션이 발생하는데, 이 경우 invalidPassword의 값을 true로 변경한다.
20-24행	삭제 성공 여부에 따라서 알맞은 메시지를 출력한다.

메시지 삭제 폼에 암호를 입력한 뒤 [메시지 삭제하기] 버튼을 클릭하면 암호를 올바르게 입력했는지 여부에 따라 [그림 15.12]나 [그림 15.13]과 같은 화면이 출력된다. 메시지 삭제에 성공하면 목록 화면에 삭제한 메시지가 출력되지 않는 것을 확인할 수 있다.

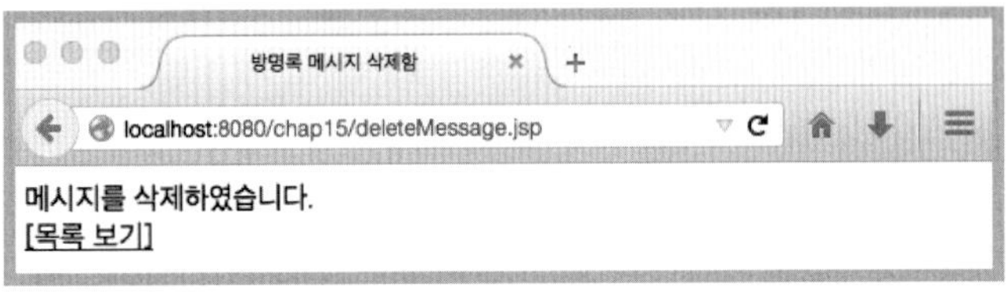

[그림 15.12] 알맞은 암호를 입력한 경우

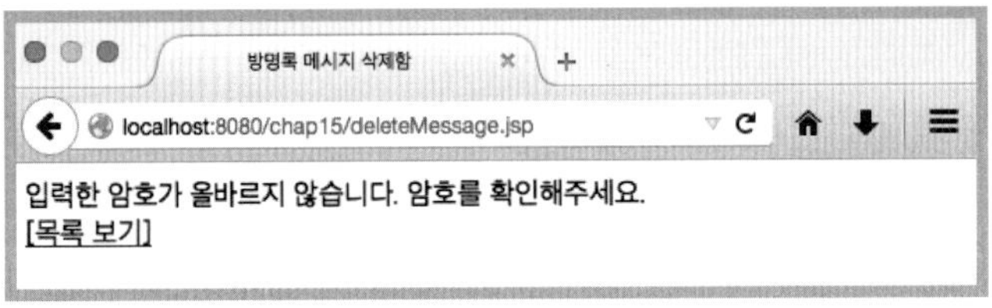

[그림 15.13] 잘못된 암호를 입력한 경우

CHAPTER

16

커스텀 태그 만들기

이 장에서 다룰 내용

- 커스텀 태그란
- 태그 파일을 이용한 내용 출력
- 태그 파일의 속성
- 몸체 내용 처리하기
- 변수 생성하기

스크립트 요소가 많아지면 많아질수록 JSP 코드는 복잡해진다. 이런 문제점을 해결하는 방법 중에서 한 가지는 커스텀 태그를 사용하는 것이다. 커스텀 태그의 일종인 JSTL을 사용하면 코드의 복잡함을 줄일 수 있다는 사실을 이미 앞에서 확인했다. 이 장에서는 JSTL과 같은 커스텀 태그를 구현하는 방법으로 태그 파일의 작성 방법에 대해서 살펴볼 것이다.

01 커스텀 태그

지금까지 JSP가 기본적으로 제공하는 액션 태그(〈jsp:include〉 등)와 JSTL이 제공하는 태그, 스크립트 코드 그리고 EL을 사용해서 원하는 기능을 구현했다. JSP 액션 태그나 JSTL은 다음과 같이 태그 형태를 띠고 있다.

```
<jsp:include page=".." flush="false" />
<c:set var="name" value="...." />
```

프로그램을 개발하다 보면 JSP 액션 태그나 JSTL 태그만으로는 아쉬울 때가 있다. 예를 들어, 로그인에 성공했을 때 세션의 "member" 속성에 Member 타입 객체를 저장한다고 해 보자. 이때 로그인 여부를 판단하기 위해 다음과 같은 JSTL 태그를 사용할 수 있을 것이다.

```
<c:if test="${! empty sessionScope.member}">
  로그인 한 상태
</c:if>
<c:if test="${empty sessionScope.member}">
  로그인 하지 않은 상태
</c:if>
```

JSTL을 사용하지 않고 다음과 같이 직접 스크립트 코드를 작성할 수도 있을 것이다.

```
<%
    Member member = (Member)session.getAttribute("member");
    if (member != null) {
%>
    로그인 한 상태
<%
    } else {
%>
    로그인 하지 않은 상태
<%
    }
%>
```

그런데 다음과 같이 원하는 기능에 알맞은 태그를 사용할 수 있다면 어떨까?

```
<ct:login>
  로그인 한 상태
</ct:login>

<ct:login value="false">
  로그인하지 않은 상태
</ct:login>
```

이렇게 특정 상황에 알맞은 태그가 존재한다면 코드를 더욱 간결하게 작성할 수 있을 것이다. 또한, 더 중요한 것은 코드의 의미가 명확해진다는 것이다. 다음의 두 코드를 비교해 보자.

```
<c:if test="${! empty sessionScope.member}">
  로그인 한 상태
</c:if>

<ct:logged>
  로그인 한 상태
</ct:logged>
```

여기서 <c:if> 태그를 사용한 첫 번째 코드를 처음 보면 세션에 member라는 속성이 있는지 검사하는 것으로 해석한다. 그리고 나서 그것이 무엇을 의미하는지 생각해봐야 한다. 즉, 세션의 member 속성에 Member 객체가 존재하면 로그인한 것으로 판단한다는 의미를 유추해야 한다. 하지만, 두 번째 코드는 <ct:logged> 태그 자체로 로그인 여부를 판단한다는 것을 쉽게 유추할 수 있기 때문에, 코드를 이해하는 시간이 줄어든다.

JSP는 이처럼 새로운 태그를 만들어서 사용할 수 있도록 지원하고 있는데, 이렇게 원하는 목적에 맞게 작성한 태그를 커스텀 태그(Custom Tag)라고 부른다. 앞에서 살펴봤던 JSTL도 커스텀 태그의 일종으로, JSTL은 다수의 웹 어플리케이션에서 필요로 하는 커스텀 태그를 모아 놓은 커스텀 태그 라이브러리이다.

1.1 커스텀 태그의 장점

커스텀 태그를 사용해서 얻을 수 있는 장점은 다음과 같다.

- **재사용** : 한 번 작성한 커스텀 태그는 어떤 JSP 컨테이너에서도 사용 가능하다.
- **쉽고 단순한 JSP 코드 작성** : 자바 코드에 익숙하지 않은 개발자들도 커스텀 태그를 사용하면 쉽게 JSP 페이지를 작성할 수 있게 된다. 예를 들어, JSTL과 EL을 사용하는 것이 스크립트 코드만 사용하기보다 쉽다.
- **코드 가독성 향상** : 커스텀 태그는 뚜렷한 의도를 갖고, 커스텀 태그를 사용하면 스크립트 코드를 줄일 수 있기 때문에 JSP 코드의 가독성을 높일 수 있다.

커스텀 태그를 사용하면 개발자와 함께 JSP 코드를 봐야 하는 UI 개발자가 코드를 이해하는 데 도움이 된다. 복잡한 스크립트 코드 대신 이해하기 쉬운 태그 형태의 코드를 사용해서 UI 개발자도 약간의 교육만으로 JSP 코드를 보고 수정 작업을 할 수 있기 때문이다.

1.2 커스텀 태그의 종류

커스텀 태그를 구현하는 방법에는 다음과 같이 3가지 종류가 있다.

- JSP 1.2 스타일로 구현한 커스텀 태그
- JSP 2.0 또는 그 이상 버전의 SimpleTag를 사용한 커스텀 태그
- JSP 2.0 또는 그 이상 버전의 태그 파일을 사용한 커스텀 태그

위의 세 가지 방식 중에서 JSP 1.2 방식의 커스텀 태그와 SimpleTag를 이용한 커스텀 태그는 자바 기반의 커스텀 태그로서 자바 개발자가 구현하기에 적합한 방식이다. 이들 구현 방식은 주로 커스텀 태그의 표준 인터페이스를 구현하거나 클래스를 상속받아서 구

현한다. 태그 파일은 JSP와 유사한 방식으로 커스텀 태그를 구현하며, 서블릿 대신 JSP로 구현하듯 커스텀 태그 클래스를 커스텀 태그 파일로 구현할 수 있다.

이 책에서는 이 세 가지 구현 방식 중에서 구현이 어렵지 않고 빠르게 개발할 수 있는 태그 파일에 대해서 살펴보도록 하겠다.

02 예제를 위한 프로젝트 생성

예제를 작성하기 전에 웹 어플리케이션 프로젝트를 생성하자. 이클립스에서 다음 과정에 따라 chap16 프로젝트를 생성한다.

1. [File]→[New]→[Dynamic Web Project] 메뉴를 실행한다.
2. New Dynamic Web Project 대화창에서 다음과 같이 설정 후 [Finish] 버튼을 클릭해서 프로젝트를 생성한다.
   a. Project name : chap16
   b. Target runtime : Apache Tomcat v8.0 (톰캣 런타임을 다른 이름으로 등록했다면 해당 이름 사용)
   c. Dynamic web module version : 3.1
3. 프로젝트 생성 후 jstl-1.2.jar 파일을 WebContent/WEB-INF/lib 폴더에 복사한다.

예제 코드에서 <c:set>이나 <c:out>과 같은 JSTL 태그를 사용하므로 12장 예제를 진행하면서 다운로드 받은 jstl-1.2.jar 파일이 필요하다.

16장 예제는 자바 코드를 직접 작성하지 않기 때문에 이클립스를 사용하지 않아도 테스트에 어려움이 없다. 이클립스 프로젝트가 아닌 톰캣 설치 폴더에 직접 웹 어플리케이션을 생성하고 테스트하고 싶다면 다음과 같이 웹 어플리케이션 폴더를 생성한다.

1. c:\apache-tomcat-8.0.21\webapps\chap16 폴더를 생성한다.
2. chap16 폴더에 WEB-INF 하위 폴더를 생성한다.
3. WEB-INF 폴더에 lib 폴더를 생성하고 jstl-1.2.jar 파일을 복사한다.
4. WEB-INF 폴더에 tags 하위 폴더를 생성한다.

이 장에서는 이클립스 프로젝트를 생성했다는 가정하에 경로를 표시할 것이다. 책에 표시한 이클립스 프로젝트 경로와 직접 생성한 웹 어플리케이션 폴더는 다음과 같이 짝을 이룬다.

- **이클립스** : chap16/WebContent → **웹 어플리케이션** : chap16

03 태그 파일을 이용한 커스텀 태그 구현

태그 파일이 출현하기 전까지 커스텀 태그를 구현하려면 정해진 규칙대로 자바 코드를 작성하고, 컴파일해서 클래스 파일을 만들고, TLD 파일을 작성하고, web.xml 파일에 TLD 관련 정보를 기술해야 했다. 이는 자바에 익숙하지 않은 웹 개발자가 커스텀 태그를 구현하고 테스트하는 것을 어렵게 만들었다. 이런 어려움을 없애기 위해 추가된 것이 태그 파일이다. 서블릿의 복잡한 구현 과정을 JSP가 쉽게 처리해주는 것처럼, 커스텀 태그 클래스를 만들기 위한 복잡한 과정을 커스텀 태그 파일이 쉽게 처리해 준다.

태그 파일을 간단히 정의하면 다음과 같다.

"JSP 문법을 사용해서 커스텀 태그로 동작할 수 있도록 만들어진 소스 코드"

즉, JSP 페이지를 작성하듯이 태그 파일을 만들 수 있고, JSP 페이지에서는 커스텀 태그를 사용하는 것과 동일한 방법으로 태그 파일을 사용할 수 있다.

3.1 태그 파일의 기본

태그 파일은 JSP 페이지와 동일한 문법을 사용한다. JSP 페이지를 작성하듯이 태그 파일을 작성하면 된다. 또한, 웹 컨테이너가 JSP 소스 코드를 서블릿 클래스로 변환해주듯이 태그 파일도 커스텀 태그 클래스로 변환한다.

JSP 페이지는 page, taglib, include 등 다양한 디렉티브를 사용할 수 있는데, 태그 파일도 JSP 페이지에서 사용하는 몇 가지 디렉티브와 태그 파일을 위한 디렉티브를 사용할 수 있다. [표 16.1]은 태그 파일에서 사용할 수 있는 디렉티브를 정리한 것이다.

표 16.1 태그 파일에서 사용할 수 있는 디렉티브

디렉티브	설명
tag	JSP 페이지의 page 디렉티브와 동일하다. page 디렉티브가 JSP 페이지에 대한 설정 정보 등을 명시하는 것처럼 tag 디렉티브는 태그 파일의 정보를 명시한다.
taglib	태그 파일에서 사용할 태그 라이브러리를 명시할 때 사용한다. 사용법은 JSP 페이지와 동일하다.
include	JSP 페이지와 마찬가지로 태그 파일에 특정한 파일을 포함시킬 때 사용한다. 단, 태그 파일에 포함되는 파일은 태그 파일에 알맞은 문법으로 작성되어야 한다.
attribute	태그 파일을 커스텀 태그로 사용할 때 입력받을 속성을 명시한다.
variable	EL 변수로 사용할 변수에 대한 정보를 지정한다.

tag 디렉티브는 태그 파일과 관련된 설정 정보를 포함한다. tag 디렉티브에서 사용할 수 있는 속성은 [표 16.2]와 같다.

표 16.2 tag 디렉티브의 속성

속성	설명
display-name	태그 파일을 도구에서 보여줄 때 사용될 이름을 지정한다. 기본값은 확장자 ".tag"를 제외한 태그 파일의 나머지 이름이다.(선택)
body-content	몸체 내용의 종류를 입력한다. empty, tagdependent, scriptless의 세 가지 값 중 하나를 사용할 수 있다. 기본값은 scriptless이다.(선택)
dynamic-attributes	동적 속성을 사용할 때, 속성의 〈이름, 값〉을 저장하는 Map 객체를 page 범위의 속성에 저장할 때 사용할 이름을 지정한다. (태그 파일은 JSP 페이지의 pageContext 기본 객체와 비슷하게 jspContext 기본 객체를 지원하고 있으며, 이 jspContext 기본 객체에 저장될 속성 명을 지정한다.) EL에서 변수 이름으로 사용할 수 있다.(선택)
description	태그에 대한 설명을 입력한다.(선택)
import	page 디렉티브의 import 속성과 동일하다.(선택)
pageEncoding	page 디렉티브의 pageEncoding 속성과 동일하다.(선택)
isELIgnored	page 디렉티브의 isELIgnored 속성과 동일하다.(선택)
deferredSyntaxAllowedAsLiteral	page 디렉티브의 deferredSyntaxAllowedAsLiteral 속성과 동일하다.(선택)
trimDirectiveWhitespaces	page 디렉티브의 trimDirectiveWhitespaces 속성과 동일하다.(선택)

body-content, dynamic-attributes 등 태그 파일에서 사용하는 디렉티브와 tag 디렉티브의 속성들이 어떻게 사용되는지는 앞으로 예제를 통해서 살펴볼 것이다.

3.1.1 태그 파일의 위치와 태그 파일의 참조 방법

태그 파일은 WEB-INF/tags 폴더나 그 하위 폴더에 위치한다. 이 폴더에 위치한 파일 중에서 .tag 확장자나 .tagx 확장자를 갖는 파일만 태그 파일로 인식한다. 태그 파일의 이름은 커스텀 태그의 이름이 된다. 예를 들어 /WEB-INF/tags/util 폴더에 removeHtml.tag 태그 파일이 위치할 경우 JSP 페이지는 다음과 같이 이 태그 파일을 커스텀 태그로 사용할 수 있다.

```
<%@ taglib prefix="tf" tagdir="/WEB-INF/tags/util" %>
...
<tf:removeHtml ...>...</tf:removeHtml>
```

taglib 디렉티브의 uri 속성 대신 tagdir 속성을 사용해서 태그 파일이 위치한 폴더 경로를 입력한다. 해당 폴더에 위치한 태그 파일의 이름은 각각 하나의 커스텀 태그 이름이 된다.

3.1.2 태그 파일에서 사용 가능한 기본 객체

태그 파일도 JSP 페이지와 마찬가지로 몇 가지 기본 객체를 사용할 수 있다. 이들 기본 객체는 다음과 같다.

- **jspContext** : pageContext가 제공하는 setAttribute(), getAttribute() 메서드를 그대로 제공하며, 각 속성과 관련된 작업을 처리한다.
- **request** : JSP 페이지의 request 기본 객체와 동일하다.
- **response** : JSP 페이지의 response 기본 객체와 동일하다.
- **session** : JSP 페이지의 session 기본 객체와 동일하다.
- **application** : JSP 페이지의 application 기본 객체와 동일하다.
- **out** : JSP 페이지의 out 기본 객체와 동일하다.

태그 파일은 JSP 페이지와 마찬가지로 이들 기본 객체를 사용해서 원하는 정보를 얻고 알맞은 작업을 수행할 수 있다.

3.2 내용을 출력하는 단순 태그 파일 구현

먼저 단순히 내용을 출력하는 태그 파일을 작성해보자. 여기서 작성할 태그 파일은 커스텀 태그 위치에 현재 시간을 출력하는 기능을 제공한다. JSP 페이지에서 현재 시간을 출력하는 코드를 태그 파일에서 그대로 사용하면 된다. 구현한 태그 파일의 코드는 [리스트 16.1]과 같다.

[리스트 16.1] chap16/WebContent/WEB-INF/tags/now.tag

```
<%@ tag body-content="empty" pageEncoding="utf-8" %>
<%@ tag import = "java.util.Calendar" %>
<%
    Calendar cal = Calendar.getInstance();
%>
<%= cal.get(Calendar.YEAR) %>년
<%= cal.get(Calendar.MONTH)+1 %>월
<%= cal.get(Calendar.DATE) %>일
```

01행	body-content 속성값을 empty로 주어 태그 파일이 나타내는 커스텀 태그의 몸체 내용이 없다고 설정한다. 그리고 태그 파일의 소스 코드의 인코딩을 지정한다. 소스 코드의 인코딩을 알맞게 지정하지 않으면 글자가 깨져서 출력된다.
03-08행	태그 파일이 실행할 작업을 코딩한다. 태그 파일에서 출력한 06~08행의 내용이 그대로 클라이언트(웹 브라우저)에 출력된다.

JSP 페이지를 작성하듯 태그 파일을 작성할 수 있기 때문에 태그 파일에서 스크립트 코드, EL, 커스텀 태그 등을 모두 사용할 수 있다.

now.tag 태그 파일을 사용하는 JSP 페이지는 [리스트 16.2]와 같이 작성할 수 있다.

[리스트 16.2] chap16/WebContent/now.jsp

```
01: <%@ page contentType = "text/html; charset=utf-8" %>
02: <%@ taglib prefix="tf" tagdir="/WEB-INF/tags" %>
03:
04: <html>
05: <head><title>now</title></head>
06: <body>
07:
08: 오늘은 <b><tf:now /></b> 입니다.
09:
10: </body>
11: </html>
```

02행	tagdir 속성은 웹 어플리케이션 루트를 기준으로 태그 파일이 위치한 폴더 경로를 지정한다.
08행	<tf:now>에서 now는 태그 파일의 이름이다.

<tf:now> 태그를 실행하면 앞서 작성한 now.tag 태그 파일이 실행되어 <tf:now>의 위치에 now.tag에서 출력한 내용이 포함된다. now.jsp의 실행 결과는 [그림 16.1]과 같은데, 이 결과를 보면 now.tag의 출력 결과가 <tf:now> 위치에 삽입된 것을 확인할 수 있다.

[그림 16.1] 태그 파일에서 출력한 내용이 삽입된다.

3.3 태그 파일의 속성 설정 방법

JSTL의 <c:if> 태그나 <c:forEach> 태그를 보면 test, var, items 등의 속성을 이용해서 태그를 실행하는 데 필요한 값을 전달받는다. 태그 파일도 속성을 이용해서 태그 파일을 실행하는 데 필요한 값을 전달받는다.

태그 파일은 attribute 디렉티브를 사용해서 속성 정보를 설정한다. attribute 디렉티브는 커스텀 태그가 허용하는 속성에 대한 정보를 설정한다. attribute 디렉티브의 속성은 [표 16.3]과 같다.

표 16.3 attribute 디렉티브의 속성

속성	설명
description	속성에 대한 설명을 입력한다.(선택)
name	속성의 이름을 입력한다. 태그 파일 내에서 스크립트 변수나 EL 변수의 이름으로 사용된다. 각 attribute 디렉티브의 name 속성값은 서로 달라야 한다. name 속성값이 tag 디렉티브의 dynamic-attributes 속성값과 같거나 variable 디렉티브의 name-given 속성값과 같으면 에러가 발생한다. (필수)
required	속성의 필수 여부를 지정한다. 필수일 경우 true, 아닌 경우 false를 값으로 지정한다. 기본값은 false이다. (선택)
rtexprvalue	속성값으로 표현식을 사용할 수 있는지 여부를 지정한다. 기본값은 true이다. (선택)
type	속성값의 타입을 명시한다. int, long, char 등의 기본 데이터 타입은 명시할 수 없으며 대신 java.lang.Interger와 같은 래퍼 타입을 사용한다. 기본값은 java.lang.String이다. (선택)
fragment	<jsp:attribute> 액션 태그로 속성값을 전달할 때 이 값을 true로 지정한다. fragment 속성값을 true로 지정하면 rtexprvalue 속성은 true가 되고 type 속성의 값은 javax.servlet.jsp.tagext.JspFragment가 된다.(선택)

3.3.1 속성값을 전달하는 기본 방식

attribute 디렉티브를 이용해서 지정한 속성은 다음과 같이 태그 파일의 스크립트 요소나 EL에서 변수처럼 사용할 수 있다.

```
<%-- header.tag --%>
<%@ tag ... %>
<%@ attribute name="title" required="true" %>
...
<%= title %> 또는 ${title}
...
```

위 태그 파일을 사용하는 JSP는 다음과 같이 title 속성을 이용해서 태그 파일에 값을 전달할 수 있다.

```
<tf:header title="<%= article.getTitle() %>" />

<tf:header title="${article.title}" />

<tf:header title="이 글의 제목" />
```

속성을 전달받아 사용하는 간단한 태그 파일을 작성해 보자. 작성할 태그는 다음과 같이 title 속성과 level 속성을 통해서 제목과 제목 레벨 정보를 입력받아 알맞은 헤드 태그를 출력하는 기능을 제공한다.

```
<%-- <h2>제목</h2> 생성 --%>
<tf:header title="제목" level="2" />
```

<tf:header> 태그를 구현한 태그 파일은 [리스트 16.3]과 같다.

[리스트 16.3] chap16/WebContent/WEB-INF/tags/header.tag

```
01: <%@ tag body-content="empty" pageEncoding="utf-8" %>
02: <%@ tag trimDirectiveWhitespaces="true" %>
03: <%@ attribute name="title" required="true" %>
04: <%@ attribute name="level" type="java.lang.Integer" %>
05: <%
06:     String headStartTag = null;
07:     String headEndTag = null;
08:     if (level == null) {
09:         headStartTag = "<h1>";
10:         headEndTag = "</h1>";
11:     } else if (level == 1) {
12:         headStartTag = "<h1>";
13:         headEndTag = "</h1>";
14:     } else if (level == 2) {
15:         headStartTag = "<h2>";
16:         headEndTag = "</h2>";
17:     } else if (level == 3) {
18:         headStartTag = "<h3>";
19:         headEndTag = "</h3>";
20:     }
21: %>
22: <%= headStartTag %>
23: ${title}
24: <%= headEndTag %>
```

03-04행	title 속성과 level 속성을 정의한다. title 속성은 필수이고, level 속성의 타입은 Integer이다.
08행	스크립트 변수로 level 속성을 사용한다.
23행	EL 변수로 title 속성을 사용한다.

header.tag 태그 파일을 사용하는 JSP 예제 코드는 [리스트 16.4]와 같다.

[리스트 16.4] chap16/WebContent/use_header.jsp

```
<%@ page contentType = "text/html; charset=utf-8" %>
<%@ taglib prefix="tf" tagdir="/WEB-INF/tags" %>

<html>
<head><title>제목 출력</title></head>
<body>

<tf:header title="텍스트 제목" level="2"/>

<tf:header title="${'EL 제목'}" level="3"/>

<tf:header title='<%= "표현식 제목" %>' />

</body>
</html>
```

use_header.jsp의 실행 결과는 [그림 16.2]와 같다.

[그림 16.2] header.tag의 실행 결과

실행 결과 화면에서 소스 보기를 이용해서 실제로 생성된 HTML 소스 코드를 보면 다음과 같은데, header.tag가 전달받은 속성값을 이용해서 알맞은 응답 결과를 생성한 것을 확인할 수 있다.

```
<html>
<head><title>제목 출력</title></head>
<body>

<h2>텍스트 제목</h2>

<h3>EL 제목</h3>
```

```
<h1>표현식 제목</h1>

</body>
</html>
```

3.3.2 <jsp:attribute> 액션 태그를 이용한 속성값 전달

attribute 디렉티브의 fragment 속성값이 true일 경우, JSP는 속성에 값을 전달할 때 <jsp:attribute> 액션 태그를 사용해야 한다.

```
<%-- header.tag --%>
<%@ attribute name="title" fragment="true" %>
...


<%-- JSP --%>
<%@ taglib prefix="tf" tagdir="/WEB-INF/tags" %>
<tf:header>
    <jsp:attribute name="title">${article.title}</jsp:attribute>
</tf:header>
```

<jsp:attribute> 태그는 다음의 두 속성을 갖는다.

- **name** : 속성의 이름을 지정한다.(필수)
- **trim** : 속성값 좌우의 공백문자들(' ', \r, \n, \t 등)을 제거할지 여부를 지정한다. 기본값은 true 이다.(옵션)

<jsp:attribute>의 몸체에서는 일반 템플릿 텍스트, EL 그리고 <jsp:include> 액션 태그를 사용할 수 있으며 스크립트 코드(표현식과 스크립트릿)는 사용할 수 없다. 즉, 다음과 같이 <jsp:attribute> 액션 태그에서 표현식을 사용하면 에러가 발생한다.

```
<jsp:attribute name="currentTime">
  <%= new java.util.Date() %> <!-- 표현식 사용시 에러 발생 -->
</jsp:attriute>
```

반면에, 일반 텍스트나 <jsp:include> 또는 EL을 사용하는 코드는 에러를 발생시키지 않는다.

```
<jsp:attribute name="currentTime">
  현재시간 - <jsp:include page="now.jsp" flush="true" />
</jsp:attribute>
```

<jsp:attribute> 액션 태그를 이용해서 커스텀 태그의 속성값을 지정하면, 태그 파일에서는 <jsp:invoke> 액션 태그를 이용해서 설정한 속성값을 사용할 수 있다. <jsp:invoke> 액션 태그의 사용방법은 다음의 두 가지가 있다.

```
<%@ attribute name="title" fragment="true" %>

// 첫 번째, <jsp:attribute>의 몸체 내용을 그대로 처리하여 출력
<jsp:invoke fragment="title" />

// 두 번째, <jsp:attribute>의 몸체 내용을 처리한 결과를
// 지정한 영역의 속성에 저장
<jsp:invoke fragment="title" var="rs" scope="page" />
${pageScope.rs} 또는 ${rs}
```

<jsp:invoke> 액션 태그의 fragment 속성값은 attribute 디렉티브의 name 속성과 같은 값을 갖는다. 첫 번째 경우처럼 <jsp:invoke>의 fragment 속성값만 사용하면 <jsp:attribute> 액션 태그의 몸체 내용을 처리한 결과를 그대로 출력한다.

var 속성과 scope 속성을 사용하면 <jsp:attribute> 액션 태그의 몸체 내용을 처리한 결과를 scope 속성에 지정한 영역에 저장한다. 이때 var 속성을 이용해서 영역에 저장할 때 사용할 이름을 지정한다. 위 코드는 PAGE 영역(즉, 태그 파일 내에서)의 "rs"라는 속성에 <jsp:attribute> 액션 태그의 몸체 처리 결과를 저장한다. 이후 EL을 이용해서 저장된 객체의 값을 사용할 수 있게 된다.

3.3.3 동적 속성 전달

기본적으로 attribute 디렉티브로 정의하지 않은 속성을 사용하면 에러가 발생한다. 하지만, 동일한 태그 파일을 사용하더라도 상황에 따라서 attribute 디렉티브로 정의하지 않은 속성을 사용해야 하는 경우가 있다. 예를 들어, <select>와 <option> 태그를 생성해주는 커스텀 태그를 생각해 보자. 이 커스텀 태그는 아래 코드처럼 <select> 태그의 name 속성값으로 사용할 값을 name 속성으로 전달받는다. 그리고 나머지 속성과 값을 이용해서 <option> 태그를 생성할 때 사용할 값과 라벨을 설정한다.

```
<tf:select name="code" code1="텍스트1" code2="텍스트2" code3="텍스트3" />

<select name="code">
    <option value="code1">텍스트1</option>
    <option value="code2">텍스트2</option>
    <option value="code3">텍스트3</option>
</select>
```

〈tf:select〉 태그를 특정 분야에서만 사용한다면 attribute 디렉티브를 이용해서 사용 가능한 모든 속성을 정의할 수 있지만, 범용적으로 사용할 수 있으려면 임의의 속성을 설정할 수 있어야 한다.

attribute 디렉티브를 이용해서 미리 속성 이름을 정의할 수는 없지만, 상황에 따라서 동적으로 속성을 추가하고 싶은 경우에는, 커스텀 태그의 동적 속성 기능을 사용하면 된다. 동적 속성을 사용할 때에는 다음과 같이 tag 디렉티브의 dynamic-attributes 속성에 동적 속성을 저장할 변수명을 입력해주면 된다.

```
<%@ tag dynamic-attributes="dynamicMap" %>
...
${dynamicMap.attrName} .. <!-- attrName 속성값 -->
```

모든 동적 속성은 java.util.Map 타입의 EL 변수에 저장되므로, 동적으로 지정한 속성들은 이 Map 타입의 EL 변수를 통해서 접근할 수 있다.

[리스트 16.5]는 동적 속성을 사용하는 태그 파일의 예제 코드이다.

[리스트 16.5] chap16/WebContent/WEB-INF/tags/select.tag

```
01: <%@ tag body-content="empty" pageEncoding="utf-8" %>
02: <%@ tag trimDirectiveWhitespaces="true" %>
03: <%@ tag dynamic-attributes="optionMap" %>
04: <%@ attribute name="name" required="true" %>
05: <%@ taglib prefix="c" uri="http://java.sun.com/jsp/jstl/core" %>
06: <select name="${name}">
07:     <c:forEach items="${optionMap}" var="option">
08:     <option value="${option.key}">${option.value}</option>
09:     </c:forEach>
10: </select>
```

03행	동적 속성을 저장할 EL 변수 이름을 optionMap으로 설정한다.
07-09행	optionMap에 저장된 속성의 이름(key)과 값(value)을 사용한다.

select.tag는 동적 속성 방식으로 전달받은 속성의 이름과 값을 이용해서 〈option〉 태그를 생성한다. select.tag를 사용하는 JSP의 예는 [리스트 16.6]과 같다.

[리스트 16.6] [hap16/WebContent/use_select.jsp

```
<%@ page contentType = "text/html; charset=utf-8" %>
<%@ taglib prefix="tf" tagdir="/WEB-INF/tags" %>

<html>
```

```
05: <head><title>select 태그 사용</title></head>
06: <body>
07:
08: <tf:select name="code" rgb="RGB 모드" wb="흑백 모드" />
09:
10: <tf:select name="genre" rock="락" ballad="발라드" metal="메탈" />
11:
12: </body>
13: </html>
```

08행	rgb와 wb 속성을 동적 속성으로 전달
10행	rock, ballad, metal 속성을 동적 속성으로 전달

use_select.jsp의 08행과 10행을 보면 태그 파일(select.tag)에서 속성을 설정한 name 속성과 함께 속성으로 설정하지 않은 rgb, rock 등의 속성을 정의하고 있다. rgb나 rock과 같은 속성은 동적 속성으로 select.tag에 전달되어 optionMap에 저장된다.

use_select.jsp를 실행하면 [그림 16.3]과 같은 결과가 출력된다.

[그림 16.3] use_select.jsp의 실행 결과

실행 결과 화면에서 소스 보기를 하면 아래 코드와 같이 wb, rgb, metal, ballad, rock 속성 및 값이 동적 속성으로 전달되어 사용된 것을 확인할 수 있다.

```
<select name="code">
    <option value="wb">흑백 모드</option>
    <option value="rgb">RGB 모드</option>
</select>

<select name="genre">
    <option value="metal">메탈</option>
    <option value="ballad">발라드</option>
    <option value="rock">락</option>
</select>
```

3.4 몸체 내용 처리

<c:if> 태그는 test 속성값이 true일 경우 몸체 내용을 출력한다.

```
<c:if test="${someCondition}">
    someCondition이 true인 경우 몸체 내용을 출력
</c:if>
```

태그 파일도 태그의 몸체 내용을 출력할 수 있다. 또는 몸체 내용을 데이터로 사용할 수 있고, 반복적으로 몸체 내용을 출력할 수도 있다. 이 절에서는 태그 파일에서 몸체 내용을 사용하는 두 가지 방식–EL 등을 처리한 뒤 사용하는 방식과 데이터 자체로 사용하는 방식–에 대해서 살펴보도록 하겠다.

태그 파일로 구현된 태그에 몸체를 전달하는 첫 번째 방법은 JSTL 태그와 동일하게 시작 태그와 끝 태그 사이에 몸체 내용을 삽입하는 것이다.

```
<tf:someTagFile attr1="속성값">
여기에 몸체 내용을 입력한다.
</tf:someTagFile>
```

몸체 내용을 전달하는 두 번째 방법은 <jsp:body> 태그를 이용해서 몸체 내용을 전달하는 것이다. 태그 파일이 <jsp:attribute> 태그를 이용해서 속성값을 전달받는 경우는 <jsp:body>를 사용해서 몸체 내용을 전달할 수 있다.

```
<tf:someTagFile attr1="속성값">
    <jsp:attribute name="attr2">value</jsp:attribute>
    <jsp:body>
    여기에 몸체 내용을 입력한다.
    </jsp:body>
</tf:someTagFile>
```

태그 파일에 몸체 내용을 전달할 때 주의할 점은 스크립트 요소(표현식, 스크립트릿)를 사용할 수 없다는 점이다. 예를 들어, 아래와 같은 코드는 에러를 발생시킨다.

```
<tf:someTagFile attr1="속성값">
<%= someVar %> <%-- 에러!! --%>
</tf:someTagFile>
```

앞서 <jsp:attribute> 태그와 마찬가지로 태그 파일로 구현한 태그의 몸체에는 일반 텍스트, EL, <jsp:include>만 위치할 수 있다.

3.4.1 EL과 태그를 처리한 몸체 내용 사용하기

태그 파일에서 몸체 내용의 EL이나 액션 태그 등을 처리한 결과를 사용하려면 다음과 같이 코드를 작성하면 된다.

- tag 디렉티브의 body-content 속성값을 scriptless로 지정한다.
- 〈jsp:doBody〉 액션 태그를 이용해서 몸체 내용을 출력하거나 EL 변수로 저장한다.

body-content 속성의 기본값은 scriptless이므로 따로 지정하지 않으면 scriptless를 값으로 갖는다. 다음 코드는 몸체 내용을 그대로 출력해주는 간단한 태그 파일 코드이다.

```
<%@ tag body-content="scriptless" %>
<!-- 몸체로 전달 받은 내용을 사용 -->
<jsp:doBody />
```

〈jsp:doBody〉 액션 태그는 다음과 같이 두 가지 형태로 사용된다.

- **〈jsp:doBody /〉**
  몸체로 전달받은 내용을 그대로 출력한다.
- **〈jsp:doBody var="변수명" scope="영역" /〉**
  몸체로 전달받은 내용을 var 속성으로 지정한 EL 변수에 저장한다. scope 속성을 이용해서 EL 변수를 저장할 영역을 지정한다. 기본값은 page이다.

[리스트 16.7]은 〈jsp:doBody〉 액션 태그를 이용해서 전달받은 몸체 내용에서 HTML 태그를 제거해주는 기능을 제공하는 태그 파일의 예를 보여주고 있다.

[리스트 16.7] chap16/WebContent/WEB-INF/tags/removeHtml.tag

```
<%@ tag body-content="scriptless" pageEncoding="utf-8" %>
<%@ attribute name="length" type="java.lang.Integer" %>
<%@ attribute name="trail" %>
<%@ attribute name="trim" %>

<jsp:doBody var="content" scope="page" />
<%
    String content = (String)jspContext.getAttribute("content");
    if (trim != null && trim.equals("true")) {
        content = content.trim();
    }
    content = content.replaceAll(
        "<(/)?([a-zA-Z]*)(\\s[a-zA-Z]*=[^>]*)?>", "");

    if (length != null && length.intValue() > 0 &&
        content.length() > length.intValue()) {
        content = content.substring(0, length.intValue());
```

```
18:         if (trail != null) {
19:             content = content + trail;
20:         }
21:     }
22: %>
23: <%= content %>
```

06행	몸체 내용을 jspContext 기본 객체의 content 속성에 저장한다.
08행	jspContext 기본 객체의 content 속성값을 읽어온다.
12행	정규 표현식을 사용해서 content에서 태그를 삭제한다.

removeHtml.tag는 <jsp:doBody> 액션 태그를 사용해서 jspContext 기본 객체의 content 속성에 몸체 처리 결과를 저장한다. scope 속성의 값이 "page"인데, 태그 파일에서는 PAGE 영역에 해당하는 기본 객체가 jspContext이다.

removeHtml.tag를 사용하는 JSP 파일의 예는 [리스트 16.8]과 같다.

[리스트 16.8] chap16/WebContent/use_removeHtml.jsp

```
01: <%@ page contentType = "text/html; charset=utf-8" %>
02: <%@ page import = "java.util.Date" %>
03: <%@ taglib prefix="c" uri="http://java.sun.com/jsp/jstl/core" %>
04: <%@ taglib prefix="tf" tagdir="/WEB-INF/tags" %>
05:
06: <html>
07: <head><title>removeHtml</title></head>
08: <body>
09: <c:set var="dateEL" value="<%= new Date() %>" />
10: <tf:removeHtml trim="true">
11:   <font size="10"> 현재 <style>시간</style>은 ${dateEL} 입니다. </font>
12: </tf:removeHtml>
13: <br>
14: <tf:removeHtml length="15" trail="..." trim="true">
15:   <u>현재 시간</u>은 <b>${dateEL}</b> 입니다.
16: </tf:removeHtml>
17: <br>
18: <tf:removeHtml length="15">
19:   <jsp:body><u>현재 시간</u>은 <b>${dateEL}</b> 입니다.</jsp:body>
20: </tf:removeHtml>
21:
22: </body>
23: </html>
```

14행을 보면 length 속성의 값을 java.lang.Integer 타입이 아닌 문자열로 지정하고 있는데, 이 경우 웹 컨테이너가 자동으로 문자열 값을 java.lang.Integer 타입으로 변환해서 속성값을 전달한다.

use_removeHtml.jsp의 실행 결과는 [그림 16.4]와 같다. 실행 결과를 보면 11행이나 15행 등 몸체 내용에 포함된 ${dateEL}이 EL로서 처리된 것을 확인할 수 있다.

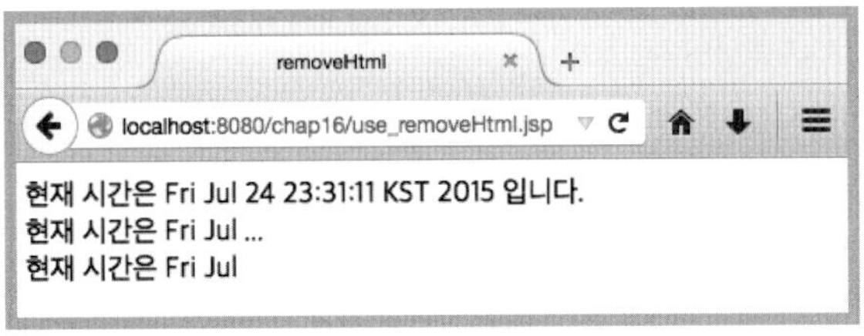

[그림 16.4] removeHtml.tag의 사용 결과

3.4.2 몸체 내용 자체를 데이터로 사용하기

tag 디렉티브의 body-content 속성의 값을 tagdependent로 지정하면 몸체 내용에 포함된 EL이나 액션 태그를 처리하지 않고, 몸체 내용 자체를 텍스트 값으로 사용하게 된다. [리스트 16.9]는 body-content 속성의 값을 tagdependent로 설정한 태그 파일의 예제 코드이다.

[리스트 16.9] chap16/WebContent/WEB-INF/tags/out.tag

```
01: <%@ tag body-content="tagdependent" pageEncoding="utf-8" %>
02: <%@ tag trimDirectiveWhitespaces="true" %>
03: <%@ taglib prefix="c" uri="http://java.sun.com/jsp/jstl/core" %>
04: <jsp:doBody var="bodyText" />
05: <c:out value="${bodyText}" escapeXml="true" />
```

01행	몸체 내용을 텍스트 값으로 전달받도록 설정한다.
04행	〈jsp:doBody〉 태그를 이용해서 몸체 내용을 bodyText라는 EL 변수에 저장한다.
05행	〈c:out〉 태그를 이용해서 bodyText를 출력한다. escapeXml 속성을 true로 지정했으므로 '〈'와 '〉' 문자를 치환해서 출력한다.

[리스트 16.10]의 use_out.jsp는 out.tag를 사용하는 JSP 예제 코드이다.

[리스트 16.10] chap16/WebContent/use_out.jsp

```
<%@ page contentType = "text/html; charset=utf-8" %>
<%@ page import = "java.util.Date" %>
<%@ taglib prefix="c" uri="http://java.sun.com/jsp/jstl/core" %>
<%@ taglib prefix="tf" tagdir="/WEB-INF/tags" %>

<html>
<head><title>out</title></head>
<body>
```

```
09: <tf:out>
10:   <jsp:body><u>현재 시간</u>은 <b>${dateEL}</b> 입니다.</jsp:body>
11: </tf:out>
12:
13: <br>
14:
15: <tf:out>
16:   <%= new Date() %><u>현재 시간</u>은 <b>${dateEL}</b> 입니다.
17: </tf:out>
18:
19: </body>
20: </html>
```

10행은 EL 문법의 문자열을 태그의 몸체 값으로 전달하고, 16행은 표현식과 EL 문법의 문자열을 태그의 몸체 값으로 전달하고 있다. out.tag는 body-content 속성값이 tagdependent이므로, 몸체 내용에 포함된 EL이나 표현식 형식의 문자열을 EL이나 표현식으로 처리하지 않고 텍스트 값으로 사용한다. [그림 16.5]는 use_out.jsp의 실행 결과 화면인데, 이 결과를 보면 몸체 내용을 처리하지 않고 그대로 전달되는 것을 확인할 수 있다.

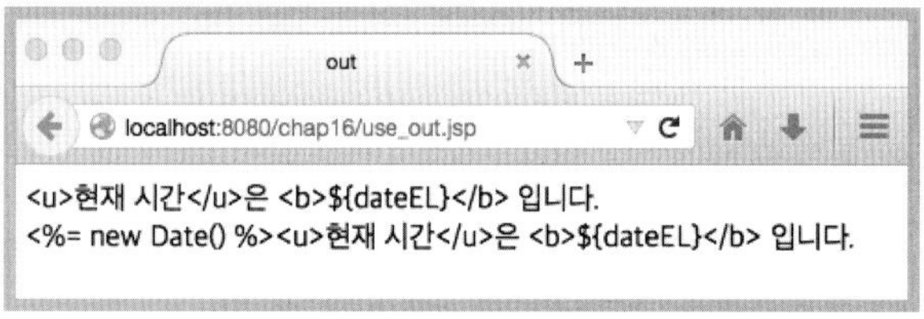

[그림 16.5] 태그 파일에서 몸체 내용을 텍스트 값으로 사용한 예

3.4.3 몸체 내용을 반복적으로 사용하기

몸체 내용을 반복적으로 실행하고 싶다면 <jsp:doBody> 액션 태그를 반복적으로 실행하면 된다. [리스트 16.11]은 <jsp:doBody>를 반복적으로 실행하는 태그 파일의 예제 코드이다.

[리스트 16.11] chap16/WebContent/WEB-INF/tags/multiple.tag

```
<%@ tag pageEncoding="utf-8" %>
<%@ tag trimDirectiveWhitespaces="true" %>
<%@ attribute name="count" required="true" type="java.lang.Integer" %>
<%@ taglib prefix="c" uri="http://java.sun.com/jsp/jstl/core" %>
<c:forEach begin="${1}" end="${count}">
<jsp:doBody />
</c:forEach>
```

multiple.tag 태그 파일은 count 속성으로 전달받은 수만큼 몸체 내용을 반복해서 실행한다. multiple.tag 태그 파일을 사용하는 JSP의 예는 [리스트 16.12]와 같다.

[리스트 16.12] chap16/WebContent/use_multiple.jsp

```
01: <%@ page contentType = "text/html; charset=utf-8" %>
02: <%@ taglib prefix="tf" tagdir="/WEB-INF/tags" %>
03: <%@ taglib prefix="c" uri="http://java.sun.com/jsp/jstl/core" %>
04: <html>
05: <head><title>multiple 태그 사용</title></head>
06: <body>
07: <c:set var="num" value="${1}" />
08: <tf:multiple count="10">
09: ${num}<br/>
10: <c:set var="num" value="${num+1}" />
11: </tf:multiple>
12:
13: </body>
14: </html>
```

use_multiple.jsp의 실행 결과 화면은 [그림 16.6]과 같다. 이 결과를 보면 use_multiple.jsp의 09~10행이 반복적으로 10회 실행된 것을 확인할 수 있다.

[그림 16.6] 반복 실행의 예

3.5 변수의 생성

JSTL 태그의 〈c:forEach〉 태그는 var 속성을 이용해서 태그 몸체 내부에서 사용될 EL 변수를 정의할 수 있는 기능을 제공한다. 〈c:set〉 태그는 태그를 사용하는 페이지에 새로운 EL 변수를 추가해준다.

```
<!-- 태그 몸체에서 사용 가능한 EL 변수(prod) 추가 -->
<c:forEach var="prod" items="${prodList}">
${prod.name}
</c:forEach>

<!-- 태그 실행 이후 사용 가능한 EL 변수(name) 추가 -->
<c:set var="name" value="bk" />
${name}
```

<c:forEach> 태그나 <c:set> 태그가 태그 몸체 또는 태그 실행 이후에 사용 가능한 EL 변수를 추가할 수 있는 것처럼 태그 파일도 태그 파일을 사용하는 페이지에서 사용할 수 있는 EL 변수를 추가할 수 있다.

3.5.1 variable 디렉티브와 name-given을 이용한 변수 추가

태그 파일에서 EL 변수를 추가하려면 variable 디렉티브를 사용하면 된다. variable 디렉티브의 기본 사용 형식은 다음과 같다.

```
<%@ variable name-given="EL변수" variable-class="변수타입" scope="변수범위" />
```

variable 디렉티브의 각 속성은 다음과 같다.

- **name-given** : 이 태그를 호출한 페이지에 추가할 변수 이름을 정의한다.
- **variable-class** : 추가될 변수의 타입을 지정한다. 기본값은 java.lang.String이다.
- **scope** : 변수의 범위를 지정한다. AT_BEGIN, AT_END, NESTED 중 한 개의 값을 갖는다. 기본값은 NESTED이다.

name-given 속성은 태그 파일이 생성할 EL 변수의 이름을 지정한다. name-given 속성 값을 설정한 경우 태그 파일을 호출하는 페이지는 name-given 속성에 명시한 값을 EL 변수의 이름으로 사용할 수 있다.

```
태그 파일
<%@ variable name-given="sum" scope="NESTED" %>
...
```

```
태그를 호출하는 페이지
<%@ taglib prefix="tf" tagdir="/WEB-INF/tags" %>

<tf:some begin="1" end="10">
합계 - ${sum} <-------------
</tf:some>
```

[그림 16.7] name-given 속성에 명시한 값이 EL 변수의 이름이 된다.

scope 속성에 따라 EL 변수를 사용할 수 있는 범위가 달라진다. [그림 16.8]은 scope 속성의 값에 따라 사용 가능한 EL 변수의 범위를 보여주고 있다.

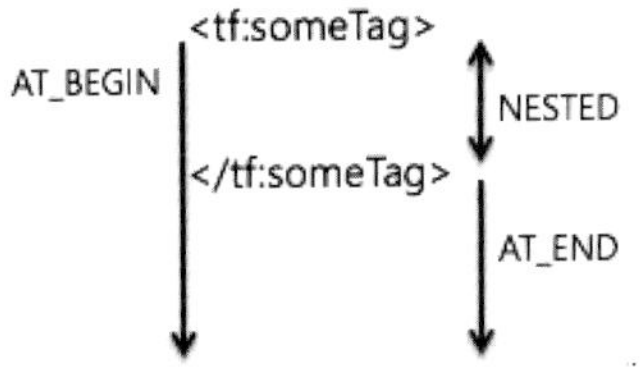

[그림 16.8] 태그 파일이 생성하는 EL 변수의 범위

scope 속성값이 AT_BEGIN인 경우 태그 파일의 시작 태그 시점부터 태그 파일에서 추가한 변수를 사용할 수 있다. scope 속성값이 NESTED면 태그 파일의 시작 태그와 끝 태그 사이에서, 즉 태그의 몸체에서 변수를 사용할 수 있다. scope 속성값이 AT_END인 경우 태그 파일의 끝 태그 이후부터 변수를 사용할 수 있다.

[리스트 16.13]은 variable 디렉티브를 이용해서 태그 몸체 내부에서 사용할 수 있는 EL 변수를 추가하는 태그 파일의 예제 코드이다.

[리스트 16.13] chap16/WebContent/WEB-INF/tags/sum.tag

```
01: <%@ tag pageEncoding="utf-8" %>
02: <%@ tag trimDirectiveWhitespaces="true" %>
03: <%@ attribute name="begin" required="true" type="java.lang.Integer" %>
04: <%@ attribute name="end" required="true" type="java.lang.Integer" %>
05: <%@ variable name-given="sum" variable-class="java.lang.Integer"
06:     scope="NESTED" %>
07: <%@ taglib prefix="c" uri="http://java.sun.com/jsp/jstl/core" %>
08: <c:set var="sum" value="${0}" />
09: <c:forEach var="num" begin="${begin}" end="${end}">
10: <c:set var="sum" value="${sum + num}" />
11: </c:forEach>
12: <jsp:doBody />
```

05행	이름이 sum이고 태그의 몸체 내부에서 사용 가능한 EL 변수를 추가한다.
08행, 10행	EL 변수의 값을 설정한다.
12행	〈jsp:doBody〉를 실행하면, 몸체 내용을 실행하기 전에 태그 파일에서 정의한 변수 sum을 태그를 호출한 페이지에 전달한다.

JSP 컨테이너는 태그 파일에서 생성한 EL 변수 중 variable 디렉티브의 name-given 속성값과 동일한 이름을 갖는 EL 변수를 태그 파일을 호출한 페이지의 EL 변수로 복사한다. 위 코드에서 12행의 〈jsp:doBody〉가 실행되면 10행에서 설정한 EL 변수 sum을 sum.tag를 호출한 페이지에 복사한다. 따라서, sum.tag를 사용하는 코드의 sum 변수는 10행에서 설정한 값을 갖게 된다.

sum.tag 파일을 사용하는 JSP 페이지의 예는 [리스트 16.14]와 같다.

[리스트 16.14] chap16/WebContent/use_sum.jsp

```
01: <%@ page contentType = "text/html; charset=utf-8" %>
02: <%@ taglib prefix="tf" tagdir="/WEB-INF/tags" %>
03:
04: <html>
05: <head><title>sum 사용</title></head>
06: <body>
07:
08: <tf:sum begin="1" end="10">
09: 1-10까지 합 : ${sum}
10: </tf:sum>
11:
12: </body>
13: </html>
```

09행	sum.tag 파일에서 생성한 EL 변수 sum을 사용한다.

use_sum.jsp의 09행을 보면 sum.tag에서 생성한 EL 변수 sum을 사용하고 있는데, 실제 사용 결과 화면인 [그림 16.9]를 보면 태그 파일에서 variable 디렉티브를 이용해서 생성한 sum 변수가 사용된 것을 확인할 수 있다.

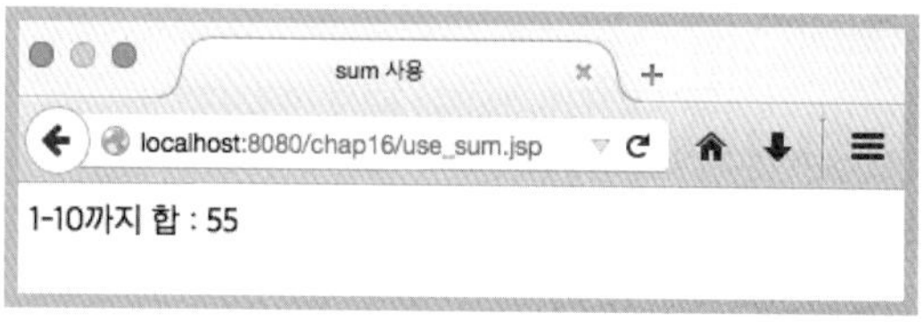

[그림 16.9] EL 변수의 사용 예

3.5.2 variable 디렉티브와 name-from-attribute 속성을 이용한 변수 생성

name-given 속성을 사용하면 정해진 변수명만 사용할 수 있는데, 원하는 이름을 갖는 변수를 추가하고 싶은 경우도 있을 수 있다. 예를 들어, <c:forEach> 태그를 보면 var 속성의 값을 변수명으로 사용할 수 있도록 하고 있다.

```
<c:forEach var="name" ...>
${name} <%-- var 속성의 값이 변수명으로 사용 --%>
</c:forEach>
```

태그 파일에서는 name-from-attribute 속성을 사용해서 원하는 이름을 갖는 변수를 추가할 수 있다. 다음 코드는 name-from-attribute 속성의 기본 사용방법을 보여준다.

```
<%@ attribute name="var" rtexprvalue="false"
        required="true" type="java.lang.String" %>
<%@ variable alias="localName" name-from-attribute="var" scope="영역" %>
...
<c:set var="localName" value="..." />
```

variable 디렉티브에서 alias 속성은 태그 파일에서 변수의 값을 설정할 때 사용할 이름을 지정한다. 예를 들어, 위 코드는 localName이라는 이름의 변수에 값을 설정하면, 태그 파일을 호출한 페이지에 생성될 변수의 값을 설정하게 된다.

name-from-attribute 속성은 변수의 이름을 생성할 때 사용할 속성의 이름을 지정한다. 위 코드는 var 속성의 값을 변수의 이름으로 사용한다. name-from-attribute 속성에 설정한 속성-위 코드에서는 var 속성-은 rtexprvalue 속성값이 false여야 하고, required 속성이 true여야 하며, type 속성의 값은 java.lang.String이어야 한다.

[리스트 16.15]의 removeHtmlVar.tag는 앞서 [리스트 16.7]에서 작성했던 removeHtml.tag 파일을 일부 수정한 것으로서 처리 결과를 출력하지 않고 변수에 저장하도록 구현한 태그 파일이다.

[리스트 16.15] chap16/WebContent/WEB-INF/tags/removeHtmlVar.tag

```
<%@ tag body-content="scriptless" pageEncoding="utf-8" %>
<%@ attribute name="length" type="java.lang.Integer" %>
<%@ attribute name="trail" %>
<%@ attribute name="trim" %>
<%@ attribute name="var" type="java.lang.String"
        rtexprvalue="false" required="true" %>
<%@ variable name-from-attribute="var" alias="result"
    variable-class="java.lang.String" scope="AT_END" %>
<%@ taglib prefix="c" uri="http://java.sun.com/jsp/jstl/core" %>
<jsp:doBody var="content" scope="page" />
<%
    String content = (String)jspContext.getAttribute("content");
    if (trim != null && trim.equals("true")) {
        content = content.trim();
    }
    content = content.replaceAll(
        "<(/)?([a-zA-Z]*)(\\s[a-zA-Z]*=[^>]*)?>", "");

    if (length != null && length.intValue() > 0 &&
        content.length() > length.intValue()) {
        content = content.substring(0, length.intValue());
        if (trail != null) {
            content = content + trail;
```

```
24:         }
25:     }
26: %>
27: <c:set var="result" value="<%= content %>" />
```

05-06행	생성할 변수 이름을 전달받을 속성 var를 설정한다.
07-08행	var 속성에 명시한 값을 이름으로 갖는 변수를 설정한다. 태그 파일에서는 result로 변수 값을 설정한다.
27행	result에 값을 할당해서 생성할 변수에 값을 설정한다.

removeHtmlVar.tag는 끝 태그 이후에 사용할 수 있는 String 타입의 EL 변수를 선언하고 있고, var 속성을 사용해서 생성할 변수의 이름을 입력받도록 하고 있다. 따라서 removeHtmlVar.tag를 사용하는 JSP는 var 속성을 사용해서 원하는 이름을 갖는 EL 변수에 removeHtmlVar.tag의 처리 결과를 저장할 수 있게 된다. removeHtmlVar.tag를 사용하는 JSP 예제 코드는 [리스트 16.16]과 같다.

[리스트 16.16] chap16/WebContent/use_removeHtmlVar.jsp

```
01: <%@ page contentType = "text/html; charset=utf-8" %>
02: <%@ page import = "java.util.Date" %>
03: <%@ taglib prefix="c" uri="http://java.sun.com/jsp/jstl/core" %>
04: <%@ taglib prefix="tf" tagdir="/WEB-INF/tags" %>
05: 
06: <html>
07: <head><title>removeHtmlVar</title></head>
08: <body>
09: <c:set var="dateEL" value="<%= new Date() %>" />
10: <tf:removeHtmlVar trim="true" var="removed">
11:   <font size="10"> 현재 <style>시간</style>은 ${dateEL} 입니다. </font>
12: </tf:removeHtmlVar>
13: 
14: 처리결과: ${removed}
15: 
16: </body>
17: </html>
```

10행	생성할 변수의 이름을 removed로 설정한다.
14행	<tf:removeHtmlVar> 태그가 생성한 변수를 사용한다.

use_removeHtmlVar.jsp의 실행 결과는 다음 [그림 16.10]과 같다. 결과를 보면 removeHtmlVar.tag가 name-from-attribute 속성을 사용해서 정의한 변수가 생성된 것을 확인할 수 있다.

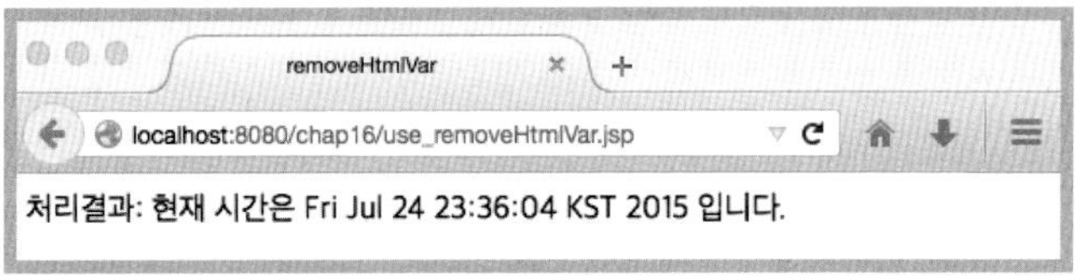

[그림 16.10] removeHtmlVar.tag의 실행 결과

3.5.3 변수의 동기화 처리

태그 파일이 생성하는 변수는 NESTED, AT_BEGIN, AT_END의 세 가지 범위 중 한 가지를 가질 수 있다. JSP 컨테이너는 태그 파일에서 생성한 변수의 값을 태그 파일을 호출한 페이지의 변수의 값과 동기화하는데, 동기화 방식은 변수의 범위에 따라서 달라진다. [표 16.4]는 태그 파일에서 설정한 변수의 값을 호출하는 페이지에 생성할 변수와 언제 어떻게 동기화하는지 동작 방식을 정리한 것이다.

표 16.4 **변수 동기화를 위한 동작 방식**

구분	AT_BEGIN	NESTED	AT_END
태그 시작	아무것도 안 함	EL 변수 저장	아무것도 안 함
<jsp:doBody> 실행 전	태그→페이지 복사	태그→페이지 복사	아무것도 안 함
태그 끝	태그→페이지 복사	EL 변수 복구	태그→페이지 복사

태그 파일에서 변수의 값을 설정하기 위해 사용되는 변수를 T라고 하고, 태그 파일이 호출하는 페이지에 생성할 변수를 P라고 하자. (태그 파일의 variable 디렉티브에서 name-given 속성을 사용한 경우 T와 P는 같고, name-from-attribute 속성을 사용한 경우 T의 이름은 alias 속성의 값이 되고, P는 name-from-attribute 속성에서 명시한 속성의 값이 된다.) 이 경우, [표 16.4]에서 각 동작 방식은 아래와 같다.

- **태그→페이지 복사** : 태그 파일에 T가 존재한다면, 그 값을 이용해서 호출하는 페이지의 P를 생성(또는 수정)한다. 만약 태그 파일에 T가 존재하지 않는다면, 호출하는 페이지의 page 영역에서 P를 삭제한다.
- **EL 변수 저장** : 호출하는 페이지의 P의 값을 저장한다. 만약 P가 존재하지 않았다면, 존재하지 않았다는 것도 기억한다.
- **EL 변수 복구** : 'EL 변수 저장' 시점에서 저장했던 P의 값을 호출하는 페이지에 복구한다. 만약 P가 존재하지 않았다면, 호출하는 페이지에도 존재하지 않도록 한다.

위의 설명만으로는 이해가 잘 안 될 수 있으니 JSP 표준에 제시된 몇 가지 예를 참조해 보도록 하겠다. 먼저 다음 코드는 AT_BEGIN 영역을 갖는 변수를 사용하는 경우 동기화가 어떻게 처리되는지 보여주는 예이다.

```
<%-- use_example1.jsp --%>
<%@ taglib prefix="c" uri="http://java.sun.com/jsp/jstl/core" %>
<%@ taglib prefix="my" tagdir="/WEB-INF/tags" %>
<c:set var="x" value="1"/>
${x} <%-- (x == 1) --%>
<my:example1>
  ${x} <%-- (x == 2), 태그 파일의 변수 x가 복사된 값 --%>

  <%-- 페이지에서 x를 바꿔도 태그 파일에 복사 안됨 --%>
  <c:set var="x" value="3"/>
</my:example1>
${x} <%-- (x == 4), 태그 종료시, 태그 파일의 변수 x가 복사된 값 --%>


<%-- /WEB-INF/tags/example1.tag --%>
<%@ variable name-given="x" scope="AT_BEGIN" %>
<%@ taglib prefix="c" uri="http://java.sun.com/jsp/jstl/core" %>
${x} <%-- (x == null), 태그 파일 내에서의 x 변수 --%>
<c:set var="x" value="2"/>
<jsp:doBody/> <%-- 몸체 내용을 처리하기 전에 변수 x가 페이지에 복사 --%>
${x} <%-- (x == 2), 페이지에서 같은 이름의 변수 값을 바꿔도 반영 안 됨 --%>
<c:set var="x" value="4"/> <%-- 태그 종료 시 변수 x가 페이지에 복사 --%>
```

위 코드를 보면 태그 파일에서 정의한 변수 x의 값이 태그 파일을 호출한 페이지의 변수 x의 값에 어떻게 반영되는지 확인할 수 있다. 태그 파일은 페이지와 서로 다른 PAGE 영역을 갖기 때문에 페이지에서 추가하거나 변경한 x 변수의 값이 태그 파일에는 반영되지 않는 것을 확인할 수 있다. 반면에 태그 파일에서 variable 디렉티브로 추가한 AT_BEGIN 영역을 갖는 변수 x의 경우, 몸체 내용을 처리하기 전과 태그 종료 시점에 태그 파일의 변수 x의 값을 페이지에 복사하는 것을 확인할 수 있다.

다음의 코드는 NESTED 영역을 갖는 변수의 동기화가 어떻게 처리되는지 보여주고 있다.

```
<%-- use_example2.jsp --%>
<%@ taglib prefix="c" uri="http://java.sun.com/jsp/jstl/core" %>
<%@ taglib prefix="my" tagdir="/WEB-INF/tags" %>
<c:set var="x" value="1"/>
${x} <%-- (x == 1) --%>
<%-- 태그가 시작되기 전에 변수 x 값 저장 --%>
<my:example2>
   ${x} <%-- (x == 2) --%>
   <c:set var="x" value="3"/>
</my:example2>
<%-- 태그 종료 후 변수 x 값 복구 --%>
${x} <%-- (x == 1) --%>
```

```
<%-- /WEB-INF/tags/example2.tag --%>
<%@ variable name-given="x" scope="NESTED" %>
<%@ taglib prefix="c" uri="http://java.sun.com/jsp/jstl/core" %>
${x} <%-- (x == null) --%>
<c:set var="x" value="2"/>
<jsp:doBody/>
${x} <%-- (x == 2) --%>
<c:set var="x" value="4"/>
```

NESTED 범위를 갖는 변수를 추가하는 경우, 태그가 시작할 때 변수를 저장하고 태그가 종료될 때 변수를 복구한다. 따라서, example.tag 태그 파일에서 변수 x의 값을 4로 변경하더라도 종료 태그 후에 page.jsp의 변수 x의 값은 태그 파일을 호출하기 전의 값으로 돌아간다.

CHAPTER 17

서블릿 기초

이 장에서 다룰 내용

- 서블릿이란
- 서블릿 구현
- 서블릿 매핑 설정
- 초기화 파라미터
- URL 패턴 매핑 규칙

다양한 웹 프레임워크의 출현으로 서블릿을 직접 개발해야 하는 경우가 흔치 않지만, 자바 웹 개발자라면 서블릿이 무엇이고 서블릿의 동작 방식을 이해하는 것은 필수라고 생각한다. 이 장을 통해서 서블릿의 기초를 익히도록 하자. 이 장에서는 서블릿을 구현하는 방법과 서블릿과 URL 요청을 매핑하는 규칙을 살펴볼 것이다.

01 서블릿 기초

서블릿은 JSP 표준이 나오기 전에 만들어진 표준으로 자바로 웹 어플리케이션을 개발할 수 있도록 하기 위해 만들어졌다. 서블릿을 이용하면 자바 클래스를 이용해서 웹 어플리케이션을 개발하게 된다. 일반적인 서블릿의 개발 과정은 다음과 같다.

1. 서블릿 규약에 따라 자바 코드를 작성한다.
2. 자바 코드를 컴파일해서 클래스 파일을 생성한다.
3. /WEB-INF/classes 폴더에 클래스 파일을 패키지에 알맞게 위치시킨다.
4. web.xml 파일에 서블릿 클래스를 설정한다.
5. 톰캣 등의 컨테이너를 실행한다.
6. 웹 브라우저에서 확인한다.

서블릿 개발 과정은 JSP와 비교하면 몇 가지 과정이 더 들어가 복잡한데, 이런 이유로 서블릿보다는 JSP를 사용하게 된다. 하지만, MVC 패턴을 지원하는 프레임워크를 만들어야 하는 경우 서블릿으로 기반 코드를 개발하는 경우가 많기 때문에, 서블릿 코드를 직접 구현하지는 않더라도 웹 개발을 배울 때 서블릿 자체에 대해서 이해하는 것은 중요하다.

02 예제 프로젝트 생성

예제를 작성하기 전에 웹 어플리케이션 프로젝트를 생성하자. 이클립스에서 다음 과정에 따라 chap17 프로젝트를 생성한다.

1. [File]→[New]→[Dynamic Web Project] 메뉴를 실행한다.
2. New Dynamic Web Project 대화창에서 다음과 같이 설정 후 [Finish] 버튼을 클릭해서 프로젝트를 생성한다.
   a. Project name : chap17
   b. Target runtime : Apache Tomcat v8.0 (톰캣 런타임을 다른 이름으로 등록했다면 해당 이름 사용)
   c. Dynamic web module version : 3.1

2.1 서블릿 구현

아주 간단한 서블릿 클래스 코드를 보면서 서블릿의 구현 방법을 살펴보도록 하자.

[리스트 17.1] chap17/src/example/NowServlet.java

```
package example;

import java.io.IOException;
import java.io.PrintWriter;
import java.util.Date;

import javax.servlet.ServletException;
import javax.servlet.http.HttpServlet;
import javax.servlet.http.HttpServletRequest;
import javax.servlet.http.HttpServletResponse;

```

```
12: public class NowServlet extends HttpServlet {
13:
14:     @Override
15:     protected void doGet(HttpServletRequest request,
16:     HttpServletResponse response) throws ServletException, IOException {
17:         response.setContentType("text/html; charset=utf-8");
18:
19:         PrintWriter out = response.getWriter();
20:         out.println("<html>");
21:         out.println("<head><title>현재시간</title></head>");
22:         out.println("<body>");
23:         out.println("현재 시간은");
24:         out.println(new Date());
25:         out.println("입니다.");
26:         out.println("</body></html>");
27:     }
28:
29: }
```

서블릿 클래스를 구현하려면 먼저 HttpServlet 클래스를 상속받은 클래스를 작성해야 한다. 12행처럼 HttpServlet 클래스를 상속받아야 서블릿으로 동작한다.

HttpServlet 클래스를 상속받았다면, 처리하고자 하는 HTTP 방식(method)에 따라 알맞은 메서드를 재정의해서 구현해야 한다. 예를 들어, 서블릿이 GET 방식의 요청을 처리해야 한다면, 15~16행과 같이 doGet() 메서드를 재정의하면 된다. doGet() 메서드는 HttpServletRequest와 HttpServletResponse의 두 파라미터를 갖는데, 이 두 파라미터는 각각 JSP의 request 기본 객체와 response 기본 객체에 해당한다.

재정의한 메서드는 request를 이용해서 웹 브라우저의 요청 정보를 읽어오던가 response를 이용해서 응답을 전송할 수 있다. 응답을 전송하려면 먼저 17행과 같이 response.setContentType() 메서드를 이용해서 응답의 컨텐츠 타입을 지정해야 한다.

```
response.setContentType("text/html; charset=utf-8");
```

예제의 경우 응답 컨텐츠 타입이 text/html이고 캐릭터 셋이 utf-8이라고 지정하고 있다. 여기서 setContentType() 메서드에 전달되는 값은 JSP에서 page 디렉티브의 contentType 속성값과 동일하다.

응답의 컨텐츠 타입을 지정했다면, 그다음으로 할 작업은 실제로 응답 결과를 웹 브라우저에 전송하는 것이다. 웹 브라우저에 데이터를 전송하려면 19행과 같이 response.getWriter()로 문자열 데이터를 출력할 수 있는 PrintWriter를 구해야 한다.

```
PrintWriter out = response.getWriter();
out.println("<html>");
out.println("<head><title>현재시간</title></head>");
...
out.println("</body></html>");
```

PrintWriter는 println() 메서드를 제공하는데, 이 메서드를 이용해서 전송할 응답 데이터를 전달한다. println() 메서드에 전달한 데이터는 웹 브라우저에 전송되어 화면에 출력된다.

서블릿 자바 코드를 직접 컴파일하기

이클립스를 사용하면 이클립스가 서블릿 관련 클래스패스를 알아서 잡아주고 자바 코드를 컴파일하므로 컴파일과 관련된 부분을 신경 쓸 필요가 없지만, 직접 자바 코드를 작성하고 컴파일하려면 서블릿 API를 클래스패스에 추가해야 한다. 서블릿 관련 jar 파일은 [톰캣]\lib\servlet-api.jar 파일에 포함되어 있으므로 이 파일을 클래스패스에 추가하고 컴파일해야 한다.

다음은 톰캣의 webapps 폴더에 직접 chap17 폴더를 생성하고 소스 코드를 WEB-INF\src\sample\NowServlet.java에 작성했다고 가정했을 때, 컴파일하는 과정을 보여주고 있다.

```
C:\>cd apache-tomcat-8.0.21\webapps\chap17\WEB-INF
C:\...\WEB-INF>mkdir classes
C:\...\WEB-INF>set CLASSPATH=c:\apache-tomcat-8.0.21\lib\servlet-api.jar
C:\...\WEB-INF>set CLASSPATH=classes;%CLASSPATH%
C:\...\WEB-INF>javac -d classes src\example\NowServlet.java
```

컴파일에 성공하면 WEB-INF\classes\example 폴더에 NowServlet.class 파일이 생성된 것을 확인할 수 있을 것이다.

2.2 web.xml로 매핑하기

서블릿 클래스를 생성했다면, 그다음으로 할 작업은 WEB-INF 폴더의 web.xml 파일에 서블릿 클래스를 등록하는 것이다. [리스트 17.2]는 NowServlet 클래스를 web.xml 파일에 등록한 예를 보여주고 있다.

[리스트 17.2] chap17/WebContent/WEB-INF/web.xml

```
<?xml version="1.0" encoding="UTF-8"?>
<web-app xmlns:xsi="http://www.w3.org/2001/XMLSchema-instance"
    xmlns="http://xmlns.jcp.org/xml/ns/javaee"
    xsi:schemaLocation="http://xmlns.jcp.org/xml/ns/javaee
        http://xmlns.jcp.org/xml/ns/javaee/web-app_3_1.xsd"
    version="3.1">

    <servlet>
```

```
09:         <servlet-name>now</servlet-name>
10:         <servlet-class>example.NowServlet</servlet-class>
11:     </servlet>
12:
13:     <servlet-mapping>
14:         <servlet-name>now</servlet-name>
15:         <url-pattern>/now</url-pattern>
16:     </servlet-mapping>
17:
18: </web-app>
```

서블릿을 등록하려면 다음의 두 가지를 설정해야 한다.

- 서블릿으로 사용할 클래스
- 서블릿과 URL 간의 매핑

먼저 08~11행과 같이 〈servlet〉 태그를 이용해서 서블릿 클래스를 등록한다. 이때 〈servlet-name〉은 해당 서블릿을 참조할 때 사용할 이름을 입력하고 〈servlet-class〉는 서블릿으로 사용할 클래스의 완전한 이름을 입력한다. 위 예의 경우 example.NowServlet 클래스를 "now"라는 이름의 서블릿으로 등록한다.

사용할 서블릿을 지정했다면 그다음으로 할 작업은 해당 서블릿이 어떤 URL을 처리할지에 대한 매핑 정보를 등록하는 것이다. 이는 〈servlet-mapping〉 태그를 이용해서 지정한다. 〈servlet-mapping〉 태그에서 〈servlet-name〉은 매핑할 서블릿의 이름을 지정하며, 〈url-pattern〉은 매핑할 URL의 패턴을 지정한다. 예를 들어, 13~16행의 경우 now라는 이름의 서블릿이 /now라는 URL 패턴을 처리한다고 지정하고 있다. 앞서 08~11행에서 NowServlet 클래스를 now라는 이름의 서블릿으로 등록했으므로, 결과적으로 /now라는 URL을 NowServlet이 처리하게 된다.

실제로 NowServlet이 정상적으로 동작하는지 확인하기 위해 톰캣을 실행하고 웹 브라우저에 http://localhost:8080/chap17/now URL을 입력해 보자. 그러면 [그림 17.1]과 같은 결과 화면이 출력되는 것을 확인할 수 있을 것이다.

[그림 17.1] NowServlet의 실행 결과

〈url-pattern〉은 다음과 같이 한 번 이상을 사용할 수 있다. 이 경우 각각의 URL 패턴에 해당 서블릿을 매핑한다.

```
<servlet-mapping>
    <servlet-name>now</servlet-name>
    <url-pattern>/now</url-pattern>
    <url-pattern>/now2</url-pattern>
</servlet-mapping>
```

서블릿 매핑할 때 사용하는 〈url-pattern〉은 웹 어플리케이션 경로를 제외한 나머지 경로를 기준으로 적용된다. 예를 들어, 앞서 web.xml 설정에서 다음과 같이 서블릿 매핑을 설정했다.

```
<servlet-mapping>
    <servlet-name>now</servlet-name>
    <url-pattern>/now</url-pattern>
</servlet-mapping>
```

이 경우 실제 〈url-pattern〉의 /now와 매핑되는 URL은 웹 어플리케이션 경로를 포함한 /chap17/now가 된다. 〈url-pattern〉에는 이외에도 다양한 매핑 규칙을 지원하는데 이에 대해서는 뒤에서 살펴볼 것이다.

2.3 애노테이션으로 매핑하기

서블릿 2.5 버전까지는 web.xml 파일에 서블릿으로 등록해야 서블릿 클래스를 사용할 수 있었는데, 서블릿 3.0 버전부터는 @WebServlet 애노테이션을 사용하면 web.xml 파일에 따로 등록하지 않아도 서블릿으로 등록된다. 톰캣 7(서블릿 3.0)이나 8 버전(서블릿 3.1)처럼 서블릿 3.0을 지원하는 웹 컨테이너는 @WebServlet이 적용된 클래스를 검색해서 서블릿으로 자동으로 등록한다.

@WebServlet 애노테이션은 [리스트 17.3]과 같이 사용된다.

[리스트 17.3] chap17/src/example/HelloServlet.java

```
package example;

import java.io.IOException;
import java.io.PrintWriter;

import javax.servlet.ServletException;
import javax.servlet.annotation.WebServlet;
import javax.servlet.http.HttpServlet;
import javax.servlet.http.HttpServletRequest;
import javax.servlet.http.HttpServletResponse;
```

```
11:
12: @WebServlet(urlPatterns = "/hello")
13: public class HelloServlet extends HttpServlet {
14:
15:     @Override
16:     protected void doGet(HttpServletRequest request,
17:         HttpServletResponse response) throws ServletException, IOException {
18:         request.setCharacterEncoding("utf-8");
19:         response.setContentType("text/html; charset=utf-8");
20:
21:         PrintWriter out = response.getWriter();
22:         out.println("<html>");
23:         out.println("<head><title>인사</title></head>");
24:         out.println("<body>");
25:         out.println("안녕하세요, ");
26:         out.println(request.getParameter("name"));
27:         out.println("님");
28:         out.println("</body></html>");
29:     }
30:
31: }
```

12행에서 @WebServlet 애노테이션은 urlPatterns 속성을 갖는데 이 속성은 해당 서블릿과 매핑될 URL 패턴을 지정할 때 사용된다. 위 코드는 /hello로 들어오는 URL을 HelloServlet이 처리하도록 설정하고 있다. 만약 두 개 이상의 URL 패턴을 처리하도록 하고 싶다면 다음과 같이 urlPatterns 속성값으로 배열을 전달하면 된다.

```
@WebServlet(urlPatterns = {"/hello", "/hello1"} )
```

HelloServlet 클래스를 컴파일한 뒤 톰캣을 재시작 해보자. 톰캣이 chap17 웹 어플리케이션을 구동하면서 @WebServlet 애노테이션이 적용된 서블릿을 찾게 되므로, 사용할 서블릿으로 HelloServlet을 등록하게 된다. 따라서 web.xml 파일에 별도의 설정을 하지 않더라도 http://localhost:8080/chap17/hello URL을 이용해서 HelloServlet을 실행할 수 있게 된다.

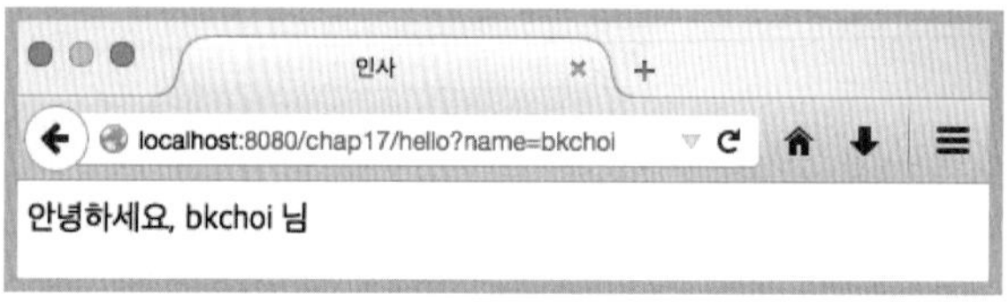

[그림 17.2] HelloServlet의 실행 결과

@WebServlet 애노테이션을 사용할 때 고려할 점은 서블릿이 범용적으로 사용되는 서블릿인지의 여부이다. 예를 들어, MVC 프레임워크는 어떤 URL을 서블릿이 처리할지 미리 알 수 없다. 단지, 다양한 요청 URL을 MVC 프레임워크가 처리할 수 있는 기능을 구현할 수 있을 뿐이다.

이는 @WebServlet 애노테이션을 사용할 경우 서블릿이 처리해야 할 URL 패턴이 변경될 때마다, 자바 소스 코드의 urlPatterns 속성값을 변경하고 다시 컴파일해야 한다는 것을 뜻한다. 반면 @WebServlet을 사용하지 않고 web.xml 파일을 사용하면 URL 경로가 바뀔 경우 web.xml 파일만 변경하면 된다. 따라서, 서블릿의 용도에 따라서 @WebServlet 애노테이션을 사용할지 아니면 web.xml 설정을 사용할지를 알맞게 결정해야 한다.

NOTE

@WebServlet 애노테이션이 적용된 서블릿을 web.xml 파일에 등록하면 어떻게 될까? 이 경우 @WebServlet 애노테이션에 적용된 URL 패턴과 web.xml 파일에 등록된 URL 패턴에 모두 매핑된다. 정확하게는 @WebServlet 애노테이션이 적용된 클래스의 객체가 생성되고 web.xml 파일에서 지정한 클래스의 객체가 생성된다. 즉, 서로 다른 두 개의 객체가 생성되고 각각 @WebServlet 애노테이션에서 지정한 URL 패턴과 web.xml 파일에 지정한 URL 패턴에 매핑된다.

2.4 HTTP 각 방식별 구현 메서드

HTTP는 GET, POST, HEAD, PUT, DELETE의 방식을 지원하고 있는데, 일반적으로 웹에서 사용되는 그리고 웹 브라우저가 지원하는 방식은 GET과 POST이다. GET과 POST 방식에 대한 내용은 앞서 3장에서 폼 입력과 관련해서 설명했으니, 기억을 되살리고 싶은 독자는 3장을 참고하기 바란다.

HttpServlet은 HTTP의 각 방식에 따라 알맞은 메서드를 이용해서 구현하도록 정의하고 있다. 예를 들어, GET 방식은 doGet() 메서드를 이용해서 처리하고, POST 방식의 경우 doPost() 메서드를 이용해서 처리하도록 정의하고 있다. GET과 POST 방식의 요청을 처리하는 메서드는 각각 다음과 같다.

- GET 방식 :
  protected void doGet(HttpServletRequest req, HttpServletResponse resp)
  throws ServletException, IOException
- POST 방식 :
  protected void doPost(HttpServletRequest req, HttpServletResponse resp)
  throws ServletException, IOException

만약 GET 방식과 POST 방식을 모두 처리해야 하는 서블릿이라면 다음과 같이 두 메서드를 모두 재정의해서 알맞게 처리해주면 된다.

```
@Override
protected void doGet(HttpServletRequest req, HttpServletResponse resp)
    throws ServletException, IOException {
    ... // GET 방식에 대한 처리. 예, 폼 출력하기
}

@Override
protected void doPost(HttpServletRequest req, HttpServletResponse resp)
    throws ServletException, IOException {
    ... // POST 방식에 대한 처리. 예, 폼 데이터 처리하기
}
```

2.5 서블릿 로딩과 초기화

NowServlet의 코드를 다시 보자.

```
public class NowServlet extends HttpServlet {

    @Override
    protected void doGet(HttpServletRequest request,
    HttpServletResponse response) throws ServletException, IOException {
        response.setContentType("text/html; charset=utf-8");

        PrintWriter out = response.getWriter();
        ...코드 생략
        out.println("</body></html>");
    }

}
```

web.xml에서 NowServlet을 /now 경로에 매핑했다. 웹 브라우저에서 /now 경로로 접근하면 NowServlet을 실행하는데, 서블릿 컨테이너는 처음 서블릿을 실행할 때 서블릿 객체를 생성한다. [그림 17.3]과 같이 서블릿을 최초 요청할 때 서블릿 객체를 생성하고, 이후 요청이 오면 앞서 생성한 서블릿 객체를 그대로 사용한다.

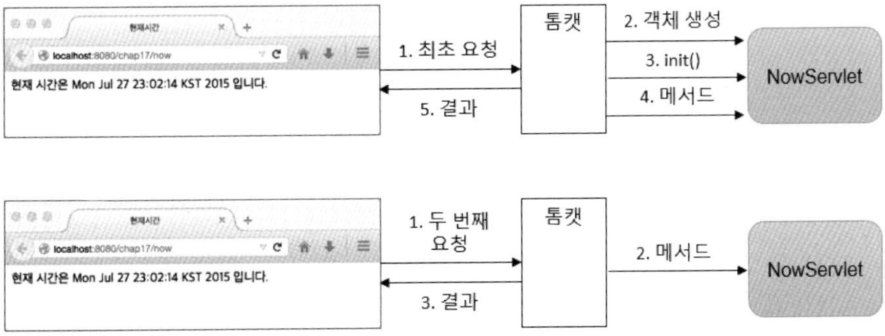

[그림 17.3] 최초 요청이 발생하면 서블릿 객체를 생성

[그림 17.3]에서 웹 컨테이너가 서블릿 객체를 생성하고 init() 메서드를 호출하는 과정을 '서블릿 로딩' 과정이라고 한다. 서블릿 로딩 과정을 보면 init() 메서드를 호출하는데, 서블릿은 이 init() 메서드를 이용해서 필요한 초기화 작업을 수행한다. init() 메서드의 기본 구현은 다음과 같다.

```
// GenericServlet 구현
public void init(ServletConfig config) throws ServletException {
    this.config = config;
    this.init();
}

public void init() throws ServletException {
}
```

서블릿 컨테이너는 서블릿을 초기화하기 위해 ServletConfig 파라미터를 갖는 init() 메서드를 실행한다. 위 코드에서 보는 것처럼 init(ServletConfig) 메서드는 다시 파라미터가 없는 init() 메서드를 호출한다. 따라서, 초기화가 필요한 서블릿은 파라미터가 없는 init() 메서드를 재정의하면 된다.(물론, ServletConfig가 필요하면 ServletConfig를 파라미터로 갖는 init() 메서드를 재정의하면 된다.) 앞서 13장에서 작성한 DBCPInit 클래스도 다음과 같이 파라미터가 없는 init() 메서드를 재정의해서 초기화를 했다.

```
public class DBCPInit extends HttpServlet {

    @Override
    public void init() throws ServletException { // 서블릿을 초기화할 때 사용
        loadJDBCDriver();
        initConnectionPool();
    }
```

보통 초기화 작업은 상대적으로 시간이 오래 걸리기 때문에, 처음 서블릿을 사용하는 시점보다는 웹 컨테이너를 처음 구동하는 시점에 초기화를 진행하는 것이 좋다. 이를 위한 설정이 <load-on-startup> 태그이다. 예를 들어, 13장과 14장에서 DBCP 초기화를 위해 web.xml 파일에 추가한 설정은 다음과 같았다.

```
<servlet>
    <servlet-name>DBCPInit</servlet-name>
    <servlet-class>jdbc.DBCPInit</servlet-class>
    <load-on-startup>1</load-on-startup>
</servlet>
```

<load-on-startup> 태그를 설정하면 웹 어플리케이션을 시작할 때 서블릿을 로딩한다. 즉, [그림 17.4]처럼 톰캣을 구동하는 시점에 DBCPInit 서블릿 객체를 생성하고 init() 메서드를 실행한다. 웹 어플리케이션을 시작하는 시점에 커넥션 풀을 초기화하므로, JSP나 서블릿 코드에서 커넥션 풀을 사용할 수 있게 된다.

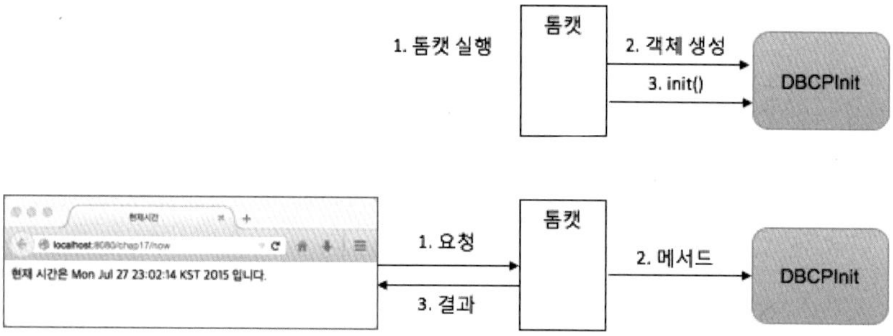

[그림 17.4] <load-on-startup> 태그를 사용하면 서블릿을 미리 초기화할 수 있다.

<load-on-startup> 태그의 값은 로딩 순서를 의미한다. 값을 기준으로 오름차순으로 서블릿을 로딩한다. 예를 들어, 다음과 같은 설정이 있으면 <load-on-startup>의 값이 작은 Config 서블릿을 먼저 로딩하고 그다음에 DBCPInit 서블릿을 로딩한다.

```
<servlet>
    <servlet-name>Config</servlet-name>
    <servlet-class>config.ConfigInit</servlet-class>
    <load-on-startup>1</load-on-startup>
</servlet>

<servlet>
    <servlet-name>DBCPInit</servlet-name>
    <servlet-class>jdbc.DBCPInit</servlet-class>
    <load-on-startup>2</load-on-startup>
</servlet>
```

@WebServlet 태그를 사용하는 경우에는 loadOnStartup 속성을 이용해서 로딩 값을 지정한다.

```
@WebServlet(urlPatterns = "/hello", loadOnStartup = 1)
public class InitServlet extends HttpServlet {
    ...
}
```

2.6 초기화 파라미터

13장의 DBCPInit 코드의 일부를 다시 보자.

```
public class DBCPInit extends HttpServlet {

    @Override
    public void init() throws ServletException {
        loadJDBCDriver();
        initConnectionPool();
    }

    private void loadJDBCDriver() {
        try {
            Class.forName("com.mysql.jdbc.Driver");
        } catch (ClassNotFoundException ex) {
            throw new RuntimeException("fail to load JDBC Driver", ex);
        }
    }

    private void initConnectionPool() {
        try {
            String jdbcUrl =
                    "jdbc:mysql://localhost:3306/chap14?" +
                    "useUnicode=true&characterEncoding=utf8";
            String username = "jspexam";
            String pw = "jsppw";
            ... 코드 생략
    }
```

DBCPInit 클래스는 한 가지 단점이 있다. 위 코드에서 보듯이 JDBC 드라이버 클래스 이름과 JDBC URL, DB 사용자 정보가 코드에 있기 때문에, DB를 MySQL에서 오라클로 변경하거나 JDBC URL을 변경하려면 코드를 직접 수정해야 한다.

서블릿은 코드를 직접 변경하지 않고 사용할 값을 변경할 수 있는 방법을 제공하는데, 그 방법은 초기화 파라미터를 사용하는 것이다. 서블릿은 web.xml의 〈init-param〉 태그를 이용해서 서블릿을 초기화할 때 필요한 값을 전달하는 방법을 제공하고 있다. 예를 들어, 다음과 같이 초기화 파라미터를 전달할 수 있다.

```
<servlet>
    <servlet-name>DBCPInit2</servlet-name>
    <servlet-class>jdbc.DBCPInit2</servlet-class>
    <init-param>
        <param-name>jdbcdriver</param-name>
        <param-value>com.mysql.jdbc.Driver</param-value>
    </init-param>
    <init-param>
        <param-name>poolName</param-name>
        <param-value>chap14</param-value>
    </init-param>
    <load-on-startup>1</load-on-startup>
</servlet>
```

〈init-param〉 태그는 서블릿의 초기화 파라미터를 지정할 때 사용하며 자식 태그는 다음과 같다.

- **〈param-name〉 태그** : 초기화 파라미터의 이름을 지정한다.
- **〈param-value〉 태그** : 초기화 파라미터의 값을 지정한다.

위 코드는 jdbcdriver라는 이름의 초기화 파라미터의 값으로 com.mysql.jdbc.Driver를 지정하고, poolName 초기화 파라미터의 값으로 chap14를 지정하고 있다.

서블릿 클래스에서 초기화 파라미터에 접근하려면 getInitParameter() 메서드를 사용하면 된다. 초기화 파라미터를 사용해서 커넥션 풀과 관련된 설정 정보를 전달받도록 구현한 DBCPInit2 클래스는 [리스트 17.4]처럼 getInitParameter() 메서드를 사용해서 초기화 파라미터를 사용한다.

[리스트 17.4] chap17/src/jdbc/DBCPInit2.java

```
package jdbc;

import java.sql.DriverManager;

import javax.servlet.ServletException;
import javax.servlet.http.HttpServlet;

import org.apache.commons.dbcp2.ConnectionFactory;
```

```
import org.apache.commons.dbcp2.DriverManagerConnectionFactory;
import org.apache.commons.dbcp2.PoolableConnection;
import org.apache.commons.dbcp2.PoolableConnectionFactory;
import org.apache.commons.dbcp2.PoolingDriver;
import org.apache.commons.pool2.impl.GenericObjectPool;
import org.apache.commons.pool2.impl.GenericObjectPoolConfig;

public class DBCPInit2 extends HttpServlet {

    @Override
    public void init() throws ServletException {
        loadJDBCDriver();
        initConnectionPool();
    }


    private void loadJDBCDriver() {
        String driverClass = getInitParameter("jdbcdriver");
        try {
            Class.forName(driverClass);
        } catch (ClassNotFoundException ex) {
            throw new RuntimeException("fail to load JDBC Driver", ex);
        }
    }

    private void initConnectionPool() {
        try {
            String jdbcUrl = getInitParameter("jdbcUrl");
            String username = getInitParameter("dbUser");
            String pw = getInitParameter("dbPass");

            ConnectionFactory connFactory =
                    new DriverManagerConnectionFactory(jdbcUrl, username, pw);

            PoolableConnectionFactory poolableConnFactory =
                    new PoolableConnectionFactory(connFactory, null);
            poolableConnFactory.setValidationQuery("select 1");

            GenericObjectPoolConfig poolConfig = new GenericObjectPoolConfig();
            poolConfig.setTimeBetweenEvictionRunsMillis(1000L * 60L * 5L);
            poolConfig.setTestWhileIdle(true);
            poolConfig.setMinIdle(4);
            poolConfig.setMaxTotal(50);

            GenericObjectPool<PoolableConnection> connectionPool =
                    new GenericObjectPool<>(poolableConnFactory, poolConfig);
            poolableConnFactory.setPool(connectionPool);
```

```
56:
57:             Class.forName("org.apache.commons.dbcp2.PoolingDriver");
58:             PoolingDriver driver = (PoolingDriver)
59:                 DriverManager.getDriver("jdbc:apache:commons:dbcp:");
60:             String poolName = getInitParameter("poolName");
61:             driver.registerPool(poolName, connectionPool);
62:         } catch (Exception e) {
63:             throw new RuntimeException(e);
64:         }
65:     }
66: }
```

DBCPInit2 클래스는 26행에서 getInitParameter() 메서드를 이용해서 "jdbcdriver" 초기화 파라미터 값을 읽어와, 이 값을 이용해서 28행에서 JDBC 드라이버를 로딩한다. 비슷하게 36행, 37행, 38행에서는 커넥션을 생성할 때 사용할 JDBC URL, DB 사용자, 암호를 초기화 파라미터에서 읽어오고, 60행에서는 커넥션 풀의 이름으로 사용할 초기화 파라미터 값을 읽어온다.

web.xml 파일은 서블릿이 필요로 하는 초기화 파라미터를 알맞게 설정해주면 된다. DBCPInit2를 위한 설정 예는 [리스트 17.5]와 같다.

[리스트 17.5] chap17/WebContent/WEB-INF/web.xml : DBCPInit2를 위한 설정 부분

```
    <servlet>
        <servlet-name>DBCPInit2</servlet-name>
        <servlet-class>jdbc.DBCPInit2</servlet-class>
        <init-param>
            <param-name>jdbcdriver</param-name>
            <param-value>com.mysql.jdbc.Driver</param-value>
        </init-param>
        <init-param>
            <param-name>jdbcUrl</param-name>
            <param-value>
                jdbc:mysql://localhost:3306/chap14?characterEncoding=utf8
            </param-value>
        </init-param>
        <init-param>
            <param-name>dbUser</param-name>
            <param-value>jspexam</param-value>
        </init-param>
        <init-param>
            <param-name>dbPass</param-name>
            <param-value>jsppw</param-value>
        </init-param>
        <init-param>
```

```
            <param-name>poolName</param-name>
            <param-value>chap14</param-value>
        </init-param>
        <load-on-startup>1</load-on-startup>
    </servlet>
```

JDBC URL이나 다른 설정을 바꾸려면 서블릿을 변경할 필요 없이 web.xml 파일의 초기화 파라미터 값을 변경하면 된다. 예를 들어, 커넥션 풀의 이름을 변경하고 싶다면 poolName 초기화 파라미터 값을 "chap14"에서 다른 이름으로 변경한 뒤 톰캣을 재시작하면 된다.

getInitParameter() 메서드는 지정한 초기화 파라미터가 존재하면 해당 값을 리턴하며, 존재하지 않으면 null을 리턴한다. 따라서, null인 경우 기본값을 사용하고 싶거나 다른 예외 처리를 하고 싶다면 초기화 파라미터 값이 null인지 여부를 확인해서 알맞게 처리해야 한다.

```
// 초기화 파라미터가 없으면 null을 리턴한다.
String poolName = getInitParameter("poolName");
if (poolName == null) poolName = "pool";
```

NOTE

웹 어플리케이션에서 전반적으로 필요한 초기화 작업을 수행하는 또 다른 방법으로는 ServletContextListener를 사용하는 것이 있는데, 이에 대한 내용은 20장에서 살펴볼 것이다.

@WebServlet 애노테이션으로 매핑한 경우 초기화 파라미터를 전달하려면 initParams 속성의 값으로 @WebInitParam 애노테이션 목록을 전달하면 된다. 다음의 설정 예를 보여주고 있다.

```
@WebServlet(urlPatterns = {"/hello", "/hello1"},
    initParams= {
        @WebInitParam(name="greeting", value="Hello"),
        @WebInitParam(name="title", value="제목")
    }
)
```

NOTE

초기화 파라미터를 사용하는 이유 중의 하나는 클래스의 수정 없이 초기화 과정에서 필요한 값을 수정할 수 있기 때문이다. 하지만, 소스 코드에 @WebInitParam 애노테이션을 이용해서 초기화 파라미터를 설정하면, 초기화 설정을 변경해야 할 때마다 자바 코드를 수정해야 하기 때문에 @WebInitParam 애노테이션은 변경의 유연함을 떨어뜨린다.

03 URL 패턴 매핑 규칙

〈servlet-mapping〉 태그는 〈url-pattern〉 태그를 사용해서 서블릿과 URL을 매핑하고, @WebServlet의 경우 urlPatterns 속성을 이용해서 서블릿과 URL을 매핑한다는 내용을 앞에서 살펴봤다. 이 절에서는 〈url-pattern〉 태그와 urlPatterns 속성에서 사용할 수 있는 URL 패턴이 어떻게 서블릿과 매핑되는지 자세히 살펴보도록 하자.

서블릿 규약에 따르면, URL 패턴은 다음 규칙에 따라 서블릿을 매핑한다.

- '/'로 시작하고 '/*'로 끝나는 url-pattern은 경로 매핑을 위해서 사용한다.
- '*.'로 시작하는 url-pattern은 확장자에 대한 매핑을 할 때 사용한다.
- 오직 '/'만 포함하는 경우 어플리케이션의 기본 서블릿으로 매핑한다.
- 이 규칙 외, 나머지 다른 문자열은 정확한 매핑을 위해서 사용한다.

이해를 돕기 위해 서블릿 규약에 포함된 예제를 발췌해 보았다. URL 패턴에 따른 처리 서블릿을 [표 17.1]과 같이 설정했다고 하자.

표 17.1 예시 매핑 규칙

URL 패턴	매핑 서블릿
/foo/bar/*	servlet1
/baz/*	servlet2
/catalog	servlet3
*.bop	servlet4

[표 17.1]과 같이 URL 패턴을 설정한 경우 실제 요청 경로에 따라서 요청을 처리하는 서블릿은 [표 17.2]와 같다.

표 17.2 경로에 따른 서블릿 매핑

요청 경로	일치 URL 패턴	요청 처리 서블릿
/foo/bar/index.html	/foo/bar/*	servlet1
/foo/bar/index.bop	/foo/bar/*	servlet1
/baz	/baz/*	servlet2
/baz/index.html	/baz/*	servlet2
/catalog	/catalog	servlet3
/catalog/racecar.bop	*.bop	servlet4
/index.bop	*.bop	servlet4

NOTE

서블릿 3에 추가된 주요 기능 중의 하나로 비동기 서블릿이 있다. 비동기 서블릿을 이해하려면 쓰레드에 대한 이해가 필요하기 때문에, 비동기 서블릿은 이 책의 범위를 넘어선다고 생각되어 비동기 서블릿에 대한 내용을 넣지 않았다. 비동기 서블릿에 대한 내용이 궁금한 독자는 필자가 정리한 http://javacan.tistory.com/entry/Servlet-3-Async 글을 참고하기 바란다.

CHAPTER

18

MVC 패턴 구현

이 장에서 다룰 내용

- 모델 2 구조
- MVC 패턴
- 커맨드 패턴을 사용한 컨트롤러 구현

모델 2 구조 기반의 MVC 패턴 구현은 JSP 개발자라면 반드시 습득해야 할 기본 기법이다. 이 장에서는 MVC 패턴이 무엇인지에 대해서 살펴보며, MVC 패턴의 핵심 요소인 컨트롤러의 구현 방법에 대해서 살펴볼 것이다. 이 장을 통해서 MVC 패턴을 이해하면, 스프링 MVC와 같은 모델 2 구조 기반의 MVC 패턴 프레임워크에 보다 쉽게 적응할 수 있을 것이다.

01 모델 2 구조와 MVC 패턴

JSP 웹 어플리케이션의 구조는 크게 모델 1 구조와 모델 2 구조로 나뉜다. JSP에서 모든 로직과 출력을 처리하느냐 아니면 JSP에서는 출력만 처리하느냐에 따라서 모델 1 구조와 모델 2 구조로 구분된다. 이 절에서는 MVC 패턴을 구현하는 방법에 대해서 살펴보기 전에 모델 1 구조와 모델 2 구조의 차이점에 대해서 살펴보고, 그 뒤에 MVC 패턴과 모델 2 구조의 관계에 대해서 알아보도록 하자.

NOTE

이 장에서는 자바 웹 어플리케이션에서 MVC 패턴에 대한 기본 지식과 최소한의 클래스를 사용해서 MVC 패턴을 구현하는 방법에 대해서 살펴볼 것이다.

스프링 MVC와 같은 프레임워크를 구현하기 위해서는 복잡한 구조로 클래스를 설계하고 작성해야 한다. 만약 보다 깊게 MVC 프레임워크의 동작 방식이 궁금하다면 스프링 프레임워크 관련 서적을 참고하기 바란다.

1.1 모델 1 구조

모델 1 구조는 JSP를 이용한 단순한 모델이다. 지금까지 예제로 작성한 JSP 페이지가 모델 1 구조를 사용하고 있다. 보통 처음 JSP를 배울 때 사용하는 구조가 모델 1 구조인데, 그 처리 구조는 [그림 18.1]과 같다.

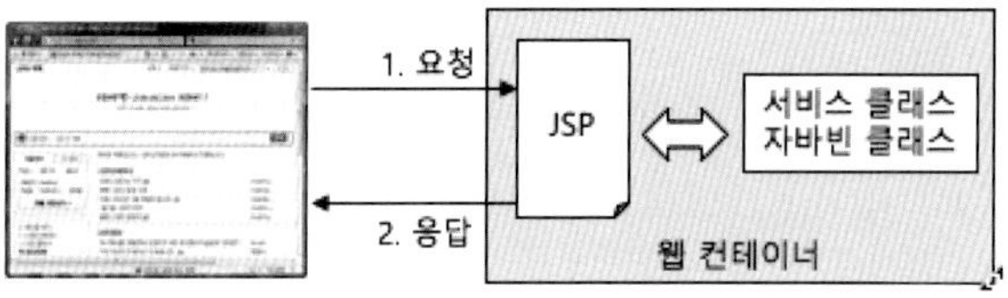

[그림 18.1] 모델 1 구조의 요청/응답 처리 방식

모델 1 구조는 [그림 18.1]과 같이 웹 브라우저의 요청을 JSP가 직접 처리한다. 웹 브라우저의 요청을 받은 JSP는 자바빈이나 서비스 클래스를 사용해서 웹 브라우저가 요청한 작업을 처리하고 그 결과를 클라이언트에 출력한다.

JSP 페이지에서 웹 브라우저가 요청한 것들을 처리한다는 것은 JSP 페이지에 비즈니스 로직을 처리하기 위한 코드와 웹 브라우저에 결과를 출력하는 코드가 섞인다는 것을 의미한다. 예를 들어, 앞서 방명록 예제를 보면 하나의 JSP 페이지에서 서비스 클래스를 통해서 (글쓰기, 읽기 등의) 원하는 작업을 수행하고 그 결과를 출력했는데, 이것이 모델 1 구조의 전형적인 예이다.

1.2 모델 2 구조

모델 2 구조는 모델 1 구조와 달리 웹 브라우저의 요청을 하나의 서블릿이 받는다. 서블릿은 웹 브라우저의 요청을 알맞게 처리한 후 그 결과를 보여줄 JSP 페이지로 포워딩한다. 포워딩을 통해 요청 흐름을 받은 JSP 페이지는 결과 화면을 클라이언트에 전송한다. 이 과정에서 서블릿이 로직을 처리한다. [그림 18.2]는 모델 2 구조의 요청 처리 순서를 보여주고 있다.

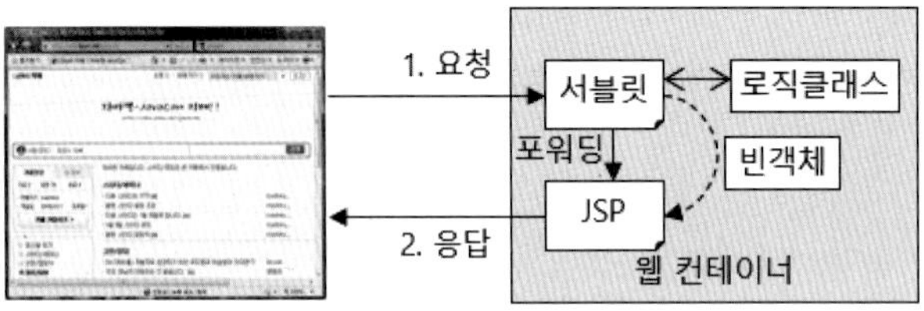

[그림 18.2] 모델 2 구조의 요청/응답 처리 방식

모델 2 구조의 특징은 웹 브라우저의 모든 요청을 단일 진입점, 즉 하나의 서블릿에서 처리한다는 점이다. 하나의 서블릿이 웹 브라우저의 모든 요청을 받기 때문에, 서블릿은 웹 브라우저의 요청을 구분하는 방법이 필요하다. 서블릿은 웹 브라우저의 요청을 처리한 후 웹 브라우저에 보이게 될 응답 화면을 생성할 JSP를 선택한다. 모델 2 구조의 이러한 특징 때문에, MVC(Model-View-Controller; 모델-뷰-컨트롤러) 패턴을 이용해서 웹 어플리케이션을 구현할 때 모델 2 구조를 사용한다.

1.3 MVC 패턴

MVC(Model-View-Controller; 모델-뷰-컨트롤러) 패턴은 웹 개발자라면 반드시 알아야 하는 패턴이다. MVC 패턴은 스윙(swing)과 같은 UI 컴포넌트뿐만 아니라 웹 어플리케이션 개발 영역에서도 보편적으로 사용되고 있다.

이름에서도 알 수 있겠지만 MVC 패턴은 크게 모델, 뷰, 컨트롤러의 세 부분으로 구성되며, 각각의 요소는 다음과 같은 역할을 담당한다.

- **모델** : 비즈니스 영역의 로직을 처리한다.
- **뷰** : 비즈니스 영역에 대한 프레젠테이션 뷰(즉, 사용자가 보게 될 결과 화면)를 담당한다.
- **컨트롤러** : 사용자의 입력 처리와 흐름 제어를 담당한다.

[그림 18.3]은 MVC 패턴의 세 가지 구성 요소가 어떻게 연결되는지 보여주고 있다.

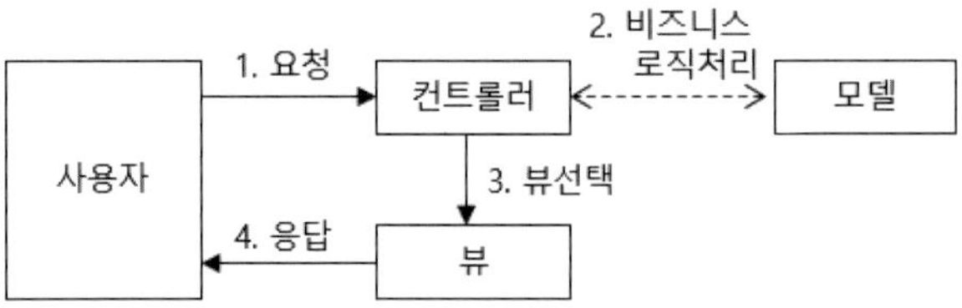

[그림 18.3] MVC 패턴의 구조

사용자는 원하는 기능을 처리하기 위한 모든 요청을 컨트롤러에 보낸다. 모델은 비즈니스와 관련된 기능을 제공하는데, 컨트롤러는 이 모델을 이용해서 사용자의 요청을 처리한다. 모델을 사용하여 알맞은 비즈니스 로직을 수행한 후 컨트롤러는 사용자에게 보여

줄 뷰를 선택한다. 선택된 뷰는 사용자에게 알맞은 결과 화면을 보여준다. 뷰가 사용자에게 결과 화면을 보여줄 때에는 데이터가 필요한데, 이 데이터는 컨트롤러를 통해서 전달받는다.

MVC 패턴의 핵심은 다음과 같다.

- 비즈니스 로직을 처리하는 모델과 결과 화면을 보여주는 뷰를 분리한다.
- 어플리케이션의 흐름 제어나 사용자의 처리 요청은 컨트롤러에 집중된다.

모델은 비즈니스와 관련된 로직을 처리하면 될 뿐 사용자에게 보일 화면이나 흐름 제어에 대해서는 처리하지 않는다. 반대로 뷰는 사용자에게 알맞은 화면을 보여주는 역할만 수행할 뿐, 비즈니스 로직이나 흐름 제어 등을 처리하지 않는다. 이렇게 모델과 뷰가 분리되어 있기 때문에 모델의 내부 로직이 변경되더라도 뷰는 영향을 받지 않고, 반대로 뷰와 모델이 직접 연결되어 있지 않기 때문에 내부 구현 로직에 상관없이 뷰를 변경할 수 있다.

또한, 컨트롤러는 사용자의 요청에 대해서 알맞은 모델을 사용하고 사용자에게 보여줄 뷰를 선택하면 된다. 비즈니스 로직에는 포함되지 않지만, 전체 웹 어플리케이션에 일괄적으로 적용되는 기능(예를 들어, 사용자 인증)을 컨트롤러에서 처리하게 된다.

웹 어플리케이션의 흐름 제어나 보안 설정이 변경되면 컨트롤러만 변경하면 되고, 새로운 타입의 사용자(예를 들어, 새로운 모바일 기기의 추가)가 새롭게 추가되는 경우 컨트롤러나 모델에 상관없이 새로운 뷰를 추가하면 된다. 즉, MVC 패턴을 사용함으로써 유지보수 작업이 쉬워지고 어플리케이션을 쉽게 확장할 수 있게 된다.

1.4 MVC 패턴과 모델2 구조의 매핑

[그림 18.2]와 [그림 18.3]을 보면 JSP의 모델 2 구조와 MVC 패턴이 비슷한 것을 알 수 있는데, 실제로 모델 2 구조와 MVC 패턴은 완벽하게 일치한다. 이 둘 사이의 관계를 살펴보면 다음과 같다.

- 컨트롤러 = 서블릿
- 모델 = 로직 처리 클래스, 자바빈
- 뷰 = JSP
- 사용자 = 웹 브라우저 내지 휴대폰과 같은 다양한 기기

모델 2 구조에서 웹 브라우저의 요청은 서블릿으로 전달된다고 했는데, 웹 브라우저의 요청은 곧 사용자의 입력이 된다. 서블릿은 비즈니스 로직을 수행하는 클래스를 사용하

여 웹 브라우저의 요청을 처리하며 뷰의 역할을 하는 JSP 페이지를 이용해서 처리 결과를 보여주게 된다.

1.5 MVC의 컨트롤러 : 서블릿

모델 2 구조에서 서블릿은 MVC 패턴의 컨트롤러 역할을 한다. 서블릿은 웹 브라우저의 요청과 웹 어플리케이션의 전체적인 흐름을 제어한다. [그림 18.4]는 컨트롤러 역할을 하는 서블릿이 어떤 순서로 실행되는지를 보여주고 있다.

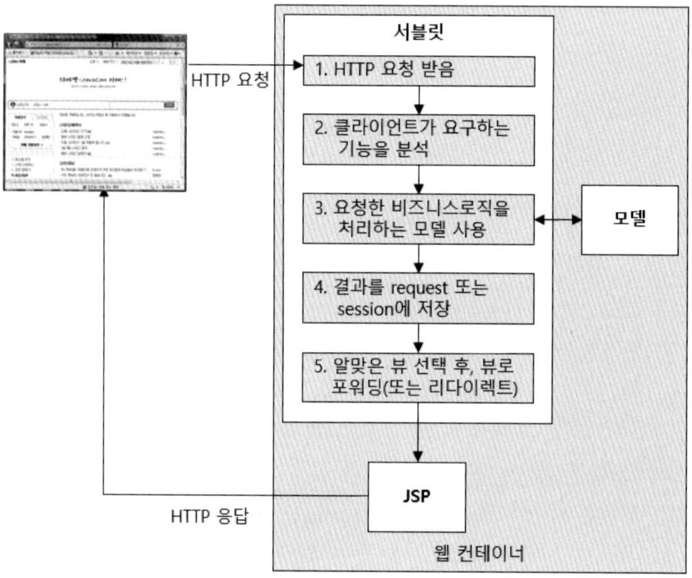

[그림 18.4] 컨트롤러 서블릿의 내부 동작 방식

컨트롤러 역할을 하는 서블릿은 [그림 18.4]에서 보듯 크게 5단계의 과정을 거쳐 웹 브라우저의 요청을 처리한다. 각 과정에 대해 더욱 자세하게 살펴보면 다음과 같다.

- **과정1** : 웹 브라우저가 전송한 HTTP 요청을 받는다. 서블릿의 doGet() 메서드나 doPost() 메서드가 호출된다.
- **과정2** : 웹 브라우저가 어떤 기능을 요청했는지 분석한다. 예를 들어, 게시판 목록을 요청했는지, 글쓰기를 요청했는지 알아낸다.
- **과정3** : 모델을 사용하여 요청한 기능을 수행한다.
- **과정4** : 모델로부터 전달받은 결과물을 알맞게 가공한 후, request나 session의 setAttribute() 메서드를 사용하여 결과값을 속성에 저장한다. 이렇게 저장한 결과값은 뷰인 JSP에서 사용한다.
- **과정5** : 웹 브라우저에 결과를 전송할 JSP를 선택한 후, 해당 JSP로 포워딩한다. 경우에 따라 리다이렉트를 하기도 한다.

비즈니스 로직의 처리는 모델에서 이루어진다. 서블릿은 모델이 내부적으로 어떻게 비즈니스 로직을 처리하는지 알 필요 없이, 웹 브라우저의 요청에 따라 알맞게 모델을 사용하여 요청 기능을 실행하고 그 결과를 뷰인 JSP에 전달하면 된다. 웹 브라우저의 결과를 보여줄 JSP 페이지는 컨트롤러 서블릿이 선택한다. 이때, 요청 처리 결과는 request나 session에 저장해서 뷰 역할을 하는 JSP 페이지에 전달한다.

1.6 MVC의 뷰 : JSP

모델 2 구조에서 JSP는 뷰 역할을 담당한다. 비즈니스 로직과 관련된 코드가 없는 점을 제외하면 일반 JSP와 동일한 형태를 취한다. 뷰 역할을 하는 JSP는 컨트롤러에서 request 기본 객체나 session 기본 객체에 저장한 데이터를 사용하여 웹 브라우저에 알맞은 결과를 출력한다. 뷰 JSP는 컨트롤러 서블릿처럼 일반적인 처리 순서가 정해져 있지는 않다.

뷰 역할을 하는 JSP는 웹 브라우저가 요청한 결과를 보여주는 프레젠테이션의 역할을 할 뿐만 아니라 웹 브라우저의 요청을 컨트롤러에 전달해주는 매개체가 되기도 한다. 예를 들어, 웹 브라우저가 게시판 글 목록 보기를 요청하여 그 결과를 'BoardList.jsp' 뷰를 사용하여 출력했다고 하자. 이때, 'BoardList.jsp'에는 [글쓰기]와 같은 링크가 존재할 것이며, 이 [글쓰기] 링크는 컨트롤러에 연결되어 있을 것이다. 즉, 뷰 역할을 하는 JSP는 웹 브라우저가 지속적으로 컨트롤러에 요청을 보낼 수 있는 링크나 폼을 제공해서 웹 브라우저가 업무 흐름에 따라 컨트롤러에 알맞은 요청을 보낼 수 있도록 한다.

1.7 MVC의 모델

컨트롤러는 서블릿을 통해서 구현하고 뷰는 JSP를 통해서 구현하는데 모델은 명확하게 어떤 것을 통해서 구현한다는 규칙은 없다. 비즈니스 로직을 처리해주면 모델이 될 수 있다. 모델이 제공해야 하는 기능은 웹 브라우저의 요청을 처리하는 데 필요한 기능이다. 예를 들어, 계좌 이체 기능을 요청했다면 모델은 계좌 이체를 시켜주는 기능을 제공해야 하며, 컨트롤러는 웹 브라우저의 요청이 들어오는 경우 모델의 계좌 이체 기능을 사용하게 된다.

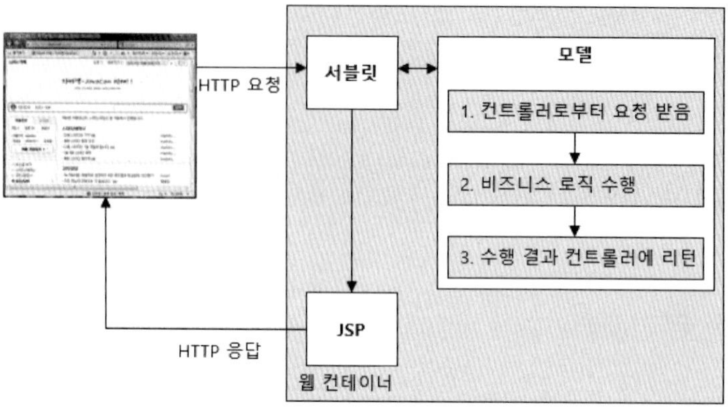

[그림 18.5] 컨트롤러 역할을 하는 서블릿과 모델 간의 통신

[그림 18.5]는 모델의 일반적은 업무 흐름을 보여주고 있다. 컨트롤러 서블릿이 웹 브라우저의 요청을 분석하여 알맞은 모델을 호출하면서부터 모델의 기능이 시작된다. 모델은 컨트롤러가 요청한 작업을 처리한 후 알맞은 결과를 컨트롤러에게 전달하는데, 이때 처리한 결과값을 저장하는 객체로 보통 자바빈을 사용한다. 모델은 서비스 클래스나 DAO 클래스를 이용해서 비즈니스 로직을 수행하게 된다.

02 모델 2 구조를 이용한 MVC 패턴 구현

지금까지 MVC 패턴과 모델 2 사이의 관계에 대해서 살펴봤으니 모델 2 구조를 이용해서 MVC 패턴을 구현해보자. MVC 패턴의 구현 방법은 서블릿만 이용하는 단순한 방법부터 파일로부터 설정 정보를 읽어오는 복잡한 방법까지 다양한 형태로 존재한다. 이 절에서는 가장 손쉬운 구현 방법부터 커맨드 패턴을 기반으로 한 구현 방법까지 살펴볼 것이다.

2.1 모델 2 구조의 구현 방법 : 기본 MVC 패턴 구현 기법

MVC 패턴을 구현하려면 기본이 되는 모델 2 구조를 구현하는 방법을 몸에 익혀야 한다. 왜냐면, 모델 2 구조를 위한 서블릿을 어떻게 구현하는지, 서블릿과 JSP는 어떻게 정보를 주고받는지 등에 대한 기본 개념을 익힌 후에야 비로소 MVC 패턴을 체계적으로 구현하는 방법을 단계적으로 살펴볼 수 있기 때문이다.

이 절에서 살펴볼 모델 2 구조의 예제는 다음과 같이 간단한 기능을 제공하는 예제이다.

1. 서블릿은 화면에 출력할 메시지를 생성해서 JSP에 전달한다.
2. JSP는 서블릿으로부터 전달받은 메시지를 화면에 출력한다.

가장 기본적인 예제이지만 이 예제를 통해서 모델 2 구조의 구현 방법을 익힐 수 있을 것이다.

먼저, 서블릿 클래스에 대해서 살펴보자. 서블릿 클래스는 컨트롤러의 역할을 한다. 컨트롤러 서블릿은 [그림 18.4]에서 살펴봤듯이 5가지 단계에 걸쳐서 동작한다. 이 5가지 단계를 구현한 전형적인 서블릿 클래스의 코드는 [리스트 18.1]과 같다.

[리스트 18.1] 컨트롤러 서블릿의 전형적인 구현

```
public class ControllerServlet extends HttpServlet {
    // 1단계, HTTP 요청 받음
    public void doGet(HttpServletRequest request,
                HttpServletResponse response)
            throws IOException, ServletException {
            processRequest(request, response);
    }
    public void doPost(HttpServletRequest request,
                HttpServletResponse response)
            throws IOException, ServletException {
            processRequest(request, response);
    }

    private void processRequest(HttpServlet request,
                HttpServletResponse response)
    throws IOException, ServletException {
        // 2단계, 요청 분석
        // request 객체로부터 사용자의 요청을 분석하는 코드
        ...

        // 3단계, 모델을 사용하여 요청한 기능을 수행한다.
        // 사용자에 요청에 따라 알맞은 코드

        // 4단계, request나 session에 처리 결과를 저장
        request.setAttribute("result", resultObject); // 이런 형태의 코드
        ...

        // 5단계, RequestDispatcher를 사용하여 알맞은 뷰로 포워딩
        RequestDispatcher dispatcher =
                request.getRequestDispatcher("/view.jsp");
        dispatcher.forward(request, response);
    }
}
```

03-12행 1단계, 요청을 받는다. GET/POST 방식으로 전달받은 웹 브라우저의 요청을 processRequest() 메서드로 전달한다.

웹 브라우저가 GET 방식으로 보내든 POST 방식으로 보내든 컨트롤러는 1단계에서 일단 processRequest() 메서드로 웹 브라우저의 요청을 전달한다. processRequest() 메서드는 나머지 네 과정을 차례대로 실행한다. 먼저 2단계에서는 request 객체를 사용해서 사용자가 요청한 기능을 파악한다. 예를 들어, 웹 브라우저가 type 파라미터를 사용하여 사용자의 요청을 전송한다면 다음과 같은 코드를 사용해서 사용자의 요청을 분석할 것이다.

```
// 2단계, 요청 분석
String type = request.getParameter("type");

// 3단계, 요청한 내용에 따라 알맞은 모델 선택 및 실행
if (type.equals("a")) {
    ...
} else if (type.equals("b")) {
    ...
}
```

3단계에서는 사용자의 요청에 따라서 필요한 기능을 수행한 뒤 결과값을 생성한다.

4단계에서는 request 객체나 session 객체의 속성에 결과값을 저장한다. 이렇게 저장한 결과값은 뷰의 역할을 하는 JSP 페이지에서 사용한다. 보통은 다음과 같은 간단한 코드를 사용한다.

```
request.setAttribute("result", resultObject);
```

마지막 5단계에서는 RequestDispatcher.forward() 메서드를 사용해서 결과를 생성할 뷰로 이동한다.

앞에서 보여준 컨트롤러 서블릿 코드를 사용하는 예제를 작성해보자. 이 예제는 웹 브라우저가 전송한 type 파라미터의 값에 따라서 다른 결과값을 생성해서 뷰에 전달하는 컨트롤러 서블릿이다. 소스 코드는 [리스트 18.2]와 같다.

[리스트 18.2] chap18/src/mvc/simple/SimpleController.java

```
package mvc.simple;

import java.io.IOException;

```

```
import javax.servlet.RequestDispatcher;
import javax.servlet.ServletException;
import javax.servlet.http.HttpServlet;
import javax.servlet.http.HttpServletRequest;
import javax.servlet.http.HttpServletResponse;

public class SimpleController extends HttpServlet {

    public void doGet(HttpServletRequest request,
                      HttpServletResponse response)
        throws ServletException, IOException {
        processRequest(request, response);
    }

    public void doPost(HttpServletRequest request,
                       HttpServletResponse response)
        throws ServletException, IOException {
        processRequest(request, response);
    }

    private void processRequest(HttpServletRequest request,
                                HttpServletResponse response)
        throws IOException, ServletException {
        // 2단계, 요청 파악
        // request 객체로부터 사용자의 요청을 파악하는 코드
        String type = request.getParameter("type");

        // 3단계, 요청한 기능을 수행한다.
        // 사용자에 요청에 따라 알맞은 코드
        Object resultObject = null;
        if (type == null || type.equals("greeting")) {
            resultObject = "안녕하세요.";
        } else if (type.equals("date")) {
            resultObject = new java.util.Date();
        } else {
            resultObject = "Invalid Type";
        }

        // 4단계, request나 session에 처리 결과를 저장
        request.setAttribute("result", resultObject);

        // 5단계, RequestDispatcher를 사용하여 알맞은 뷰로 포워딩
        RequestDispatcher dispatcher =
                request.getRequestDispatcher("/simpleView.jsp");
        dispatcher.forward(request, response);
    }
}
```

13-23행	1단계, 요청을 받는다.
35-41행	간단한 예제이므로 모델을 사용하지 않고 직접 로직 코드를 실행한다.

별도의 모델 코드를 만들지 않았으므로, 3단계에서는 컨트롤러 서블릿에서 직접 웹 브라우저의 요청을 처리하고 있다. 4단계에서는 3단계에서 생성한 객체를 request 객체의 "result" 속성의 값으로 저장한다. 마지막으로 5단계에서는 뷰 역할을 하는 "/simpleView.jsp"로 포워딩한다.

뷰 역할을 하는 simpleView.jsp는 컨트롤러가 전달한 값을 단순히 화면에 출력하도록 구현할 것이다. simpleView.jsp는 [리스트 18.3]과 같다.

[리스트 18.3] chap18/WebContent/simpleView.jsp

```
01: <%@ page contentType="text/html; charset=utf-8" %>
02:
03: <html>
04: <head><title>뷰</title></head>
05: <body>
06:
07: 결과: ${result}
08:
09: </body>
10: </html>
```

07행	컨트롤러가 전달한 값을 읽어와 출력한다.

서블릿 클래스를 실행하려면 web.xml 파일에 다음과 같이 요청 URL과 서블릿 간의 매핑을 입력해주어야 한다. [리스트 18.4]는 SimpleController 및 URL 매핑을 설정한 web.xml 파일의 예를 보여주고 있다.

[리스트 18.4] chap18/WebContent/WEB-INF/web.xml

```
<?xml version="1.0" encoding="UTF-8"?>
<web-app xmlns="http://xmlns.jcp.org/xml/ns/javaee"
   xmlns:xsi="http://www.w3.org/2001/XMLSchema-instance"
   xsi:schemaLocation="http://xmlns.jcp.org/xml/ns/javaee
      http://xmlns.jcp.org/xml/ns/javaee/web-app_3_1.xsd"
   version="3.1">

   <servlet>
      <servlet-name>SimpleController</servlet-name>
      <servlet-class>mvc.simple.SimpleController</servlet-class>
   </servlet>

```

```
13:     <servlet-mapping>
14:         <servlet-name>SimpleController</servlet-name>
15:         <url-pattern>/simple</url-pattern>
16:     </servlet-mapping>
17:
18: </web-app>
```

08-11행	SimpleController를 서블릿으로 등록한다.
13-16행	/simple 요청 URI를 SimpleController가 처리하도록 설정한다.

SimpleController 예제가 실행되는 순서는 [그림 18.6]과 같다.

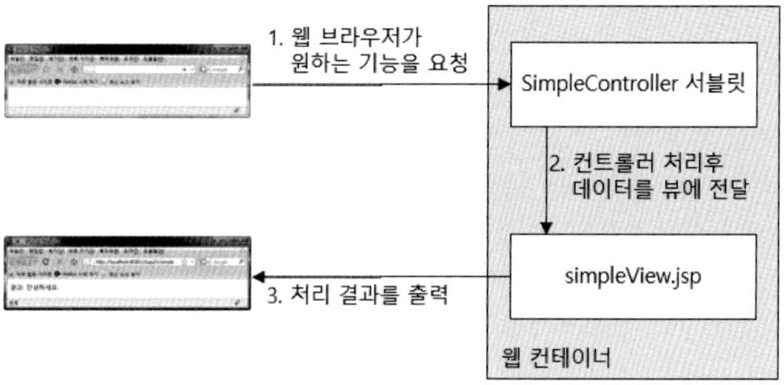

[그림 18.6] SimpleController 예제 실행 순서

실제로 웹 브라우저에 다음과 같이 type 파라미터의 값으로 date를 전달해보자.

- http://localhost:8080/chap18/simple?type=date

SimpleController 서블릿은 type 파라미터의 값이 "date"이므로 Date 객체를 생성해서([리스트 18.2]의 38행) request의 "result" 속성에 저장한 뒤([리스트 18.2]의 44행) simpleView.jsp로 포워딩한다. 따라서, simpleView.jsp는 현재 시간을 담고 있는 Date 객체의 내용을 출력할 것이다. 실제 웹 브라우저에 출력되는 내용은 [그림 18.7]과 같을 것이다.

[그림 18.7] SimpleController와 simpleView.jsp의 처리 결과

NOTE

위 예제를 보면 JSP로 쉽게 구현할 수 있는 것을 애써 서블릿을 만들면서 모델 2 구조로 구현한 것 같다는 느낌을 받을 것이다. 물론, 간단한 웹 페이지는 JSP로 구현하는 것이 좋지만, 웹 어플리케이션의 규모가 커지고 복잡해질수록 MVC 패턴을 기반으로 웹 어플리케이션을 구현해야 유지보수와 확장이 편리해진다.

예를 들어, MVC 패턴을 사용하면 JSP 페이지는 로직을 처리하는 코드가 포함되어 있지 않기 때문에, UI를 변경해야 하는 경우 로직 코드는 손댈 필요 없이 UI 코드만 변경하면 된다. 즉, 게시판의 목록을 보여주는 형태가 변경된다 하더라도 로직 코드를 전혀 손댈 필요 없이 JSP 코드만 변경하면 되는 것이다. 또한, 로직 코드와 UI 코드가 섞여 있지 않기 때문에 JSP 코드를 변경하는 작업이 더욱 쉬워진다.

2.2 커맨드 패턴 기반의 코드

앞서 MVC 패턴의 구현 방법을 설명할 때 컨트롤러 서블릿이 해야 할 두 번째 작업은 사용자가 어떤 기능을 요청했는지 분석하는 것이었다. 예를 들어, 사용자가 게시판의 글 목록 보기를 요청했는지, 게시판의 글쓰기를 요청했는지, 아니면 게시판의 답글 쓰기를 요청했는지 알아야 컨트롤러가 알맞게 모델의 기능을 실행할 수 있다.

사용자가 어떤 기능을 요구했는지 판단하기 위해 사용하는 방법 중에서 가장 일반적인 방법은 명령어를 사용하는 것이다. 즉, 사용자는 "게시판글목록보기" 명령, "게시판글쓰기" 명령 등을 컨트롤러 서블릿에 전송하며, 컨트롤러 서블릿은 사용자가 전송한 명령어에 해당하는 기능을 수행한 후 뷰를 통해서 결과를 보여주는 방식을 사용하는 것이다.

웹 브라우저를 통해서 명령어를 전달하는 방법은 다음의 두 가지가 있다.

- 특정 이름의 파라미터에 명령어 정보를 전달한다.
- 요청 URI 자체를 명령어로 사용한다.

파라미터를 이용하는 방법은 특정한 이름의 파라미터에 명령어 정보를 담아서 전달하는 것이다. 예를 들어, 다음과 같이 cmd 파라미터에 명령어를 전달하는 것이다. (다른 이름을 가진 파라미터를 사용해도 상관없다.)

- http://localhost:8080/chap18/controller?cmd=BoardList&...

ControllerServlet은 cmd 파라미터 값에 따라 알맞은 기능을 수행하도록 작성한다. 즉, ControllerServlet은 다음과 같은 코드를 갖게 된다.

```
String command = request.getParameter("cmd");
if (command == null) {
    // 명령어 오류 처리
} else if (command.equals("BoardList")) {
    // 글목록 읽기 요청 처리
```

```
} else if (command.equals("BoardWriteForm")) {
    // 글쓰기 입력 폼 요청 처리
}
```

컨트롤러 서블릿은 명령어에 알맞은 로직 코드를 실행한 후 결과를 보여줄 뷰로 이동해야 하므로, 다음과 같이 로직 코드를 실행한 뒤 결과를 보여줄 뷰 페이지를 지정하게 된다.

```
String command = request.getParameter("cmd");
String viewPage = null;
if (command == null) {
    // 명령어 오류 처리
    viewPage = "/error/invalidCommand.jsp";
} else if (command.equals("BoardList")) {
    // 글목록 읽기 요청 처리
    ...
    viewPage = "/board/list.jsp";
} else if (command.equals("BoardWriteForm")) {
    // 글쓰기 입력 폼 요청 처리
    ...
    viewPage = "/board/writeForm.jsp";
}
RequestDispatcher dispatcher = request.getRequestDispatcher(viewPage);
dispatcher.forward(request, response);
```

위 코드는 명령어와 관련된 로직 처리를 컨트롤러 서블릿에서 처리하고 있는데, 이렇게 되면 서블릿 코드가 복잡해진다. 위 코드에서는 단순하게 한 줄로("..."으로) 로직 코드 부분을 표시했지만, 실제로는 몇 줄에서 수십 줄에 이르기까지 로직 코드 부분이 길어지게 된다.

2.2.1 커맨드 패턴을 이용한 명령어 처리기의 분리

이런 복잡함을 줄이는 방법은 각 명령어에 해당하는 로직 처리 코드를 별도 클래스로 작성하는 것인데, 이런 패턴을 커맨드(Command) 패턴이라고 부른다. 커맨드 패턴은 하나의 명령어를 하나의 클래스에서 처리하도록 구현하는 패턴으로서, 커맨드 패턴을 사용하면 앞서 코드를 다음과 같은 형태로 바꿀 수 있다.

```
String command = request.getParameter("cmd");
CommandHandler handler = null;

if (command == null) {
    handler = new NullHandler();
} else if (command.equals("BoardList")) {
```

```
    handler = new BoardListHandler();
} else if (command.equals("BoardWriteForm")) {
    handler = new BoardWriteFormHandler();
}

String viewPage = handler.process(request, response);

RequestDispatcher dispatcher = request.getRequestDispatcher(viewPage);
dispatcher.forward(request, response);
```

CommandHandler는 인터페이스이며, NullHandler, BoardListHandler 등의 클래스는 각각의 명령어에 해당하는 로직 실행 코드를 담고 있는 클래스이다. 이 로직 처리 클래스는 로직을 수행하기 위해 process() 메서드를 호출하고 결과를 보여줄 뷰 페이지 정보를 리턴한다. 즉, 컨트롤러 서블릿은 명령어에 해당하는 CommandHandler 인스턴스를 생성하고, 실제 로직의 처리는 생성한 CommandHandler 인스턴스에서 실행되는 구조가 되는 것이다.

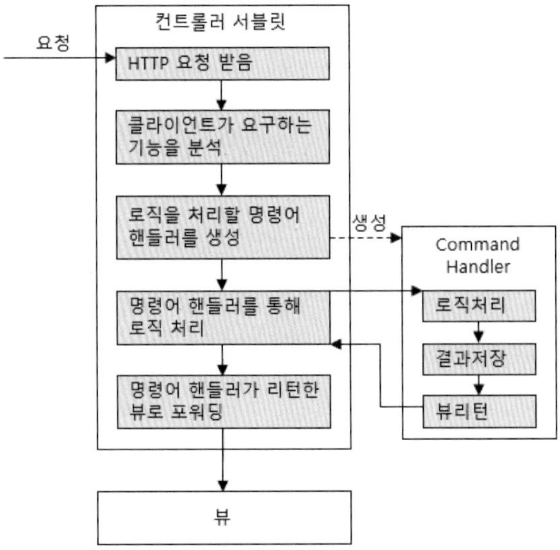

[그림 18.8] 컨트롤러 서블릿에서 로직 처리 코드를 CommandHandler로 분리

커맨드 패턴에서 명령어를 처리하는 클래스는 [그림 18.9]와 같은 공통 인터페이스를 상속해서 구현한다.

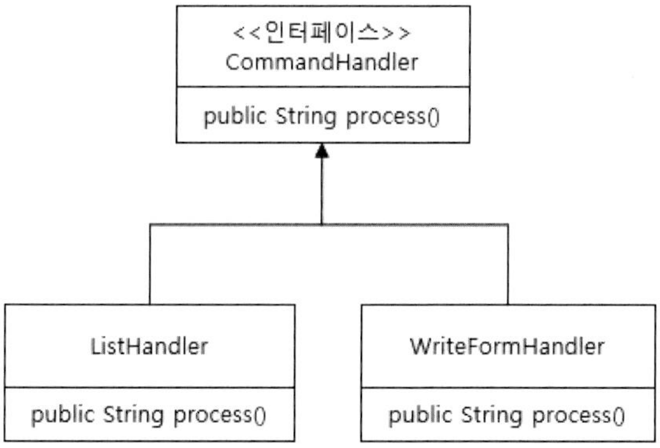

[그림 18.9] 커맨드 패턴에서 명령어를 처리하는 클래스들은 동일한 인터페이스를 갖는다.

이 절에서는 모든 명령어 핸들러가 동일 인터페이스를 상속받아 구현하는 형태를 사용한다. 이 절에서 사용할 공통 인터페이스는 [리스트 18.5]와 같다.

[리스트 18.5] chap18/src/mvc/command/CommandHandler.java

```
01: package mvc.command;
02:
03: import javax.servlet.http.HttpServletRequest;
04: import javax.servlet.http.HttpServletResponse;
05:
06: public interface CommandHandler {
07:     public String process(HttpServletRequest req, HttpServletResponse res)
08:     throws Exception;
09: }
```

06행	CommandHandler 인터페이스를 정의한다.
07행	모든 명령어 핸들러 클래스가 공통으로 구현해야 하는 메서드를 선언한다. 명령어 핸들러 클래스는 process() 메서드를 이용해서 알맞은 로직 코드를 구현하고 결과를 보여줄 JSP의 URI를 리턴한다.

명령어를 처리하는 핸들러 클래스는 CommandHandler 인터페이스를 구현하면 된다. 핸들러 클래스의 process() 메서드는 다음과 같은 세 가지 작업을 처리한다.

```
public class SomeHandler implements CommandHandler {

  public String process(HttpServletRequest request, HttpServletResponse response) {
    // 1. 명령어와 관련된 비즈니스 로직 처리
    ...
    // 2. 뷰 페이지에서 사용할 정보 저장
    request.setAttribute("someValue", value);
    ...
    // 3. 뷰 페이지의 URI 리턴
```

```
        return "/view/someView.jsp";
    }
}
```

첫 번째 단계에서는 사용자가 요청한 작업을 수행한다. 보통 모델을 사용해서 비즈니스 로직을 처리하는 코드가 위치한다. 두 번째 단계에서는 뷰 페이지가 요청 처리 결과를 보여줄 때 필요한 객체를 request 기본 객체의 속성에 저장한다. 마지막으로, 처리 결과를 보여줄 뷰 페이지를 리턴한다.

컨트롤러 서블릿은 process() 메서드의 실행 결과로 리턴받은 뷰 페이지의 URI를 사용해서 뷰 페이지로 이동하며, 뷰 페이지는 두 번째 단계에서 저장한 request의 속성값을 읽어와 결과를 보여주게 된다. 실제로 커맨드 핸들러 클래스의 구현 예제는 뒤에서 살펴보도록 하자.

2.3 설정 파일에 커맨드와 클래스의 관계 명시하기

로직 처리 코드를 컨트롤러 서블릿에서 핸들러 클래스로 옮겼지만, 여전히 컨트롤러 서블릿은 명령어에 따른 알맞은 처리를 하기 위해 다음과 같이 중첩된 if-else 구문을 사용해야 한다.

```
String command = request.getParameter("cmd");
CommandHandler handler = null;

if (command == null) {
    handler = new NullHandler();
} else if (command.equals("BoardList")) {
    handler = new BoardListHandler();
} else if (command.equals("BoardWriteForm")) {
    handler = new BoardWriteFormHandler();
}
```

이 코드는 새로운 명령어가 추가되면 컨트롤러 서블릿 클래스의 코드를 직접 변경해야 하는 단점이 있다. 이 단점을 해결하는 방법은 〈명령어, 핸들러 클래스〉의 매핑 정보를 설정 파일에 저장하는 것이다. 즉, 다음과 같은 설정 파일을 사용하는 것이다.

```
BoardList=mvjsp.command.BoardListHandler
BoardWriteForm=mvjsp.command.BoardWriteFormHandler
...
```

설정 파일의 한 줄은 '명령어=핸들러클래스이름' 형태로 구성된다. 컨트롤러 서블릿은 설정 파일에서 명령어와 핸들러 클래스의 매핑 정보를 읽어와 명령어에 해당하는 핸들러 클래스 객체를 미리 생성해두었다가 process() 메서드에서 사용하면 된다.

컨트롤러 서블릿에서 설정 파일을 읽어오기에 가장 좋은 위치는 init() 메서드이다. 17장에서 배운 것처럼 init() 메서드는 서블릿을 생성하고 초기화할 때 호출되는 메서드이다. 설정 파일을 이용해서 핸들러 객체를 생성하는 기능을 구현한 컨트롤러 서블릿은 [리스트 18.6]과 같이 작성할 수 있다.

[리스트 18.6] chap18/src/mvc/controller/ControllerUsingFile.java

```
package mvc.controller;

import java.io.FileReader;
import java.io.IOException;
import java.util.HashMap;
import java.util.Iterator;
import java.util.Map;
import java.util.Properties;

import javax.servlet.RequestDispatcher;
import javax.servlet.ServletException;
import javax.servlet.http.HttpServlet;
import javax.servlet.http.HttpServletRequest;
import javax.servlet.http.HttpServletResponse;

import mvc.command.CommandHandler;
import mvc.command.NullHandler;

public class ControllerUsingFile extends HttpServlet {

    // <커맨드, 핸들러인스턴스> 매핑 정보 저장
    private Map<String, CommandHandler> commandHandlerMap = 
            new HashMap<>();

    public void init() throws ServletException {
        String configFile = getInitParameter("configFile");
        Properties prop = new Properties();
        String configFilePath = getServletContext().getRealPath(configFile);
        try (FileInputStream fis = new FileReader(configFilePath)) {
            prop.load(fis);
        } catch (IOException e) {
            throw new ServletException(e);
        }
        Iterator keyIter = prop.keySet().iterator();
        while (keyIter.hasNext()) {
```

```
36:             String command = (String) keyIter.next();
37:             String handlerClassName = prop.getProperty(command);
38:             try {
39:                 Class<?> handlerClass = Class.forName(handlerClassName);
40:                 CommandHandler handlerInstance =
41:                         (CommandHandler) handlerClass.newInstance();
42:                 commandHandlerMap.put(command, handlerInstance);
43:             } catch (ClassNotFoundException | InstantiationException
44:                     | IllegalAccessException e) {
45:                 throw new ServletException(e);
46:             }
47:         }
48:     }
49:
50:     public void doGet(HttpServletRequest request, HttpServletResponse response)
51:             throws ServletException, IOException {
52:         process(request, response);
53:     }
54:
55:     protected void doPost(HttpServletRequest request,
56:             HttpServletResponse response) throws ServletException, IOException {
57:         process(request, response);
58:     }
59:
60:     private void process(HttpServletRequest request,
61:             HttpServletResponse response) throws ServletException, IOException {
62:         String command = request.getParameter("cmd");
63:         CommandHandler handler = commandHandlerMap.get(command);
64:         if (handler == null) {
65:             handler = new NullHandler();
66:         }
67:         String viewPage = null;
68:         try {
69:             viewPage = handler.process(request, response);
70:         } catch (Exception e) {
71:             throw new ServletException(e);
72:         }
73:         if (viewPage != null) {
74:             RequestDispatcher dispatcher = request.getRequestDispatcher(viewPage);
75:             dispatcher.forward(request, response);
76:         }
77:     }
78: }
```

26행	configFile 초기화 파라미터의 값을 읽어온다. 28행에서 이 값을 이용해서 설정 파일 경로를 구한다.

29-33행	설정 파일로부터 매핑 정보를 읽어와 Properties 객체에 저장한다. Properties는 (이름, 값) 목록을 갖는 클래스로서, 이 경우에는 프로퍼티 이름을 커맨드 이름으로 사용하고 값을 클래스 이름으로 사용한다.
34-47행	Properties에 저장된 각 프로퍼티의 키에 대해 다음 작업을 반복한다. 1. 프로퍼티 이름을 커맨드 이름으로 사용한다.(36행) 2. 커맨드 이름에 해당하는 핸들러 클래스 이름을 Properties에서 구한다.(37행) 3. 핸들러 클래스 이름을 이용해서 Class 객체를 구한다.(39행) 4. Class로부터 핸들러 객체를 생성한다. 즉, 2번 과정에서 구한 이름에 해당하는 클래스의 객체를 생성한다.(40-41행) 5. commandHandlerMap에 (커맨드, 핸들러 객체) 매핑 정보를 저장한다.
62행	클라이언트가 요청한 명령어를 구한다. cmd 파라미터를 명령어로 사용한다.
63행	commandHandlerMap에서 요청을 처리할 핸들러 객체를 구한다. cmd 파라미터 값을 키로 사용한다.
64-66행	명령어에 해당하는 핸들러 객체가 존재하지 않을 경우 NullHandler를 사용한다.
69행	구한 핸들러 객체의 process() 메서드를 호출해서 요청을 처리하고, 결과로 보여줄 뷰 페이지 경로를 리턴 값으로 전달받는다. 핸들러 인스턴스인 handler의 process() 메서드는 클라이언트의 요청을 알맞게 처리한 후, 뷰 페이지에 보여줄 결과값을 request나 session의 속성에 저장해야 한다.
73-76행	viewPage가 null이 아닐 경우, 핸들러 인스턴스가 리턴한 뷰 페이지로 이동한다.

Properties와 프로퍼티 파일

자바의 Properties는 프로퍼티를 관리할 때 사용하는 클래스이다. 프로퍼티는 (이름, 값)으로 구성된다. Properties 클래스의 기본 사용법은 다음과 같다.

```
Properties prop = new Properties();
prop.setProperty("name1", "value1"); // 이름이 name1이고 값이 value1인 프로퍼티 설정
String name1 = prop.getProperty("name1"); // name1 프로퍼티 값 구함
```

Properties 클래스는 프로퍼티 (이름, 값) 목록을 파일에서 읽어올 수 있다. 이때 이 파일을 프로퍼티 정보를 갖고 있다고 해서 프로퍼티 파일이라고도 한다. 프로퍼티 파일은 다음과 같은 형식을 갖는다.

```
# 주석
프로퍼티이름1=프로퍼티값1
프로퍼티이름2=프로퍼티값2
```

#으로 시작하는 줄은 주석으로 처리하고, 한 줄에 한 개의 프로퍼티 이름과 값을 설정한다. 프로퍼티 이름과 값은 등호 기호(=)를 사용해서 구분한다.

Properties의 load() 메서드를 사용하면 설정 파일로부터 프로퍼티 정보를 읽어올 수 있다. [리스트 18.6]의 30행에서 이 메서드를 사용했다.

65행의 NullHandler 클래스는 404 에러를 응답으로 전송하는 핸들러 클래스로서 코드는 다음과 같이 간단하다.

```
package mvc.command;

import javax.servlet.http.HttpServletRequest;
import javax.servlet.http.HttpServletResponse;

public class NullHandler implements CommandHandler {
    @Override
    public String process(HttpServletRequest req, HttpServletResponse res)
            throws Exception {
        res.sendError(HttpServletResponse.SC_NOT_FOUND);
        return null;
    }
}
```

ControllerUsingFile 서블릿은 명령어에 해당하는 핸들러 객체를 구하기 위해서 다중 if-else 블록을 사용하지 않는다. 이 절차는 63행처럼 commandHandlerMap에서 핸들러 객체를 구하는 과정으로 단순해졌다. 또한, 로직 코드는 69행처럼 핸들러 객체에서 처리한다.

configFile 초기화 파라미터를 설정 파일 경로로 사용하므로, web.xml 파일에 [리스트 18.7]과 같이 〈init-param〉 태그를 통해서 설정 파일 경로를 지정한다.

[리스트 18.7] chap18/WebContent/WEB-INF/web.xml

```
<?xml version="1.0" encoding="UTF-8"?>
<web-app xmlns="http://xmlns.jcp.org/xml/ns/javaee"
    xmlns:xsi="http://www.w3.org/2001/XMLSchema-instance"
    xsi:schemaLocation="http://xmlns.jcp.org/xml/ns/javaee
        http://xmlns.jcp.org/xml/ns/javaee/web-app_3_1.xsd"
    version="3.1">

    <servlet>
        <servlet-name>ControllerUsingFile</servlet-name>
        <servlet-class>mvc.controller.ControllerUsingFile</servlet-class>
        <init-param>
            <param-name>configFile</param-name>
            <param-value>/WEB-INF/commandHandler.properties</param-value>
        </init-param>
        <load-on-startup>1</load-on-startup>
    </servlet>

    <servlet-mapping>
        <servlet-name>ControllerUsingFile</servlet-name>
        <url-pattern>/controllerUsingFile</url-pattern>
    </servlet-mapping>
```

```

    …생략
</web-app>
```

[리스트 18.7]처럼 configFile 초기화 파라미터에 설정 파일의 경로를 지정했다면, ControllerUsingFile 서블릿은 init() 메서드에서 /WEB-INF/commandHandler.properties 파일로부터 설정 정보를 읽어와 〈명령어, 커맨드 핸들러 객체〉 매핑 정보를 생성한다.

명령어 매핑 정보 파일은 [리스트 18.8]과 같이 작성하면 된다.

[리스트 18.8] chap18/WebContent/WEB-INF/commandHandler.properties

```
01: hello=mvc.hello.HelloHandler
02: #someCommand=any.SomeHandler
```

설정 파일에서 첫 글자가 '#'로 시작하면 주석으로 처리된다. 즉, 02행은 주석으로 처리된다. 01행은 명령어 'hello'를 처리하는 핸들러가 mvc.hello.HelloHandler 클래스라고 설정하고 있다.

실제로 설정 파일을 사용하는 ControllerUsingFile 컨트롤러 서블릿이 올바르게 동작하는지 살펴보기 위해 간단한 예제를 작성해보자. 먼저 [리스트 18.8]에서 명시한 HelloHandler 클래스를 [리스트 18.9]와 같이 작성한다.

[리스트 18.9] chap18/src/mvc/hello/HelloHandler.java

```java
package mvc.hello;

import javax.servlet.http.HttpServletRequest;
import javax.servlet.http.HttpServletResponse;

import mvc.command.CommandHandler;

public class HelloHandler implements CommandHandler {

    @Override
    public String process(HttpServletRequest req, HttpServletResponse res) {
        req.setAttribute("hello", "안녕하세요!");
        return "/WEB-INF/view/hello.jsp";
    }

}
```

HelloHandler는 뷰 페이지의 URI로 "/view/hello.jsp"를 리턴한다. hello.jsp는 [리스트 18.10]과 같이 request의 "hello" 속성값을 출력한다.

[리스트 18.10] chap18/WebContent/WEB-INF/view/hello.jsp

```
<%@ page contentType = "text/html; charset=utf-8" %>
<html>
<head><title>Hello</title></head>
<body>

<%= request.getAttribute("hello") %>

</body>
</html>
```

이제 직접 URL을 통해서 실행해보자. Hello 명령어를 전달하기 위해서는 다음과 같은 URL을 사용하면 된다.

http://localhost:8080/chap18/controllerUsingFile?cmd=hello

웹 브라우저에서 위 URL을 입력하면 [그림 18.10]과 같은 결과 화면을 볼 수 있을 것이다. 이 실행 결과를 보면 설정 파일에 명시한 대로 〈명령어, 핸들러 클래스〉의 매핑이 처리된 것을 확인할 수 있다.

[그림 18.10] 설정 파일을 사용해서 〈명령어, 핸들러클래스〉의 매핑을 처리하는 ControllerUsingFile 컨트롤러 서블릿의 실행 결과

2.4 요청 URI를 명령어로 사용하기

앞서 살펴본 예제는 cmd 파라미터를 명령어로 사용했다. 명령어 기반의 파라미터는 한 가지 단점이 있는데 그것은 바로 컨트롤러의 URL이 사용자에게 노출된다는 점이다. 앞서 예제에서 hello 명령어를 실행할 때 사용한 URL은 다음과 같았다.

http://localhost:8080/chap18/controllerUsingFile?cmd=hello

명령어를 파라미터를 통해서 전달하기 때문에 사용자는 얼마든지 명령어를 변경해서 컨트롤러에 요청을 전송할 수 있다. 아무 명령어나 입력해서 실행해보는 사용자도 있을 것이다. 이런 불필요한 공격 아닌 공격을 방지하려면 요청 URI 자체를 명령어로 사용하는 것이 좋다. 즉, 다음과 같이 URL의 일부를 명령어로 사용하는 것이다.

http://localhost:8080/chap18/hello.do
http://localhost:8080/chap18/guestbook/list.do

위와 같은 URL을 사용하면 파라미터로 명령어를 전달할 때 발생하는 사용자의 악의적인 잘못된 명령어 입력을 일차적으로 예방할 수 있다. 또한, URL 자체가 의미가 있으므로 자연스럽게 기능을 설명할 수도 있다.

이처럼 URI를 명령어로 사용하려면 컨트롤러 서블릿의 process() 메서드에서 request.getParameter("cmd") 대신 다음과 같은 코드를 사용하면 된다.

```
String command = request.getRequestURI();
if (command.indexOf(request.getContextPath()) == 0) {
    command = command.substring(request.getContextPath().length());
}
```

ControllerUsingFile 컨트롤러 서블릿에서 딱 위의 세 줄만 변경해주면 요청 URI를 명령어로 사용할 수 있게 된다. 위 코드를 보면 요청 URI에서 request.getContextPath() 부분을 제거하는 것을 알 수 있는데, 이는 웹 어플리케이션 내에서의 요청 URI만을 사용하기 위함이다. 예를 들어, chap18 웹 어플리케이션에 대한 URL을 생각해보자.

http://localhost:8080/chap18/guestbook/list.do

여기서 전체 요청 URI는 "/chap18/guestbook/list.do"이지만, 웹 어플리케이션 경로를 제외한 나머지 URI는 "/guestbook/list.do"가 된다. 이렇게 웹 어플리케이션 경로를 제외한 나머지 URI만을 명령어로 사용하기 위해 request.getContextPath()에 해당하는 부분을 경로에서 제거했다.

ControllerUsingFile 컨트롤러 서블릿을 요청 URI를 명령어로 사용하도록 변경하면 [리스트 18.11]과 같아진다. 명령어를 구하는 부분인 62~65행을 제외한 나머지 부분은 완전히 동일한 것을 알 수 있을 것이다.

[리스트 18.11] chap18/src/mvc/controller/ControllerUsingURI.java

```
package mvc.controller;

import java.io.FileReader;
import java.io.IOException;
import java.util.HashMap;
import java.util.Iterator;
import java.util.Map;
import java.util.Properties;

import javax.servlet.RequestDispatcher;
import javax.servlet.ServletException;
import javax.servlet.http.HttpServlet;
import javax.servlet.http.HttpServletRequest;
import javax.servlet.http.HttpServletResponse;

import mvc.command.CommandHandler;
import mvc.command.NullHandler;

public class ControllerUsingURI extends HttpServlet {

    // <커맨드, 핸들러인스턴스> 매핑 정보 저장
    private Map<String, CommandHandler> commandHandlerMap =
            new HashMap<>();

    public void init() throws ServletException {
        String configFile = getInitParameter("configFile");
        Properties prop = new Properties();
        String configFilePath = getServletContext().getRealPath(configFile);
        try (FileReader fis = new FileReader(configFilePath)) {
            prop.load(fis);
        } catch (IOException e) {
            throw new ServletException(e);
        }
        Iterator keyIter = prop.keySet().iterator();
        while (keyIter.hasNext()) {
            String command = (String) keyIter.next();
            String handlerClassName = prop.getProperty(command);
            try {
                Class<?> handlerClass = Class.forName(handlerClassName);
                CommandHandler handlerInstance =
                        (CommandHandler) handlerClass.newInstance();
                commandHandlerMap.put(command, handlerInstance);
            } catch (ClassNotFoundException | InstantiationException
                    | IllegalAccessException e) {
                throw new ServletException(e);
```

```
            }
        }
    }

    public void doGet(HttpServletRequest request, HttpServletResponse response)
            throws ServletException, IOException {
        process(request, response);
    }

    protected void doPost(HttpServletRequest request,
    HttpServletResponse response) throws ServletException, IOException {
        process(request, response);
    }

    private void process(HttpServletRequest request,
                HttpServletResponse response) throws ServletException, IOException {
        String command = request.getRequestURI();
        if (command.indexOf(request.getContextPath()) == 0) {
            command = command.substring(request.getContextPath().length());
        }
        CommandHandler handler = commandHandlerMap.get(command);
        if (handler == null) {
            handler = new NullHandler();
        }
        String viewPage = null;
        try {
            viewPage = handler.process(request, response);
        } catch (Throwable e) {
            throw new ServletException(e);
        }
        if (viewPage != null) {
            RequestDispatcher dispatcher = request.getRequestDispatcher(viewPage);
            dispatcher.forward(request, response);
        }
    }
}
```

특정 확장자(예를 들어, .do 확장자)를 가진 요청을 ControllerUsingFileURI 컨트롤러 서블릿이 처리하도록 하려면 [리스트 18.12]와 같이 web.xml 파일에 <servlet-mapping> 정보를 추가해주어야 한다.

[리스트 18.12] chap18/WebContent/WEB-INF/web.xml

```
<?xml version="1.0" encoding="UTF-8"?>
<web-app xmlns="http://xmlns.jcp.org/xml/ns/javaee"
    xmlns:xsi="http://www.w3.org/2001/XMLSchema-instance"
```

```
    xsi:schemaLocation="http://xmlns.jcp.org/xml/ns/javaee
        http://xmlns.jcp.org/xml/ns/javaee/web-app_3_1.xsd"
    version="3.1">

    <servlet>
        <servlet-name>ControllerUsingURI</servlet-name>
        <servlet-class>mvc.controller.ControllerUsingURI</servlet-class>
        <init-param>
            <param-name>configFile</param-name>
            <param-value>
                /WEB-INF/commandHandlerURI.properties
            </param-value>
        </init-param>
        <load-on-startup>1</load-on-startup>
    </servlet>

    <servlet-mapping>
        <servlet-name>ControllerUsingURI</servlet-name>
        <url-pattern>*.do</url-pattern>
    </servlet-mapping>

    …생략
</web-app>
```

위와 같이 <servlet-mapping> 태그를 web.xml 파일에 추가하면 *.do로 오는 요청은 ControllerUsingURI 컨트롤러 서블릿으로 전달된다.

요청 URI를 명령어로 사용하는 ControllerUsingURI에 알맞은 설정 파일은 [리스트 18.13]과 같이 작성할 수 있다.

[리스트 18.13] chap18/WebContent/WEB-INF/commandHandlerURI.properties

```
/hello.do=mvc.hello.HelloHandler
```

web.xml 파일에 매핑 정보를 추가하고 설정 파일을 알맞게 작성했다면, 다음과 같은 URL을 통해서 요청 URI를 명령어로 사용하는 ControllerUsingFileURI 컨트롤러 서블릿을 사용할 수 있다.

- http://localhost:8080/chap18/hello.do

위 URL의 실행 결과는 [그림 18.11]과 같다. 실행 결과를 보면 요청 URI인 "/hello.do"를 명령어로 사용하고 뷰로 hello.jsp가 사용된 것을 알 수 있다.

[그림 18.11] 요청 URI를 명령어로 사용하는 컨트롤러 서블릿의 실행 결과

03 모델 1 구조와 모델 2 구조의 선택

모델 1 구조와 모델 2 구조는 장단점이 존재한다. 이들 장단점을 파악하고 있다면 이제부터 웹 어플리케이션을 구현할 때 상황에 맞게 모델을 선택할 수 있을 것이다. 이 비교를 통해 독자가 무조건적인 선택이 아닌 보다 합리적인 기준으로 모델을 선택할 수 있게 되길 바란다.

표 18.1 모델1 구조와 모델 2 구조의 장단점

모델	장점	단점
모델 1	-배우기 쉽다. -자바 언어를 몰라도 어느 정도 구현 가능하다. -기능과 JSP가 직관적으로 연결된다.	-로직 코드와 뷰 코드가 혼합되어 JSP 코드가 복잡해진다. -뷰 변경 시 논리 코드의 빈번한 복사가 발생해서 코드 중복이 발생하기 쉽다. 즉, 유지보수가 힘들어진다.
모델 2	-로직 코드와 뷰 코드를 분리해서 유지보수가 쉬워진다. -컨트롤러 서블릿에서 권한 검사나 인증과 같은 공통 기능 처리가 가능하다. -확장이 용이하다.	-자바 언어에 친숙하지 않으면 접근하기가 쉽지 않다. -작업량이 많다. (커맨드 클래스+뷰 JSP)

CHAPTER

19

필터

이 장에서 다룰 내용
- 필터
- Filter 구현
- 로그인 검사 등 필터 응용

이 장에서는 필터에 대해서 살펴볼 것이다. 필터를 사용하면 JSP/서블릿 등을 실행하기 이전에 요청이 올바른지 또는 자원에 접근할 수 있는 권한을 가졌는지의 여부를 미리 처리할 수 있다. JSP나 서블릿이 생성한 응답 데이터를 변경하거나 취소할 수 있는 기능을 구현할 수도 있다. 이 장에서는 필터가 무엇이고 필터로 어떤 기능들을 구현할 수 있는지 살펴보도록 하겠다.

01 필터란 무엇인가?

간단하게 말해서 필터는 'HTTP 요청과 응답을 변경할 수 있는 재사용 가능한 클래스'이다. 필터는 객체의 형태로 존재하며 클라이언트에서 오는 요청(request)과 최종 자원(JSP, 서블릿, 기타 자원) 사이에 위치하여 클라이언트의 요청 정보를 알맞게 변경할 수 있다. 또한 필터는 최종 자원과 클라이언트로 가는 응답(response) 사이에 위치하여 최종 자원의 요청 결과를 알맞게 변경할 수도 있다. 이를 그림으로 표현하면 다음 [그림 19.1]과 같다.

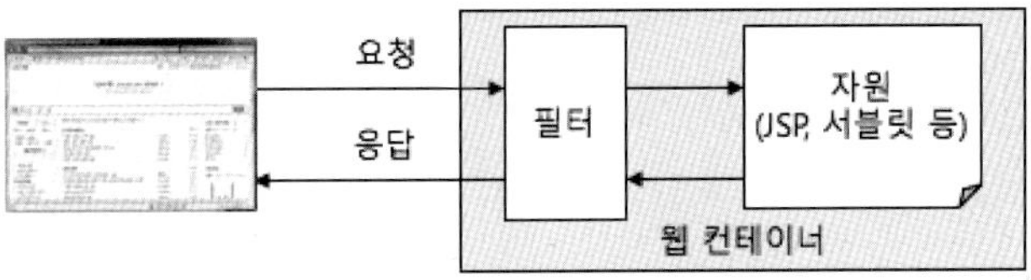

[그림 19.1] 필터의 기본 구조

[그림 19.1]을 보면 필터는 클라이언트와 자원 사이에 위치하고 있다. 실제 자원이 받는 요청 정보는 필터가 변경한 요청 정보가 되며, 또한 클라이언트가 보는 응답 정보는 필터가 변경한 응답 정보가 된다.

클라이언트와 자원 사이에 한 개의 필터만 존재할 수 있는 것은 아니며, 여러 개의 필터가 모여 하나의 필터 체인(chain)을 형성하게 된다. [그림 19.2]는 필터 체인의 구조를 보여주고 있다.

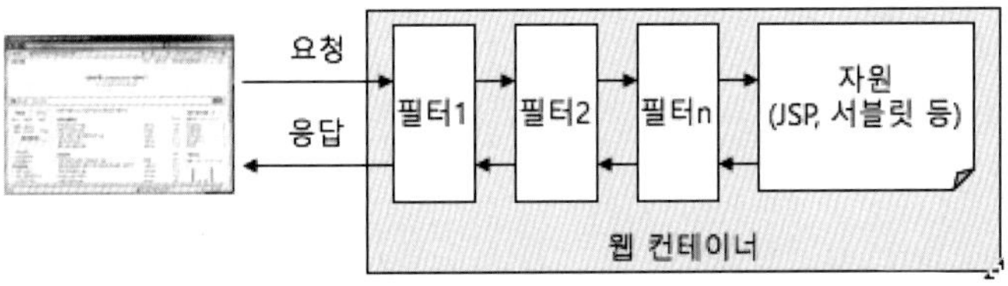

[그림 19.2] 필터 체인의 구성

[그림 19.2]와 같이 여러 개의 필터가 모여서 하나의 체인을 형성할 때 첫 번째 필터가 변경하는 요청 정보는 클라이언트의 요청 정보가 되지만, 체인의 두 번째 필터가 변경하는 요청 정보는 첫 번째 필터를 통해서 변경된 요청 정보가 된다. 즉, 요청 정보는 변경에 변경을 거듭하게 되는 것이다. 응답 정보의 경우도 요청 정보와 비슷한 과정을 거친다. 차이점이 있다면 필터의 적용 순서가 요청 때와는 반대라는 것이다. [그림 19.2]를 보면 이를 알 수 있다.

필터는 정보를 변경할 뿐만 아니라 흐름도 변경할 수 있다. 즉, 필터는 클라이언트의 요청을 필터 체인의 다음 단계(결과적으로는 클라이언트가 요청한 자원)에 보내는 것이 아니라 다른 자원의 결과를 클라이언트에 전송할 수도 있다. 필터의 이러한 기능은 사용자 인증이나 권한 검사와 같은 기능을 구현할 때 용이하게 사용할 수 있다.

02 필터의 구현

필터를 구현하는 데 있어 핵심은 다음의 3개 타입이다.

- javax.servlet.Filter **인터페이스** : 클라이언트와 최종 자원 사이에 위치하는 필터를 나타내는 객체가 구현해야 하는 인터페이스이다.
- javax.servlet.ServletRequestWrapper **클래스** : 필터가 요청을 변경한 결과를 저장하는 래퍼이다.
- javax.servlet.ServletResponseWrapper **클래스** : 필터가 응답을 변경하기 위해 사용하는 래퍼이다.

개발자는 이 세 타입을 이용해서 필터를 구현하고 요청과 응답 정보를 변경하는 기능을 구현할 수 있다.

NOTE

이 장에서 설명하는 필터 클래스를 컴파일하려면 서블릿 API가 포함된 jar 파일을 클래스패스에 추가해주어야 한다. 이클립스로 개발하지 않는 경우 [톰캣]\lib\servlet-api.jar 파일을 클래스패스에 추가해주면 된다.

2.1 Filter 인터페이스

Filter 인터페이스는 다음과 같은 메서드를 선언하고 있으며, 필터 기능을 제공할 클래스는 Filter 인터페이스를 알맞게 구현해주어야 한다.

- public void init(FilterConfig filterConfig) throws ServletException
  필터를 초기화할 때 호출된다.

- public void doFilter(ServletRequest request, ServletResponse response,
  FilterChain chain) throws java.io.IOException, ServletException
  필터 기능을 수행한다. chain을 이용해서 체인의 다음 필터로 처리를 전달할 수 있다.

- public void destroy()
  필터가 웹 컨테이너에서 삭제될 때 호출된다.

위의 메서드에서 필터의 역할을 하는 메서드가 바로 doFilter() 메서드이다. 서블릿 컨테이너는 사용자가 특정한 자원을 요청했을 때 그 자원 사이에 필터가 존재하는 경우 필터 객체의 doFilter() 메서드를 호출한다. 바로 이 시점부터 필터를 적용하기 시작한다. 다음은 전형적인 필터의 구현 방법을 보여주고 있다.

```
public class FirstFilter implements Filter {

    public void init(FilterConfig filterConfig) throws ServletException {
        // 필터 초기화 작업
    }

    public void doFilter(ServletRequest request,
                    ServletResponse response,
                    FilterChain chain)
                    throws IOException, ServletException {
        // 1. request 파리미터를 이용하여 요청의 필터 작업 수행
        ...
        // 2. 체인의 다음 필터 처리
        chain.doFilter(request, response);

        // 3. response를 이용하여 응답의 필터링 작업 수행
        ...
    }

    public void destroy() {
        // 주로 필터가 사용한 자원을 반납
    }
}
```

위 코드에서 Filter 인터페이스의 doFilter() 메서드는 요청이 있을 때마다 매번 실행된다. 예를 들어, 클라이언트가 요청한 자원이 필터를 거치는 경우 클라이언트의 요청이 있을 때마다 doFilter() 메서드가 호출된다. doFilter() 메서드는 JSP/서블릿과 마찬가지로 요청에 대해서 필요한 작업을 처리하게 된다.

위 코드를 보면 doFilter() 메서드는 세 번째 파라미터로 FilterChain 객체를 전달받는 것을 알 수 있다. 이는 클라이언트가 요청한 자원에 이르기까지 클라이언트의 요청이 거쳐 가게 되는 필터 체인을 의미한다. FilterChain을 사용해서 필터는 체인에 있는 다음 필터에 변경한 요청과 응답을 전달할 수 있다.

위 코드에서 우리가 또 하나 알아야 하는 것은 요청을 필터링 한 필터 객체가 또다시 응답을 필터링한다는 점이다. 위 코드의 doFilter() 메서드를 보면 1, 2, 3이라는 숫자를 사용하여 doFilter() 메서드 내에서 이루어지는 작업의 순서를 표시했는데, 그 순서를 다시 정리해보면 다음과 같다.

1. request 파라미터를 이용하여 클라이언트의 요청을 필터링한다.
   1단계에서는 RequestWrapper 클래스를 사용하여 클라이언트의 요청을 변경할 수 있다.
2. chain.doFilter() 메서드 호출한다.
   2단계에서는 요청의 필터링 결과를 다음 필터에 전달한다.
3. response 파라미터를 사용하여 클라이언트로 가는 응답을 필터링한다.
   3단계에서는 체인을 통해서 전달된 응답 데이터를 변경하여 그 결과를 클라이언트에 전송한다.

1단계와 3단계 사이에서 다음 필터로 이동하기 때문에 요청의 필터 적용 순서와 응답의 필터 적용 순서는 앞의 [그림 19.2]에서 보는 것처럼 반대가 된다.

init() 메서드에 전달되는 FilterConfig는 필터의 초기화 파라미터를 읽어올 때 사용하며 제공하는 메서드는 [표 19.1]과 같다. 필터 초기화 파라미터에 대한 내용은 뒤에서 살펴보겠다.

표 19.1 FilterConfig가 제공하는 메서드

메서드	리턴 타입	설명
getFilterName()	String	설정 파일에서 <filter-name>에 지정한 필터의 이름을 리턴한다.
getInitParameter(String name)	String	설정 파일의 <init-param>에서 지정한 초기화 파라미터의 값을 읽어온다. 존재하지 않는 경우 null을 리턴한다.
getInitParameterNames()	Enumeration<String>	초기화 파라미터의 이름 목록을 구한다.
getServletContext()	ServletContext	서블릿 컨텍스트 객체를 구한다.

2.2 필터 설정하기 : web.xml 이용

필터를 설정하는 방법은 두 가지가 있는데, 첫 번째 방법은 web.xml 파일에 관련 정보를 추가하는 것이다. 또 다른 방법은 필터 클래스에서 @WebFilter 애노테이션을 사용하는 방법인데 이에 대한 내용은 뒤에서 설명한다.

web.xml 파일에 필터를 설정하려면 다음과 같이 <filter> 태그와 <filter-mapping> 태그를 사용하면 된다.

```
<?xml version="1.0" encoding="utf-8"?>

<web-app ...>

  <filter>
    <filter-name>FilterName</filter-name>
    <filter-class>javacan.filter.FileClass</filter-class>
```

```
        <init-param>
            <param-name>paramName</param-name>
            <param-value>value</param-value>
        </init-param>
    </filter>

    <filter-mapping>
        <filter-name>FilterName</filter-name>
        <url-pattern>*.jsp</url-pattern>
    </filter-mapping>

    ...

</web-app>
```

여기서 <filter> 태그는 웹 어플리케이션에서 사용할 필터를 지정한다. <filter-mapping> 태그는 특정 자원에 대해 어떤 필터를 사용할지를 지정한다. 위 예제는 클라이언트가 jsp 확장자를 갖는 경로를 요청한 경우 FilterName 필터를 적용하도록 설정하고 있다.

<filter> 태그의 <init-param> 태그는 필터를 초기화할 때, 즉 필터의 init() 메서드를 호출할 때 전달할 파라미터를 설정한다. 주로 필터를 사용하기 전에 초기화 작업에 필요한 정보를 제공하기 위해 사용한다.

<url-pattern> 태그는 클라이언트가 요청한 특정 URI에 대해서 필터링 할 때 사용된다. 앞서 서블릿에서 살펴본 <url-pattern>과 동일한 규칙을 갖는다.

<url-pattern> 태그를 사용하지 않고 대신 <servlet-name> 태그를 사용하면 특정 서블릿에 대한 요청에 대해서 필터를 적용한다. 예를 들면 다음과 같이 이름이 FileDownload인 서블릿에 대해서 AuthCheckFilter를 필터로 사용하도록 할 수 있다.

```
<filter-mapping>
    <filter-name>AuthCheckFilter</filter-name>
    <servlet-name>FileDownload</servlet-name>
</filter-mapping>

<servlet>
    <servlet-name>FileDownload</servlet-name>
    ...
</servlet>
```

〈dispatcher〉 태그를 사용하면 필터가 적용되는 시점을 설정할 수 있다. 〈dispatcher〉 태그는 다음과 같이 〈filter-mapping〉 태그의 자식 태그로 사용된다.

```
<filter-mapping>
    <filter-name>AuthCheckFilter</filter-name>
    <servlet-name>FileDownload</servlet-name>
    <dispatcher>INCLUDE</dispatcher>
</filter-mapping>
```

〈dispatcher〉 태그는 실행되는 자원을 클라이언트가 요청한 것인지, 아니면 RequestDispatcher의 forward()를 통해서 이동한 것인지, 아니면 include()를 통해서 포함되는 것인지에 따라서 필터를 적용하도록 지정할 수 있다. 〈dispatcher〉 태그가 가질 수 있는 값은 다음과 같다.

- REQUEST : 클라이언트의 요청인 경우 필터를 적용한다.(기본값)
- FORWARD : forward()를 통해서 제어 흐름을 이동하는 경우에 필터를 적용한다.
- INCLUDE : include()를 통해서 포함되는 경우에 필터를 적용한다.

예를 들어, 다음의 필터 매핑 정보를 살펴보자.

```
<filter-mapping>
    <filter-name>AuthCheckFilter</filter-name>
    <url-pattern>/pds/*</url-pattern>
    <dispatcher>REQUEST</dispatcher>
</filter-mapping>

<filter-mapping>
    <filter-name>IPCheckFilter</filter-name>
    <url-pattern>/pds/data/*</url-pattern>
    <dispatcher>INCLUDE</dispatcher>
</filter-mapping>
```

웹 브라우저에서 /pds/data/download.jsp를 요청했다고 해보자. 이 경우 두 개의 필터 매핑 모두 〈url-pattern〉에 따라서 이 URL을 처리할 수 있다. 그런데 두 번째 필터 매핑은 〈dispatcher〉의 값이 INCLUDE이기 때문에 웹 브라우저의 요청에 대해서는 필터가 적용되지 않는다.

반대로 이제 다음과 같은 〈jsp:include〉 코드를 사용했다고 가정한다.

```
<jsp:include page="/pds/data/util.jsp" flush="false" />
```

이 경우 /pds/data/util.jsp는 두 개의 필터 모두에 해당되지만, 첫 번째 필터는 웹 브라우저의 요청에 대해서만 적용되기 때문에 사용되지 않고, <dispatcher>의 값이 INCLUDE인 두 번째 필터만 사용된다.

웹 브라우저의 요청이 동시에 여러 개의 필터 매핑에 적용되는 경우 web.xml 파일에 표시한 순서대로 필터를 적용한다. 예를 들어, 다음과 같이 필터 매핑을 설정했다고 해보자.

```
<filter-mapping>
    <filter-name>AuthCheckFilter</filter-name>
    <url-pattern>/pds/*</url-pattern>
</filter-mapping>

<filter-mapping>
    <filter-name>IPCheckFilter</filter-name>
    <url-pattern>/pds/data/*</url-pattern>
</filter-mapping>

<filter-mapping>
    <filter-name>CompressFilter</filter-name>
    <url-pattern>/pds/data/*</url-pattern>
</filter-mapping>
```

웹 브라우저가 /pds/data/a.jsp를 요청하면 필터는 IPCheckFilter→CompressFilter 순서대로 실행된다.

하나의 <filter-mapping>에서 한 개 이상의 <url-pattern> 태그와 <servlet-name> 태그를 설정할 수 있다. 예를 들어, 다음과 같은 설정이 가능하다.

```
<filter-mapping>
    <filter-name>IPCheckFilter</filter-name>
    <url-pattern>/pds/data/*</url-pattern>
    <url-pattern>/webinterface/*</url-pattern>
    <servlet-name>DownloadServlet</servlet-name>
</filter-mapping>
```

2.3 필터 설정하기 : @WebFilter 애노테이션 이용

필터를 설정하는 또 다른 방법은 @WebFilter 애노테이션을 사용하는 것이다. web.xml 파일에 지정하지 않더라도 Filter 클래스가 @WebFilter 애노테이션을 가지면 자동으로 필터로 등록된다.

@WebFilter 애노테이션을 사용하는 방법은 다음과 같다.

```
import javax.servlet.annotation.WebFilter;

@WebFilter(filterName = "xsltFilter", urlPatterns = { "/xml/*" })
public class XSLTFilter implements Filter {
    ... 필터 구현
}
```

위와 같이 설정한 경우 해당 필터는 /xml/*에 일치하는 URL에 적용된다. 두 개 이상의 URL 패턴을 지정하고 싶다면, 다음과 같이 콤마로 구분해서 여러 URL 패턴을 지정하면 된다.

```
@WebFilter(filterName = "xsltFilter", urlPatterns = { "/xml/*", "/xsl/*" })
public class XSLTFilter implements Filter {
```

@WebFilter 애노테이션의 주요 속성은 다음과 같다.

- urlPatterns : 필터를 적용할 URL 패턴 목록을 지정한다.
- servletNames : 필터를 적용할 서블릿 이름 목록을 지정한다.
- filterName : 필터의 이름을 지정한다.
- initParams : 초기화 파라미터 목록을 지정한다.
- dispatcherTypes : 필터를 적용할 범위를 지정한다. 열거 타입인 DispatcherType에 정의된 값을 사용한다. 기본값은 DispatchType.REQUEST이다.

2.4 요청 및 응답 래퍼 클래스

필터가 필터로서의 제 기능을 하려면 클라이언트의 요청을 변경하고 클라이언트로 가는 응답을 변경할 수 있어야 한다. 요청과 응답을 변경할 때 사용하는 것이 바로 ServletRequestWrapper와 ServletResponseWrapper이다. 래퍼 클래스를 이용하면 다음을 할 수 있다.

- 요청 정보를 변경하여 최종 자원인 서블릿/JSP/HTML/기타 자원에 전달한다.
- 최종 자원으로부터의 응답을 변경하여 새로운 응답 정보를 클라이언트에 보낸다.

서블릿의 요청 래퍼와 응답 래퍼를 만들려면 javax.servlet 패키지에 정의되어 있는 ServletRequestWrapper 클래스와 ServletResponseWrapper 클래스를 상속받아서 구현해야 한다. 하지만, 대부분 필터는 HTTP 프로토콜에 대한 요청과 응답을 필터링 하기 때문에 이 두 클래스를 상속받아 알맞게 구현한 HttpServletRequestWrapper 클래스와 HttpServletResponseWrapper 클래스를 상속받아 구현하는 것이 좋다.

HttpServletRequestWrapper 클래스와 HttpServletResponseWrapper 클래스는 모두 javax.servlet.http 패키지에 정의되어 있다. 이 두 클래스는 각각 HttpServletRequest 인터페이스와 HttpServletResponse 인터페이스에 정의되어 있는 모든 메서드를 이미 구현해 놓고 있다.

필터를 통해서 변경하고 싶은 요청 정보가 있다면 HttpServletRequestWrapper 클래스를 상속받은 클래스를 만든 뒤 그 정보를 추출하는 메서드를 알맞게 재정의해서 변경한 정보를 제공하도록 구현한다. 그리고 구현한 래퍼 클래스의 객체를 FilterChain의 doFilter() 메서드에 넘겨주기만 하면 된다.

예를 들어, 지정한 파라미터가 존재하지 않을 경우, 파라미터의 값을 공백문자열("")로 제공하는 요청 래퍼 클래스는 [리스트 19.1]과 같이 작성할 수 있다.

[리스트 19.1] chap19/src/filter/NullParameterRequestWrapper.java

```
package filter;

import java.util.Collections;
import java.util.Enumeration;
import java.util.HashMap;
import java.util.Map;

import javax.servlet.http.HttpServletRequest;
import javax.servlet.http.HttpServletRequestWrapper;

public class NullParameterRequestWrapper extends HttpServletRequestWrapper {

    private Map<String, String[]> parameterMap = null;

    public NullParameterRequestWrapper(HttpServletRequest request) {
        super(request);
        parameterMap =
                new HashMap<String, String[]>(request.getParameterMap());
    }

    public void checkNull(String[] parameterNames) {
        for (int i = 0; i < parameterNames.length; i++) {
            if (!parameterMap.containsKey(parameterNames[i])) {
                String[] values = new String[] { "" };
                parameterMap.put(parameterNames[i], values);
            }
        }
    }
```

```
29:
30:     @Override
31:     public String getParameter(String name) {
32:         String[] values = getParameterValues(name);
33:         if (values != null && values.length > 0)
34:             return values[0];
35:         return null;
36:     }
37:
38:     @Override
39:     public Map<String, String[]> getParameterMap() {
40:         return parameterMap;
41:     }
42:
43:     @Override
44:     public Enumeration<String> getParameterNames() {
45:         return Collections.enumeration(parameterMap.keySet());
46:     }
47:
48:     @Override
49:     public String[] getParameterValues(String name) {
50:         return (String[]) parameterMap.get(name);
51:     }
52:
53: }
```

11행	요청 래퍼 클래스로 동작하기 위해 HttpServletRequestWrapper 클래스를 상속받는다.
15-19행	생성자는 전달받은 request의 파라미터 정보를 13행에 정의한 parameterMap에 저장한다.
21-28행	checkNull() 메서드는 검사할 파라미터의 이름 목록을 인자로 전달받는다. 인자로 전달받은 각각의 이름을 검사해서 해당 이름의 파라미터가 존재하지 않으면 빈 문자열을 저장한다.
30-51행	파라미터와 관련된 메서드를 구현해서 13행에 정의한 parameterMap에서 파라미터 값을 읽어오도록 한다.

NullParameterRequestWrapper 클래스는 요청 래퍼 클래스다. 15행의 checkNull() 메서드를 통해서 빈 문자열을 기본값으로 지정할 파라미터의 목록을 전달받아 처리한다.

NullParameterRequestWrapper를 사용해서 요청 파라미터를 처리하는 필터 클래스는 [리스트 19.2]와 같이 작성할 수 있다.

[리스트 19.2] chap19/src/filter/NullParameterFilter.java

```
package filter;

import java.io.IOException;
import java.util.StringTokenizer;
```

```
05:
06: import javax.servlet.Filter;
07: import javax.servlet.FilterChain;
08: import javax.servlet.FilterConfig;
09: import javax.servlet.ServletException;
10: import javax.servlet.ServletRequest;
11: import javax.servlet.ServletResponse;
12: import javax.servlet.http.HttpServletRequest;
13:
14: public class NullParameterFilter implements Filter {
15:
16:     private String[] parameterNames = null;
17:
18:     @Override
19:     public void init(FilterConfig config) throws ServletException {
20:         String names = config.getInitParameter("parameterNames");
21:         StringTokenizer st = new StringTokenizer(names, ", ");
22:         parameterNames = new String[st.countTokens()];
23:
24:         for (int i = 0; st.hasMoreTokens(); i++) {
25:             parameterNames[i] = st.nextToken();
26:         }
27:     }
28:
29:     @Override
30:     public void doFilter(ServletRequest request, ServletResponse response,
31:             FilterChain chain) throws IOException, ServletException {
32:         NullParameterRequestWrapper requestWrapper =
33:             new NullParameterRequestWrapper((HttpServletRequest) request);
34:         requestWrapper.checkNull(parameterNames);
35:
36:         chain.doFilter(requestWrapper, response);
37:     }
38:
39:     @Override
40:     public void destroy() {
41:     }
42: }
```

14행	필터로 사용하기 위해 Filter 인터페이스를 구현한다.
19-27행	"parameterNames" 초기화 파라미터의 값을 읽어와 기본값을 저장할 파라미터 목록을 parameterNames 필드에 저장한다. 파라미터 목록은 콤마로 구분한다.
30-37행	필터 작업을 수행한다. 32행에서 NullParameterRequestWrapper를 생성한 뒤, 34행에서 기본값으로 빈 문자열을 사용할 파라미터 목록을 요청 래퍼 객체에 전달한다.

NullParameterFilter를 작성했으므로 이 필터를 사용하도록 web.xml 파일을 [리스트 19.3]과 같이 작성하자. web.xml 파일은 *.jsp로 들어오는 요청에 대해서 NullParameterFilter를 필터로 적용하도록 설정하고 있다.

[리스트 19.3] chap19/WebContent/WEB-INF/web.xml

```
01: <?xml version="1.0" encoding="utf-8"?>
02: <web-app xmlns:xsi="http://www.w3.org/2001/XMLSchema-instance"
03:     xmlns="http://xmlns.jcp.org/xml/ns/javaee"
04:     xsi:schemaLocation="http://xmlns.jcp.org/xml/ns/javaee
05:         http://xmlns.jcp.org/xml/ns/javaee/web-app_3_1.xsd"
06:     version="3.1">
07: 
08:     <filter>
09:         <filter-name>NullParameter</filter-name>
10:         <filter-class>filter.NullParameterFilter</filter-class>
11:         <init-param>
12:             <param-name>parameterNames</param-name>
13:             <param-value>id,name</param-value>
14:         </init-param>
15:     </filter>
16: 
17:     <filter-mapping>
18:         <filter-name>NullParameter</filter-name>
19:         <url-pattern>*.jsp</url-pattern>
20:     </filter-mapping>
21: 
22: </web-app>
```

13행에서 parameterNames 초기화 파라미터 값으로 "id,name"을 지정했다. 이는 id 파라미터와 name 파라미터가 존재하지 않을 경우 이 두 파라미터의 기본값을 ""로 설정한다는 것을 의미한다. 실제로 파라미터의 기본값이 지정되는지 확인해보기 위해 [리스트 19.4]와 같이 JSP 페이지를 작성해보았다.

[리스트 19.4] chap19/WebContent/nullParam.jsp

```
<%@ page contentType = "text/html; charset=utf-8" %>
<html>
<head><title>NullParameterFilter 테스트</title></head>
<body>
id 파라미터 : <%= request.getParameter("id") %> <br>
name 파라미터 : <%= request.getParameter("name") %> <br>
member 파라미터 : <%= request.getParameter("member") %> <br>
</body>
</html>
```

nullParam.jsp는 id, name, member 파라미터 값을 출력하는 단순한 JSP 페이지이다. 앞서 web.xml 파일에서 NullParameterFilter가 id 파라미터와 name 파라미터의 기본값을 지정하도록 필터를 설정했다. 필터가 동작하는지 확인해보기 위해 다음과 같은 URL을 사용해서 nullParam.jsp를 테스트 해보자.

```
http://localhost:8080/chap19/nullParam.jsp?id=madvirus
```

위 URL을 실행하면 id 파라미터만 전달하므로 필터가 동작하지 않는 경우 nullParam.jsp는 name 파라미터와 member 파라미터의 값으로 null로 출력해야 한다. 필터가 동작하는 경우 name 파라미터 값은 공백 문자열("")이어야 한다. 실행 결과인 [그림 19.3]을 보면 필터가 동작해서 name 파라미터 값으로 null 대신 빈 문자열을 출력한 것을 확인할 수 있다.

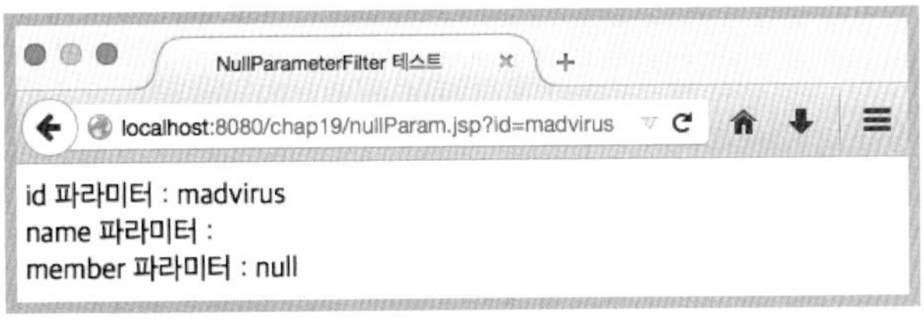

[그림 19.3] 필터가 동작한 결과

03 필터의 응용

필터를 사용하는 방법에는 제한이 없으며, 필터의 특징을 잘 활용하느냐에 따라서 필터의 응용 범위가 달라질 수 있다. 보통 다음과 같은 기능에 필터를 적용한다.

- 사용자 인증
- 캐싱 필터
- 자원 접근에 대한 로깅
- 응답 데이터 변환(HTML 변환, 응답 헤더 변환, 데이터 암호화 등)
- 공통 기능 실행

이외에도 많은 활용 방법들이 존재할 수 있지만 여기서 제시한 다섯 가지 정도가 필터의 주요 응용 방식이다. 이 절에서는 여러 응용 방법 중에서 사용자 인증 필터와 XSL/T 필터에 대해서 살펴볼 것이다. 이 두 가지 필터는 필터를 통한 흐름 제어 방법과 응답 데이터를 조작하는 방법을 보여주고 있기 때문에, 두 가지 필터가 어떤 식으로 동작하는지 이해한다면 그 외의 다른 종류의 필터도 어렵지 않게 구현할 수 있을 것이다.

3.1 로그인 검사 필터

많은 사이트가 회원제로 운용하고 있고 로그인을 한 이후에 컨텐츠에 접근할 수 있도록 제한하는 곳도 존재한다. 특히 컨텐츠의 유료화 추세에 맞춰 사용자 인증을 거친 후 컨텐츠를 구매하도록 유도하는 사이트가 증가하고 있다.

사용자 인증은 웹 사이트의 필수 기능이므로 각각의 JSP/서블릿 등의 코드에 사용자가 로그인했는지 여부를 판단하기 위한 코드를 구현할 수 있다. 하지만, JSP/서블릿마다 사용자 인증 코드를 넣으면, 회원 인증 정책이 변경될 때마다 관련된 모든 코드를 변경해야 한다는 문제가 발생한다.

이런 문제는 인증 여부를 검사하는 필터를 사용해서 깔끔하게 해결할 수 있다. 앞서 설명했듯이 웹 브라우저의 요청은 서블릿/JSP에 전달되기 전에 먼저 필터를 통과한다. 이는 필터에서 조건에 따라 알맞게 흐름을 제어할 수 있다는 것을 의미한다. 즉, 필터에서 로그인했는지 여부를 판단하고, 로그인하지 않았다면 로그인 폼을 보여주는 페이지로 흐름을 이동시킬 수 있는 것이다.

이 절에서는 간단하게 session에 "MEMBER" 속성이 존재하면 로그인한 것으로 판단하는 필터인 LoginCheckFilter 클래스를 작성해보자. LoginCheckFilter 클래스는 [리스트 19.5]와 같다.

[리스트 19.5] chap19/src/filter/LoginCheckFilter.java

```
package filter;

import java.io.IOException;

import javax.servlet.Filter;
import javax.servlet.FilterChain;
import javax.servlet.FilterConfig;
import javax.servlet.RequestDispatcher;
import javax.servlet.ServletException;
import javax.servlet.ServletRequest;
import javax.servlet.ServletResponse;
import javax.servlet.http.HttpServletRequest;
import javax.servlet.http.HttpSession;

public class LoginCheckFilter implements Filter {
    @Override
    public void init(FilterConfig config) throws ServletException {
```

```
18:     }
19: 
20:     @Override
21:     public void doFilter(ServletRequest request, ServletResponse response,
22:             FilterChain chain) throws IOException, ServletException {
23:         HttpServletRequest httpRequest = (HttpServletRequest) request;
24:         HttpSession session = httpRequest.getSession(false);
25: 
26:         boolean login = false;
27:         if (session != null) {
28:             if (session.getAttribute("MEMBER") != null) {
29:                 login = true;
30:             }
31:         }
32:         if (login) {
33:             chain.doFilter(request, response);
34:         } else {
35:             RequestDispatcher dispatcher = request
36:                     .getRequestDispatcher("/loginForm.jsp");
37:             dispatcher.forward(request, response);
38:         }
39:     }
40: 
41:     @Override
42:     public void destroy() {
43:     }
44: }
```

로그인 여부를 검사하는 필터는 매우 간단하게 동작한다. 로그인 검사 필터는 로그인한 상태라면 33행에서 필터 체인의 다음 필터로 이동하고, 로그인하지 않은 상태로 판단되면 로그인 페이지로 이동한다.

LoginCheckFilter를 테스트하기 위해서 web.xml 파일에 다음과 같은 필터 설정을 추가해 보자.

```
<filter>
    <filter-name>LoginCheck</filter-name>
    <filter-class>filter.LoginCheckFilter</filter-class>
</filter>

<filter-mapping>
    <filter-name>LoginCheck</filter-name>
    <url-pattern>/board/*</url-pattern>
</filter-mapping>
```

web.xml 파일의 설정에 따라 /board/*에 해당하는 요청을 보내면 LoginCheckFilter가 동작한다. LoginCheckFilter는 session에 "MEMBER" 속성이 존재하지 않으면 /loginForm.jsp로 포워딩한다. 실제로 session에 MEMBER 속성이 존재하지 않는 상태에서 /board/*에 해당하는 http://localhost:8080/chap19/board/boardList.jsp를 요청하면 [그림 19.4]와 같이 필터는 /loginForm.jsp로 흐름을 이동시킨다.

[그림 19.4] LoginCheckFilter에 의해 /loginForm.jsp로 포워딩 된 결과

loginForm.jsp 코드는 [리스트 19.6]과 같이 간단하다. loginForm.jsp 결과 화면에서 로그인할 때 이를 처리하는 login.jsp 코드는 [리스트 19.7]과 같다.

[리스트 19.6] chap19/WebContent/loginForm.jsp

```
<%@ page contentType="text/html; charset=utf-8" %>
<html>
<head><title>로그인</title></head>
<body>
<form action="<%= request.getContextPath() %>/login.jsp">
아이디<input type="text" name="memberId">
암호<input type="password" name="password">
<input type="submit" value="로그인">
</form>
</body>
</html>
```

[리스트 19.7] chap19/WebContent/login.jsp

```
<%@ page contentType="text/html; charset=utf-8" %>
<%
    String memberId = request.getParameter("memberId");
    session.setAttribute("MEMBER", memberId);
%>
<html>
<head><title>로그인</title></head>
<body>
로그인 처리
</body>
</html>
```

[그림 19.4]에서 알맞게 아이디를 입력하고 [로그인] 버튼을 누르면 login.jsp를 실행하는데, login.jsp는 memberId 파라미터로 전달한 값을 그대로 session의 MEMBER 속성에 저장한다. 따라서, 로그인 후 다시 /board/boardList.jsp를 실행하면, LoginCheckFilter는 session에 MEMBER 속성이 존재하므로 필터 체인을 통해 boardList.jsp를 실행한다. 결과적으로 [그림 19.5]와 같이 boardList.jsp의 결과 화면을 응답으로 보게 된다.

[그림 19.5] LoginCheckFilter를 통과한 결과

인증 필터를 사용해서 얻은 장점은 서블릿/JSP와 같은 최종 자원에서 일일이 로그인 여부를 판단하지 않아도 된다는 점이다. 서블릿과 JSP는 클라이언트의 요청을 처리하는 데 필요한 작업만 처리하면 되고, 사용자 인증을 검사하는 작업은 하지 않아도 된다. 로그인 검사 방식이 변경되더라도 필터만 변경하면 되고 나머지 서블릿이나 JSP는 수정할 필요가 없어진다.

3.2 XSL/T 필터

NOTE

이 예제는 응답 래퍼 클래스의 사용방법을 설명하기 위한 예제로서, 실제로 XSL/T 변환을 해야 하는 경우가 많진 않다. 이 예제를 볼 때는 XSL/T 자체에 집중하기보다는 응답 데이터를 어떻게 변경하는지에 초점을 맞춰 읽기 바란다.

응답 데이터를 변경해주는 필터를 만들어보자. 여기서 만들 필터는 JSP나 서블릿이 생성한 XML 응답 데이터를 XSL/T를 이용해서 HTML로 변환해주는 기능을 제공한다. 응답 데이터를 변환하려면, 서블릿/JSP가 생성한 XML 데이터를 웹 브라우저에 곧바로 전송하면 안 된다. 대신, 서블릿/JSP가 생성한 데이터를 임시 버퍼에 저장하고, 그 버퍼에 저장된 XML 데이터를 XSL/T를 사용해서 변환해야 한다. 이를 구현하려면 다음 역할을 할 클래스를 구현해야 한다.

- 응답 데이터를 임시로 보관하는 버퍼로 사용할 출력 스트림
- 버퍼를 사용하는 응답 래퍼 클래스
- 응답 래퍼 클래스를 이용해서 응답 데이터에 XSL/T 변환을 수행하는 필터

버퍼의 역할을 할 출력 스트림은 서블릿/JSP에서 사용하는 PrintWriter 타입이어야 한

다. 이 예제에서 버퍼 역할을 할 출력 스트림인 ReponseBufferWriter 클래스는 [리스트 19.8]과 같다.

[리스트 19.8] chap19/src/filter/ResponseBufferWriter.java

```
package filter;

import java.io.PrintWriter;
import java.io.StringWriter;

public class ResponseBufferWriter extends PrintWriter {
    public ResponseBufferWriter() {
        super(new StringWriter(4096));
    }

    public String toString() {
        return ((StringWriter) super.out).toString();
    }
}
```

ResponseBufferWriter는 print(), println(), write() 등의 메서드를 통해서 전달된 데이터를 StringWriter에 저장한다. toString() 메서드는 StringWriter에 저장된 데이터를 String 타입으로 변환해준다.

출력 버퍼를 만들었으니 그다음으로 해야 할 일은 서블릿과 JSP가 ResponseBufferWriter를 출력 스트림으로 사용하도록 응답 래퍼 클래스를 작성하는 것이다. 이 예제에서 사용할 응답 래퍼 클래스는 [리스트 19.9]와 같다.

[리스트 19.9] chap19/filter/XSLTResponseWrapper.java

```
package filter;

import java.io.PrintWriter;

import javax.servlet.http.HttpServletResponse;
import javax.servlet.http.HttpServletResponseWrapper;

public class XSLTResponseWrapper extends HttpServletResponseWrapper {

    private ResponseBufferWriter buffer = null;

    public XSLTResponseWrapper(HttpServletResponse response) {
        super(response);
        buffer = new ResponseBufferWriter();
    }
```

```
16:     @Override
17:     public PrintWriter getWriter() throws java.io.IOException {
18:         return buffer;
19:     }
20:     @Override
21:     public void setContentType(String contentType) {
22:         // do nothing
23:     }
24:
25:     public String getBufferedString() {
26:         return buffer.toString();
27:     }
28: }
```

17-19행	JSP/서블릿은 ServletResponse의 getWriter() 메서드로 구한 출력 스트림에 데이터를 출력한다. XSLTResponseWrapper는 getWriter() 메서드에서 [리스트 19.8]에서 작성한 ResponseBufferWriter 객체를 리턴함으로써 JSP의 출력 결과를 버퍼에 저장한다.
21-23행	setContentType() 메서드는 아무 기능을 하지 않는데, 이렇게 한 이유는 JSP/서블릿에서 설정한 콘텐트 타입을 무시하고 필터에서 새롭게 콘텐트 타입을 지정하도록 하기 위함이다.
25-27행	버퍼에 저장된 내용을 구한다. 즉 JSP나 서블릿이 생성한 내용을 리턴한다.

JSP나 서블릿이 생성한 XML 데이터를 임시로 저장할 버퍼(ResponseBufferWriter)와 응답 래퍼(XSLTResponseWrapper)를 구현했으므로, 다음 작업은 필터를 구현하는 것이다. 필터는 다음과 같은 4단계로 작업을 처리한다.

1. 응답 래퍼(XSLTResponseWrapper)를 생성한다.
2. 생성한 응답 래퍼를 체인의 다음 필터에 전달한다.
3. 래퍼로부터 서블릿/JSP가 출력한 데이터를 읽어와 XSL/T를 사용하여 HTML로 변환한다.
4. 변환된 결과인 HTML을 실제 응답 스트림에 출력한다.

이 과정을 구현한 필터는 [리스트 19.10]에 표시한 XSLTFilter 클래스이다.

[리스트 19.10] chap19/src/filter/XSLTFilter.java

```
package filter;

import java.io.BufferedReader;
import java.io.FileReader;
import java.io.IOException;
import java.io.PrintWriter;
import java.io.Reader;
import java.io.StringReader;
import java.io.StringWriter;

import javax.servlet.Filter;
```

```java
import javax.servlet.FilterChain;
import javax.servlet.FilterConfig;
import javax.servlet.ServletException;
import javax.servlet.ServletRequest;
import javax.servlet.ServletResponse;
import javax.servlet.annotation.WebFilter;
import javax.servlet.http.HttpServletResponse;
import javax.xml.transform.Transformer;
import javax.xml.transform.TransformerFactory;
import javax.xml.transform.stream.StreamResult;
import javax.xml.transform.stream.StreamSource;

@WebFilter(filterName = "xsltFilter", urlPatterns = { "/xml/*" })
public class XSLTFilter implements Filter {

    private String xslPath = null;

    @Override
    public void init(FilterConfig config) throws ServletException {
        xslPath = config.getServletContext().getRealPath("/WEB-INF/xsl/book.xsl");
    }

    @Override
    public void doFilter(ServletRequest request, ServletResponse response,
            FilterChain chain) throws IOException, ServletException {
        response.setContentType("text/html; charset=utf-8");
        PrintWriter writer = response.getWriter();
        XSLTResponseWrapper responseWrapper =
                new XSLTResponseWrapper((HttpServletResponse) response);
        chain.doFilter(request, responseWrapper);

        // XSL/T 변환
        try {
            TransformerFactory factory = TransformerFactory.newInstance();
            Reader xslReader = new BufferedReader(new FileReader(xslPath));

            StreamSource xslSource = new StreamSource(xslReader);

            Transformer transformer = factory.newTransformer(xslSource);

            String xmlDocument = responseWrapper.getBufferedString();
            Reader xmlReader = new StringReader(xmlDocument);
            StreamSource xmlSource = new StreamSource(xmlReader);

            StringWriter buffer = new StringWriter(4096);

```

```
58:             transformer.transform(xmlSource, new StreamResult(buffer));
59: 
60:             writer.print(buffer.toString());
61:         } catch (Exception ex) {
62:             throw new ServletException(ex);
63:         }
64: 
65:         writer.flush();
66:         writer.close();
67:     }
68: 
69:     @Override
70:     public void destroy() {
71:     }
72: }
```

31행	XSL/T 변환할 때 사용할 XSL 파일의 경로를 구한다. XSL 파일의 코드는 [리스트 19.11]을 참고한다.
37행	필터가 생성할 출력의 콘텐트 타입을 "text/html; charset=utf-8"로 지정한다. 따라서 웹 브라우저에 출력되는 문서는 HTML 문서가 된다.
39-40행	필터 체인을 통해서 전달할 응답 래퍼 객체를 생성한다.
41행	체인을 실행한다. 체인을 통해서 응답 래퍼 객체가 전달되므로 JSP나 서블릿이 출력하는 내용은 응답 래퍼 객체의 버퍼(즉, XSLTResponseWrapper 클래스의 buffer 필드)에 저장된다.
52행	응답 래퍼로부터 JSP/서블릿이 생성한 내용을 읽어온다. XML 문서 원본으로 사용한다.
58행	XSL/T 변환을 실행한다.
61행	변환 결과를 출력한다.

필터까지 모든 구현이 끝났다. @WebFilter 애노테이션을 사용했으므로 따로 web.xml 파일에 설정을 추가하지 않아도 필터가 등록된다.

24행을 보면 /xml/*로 들어오는 모든 요청에 대해서 XSLT 필터가 적용되도록 설정했다. 이 요청에 해당하는 JSP나 서블릿은 XSL 파일로 변환할 수 있는 XML 문서를 생성하면 된다. 예제에서 사용할 XSL 파일은 [리스트 19.11]과 같다.

[리스트 19.11] chap19/WebContent/WEB-INF/xsl/book.xsl

```
<?xml version="1.0" encoding="utf-8" ?>

<xsl:stylesheet
    xmlns:xsl="http://www.w3.org/1999/XSL/Transform" version="1.0">
    <xsl:output method = "html" indent="yes" encoding="utf-8" />
    <xsl:template match="list">
<html>
```

```
<head><title>책 목록</title></head>
<body>
현재 등록되어 있는 책의 목록은 다음과 같습니다.
<ul>
    <xsl:for-each select="book">
    <li><b><xsl:value-of select="title" /></b>
    (<xsl:value-of select="price" /> 원)
    <br />
    <i><xsl:value-of select="author" /></i>
    </li>
    </xsl:for-each>
</ul>
</body>
</html>
    </xsl:template>
</xsl:stylesheet>
```

NOTE

book.xsl 파일을 통해서 XML 문서가 어떻게 변환되는지 설명하는 것은 책의 범위를 벗어나기 때문에, 자세한 설명은 덧붙이지 않았다. XSL/T 변환에 대해서 보다 자세히 알고 싶은 독자들은 XML 관련 서적을 참고하기 바란다.

book.xsl 파일에 의해서 알맞게 변환될 수 있는 XML 문서를 생성하는 JSP 페이지는 [리스트 19.12]와 같이 작성할 수 있다. 실제 웹 어플리케이션에서는 DB에서 데이터를 읽어와 XML 문서로 출력해주는 형태가 되겠지만, 이 예제는 XSLTFilter의 처리 결과를 보여주는 것이 목적이므로 XML 문서를 그대로 사용했다.

[리스트 19.12] chap19/WebContent/xml/bookList.jsp

```
<?xml version="1.0" encoding="utf-8" ?>
<%@ page contentType="text/xml; charset=utf-8" %>
<%@ page trimDirectiveWhitespaces="true" %>
<list>
    <book>
        <title>스프링 4 프로그래밍 입문</title>
        <author>최범균</author>
        <price>25,000</price>
    </book>

    <book>
        <title>객체 지향과 디자인 패턴</title>
        <author>최범균</author>
        <price>20,000</price>
    </book>
</list>
```

bookList.jsp가 생성한 XML 문서는 앞서 작성한 XSLTFilter를 통해 HTML 문서로 변환 처리되어 출력된다. 실제로 bookList.jsp를 웹 브라우저에 실행해보면 [그림 19.6]과 같이 XML이 아닌 XSL/T를 통해 HTML로 변환된 결과가 출력되는 것을 확인할 수 있다.

[그림 19.6] 필터를 통해서 JSP가 생성한 XML 문서를 XSL/T를 사용하여 변환한 결과

XSLT 필터가 적용되는 경우와 적용되지 않는 경우의 차이를 보여주기 위해 bookList.jsp와 똑같은 코드를 갖는 JSP 파일을 chap19/xml2 폴더에 복사한 뒤 실행해보자.

XSLTFilter는 /xml/*로 들어오는 경로에 대해서만 XSLTFilter를 적용하므로 /xml2/bookList.jsp에는 이 필터를 적용하지 않는다. 실제로 /xml2/bookList.jsp의 실행 결과인 [그림 19.7]을 보면 JSP가 생성한 XML 문서가 그대로 출력되었는데, 이 결과를 통해서 필터가 적용되는 경우와 그렇지 않은 경우의 차이점을 확인할 수 있을 것이다.

[그림 19.7] XSLT 필터를 통과하지 않은 경우

3.3 캐릭터 인코딩 필터

지금까지 작성한 JSP 코드는 요청 파라미터의 글자를 올바르게 처리하기 위해 다음과 같이 캐릭터 인코딩을 설정했다.

```
<% request.setCharacterEncoding("utf-8"); %>
```

요청 파라미터를 사용하는 모든 JSP 코드마다 캐릭터 인코딩을 설정하기 위해 이 코드를 추가하는 것이 잘못된 것은 아니지만 동일한 코드가 여러 곳에 중복해서 출현하는 것은 좋은 방법이 아니다.

요청 파라미터의 캐릭터 인코딩을 한 코드에서 설정하는 방법이 있는데 그것은 바로 필터를 사용하는 것이다. 캐릭터 인코딩을 설정하는 필터를 사용하면 JSP에 요청 캐릭터 인코딩을 설정하는 코드를 추가할 필요 없이 필터 한 곳에만 코드를 추가하면 된다. 캐릭터 인코딩을 설정하기 위한 필터는 [리스트 19.13]과 같이 작성할 수 있다.

[리스트 19.13] chap19/src/util/CharacterEncodingFilter.java

```
package util;

import java.io.IOException;

import javax.servlet.Filter;
import javax.servlet.FilterChain;
import javax.servlet.FilterConfig;
import javax.servlet.ServletException;
import javax.servlet.ServletRequest;
import javax.servlet.ServletResponse;

public class CharacterEncodingFilter implements Filter {

    private String encoding;

    @Override
    public void doFilter(ServletRequest req, ServletResponse res, FilterChain chain)
            throws IOException, ServletException {
        req.setCharacterEncoding(encoding);
        chain.doFilter(req, res);
    }

    @Override
    public void init(FilterConfig config) throws ServletException {
        encoding = config.getInitParameter("encoding");
        if (encoding == null) {
```

```
27:             encoding = "UTF-8";
28:         }
29:     }
30:
31:     @Override
32:     public void destroy() {
33:     }
34:
35: }
```

19행에서 setCharacterEncoding() 메서드를 이용해서 요청 캐릭터 인코딩을 설정한다. 사용할 인코딩은 25행처럼 "encoding" 초기화 파라미터를 이용해서 설정한다.

CharacterEncodingFilter를 사용하려면 web.xml에 다음과 같은 설정을 추가하면 된다.

```
<filter>
    <filter-name>encodingFilter</filter-name>
    <filter-class>util.CharacterEncodingFilter</filter-class>
    <init-param>
        <param-name>encoding</param-name>
        <param-value>utf-8</param-value>
    </init-param>
</filter>

<filter-mapping>
    <filter-name>encodingFilter</filter-name>
    <url-pattern>/*</url-pattern>
</filter-mapping>
```

encoding 초기화 파라미터를 이용해서 사용할 인코딩을 지정하고, 필터 매핑을 통해서 어떤 URL 패턴에 필터를 적용할지 지정한다. 그러면, 필터를 통해서 요청 캐릭터 인코딩을 설정하기 때문에 JSP마다 요청 캐릭터 인코딩을 설정하지 않아도 된다.

CHAPTER 20

ServletContextListener 구현

이 장에서 다룰 내용

- ServletContextListener 구현

서블릿은 다양한 시점에서 발생하는 이벤트와 이벤트를 처리하기 위한 인터페이스를 정의하고 있다. 이들 이벤트와 인터페이스를 이용하면 웹 어플리케이션에서 필요로 하는 데이터의 초기화나 요청 처리 등을 추적할 수 있게 된다. 서블릿 규약은 다양한 이벤트를 처리할 수 있는 인터페이스를 정의하고 있는데, 이 장에서는 그중에서 ServletContextListener 인터페이스의 활용 방법을 설명할 것이다.

01 ServletContextListener를 이용한 이벤트 처리

웹 컨테이너는 웹 어플리케이션(컨텍스트)이 시작되거나 종료되는 시점에 특정 클래스의 메서드를 실행할 수 있는 기능을 제공하고 있다. 이 기능을 사용하면 웹 어플리케이션을 실행할 때 필요한 초기화 작업이나 웹 어플리케이션이 종료된 후 사용된 자원을 반환하는 등의 작업을 수행할 수 있다.

웹 어플리케이션이 시작되고 종료될 때 특정한 기능을 실행하려면 다음과 같이 코드를 작성하면 된다.

1. javax.servlet.ServletContextListener 인터페이스를 구현한 클래스를 작성한다.
2. web.xml 파일에 1번에서 작성한 클래스를 등록한다.

javax.servlet.ServletContextListener 인터페이스는 웹 어플리케이션이 시작되거나 종료될 때 호출할 메서드를 정의한 인터페이스로서, 다음과 같은 두 개의 메서드를 정의하고 있다.

- public void contextInitialized(ServletContextEvent sce)
  웹 어플리케이션을 초기화할 때 호출한다.
- public void contextDestroyed(ServletContextEvent sce)
  웹 어플리케이션을 종료할 때 호출한다.

웹 어플리케이션이 시작되거나 종료될 때 ServletContextListener 인터페이스를 구현한 클래스를 실행하려면 web.xml 파일에 <listener> 태그와 <listener-class> 태그를 사용해서 완전한 클래스 이름을 명시해주면 된다.

```
<web-app ...>

    <listener>
        <listener-class>jdbc.DBCPInitListener</listener-class>
    </listener>

    <listener>
        <listener-class>chap20.CodeInitListener</listener-class>
    </listener>
    ...
</web-app>
```

한 개 이상의 <listener> 태그를 등록할 수 있으며, 각 <listener> 태그는 반드시 한 개의 <listener-class> 태그를 자식 태그로 가져야 한다. <listener-class> 태그는 웹 어플리케이션의 시작/종료 이벤트를 처리할 리스너 클래스의 완전한 이름을 값으로 갖는다.

ServletContextListener 인터페이스에 정의된 두 메서드는 모두 파라미터로 javax.servlet.ServletContextEvent 타입의 객체를 전달받는다. ServletContextEvent 클래스는 웹 어플리케이션 컨텍스트를 구할 수 있는 getServletContext() 메서드를 제공하고 있다.

- public ServletContext getServletContext()

getServletContext() 메서드가 리턴하는 ServletContext 객체는 JSP의 application 기본 객체와 동일한 객체로서, ServletContext 객체를 이용하면 web.xml 파일에 설정된 컨텍스트 초기화 파라미터를 구할 수 있다. 컨텍스트 초기화 파라미터는 다음과 같이 <context-param> 태그를 사용해서 web.xml 파일에 설정한다.

```
<?xml version="1.0" encoding="UTF-8"?>
<web-app ...>
    ...
    <context-param>
        <param-name>jdbcdriver</param-name>
        <param-value>com.mysql.jdbc.Driver</param-value>
    </context-param>

    ...
</web-app>
```

web.xml 파일에 설정한 초기화 파라미터 값을 구하는데 사용되는 ServletContext의 메서드는 다음과 같다.

- **String getInitParameter(String name)**
  지정한 이름을 갖는 컨텍스트 초기화 파라미터의 값을 리턴한다. 존재하지 않는 경우 null을 리턴한다. name 파라미터에는 〈param-name〉 태그로 지정한 이름을 입력한다.
- **java.util.Enumeration〈String〉 getInitParameterNames()**
  컨텍스트 초기화 파라미터의 이름 목록을 Enumeration 타입으로 리턴한다.

컨텍스트 초기화 파라미터는 주로 웹 어플리케이션의 초기화 작업을 수행하는 데 필요한 값을 설정할 때 사용한다.

앞서 DB 연동 예제에서 커넥션 풀을 초기화하기 위해 서블릿을 사용했는데, 이 장에서는 ServletContextListener를 이용해서 커넥션 풀을 초기화하는 클래스를 구현해보도록 하겠다. 이 클래스는 다음과 같이 작성한다.

- web.xml 파일에 커넥션 풀을 초기화할 때 사용할 컨텍스트 초기화 파라미터를 설정한다.
- ServletContextListener 인터페이스를 구현한 클래스는 contextInitialized() 메서드에서 컨텍스트 초기화 파라미터를 이용해서 커넥션 풀을 초기화하는 데 필요한 값을 로딩한다.

이 장에서 사용할 web.xml 예제는 [리스트 20.1]과 같다. 커넥션 풀을 생성하는 데 필요한 컨텍스트 초기화 파라미터를 12~21행에 설정하고 있다.

[리스트 20.1] chap20/WebContent/WEB-INF/web.xml

```
01: <?xml version="1.0" encoding="UTF-8"?>
02: <web-app xmlns="http://xmlns.jcp.org/xml/ns/javaee"
03:     xmlns:xsi="http://www.w3.org/2001/XMLSchema-instance"
04:     xsi:schemaLocation="http://xmlns.jcp.org/xml/ns/javaee
05:         http://xmlns.jcp.org/xml/ns/javaee/web-app_3_1.xsd"
06:     version="3.1">
07:
```

```
08:     <listener>
09:         <listener-class>jdbc.DBCPInitListener</listener-class>
10:     </listener>
11:
12:     <context-param>
13:         <param-name>poolConfig</param-name>
14:         <param-value>
15:           jdbcdriver=com.mysql.jdbc.Driver
16:           jdbcUrl=jdbc:mysql://localhost:3306/guestbook?characterEncoding=utf8
17:           dbUser=jspexam
18:           dbPass=jsppw
19:           poolName=guestbook
20:         </param-value>
21:     </context-param>
22:
23: </web-app>
```

12~21행의 poolConfig 컨텍스트 초기화 파라미터는 여러 줄에 걸쳐 값을 갖고 있는데, 실제 자바 코드에서 poolConfig 컨텍스트 초기화 파라미터 값을 읽으면 다음과 같다.

```
jdbcdriver=com.mysql.jdbc.Driver
    jdbcUrl=jdbc:mysql://localhost:3306/guestbook?characterEncoding=utf8
    dbUser=jspexam
    dbPass=jsppw
    poolName=guestbook
```

<param-value> 태그 사이에 있는 문자열의 앞뒤 공백을 제거한 결과를 실제 값으로 사용한다. 하지만, 중간에 위치한 공백은 제거하지 않기 때문에 poolConfig 컨텍스트 초기화 파라미터는 위 코드에서 보는 것처럼 jdbcUrl이나 dbUser 앞의 공백을 그대로 포함한다.

poolConfig 컨텍스트 초기화 파라미터를 이용해서 커넥션 풀을 초기화하는 코드는 [리스트 20.2]와 같다.

[리스트 20.2] chap20/jdbc/DBCPInitListener.java

```
package jdbc;

import java.io.IOException;
import java.io.StringReader;
import java.sql.DriverManager;
import java.util.Properties;

import javax.servlet.ServletContextEvent;
```

```
import javax.servlet.ServletContextListener;

import org.apache.commons.dbcp2.ConnectionFactory;
import org.apache.commons.dbcp2.DriverManagerConnectionFactory;
import org.apache.commons.dbcp2.PoolableConnection;
import org.apache.commons.dbcp2.PoolableConnectionFactory;
import org.apache.commons.dbcp2.PoolingDriver;
import org.apache.commons.pool2.impl.GenericObjectPool;
import org.apache.commons.pool2.impl.GenericObjectPoolConfig;

public class DBCPInitListener implements ServletContextListener {

    @Override
    public void contextInitialized(ServletContextEvent sce) {
        String poolConfig =
                sce.getServletContext().getInitParameter("poolConfig");
        Properties prop = new Properties();
        try {
            prop.load(new StringReader(poolConfig));
        } catch (IOException e) {
            throw new RuntimeException(e);
        }
        loadJDBCDriver(prop);
        initConnectionPool(prop);
    }

    private void loadJDBCDriver(Properties prop) {
        String driverClass = prop.getProperty("jdbcdriver");
        try {
            Class.forName(driverClass);
        } catch (ClassNotFoundException ex) {
            throw new RuntimeException("fail to load JDBC Driver", ex);
        }
    }

    private void initConnectionPool(Properties prop) {
        try {
            String jdbcUrl = prop.getProperty("jdbcUrl");
            String username = prop.getProperty("dbUser");
            String pw = prop.getProperty("dbPass");

            ConnectionFactory connFactory =
                    new DriverManagerConnectionFactory(jdbcUrl, username, pw);

            PoolableConnectionFactory poolableConnFactory =
                    new PoolableConnectionFactory(connFactory, null);
            poolableConnFactory.setValidationQuery("select 1");
```

```
56:
57:             GenericObjectPoolConfig poolConfig = new GenericObjectPoolConfig();
58:             poolConfig.setTimeBetweenEvictionRunsMillis(1000L * 60L * 5L);
59:             poolConfig.setTestWhileIdle(true);
60:             poolConfig.setMinIdle(4);
61:             poolConfig.setMaxTotal(50);
62:
63:             GenericObjectPool<PoolableConnection> connectionPool =
64:                     new GenericObjectPool<>(poolableConnFactory, poolConfig);
65:             poolableConnFactory.setPool(connectionPool);
66:
67:             Class.forName("org.apache.commons.dbcp2.PoolingDriver");
68:             PoolingDriver driver = (PoolingDriver)
69:                 DriverManager.getDriver("jdbc:apache:commons:dbcp:");
70:             String poolName = prop.getProperty("poolName");
71:             driver.registerPool(poolName, connectionPool);
72:         } catch (Exception e) {
73:             throw new RuntimeException(e);
74:         }
75:     }
76:
77:     @Override
78:     public void contextDestroyed(ServletContextEvent sce) {
79:     }
80:
81: }
```

DBCPInitListener 클래스 코드는 17장에서 만들었던 DBCPInit2 클래스 코드와 유사하다. 차이점이 있다면 서블릿 초기화 파라미터 대신 poolConfig 컨텍스트 초기화 파라미터를 사용한다는 점이다.

27행의 코드를 보면 Properties.load() 메서드를 사용하는데, 이 메서드는 "키=값" 형식으로 구성된 문자열로부터 프로퍼티를 로딩한다. poolConfig 컨텍스트 초기화 파라미터가 "키=값" 형식을 가지므로 Properties의 load() 메서드를 사용하면 poolConfig 초기화 파라미터의 설정 값을 Properties 객체에 프로퍼티로 등록한다. 예를 들어, [리스트 20.1]에서 poolConfig 컨텍스트 초기화 파라미터는 "dbUser=jspexam" 문자열을 포함하고 있으므로, Properties는 "dbUser" 프로퍼티 값으로 "jspexam"을 갖게 된다.

웹 컨테이너를 구동하면 web.xml 파일에 등록한 DBCPInitListener 객체의 contextInitialized() 메서드가 실행되면서 커넥션 풀을 초기화한다. loadJDBCDriver() 메서드와 initConnectionPool() 메서드는 poolConfig 초기화 파라미터를 이용해서 생성한 Properties 객체로부터 커넥션 풀을 생성하는 데 필요한 값을 읽어온다.

1.1 리스너의 실행 순서

웹 어플리케이션에는 한 개 이상의 리스너를 web.xml 파일에 등록할 수도 있다.

```
<web-app ...>

    <listener>
        <listener-class>chap20.listener.AListener</listener-class>
    </listener>

    <listener>
        <listener-class>chap20.listener.BListener</listener-class>
    </listener>

    ....
</web-app>
```

한 개 이상의 리스너가 등록된 경우, contextInitialized() 메서드는 등록된 순서대로 실행되고 contextDestroyed() 메서드는 등록된 반대 순서대로 실행된다. 즉, 위 코드의 경우에는 웹 어플리케이션이 시작될 때 AListener가 먼저 실행되고 그다음에 BListener가 실행된다. 반대로 웹 어플리케이션이 종료될 때는 BListener가 실행되고 그다음에 AListener가 실행된다.

1.2 리스너에서의 익셉션 처리

[리스트 20.1]의 DBCPInitListener 클래스의 코드를 보면 다음과 같이 catch 블록에서 RuntimeException을 발생시키는 것을 확인할 수 있다.

```
public void contextInitialized(ServletContextEvent sce) {
    String poolConfig =
            sce.getServletContext().getInitParameter("poolConfig");
    Properties prop = new Properties();
    try {
        prop.load(new StringReader(poolConfig));
    } catch (IOException e) {
        throw new RuntimeException(e);
    }
    loadJDBCDriver(prop);
    initConnectionPool(prop);
}
```

리스너에서 RuntimeException을 발생시키는 이유는 contextInitialized() 메서드 정의에 throws가 없기 때문이다. 이 메서드는 발생시킬 수 있는 checked 익셉션을 지정하고 있지 않으므로 익셉션을 발생시키려면 RuntimeException이나 그 하위 타입의 익셉션을 발생시켜야 한다.

1.3 애노테이션을 이용한 리스너 등록

서블릿 3.0 버전부터는 web.xml 파일에 등록하지 않고, @WebListener 애노테이션을 리스너 클래스에 적용하면 자동으로 리스너로 등록된다.

```
import javax.servlet.annotation.WebListener;

@WebListener
public class CListener implements ServletContextListener {
    ...
}
```

예제 프로젝트

PART 5

CHAPTER 21

회원제 게시판 구현 1 : 회원 관련 기능

이 장에서 다룰 내용

- 캐릭터 인코딩 필터
- 회원 가입 기능 구현
- 로그인/로그아웃 처리
- 필터를 이용한 로그인 검사 기능
- 암호 변경 기능

지금까지 JSP를 이용해서 웹 어플리케이션을 개발하는 데 필요한 기본 지식을 익혔다. 이들 지식을 하나로 엮어 완전한 웹 어플리케이션을 만들어보자. 만들어 볼 예제는 회원제 게시판이다. 비록 소규모 예제이긴 하지만, 이 예제를 통해서 웹 어플리케이션을 어떻게 개발하는지 익힐 수 있을 것이다.

01 회원 관련 주요 기능

회원제 게시판은 크게 회원 관련 기능과 게시판 기능으로 구성된다. 회원 관련 기능은 다음과 같다.

- 회원 가입
- 회원 정보 수정하기

회원 정보를 수정하려면 사용자가 누군지 알아야 한다. 따라서 다음 기능도 필요하다.

- 로그인하기
- 로그아웃하기

회원 정보는 로그인한 사람만 수정할 수 있어야 하므로, 다음 기능도 필요하다.

- 로그인한 사람만 특정 기능 실행하기

이 장에서는 회원 관련 기능 위주로 구현하고, 게시판 관련 기능은 다음 장에 이어서 구현할 것이다.

02 예제를 위한 데이터베이스 생성

가장 먼저 예제를 위한 데이터베이스를 생성하자. MySQL에 root로 연결한 뒤 다음 쿼리를 이용해서 board 데이터베이스를 생성한다.

```
create database board default character set utf8;
```

14장과 15장 예제를 실행하지 않았다면 MySQL DB에 jspexam 계정이 없을 것이므로, 다음 쿼리를 이용해서 jspexam 계정을 생성한다.

```
CREATE USER 'jspexam'@'localhost' IDENTIFIED BY 'jsppw';
CREATE USER 'jspexam'@'%' IDENTIFIED BY 'jsppw';
```

jspexam 계정을 이미 생성했다면 다음 쿼리를 실행해서 jspexam 계정이 board 데이터베이스를 사용할 수 있는 권한을 부여한다.

```
GRANT ALL PRIVILEGES ON board.* TO 'jspexam'@'localhost';
GRANT ALL PRIVILEGES ON board.* TO 'jspexam'@'%';
```

03 예제 이클립스 프로젝트 생성

이클립스 프로젝트를 생성할 차례이다. 다음 순서대로 board 프로젝트를 생성한다.

1. [File]→[New]→[Dynamic Web Project] 메뉴를 실행한다.
2. New Dynamic Web Project 대화창에서 다음과 같이 설정 후 [Finish] 버튼을 클릭해서 프로젝트를 생성한다.
   a. Project name : board
   b. Target runtime : Apache Tomcat v8.0 (톰캣 런타임을 다른 이름으로 등록했다면 해당 이름 사용)
   c. Dynamic web module version : 3.1

board 프로젝트의 WebContent/WEB-INF/lib 폴더에 다음 파일을 복사한다.

- commons-dbcp2-2.1.jar
- commons-logging-1.2.jar
- commons-pool2-2.4.1.jar
- mysql-connector-java-5.1.35-bin.jar
- jstl-1.2.jar

커넥션 풀과 관련된 파일을 구하는 방법은 14장을 참고하고 JSTL과 관련된 jar 파일을 구하는 방법은 12장을 참고한다. 제공하는 소스 코드에서 복사해도 된다.

04 커넥션 관련 코드

DB 연동을 하므로 커넥션 관련 코드를 작성해야 한다. 커넥션 관련 코드는 앞서 공부했던 코드와 동일하므로 자세한 설명은 생략하겠다. 먼저 커넥션 풀을 초기화하기 위한 DBCPInitListener 코드는 [리스트 21.1]과 같다.

[리스트 21.1] board/src/jdbc/DBCPInitListener.java

```
package jdbc;

import java.io.IOException;
import java.io.StringReader;
import java.sql.DriverManager;
import java.util.Properties;

import javax.servlet.ServletContextEvent;
import javax.servlet.ServletContextListener;

import org.apache.commons.dbcp2.ConnectionFactory;
import org.apache.commons.dbcp2.DriverManagerConnectionFactory;
import org.apache.commons.dbcp2.PoolableConnection;
import org.apache.commons.dbcp2.PoolableConnectionFactory;
import org.apache.commons.dbcp2.PoolingDriver;
import org.apache.commons.pool2.impl.GenericObjectPool;
import org.apache.commons.pool2.impl.GenericObjectPoolConfig;

public class DBCPInitListener implements ServletContextListener {

    @Override
    public void contextInitialized(ServletContextEvent sce) {
        String poolConfig =
                sce.getServletContext().getInitParameter("poolConfig");
        Properties prop = new Properties();
        try {
            prop.load(new StringReader(poolConfig));
        } catch (IOException e) {
            throw new RuntimeException("config load fail", e);
        }
        loadJDBCDriver(prop);
        initConnectionPool(prop);
    }

    private void loadJDBCDriver(Properties prop) {
        String driverClass = prop.getProperty("jdbcdriver");
        try {
            Class.forName(driverClass);
        } catch (ClassNotFoundException ex) {
            throw new RuntimeException("fail to load JDBC Driver", ex);
        }
    }

    private void initConnectionPool(Properties prop) {
        try {
```

```
            String jdbcUrl = prop.getProperty("jdbcUrl");
            String username = prop.getProperty("dbUser");
            String pw = prop.getProperty("dbPass");

            ConnectionFactory connFactory =
                    new DriverManagerConnectionFactory(jdbcUrl, username, pw);

            PoolableConnectionFactory poolableConnFactory =
                    new PoolableConnectionFactory(connFactory, null);
            String validationQuery = prop.getProperty("validationQuery");
            if (validationQuery != null && !validationQuery.isEmpty()) {
                poolableConnFactory.setValidationQuery(validationQuery);
            }
            GenericObjectPoolConfig poolConfig = new GenericObjectPoolConfig();
            poolConfig.setTimeBetweenEvictionRunsMillis(1000L * 60L * 5L);
            poolConfig.setTestWhileIdle(true);
            int minIdle = getIntProperty(prop, "minIdle", 5);
            poolConfig.setMinIdle(minIdle);
            int maxTotal = getIntProperty(prop, "maxTotal", 50);
            poolConfig.setMaxTotal(maxTotal);

            GenericObjectPool<PoolableConnection> connectionPool =
                    new GenericObjectPool<>(poolableConnFactory, poolConfig);
            poolableConnFactory.setPool(connectionPool);

            Class.forName("org.apache.commons.dbcp2.PoolingDriver");
            PoolingDriver driver = (PoolingDriver)
                DriverManager.getDriver("jdbc:apache:commons:dbcp:");
            String poolName = prop.getProperty("poolName");
            driver.registerPool(poolName, connectionPool);
        } catch (Exception e) {
            throw new RuntimeException(e);
        }
    }

    private int getIntProperty(Properties prop, String propName, int defaultValue) {
        String value = prop.getProperty(propName);
        if (value == null) return defaultValue;
        return Integer.parseInt(value);
    }

    @Override
    public void contextDestroyed(ServletContextEvent sce) {
    }

}
```

[리스트 21.1]은 20장에서 만들었던 DBCPInitListener와 유사하다. 차이점이라면 커넥션 풀의 커넥션 검사 쿼리(55~58행), 최소 유휴 커넥션(62~63행), 최대 크기(64~65행)도 프로퍼티로 설정하도록 추가했다는 점이다. 예를 들어, 20장 예제는 최소 유휴 커넥션 개수가 5로 고정되어 있던 반면에 [리스트 21.1]의 예제는 62~63행처럼 설정 프로퍼티 값을 사용한다.

DBCPInitListener는 서블릿 컨텍스트 리스너이므로 web.xml에 등록하자. web.xml 파일은 [리스트 21.2]와 같다.

[리스트 21.2] board/WebContent/WEB-INF/web.xml

```
01: <?xml version="1.0" encoding="UTF-8"?>
02: <web-app xmlns="http://xmlns.jcp.org/xml/ns/javaee"
03:     xmlns:xsi="http://www.w3.org/2001/XMLSchema-instance"
04:     xsi:schemaLocation="http://xmlns.jcp.org/xml/ns/javaee
05:         http://xmlns.jcp.org/xml/ns/javaee/web-app_3_1.xsd"
06:     version="3.1">
07: 
08:     <listener>
09:         <listener-class>jdbc.DBCPInitListener</listener-class>
10:     </listener>
11: 
12:     <context-param>
13:         <param-name>poolConfig</param-name>
14:         <param-value>
15:             jdbcdriver=com.mysql.jdbc.Driver
16:             jdbcUrl=jdbc:mysql://localhost:3306/board?characterEncoding=utf8
17:             dbUser=jspexam
18:             dbPass=jsppw
19:             validationQuery=select 1
20:             minIdle=3
21:             maxTotal=30
22:             poolName=board
23:         </param-value>
24:     </context-param>
25: 
26: </web-app>
```

DBCPInitListener는 poolConfig 컨텍스트 초기화 파라미터를 이용해서 커넥션 풀 설정 정보를 생성하므로, 12~24행의 코드를 이용해서 poolConfig 초기화 파라미터 값을 설정했다.

다음으로, 작성할 코드는 커넥션을 구할 때 사용할 ConnectionProvider이다. 코드는 [리스트 21.3]과 같다. 11행의 JDBC URL을 보면 web.xml에서 지정한 poolName 값인 board를 풀 이름으로 사용한 것을 알 수 있다.

[리스트 21.3] board/src/jdbc/connection/ConnectionProvider.java

```
01: package jdbc.connection;
02:
03: import java.sql.Connection;
04: import java.sql.DriverManager;
05: import java.sql.SQLException;
06:
07: public class ConnectionProvider {
08:
09:     public static Connection getConnection() throws SQLException {
10:         return DriverManager.getConnection(
11:                 "jdbc:apache:commons:dbcp:board");
12:     }
13: }
```

DB 연결이 올바르게 되는지 확인할 용도로 JSP 코드를 작성해 보자.

[리스트 21.4] board/WebContent/dbconnTest.jsp

```
<%@ page contentType="text/html; charset=utf-8"%>
<%@ page import="jdbc.connection.ConnectionProvider" %>
<%@ page import="java.sql.*" %>
<html>
<head><title>연결 테스트</title></head>
<body>
<%
    try (Connection conn = ConnectionProvider.getConnection()) {
        out.println("커넥션 연결 성공함");
    } catch(SQLException ex) {
        out.println("커넥션 연결 실패함 : " + ex.getMessage());
        application.log("커넥션 연결 실패", ex);
    }
%>
</body>
</html>
```

NOTE

08행의 코드는 자바 7부터 지원하는 try-with-resource 구문을 이용한 코드이다. 지금까지 작성한 코드는 Connection을 닫기 위해 다음과 같이 try 블록 이전에 Connection 타입 변수를 선언하고 finally에서 Connection을 닫았다.

```
Connection conn = null;
try {
    conn = ….
    ...
} finally {
    if (conn != null) conn.close();
}
```

자바 7부터는 위 코드를 다음과 같이 줄여서 표현할 수 있다.

```
try (Connection conn = ….) {
    ...
}
```

자바는 try 블록의 실행이 끝나면 괄호 안에 생성한 자원의 close()를 실행해준다. 이 구문을 사용하면 앞서 코드처럼 명시적으로 close()를 실행하지 않아도 되고 코드도 간결해진다. try-with-resource에 대해 더 자세히 알고 싶다면 자바 관련 서적을 읽어보도록 하자.

dbconnTest.jsp는 ConnectionProvider.getConnection()을 이용해서 Connection을 구한다. 커넥션을 생성하는 데 성공하면 09행처럼 "커넥션 연결 성공함"을 출력한다. 커넥션이 연결에 실패하면 11행처럼 "커넥션 연결 실패함"을 출력하고, 에러 관련 메시지를 로그로 기록한다.

dbconnTest.jsp를 실행하기 위해 board 웹 어플리케이션을 실행한다. 데이터베이스 생성, 데이터베이스 계정 권한 설정, 커넥션 관련 코드 작성을 올바르게 했다면 [그림 21.1]과 같은 결과를 볼 수 있을 것이다.

[그림 21.1] DB 연결 테스트

커넥션 관련 코드 작성을 편리하게 하도록 15장에서 작성했던 jdbc.JdbcUtil 클래스의 소스 코드도 같은 패키지에 복사한다.

05 캐릭터 인코딩 필터 설정

19장에서 구현한 util.CharacterEncodingFilter 클래스를 복사하고, web.xml에 [리스트 21.5]와 같은 설정을 추가한다.

[리스트 21.5] board/WebContent/WEB-INF/web.xml : 인코딩 필터 설정 추가

```
<?xml version="1.0" encoding="UTF-8"?>
<web-app xmlns="http://xmlns.jcp.org/xml/ns/javaee"
    xmlns:xsi="http://www.w3.org/2001/XMLSchema-instance"
    xsi:schemaLocation="http://xmlns.jcp.org/xml/ns/javaee
        http://xmlns.jcp.org/xml/ns/javaee/web-app_3_1.xsd"
    version="3.1">

    …생략(DBCPInitListener 관련 설정)

    <filter>
        <filter-name>encodingFilter</filter-name>
        <filter-class>util.CharacterEncodingFilter</filter-class>
        <init-param>
            <param-name>encoding</param-name>
            <param-value>utf-8</param-value>
        </init-param>
    </filter>

    <filter-mapping>
        <filter-name>encodingFilter</filter-name>
        <url-pattern>/*</url-pattern>
    </filter-mapping>

</web-app>
```

06 MVC 컨트롤러 코드

MVC 컨트롤러를 위한 코드를 작성할 차례이다. 18장에서 작성한 코드를 그대로 사용할 것이다. 다음의 세 가지 코드를 그대로 사용한다.

- mvc.command.CommandHandler
- mvc.command.NullHandler
- mvc.controller.ControllerUsingURI

세 코드를 알맞게 복사했다면 web.xml에 ControllerUsingURI를 위한 설정을 추가한다.

[리스트 21.6] board/WebContent/WEB-INF/web.xml : ControllerUsingURI 설정 추가

```
<?xml version="1.0" encoding="UTF-8"?>
<web-app xmlns="http://xmlns.jcp.org/xml/ns/javaee"
    xmlns:xsi="http://www.w3.org/2001/XMLSchema-instance"
    xsi:schemaLocation="http://xmlns.jcp.org/xml/ns/javaee
        http://xmlns.jcp.org/xml/ns/javaee/web-app_3_1.xsd"
    version="3.1">

    …생략(DBCPInitListener, CharacterEncodingFilter 관련 설정)

    <servlet>
        <servlet-name>ControllerUsingURI</servlet-name>
        <servlet-class>mvc.controller.ControllerUsingURI</servlet-class>
        <init-param>
            <param-name>configFile</param-name>
            <param-value>
                /WEB-INF/commandHandlerURI.properties
            </param-value>
        </init-param>
        <load-on-startup>1</load-on-startup>
    </servlet>

    <servlet-mapping>
        <servlet-name>ControllerUsingURI</servlet-name>
        <url-pattern>*.do</url-pattern>
    </servlet-mapping>

</web-app>
```

아직까지 구현한 커맨드 핸들러 코드는 없으므로 commandHandlerURI.properties 파일은 [리스트 21.7]과 같이 설정 정보를 담지 않은 빈 파일로 작성한다.

[리스트 21.7] board/WebContent/WEB-INF/commandHandlerURI.properties

```
# comment
```

NOTE

MVC 구조를 사용하지 않고 JSP만 사용해서 예제를 작성할 수도 있지만, 실제 현업에서는 MVC 패턴에 따라 웹 어플리케이션을 개발하는 경우가 많다. MVC 구조를 사용하면 다소 코드 구성이 복잡해지지만, 실전에 대비하려면 MVC 구조의 기본적인 동작 방식을 이해하는 것이 중요하다. 만약 18장을 읽지 않았다면 18장을 반드시 학습해서 MVC에 대한 기본적인 이해를 갖춘 후에 이 장의 예제를 실습해야 한다.

07 회원 가입 기능 구현

회원 가입 기능의 명세는 다음과 같다.

- 회원 가입 요청을 하면 입력을 위한 폼을 보여준다.
- 입력 폼에 아이디, 이름, 암호, 암호 확인을 입력하고 전송하면 가입에 성공한다.
- 동일한 아이디를 가진 회원이 존재하면 에러 메시지와 함께 다시 폼을 보여준다.
- 입력한 암호와 암호 확인이 일치하지 않으면 에러 메시지와 함께 다시 폼을 보여준다.

이 기능을 위해 구현할 코드는 [그림 21.2]와 같다.

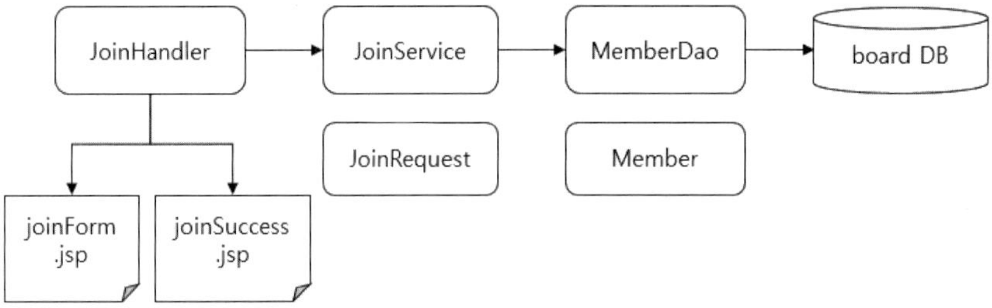

[그림 21.2] 회원 가입 기능을 위해 구현할 코드

각 코드의 역할은 다음과 같다.

- JoinHandler : 사용자의 요청을 받는다. 사용자가 폼을 요청한 경우 폼을 보여준다. 폼 데이터를 전송한 경우 JoinService를 이용해서 회원 가입을 처리한다.
  - joinForm.jsp : 회원 가입 폼을 보여준다.
  - joinSuccess.jsp : 회원 가입 처리에 성공한 경우 결과를 보여준다.
- JoinService : 회원 가입 기능을 구현한다.
  - JoinRequest : 회원 가입할 때 필요한 데이터를 담는다. 폼에 입력한 값을 이 객체에 담아 JoinService에 전달한다.
- MemberDao : member 테이블과 관련된 쿼리를 실행한다.
- Member : member 테이블과 관련된 클래스로서 회원 데이터를 담는다.

7.1 회원 정보 보관을 위한 DB 테이블과 관련 Member 클래스

앞서 생성한 board 데이터베이스에 member 테이블을 생성한다. 테이블 생성 쿼리는 [리스트 21.8]과 같다.

[리스트 21.8] board/sql/ddl.sql

```
create table board.member (
    memberid varchar(50) primary key,
    name varchar(50) not null,
    password varchar(10) not null,
    regdate datetime not null
) engine=InnoDB default character set = utf8;
```

member 테이블의 데이터를 담을 때 사용할 Member 클래스는 [리스트 21.9]와 같다.

[리스트 21.9] board/src/member/model/Member.java

```
package member.model;

import java.util.Date;

public class Member {

    private String id;
    private String name;
    private String password;
    private Date regDate;

    public Member(String id, String name, String password, Date regDate) {
        this.id = id;
        this.name = name;
        this.password = password;
        this.regDate = regDate;
    }

    public String getId() {
        return id;
    }

    public String getName() {
        return name;
    }

    public String getPassword() {
        return password;
```

```
29:     }
30:
31:     public Date getRegDate() {
32:         return regDate;
33:     }
34:
35:     public boolean matchPassword(String pwd) {
36:         return password.equals(pwd);
37:     }
38:
39: }
```

35~37행의 matchPassword() 메서드는 암호 변경 기능을 구현할 때 사용한다.

7.2 MemberDao 구현

MemberDao 클래스는 [리스트 21.10]과 같다.

[리스트 21.10] board/src/member/dao/MemberDao.java

```
package member.dao;

import java.sql.Connection;
import java.sql.PreparedStatement;
import java.sql.ResultSet;
import java.sql.SQLException;
import java.sql.Timestamp;
import java.util.Date;

import jdbc.JdbcUtil;
import member.model.Member;

public class MemberDao {

    public Member selectById(Connection conn, String id) throws SQLException {
        PreparedStatement pstmt = null;
        ResultSet rs = null;
        try {
            pstmt = conn.prepareStatement(
                    "select * from member where memberid = ?");
            pstmt.setString(1, id);
            rs = pstmt.executeQuery();
            Member member = null;
            if (rs.next()) {
                member = new Member(
```

```
26:                     rs.getString("memberid"),
27:                     rs.getString("name"),
28:                     rs.getString("password"),
29:                     toDate(rs.getTimestamp("regdate")));
30:             }
31:             return member;
32:         } finally {
33:             JdbcUtil.close(rs);
34:             JdbcUtil.close(pstmt);
35:         }
36:     }
37: 
38:     private Date toDate(Timestamp date) {
39:         return date == null ? null : new Date(date.getTime());
40:     }
41: 
42:     public void insert(Connection conn, Member mem) throws SQLException {
43:         try (PreparedStatement pstmt =
44:                 conn.prepareStatement("insert into member values(?,?,?,?)")) {
45:             pstmt.setString(1, mem.getId());
46:             pstmt.setString(2, mem.getName());
47:             pstmt.setString(3, mem.getPassword());
48:             pstmt.setTimestamp(4, new Timestamp(mem.getRegDate().getTime()));
49:             pstmt.executeUpdate();
50:         }
51:     }
52: }
```

15-36행	member 테이블에서 memberid 칼럼 값이 id 파라미터와 동일한 데이터를 조회한다. 데이터가 존재하면 24-30행의 코드를 이용해서 Member 객체를 생성한다. JDBC에서 날짜 시간 타입은 Timestamp이고 Member에서 사용한 시간 관련 타입은 Date이기 때문에, Member 객체를 생성할 때 29행처럼 Timestamp를 Date로 변환한다. 데이터가 존재하지 않으면 Member 객체를 생성하지 않으므로 null을 리턴한다.
42-51행	member 테이블에 데이터를 추가한다.

지금은 회원 가입 기능을 구현하는 데 필요한 메서드만 추가했다. 회원 정보 수정 기능을 구현할 때 다른 메서드를 추가할 것이다.

7.3 JoinService와 JoinRequest 구현

MemberDao를 이용해서 실제로 회원 가입 기능을 처리하는 코드를 만들어보자. 먼저 만들 코드는 JoinRequest 클래스이다. JoinRequest 클래스는 JoinService가 회원 가입 기능을 구현할 때 필요한 요청 데이터를 담는 클래스로서 [리스트 21.11]과 같다.

[리스트 21.11] board/src/member/service/JoinRequest.java

```
package member.service;

import java.util.Map;

public class JoinRequest {

    private String id;
    private String name;
    private String password;
    private String confirmPassword;

    public String getId() {
        return id;
    }

    public void setId(String id) {
        this.id = id;
    }

    public String getName() {
        return name;
    }

    public void setName(String name) {
        this.name = name;
    }

    public String getPassword() {
        return password;
    }

    public void setPassword(String password) {
        this.password = password;
    }

    public String getConfirmPassword() {
        return confirmPassword;
    }

    public void setConfirmPassword(String confirmPassword) {
        this.confirmPassword = confirmPassword;
    }

    public boolean isPasswordEqualToConfirm() {
        return password != null && password.equals(confirmPassword);
```

```
46:     }
47:
48:     public void validate(Map<String, Boolean> errors) {
49:         checkEmpty(errors, id, "id");
50:         checkEmpty(errors, name, "name");
51:         checkEmpty(errors, password, "password");
52:         checkEmpty(errors, confirmPassword, "confirmPassword");
53:         if (!errors.containsKey("confirmPassword")) {
54:             if (!isPasswordEqualToConfirm()) {
55:                 errors.put("notMatch", Boolean.TRUE);
56:             }
57:         }
58:     }
59:
60:     private void checkEmpty(Map<String, Boolean> errors,
61:             String value, String fieldName) {
62:         if (value == null || value.isEmpty())
63:             errors.put(fieldName, Boolean.TRUE);
64:     }
65: }
```

07-10행	회원 가입 기능을 구현할 때 필요한 요청 데이터를 보관하는 필드로 아이디, 이름, 암호, 암호 확인 값을 저장한다.
12-42행	각 필드를 위한 get/set 메서드이다.
44-46행	password 필드와 confirmPassword 필드 값이 같은지 검사한다. 필드 데이터가 유효한지 여부를 검사할 때 사용한다.
48-58행	각 필드의 데이터가 유효한지 검사한다. 파라미터로 전달받는 errors 맵 객체는 에러 정보를 담기 위해 사용한다. 예를 들어, id 필드 값이 올바르지 않는 경우 errors 맵 객체에 "id" 키의 값으로 TRUE 값을 추가한다. 이 errors 파라미터는 뒤에서 살펴볼 JoinHandler에서 생성해서 전달한다. 54-56행에서는 44행에 정의한 isPasswordEqualToConfirm() 메서드를 이용해서 암호와 확인값이 일치하지 않으면 "notMatch"라는 에러 키를 추가한다.
60-64행	value가 값이 없는 경우 errors 맵 객체의 fieldName 키에 TRUE를 값으로 추가한다.

validate() 메서드는 값이 올바른지 검사하는 기능을 제공한다. 값이 올바르지 않으면 파라미터로 전달받은 errors 맵 객체에 (키, True) 쌍을 추가한다. 이때 키는 어떤 에러가 발생했는지를 의미한다. 예를 들어, 55행에서는 키값으로 "notMatch"를 사용하는데, JSP 코드에서는 이 키를 이용해서 확인 암호를 잘못 입력했는지 여부를 판단한다.

validate() 메서드와 errors 맵 객체가 실제로 어떻게 사용되는지는 JoinHandler 클래스와 JSP 코드에서 살펴보도록 하자.

회원 가입을 처리할 때 동일한 아이디를 갖는 데이터가 이미 존재하면 익셉션을 발생할 것이다. 이때 사용할 익셉션 클래스는 [리스트 21.12]와 같다.

[리스트 21.12] board/src/member/service/DuplicateIdException.java

```
package member.service;

public class DuplicateIdException extends RuntimeException {

}
```

회원 가입 기능을 제공하는 JoinService 클래스의 소스 코드는 [리스트 21.13]과 같다.

[리스트 21.13] board/src/member/service/JoinService.java

```
package member.service;

import java.sql.Connection;
import java.sql.SQLException;
import java.util.Date;

import jdbc.JdbcUtil;
import jdbc.connection.ConnectionProvider;
import member.dao.MemberDao;
import member.model.Member;

public class JoinService {

    private MemberDao memberDao = new MemberDao();

    public void join(JoinRequest joinReq) {
        Connection conn = null;
        try {
            conn = ConnectionProvider.getConnection();
            conn.setAutoCommit(false);

            Member member = memberDao.selectById(conn, joinReq.getId());
            if (member != null) {
                JdbcUtil.rollback(conn);
                throw new DuplicateIdException();
            }

            memberDao.insert(conn,
                    new Member(
                            joinReq.getId(),
                            joinReq.getName(),
                            joinReq.getPassword(),
                            new Date())
                    );
            conn.commit();
```

```
36:         } catch (SQLException e) {
37:             JdbcUtil.rollback(conn);
38:             throw new RuntimeException(e);
39:         } finally {
40:             JdbcUtil.close(conn);
41:         }
42:     }
43: }
```

19-20행	DB 커넥션을 구하고, 트랜잭션을 시작한다.
22행	MemberDao의 selectById()를 이용해서 joinReq.getId()에 해당하는 회원 데이터를 구한다.
23-26행	가입하려는 ID에 해당하는 데이터가 이미 존재하면, 트랜잭션을 롤백하고 DuplicateIdException을 발생시킨다.
28-34행	joinReq를 이용해서 Member 객체를 생성하고, MemberDao의 insert()를 실행해서 회원 데이터를 테이블에 삽입한다.
35행	트랜잭션을 커밋한다.
36-38행	처리 도중 SQLException이 발생하면 트랜잭션을 롤백하고, RuntimeException을 발생시킨다.
40행	커넥션을 종료한다.

7.4 JoinHandler와 JSP 구현

JoinHandler는 다음과 같이 구현한다.

- GET 방식으로 요청이 오면 폼을 보여주는 뷰인 joinForm.jsp를 리턴한다.
- POST 방식으로 요청이 오면 회원 가입을 처리하고 결과를 보여주는 뷰를 리턴한다.
  - 입력 데이터가 잘못된 경우 다시 joinForm.jsp를 뷰로 리턴한다.
  - 회원 가입에 성공한 경우 joinSuccess.jsp를 뷰로 리턴한다.

JoinHandler는 18장의 MVC에서 CommandHandler를 구현한 클래스로 코드는 [리스트 21.14]와 같다.

[리스트 21.14] board/src/member/command/JoinHandler.java

```
package member.command;

import java.util.HashMap;
import java.util.Map;

import javax.servlet.http.HttpServletRequest;
import javax.servlet.http.HttpServletResponse;
```

```java

import member.service.DuplicateIdException;
import member.service.JoinRequest;
import member.service.JoinService;
import mvc.command.CommandHandler;

public class JoinHandler implements CommandHandler {

    private static final String FORM_VIEW = "/WEB-INF/view/joinForm.jsp";
    private JoinService joinService = new JoinService();

    @Override
    public String process(HttpServletRequest req, HttpServletResponse res) {
        if (req.getMethod().equalsIgnoreCase("GET")) {
            return processForm(req, res);
        } else if (req.getMethod().equalsIgnoreCase("POST")) {
            return processSubmit(req, res);
        } else {
            res.setStatus(HttpServletResponse.SC_METHOD_NOT_ALLOWED);
            return null;
        }
    }

    private String processForm(HttpServletRequest req, HttpServletResponse res) {
        return FORM_VIEW;
    }

    private String processSubmit(HttpServletRequest req, HttpServletResponse res) {
        JoinRequest joinReq = new JoinRequest();
        joinReq.setId(req.getParameter("id"));
        joinReq.setName(req.getParameter("name"));
        joinReq.setPassword(req.getParameter("password"));
        joinReq.setConfirmPassword(req.getParameter("confirmPassword"));

        Map<String, Boolean> errors = new HashMap<>();
        req.setAttribute("errors", errors);

        joinReq.validate(errors);

        if (!errors.isEmpty()) {
            return FORM_VIEW;
        }

        try {
            joinService.join(joinReq);
            return "/WEB-INF/view/joinSuccess.jsp";
        } catch (DuplicateIdException e) {
```

```
55:             errors.put("duplicateId", Boolean.TRUE);
56:             return FORM_VIEW;
57:         }
58:     }
59:
60: }
```

14행	CommandHandler 인터페이스를 구현한다.
20-29행	요청 방식이 GET이면 processForm()을 실행하고, 요청 방식이 POST이면 processSubmit()을 실행한다. GET 또는 POST가 아니면 405 응답 코드를 전송한다.
31-33행	processForm()은 폼을 보여주는 뷰 경로를 리턴한다.
35-58행	processSubmit()은 폼 전송을 처리한다.
36-40행	폼에 입력한 데이터를 이용해서 JoinRequest 객체를 생성한다.
42-43행	에러 정보를 담을 맵 객체를 생성하고, "errors" 속성에 저장한다.
45행	JoinRequest 객체의 값이 올바른지 검사한다. 값이 올바르지 않을 경우 errors 맵 객체에 키를 추가한다. [리스트 21.11]에서 JoinRequest의 validate() 메서드 코드를 보자.
47-49행	errors 맵 객체에 데이터가 존재하면, 폼 뷰 경로를 리턴한다. errors에 데이터가 존재한다는 것은 joinReq 객체의 데이터가 올바르지 않아 45행에서 errors에 에러와 관련된 키를 추가했다는 것을 의미한다. joinReq는 폼에 입력한 데이터를 저장하고 있으므로, 폼에 입력한 데이터가 올바르지 않으면 다시 폼을 보여주게 된다.
52행	JoinService의 join() 메서드를 실행한다. 가입 처리에 성공하면 53행에서 성공 결과를 보여줄 뷰 경로를 리턴한다.
54-56행	동일한 아이디로 가입한 회원이 존재하면 52행에서 DuplicateIdException이 발생한다. 이 경우 errors에 "duplicateId" 키를 추가하고, 폼을 위한 뷰 경로를 리턴한다.

processForm() 메서드는 데이터가 올바르지 않을 경우 errors 맵 객체에 (키, TRUE) 쌍을 추가한다. 예를 들어, JoinRequest의 validate() 메서드는 데이터가 올바르지 않으면 다음과 같이 errors 맵 객체에 잘못된 데이터와 관련된 키를 추가했다.

```
public void validate(Map<String, Boolean> errors) {
    ...
    if (!errors.containsKey("confirmPassword")) {
        if (!isPasswordEqualToConfirm()) {
            errors.put("notMatch", Boolean.TRUE);
        }
    }
}
```

errors 맵 객체에 데이터가 존재한다는 것은 데이터에 에러가 있다는 것을 의미한다. 보통 폼에 입력한 값이 잘못되면, 에러 화면을 보여주기보다는 알맞은 에러 메시지와 함께 폼을 다시 보여준다. JoinHandler도 에러가 존재하면 47~49행이나 54~56행처럼 폼을 보여주는 뷰 경로를 리턴해서 폼을 다시 출력하도록 했다.

43행 코드를 보면 errors 맵 객체를 request의 "errors" 속성에 저장하는데, 그 이유는 폼을 위한 JSP 코드에서 발생한 에러에 따라 알맞은 에러 메시지를 보여주기 위함이다. 예를 들어, JSP 코드는 다음과 같은 코드를 이용해서 특정 에러가 발생했는지 확인할 수 있다.

```
<c:if test="${errors.name}">이름을 입력하세요.</c:if>
```

앞서 JoinRequest의 validate() 메서드를 보면 name 필드 값이 null이거나 빈 문자열이면 errors 맵에 ("name", True) 쌍을 값으로 추가하는데, 이 경우 위 코드의 ${errors.name}의 값이 true가 되어 "이름을 입력하세요"라는 에러 메시지를 출력하게 된다.

폼을 보여줄 때 사용할 joinForm.jsp 코드는 [리스트 21.15]와 같다.

[리스트 21.15] board/WebContent/WEB-INF/view/joinForm.jsp

```
<%@ page contentType="text/html; charset=utf-8"%>
<%@ taglib prefix="c" uri="http://java.sun.com/jsp/jstl/core" %>
<!DOCTYPE html>
<html>
<head>
<title>가입</title>
</head>
<body>
<form action="join.do" method="post">
<p>
    아이디:<br/><input type="text" name="id" value="${param.id}">
    <c:if test="${errors.id}">ID를 입력하세요.</c:if>
    <c:if test="${errors.duplicateId}">이미 사용중인 아이디입니다.</c:if>
</p>
<p>
    이름:<br/><input type="text" name="name" value="${param.name}">
    <c:if test="${errors.name}">이름을 입력하세요.</c:if>
</p>
<p>
    암호:<br/><input type="password" name="password">
    <c:if test="${errors.password}">암호를 입력하세요.</c:if>
</p>
<p>
    확인:<br/><input type="password" name="confirmPassword">
    <c:if test="${errors.confirmPassword}">확인을 입력하세요.</c:if>
    <c:if test="${errors.notMatch}">암호와 확인이 일치하지 않습니다.</c:if>
</p>
<input type="submit" value="가입">
</form>
</body>
</html>
```

joinForm.jsp는 12~13행처럼 errors 속성을 사용해서 에러 유무를 확인하고 알맞은 에러 메시지를 출력한다.

JoinHandler가 회원 가입 처리에 성공할 때 사용하는 뷰 코드는 [리스트 21.16]과 같다.

[리스트 21.16] board/WebContent/WEB-INF/view/joinSuccess.jsp

```
<%@ page contentType="text/html; charset=utf-8"%>
<!DOCTYPE html>
<html>
<head>
<title>가입 완료</title>
</head>
<body>
${param.name}님, 회원 가입에 성공했습니다.
<br/>
</body>
</html>
```

7.5 JoinHandler를 위한 매핑 설정

이제 마지막으로 작업할 코드는 CommandHandler를 위한 매핑 설정을 추가하는 것이다. commandHandlerURI.properties 파일을 [리스트 21.17]과 같이 작성한다.

[리스트 21.17] board/WebContent/WEB-INF/commandHandlerURI.properties

```
/join.do=member.command.JoinHandler
```

7.6 회원 가입 기능 테스트

회원 가입 기능을 테스트하는 데 필요한 모든 기능을 구현했으니, 잘 동작하는지 테스트를 해보자. 톰캣을 구동한 뒤 http://localhost:8080/board/join.do를 웹 브라우저에 입력한다. 그러면 [그림 21.3]과 같은 회원 가입 폼이 출력된다.

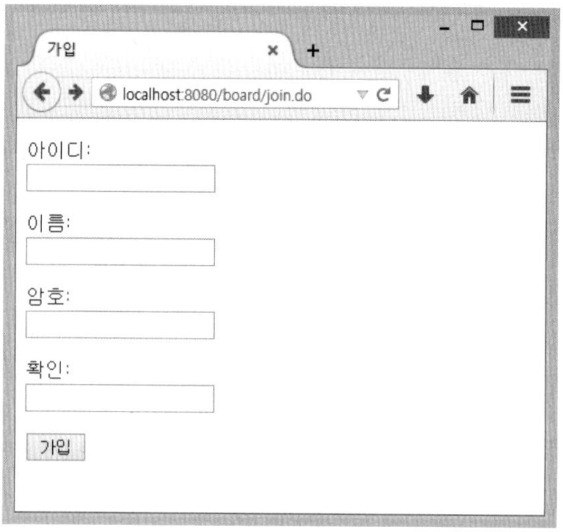

[그림 21.3] 회원 가입 폼 출력 화면

아무 값도 입력하지 않고 [가입] 버튼을 클릭해보자. 그러면 [그림 21.4]와 같이 다시 폼 화면을 보여주며 각 항목에 알맞은 에러 메시지가 출력되는 것을 확인할 수 있다.

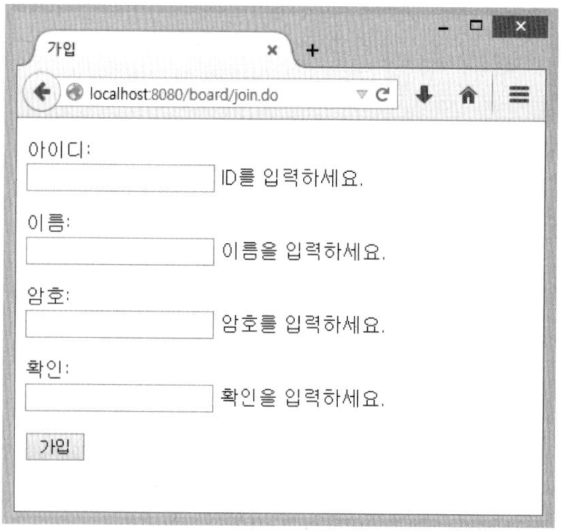

[그림 21.4] 에러 메시지 출력 화면

모든 정보를 제대로 입력한 뒤 [가입] 버튼을 클릭하면 [그림 21.5]와 같은 결과가 출력된다. DB 테이블을 조회하면 데이터가 삽입된 것을 확인할 수 있을 것이다.

[그림 21.5] 회원 가입 성공시 응답 화면

중복된 아이디를 입력해보자. [그림 21.6]과 같이 알맞은 에러 메시지가 출력되는 것을 확인할 수 있다.

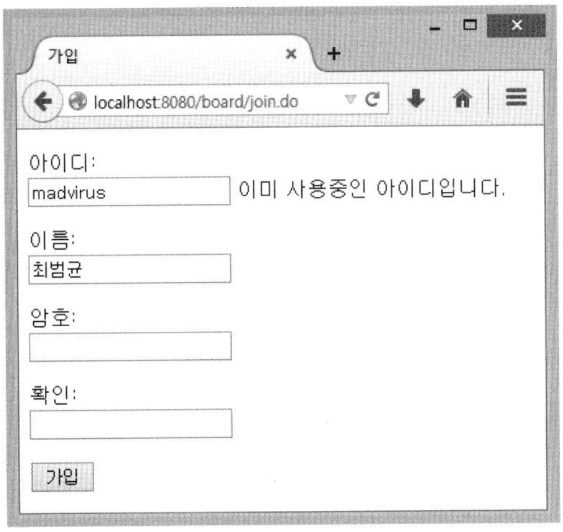

[그림 21.6] 중복된 아이디를 입력한 경우의 응답 화면

08 로그인 기능 구현

회원 가입 기능을 구현했으니 다음으로 구현할 기능은 로그인/로그아웃 기능이다. 이 예제에서는 사용자가 로그인했는지 여부를 판단하기 위해 세션을 사용한다. 로그인에 성공하면 이름이 "authUser"인 세션 속성에 인증 관련 값을 보관하고, 로그아웃을 실행하면 세션을 종료할 것이다.

> **용어 인증**
>
> 로그인은 인증(authentication)의 한 방법이다. 서비스를 사용하는 사람이 본인이 맞는지 확인하는 것을 인증이라고 한다. 로그인 상태를 유지한다는 것은 인증 상태를 유지한다는 것을 의미하며, 웹 어플리케이션에서 보통 이런 인증 상태 정보는 서버 세션이나 쿠키에 저장한다.

로그인 기능의 명세는 다음과 같다.

- 로그인 요청을 하면 로그인을 위한 폼을 보여준다.
- 입력 폼에 아이디와 암호를 입력하고 전송하면 검사한다.
- 아이디나 암호가 맞지 않으면 에러 메시지와 함께 다시 폼을 보여준다.
- 아이디와 암호가 일치하면 첫 화면으로 이동한다.

이 기능을 위해 구현할 코드는 [그림 21.7]과 같다.

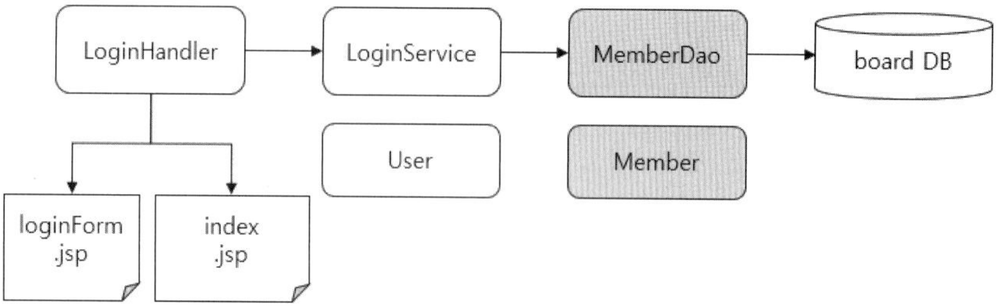

[그림 21.7] 로그인 기능을 위해 구현할 코드

MemberDao 클래스와 Member 클래스는 추가할 내용이 없으므로 그대로 사용한다. 나머지 코드 역할은 다음과 같다.

- **LoginHandler** : 사용자의 요청을 받는다. 사용자가 폼을 요청한 경우 폼을 보여주고, 폼 데이터를 전송한 경우 LoginService를 이용해서 인증을 처리한다.
  - **loginForm.jsp** : 로그인 폼을 보여준다.
  - **index.jsp** : board 웹 어플리케이션의 첫 화면을 보여준다.
- **LoginService** : 인증 관련 기능을 구현한다.
  - **User** : 인증에 성공한 사용자의 정보를 담는다. 이 객체를 세션에 저장한다.

8.1 LoginService와 User 구현

LoginService 클래스는 사용자가 입력한 아이디와 암호가 올바른지 검사한다. 아이디와 암호가 일치하면 로그인 한 사용자 정보를 담은 User 객체를 리턴한다. 아이디와 암호가 잘못된 경우 LoginFailException을 발생시킨다.

LoginService에서 필요로 하는 클래스인 User 클래스는 [리스트 21.18]과 같고, LoginFailException 클래스는 [리스트 21.19]와 같다.

[리스트 21.18] board/src/auth/service/User.java

```
package auth.service;

public class User {

    private String id;
    private String name;

    public User(String id, String name) {
        this.id = id;
        this.name = name;
```

```
    }

    public String getId() {
        return id;
    }

    public String getName() {
        return name;
    }

}
```

[리스트 21.19] board/src/auth/service/LoginFailException.java

```
package auth.service;

public class LoginFailException extends RuntimeException {

}
```

LoginService 클래스의 코드는 [리스트 21.20]과 같다. LoginService는 MemberDao를 이용해서 아이디에 해당하는 회원 데이터가 존재하는지 확인한다. 회원 데이터가 존재하지 않거나 암호가 일치하지 않으면 LoginFailException을 발생한다. 암호가 일치하면 회원 아이디와 이름을 담은 User 객체를 생성해서 리턴한다.

[리스트 21.20] board/src/auth/service/LoginService.java

```
package auth.service;

import java.sql.Connection;
import java.sql.SQLException;

import jdbc.connection.ConnectionProvider;
import member.dao.MemberDao;
import member.model.Member;

public class LoginService {

    private MemberDao memberDao = new MemberDao();

    public User login(String id, String password) {
        try (Connection conn = ConnectionProvider.getConnection()) {
            Member member = memberDao.selectById(conn, id);
            if (member == null) {
                throw new LoginFailException();
```

```
            }
            if (!member.matchPassword(password)) {
                throw new LoginFailException();
            }
            return new User(member.getId(), member.getName());
        } catch (SQLException e) {
            throw new RuntimeException(e);
        }
    }
}
```

회원 가입을 처리한 JoinService 클래스의 join() 메서드는 JoinRequest 클래스를 이용해서 필요한 데이터를 전달받았는데, 이와 달리 LoginService 클래스의 login() 메서드는 필요한 데이터가 아이디와 암호뿐이어서 데이터를 담기 위한 별도의 클래스를 만들지 않고 아이디와 암호를 파라미터로 전달받도록 구현했다.

8.2 LoginHandler 구현

LoginHandler 클래스는 JoinHandler 클래스와 매우 유사하다. GET 방식 요청이 오면 폼을 위한 뷰를 리턴하고 POST 방식 요청이 오면 LoginService를 이용해서 로그인을 처리한다. LoginHandler의 코드는 [리스트 21.21]과 같다.

[리스트 21.21] board/src/auth/command/LoginHandler.java

```
package auth.command;

import java.util.HashMap;
import java.util.Map;

import javax.servlet.http.HttpServletRequest;
import javax.servlet.http.HttpServletResponse;

import auth.service.LoginFailException;
import auth.service.LoginService;
import auth.service.User;
import mvc.command.CommandHandler;

public class LoginHandler implements CommandHandler {

    private static final String FORM_VIEW = "/WEB-INF/view/loginForm.jsp";
    private LoginService loginService = new LoginService();

    @Override
    public String process(HttpServletRequest req, HttpServletResponse res)
```

```
    throws Exception {
        if (req.getMethod().equalsIgnoreCase("GET")) {
            return processForm(req, res);
        } else if (req.getMethod().equalsIgnoreCase("POST")) {
            return processSubmit(req, res);
        } else {
            res.setStatus(HttpServletResponse.SC_METHOD_NOT_ALLOWED);
            return null;
        }
    }

    private String processForm(HttpServletRequest req, HttpServletResponse res) {
        return FORM_VIEW;
    }

    private String processSubmit(HttpServletRequest req, HttpServletResponse res)
    throws Exception {
        String id = trim(req.getParameter("id"));
        String password = trim(req.getParameter("password"));

        Map<String, Boolean> errors = new HashMap<>();
        req.setAttribute("errors", errors);

        if (id == null || id.isEmpty())
            errors.put("id", Boolean.TRUE);
        if (password == null || password.isEmpty())
            errors.put("password", Boolean.TRUE);

        if (!errors.isEmpty()) {
            return FORM_VIEW;
        }

        try {
            User user = loginService.login(id, password);
            req.getSession().setAttribute("authUser", user);
            res.sendRedirect(req.getContextPath() + "/index.jsp");
            return null;
        } catch (LoginFailException e) {
            errors.put("idOrPwNotMatch", Boolean.TRUE);
            return FORM_VIEW;
        }
    }

    private String trim(String str) {
        return str == null ? null : str.trim();
    }
}
```

38-39행	폼에서 전송한 id 파라미터와 password 파라미터 값을 구한다.
41-42행	에러 정보를 담을 맵 객체를 생성하고 errors 속성에 저장한다.
44-47행	id나 password 값이 없을 경우 에러를 추가한다.
49-51행	에러가 존재하면 폼 뷰를 리턴한다.
54행	loginService.login()을 이용해서 인증을 수행한다. 로그인에 성공하면 User 객체를 리턴한다.
55행	User 객체를 세션의 authUser 속성에 저장한다.
56행	/index.jsp로 리다이렉트한다.
58-61행	로그인에 실패해서 LoginFailException이 발생하면 해당 에러를 추가하고, 폼을 위한 뷰를 리턴한다.

LoginHandler를 구현했다면, LoginHandler가 /login.do 요청을 처리하도록 매핑 설정에 추가한다.

[리스트 21.22] board/WebContent/WEB-INF/commandHandlerURI.properties

```
/join.do=member.command.JoinHandler
/login.do=auth.command.LoginHandler
```

8.3 loginForm.jsp과 index.jsp 구현

로그인 폼을 보여줄 loginForm.jsp는 [리스트 21.23]과 같다.

[리스트 21.23] board/WebContent/WEB-INF/view/loginForm.jsp

```
<%@ page contentType="text/html; charset=utf-8"%>
<%@ taglib prefix="c" uri="http://java.sun.com/jsp/jstl/core" %>
<!DOCTYPE html>
<html>
<head>
<title>로그인</title>
</head>
<body>
<form action="login.do" method="post">
<c:if test="${errors.idOrPwNotMatch}">
아이디와 암호가 일치하지 않습니다.
</c:if>
<p>
    아이디:<br/><input type="text" name="id" value="${param.id}">
    <c:if test="${errors.id}">ID를 입력하세요.</c:if>
</p>
<p>
    암호:<br/><input type="password" name="password">
```

```
    <c:if test="${errors.password}">암호를 입력하세요.</c:if>
</p>
<input type="submit" value="로그인">
</form>
</body>
</html>
```

로그인에 성공할 때 사용할 index.jsp 코드는 [리스트 21.24]와 같다.

[리스트 21.24] board/WebContent/index.jsp

```
01: <%@ page contentType="text/html; charset=utf-8"%>
02: <%@ taglib prefix="c" uri="http://java.sun.com/jsp/jstl/core" %>
03: <!DOCTYPE html>
04: <html>
05: <head>
06: <title>회원제 게시판 예제</title>
07: </head>
08: <body>
09: 
10: <c:if test="${! empty authUser}">
11:     ${authUser.name}님, 안녕하세요.
12:     <a href="logout.do">[로그아웃하기]</a>
13:     <a href="changePwd.do">[암호변경하기]</a>
14: </c:if>
15: <c:if test="${empty authUser}">
16:     <a href="join.do">[회원가입하기]</a>
17:     <a href="login.do">[로그인하기]</a>
18: </c:if>
19: 
20: <br/>
21: </body>
22: </html>
```

LoginHandler는 로그인에 성공하면 세션의 authUser 속성에 User 객체를 저장한다. 따라서, 로그인했는지 여부는 10행이나 14행처럼 authUser 속성이 존재하는지 여부를 이용해서 확인할 수 있다.

8.4 로그인 기능 테스트

로그인 기능을 테스트해 보자. 톰캣을 실행하고 http://localhost:8080/board/index.jsp를 웹 브라우저에서 실행하자. [그림 21.8]과 같이 로그인하지 않았을 때의 화면이 보일 것이다.

[그림 21.8] 로그인 전 index.jsp의 결과

[로그인하기] 링크를 클릭해서 /login.do 경로로 이동해보자. GET 방식 요청이므로 LoginHandler는 loginForm.jsp를 뷰로 리턴하고 결과로 [그림 21.9]와 같은 화면이 출력된다.

[그림 21.9] 로그인 폼 출력 결과

로그인 폼 화면에서 올바르지 않은 아이디나 암호를 입력하면 [그림 21.10]과 같은 에러 메시지를 출력한다.

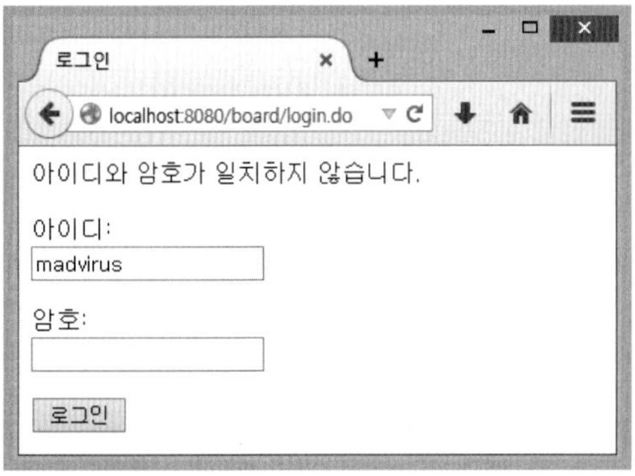

[그림 21.10] 아이디나 암호가 잘못된 경우의 처리 결과

아이디와 암호를 모두 올바르게 입력했다면, LoginHandler는 /index.jsp로 리다이렉트 한다. 리다이렉트한 결과를 보면 [그림 21.11]처럼 index.jsp 코드의 14~17행의 코드가 실행된 것을 확인할 수 있다. 이 결과는 session의 authUser 속성에 User 객체가 저장된 것을 의미한다. 즉, LoginHandler가 올바르게 동작한 것을 알 수 있다.

[그림 21.11] 로그인에 성공한 경우 index.jsp의 결과

09 로그아웃 기능 구현

로그인 기능을 구현했으니 로그아웃을 기능을 구현하자. 로그아웃 기능을 제공하는 LogoutHandler는 [리스트 21.25]와 같다.

[리스트 21.25] board/src/auth/command/LogoutHandler.java

```
package auth.command;

import javax.servlet.http.HttpServletRequest;
import javax.servlet.http.HttpServletResponse;
import javax.servlet.http.HttpSession;

import mvc.command.CommandHandler;

public class LogoutHandler implements CommandHandler {

    @Override
    public String process(HttpServletRequest req, HttpServletResponse res)
    throws Exception {
        HttpSession session = req.getSession(false);
        if (session != null) {
            session.invalidate();
        }
        res.sendRedirect(req.getContextPath() + "/index.jsp");
        return null;
    }

}
```

LogoutHandler는 세션이 존재하면 세션을 종료한다. 세션을 종료하면 세션에 저장된 "authUser" 속성도 함께 삭제되므로 로그아웃 처리된다.

새로운 CommandHandler를 구현했으니 commandHandlerURI.properties 파일에 [리스트 21.26]처럼 매핑 설정을 추가한다.

[리스트 21.26] board/WebContent/WEB-INF/commandHandlerURI.properties

```
01: /join.do=member.command.JoinHandler
02: /login.do=auth.command.LoginHandler
03: /logout.do=auth.command.LogoutHandler
```

앞서 [그림 21.11]과 같이 로그인한 상태에서 http://localhost:8080/board/index.jsp에 접근하면 로그아웃 링크가 출력된다. 이 링크를 클릭하면 LogoutHandler를 실행해서 로그아웃을 처리한다. LogoutHandler는 로그아웃 처리 후 index.jsp로 리다이렉트하므로, 로그아웃 링크를 클릭해보면 [그림 21.8]과 같이 로그인 전의 index.jsp 실행 화면이 출력되는 것을 확인할 수 있다.

10 로그인 여부 검사 기능

10.1 LoginCheckFilter 구현

보통 웹 사이트에서 회원 정보를 수정하려면 먼저 로그인해야 한다. 로그인하지 않은 상태에서 회원 정보 수정 URL에 접근하면 로그인 폼으로 이동해서 먼저 로그인하도록 유도한다. 회원 정보 수정 기능처럼 로그인 한 경우에만 접근할 수 있는 기능을 구현하려면, 다음과 같은 코드를 추가해야 한다.

- 로그인 여부를 검사한다.
- 로그인하지 않았으면 로그인 화면으로 이동시킨다.
- 로그인했다면 요청한 기능을 실행한다.

각 기능을 구현한 코드마다 로그인 여부를 검사하는 코드를 추가할 수 있지만, 이 경우 중복된 코드가 증가해서 나중에 코드 관리에 어려움을 겪을 수 있다. 로그인 여부를 검사하는 로직은 여러 기능에 공통으로 적용되기 때문에, 각각의 기능마다 코드를 추가하는 것보다는 공통 코드로 처리하는 방법을 찾는 것이 좋다.

서블릿/JSP 프로그래밍은 공통 로직을 수행하기에 적합한 기법을 제공하고 있는데, 그것은 바로 필터를 사용하는 것이다. 필터에서 로그인 여부를 검사하면, 나머지 코드를 수정할 필요 없이 로그인 여부 검사 로직을 수행할 수 있다. 단지 필터를 알맞게 구현하고 로그인 여부를 검사해야 하는 경로에 필터를 매핑해주기만 하면 된다.

로그인 여부를 검사하는 필터는 [리스트 21.27]과 같이 구현할 수 있다.

[리스트 21.27] board/src/filter/LoginCheckFilter.java

```
package filter;

import java.io.IOException;

import javax.servlet.Filter;
import javax.servlet.FilterChain;
import javax.servlet.FilterConfig;
import javax.servlet.ServletException;
import javax.servlet.ServletRequest;
import javax.servlet.ServletResponse;
import javax.servlet.http.HttpServletRequest;
import javax.servlet.http.HttpServletResponse;
import javax.servlet.http.HttpSession;

public class LoginCheckFilter implements Filter {

    @Override
    public void doFilter(ServletRequest req, ServletResponse res, FilterChain chain)
            throws IOException, ServletException {
        HttpServletRequest request = (HttpServletRequest) req;
        HttpSession session = request.getSession(false);
        if (session == null || session.getAttribute("authUser") == null) {
            HttpServletResponse response = (HttpServletResponse)res;
            response.sendRedirect(request.getContextPath() + "/login.do");
        } else {
            chain.doFilter(req, res);
        }
    }

    @Override
    public void init(FilterConfig config) throws ServletException {
    }

    @Override
    public void destroy() {
    }

}
```

22-24행	세션이 존재하지 않거나 세션에 "authUser" 속성이 없으면 login.do로 리다이렉트한다.
26행	세션에 "authUser" 속성이 존재하면 로그인한 것으로 판단하고 기능을 실행한다.

필터를 구현했으니 web.xml 파일에 필터 매핑을 추가하자.

[리스트 21.28] board/WebContent/WEB-INF/web.xml

```
01: <?xml version="1.0" encoding="UTF-8"?>
02: <web-app xmlns="http://xmlns.jcp.org/xml/ns/javaee"
03:     xmlns:xsi="http://www.w3.org/2001/XMLSchema-instance"
04:     xsi:schemaLocation="http://xmlns.jcp.org/xml/ns/javaee
05:         http://xmlns.jcp.org/xml/ns/javaee/web-app_3_1.xsd"
06:     version="3.1">
07:
08:     ...다른코드생략
09:
10:     <filter>
11:         <filter-name>LoginCheckFilter</filter-name>
12:         <filter-class>filter.LoginCheckFilter</filter-class>
13:     </filter>
14:     <filter-mapping>
15:         <filter-name>LoginCheckFilter</filter-name>
16:         <url-pattern>/changePwd.do</url-pattern>
17:     </filter-mapping>
18: </web-app>
```

16행에서 <url-pattern>의 값으로 "/changePwd.do"를 주었으므로, 이 경로로 오는 요청에 대해 로그인 여부를 검사한다. 아직 "/changePwd.do" 경로를 처리할 코드는 만들지 않았지만, 로그인 검사 필터가 제대로 동작하는지 확인해 볼 수는 있다. 톰캣을 실행하고 로그인하지 않은 상태에서 http://localhost:8080/board/changePwd.do URL을 입력해보자. [그림 21.12]처럼 로그인 폼으로 이동하는 것을 확인할 수 있을 것이다. 로그인한 상태에서 이 경로를 실행하면 404 에러가 발생하는데, 그 이유는 /changePwd.do 요청에 해당하는 CommandHandler를 구현하지 않았기 때문이다.

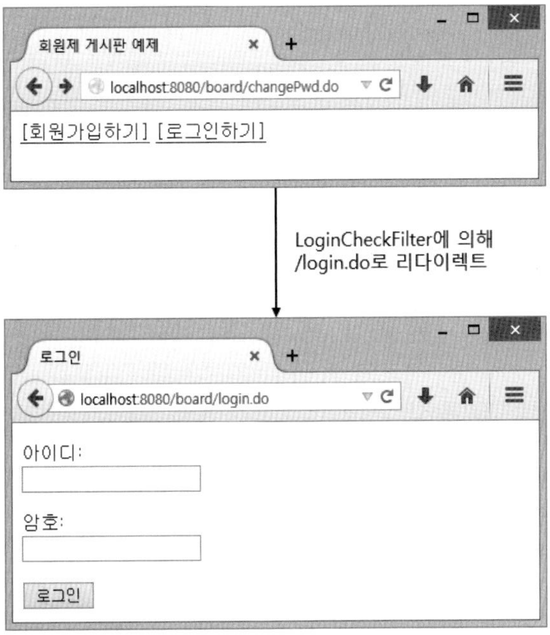

[그림 21.12] LoginCheckFilter가 로그인 여부를 검사한 결과

10.2 로그인 여부 검사 커스텀 태그 구현

index.jsp 코드를 다시 보자. JSP 코드에서 로그인 여부를 검사할 때 사용한 코드는 다음과 같다.

```
<c:if test="${! empty authUser}">
    ${authUser.name}님, 안녕하세요.
    <a href="logout.do">[로그아웃하기]</a>
    <a href="changePwd.do">[암호변경하기]</a>
</c:if>
<c:if test="${empty authUser}">
    <a href="join.do">[회원가입하기]</a>
    <a href="login.do">[로그인하기]</a>
</c:if>
```

<c:if> 태그를 사용하는 것이 나쁘진 않지만, 코드 의미가 잘 드러날 수 있도록 다음과 같이 로그인 여부를 검사하는 커스텀 태그를 구현하면 좋을 것이다.

```
<u:isLogin>
    ${authUser.name}님, 안녕하세요.
    <a href="logout.do">[로그아웃하기]</a>
    <a href="changePwd.do">[암호변경하기]</a>
```

```
</u:isLogin>
<u:notLogin>
    <a href="join.do">[회원가입하기]</a>
    <a href="login.do">[로그인하기]</a>
</u:notLogin>
```

먼저 <u:isLogin> 커스텀 태그를 구현하자. 코드는 [리스트 21.29]와 같다. isLogin.tag는 세션에 authUser 속성이 존재하는 경우 07행 코드를 이용해서 태그의 몸체 내용을 출력한다.

[리스트 21.29] board/WebContent/WEB-INF/tag/isLogin.tag

```
01: <%@ tag body-content="scriptless" pageEncoding="utf-8" %>
02: <%@ tag trimDirectiveWhitespaces="true" %>
03: <%
04:     HttpSession httpSession = request.getSession(false);
05:     if (httpSession != null && httpSession.getAttribute("authUser") != null) {
06: %>
07: <jsp:doBody />
08: <%
09:     }
10: %>
```

notLogin.tag 구현은 isLogin.tag와 유사하다. 차이점이 있다면 세션이 존재하지 않을 때 몸체 내용을 출력한다는 것이다. 코드는 [리스트 21.30]과 같다.

[리스트 21.30] board/WebContent/WEB-INF/tag/notLogin.tag

```
<%@ tag body-content="scriptless" pageEncoding="utf-8" %>
<%@ tag trimDirectiveWhitespaces="true" %>
<%
    HttpSession httpSession = request.getSession(false);
    if (httpSession == null || httpSession.getAttribute("authUser") == null) {
%>
<jsp:doBody />
<%
    }
%>
```

실제로 커스텀 태그가 제대로 동작하는지 확인하기 위해 index.jsp 코드를 [리스트 21.31]과 같이 변경해 보자. 커스텀 태그를 사용했다는 것을 표시하기 위해 11행과 16행에 "CT:" 문자열을 추가했다.

[리스트 21.31] board/WebContent/index.jsp (커스텀 태그 사용)

```
<%@ page contentType="text/html; charset=utf-8"%>
<%@ taglib prefix="u" tagdir="/WEB-INF/tags" %>
<!DOCTYPE html>
<html>
<head>
<title>회원제 게시판 예제</title>
</head>
<body>

<u:isLogin>
    CT: ${authUser.name}님, 안녕하세요.
    <a href="logout.do">[로그아웃하기]</a>
    <a href="changePwd.do">[암호변경하기]</a>
</u:isLogin>
<u:notLogin>
    CT: <a href="join.do">[회원가입하기]</a>
    <a href="login.do">[로그인하기]</a>
</u:notLogin>
<br/>
</body>
</html>
```

코드를 변경했으니 웹 브라우저에서 로그인 전과 로그인 후에 index.jsp가 올바르게 실행되는지 확인해보자. [그림 21.13]과 같이 커스텀 태그가 올바르게 동작하는 것을 확인할 수 있을 것이다.

[그림 21.13] 커스텀 태그를 이용해서 로그인 여부 확인

11 암호 변경 기능 구현

암호 변경 기능은 로그인한 경우에만 실행할 수 있으므로, 로그인 여부 검사를 적용하기에 좋다. 이 장의 마지막 예제인 암호 변경 기능은 [그림 21.14]와 같은 코드로 구성된다.

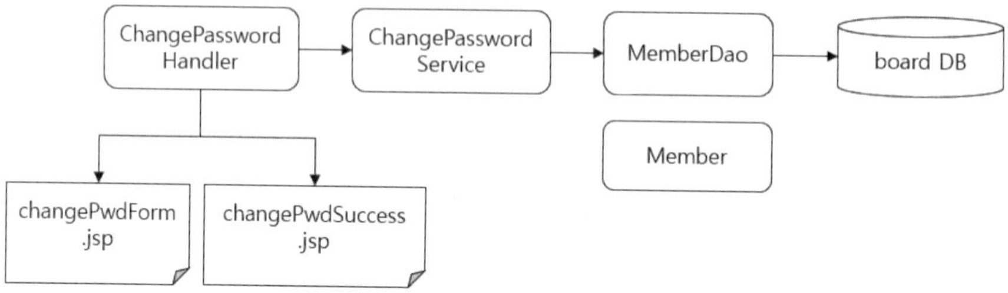

[그림 21.14] 암호 변경 기능을 위해 구현할 코드

앞서 회원 가입과 로그인 기능을 구현하면서 [그림 21.14]의 핸들러-서비스-DAO 구조의 구현 방식에 익숙해졌을 것이다. 간단하게 각 코드가 제공할 기능을 정리하면 다음과 같다.

- Member : 암호가 일치하는지 확인하고 암호를 변경하는 기능을 제공한다.
- MemberDao : member 테이블의 데이터를 수정하는 기능을 제공한다.
- ChangePasswordService : 특정 사용자의 암호를 변경하는 기능을 제공한다. 사용자 아이디, 현재 암호, 신규 암호를 입력으로 받아 암호를 변경한다.
- ChangePasswordHandler : 웹 브라우저의 암호 변경 요청을 처리한다. GET 요청이면 changePwdForm.jsp를 이용해서 폼을 보여준다. POST 요청이면 ChangePasswordService를 이용해서 암호 변경 기능을 실행한다. 암호 변경에 성공하면 changePwdSuccess.jsp를 뷰로 사용한다.

11.1 Member와 MemberDao에 암호 변경 관련 기능 구현

암호 변경 기능을 구현하기 위해 Member와 MemberDao 두 클래스에 코드를 추가해야 한다. 먼저 Member 클래스에 [리스트 21.32]와 같이 changePassword() 메서드를 추가한다.

[리스트 21.32] board/src/member/model/Member.java : changePassword() 메서드 추가

```
package member.model;

import java.util.Date;

public class Member {

    private String id;
    private String name;
    private String password;
    private Date regDate;

    public Member(String id, String name, String password, Date regDate) {
        this.id = id;
        this.name = name;
        this.password = password;
        this.regDate = regDate;
    }
    …코드생략

    public void changePassword(String newPwd) {
        this.password = newPwd;
    }

}
```

MemberDao 클래스에는 member 테이블의 데이터를 수정하기 위한 update() 메서드를 추가한다. 추가할 코드는 [리스트 21.33]과 같다.

[리스트 21.33] board/src/member/dao/MemberDao.java : update() 메서드 추가

```
package member.dao;

import java.sql.Connection;
import java.sql.PreparedStatement;
import java.sql.ResultSet;
import java.sql.SQLException;
import java.sql.Timestamp;
import java.util.Date;

import jdbc.JdbcUtil;
import member.model.Member;

public class MemberDao {

    ...코드생략
```

```

    public void update(Connection conn, Member member) throws SQLException {
        try (PreparedStatement pstmt = conn.prepareStatement(
            "update member set name = ?, password = ? where memberid = ?")) {
            pstmt.setString(1, member.getName());
            pstmt.setString(2, member.getPassword());
            pstmt.setString(3, member.getId());
            pstmt.executeUpdate();
        }
    }
}
```

MemberDao의 update() 메서드는 member 테이블의 memberid 필드가 member.getId()와 같은 레코드의 name과 password 필드 값을 변경한다.

11.2 ChangePasswordService 구현

암호 변경 기능은 다음의 두 가지 이유로 기능을 실행하는 데 실패할 수 있다.

- 암호를 변경할 회원 데이터가 존재하지 않는 경우
- 현재 암호가 일치하지 않는 경우(암호를 변경할 때 보통 현재 암호와 변경할 암호를 함께 입력하는데, 이때 현재 암호가 일치하지 않으면 암호 변경에 실패한다.)

이 두 가지 경우에 발생시킬 익셉션을 각각 [리스트 21.34]와 [리스트 21.35]로 작성한다.

[리스트 21.34] board/src/member/service/MemberNotFoundException.java

```
package member.service;

public class MemberNotFoundException extends RuntimeException {

}
```

[리스트 21.35] board/src/member/service/InvalidPasswordException.java

```
package member.service;

public class InvalidPasswordException extends RuntimeException {

}
```

암호 변경 기능을 제공할 ChangePasswordService 클래스는 [리스트 21.36]과 같이 구현한다.

[리스트 21.36] board/src/member/service/ChangePasswordService.java

```
01: package member.service;
02:
03: import java.sql.Connection;
04: import java.sql.SQLException;
05:
06: import jdbc.JdbcUtil;
07: import jdbc.connection.ConnectionProvider;
08: import member.dao.MemberDao;
09: import member.model.Member;
10:
11: public class ChangePasswordService {
12:
13:     private MemberDao memberDao = new MemberDao();
14:
15:     public void changePassword(String userId, String curPwd, String newPwd) {
16:         Connection conn = null;
17:         try {
18:             conn = ConnectionProvider.getConnection();
19:             conn.setAutoCommit(false);
20:
21:             Member member = memberDao.selectById(conn, userId);
22:             if (member == null) {
23:                 throw new MemberNotFoundException();
24:             }
25:             if (!member.matchPassword(curPwd)) {
26:                 throw new InvalidPasswordException();
27:             }
28:             member.changePassword(newPwd);
29:             memberDao.update(conn, member);
30:             conn.commit();
31:         } catch (SQLException e) {
32:             JdbcUtil.rollback(conn);
33:             throw new RuntimeException(e);
34:         } finally {
35:             JdbcUtil.close(conn);
36:         }
37:     }
38: }
```

15행	암호 변경 기능을 구현한다. userid는 암호를 변경할 회원 아이디를, curPwd는 현재 암호를, newPwd는 변경할 암호를 의미한다.
21행	userId에 해당하는 Member 데이터를 구한다.

22-24행	회원 데이터가 존재하지 않으면 MemberNotFoundException을 발생시킨다.
25-27행	curPwd가 회원의 실제 암호와 일치하지 않으면 InvalidPasswordException을 발생시킨다.
28행	member 객체의 암호 데이터를 변경한다.
29행	변경한 암호 데이터를 DB 테이블에 반영한다.

11.3 ChangePasswordHandler 구현

웹 브라우저의 암호 변경 요청을 처리할 ChangePasswordHandler 클래스는 [리스트 21.37]과 같다.

[리스트 21.37] board/src/member/command/ChangePasswordHandler.java

```
package member.command;

import java.util.HashMap;
import java.util.Map;

import javax.servlet.http.HttpServletRequest;
import javax.servlet.http.HttpServletResponse;

import auth.service.User;
import member.service.ChangePasswordService;
import member.service.InvalidPasswordException;
import member.service.MemberNotFoundException;
import mvc.command.CommandHandler;

public class ChangePasswordHandler implements CommandHandler {
    private static final String FORM_VIEW = "/WEB-INF/view/changePwdForm.jsp";
    private ChangePasswordService changePwdSvc = new ChangePasswordService();

    @Override
    public String process(HttpServletRequest req, HttpServletResponse res)
    throws Exception {
        if (req.getMethod().equalsIgnoreCase("GET")) {
            return processForm(req, res);
        } else if (req.getMethod().equalsIgnoreCase("POST")) {
            return processSubmit(req, res);
        } else {
            res.sendError(HttpServletResponse.SC_METHOD_NOT_ALLOWED);
            return null;
        }
    }

```

```
32:     private String processForm(HttpServletRequest req, HttpServletResponse res) {
33:         return FORM_VIEW;
34:     }
35:
36:
37:     private String processSubmit(HttpServletRequest req, HttpServletResponse res)
38:             throws Exception {
39:     User user = (User)req.getSession().getAttribute("authUser");
40:
41:     Map<String, Boolean> errors = new HashMap<>();
42:     req.setAttribute("errors", errors);
43:
44:     String curPwd = req.getParameter("curPwd");
45:     String newPwd = req.getParameter("newPwd");
46:
47:     if (curPwd == null || curPwd.isEmpty()) {
48:         errors.put("curPwd", Boolean.TRUE);
49:     }
50:     if (newPwd == null || newPwd.isEmpty()) {
51:         errors.put("newPwd", Boolean.TRUE);
52:     }
53:     if (!errors.isEmpty()) {
54:             return FORM_VIEW;
55:         }
56:
57:         try {
58:             changePwdSvc.changePassword(user.getId(), curPwd, newPwd);
59:             return "/WEB-INF/view/changePwdSuccess.jsp";
60:         } catch (InvalidPasswordException e) {
61:             errors.put("badCurPwd", Boolean.TRUE);
62:             return FORM_VIEW;
63:         } catch (MemberNotFoundException e) {
64:             res.sendError(HttpServletResponse.SC_BAD_REQUEST);
65:             return null;
66:         }
67:     }
68:
69: }
```

22-23행	GET 요청시 폼을 위한 뷰 경로를 리턴한다.
24-25행	POST 요청시 폼 전송을 처리한다.
39행	앞서 LoginHandler를 보면 로그인에 성공하면 세션의 authUser 속성에 사용자 정보를 저장했으므로, 세션에서 사용자 정보를 구한다. LoginCheckFilter를 이용해서 로그인한 사용자만 암호 변경 기능을 실행할 수 있도록 할 것이므로 세션에서 구한 사용자 정보는 null이 아니다.
41-42행	에러 정보를 담을 맵 객체를 생성하고 errors 속성에 저장한다.
44-45행	curPwd 요청 파라미터와 newPwd 요청 파라미터 값을 구한다.

47-52행	파라미터가 값이 없는 경우 errors 맵 객체에 에러 코드를 추가한다.
53-55행	에러가 존재하면 폼을 위한 뷰 경로를 리턴한다.
58행	암호 변경 기능을 실행한다.
59행	암호 변경에 성공하면 changePwdSuccess.jsp를 뷰로 리턴한다.
60-62행	현재 암호(curPwd)가 올바르지 않아 익셉션이 발생하면 관련 에러 코드를 추가하고 폼 뷰 경로를 리턴한다.
63-66행	암호를 변경할 회원 아이디가 존재하지 않아 익셉션이 발생하면 잘못된 요청을 의미하는 400(BAD_REQUEST) 상태 코드를 응답으로 전송한다.

ChangePasswordHandler가 /change.do 요청을 처리하도록 매핑 설정에 추가한다.

[리스트 21.38] board/WebContent/WEB-INF/commandHandlerURI.properties

```
/join.do=member.command.JoinHandler
/login.do=auth.command.LoginHandler
/logout.do=auth.command.LogoutHandler
/changePwd.do=member.command.ChangePasswordHandler
```

11.4 changePwdForm.jsp와 changePwdSuccess.jsp 구현

암호 변경 폼을 보여주는 changePwdForm.jsp는 [리스트 21.39]와 같다.

[리스트 21.39] board/WebContent/WEB-INF/view/changePwdForm.jsp

```
<%@ page contentType="text/html; charset=utf-8"%>
<%@ taglib prefix="c" uri="http://java.sun.com/jsp/jstl/core" %>
<!DOCTYPE html>
<html>
<head>
<title>암호 변경</title>
</head>
<body>
<form action="changePwd.do" method="post">
<p>
    현재 암호:<br/><input type="password" name="curPwd">
    <c:if test="${errors.curPwd}">현재 암호를 입력하세요.</c:if>
    <c:if test="${errors.badCurPwd}">현재 암호가 일치하지 않습니다.</c:if>
</p>
<p>
    새 암호:<br/><input type="password" name="newPwd">
    <c:if test="${errors.newPwd}">새 암호를 입력하세요.</c:if>
</p>
<input type="submit" value="암호 변경">
```

```
</form>
</body>
</html>
```

changePwdForm.jsp는 현재 암호와 새 암호를 입력받는 폼을 제공한다.

암호 변경에 성공했을 때 보여줄 changePwdSuccess.jsp는 [리스트 21.40]과 같다.

[리스트 21.40] board/WebContent/WEB-INF/view/changePwdSuccess.jsp

```
<%@ page contentType="text/html; charset=utf-8"%>
<!DOCTYPE html>
<html>
<head>
<title>암호 변경</title>
</head>
<body>

암호를 변경했습니다.

</body>
</html>
```

11.5 암호 변경 기능 테스트

톰캣을 재시작하고 로그인을 한 뒤에 http://localhost:8080/board/changePwd.do 주소를 웹 브라우저에 입력하자. [그림 21.15]와 같은 암호 변경 폼이 출력될 것이다.

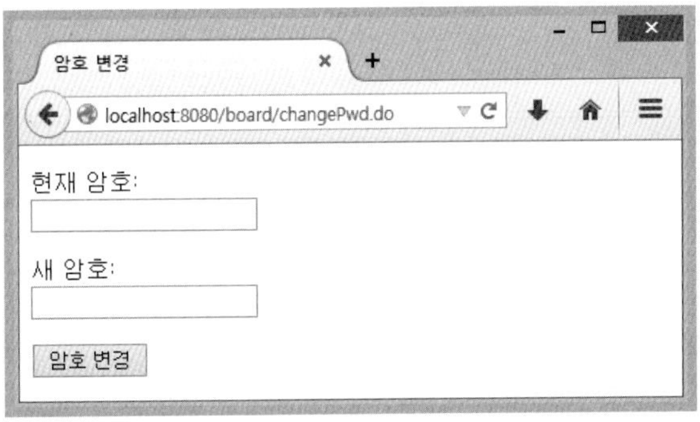

[그림 21.15] 암호 변경 폼

현재 암호를 잘못 입력하면 ChangePasswordHandler는 에러 맵 객체에 "badCurPwd" 에러 키를 추가하고 다시 폼을 보여주기 위해 폼 뷰를 리턴한다. changePwdForm.jsp는 errors 맵 객체의 badCurPwd 키값이 True면 [그림 21.16]과 같은 폼을 보여준다.

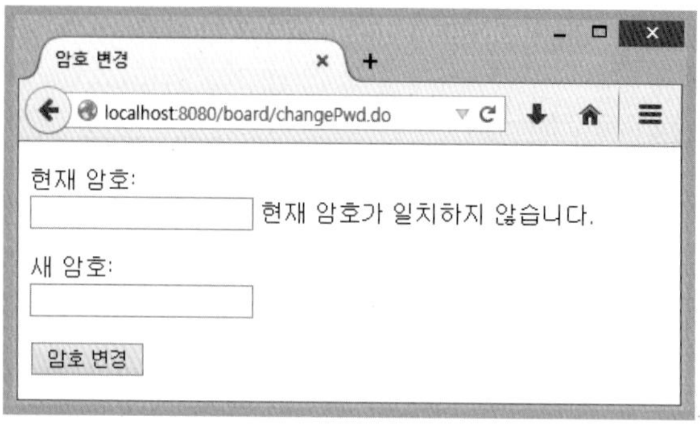

[그림 21.16] 현재 암호를 잘못 입력하면 다시 폼을 보여준다.

현재 암호를 올바르게 입력하고 새 암호를 입력하면 [그림 21.17]과 같이 changePwdSucess.jsp를 이용한 결과가 출력된다.

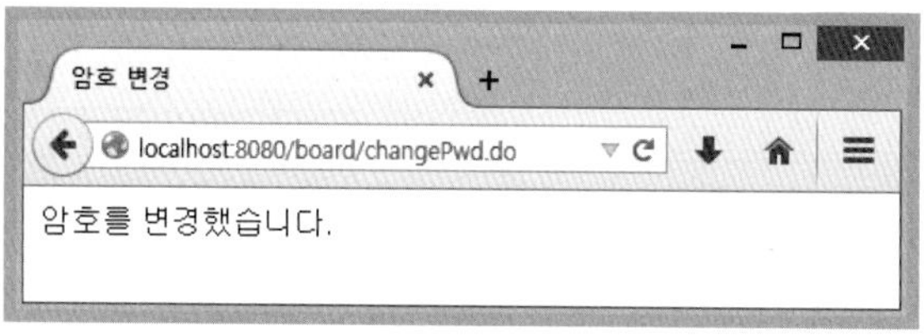

[그림 21.17] 암호 변경에 성공한 경우의 결과

12 정리

이 장에서 웹 어플리케이션을 개발하는 전형적인 구조를 익혔다. 이 장에서 사용한 코드 구조는 다음과 같다.

- MVC 구조 : 핸들러와 뷰
- 서비스-DAO 구조

이 장에서 사용한 MVC 구조는 일반적인 MVC 프레임워크에서 사용하는 구조와 동일하다. 차이점이 있다면 MVC 프레임워크가 보다 다양한 기능을 제공한다는 것뿐이다. 에러 메시지를 처리하기 위해 맵 객체에 에러 코드를 키로 저장했는데, 다른 MVC 프레임워크도 이와 유사한 방법으로 에러 코드를 처리한다. 역시 차이점이라면 MVC 프레임워크는 다양한 요구 조건을 처리할 수 있는 기능을 제공한다는 것뿐이다. 이 장의 예제를 착실히 따라 했다면 다른 MVC 프레임워크를 이해하는 데 도움이 될 것이다.

'핸들러(커맨드)-서비스-DAO' 구조는 처음 웹 개발을 시작할 때 익히기 쉬운 구조이다. 실제 현업에서 개발하는 많은 웹 어플리케이션이 이 구조를 사용하고 있다. 그러니 이 구조에 충분히 익숙해지도록 하자.

CHAPTER 22

회원제 게시판 구현 2 : 게시판 기능

이 장에서 다룰 내용

- 게시판 기능 구현 : 쓰기, 목록, 내용 조회, 수정

웹 어플리케이션을 개발하다 보면 주요 기능들이 등록-조회-수정-삭제로 구성되는 것을 알 수 있다. 이 구성을 연습하기에 좋은 것이 바로 게시판이다. 게시판의 게시글 등록, 조회, 수정, 삭제 기능을 만들다 보면 자연스럽게 필요한 기능을 구현하는 방법을 익히게 될 것이다.

01 게시판 기능 목록

이 장에서 구현할 게시판 기능은 다음과 같다.

- 게시글 등록
- 게시글 목록 조회
- 게시글 내용 조회
- 게시글 수정

이 기능을 구현하는 것은 21장에서 살펴본 회원 가입이나 로그인 기능을 구현하는 것과 유사하다. 서비스로 알맞은 로직을 구현하고 DAO로 DB 연동을 처리하고 MVC 패턴을 이용해서 웹 브라우저 요청을 제어하면 된다.

02 예제를 위한 테이블 생성

한 게시글이 갖는 데이터는 다음과 같다.

- 게시글 번호(아이디)
- 작성자 (아이디, 이름)
- 제목
- 내용
- 최초 작성일시
- 마지막 수정일시
- 조회수

게시글 데이터를 저장하기 위해 두 개의 테이블을 만들 것이다. 두 개의 테이블은 다음과 같다.

- **article** : 게시글 작성자, 제목, 작성일시, 수정일시, 조회수 데이터
- **article_content** : 내용 데이터

내용 데이터를 별도의 테이블에 저장하는 이유는 두 테이블에 담긴 데이터를 사용하는 비율이 다르기 때문이다. 예를 들어, 게시글 목록을 조회하는 경우에 내용은 사용하지 않는다. 반면에 게시글을 등록할 때에는 모든 데이터를 사용한다. 즉, 게시글의 내용 데이터는 다른 데이터와 함께 사용되기도 하고 함께 사용되지 않기도 한다. 그래서, 내용 데이터를 별도의 테이블로 분리했다.

article 테이블과 article_content 테이블을 [리스트 22.1]의 쿼리를 사용해서 생성한다.

[리스트 22.1] board/sql/ddl.sql : article 테이블 생성 쿼리

```
create table board.article (
    article_no int auto_increment primary key,
    writer_id varchar(50) not null,
    writer_name varchar(50) not null,
    title varchar(255) not null,
    regdate datetime not null,
    moddate datetime not null,
    read_cnt int
) engine=InnoDB default character set = utf8;

create table board.article_content (
```

```
    article_no int primary key,
    content text
) engine=InnoDB default character set = utf8;
```

게시글의 데이터가 article 테이블과 article_content 테이블에 저장되므로, 한 게시글에 대해 article 테이블의 article_no 칼럼과 article_content 테이블의 article_no 칼럼은 같은 값을 사용한다.

03 Writer, Article, ArticleContent 구현

article 테이블과 article_content 테이블의 데이터를 자바 코드에서 표현하기 위해 Article 클래스, Writer 클래스, ArticleContent 클래스를 사용할 것이다. 먼저 Writer 클래스는 게시글 작성자 정보를 담는 클래스로 [리스트 22.2]와 같다.

[리스트 22.2] board/src/article/model/Writer.java

```
package article.model;

public class Writer {

    private String id;
    private String name;

    public Writer(String id, String name) {
        this.id = id;
        this.name = name;
    }

    public String getId() {
        return id;
    }

    public String getName() {
        return name;
    }

}
```

Writer 클래스는 작성자의 아이디와 이름값을 저장한다.

Article 클래스의 코드는 [리스트 22.3]과 같다. 08행을 보면 작성자 정보를 보관하기 위해 앞서 구현한 Writer 타입의 필드를 정의한 것을 알 수 있다.

[리스트 22.3] board/src/article/model/Article.java

```
01: package article.model;
02:
03: import java.util.Date;
04:
05: public class Article {
06:
07:     private Integer number;
08:     private Writer writer;
09:     private String title;
10:     private Date regDate;
11:     private Date modifiedDate;
12:     private int readCount;
13:
14:     public Article(Integer number, Writer writer, String title,
15:             Date regDate, Date modifiedDate, int readCount) {
16:         this.number = number;
17:         this.writer = writer;
18:         this.title = title;
19:         this.regDate = regDate;
20:         this.modifiedDate = modifiedDate;
21:         this.readCount = readCount;
22:     }
23:
24:     public Integer getNumber() {
25:         return number;
26:     }
27:
28:     public Writer getWriter() {
29:         return writer;
30:     }
31:
32:     public String getTitle() {
33:         return title;
34:     }
35:
36:     public Date getRegDate() {
37:         return regDate;
38:     }
39:
40:     public Date getModifiedDate() {
```

```
        return modifiedDate;
    }

    public int getReadCount() {
        return readCount;
    }

}
```

ArticleContent 클래스는 [리스트 22.4]와 같다.

[리스트 22.4] board/src/article/model/ArticleContent.java

```
package article.model;

public class ArticleContent {

    private Integer number;
    private String content;

    public ArticleContent(Integer number, String content) {
        this.number = number;
        this.content = content;
    }

    public Integer getNumber() {
        return number;
    }

    public String getContent() {
        return content;
    }

}
```

세 클래스와 테이블의 관계를 정리하면 [그림 22.1]과 같다.

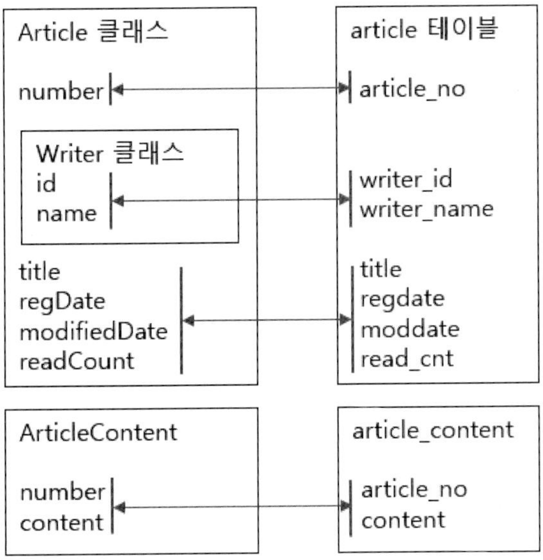

[그림 22.1] 클래스와 테이블 간의 연결 관계

04 게시글 쓰기 기능 구현

게시글 쓰기 기능의 명세는 다음과 같다.

- 게시글을 쓰기 위한 폼은 제목과 내용을 제공한다.
- 폼에 제목을 입력하지 않았으면 다시 폼을 보여준다.
- 로그인 한 사용자만 게시글 쓰기를 할 수 있다.

이 기능을 구현하기 위해 만들 코드 구성은 [그림 22.2]와 같다.

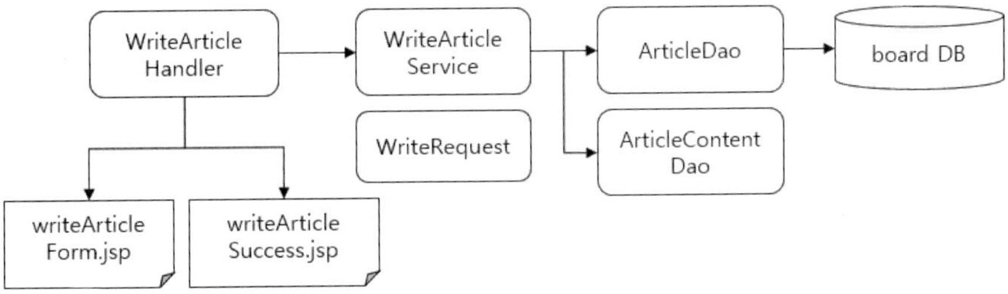

[그림 22.2] 게시글 등록 관련 코드 구성

각 클래스와 JSP 코드는 다음과 같은 기능을 제공한다.

- **ArticleDao 클래스와 ArticleContentDao 클래스** : article 테이블과 article_content 테이블에 데이터를 삽입하는 기능을 제공한다.
- **WriteArticleService 클래스** : 새로운 게시글 쓰기 기능을 제공한다. 두 DAO 클래스를 이용해서 기능을 구현한다.
  - **WriteRequest 클래스** : 신규 게시글을 등록할 때 필요한 데이터를 제공한다.
- **WriteArticleHandler 클래스** : 사용자의 게시글 쓰기 요청을 처리한다.
  - GET 요청이 오면 폼을 보여주는 writeArticleForm.jsp를 뷰로 사용한다.
  - POST 요청이 오면 WriteArticleService를 이용해서 게시글 쓰기 기능을 실행한다. 쓰기에 성공하면 writeArticleSuccess.jsp로 결과를 보여준다. 전송한 데이터가 유효하지 않으면 재입력을 위해 writeArticleForm.jsp로 다시 폼을 보여준다.

로그인 한 사용자만 게시글 쓰기 기능을 사용할 수 있도록 제한하기 위해 21장에서 구현한 LoginCheckFilter를 사용할 것이다.

4.1 ArticleDao와 ArticleContentDao의 데이터 추가 기능 구현

article 테이블과 article_content 테이블에 데이터를 추가할 때 사용할 ArticleDao 클래스와 ArticleContentDao 클래스를 구현하자. 그동안 구현한 DAO와 비교해서 ArticleDao 클래스의 insert() 메서드는 약간 복잡하다. 먼저 ArticleDao 클래스의 insert() 메서드를 보자. 코드는 [리스트 22.5]와 같다.

[리스트 22.5] board/src/article/dao/ArticleDao.java

```
package article.dao;

import java.sql.Connection;
import java.sql.PreparedStatement;
import java.sql.ResultSet;
import java.sql.SQLException;
import java.sql.Statement;
import java.sql.Timestamp;
import java.util.Date;

import article.model.Article;
import jdbc.JdbcUtil;

public class ArticleDao {

    public Article insert(Connection conn, Article article) throws SQLException {
        PreparedStatement pstmt = null;
```

```
18:         Statement stmt = null;
19:         ResultSet rs = null;
20:         try {
21:             pstmt = conn.prepareStatement("insert into article "
22:                 + "(writer_id, writer_name, title, regdate, moddate, read_cnt) "
23:                 + "values (?,?,?,?,?,0)");
24:             pstmt.setString(1, article.getWriter().getId());
25:             pstmt.setString(2, article.getWriter().getName());
26:             pstmt.setString(3, article.getTitle());
27:             pstmt.setTimestamp(4, toTimestamp(article.getRegDate()));
28:             pstmt.setTimestamp(5, toTimestamp(article.getModifiedDate()));
29:             int insertedCount = pstmt.executeUpdate();
30: 
31:             if (insertedCount > 0) {
32:                 stmt = conn.createStatement();
33:                 rs = stmt.executeQuery("select last_insert_id() from article");
34:                 if (rs.next()) {
35:                     Integer newNum = rs.getInt(1);
36:                     return new Article(newNum,
37:                             article.getWriter(),
38:                             article.getTitle(),
39:                             article.getRegDate(),
40:                             article.getModifiedDate(),
41:                             0);
42:                 }
43:             }
44:             return null;
45:         } finally {
46:             JdbcUtil.close(rs);
47:             JdbcUtil.close(stmt);
48:             JdbcUtil.close(pstmt);
49:         }
50:     }
51: 
52:     private Timestamp toTimestamp(Date date) {
53:         return new Timestamp(date.getTime());
54:     }
55: }
```

21-29행	INSERT 쿼리를 실행해서 article 테이블에 데이터를 삽입한다. article_no 칼럼은 자동 증가 칼럼이므로 INSERT 쿼리를 실행할 때 값을 지정하지 않는다.
33행	21~29행에서 article 테이블에 새롭게 추가한 행의 article_no 값을 구한다. 이 쿼리를 통해 article_no 칼럼의 값을 구할 수 있다.
35행	33행에서 실행한 쿼리로 구한 신규 게시글의 번호를 구한다.
36-41행	article 테이블에 추가한 데이터를 담은 Article 객체를 리턴한다.

ArticleDao 클래스의 insert() 메서드에서 눈여겨볼 점은 insert() 메서드의 리턴 타입이 Article이라는 것이다. insert() 메서드는 데이터 삽입에 성공하면 성공한 데이터를 담는 Article 객체를 리턴하고 데이터 삽입 결과 변경된 레코드가 없으면(즉, 삽입된 레코드가 없으면) null을 리턴한다. insert() 메서드를 사용하는 코드는 리턴 객체가 null인지 여부에 따라 알맞은 처리를 하게 된다.

```
Article savedArticle = articleDao.insert(article);
if (savedArticle == null) {
    // 데이터 저장 실패 처리
} else {
    // 데이터 저장 성공 처리
}
```

insert() 메서드의 또 다른 특이 사항은 33행이다. 33행에서 사용하는 쿼리는 다음과 같다.

```
select last_insert_id() from article
```

이 쿼리는 article 테이블에 추가된 최근 레코드의 주요키(ID) 값을 구한다. 33행에서 이 쿼리를 실행하면 21~29행에서 실행한 insert 쿼리 결과로 추가된 레코드의 article_no 칼럼 값을 구할 수 있다. 따라서, 35~41행에서 리턴하는 Article 객체의 number 필드는 추가한 레코드의 ID 값을 갖는다.

ArticleContentDao 클래스의 insert() 메서드 구현은 [리스트 22.6]과 같다. insert 쿼리 실행에 성공하면 파라미터로 전달받은 content 객체를 그대로 리턴하고 아니면 null을 리턴한다.

[리스트 22.6] board/src/article/dao/ArticleContentDao.java

```
package article.dao;

import java.sql.Connection;
import java.sql.PreparedStatement;
import java.sql.SQLException;

import article.model.ArticleContent;
import jdbc.JdbcUtil;

public class ArticleContentDao {

    public ArticleContent insert(Connection conn, ArticleContent content)
    throws SQLException {
        PreparedStatement pstmt = null;
```

```java
        try {
            pstmt = conn.prepareStatement(
                    "insert into article_content " +
                    "(article_no, content) values (?,?)");
            pstmt.setLong(1, content.getNumber());
            pstmt.setString(2, content.getContent());
            int insertedCount = pstmt.executeUpdate();
            if (insertedCount > 0) {
                return content;
            } else {
                return null;
            }
        } finally {
            JdbcUtil.close(pstmt);
        }
    }
}
```

4.2 WriteArticleService 구현

게시글 데이터를 DB에 삽입하는데 필요한 DAO를 구현했으니, 이 DAO를 이용해서 게시글 쓰기를 구현해 보자. 구현할 클래스는 다음과 같다.

- WriteRequest : 게시글 쓰기에 필요한 데이터를 제공한다.
- WriterArticleService : 게시글 쓰기 기능을 제공한다.

게시글을 쓰려면 세 개의 데이터–제목, 내용, 작성자–가 필요한데, 이 데이터를 전달할 때 사용할 WriteRequest 클래스는 [리스트 22.7]과 같다.

[리스트 22.7] board/src/article/service/WriteRequest.java

```java
package article.service;

import java.util.Map;

import article.model.Writer;

public class WriteRequest {

    private Writer writer;
    private String title;
    private String content;

```

```
13:     public WriteRequest(Writer writer, String title, String content) {
14:         this.writer = writer;
15:         this.title = title;
16:         this.content = content;
17:     }
18:
19:     public Writer getWriter() {
20:         return writer;
21:     }
22:
23:     public String getTitle() {
24:         return title;
25:     }
26:
27:     public String getContent() {
28:         return content;
29:     }
30:
31:     public void validate(Map<String, Boolean> errors) {
32:         if (title == null || title.trim().isEmpty()) {
33:             errors.put("title", Boolean.TRUE);
34:         }
35:     }
36: }
```

09-11행	게시글을 쓰는데 필요한 작성자, 제목, 내용 데이터를 정의한다.
31-35행	데이터가 유효한지 여부를 검사한다. 잘못된 데이터가 존재하면 errors 맵 객체에 관련 코드를 추가한다.

게시글 쓰기 기능을 제공할 WriteArticleService 클래스는 [리스트 22.8]과 같다.

[리스트 22.8] board/src/article/service/WriteArticleService.java

```
package article.service;

import java.sql.Connection;
import java.sql.SQLException;
import java.util.Date;

import article.dao.ArticleContentDao;
import article.dao.ArticleDao;
import article.model.Article;
import article.model.ArticleContent;
import jdbc.JdbcUtil;
import jdbc.connection.ConnectionProvider;

```

```
14: public class WriteArticleService {
15:
16:     private ArticleDao articleDao = new ArticleDao();
17:     private ArticleContentDao contentDao = new ArticleContentDao();
18:
19:     public Integer write(WriteRequest req) {
20:         Connection conn = null;
21:         try {
22:             conn = ConnectionProvider.getConnection();
23:             conn.setAutoCommit(false);
24:
25:             Article article = toArticle(req);
26:             Article savedArticle = articleDao.insert(conn, article);
27:             if (savedArticle == null) {
28:                 throw new RuntimeException("fail to insert article");
29:             }
30:             ArticleContent content = new ArticleContent(
31:                     savedArticle.getNumber(),
32:                     req.getContent());
33:             ArticleContent savedContent = contentDao.insert(conn, content);
34:             if (savedContent == null) {
35:                 throw new RuntimeException("fail to insert article_content");
36:             }
37:
38:             conn.commit();
39:
40:             return savedArticle.getNumber();
41:         } catch (SQLException e) {
42:             JdbcUtil.rollback(conn);
43:             throw new RuntimeException(e);
44:         } catch (RuntimeException e) {
45:             JdbcUtil.rollback(conn);
46:             throw e;
47:         } finally {
48:             JdbcUtil.close(conn);
49:         }
50:     }
51:
52:     private Article toArticle(WriteRequest req) {
53:         Date now = new Date();
54:         return new Article(null, req.getWriter(), req.getTitle(), now, now, 0);
55:     }
56: }
```

19행	write() 메서드는 WriteRequest 타입의 req 파라미터를 이용해서 게시글을 등록하고, 결과로 게시글 번호를 리턴한다.
23행	트랜잭션을 시작한다.

25행	WriteRequest로부터 Article 객체를 생성한다. insert 쿼리를 실행해야 id를 알 수 있으므로 52-55행에서 Article 객체를 생성할 때 number 값으로 null을 전달한다.
26행	ArticleDao의 insert() 메서드를 실행하고, 그 결과를 savedArticle에 할당한다. 데이터를 삽입한 경우 savedArticle은 null이 아니고, article 테이블에 추가한 데이터의 주요 키 값을 number 값으로 갖는다.
27-29행	savedArticle이 null이면 article 테이블에 삽입한 레코드가 없단 뜻이므로 익셉션을 발생한다.
30-32행	ArticleContent 객체를 생성한다. savedArticle의 게시글 번호를 사용한다. 즉, 26행에서 삽입한 데이터와 동일한 번호를 값으로 갖는 ArticleContent 객체를 생성한다.
33행	ArticleContentDao의 insert() 메서드를 실행해서 article_content 테이블에 데이터를 삽입한다.
34-36행	ArticleContentDao의 insert() 실행 결과가 null이면, 삽입된 데이터가 없는 것이므로 익셉션을 발생한다.
38행	트랜잭션을 커밋한다.
40행	새로 추가한 게시글 번호를 리턴한다.
41-46행	익셉션이 발생하면 트랜잭션을 롤백한다.

4.3 WriteArticleHandler 구현

웹 요청을 처리할 WriteArticleHandler를 구현할 차례이다. 게시글 작성 폼을 보여주고 폼 전송을 처리하므로, 앞서 21장에서 구현한 핸들러 코드처럼 GET 방식 요청과 POST 방식 요청을 별도의 메서드에서 처리한다. 구현 코드는 [리스트 22.9]와 같다.

[리스트 22.9] board/src/article/command/WriteArticleHandler.java

```
package article.command;

import java.util.HashMap;
import java.util.Map;

import javax.servlet.http.HttpServletRequest;
import javax.servlet.http.HttpServletResponse;

import article.model.Writer;
import article.service.WriteArticleService;
import article.service.WriteRequest;
import auth.service.User;
import mvc.command.CommandHandler;

public class WriteArticleHandler implements CommandHandler {
    private static final String FORM_VIEW = "/WEB-INF/view/newArticleForm.jsp";
    private WriteArticleService writeService = new WriteArticleService();

```

```
19:     @Override
20:     public String process(HttpServletRequest req, HttpServletResponse res) {
21:         if (req.getMethod().equalsIgnoreCase("GET")) {
22:             return processForm(req, res);
23:         } else if (req.getMethod().equalsIgnoreCase("POST")) {
24:             return processSubmit(req, res);
25:         } else {
26:             res.setStatus(HttpServletResponse.SC_METHOD_NOT_ALLOWED);
27:             return null;
28:         }
29:     }
30: 
31:     private String processForm(HttpServletRequest req, HttpServletResponse res) {
32:         return FORM_VIEW;
33:     }
34: 
35:     private String processSubmit(HttpServletRequest req, HttpServletResponse res) {
36:         Map<String, Boolean> errors = new HashMap<>();
37:         req.setAttribute("errors", errors);
38: 
39:         User user = (User)req.getSession(false).getAttribute("authUser");
40:         WriteRequest writeReq = createWriteRequest(user, req);
41:         writeReq.validate(errors);
42: 
43:         if (!errors.isEmpty()) {
44:             return FORM_VIEW;
45:         }
46: 
47:         int newArticleNo = writeService.write(writeReq);
48:         req.setAttribute("newArticleNo", newArticleNo);
49: 
50:         return "/WEB-INF/view/newArticleSuccess.jsp";
51:     }
52: 
53:     private WriteRequest createWriteRequest(User user, HttpServletRequest req) {
54:         return new WriteRequest(
55:                 new Writer(user.getId(), user.getName()),
56:                 req.getParameter("title"),
57:                 req.getParameter("content"));
58:     }
59: }
```

39행	세션에서 로그인한 사용자 정보를 구한다. 로그인 관련 부분은 21장을 참고한다.
40행	user와 HttpServletRequest를 이용해서 WriteRequest 객체를 생성한다.
41행	writeReq 객체가 유효한지 검사한다.
43-45행	에러가 존재하면 폼을 다시 보여준다.

47행	WriteArticleService를 이용해서 게시글을 등록하고, 등록된 게시글의 ID를 리턴받는다.
48행	새 글의 ID를 request의 newArticleId 속성에 저장한다. 처리 결과를 보여줄 JSP는 이 속성값을 사용해서 링크를 생성한다.

핸들러를 사용할 수 있도록 commandHandlerURI.properties 파일에 매핑을 추가한다.

[리스트 22.10] board/WebContent/WEB-INF/commandHandlerURI.properties

```
/join.do=member.command.JoinHandler
/login.do=auth.command.LoginHandler
/logout.do=auth.command.LogoutHandler
/changePwd.do=member.command.ChangePasswordHandler
/article/write.do=article.command.WriteArticleHandler
```

4.4 newArticleForm.jsp와 newArticleSuccess.jsp 구현

WriteArticleHandler가 뷰로 사용하는 JSP를 작성하자. 먼저 게시글 쓰기 폼을 제공하는 newArticleForm.jsp는 [리스트 22.11]과 같다.

[리스트 22.11] board/WebContent/WEB-INF/view/newArticleForm.jsp

```
<%@ page contentType="text/html; charset=utf-8"%>
<%@ taglib prefix="c" uri="http://java.sun.com/jsp/jstl/core" %>
<!DOCTYPE html>
<html>
<head>
<title>게시글 쓰기</title>
</head>
<body>
<form action="write.do" method="post">
<p>
    제목:<br/><input type="text" name="title" value="${param.title}">
    <c:if test="${errors.title}">제목을 입력하세요.</c:if>
</p>
<p>
    내용:<br/>
    <textarea name="content" rows="5" cols="30">${param.content}</textarea>
</p>
<input type="submit" value="새 글 등록">
</form>
</body>
</html>
```

게시글 쓰기에 성공했을 때 사용할 JSP는 [리스트 22.12]와 같다.

[리스트 22.12] board/WebContent/WEB-INF/view/newArticleSuccess.jsp

```
01: <%@ page contentType="text/html; charset=utf-8"%>
02: <!DOCTYPE html>
03: <html>
04: <head>
05: <title>게시글 등록</title>
06: </head>
07: <body>
08: 
09: 게시글을 등록했습니다.
10: <br>
11: ${ctxPath = pageContext.request.contextPath ; ''}
12: <a href="${ctxPath}/article/list.do">[게시글목록보기]</a>
13: <a href="${ctxPath}/article/read.do?no=${newArticleNo}">[게시글내용보기]</a>
14: </body>
15: </html>
```

newArticleSuccess.jsp는 이동 링크를 제공한다. 12행은 게시글 목록 보기 링크이고 13행은 게시글 내용 보기 링크이다. 게시글 내용 보기 링크를 생성하려면 조회할 게시글 번호가 필요한데, WriteArticleHandler에서 전달한 newArticleNo 속성을 게시글 번호로 사용한다.

4.5 로그인 검사 필터 적용

게시글 쓰기 기능은 로그인 한 사용자만 실행할 수 있게 할 것이므로 21장에서 구현한 LoginCheckFilter 매핑 설정에 [리스트 22.13]과 같이 게시글 쓰기 관련 경로를 추가한다.

[리스트 22.13] board/WebContent/WEB-INF/web.xml : LoginCheckFilter에 설정 추가

```
<?xml version="1.0" encoding="UTF-8"?>
<web-app …생략>
    ...코드생략

    <filter>
        <filter-name>LoginCheckFilter</filter-name>
        <filter-class>filter.LoginCheckFilter</filter-class>
    </filter>
    <filter-mapping>
        <filter-name>LoginCheckFilter</filter-name>
        <url-pattern>/changePwd.do</url-pattern>
        <url-pattern>/article/write.do</url-pattern>
```

```
13:     </filter-mapping>
14: </web-app>
```

4.6 게시글 쓰기 기능 테스트

게시글 쓰기 기능을 구현하는 데 필요한 기능을 구현했으니 테스트를 하자. 로그인하지 않은 상태에서 http://localhost:8080/board/article/write.do 주소를 입력하면 [그림 22.3]과 같이 로그인 화면으로 이동하는 것을 확인할 수 있다.

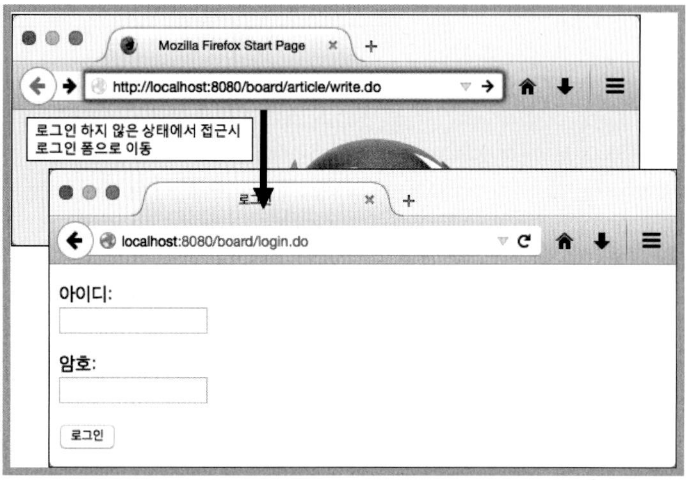

[그림 22.3] 글 쓰기 요청 경로에 LoginCheckFilter가 적용된 결과

로그인 후 다시 같은 경로에 접근하자. [그림 22.4]와 같은 게시글 입력 폼이 출력될 것이다.

[그림 22.4] 게시글 쓰기 폼

게시글 쓰기 폼에서 제목과 내용을 입력하고 [새 글 등록] 버튼을 클릭하면 [그림 22.5]와 같은 결과를 볼 수 있을 것이다.

[그림 22.5] 게시글 쓰기 결과

게시글 목록 보기 기능과 게시글 내용 보기 기능은 아직 구현하지 않았으므로, 링크를 클릭하면 에러가 발생한다. select 쿼리를 직접 실행해서 article 테이블과 article_content 테이블에 데이터가 올바르게 추가됐는지 확인해보도록 하자.

05 게시글 목록 조회 기능

게시글 조회 기능의 요구 사항을 다음과 같이 정의해보자.

- 게시글 목록을 요청하면 10개 게시글의 번호, 제목, 작성자, 조회수를 표 형식으로 출력한다.
- 게시글 목록을 요청할 때 페이지 번호를 지정하지 않으면, 가장 최근에 작성한 게시글 10개를 최근 순으로 보여준다.
- 요청한 페이지가 n이면, 가장 최근 게시글 순서로 (10*n)+1번째부터 10*(n+1) 번째까지 게시글 목록을 출력한다. 예를 들어, 게시글 번호가 1부터 55번인 게시글 55개가 있다고 해 보자. 이 경우 55번 게시글이 가장 최근 게시글이다. 이때 요청한 페이지가 3이면 화면에 표시할 게시글 번호 기준으로 35번 게시글부터 26번 게시글까지 10개 게시글을 출력한다. (최신 기준으로 55~46번 글이 1페이지, 45~36번 글이 2페이지, 35~26번 글이 3페이지에 해당한다.)
- 게시글 목록과 함께 이동 가능한 페이지 번호를 5페이지 단위로 표시한다.

이 기능을 구현하는 데 사용할 코드 구조는 [그림 22.6]과 같다.

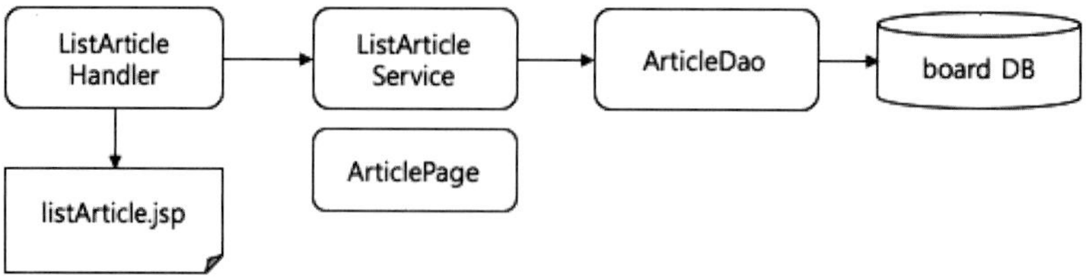

[그림 22.6] 게시글 목록 조회 기능 관련 코드

5.1 ArticleDao의 목록 조회 관련 기능 구현

게시글 목록을 표현하려면 다음의 두 데이터를 가져올 수 있어야 한다.

- 페이지 개수를 구하기 위한 전체 게시글 개수
- 지정한 행 번호에 해당하는 게시글 목록

이 두 데이터를 가져오는데 필요한 메서드를 ArticleDao에 추가해보자. 먼저 전체 게시글 개수를 구하기 위한 selectCount() 메서드를 [리스트 22.14]와 같이 구현한다.

[리스트 22.14] board/src/article/dao/ArticleDao.java : selectCount() 메서드

```
public int selectCount(Connection conn) throws SQLException {
    Statement stmt = null;
    ResultSet rs = null;
    try {
        stmt = conn.createStatement();
        rs = stmt.executeQuery("select count(*) from article");
        if (rs.next()) {
            return rs.getInt(1);
        }
        return 0;
    } finally {
        JdbcUtil.close(rs);
        JdbcUtil.close(stmt);
    }
}
```

selectCount() 메서드는 article 테이블의 전체 레코드 수를 리턴한다.

지정한 범위의 게시글을 읽어오기 위한 select() 메서드는 [리스트 22.15]와 같이 구현한다.

[리스트 22.15] board/src/article/dao/ArticleDao.java : select() 메서드

```
package article.dao;

...생략
import java.util.ArrayList;
import java.util.Date;
import java.util.List;

import article.model.Article;
import article.model.Writer;
import jdbc.JdbcUtil;

public class ArticleDao {
    ...생략

    public List<Article> select(Connection conn, int startRow, int size)
    throws SQLException {
        PreparedStatement pstmt = null;
        ResultSet rs = null;
        try {
            pstmt = conn.prepareStatement("select * from article " +
                    "order by article_no desc limit ?, ?");
            pstmt.setInt(1, startRow);
            pstmt.setInt(2, size);
            rs = pstmt.executeQuery();
            List<Article> result = new ArrayList<>();
            while (rs.next()) {
                result.add(convertArticle(rs));
            }
            return result;
        } finally {
            JdbcUtil.close(rs);
            JdbcUtil.close(pstmt);
        }
    }

    private Article convertArticle(ResultSet rs) throws SQLException {
        return new Article(rs.getInt("article_no"),
                new Writer(
                        rs.getString("writer_id"),
                        rs.getString("writer_name")),
                rs.getString("title"),
                toDate(rs.getTimestamp("regdate")),
                toDate(rs.getTimestamp("moddate")),
                rs.getInt("read_cnt"));
    }
```

```
46:
47:     private Date toDate(Timestamp timestamp) {
48:         return new Date(timestamp.getTime());
49:     }
```

List, ArrayList, Writer 타입을 사용하므로 04행, 06행, 09행처럼 import 구문에 사용할 세 가지 타입을 추가한다.

20~21행의 쿼리에서 눈여겨볼 쿼리는 limit 부분이다. MySQL에서 limit는 쿼리 실행 결과 중 일부 레코드만 조회할 때 사용한다. limit 다음의 첫 번째 숫자는 읽어올 레코드의 첫 번째 행 번호를 의미하고, 두 번째 숫자는 읽어올 레코드 개수를 의미한다. 이때 첫 번째 행 번호는 0번을 기준으로 한다. 예를 들어, 게시글 번호가 1부터 9인 게시글이 있다고 하자. 이 경우 "select * from article order by article_no desc limit 4, 2" 쿼리를 실행하면 다음 과정에 따라 게시글 번호가 5와 4인 레코드를 선택한다.

- "order by article_no desc"에 따라 게시글 번호 역순으로 정렬한다.
- 역순으로 정렬하면 [9, 8, 7, 6 ,5, 4, 3, 2, 1] 순으로 레코드를 정렬한다.
- limit 4, 2에 따라 5번째 레코드부터 2개의 레코드인 [5, 4] 레코드를 읽어온다.
- limit 6, 3이면 7번째 레코드부터 3개의 레코드인 [3, 2, 1] 레코드를 읽어온다.

limit의 이런 특징 때문에, 페이징 처리를 할 때 limit을 사용한다.

36~45행의 convertArticle() 메서드는 ResultSet에서 데이터를 읽어와 Article 객체를 생성한다.

5.2 ArticlePage와 ListArticleService 구현

전체 게시글 개수와 원하는 범위의 게시글 목록을 읽어오는 기능을 추가했으므로, 이제 게시글 목록을 제공하는 서비스 클래스를 구현할 차례이다. 먼저 게시글 데이터와 페이징 관련 정보를 담을 ArticlePage 클래스를 [리스트 22.16]과 같이 구현한다.

[리스트 22.16] board/src/article/service/ArticlePage.java

```
package article.service;

import java.util.List;

import article.model.Article;

public class ArticlePage {

```

```
    private int total;
    private int currentPage;
    private List<Article> content;
    private int totalPages;
    private int startPage;
    private int endPage;

    public ArticlePage(int total, int currentPage, int size, List<Article> content) {
        this.total = total;
        this.currentPage = currentPage;
        this.content = content;
        if (total == 0) {
            totalPages = 0;
            startPage = 0;
            endPage = 0;
        } else {
            totalPages = total / size;
            if (total % size > 0) {
                totalPages++;
            }
            int modVal = currentPage % 5;
            startPage = currentPage / 5 * 5 + 1;
            if (modVal == 0) startPage -= 5;

            endPage = startPage + 4;
            if (endPage > totalPages) endPage = totalPages;
        }
    }

    public int getTotal() {
        return total;
    }

    public boolean hasNoArticles() {
        return total == 0;
    }

    public boolean hasArticles() {
        return total > 0;
    }

    public int getCurrentPage() {
        return currentPage;
    }

    public int getTotalPages() {
```

```
55:         return totalPages;
56:     }
57: 
58:     public List<Article> getContent() {
59:         return content;
60:     }
61: 
62:     public int getStartPage() {
63:         return startPage;
64:     }
65: 
66:     public int getEndPage() {
67:         return endPage;
68:     }
69: }
```

09행	total은 전체 게시글의 개수를 보관한다. currentPage는 사용자가 요청한 페이지 번호를 보관한다. content는 화면에 출력할 게시글 목록을 보관한다. totalPages는 전체 페이지 개수를 보관한다. startPage와 endPage는 화면 하단에 보여줄 페이지 이동 링크의 시작 번호와 끝 번호를 저장한다.
20-23행	게시글 개수가 0개이면, totalPages, startPage, endPage를 모두 0으로 할당한다.
25-28행	게시글 개수를 이용해서 전체 페이지 개수를 구한다. 한 페이지에 보여줄 게시글 개수를 size로 전달받는데, 게시글 개수를 size로 나눈 값을 페이지 개수로 사용한다. 단, 전체 게시글 개수를 size로 나눈 나머지가 0보다 크면 페이지 수를 1 증가한다. 예를 들어, 전체 게시글 개수가 34이고, size가 10이라고 하자. 이 경우 34/10은 3이고(정수/정수는 정수이다), 34%10은 4이다. 따라서, 전체 페이지 개수는 25행 결과인 3에 26-28행의 결과로 1을 증가한 4가 된다. 게시글 개수가 60이면 60/10은 6이고 60%10은 0이므로, 전체 페이지 개수는 6이 된다.
29-31행	화면 하단에 보여줄 페이지 이동 링크의 시작 페이지 번호를 구한다. 화면 하단에 [1,2,3,4,5]나 [6,7,8,9,10]처럼 5개 페이지씩 이동 링크를 출력한다고 가정하자. 이 경우 현재 페이지가 3이면 시작 페이지가 1이 되고, 현재 페이지가 10이면 시작 페이지가 6이 된다.
33-34행	화면 하단에 보여줄 페이지 이동 링크의 끝 페이지 번호를 구한다. 화면 하단에 5개 페이지씩 이동 링크를 출력하므로 시작 페이지 번호에서 4를 추가한 값이 끝 페이지 번호이다.

전체 페이지 개수나 화면에 하단에 보여줄 이동 링크의 시작 페이지 번호, 끝 페이지 번호를 구하는 코드가 다소 복잡할 수 있는데, 다양한 경우의 수를 넣어서 직접 계산해보면 감을 잡을 수 있을 것이다.

ListArticleService 클래스는 [리스트 22.17]과 같다.

[리스트 22.17] board/src/article/service/ListArticleService.java

```
package article.service;

import java.sql.Connection;
```

```
04: import java.sql.SQLException;
05: import java.util.List;
06:
07: import article.dao.ArticleDao;
08: import article.model.Article;
09: import jdbc.connection.ConnectionProvider;
10:
11: public class ListArticleService {
12:
13:     private ArticleDao articleDao = new ArticleDao();
14:     private int size = 10;
15:
16:     public ArticlePage getArticlePage(int pageNum) {
17:         try (Connection conn = ConnectionProvider.getConnection()) {
18:             int total = articleDao.selectCount(conn);
19:             List<Article> content = articleDao.select(
20:                     conn, (pageNum - 1) * size, size);
21:             return new ArticlePage(total, pageNum, size, content);
22:         } catch (SQLException e) {
23:             throw new RuntimeException(e);
24:         }
25:     }
26: }
```

18행	전체 게시글의 개수를 구한다.
19-20행	pageNum에 해당하는 게시글 목록을 구한다. articleDao.select() 메서드의 두 번째 파라미터는 조회할 레코드의 시작 행이다. 시작 행은 0번 기준으로 (pageNum-1)*size를 시작 행 번호로 사용한다. 예를 들어, 3페이지를 요청하면 (3-1)*10인 20을 시작 행 번호로 사용한다. 3페이지는 21번째 레코드부터 10개의 레코드를 구하므로, 시작 행 번호는 20이 된다.
21행	ArticlePage 객체를 리턴한다.

5.3 ListArticleHandler 구현

웹 요청을 처리하는 ListArticleHandler는 [리스트 22.18]과 같다.

[리스트 22.18] board/src/article/command/ListArticleHandler.java

```
package article.command;

import javax.servlet.http.HttpServletRequest;
import javax.servlet.http.HttpServletResponse;

import article.service.ArticlePage;
import article.service.ListArticleService;
```

```
08: import mvc.command.CommandHandler;
09:
10: public class ListArticleHandler implements CommandHandler {
11:
12:     private ListArticleService listService = new ListArticleService();
13:
14:     @Override
15:     public String process(HttpServletRequest req, HttpServletResponse res)
16:             throws Exception {
17:         String pageNoVal = req.getParameter("pageNo");
18:         int pageNo = 1;
19:         if (pageNoVal != null) {
20:             pageNo = Integer.parseInt(pageNoVal);
21:         }
22:         ArticlePage articlePage = listService.getArticlePage(pageNo);
23:         req.setAttribute("articlePage", articlePage);
24:         return "/WEB-INF/view/listArticle.jsp";
25:     }
26:
27: }
```

17-21행	pageNo 파라미터 값을 이용해서 읽어올 페이지 번호를 구한다.
22행	ListArticleHandler를 이용해서 지정한 페이지 번호에 해당하는 게시글 데이터를 구한다.
23행	ArticlePage 객체를 JSP에서 사용할 수 있도록 request의 articlePage 속성에 저장한다.

ListArticleHandler를 구현했다면 commandHandlerURI.properties 파일에 매핑 정보를 추가한다.

[리스트 22.19] board/WebContent/WEB-INF/commandHandlerURI.properties

```
/join.do=member.command.JoinHandler
/login.do=auth.command.LoginHandler
/logout.do=auth.command.LogoutHandler
/changePwd.do=member.command.ChangePasswordHandler
/article/write.do=article.command.WriteArticleHandler
/article/list.do=article.command.ListArticleHandler
```

5.4 listArticle.jsp 구현

listArticle.jsp는 [리스트 22.20]과 같다.

[리스트 22.20] board/WebContent/WEB-INF/view/listArticle.jsp

```
<%@ page contentType="text/html; charset=utf-8"%>
<%@ taglib prefix="c" uri="http://java.sun.com/jsp/jstl/core" %>
<!DOCTYPE html>
<html>
<head>
<title>게시글 목록</title>
</head>
<body>

<table border="1">
    <tr>
        <td colspan="4"><a href="write.do">[게시글쓰기]</a></td>
    </tr>
    <tr>
        <td>번호</td>
        <td>제목</td>
        <td>작성자</td>
        <td>조회수</td>
    </tr>
<c:if test="${articlePage.hasNoArticles()}">
    <tr>
        <td colspan="4">게시글이 없습니다.</td>
    </tr>
</c:if>
<c:forEach var="article" items="${articlePage.content}">
    <tr>
        <td>${article.number}</td>
        <td>
        <a href="read.do?no=${article.number}&pageNo=${articlePage.currentPage}">
            <c:out value="${article.title}"/>
        </a>
        </td>
        <td>${article.writer.name}</td>
        <td>${article.readCount}</td>
    </tr>
</c:forEach>
<c:if test="${articlePage.hasArticles()}">
    <tr>
        <td colspan="4">
            <c:if test="${articlePage.startPage > 5}">
            <a href="list.do?pageNo=${articlePage.startPage - 5}">[이전]</a>
            </c:if>
            <c:forEach var="pNo"
                        begin="${articlePage.startPage}"
                        end="${articlePage.endPage}">
```

```
46:             <a href="list.do?pageNo=${pNo}">[${pNo}]</a>
47:             </c:forEach>
48:             <c:if test="${articlePage.endPage < articlePage.totalPages}">
49:             <a href="list.do?pageNo=${articlePage.startPage + 5}">[다음]</a>
50:             </c:if>
51:         </td>
52:     </tr>
53: </c:if>
54: </table>
55: </body>
56: </html>
```

20-24행	게시글이 존재하지 않을 경우 알맞은 메시지를 출력한다.
25-36행	게시글 목록을 출력한다. 29-31행은 게시글 읽기 링크를 제공한다.
40-42행	페이지 이동 링크의 시작 번호가 5보다 클 때 이전으로 이동할 수 있는 링크를 제공한다.
43-47행	페이지 이동 링크를 생성한다.
48-51행	페이지 이동 링크의 끝 번호가 마지막 페이지보다 작을 때, 다음으로 이동할 수 있는 링크를 제공한다.

5.5 게시글 목록 조회 기능 테스트

게시글을 몇 차례 쓴 다음에 http://localhost:8080/board/article/list.do를 실행해보자. 그러면 [그림 22.7]과 같이 게시글 목록과 페이지 이동 링크가 출력되는 것을 확인할 수 있을 것이다. 화면 하단의 페이지 이동 링크를 클릭해서 제대로 이동하는지 확인해보자.

[그림 22.7] 게시글 목록 조회 기능

06 게시글 조회 기능

게시글 조회 기능의 요구 사항은 다음과 같다.

- 요청한 번호에 해당하는 게시글의 내용을 출력한다.
- 게시글 조회수를 1 증가한다.
- 존재하지 않는 게시글 번호를 요청하면 페이지 없음 상태 코드(404)를 응답한다.

이 기능을 구현하기 위해 필요한 코드 구조는 [그림 22.8]과 같다.

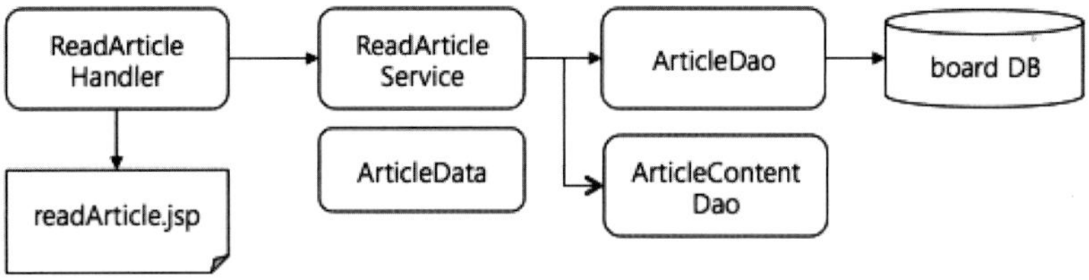

[그림 22.8] 게시글 조회 기능 관련 코드

6.1 ArticleDao의 조회 관련 기능 구현

게시글 조회 기능을 구현하려면 ArticleDao 클래스에 다음의 두 기능을 추가해야 한다.

- 특정 번호에 해당하는 게시글 데이터 읽기
- 특정 번호에 해당하는 게시글 데이터의 조회수 증가하기

이 두 기능을 구현한 코드는 [리스트 22.21]과 같다.

[리스트 22.21] board/src/article/dao/ArticleDao.java : 조회 관련 기능

```
public Article selectById(Connection conn, int no) throws SQLException {
    PreparedStatement pstmt = null;
    ResultSet rs = null;
    try {
        pstmt = conn.prepareStatement(
                "select * from article where article_no = ?");
        pstmt.setInt(1, no);
        rs = pstmt.executeQuery();
        Article article = null;
        if (rs.next()) {
            article = convertArticle(rs);
```

```
12:         }
13:         return article;
14:     } finally {
15:         JdbcUtil.close(rs);
16:         JdbcUtil.close(pstmt);
17:     }
18: }
19:
20: public void increaseReadCount(Connection conn, int no) throws SQLException {
21:     try (PreparedStatement pstmt =
22:             conn.prepareStatement(
23:                     "update article set read_cnt = read_cnt + 1 "+
24:                     "where article_no = ?")) {
25:         pstmt.setInt(1, no);
26:         pstmt.executeUpdate();
27:     }
28: }
```

11행에서 사용한 convertArticle() 메서드는 앞서 게시글 목록 조회 기능을 구현할 때 추가한 것이다.([리스트 22.15] 참고) 20~27행의 메서드는 조회수를 1 증가시킬 때 사용한다.

6.2 ArticleContentDao의 조회 관련 기능 구현

ArticleContentDao 클래스의 조회 관련 메서드는 [리스트 22.22]와 같다.

[리스트 22.22] board/src/article/dao/ArticleContentDao.java : selectById() 메서드

```
public ArticleContent selectById(Connection conn, int no) throws SQLException {
    PreparedStatement pstmt = null;
    ResultSet rs = null;
    try {
        pstmt = conn.prepareStatement(
                "select * from article_content where article_no = ?");
        pstmt.setInt(1, no);
        rs = pstmt.executeQuery();
        ArticleContent content = null;
        if (rs.next()) {
            content = new ArticleContent(
                    rs.getInt("article_no"), rs.getString("content"));
        }
        return content;
    } finally {
        JdbcUtil.close(rs);
```

```
        JdbcUtil.close(pstmt);
    }
}
```

6.3 ArticleData 클래스 구현

ArticleData 클래스는 ReadArticleService 클래스에 구현할 getArticle() 메서드의 리턴 타입으로 Article 객체와 ArticleContent 객체를 한 객체에 담기 위한 용도로 사용한다. ArticleData 클래스는 [리스트 22.23]과 같다.

[리스트 22.23] board/src/article/service/ArticleData.java

```
package article.service;

import article.model.Article;
import article.model.ArticleContent;

public class ArticleData {

    private Article article;
    private ArticleContent content;

    public ArticleData(Article article, ArticleContent content) {
        this.article = article;
        this.content = content;
    }

    public Article getArticle() {
        return article;
    }

    public String  getContent() {
        return content.getContent();
    }

}
```

6.4 데이터가 없음을 의미하는 익셉션 클래스 구현

ReadArticleService 클래스는 조회할 데이터가 존재하지 않으면 익셉션을 발생시킨다. 먼저 article 테이블에 데이터가 존재하지 않을 때 발생할 익셉션은 [리스트 22.24]와 같다.

[리스트 22.24] board/src/article/service/ArticleNotFoundException.java

```java
package article.service;

public class ArticleNotFoundException extends RuntimeException {

}
```

article_content 테이블에 데이터가 존재하지 않을 때 발생할 익셉션은 [리스트 22.25]와 같다.

[리스트 22.25] board/src/article/service/ArticleContentNotFoundException.java

```java
package article.service;

public class ArticleContentNotFoundException extends RuntimeException {

}
```

6.5 ReadArticleService 구현

게시글 읽기 기능을 제공하는 ReadArticleService 클래스의 구현 코드는 [리스트 22.26]과 같다.

[리스트 22.26] board/src/article/service/ReadArticleService.java

```java
package article.service;

import java.sql.Connection;
import java.sql.SQLException;

import article.dao.ArticleContentDao;
import article.dao.ArticleDao;
import article.model.Article;
import article.model.ArticleContent;
import jdbc.connection.ConnectionProvider;

public class ReadArticleService {

    private ArticleDao articleDao = new ArticleDao();
    private ArticleContentDao contentDao = new ArticleContentDao();

    public ArticleData getArticle(int articleNum, boolean increaseReadCount) {
        try (Connection conn = ConnectionProvider.getConnection()){
```

```
19:             Article article = articleDao.selectById(conn, articleNum);
20:             if (article == null) {
21:                 throw new ArticleNotFoundException();
22:             }
23:             ArticleContent content = contentDao.selectById(conn, articleNum);
24:             if (content == null) {
25:                 throw new ArticleContentNotFoundException();
26:             }
27:             if (increaseReadCount) {
28:                 articleDao.increaseReadCount(conn, articleNum);
29:             }
30:             return new ArticleData(article, content);
31:         } catch (SQLException e) {
32:             throw new RuntimeException(e);
33:         }
34:     }
35: }
```

19행	article 테이블에서 지정한 번호의 Article 객체를 구한다.
20-22행	게시글 데이터가 존재하지 않으면 익셉션을 발생시킨다.
23행	article_content 테이블에서 지정한 번호의 ArticleContent 객체를 구한다.
24-26행	게시글 내용 데이터가 존재하지 않으면 익셉션을 발생시킨다.
27-29행	increaseReadCount가 true이면, 조회수를 증가시킨다.
30행	ArticleData 객체를 리턴한다.

getArticle() 메서드의 두 번째 파라미터인 increaseReadCount는 조회수를 증가시킬지 여부를 지정한다. 게시글 읽기 기능뿐만 아니라 게시글 수정 기능에서도 getArticle() 메서드를 사용하기 때문에 필요에 따라 조회수를 증가시킬 수 있도록 increaseReadCount 파라미터를 사용했다.

6.6 ReadArticleHandler 구현

ReadArticleHandler 클래스의 구현은 [리스트 22.27]과 같다.

[리스트 22.27] board/src/article/command/ReadArticleHandler.java

```
package article.command;

import javax.servlet.http.HttpServletRequest;
import javax.servlet.http.HttpServletResponse;

import article.service.ArticleContentNotFoundException;
import article.service.ArticleData;
```

```
08: import article.service.ArticleNotFoundException;
09: import article.service.ReadArticleService;
10: import mvc.command.CommandHandler;
11:
12: public class ReadArticleHandler implements CommandHandler {
13:
14:     private ReadArticleService readService = new ReadArticleService();
15:
16:     @Override
17:     public String process(HttpServletRequest req, HttpServletResponse res)
18:             throws Exception {
19:         String noVal = req.getParameter("no");
20:         int articleNum = Integer.parseInt(noVal);
21:         try {
22:             ArticleData articleData = readService.getArticle(articleNum, true);
23:             req.setAttribute("articleData", articleData);
24:             return "/WEB-INF/view/readArticle.jsp";
25:         } catch (ArticleNotFoundException | ArticleContentNotFoundException e) {
26:             req.getServletContext().log("no article", e);
27:             res.sendError(HttpServletResponse.SC_NOT_FOUND);
28:             return null;
29:         }
30:     }
31:
32: }
```

22행	readService.getArticle() 메서드는 지정한 번호에 해당하는 게시글 데이터가 존재하지 않으면 익셉션을 발생시킨다.
23행	request의 articleData 속성에 게시글 데이터를 저장한다.
25-28행	게시글이 존재하지 않으면 22행 코드에서 익셉션이 발생하는데, 그 익셉션이 발생하면 26행에서 로그 메시지를 기록하고, 27행에서 404 에러 코드를 전송한다.

ReadArticleHandler를 구현했다면 [리스트 22.28]과 같이 매핑을 추가한다.

[리스트 22.28] board/WebContent/WEB-INF/commandHandlerURI.properties

```
/join.do=member.command.JoinHandler
/login.do=auth.command.LoginHandler
/logout.do=auth.command.LogoutHandler
/changePwd.do=member.command.ChangePasswordHandler
/article/write.do=article.command.WriteArticleHandler
/article/list.do=article.command.ListArticleHandler
/article/read.do=article.command.ReadArticleHandler
```

6.7 JSP에서 내용 출력을 위한 커스텀 태그 구현

다음 HTML 코드를 보자.

```
<!-- 실제 내용은 한 줄로 출력됨 -->
줄 바꿈을 하지 않으면
한 줄로 표시됨
```

이 HTML 코드를 웹 브라우저에서 보면 다음과 같이 내용이 한 줄로 표시된다.

```
줄 바꿈을 하지 않으면 한 줄로 표시됨
```

이 결과에서 보듯이 HTML은
과 같은 태그를 사용하지 않으면 한 줄로 표시한다. 따라서, 게시글 쓰기 폼에서 입력한 형식으로 보이도록 하려면, 줄 바꿈을 한 위치에 HTML
 태그를 삽입해서 줄이 바뀌도록 해야 한다. 또한, HTML에서 특수 문자인 '<'나 '&' 등의 문자가 제대로 출력되도록 하려면 '<'이나 '&'와 같은 문자로 치환해주어야 한다.

최대한 폼에 입력한 내용을 그대로 보여주기 위해 치환 작업을 해주는 커스텀 태그를 [리스트 22.29]와 같이 작성한다.

[리스트 22.29] board/WebContent/WEB-INF/tag/pre.tag

```
<%@ tag body-content="empty" pageEncoding="utf-8" %>
<%@ tag trimDirectiveWhitespaces="true" %>
<%@ attribute name="value" type="java.lang.String" required="true"%>
<%
    value = value.replace("\n", "\n<br>");
    value = value.replace("&", "&amp;");
    value = value.replace("<", "&lt;");
    value = value.replace(" ", " ");
%>
<%= value %>
```

pre.tag는 value로 속성으로 전달받은 문자열에서 "\n" 뒤에
 태그를 삽입하고, "&"를 "&"로 치환하고, "<"는 "<"로 치환한다. 공백 문자 여러 개가 제대로 표시되도록 " "를 " "로 치환한다.

6.8 readArticle.jsp 구현

게시글 내용을 보여줄 readArticle.jsp는 [리스트 22.30]과 같다. readArticle.jsp는 ReadArticleHandler에서 전달한 articleData를 이용해서 게시글 데이터를 출력한다.

[리스트 22.30] board/WebContent/WEB-INF/view/readArticle.jsp

```
<%@ page contentType="text/html; charset=utf-8"%>
<%@ taglib prefix="c" uri="http://java.sun.com/jsp/jstl/core" %>
<%@ taglib prefix="u" tagdir="/WEB-INF/tags" %>
<!DOCTYPE html>
<html>
<head>
<title>게시글 읽기</title>
</head>
<body>
<table border="1" width="100%">
<tr>
    <td>번호</td>
    <td>${articleData.article.number}</td>
</tr>
<tr>
    <td>작성자</td>
    <td>${articleData.article.writer.name}</td>
</tr>
<tr>
    <td>제목</td>
    <td><c:out value='${articleData.article.title}' /></td>
</tr>
<tr>
    <td>내용</td>
    <td><u:pre value='${articleData.content}'/></td>
</tr>
<tr>
    <td colspan="2">
    <c:set var="pageNo" value="${empty param.pageNo ? '1' : param.pageNo}" />
        <a href="list.do?pageNo=”${pageNo}">[목록]</a>
        <c:if test="${authUser.id == articleData.article.writer.id}">
        <a href="modify.do?no=${articleData.article.number}">[게시글수정]</a>
        <a href="delete.do?no=${articleData.article.number}">[게시글삭제]</a>
        </c:if>
    </td>
</tr>
</table>

</body>
</html>
```

13, 17, 21행	게시글 번호, 작성자 이름, 제목을 표시한다.
25행	pre 태그를 사용해서 내용을 출력한다.
29-30행	목록으로 돌아갈 링크를 출력한다.
31-34행	게시글 작성자 아이디와 로그인 한 사용자 아이디가 동일하면 게시글 수정과 삭제 링크를 출력한다.

6.9 게시글 조회 기능 테스트

이제 게시글 목록에서 게시글 제목의 링크를 클릭해보자. [그림 22.9]와 같이 게시글 내용이 출력되는 것을 확인할 수 있을 것이다.

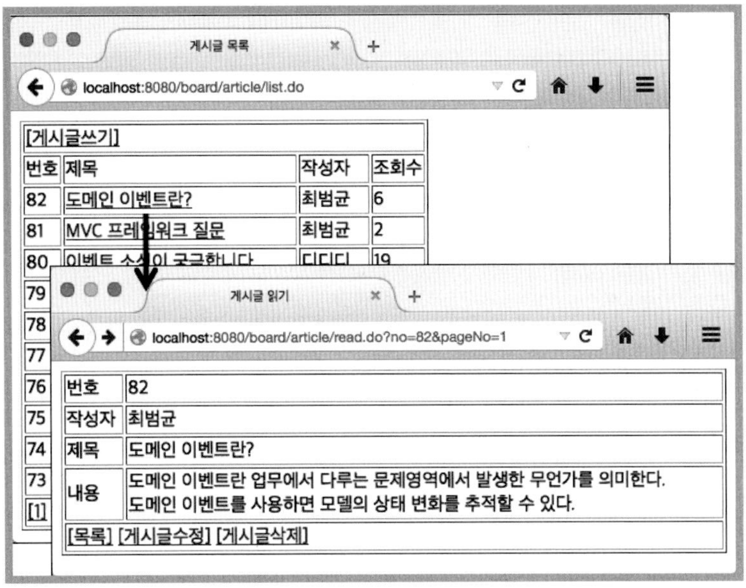

[그림 22.9] 게시글 조회 기능 실행 결과

존재하지 않는 번호를 입력해보자. 예를 들어, 300번 글이 없다고 할 때 no 파라미터 값으로 300을 전달해보자. 게시글이 존재하지 않으면 404 상태 코드를 응답으로 전송하도록 ReadArticleHandler를 구현했으므로, [그림 22.10]과 같은 응답 결과를 보게 된다.

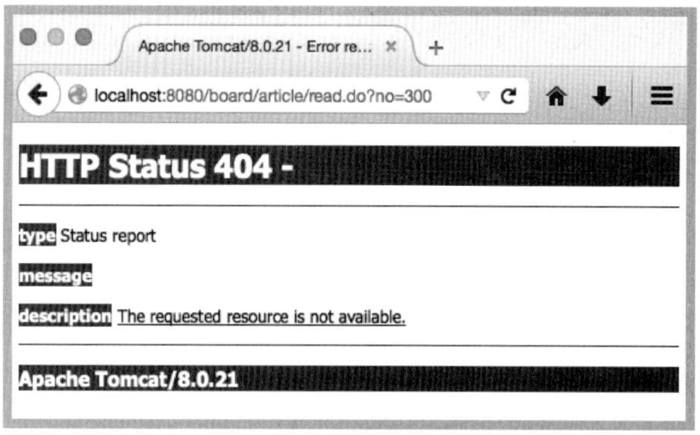

[그림 22.10] 존재하지 않는 게시글을 요청한 경우의 에러 응답 결과

07 게시글 수정 기능

게시글 수정 기능의 요구 사항은 다음과 같다.

- 게시글 수정 폼은 게시글 제목과 내용을 표시한다.
- 게시글 수정은 작성자만 할 수 있다.

이제 전반적인 구조가 지겹게 느껴질 정도로 익숙해졌을 것이다. 수정 기능을 구현하기 위해 필요한 코드 구조는 [그림 22.11]과 같다.

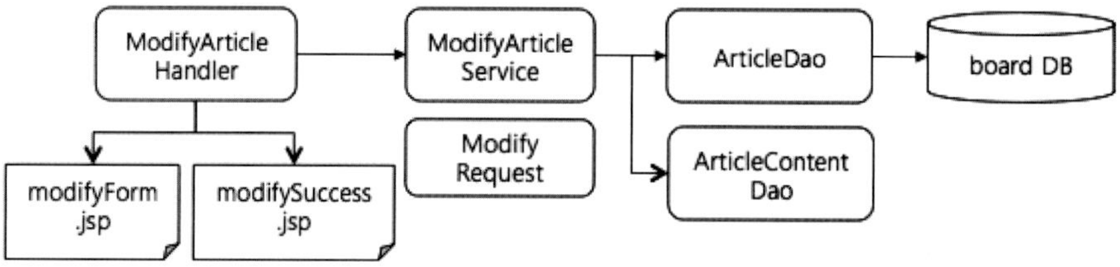

[그림 22.11] 게시글 수정 기능을 구현하기 위한 코드 구조

7.1 ArticleDao와 ArticleContentDao의 수정 관련 기능 구현

ArticleDao 클래스의 게시글 데이터 수정 기능은 [리스트 22.31]과 같이 구현한다.

[리스트 22.31] board/src/article/dao/ArticleDao.java : 게시글 제목 수정 기능

```
01: public int update(Connection conn, int no, String title) throws SQLException {
02:     try (PreparedStatement pstmt =
03:             conn.prepareStatement(
04:                     "update article set title = ?, moddate = now() "+
05:                     "where article_no = ?")) {
06:         pstmt.setString(1, title);
07:         pstmt.setInt(2, no);
08:         return pstmt.executeUpdate();
09:     }
10: }
```

ArticleDao의 update() 메서드는 파라미터로 전달받은 게시글 번호와 제목을 이용해서 데이터를 수정한다. 이때 04~05행의 update 쿼리처럼 moddate 칼럼의 값을 현재시간으로 설정해서 데이터 최근 수정 시간을 기록한다.

ArticleContentDao의 update() 메서드는 [리스트 22.32]와 같다. update 쿼리를 이용해서 content 칼럼의 값을 변경한다.

[리스트 22.32] board/src/article/dao/ArticleContentDao.java : update() 메서드

```
public int update(Connection conn, int no, String content) throws SQLException {
    try (PreparedStatement pstmt =
            conn.prepareStatement(
                    "update article_content set content = ? "+
                    "where article_no = ?")) {
        pstmt.setString(1, content);
        pstmt.setInt(2, no);
        return pstmt.executeUpdate();
    }
}
```

7.2 게시글을 수정할 수 없을 때 사용할 익셉션 구현

수정할 게시글이 존재하지 않거나(예를 들어, 게시글 번호가 잘못됐거나, 수정하기 전에 지운 경우) 게시글 작성자가 아닌 경우, 게시글을 수정할 수 없다. 앞서 게시글 조회 기능을 구현할 때 ArticleNotFoundException을 이용해서 게시글이 존재하지 않는 경우를 처리했으므로 이 익셉션을 그대로 사용하고, 게시글 수정 권한이 없는 경우를 위한 익셉션을 [리스트 22.33]과 같이 추가한다.

[리스트 22.33] board/src/article/service/PermissionDeniedException.java

```
package article.service;

public class PermissionDeniedException extends RuntimeException {

}
```

7.3 ModifyRequest와 ModifyArticleService 구현

게시글을 수정하려면 수정할 게시글 번호, 수정하는 사용자 아이디, 수정할 제목, 수정할 내용 데이터가 필요하다. 이 데이터를 담기 위한 ModifyRequest 클래스를 [리스트 22.34]와 같이 작성한다.

[리스트 22.34] board/src/article/service/ModifyRequest.java

```
package article.service;

import java.util.Map;

public class ModifyRequest {

    private String userId;
    private int articleNumber;
    private String title;
    private String content;

    public ModifyRequest(String userId, int articleNumber, String title, String content) {
        this.userId = userId;
        this.articleNumber = articleNumber;
        this.title = title;
        this.content = content;
    }

    public String getUserId() {
        return userId;
    }

    public int getArticleNumber() {
        return articleNumber;
    }

    public String getTitle() {
        return title;
    }
```

```
    
    public String getContent() {
        return content;
    }
    
    public void validate(Map<String, Boolean> errors) {
        if (title == null || title.trim().isEmpty()) {
            errors.put("title", Boolean.TRUE);
        }
    }
    
}
```

ModifyRequest를 이용해서 게시글 수정 기능을 제공하는 ModifyArticleService 클래스는 [리스트 22.35]와 같이 작성한다.

[리스트 22.35] board/src/article/service/ModifyArticleService.java

```
package article.service;

import java.sql.Connection;
import java.sql.SQLException;

import article.dao.ArticleContentDao;
import article.dao.ArticleDao;
import article.model.Article;
import jdbc.JdbcUtil;
import jdbc.connection.ConnectionProvider;

public class ModifyArticleService {

    private ArticleDao articleDao = new ArticleDao();
    private ArticleContentDao contentDao = new ArticleContentDao();

    public void modify(ModifyRequest modReq) {
        Connection conn = null;
        try {
            conn = ConnectionProvider.getConnection();
            conn.setAutoCommit(false);

            Article article = articleDao.selectById(conn,
                    modReq.getArticleNumber());
            if (article == null) {
                throw new ArticleNotFoundException();
            }
            if (!canModify(modReq.getUserId(), article)) {
```

```
29:                 throw new PermissionDeniedException();
30:             }
31:             articleDao.update(conn,
32:                     modReq.getArticleNumber(), modReq.getTitle());
33:             contentDao.update(conn,
34:                     modReq.getArticleNumber(), modReq.getContent());
35:             conn.commit();
36:         } catch (SQLException e) {
37:             JdbcUtil.rollback(conn);
38:             throw new RuntimeException(e);
39:         } catch (PermissionDeniedException e) {
40:             JdbcUtil.rollback(conn);
41:             throw e;
42:         } finally {
43:             JdbcUtil.close(conn);
44:         }
45:     }
46:
47:     private boolean canModify(String modfyingUserId, Article article) {
48:         return article.getWriter().getId().equals(modfyingUserId);
49:     }
50: }
```

23-27행	게시글 번호에 해당하는 Article 객체를 구한다. 해당 번호를 가진 게시글이 존재하지 않으면 익셉션을 발생시킨다.
28-30행	수정하려는 사용자가 해당 게시글을 수정할 수 있는지 검사한다. 수정할 수 없으면 익셉션을 발생시킨다.
31-34행	두 DAO의 update() 메서드를 이용해서 제목과 내용을 수정한다.
47-49행	게시글을 수정할 수 있는지 검사하는 기능을 구현한다. 수정하려는 사용자 ID가 게시글 작성자 ID와 동일하면 true를 리턴한다.

7.4 ModifyArticleHandler 구현

ModifyArticleHandler의 구현은 다소 복잡하다. 이 클래스는 다음과 같이 동작한다.

- **GET 방식** : 수정할 게시글 데이터를 읽어와 폼에 보여준다.
- **POST 방식** : 전송한 요청 파라미터를 이용해서 게시글을 수정한다. 파라미터가 값이 잘못된 경우 전송한 데이터를 이용해서 폼을 다시 보여준다.

이전까지 핸들러는 GET 방식에 대해 폼을 출력할 때 폼에 데이터를 채우지 않았는데, 이 경우는 GET 방식으로 폼을 요청할 때 수정할 데이터 내용을 폼에 채워서 보여줘야 한다. 따라서 ModifyArticleHandler는 ModifyArticleService뿐만 아니라 ReadArticleService를 함께 사용한다.

ModifyArticleHandler 클래스 코드는 [리스트 22.36]과 같다. 하는 일이 조금 더 많아서 코드도 그만큼 길다.

[리스트 22.36] board/src/article/command/ModifyArticleHandler.java

```
package article.command;

import java.io.IOException;
import java.util.HashMap;
import java.util.Map;

import javax.servlet.http.HttpServletRequest;
import javax.servlet.http.HttpServletResponse;

import article.service.ArticleData;
import article.service.ArticleNotFoundException;
import article.service.ModifyArticleService;
import article.service.ModifyRequest;
import article.service.PermissionDeniedException;
import article.service.ReadArticleService;
import auth.service.User;
import mvc.command.CommandHandler;

public class ModifyArticleHandler implements CommandHandler {
    private static final String FORM_VIEW = "/WEB-INF/view/modifyForm.jsp";

    private ReadArticleService readService = new ReadArticleService();
    private ModifyArticleService modifyService = new ModifyArticleService();

    @Override
    public String process(HttpServletRequest req, HttpServletResponse res)
            throws Exception {
        if (req.getMethod().equalsIgnoreCase("GET")) {
            return processForm(req, res);
        } else if (req.getMethod().equalsIgnoreCase("POST")) {
            return processSubmit(req, res);
        } else {
            res.setStatus(HttpServletResponse.SC_METHOD_NOT_ALLOWED);
            return null;
        }
    }

    private String processForm(HttpServletRequest req, HttpServletResponse res)
            throws IOException {
        try {
            String noVal = req.getParameter("no");
            int no = Integer.parseInt(noVal);
```

```
            ArticleData articleData = readService.getArticle(no, false);
            User authUser = (User) req.getSession().getAttribute("authUser");
            if (!canModify(authUser, articleData)) {
                res.sendError(HttpServletResponse.SC_FORBIDDEN);
                return null;
            }
            ModifyRequest modReq = new ModifyRequest(authUser.getId(), no,
                    articleData.getArticle().getTitle(),
                    articleData.getContent());

            req.setAttribute("modReq", modReq);
            return FORM_VIEW;
        } catch (ArticleNotFoundException e) {
            res.sendError(HttpServletResponse.SC_NOT_FOUND);
            return null;
        }
    }

    private boolean canModify(User authUser, ArticleData articleData) {
        String writerId = articleData.getArticle().getWriter().getId();
        return authUser.getId().equals(writerId);
    }

    private String processSubmit(HttpServletRequest req, HttpServletResponse res)
            throws Exception {
        User authUser = (User) req.getSession().getAttribute("authUser");
        String noVal = req.getParameter("no");
        int no = Integer.parseInt(noVal);

        ModifyRequest modReq = new ModifyRequest(authUser.getId(), no,
                req.getParameter("title"),
                req.getParameter("content"));
        req.setAttribute("modReq", modReq);

        Map<String, Boolean> errors = new HashMap<>();
        req.setAttribute("errors", errors);
        modReq.validate(errors);
        if (!errors.isEmpty()) {
            return FORM_VIEW;
        }
        try {
            modifyService.modify(modReq);
            return "/WEB-INF/view/modifySuccess.jsp";
        } catch (ArticleNotFoundException e) {
            res.sendError(HttpServletResponse.SC_NOT_FOUND);
            return null;
```

```
89:         } catch (PermissionDeniedException e) {
90:             res.sendError(HttpServletResponse.SC_FORBIDDEN);
91:             return null;
92:         }
93:     }
94: }
```

38-59행	폼 요청을 처리한다.
43행	폼에 보여줄 게시글을 구한다. 게시글이 존재하지 않으면 ArticleNotFoundException이 발생하여 55-57행의 catch 블록을 통해 404 응답을 전송한다.
44행	현재 로그인한 사용자 정보를 구한다.
45-48행	현재 로그인한 사용자가 게시글의 작성자가 아니면 403 응답(금지 의미)을 전송한다.
49-53행	폼에 데이터를 보여줄 때 사용할 객체를 생성하고, request의 modReq 속성에 저장한다.
54행	폼을 위한 뷰를 리턴한다.
66-92행	폼 전송을 처리한다.
68행	게시글 수정을 요청한 사용자 정보를 구한다.
72-74행	요청 파라미터와 현재 사용자 정보를 이용해서 ModifyRequest 객체를 생성한다.
75행	ModifyRequest 객체를 request의 modReq 속성에 저장한다.
77-82행	77행에서 에러 정보를 담을 맵 객체를 생성하고, 78행에서 ModifyRequest 객체가 유효한지 검사한다. 유효하지 않은 데이터가 존재하면 다시 폼을 보여준다.
84행	게시글 수정 기능을 실행한다. 익셉션을 발생하면 85-91의 catch 블록을 이용해서 알맞은 에러 코드를 응답으로 전송한다.

processForm() 메서드를 보면 ArticleData 객체가 아닌 ModifyRequest 객체를 새로 생성해서 request에 속성으로 저장하는 것을 확인할 수 있다.

```
// processForm() 49-53행
ModifyRequest modReq = new ModifyRequest(authUser.getId(), no,
        articleData.getArticle().getTitle(),
        articleData.getContent());

req.setAttribute("modReq", modReq);
```

이 코드를 보면 왜 ArticleData 객체를 그냥 전달하지 않고 ModifyRequest 객체로 변환해서 전달하는지 궁금한 독자가 있을 것이다. 이렇게 ModifyRequest 객체로 변환해서 전달하는 이유는 폼을 보여줄 때와 폼 전송 후 다시 폼을 보여줘야 할 때, 동일한 JSP 코드를 사용하기 위함이다.

폼 전송을 처리하는 processSubmit() 메서드의 코드 일부를 다시 보자.

```
// 72-81행
ModifyRequest modReq = new ModifyRequest(authUser.getId(), no,
        req.getParameter("title"),
        req.getParameter("content"));
req.setAttribute("modReq", modReq);

Map<String, Boolean> errors = new HashMap<>();
req.setAttribute("errors", errors);
modReq.validate(errors);
if (!errors.isEmpty()) {
    return FORM_VIEW;
}
```

이 코드는 폼에서 전송한 데이터를 ModifyRequest 객체에 담는다. 그리고 데이터가 유효하지 않으면 다시 폼을 보여주는 뷰를 리턴한다. 이때 리턴하는 뷰는 processForm()이 리턴하는 뷰와 동일하다. 즉, 하나의 JSP 코드에서 다음의 두 가지를 처리하게 된다.

- 처음 폼을 보여줄 때, 게시글의 내용으로 폼을 채운다.
- 폼을 전송한 뒤, 데이터가 올바르지 않으면 전송한 데이터로 폼을 채운다.

이렇게 두 가지 경우를 한 JSP에서 동일한 코드로 처리하려면, 두 경우에 사용할 데이터 객체가 동일한 모습을 가져야 한다. 이런 이유로 processSubmit()을 처리할 때 사용하는 객체와 동일한 타입을 이용해서 processForm()에서 뷰로 데이터를 전달했다. 이렇게 함으로써 JSP 코드는 두 경우에 상관없이 다음과 같이 동일한 코드를 이용해서 폼에 데이터를 채울 수 있다.

```
<input type="text" name="title" value="${modReq.title}">
```

로직의 중복 처리

ModifyArticleService 클래스와 ModifyArticleHandler 클래스를 보면 둘 다 canModify() 메서드를 구현하고 있는데, 이 두 메서드는 다음과 같이 매우 유사하다.

```
// ModifyArticleService
private boolean canModify(String modfyingUserId, Article article) {
    return article.getWriter().getId().equals(modfyingUserId);
}

// ModifyArticleHandler
private boolean canModify(User authUser, ArticleData articleData) {
    String writerId = articleData.getArticle().getWriter().getId();
    return authUser.getId().equals(writerId);
}
```

이 두 메서드는 동일한 기능을 수행한다. 사용자가 게시글을 수정할 수 있는지 검사하는 것이 이 두 메서드가 하는 일이다. 즉, 두 메서드는 동일 로직을 수행하고 있다. 이렇게 동일 로직을 수행하는 코드가 여러 곳에 분산되어 있으면, 나중에 로직을 변경할 때 여러 코드를 변경해야 하는 문제가 발생할 수 있다.

이렇게 중요한 로직이 중복되어 있다면, 다음과 같이 검사 로직을 한 곳에 모아야 한다.

```
public class PermissionChecker {
    public static boolean canModify(String userId, Article article) {
        return article.getWriter().getId().equals(userId);
    }
}
```

그리고, 다른 코드에서는 코드를 중복하는 대신 이 메서드를 사용하도록 수정한다.

```
// ModifyArticleService
if (!PermissionChecker.canModify(modReq.getUserId(), article))

// ModifyArticleHandler
if (!PermissionChecker.canModify(authUser.getId(), articleData.getArticle())
```

이렇게 함으로써 중요 로직을 구현한 코드가 중복해서 발생하는 문제를 완화할 수 있다.

ModifyArticleHandler 클래스가 /article/modify.do 요청을 처리하도록commandHandlerURI.properties 파일에 매핑을 추가한다.

[리스트 22.37] board/WebContent/WEB-INF/commandHandlerURI.properties

```
/join.do=member.command.JoinHandler
/login.do=auth.command.LoginHandler
/logout.do=auth.command.LogoutHandler
/changePwd.do=member.command.ChangePasswordHandler
/article/write.do=article.command.WriteArticleHandler
/article/list.do=article.command.ListArticleHandler
/article/read.do=article.command.ReadArticleHandler
/article/modify.do=article.command.ModifyArticleHandler
```

게시글 수정 기능은 로그인한 사용자만 할 수 있으므로 [리스트 22.38]과 같이 web.xml의 LoginCheckFilter 설정에 /article/modify.do 경로 패턴을 추가한다.

[리스트 22.38] board/WebContent/WEB-INF/web.xml : LoginCheckFilter 매핑 추가

```
<filter-mapping>
    <filter-name>LoginCheckFilter</filter-name>
    <url-pattern>/changePwd.do</url-pattern>
    <url-pattern>/article/write.do</url-pattern>
    <url-pattern>/article/modify.do</url-pattern>
</filter-mapping>
```

7.5 modifyForm.jsp와 modifySuccess.jsp 구현

게시글 수정 폼을 보여주는 modifyForm.jsp 코드는 [리스트 22.39]와 같다.

[리스트 22.39] board/WebContent/WEB-INF/view/modifyForm.jsp

```
<%@ page contentType="text/html; charset=utf-8"%>
<%@ taglib prefix="c" uri="http://java.sun.com/jsp/jstl/core" %>
<!DOCTYPE html>
<html>
<head>
<title>게시글 수정</title>
</head>
<body>
<form action="modify.do" method="post">
<p>
    번호:<br/>${modReq.articleNumber}
</p>
<p>
    제목:<br/><input type="text" name="title" value="${modReq.title}">
    <c:if test="${errors.title}">제목을 입력하세요.</c:if>
</p>
<p>
    내용:<br/>
    <textarea name="content" rows="5" cols="30">${modReq.content}</textarea>
</p>
<input type="submit" value="글 수정">
</form>
</body>
</html>
```

modifyForm.jsp는 ModifyArticleHandler에서 전달받은 ModifyRequest 객체를 이용해서 폼에 데이터를 채운다. 실제 로그인을 하고 본인이 작성한 게시글 읽기 화면에서 [게시글수정] 링크를 클릭하면 [그림 22.12]와 같은 수정폼이 출력되는 것을 확인할 수 있다.

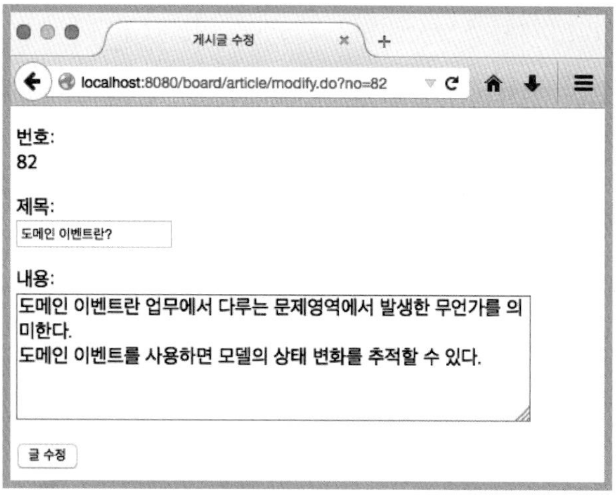

[그림 22.12] 게시글 수정 폼

게시글 수정 요청을 정상적으로 처리할 때 보여줄 modifySuccess.jsp 코드는 [리스트 22.40]과 같다.

[리스트 22.40] board/WebContent/WEB-INF/view/modifySuccess.jsp

```
<%@ page contentType="text/html; charset=utf-8"%>
<!DOCTYPE html>
<html>
<head>
<title>게시글 수정</title>
</head>
<body>

게시글을 수정했습니다.
<br>
${ctxPath = pageContext.request.contextPath ; ''}
<a href="${ctxPath}/article/list.do">[게시글목록보기]</a>
<a href="${ctxPath}/article/read.do?no=${modReq.articleNumber}">
[게시글내용보기]</a>
</body>
</html>
```

게시글 수정 폼에서 폼을 전송해서 게시글 수정에 성공하면 [그림 22.13]과 같은 결과를 확인할 수 있다.

[그림 22.13] 게시글 수정 성공 화면

NOTE

동일한 패턴이 반복되어 게시글 삭제 기능을 구현하는 내용은 책에 넣지 않았다. 게시글 삭제 기능은 게시글 수정과 유사하다. 게시글 작성자와 동일 사용자가 게시글을 수정하려는 경우 해당 데이터를 DB에서 삭제하면 된다. 지금까지 익힌 구조를 이용해서 독자 스스로 게시글 삭제 기능을 직접 구현해 보자.

부록A MySQL 설치

이 장에서 다룰 내용
- MySQL 윈도우 설치
- 워크벤치 사용법

01 MySQL 설치 프로그램 다운로드

MySQL은 가장 많이 사용되고 있는 DBMS 중 하나이다. MySQL은 오픈 소스 버전과 상용 버전 두 가지가 있는데, 일반적으로 오픈 소스 버전을 많이 사용하고 있다. 오픈 소스 버전은 다음 사이트에서 다운로드할 수 있다.

- http://dev.mysql.com/downloads/mysql/
- 또는 http://dev.mysql.com/downloads 사이트에서 "MySQL Community Server" 클릭

이 사이트에 방문하면 [그림 A.1]과 같이 사용하는 OS에 맞는 설치 프로그램을 다운로드할 수 있다. 현재 이 글을 쓰는 시점에서 MySQL 인스톨러 버전은 5.6이다.

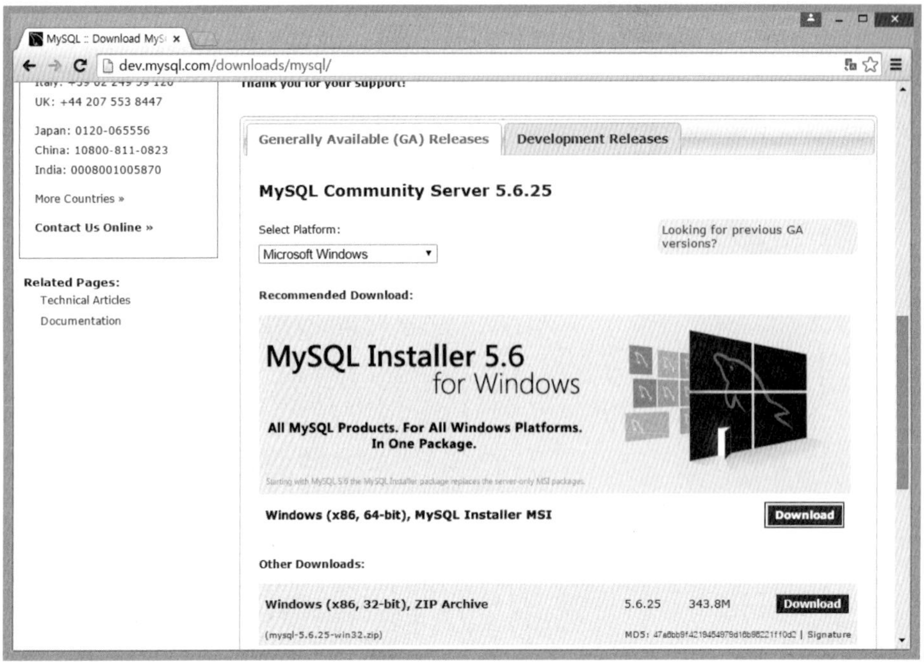

[그림 A.1] OS에 맞는 설치 프로그램 다운로드 링크

NOTE

MySQL과 같은 코드를 기반으로 하는 마리아DB도 있다. 실제 마리아DB를 만든 핵심 개발자는 MySQL을 만든 개발자와 동일 인물이다. MySQL을 소유하고 있는 오라클의 라이선스 정책이 언제 바뀔지 모르기 때문에 MySQL보다 마리아DB를 선호하는 개발자가 많다. 마리아DB는 MySQL과 호환되므로 마리아DB에 관심이 있다면 MySQL 대신 마리아DB를 설치해도 된다.

[그림 A.1]에서 윈도우용 MSI 설치 파일의 [Download] 링크를 클릭한다. 그러면 [그림 A.2]와 같이 두 개의 [Download] 링크를 제공하는 화면으로 이동한다.

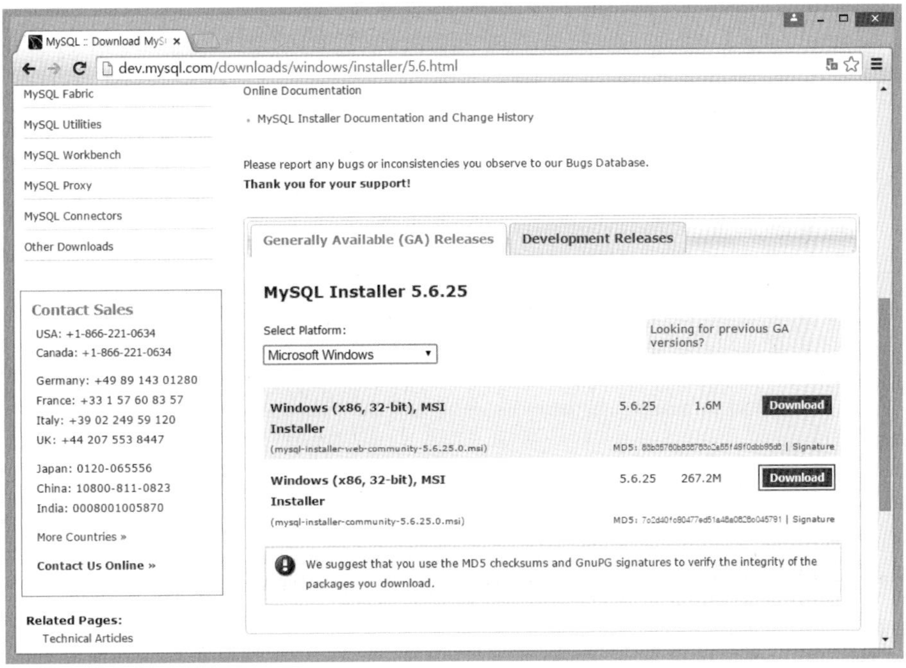

[그림 A.2] 설치 파일 다운로드 화면

첫 번째 파일은 용량이 1.6M 정도로 작고, 두 번째 파일은 용량이 270M 정도 된다. 첫 번째 파일은 인터넷으로 필요한 파일을 다운로드하고, 두 번째 파일은 필요한 파일을 포함하고 있다. 이 책에서는 필요한 파일을 모두 포함하고 있는 두 번째 파일을 사용할 것이다. 용량이 큰 두 번째 파일의 [Download] 링크를 클릭해서 [그림 A.3] 화면으로 이동한다.

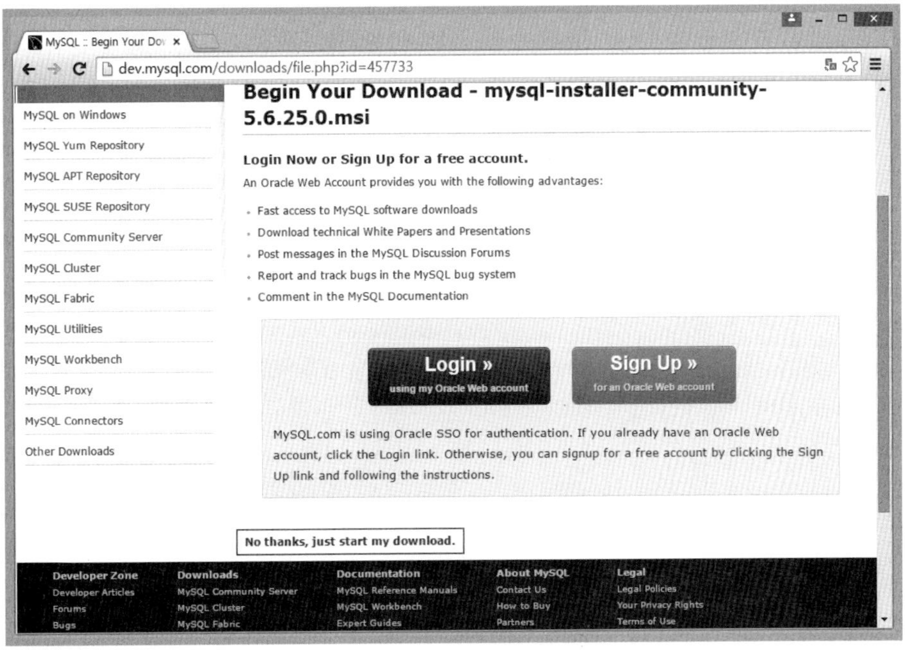

[그림 A.3] 다운로드 화면

[그림 A.3] 화면에서 하단으로 스크롤을 하면 'No thanks, just start my download' 링크가 있는데 이 링크를 클릭하면 회원 가입 없이 바로 설치 프로그램을 다운로드할 수 있다.

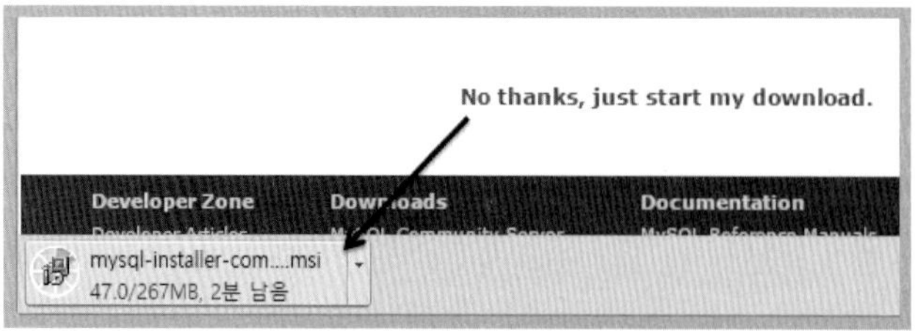

[그림 A.4] 'No thanks, just start my download'를 클릭하면 다운로드를 시작

02 MySQL 설치

다운로드할 파일의 이름은 mysql-installer-community-5.6.25.0.msi인데, 다운로드하는 MySQL 버전에 따라 5.6.25.0 부분이 다를 것이다. 이 파일을 실행하자. 사용자 계정 컨트롤이 활성화되어 있다면 잠시 뒤에 [그림 A.5]와 같은 대화창이 출력된다.

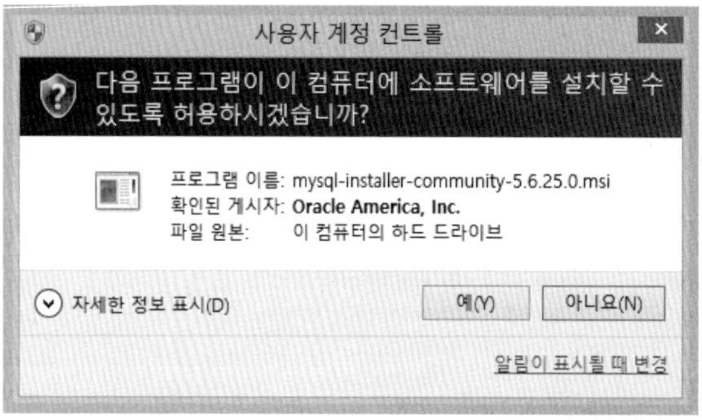

[그림 A.5] 사용자 계정 컨트롤의 확인 대화창이 나타나면 [예]를 클릭한다.

사용자 계정 컨트롤에서 [예] 버튼을 클릭한다. 이후에도 사용자 계정 컨트롤 대화창이 나타나면 [예] 버튼을 클릭하면 된다. 설치 준비가 끝나면 [그림 A.6]의 라이선스 동의 화면이 나온다.

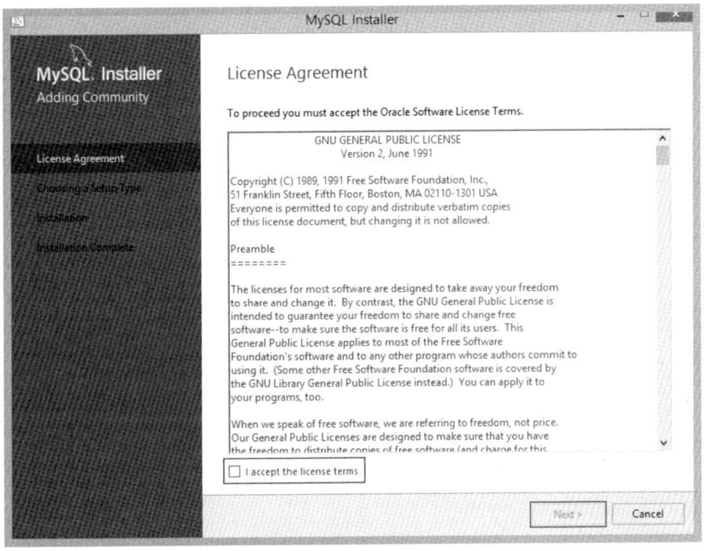

[그림 A.6] 라이선스 동의 화면

[그림 A.6]에서 'I accept the license terms'를 체크하고, [Next] 버튼을 클릭한다.

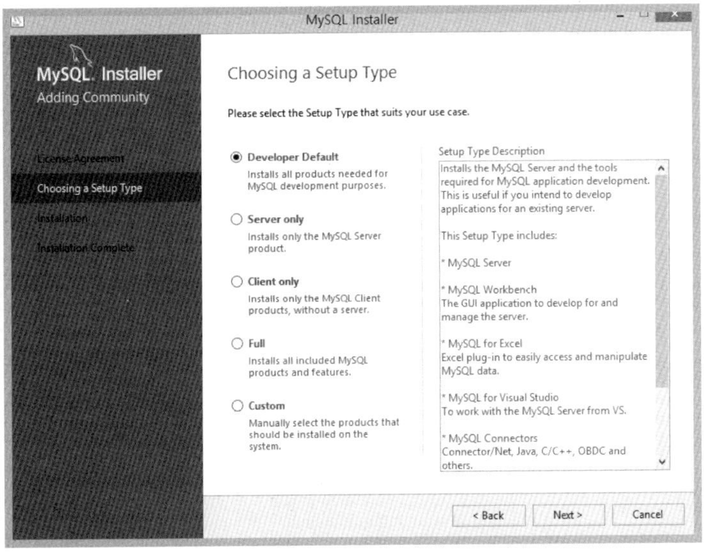

[그림 A.7] 타입 선택

"Developer Default" 유형으로 설치하면 필요하지 않은 것도 모두 설치되므로 "Custom" 유형을 선택하고 [Next] 버튼을 클릭한다. 그러면 [그림 A.8]의 제품 선택 화면으로 이동한다.

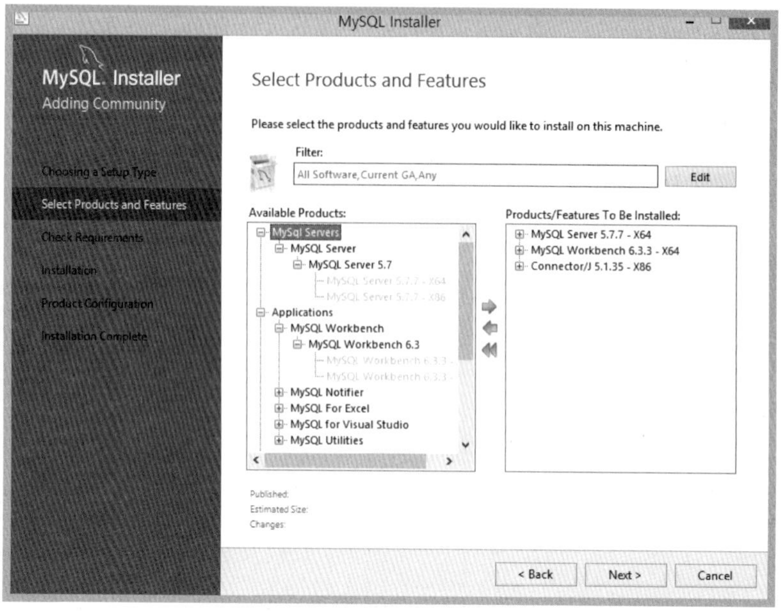

[그림 A.8] 설치할 제품 선택

먼저 'Available Products' 목록과 'Products/Features To Be Installed' 목록 사이에 위치한 세 개의 화살표 중 세 번째 화살표(◀◀)를 클릭해서 설치 대상 목록을 비운다. 그런 뒤 [그림 A.8]에 표시한 것처럼 다음의 세 제품을 선택한다.

- MySql Servers – MySQL Server – MySQL Server 5.7
  – MySQL Server 5.7.7 – x64 (64비트 OS는 x64, 32비트 OS는 x86)
- Applications– MySQL Workbench– MySQL Workbench 6.3
  – MySQL Workbench 6.3.3 – x64 (64비트 OS는 x64, 32비트 OS는 x86)
- MySQL Connectors – Connector/J – Connector/J 5.1
  – Connector/J 5.1.35 – x86 (32비트/64비트 OS 동일)

세 제품은 각각 다음과 같다.

- **MySQL Server** : MySQL DBMS 프로그램이다.
- **MySQL Workbench** : MySQL 클라이언트 프로그램이다. 쿼리를 실행할 때 사용한다.
- **Connector/J** : 자바에서 MySQL에 연결할 때 사용하는 JDBC 드라이버이다.

세 제품을 선택했다면 [Next] 버튼을 클릭해서 [그림 A.9] 화면으로 이동한다.

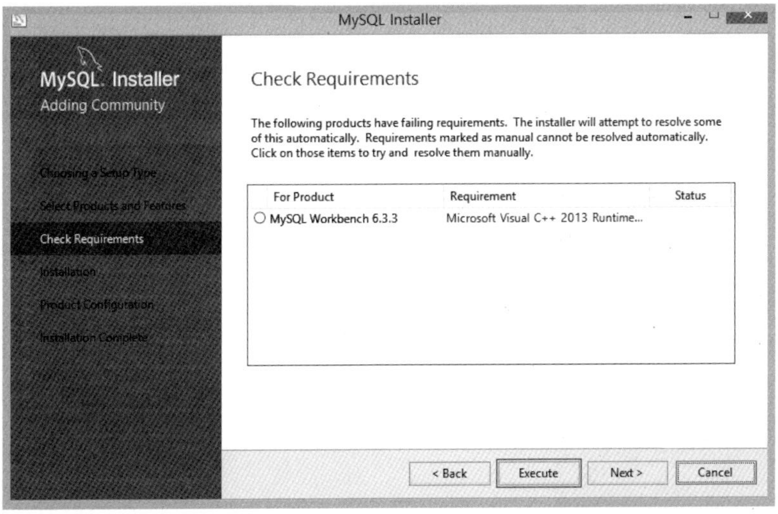

[그림 A.9] 필수 프로그램 설치 확인

MySQL Workbench를 설치하려면 비주얼 C++ 런타임 환경이 필요하다. 별도로 비주얼 스튜디오를 설치하지 않았다면 비주얼 C++ 런타임이 설치되어 있지 않은 경우가 많은데, 이 경우 [Execute] 버튼을 클릭해서 먼저 비주얼 C++ 런타임을 설치해야 한다. [Execute] 버튼을 클릭하면 [그림 A.10]과 같이 설치를 시작한다. 만약 필요 프로그램이 이미 설치되어 있으면 [그림 A.12]로 넘어간다.

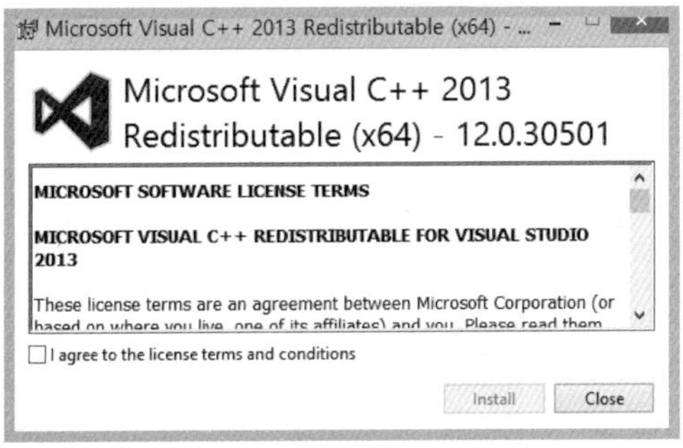

[그림 A.10] 비주얼 C++ 런타임 설치 약관 동의

[그림 A.10]에서 약관에 동의하고 [Install] 버튼을 클릭하면 비주얼 C++ 런타임을 설치한다. 설치가 끝나면 [그림 A.11] 화면이 나온다.

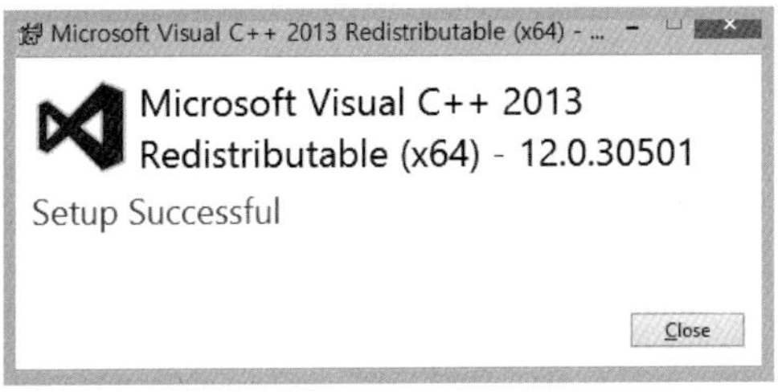

[그림 A.11] 비주얼 C++ 런타임 설치 완료

비주얼 C++ 런타임 설치 완료 대화창에서 [Close] 버튼을 클릭하면, [그림 A.12]와 같이 필수 프로그램이 설치되어 있다고 표시된다. MySQL Workbench 이름 왼쪽에 확인 상태(✓)로 바뀐 것을 알 수 있다.

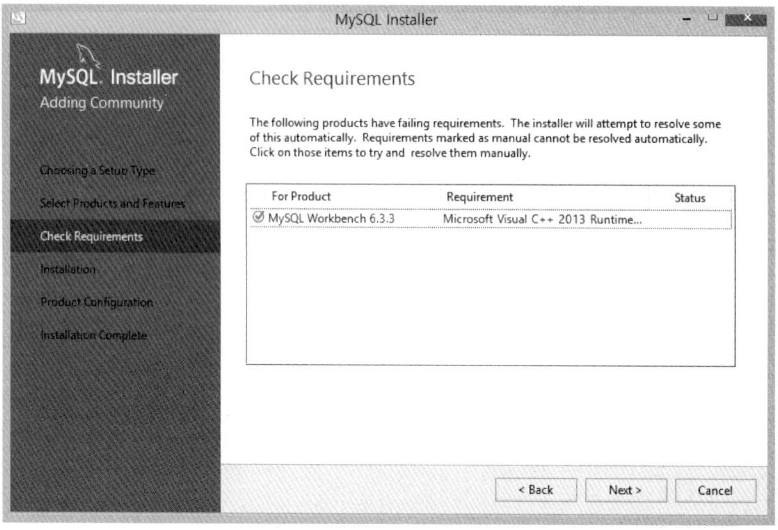

[그림 A.12] 필수 프로그램 설치 확인

필수 프로그램을 설치했다면 [Next] 버튼을 클릭해서 최종 설치 확인 단계로 넘어간다.

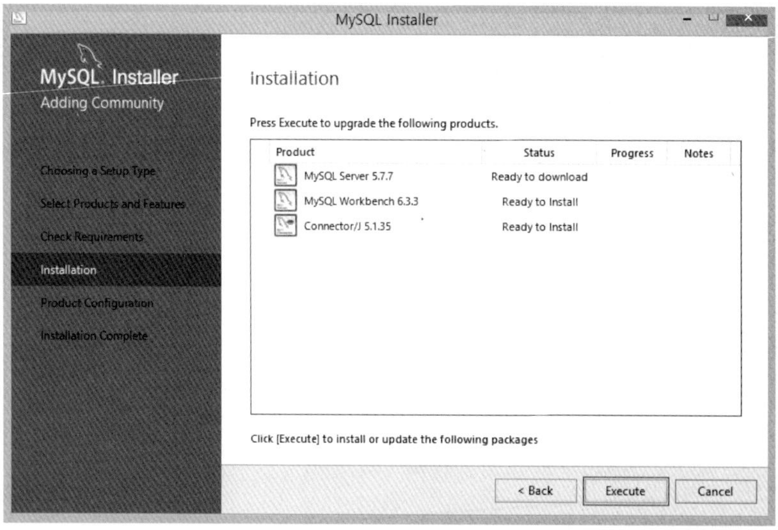

[그림 A.13] 최종 설치 확인

[그림 A.13]의 설치 확인 화면에서 [Execute] 버튼을 클릭하면 설치를 시작한다.

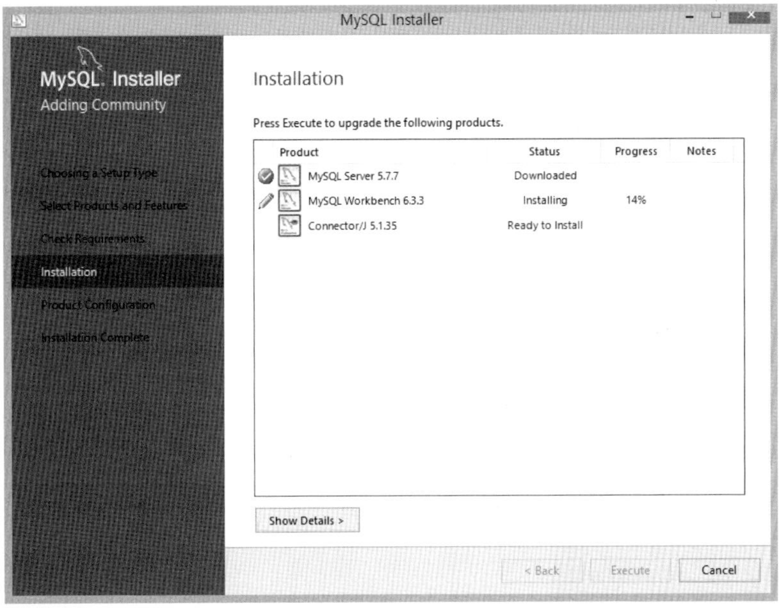

[그림 A.14] 설치 진행 중인 상태

설치를 진행하는 동안 [그림 A.14]와 같이 진행 상태가 퍼센트로 표시된다. 설치가 끝나면 [그림A.15]와 같이 'Status'가 완료를 의미하는 'Complete'로 바뀐다.

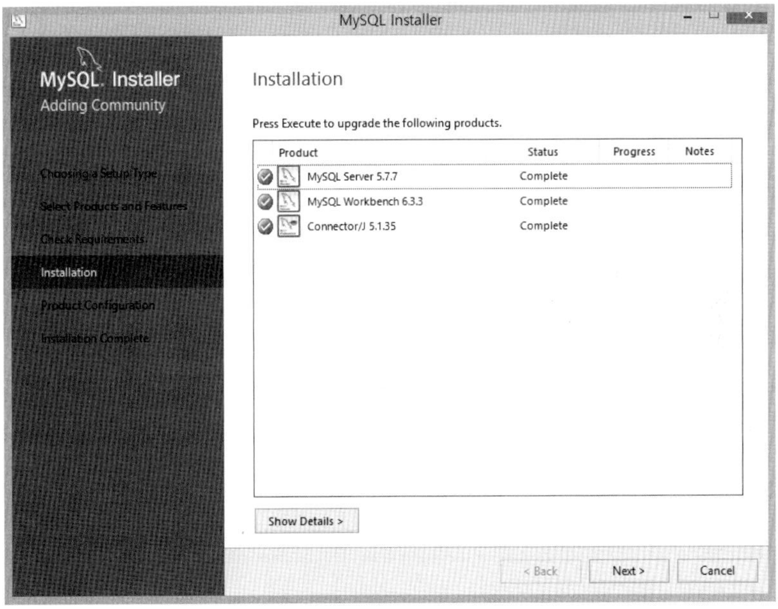

[그림 A.15] 설치 완료

설치가 완료되면 [Next] 버튼을 클릭해서 설정 단계로 넘어간다. [그림 A.16]과 같이 설정할 대상은 MySQL Server이다.

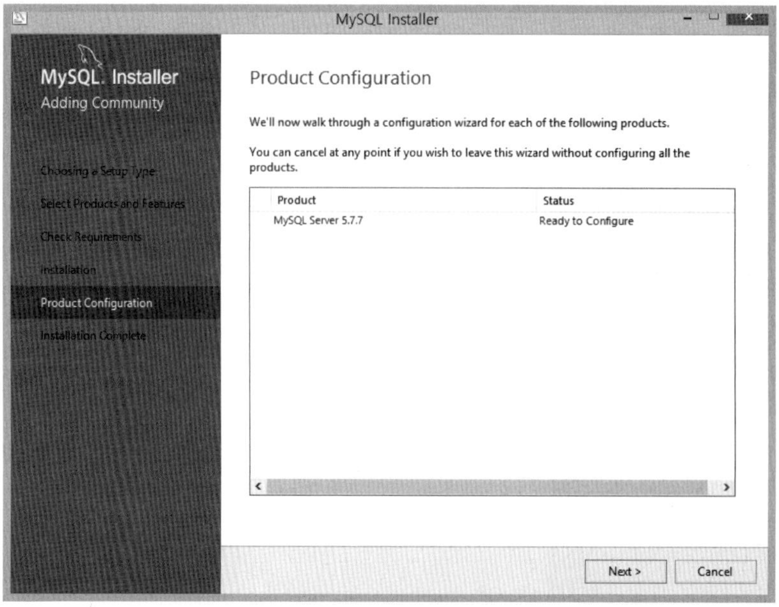

[그림 A.16] 설정 대상 목록

설정 대상 화면에서 [Next] 버튼을 클릭하면 MySQL 서버의 설정을 시작한다.

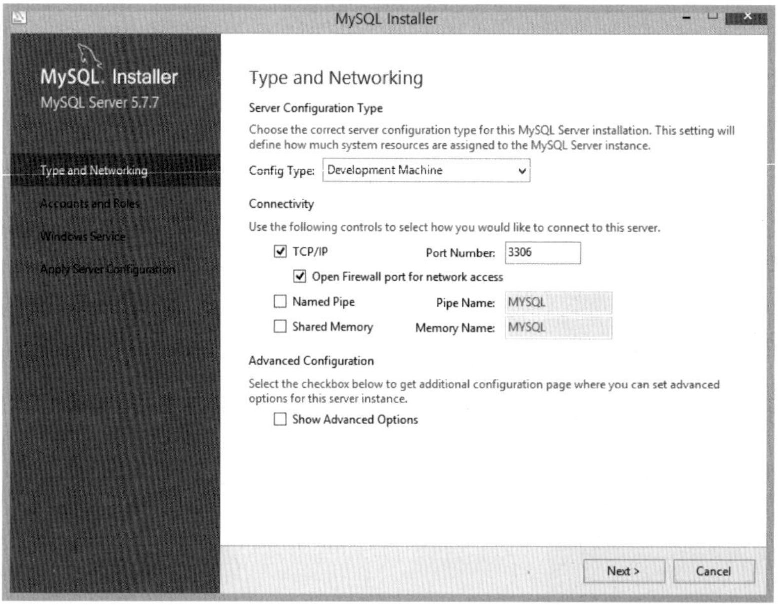

[그림 A.17] MySQL 서버 설정 화면

MySQL 서버가 사용하는 기본 포트는 3306이므로 이 포트를 그대로 사용한다. 특별한 이유가 없다면 바꾸지 말자. 바꿀 게 없으므로 [Next] 버튼을 클릭해서 다음 단계로 넘어간다.

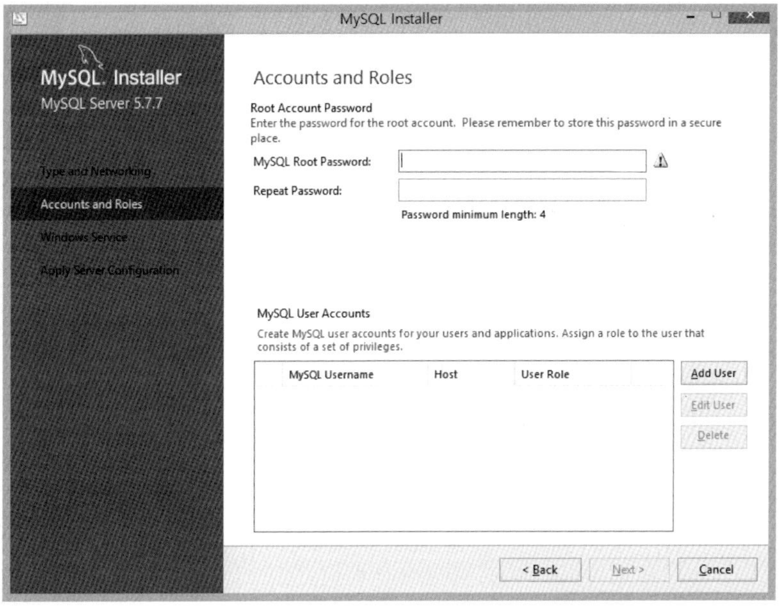

[그림 A.18] root 계정 암호 설정

DBMS도 자체 계정을 갖고 있다. MySQL의 root 계정은 MySQL을 관리할 때 사용하는 계정으로, [그림 A.18]은 root 계정의 암호를 설정하는 화면이다. root 계정의 암호는 반드시 외우도록 하자. 여기서는 root 계정 암호로 rootpw를 입력했다고 가정하고 다음 단계로 진행한다. MySQL Root Password와 Repeat Password에 모두 rootpw를 입력한 뒤에 [Next] 버튼을 클릭한다.

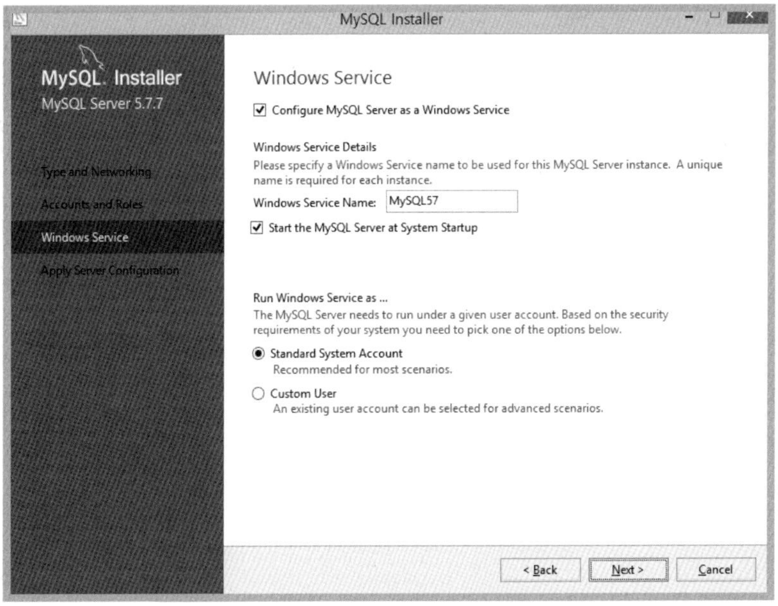

[그림 A.19] 윈도우 서비스 등록 설정

다음은 윈도우 서비스 설정 단계이다. 이 단계에서는 MySQL 서버를 윈도우 서비스로 등록할지 여부를 설정한다. MySQL 서버를 서비스로 등록하면 윈도우를 시작할 때 자동으로 MySQL 서버를 시작한다. 각 옵션은 다음과 같다.

- Configure MySQL Server as a Windows Service : 윈도우 서비스로 등록할지 여부를 지정한다.
- Windows Service Name : 서비스로 등록시 사용할 서비스 이름을 지정한다.
- Start the MySQL Server at System Startup : 윈도우 구동시 MySQL 서버를 시작할지 여부를 지정한다.

윈도우 서비스로 등록하고 싶지 않다면 'Configure MySQL Server as a Windows Service' 옵션을 선택하지 않으면 된다. 이 글에서는 서비스로 등록한다고 가정하고 [Next] 버튼을 클릭한다.

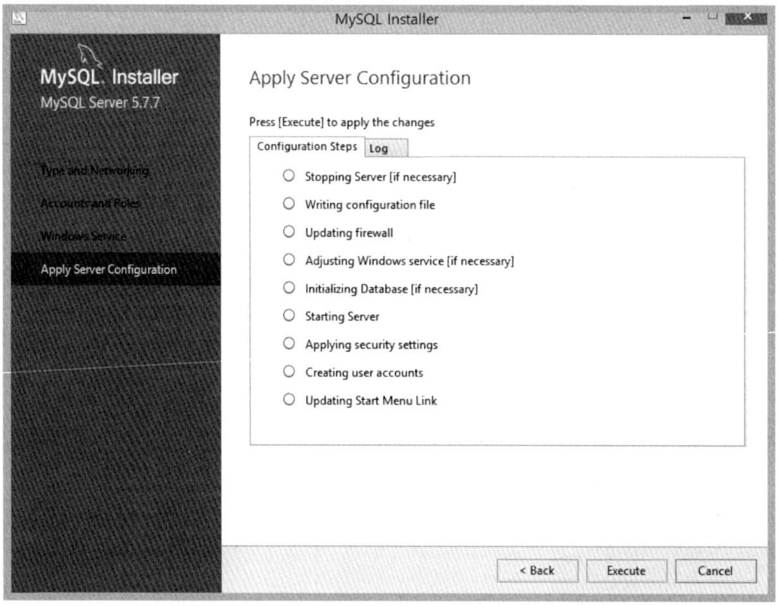

[그림 A.20] 설정 적용 화면

마지막은 설정 적용 단계이다. [Execute] 버튼을 클릭하면 앞서 설정한 내용을 적용한다. [그림 A.21]은 완료 화면을 보여주고 있다.

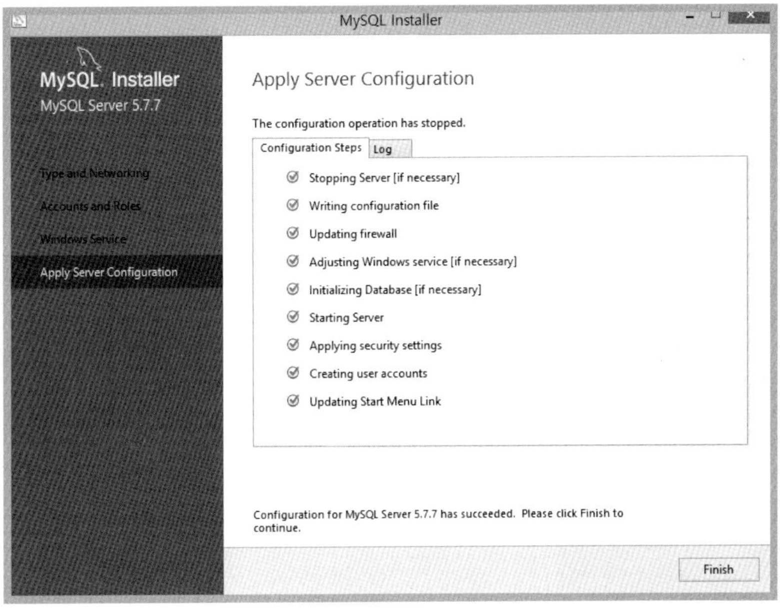

[그림 A.21] 설정 적용 완료

설정 적용 완료 화면에서 [Finish] 버튼을 눌러 다음으로 넘어간다.

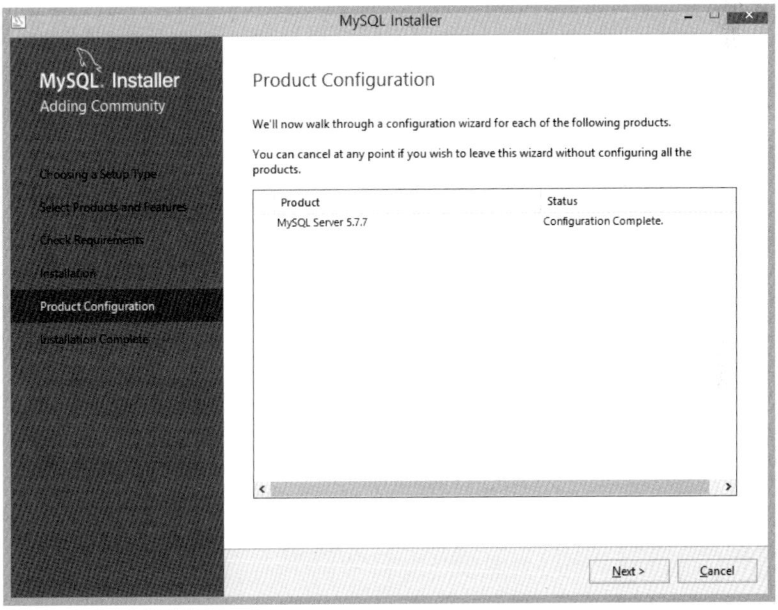

[그림 A.22] 최종 설정 완료 화면

MySQL 서버만 설정했으므로 최종 설정 완료 화면은 [그림 A.22]와 같다. [Next]를 클릭하면 설치 완료 화면으로 넘어간다.

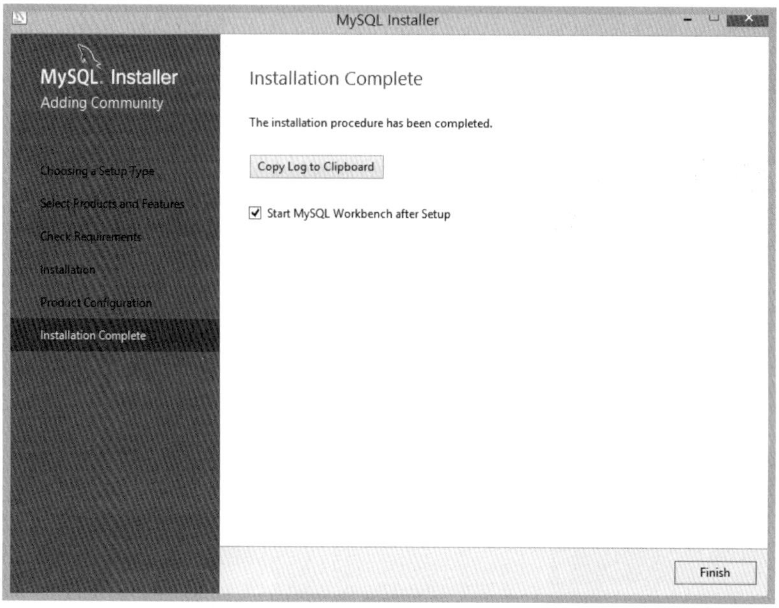

[그림 A.23] 설치 완료 화면

이제 모든 설치가 끝났다. 설치 완료 화면에 'Start MySQL Workbench after Setup'이 선택되어 있는데, 이 옵션을 선택하면 설치 종료 후 MySQL 워크벤치를 실행한다. 바로 이어서 MySQL 워크벤치를 살펴볼 것이므로 이 옵션을 선택한 채로 [Finish] 버튼을 클릭한다.

03 MySQL 워크벤치 사용

3.1 워크벤치 연결하고 쿼리 실행하기

MySQL 워크벤치의 실행 화면은 [그림 A.24]와 같다.

[그림 A.24] MySQL 워크벤치 실행 화면

커넥션 목록에 "Local instance MySQL57"이 보일 것이다. 이는 앞서 설치한 MySQL 서버에 대한 연결 설정을 의미한다. 이 연결 정보를 클릭하면 [그림 A.25]와 같이 연결할 때 사용할 암호를 묻는다.

[그림 A.25] 연결 암호 입력 대화창

앞서 설정한 root 계정 암호를 입력하고 [OK] 버튼을 클릭하면 MySQL 서버에 연결한다. 암호를 매번 입력하고 싶지 않으면 'Save password in vault' 옵션을 선택해서 암호를 기억해두면 된다. 암호를 정상적으로 입력했다면 [그림 A.26]과 같이 쿼리를 실행할 수 있는 탭이 화면에 표시된다.

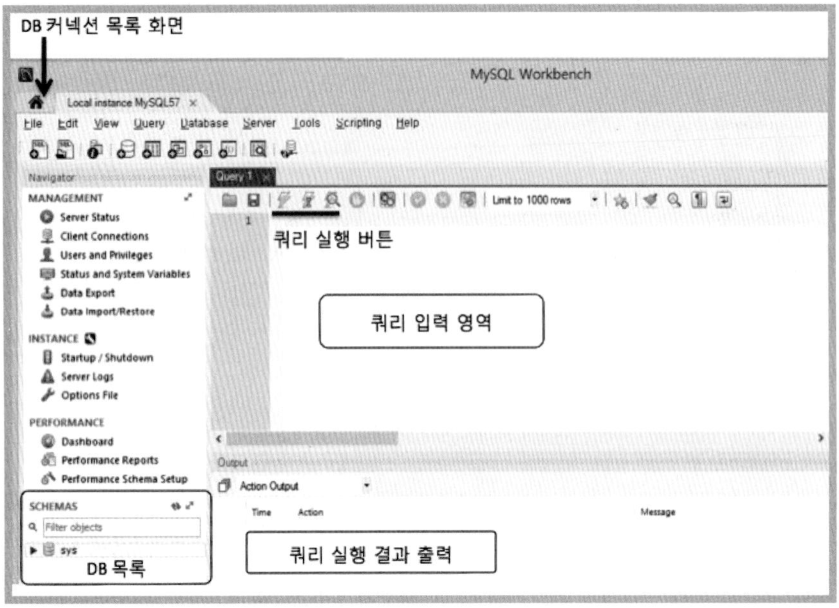

[그림 A.26] DB 연결 후 쿼리 실행 탭

각 쿼리 실행 버튼은 [그림 A.27]과 같다.

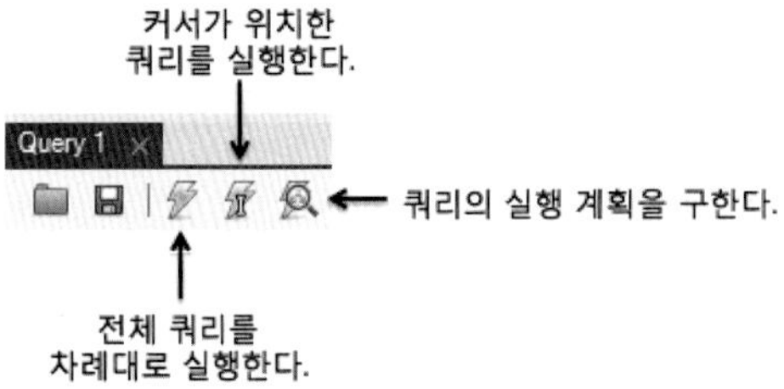

[그림 A.27] 쿼리 실행 버튼

쿼리 입력 영역에 다음 쿼리를 입력해서 새로운 데이터베이스를 생성해보자.

```
create database jsptest CHARACTER SET utf8;
```

쿼리를 입력하고 쿼리 실행 버튼(전체 쿼리 실행이나 한 개 쿼리 실행)을 클릭하면 쿼리를 실행하고 결과를 하단에 표시한다.

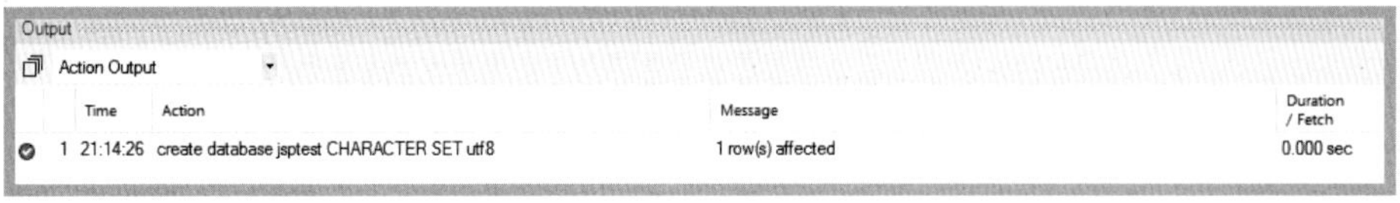

[그림 A.28] 쿼리 실행 결과를 Output 영역에 표시

데이터베이스를 생성했다면 스키마 영역의 새로고침 아이콘을 클릭해보자. 그러면 [그림 A.29]와 같이 방금 생성한 데이터베이스가 목록에 표시될 것이다.

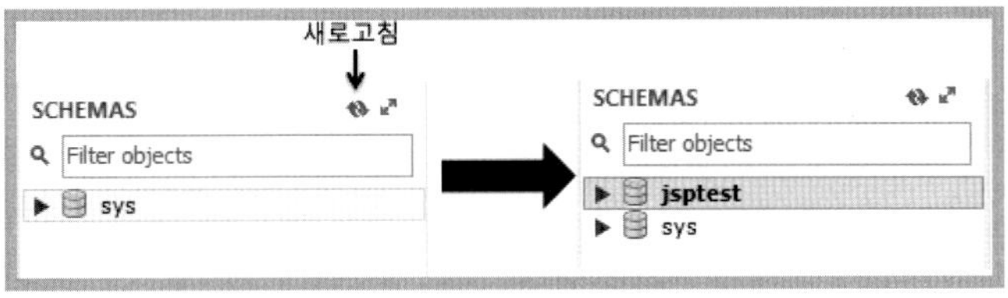

[그림 A.29] 새로고침 아이콘으로 데이터베이스 정보 다시 조회하기

jsptest 데이터베이스 테이블을 생성하고 싶다면 스키마 영역에서 jsptest를 선택하고 쿼리 영역에서 쿼리를 실행하면 된다. 예를 들어, 데이터베이스 목록에서 jsptest를 클릭하면 [그림 A.29]의 우측 그림처럼 jsptest가 선택된다. jsptest를 선택한 상태에서 아래 쿼리를 실행해보자.

```
create table sampleinfo (
    id int auto_increment primary key,
    name varchar(100)
) engine=innodb default charset=utf8;
```

쿼리를 실행한 뒤에 스키마 영역에서 jsptest를 확장한 뒤 새로고침을 해보면 테이블 목록에 sampleinfo 테이블이 추가된 것을 확인할 수 있다.

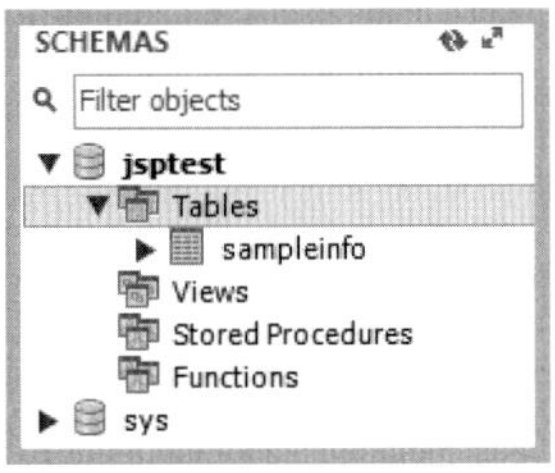

[그림 A.30] 테이블 목록 표시

3.2 연결 정보 추가하기

새로운 연결을 추가하려면 DB 연결 목록 화면에서 추가 아이콘(+)을 클릭하면 된다. 추가 아이콘을 클릭하면 [그림 A.31]과 같이 새로운 DB 연결을 추가하기 위한 대화창이 나타난다.

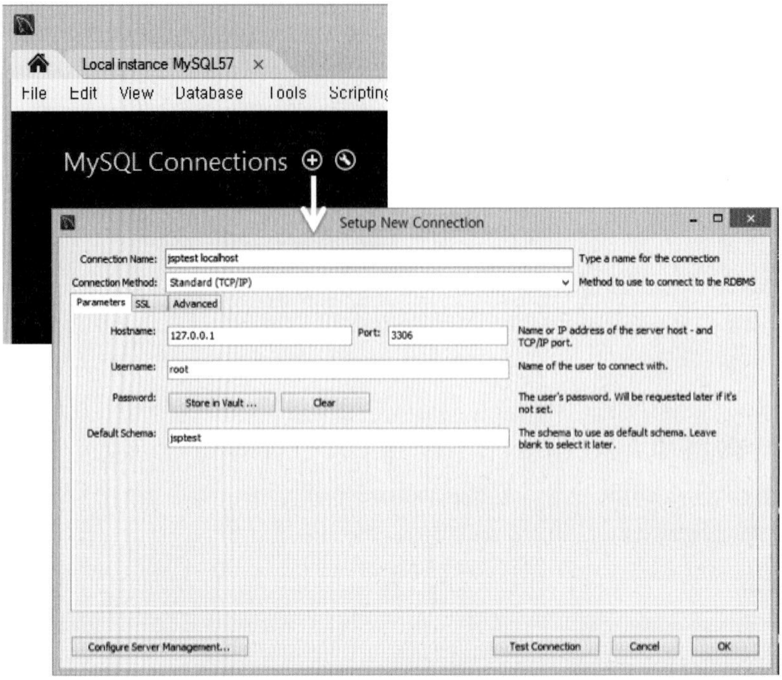

[그림 A.31] DB 연결 추가 대화창

각 입력 항목은 다음과 같다.

- **Connection Name** : DB 목록에 표시될 DB 연결 이름을 입력한다.
- **Connection Method** : DB 연결 방법을 선택한다. 표준 연결인 TCP/IP를 선택한다.
- **Hostname** : MySQL 서버가 실행중인 서버 IP를 입력한다. 로컬 호스트에서 실행 중이면 127.0.0.1을 입력한다.
- **Port** : 연결할 때 사용할 포트 번호를 입력한다.
- **Username** : DB에 연결할 때 사용할 DBMS 계정을 입력한다.
- **Default Schema** : 기본 선택할 DB 데이터베이스 이름을 입력한다.

각 항목을 다음과 같이 입력해 보자.

- **Connection Name** : jsptest localhost
- **Username** : root
- **Default Schema** : jsptest

[Test Connection] 버튼을 클릭해서 연결이 제대로 되는지 확인한 뒤 [OK] 버튼을 클릭한다. 그러면 [그림 A.32]와 같이 DB 연결 정보가 추가된다.

[그림 A.32] DB 연결 정보를 추가한 결과

새로 추가한 연결 정보를 클릭해서 연결해보자. [그림 A.33]과 같이 SCHEMAS에 입력한 데이터베이스가 기본으로 선택된 것을 확인할 수 있을 것이다.

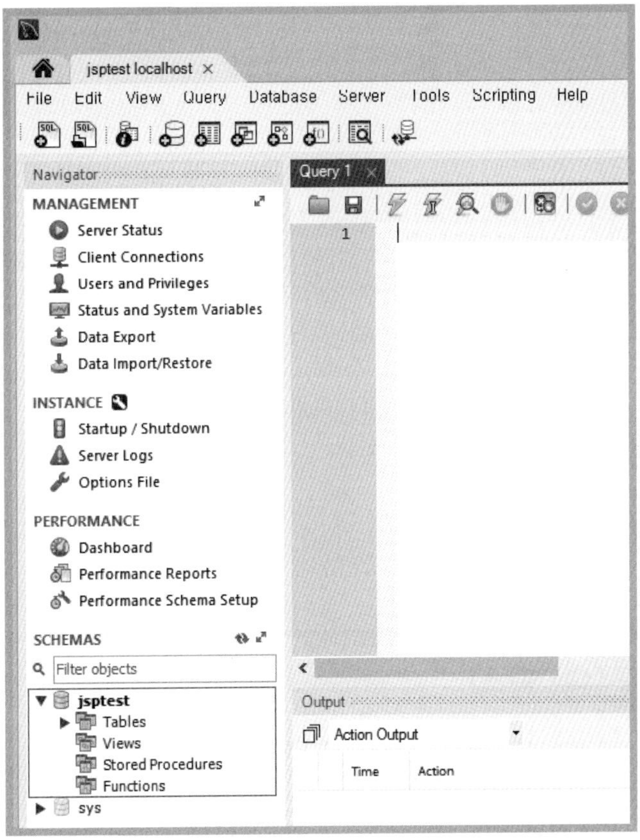

[그림 A.33]

추가한 연결 정보를 수정하려면 [Database]→[Manage Connections...] 메뉴를 실행하면 된다.

CHAPTER

부록B 파일 업로드

이 장에서 다룰 내용
- 파일 전송 방식
- 서블릿 3 파일 업로드

게시판이나 자료실, 쇼핑몰 등에서는 문서 파일이나 이미지 파일을 등록하는 경우가 많다. 제품 이미지를 업로드한다든지, 대학교 내 게시판에 보고서를 업로드하는 등 웹 어플리케이션에서 업로드한 파일을 처리해야 경우가 있는데, request 기본 객체가 제공하는 기능만으로는 업로드한 파일을 처리할 수가 없다. 이 장에서는 업로드한 파일이 실제로 어떻게 전송되는지 살펴볼 것이며, 서블릿 3의 업로드 기능을 사용해서 파일 업로드를 처리하는 방법에 대해서 알아볼 것이다.

01 파일 전송 방식

일반 파라미터를 전송할 때 사용하는 인코딩과 파일을 업로드할 때 사용하는 인코딩은 다르다. 앞서 HTTP의 데이터 전송 방식은 크게 GET 방식과 POST 방식이 존재한다고 했는데 이 두 방식의 차이는 파라미터 데이터를 요청 URL로 전송하느냐 요청 몸체 데이터로 전송하느냐에 있다. 스트림 기반의 전송 방식인 POST 방식은 다시 다음의 두 가지 인코딩 방식에 따라 전송하는 데이터 형식이 달라진다.

- application/x-www-form-urlencoded
- multipart/form-data

지금까지 살펴봤던 모든 예제는 application/x-www-form-urlencoded 인코딩을 사용해서 데이터를 전송했는데, 파일을 업로드하려면 multipart/form-data 인코딩을 사용해야만 한다. 데이터를 multipart/form-data 인코딩 방식으로 전송하기 위해서는 다음과 같이 <form> 태그의 enctype 속성값을 "multipart/form-data"로 지정해주면 된다. 그리고 "multipart/form" 인코딩 방식은 POST 전송 방식의 한 종류이므로 method 속성도 "post"로 지정해야 한다.

```
<form action="..." method="post" enctype="multipart/form-data">
...
</form>
```

웹 브라우저는 multipart/form-data 인코딩 방식의 데이터를 웹 서버에 전송할 때 application/x-www-form-urlencoded 방식과는 다른 형태로 전송한다. 이 두 인코딩 방식의 차이를 살펴보기 위해서 [리스트 B.1]과 같이 multipart/form-data 방식으로 데이터를 전송해주는 입력 폼을 생성해보자.

[리스트 B.1] appB/WebContent/multipart_form.jsp

```
01: <%@ page contentType="text/html; charset=utf-8" %>
02: <html>
03: <head><title>multipart 폼</title></head>
04: <body>
05: <form action="multipart_data.jsp" method="post" enctype="multipart/form-data">
06: text1: <input type="text" name="text1" /> <br/>
07: file1: <input type="file" name="file1" /> <br/>
08: file2: <input type="file" name="file2" /> <br/>
09: <input type="submit" value="전송" />
10: </form>
11: </body>
12: </html>
```

[리스트 B.1]은 파일을 업로드하기 위해 <form> 태그의 enctype 속성값을 multipart/form-data로 설정하고, 파일을 선택하기 위해 07~08행에서 type이 file인 두 개의 <input> 태그를 설정하고 있다. 파일 선택 폼은 웹 브라우저에 따라서 다르다. 예를 들어, multipart_form.jsp를 인터넷 익스플로러 11 버전에서 실행하면 [그림 B.1]과 같고, 구글 크롬에서 실행하면 [그림 B.2]와 같다.

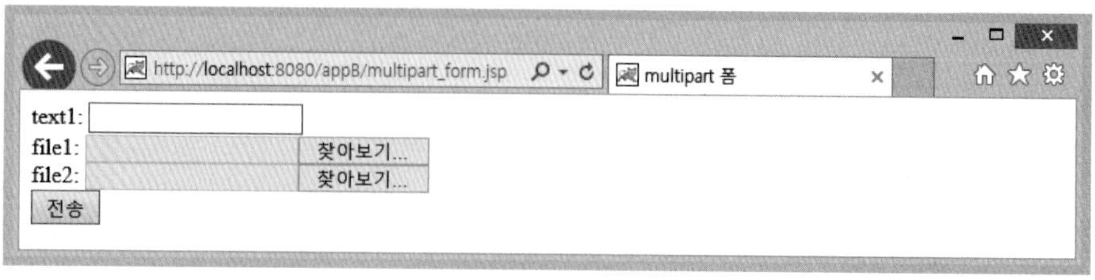

[그림 B.1] IE 11에서의 파일 입력 폼

[그림 B.2] 크롬에서의 파일 입력 폼

실행 화면에서 [전송] 버튼을 클릭하면 multipart/form-data 인코딩을 이용해서 텍스트 데이터와 파일 데이터를 multipart_data.jsp로 전송한다. multipart_data.jsp는 전송받은 데이터를 그대로 응답 데이터로 출력해서 실제로 어떤 데이터가 전송되는지 확인할 수 있도록 [리스트 B.2]와 같이 작성한다.

[리스트 B.2] appB/WebContent/multipart_data.jsp

```
<%@ page contentType = "text/plain; charset=utf-8" %>
<%@ page import="java.io.InputStream" %>
<%@ page import="java.io.IOException" %>
<%@ page trimDirectiveWhitespaces="true" %>
<%
    InputStream is = null;

    out.print("[");
    out.print(request.getContentType());
    out.println("]");
    try {
        is = request.getInputStream();
        int data = -1;

        while ( (data = is.read()) != -1 ) {
            out.print((char)data);
        }
    } finally {
        if (is != null) try { is.close(); } catch(IOException ex) {}
    }
%>
```

05-10행	웹 브라우저가 전송한 데이터를 그대로 출력한다.

multipart_form.jsp의 파일 입력 폼에서 [전송] 버튼을 클릭하면 [그림 B.3]과 같은 결과가 출력된다. 실행 결과는 웹 브라우저에 따라서 조금씩 다르다. 실행 결과를 보면 업로드한 파일의 이름뿐만 아니라 파일의 내용도 함께 전송된 것을 확인할 수 있다.

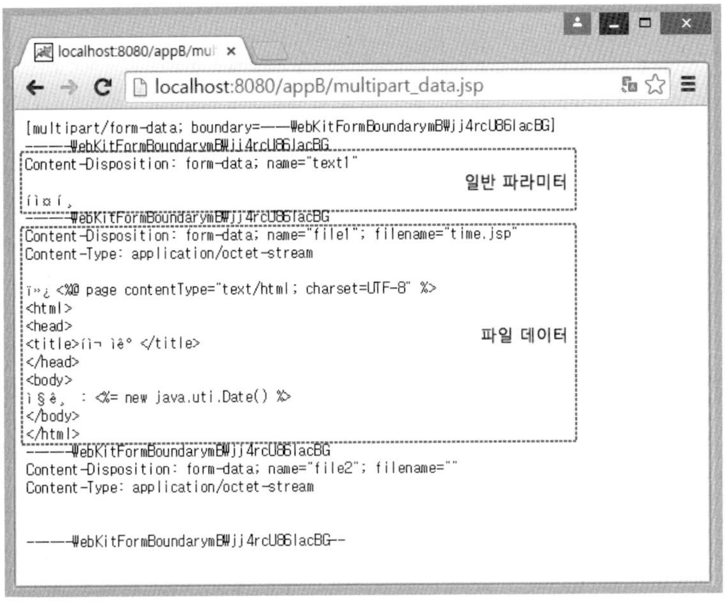

[그림 B.3] multipart/form-data 방식으로 전송된 데이터

좀 더 자세하게 [그림 B.3]의 결과를 설명해보겠다.

- [그림 B.3]에서 첫 번째 줄은 request.getContentType() 메서드의 결과 화면이다. 이 결과에서 "boundary=" 부분은 각각의 파라미터를 구분할 때 사용된다.
- 각 파라미터는 구분자를 통해서 구분한다.
- Content-Disposition은 전송하는 파라미터의 이름을 나타낸다. 파일의 경우 파일명도 포함한다.
- Content-Type은 업로드한 파라미터의 타입을 나타낸다.
- 이후 한 줄(\r\n)을 추가한 뒤 파라미터의 값을 전송한다. 파일의 경우는 파일의 내용을 전송한다.

업로드한 파일 데이터와 텍스트 파라미터를 처리하기 위해서는 [그림 B.3]과 같이 전송된 데이터를 알맞게 처리해야 한다. 서블릿 2.5 버전까지는 개발자가 직접 multipart/form-data 방식을 처리하는 코드를 작성하거나 Commons FileUpload API와 같은 라이브러리를 이용해서 파일 업로드를 처리해야 했다. 서블릿 3.0 버전에는 파일 업로드를 위한 API가 추가되었다. 따라서 서블릿 3.0이나 서블릿 3.1을 사용한다면 Commons FileUpload API 등을 사용하지 않고도 파일 업로드를 처리할 수 있다. 이 장에서는 서블릿 3의 기능을 이용해서 파일 업로드하는 방법을 살펴보도록 하자.

02 서블릿 3 파일 업로드 구현

서블릿 3.0에는 InputStream이나 외부 라이브러리를 사용하지 않고도 웹 브라우저가 업로드한 파일을 읽어올 수 있는 기능이 추가되었다. 서블릿 3.0을 이용해서 파일 업로드를 처리하려면 다음의 두 가지만 하면 된다.

- HttpServletRequest의 getPart() 메서드를 이용해서 업로드 데이터 접근
- 서블릿이 multipart 데이터를 처리할 수 있도록 설정
  - @MultipartConfig 애노테이션을 사용하거나 또는
  - web.xml에서 <multipart-config> 태그 사용

2.1 Part를 이용한 업로드 데이터 접근

multipart/form-data 형식으로 전송된 데이터는 request.getParameter()와 같은 메서드로는 접근할 수 없으며, 서블릿 3.0에 새롭게 추가된 Part 인터페이스를 사용해서 접근해야 한다. 접근하는 방식은 다음과 같다.

1. HttpServletRequest.getContentType()을 이용해서 multipart/form-data인지 확인한다.
2. multipart/form-data인 경우
   A. HttpServletRequest의 getParts()나 getPart(name) 메서드를 이용해서 Part를 구한다.
   B. Part의 Content-Disposition 헤더가 "filename="을 포함하면, 파일로 처리한다.
   C. "filename="을 포함하지 않으면 파라미터로 처리한다.

간단하게 "multipart/form-data"로 업로드 된 데이터를 처리해주는 서블릿 코드를 작성해봄으로써 기본적인 사용법을 익혀보도록 하자. [리스트 B.3]은 서블릿 3.1의 Part를 이용해서 업로드 된 파일과 파라미터 값에 접근하는 코드의 예를 보여주고 있다.

[리스트 B.3] appB/src/fileupload/UploadServlet.java

```
package fileupload;

import java.io.IOException;
import java.io.PrintWriter;
import java.util.Collection;

import javax.servlet.ServletException;
import javax.servlet.http.HttpServlet;
import javax.servlet.http.HttpServletRequest;
```

```
import javax.servlet.http.HttpServletResponse;
import javax.servlet.http.Part;

public class UploadServlet extends HttpServlet {

    @Override
    protected void doPost(HttpServletRequest req, HttpServletResponse resp)
            throws ServletException, IOException {
        req.setCharacterEncoding("utf-8");

        resp.setContentType("text/html; charset=utf-8");

        PrintWriter writer = resp.getWriter();
        writer.println("<html><body>");

        String contentType = req.getContentType();
        if (contentType != null
                && contentType.toLowerCase().startsWith("multipart/")) {
            printPartInfo(req, writer);
        } else {
            writer.println("multipart가 아님");
        }
        writer.println("</body></html>");
    }

    private void printPartInfo(HttpServletRequest req, PrintWriter writer)
            throws IOException, ServletException {
        Collection<Part> parts = req.getParts();
        for (Part part : parts) {
            writer.println("<br/> name = " + part.getName());
            String contentType = part.getContentType();
            writer.println("<br/> contentType = " + contentType);
            if (part.getHeader("Content-Disposition").contains("filename=")) {
                writer.println("<br/> size = " + part.getSize());
                String fileName = part.getSubmittedFileName();
                writer.println("<br/> filename = " + fileName);
                if (part.getSize() > 0) {
                    part.write("/Users/madvirus/temp/" + fileName);
                    part.delete();
                }
            } else {
                String value = req.getParameter(part.getName());
                writer.println("<br/> value = " + value);
            }
            writer.println("<hr/>");
        }
```

```
56:     }
57:
58: }
```

26-27행	요청 컨텐츠 타입이 multipart/form-data인지 확인한다.
37행	HttpServletRequest의 getParts() 메서드를 이용해서 Part 목록을 구한다.
39행	Part의 getName() 메서드를 이용해서 이름(〈input〉 태그의 name 속성값)을 구한다.
40-41행	Part의 컨텐츠 타입을 구하고 출력한다.
42-49행	Part의 Content-Disposition 헤더가 "filename="을 포함하고 있으면 파일에 해당하므로 업로드한 파일 데이터를 처리한다. · 43행 : part.getSize()로 업로드한 파일의 크기를 구한다. · 44행 : part.getSubmittedFileName()으로 업로드한 파일의 이름을 구한다. 이 메서드는 서블릿 3.1 버전부터 제공한다. · 46행 : 업로드한 파일이 존재하면, part.getSize()가 0보다 크다. · 47행 : part.write(String filename) 메서드를 이용해서 업로드한 데이터를 filename에 해당하는 파일에 쓴다. · 48행 : 업로드를 처리하기 위해 임시 폴더에 생성한 임시 파일을 삭제한다.
55-53행	파일 업로드가 아닌 경우 HttpServletRequest의 getParameter()를 이용해서 파라미터 값을 구한다. 이때 파라미터 이름으로 part.getName()을 사용한다.

HttpServletRequest는 다음의 두 가지 메서드를 이용해서 Part를 구할 수 있도록 하고 있다.

- Collection〈Part〉 getParts() throws IOException, ServletException
- Part getPart(String name) throws IOException, ServletException

첫 번째 getParts() 메서드는 전체 Part 목록을 가져오고 getPart(name) 메서드는 해당 이름에 해당하는 Part를 가져온다. 예를 들어, request.getPart("title") 코드를 실행하면 HTML 폼에서 다음과 같이 이름이 "title"인 파라미터에 해당하는 Part를 리턴한다.

```
<input type="text" name="title" />
```

Part를 구한 뒤에는 Part가 제공하는 메서드를 이용해서 업로드 된 파일 정보나 파라미터 값을 구할 수 있다. Part가 제공하는 메서드는 다음과 같다.

- String getName() : 파라미터 이름을 구한다.
- String getContentType() : 컨텐츠 타입을 구한다.
- long getSize() : 업로드한 파일의 크기를 구한다.
- String getSubmittedFileName() : 업로드한 파일의 이름을 구한다.
- InputStream getInputStream() throws IOException : 데이터를 읽어올 수 있는 InputStream을 구한다. 파일이면 파일 데이터를 읽어오며 파일이 아닌 텍스트 파라미터

이면 파라미터의 값을 읽어온다.

- void write(String filename) throws IOException : Part의 업로드 데이터를 filename이 지정한 파일에 복사한다.
- void delete() throws IOException : Part와 관련된 (임시로 생성된 파일 등) 파일을 삭제한다.
- String getHeader(String name) : 해당 Part에서 지정한 이름의 헤더 값을 구한다.

38~53행의 코드를 다시 살펴보자. 이 코드를 보면 Part의 "Content-Disposition" 헤더 값을 이용해서 파일인지 일반 파라미터인지 확인한다. 파일이면 Content-Disposition 헤더 값에 filename이 포함되어 있다. 따라서 Content-Disposition 헤더 값이 "filename="을 포함하고 있으면 Part의 getSize() 메서드를 이용해서 실제로 업로드한 파일이 존재하는지 확인한다.

```
for (Part part : parts) {
    writer.println("<br/> name = " + part.getName());
    String contentType = part.getContentType();
    writer.println("<br/> contentType = " + contentType);
    if (part.getHeader("Content-Disposition").contains("filename=")) {
        writer.println("<br/> size = " + part.getSize());
        String fileName = part.getSubmittedFileName();
        writer.println("<br/> filename = " + fileName);
        if (part.getSize() > 0) {
            part.write("/Users/madvirus/temp/" + fileName);
            part.delete();
        }
    } else {
        String value = req.getParameter(part.getName());
        writer.println("<br/> value = " + value);
    }
    writer.println("<hr/>");
}
```

getSize()의 값이 0보다 크면 업로드한 파일이 존재한다는 것이므로, Part의 write() 메서드를 이용해서 업로드한 파일을 지정한 파일에 기록(복사)한다. 서블릿 3은 웹 브라우저가 업로드한 파일을 임시로 지정한 폴더에 보관하는데, 이 임시 파일은 업로드 처리가 완료되면 필요가 없어진다. 따라서, 임시 파일을 필요 없는 시점에 바로 삭제하고 싶다면 48행처럼 delete() 메서드를 호출해서 삭제 처리하면 된다.

part.delete() 메서드를 호출하지 않아도 임시 파일은 언젠가 삭제된다. 기본적으로 Part와 관련된 임시 파일은 JVM의 가비지 콜렉터(garbage collector)가 Part 객체를 메모리에서 제거할 때 함께 삭제된다. 또한, 톰캣의 경우 요청 처리가 끝나는 시점에 임시 파일을 삭제한다.

서블릿 3.0에서 파일 이름 구하기

Part의 getSubmittedFileName() 메서드는 서블릿 3.1에 추가된 것이다. 서블릿 3.0 버전의 Part에서 업로드한 파일의 이름을 구하려면 Content-Disposition 헤더의 값을 사용해야 한다. Content-Disposition 헤더의 값은 다음과 같이 구성된다.

```
form-data; name="file1"; filename="time.jsp"
```

헤더 값은 세미콜론(;)으로 구분된 속성을 가지며, 각 속성은 [이름=값]의 형식을 갖는다. 그리고 이 중 이름이 filename인 속성의 값이 업로드한 파일의 이름이 된다. 따라서, 업로드한 파일의 이름을 구하려면 Content-Disposition의 값을 다음과 같이 알맞게 파싱해야 한다.

```
private String getFileName(Part part) throws UnsupportedEncodingException {
    for (String cd : part.getHeader("Content-Disposition").split(";")) {
        if (cd.trim().startsWith("filename")) {
            return cd.substring(cd.indexOf('=') + 1).trim().replace("\"", "");
        }
    }
    return null;
}
```

Part의 Content-Disposition 헤더가 파일 이름을 포함하지 않으면 파일이 아닌 파라미터이다. 이 경우에는 51행 코드처럼 HttpServletRequest의 getParameter() 메서드를 이용해서 파라미터 값을 구하면 된다.

```
String value = req.getParameter(part.getName());
```

2.2 파일 업로드 처리를 위한 web.xml 파일 설정하기

서블릿이 파일 업로드를 처리할 수 있도록 하려면 추가적으로 서블릿에 Multipart와 관련된 설정을 추가해야 한다. 설정을 추가하는 방법은 web.xml 파일로 설정하는 방법이 있고 애노테이션을 이용해서 설정하는 방법이 있는데, 먼저 web.xml 파일로 설정하는 방법을 살펴보도록 하자.

web.xml 파일로 설정하는 방법은 간단하다. 다음과 같이 <servlet> 설정에 <multipart-config> 태그를 이용해서 관련 값을 지정해주기만 하면 된다. [리스트 B.4]는 multipart 처리를 위한 서블릿 설정의 예를 보여주고 있다.

[리스트 B.4] appB/WebContent/WEB-INF/web.xml

```
<?xml version="1.0" encoding="UTF-8"?>
<web-app xmlns="http://xmlns.jcp.org/xml/ns/javaee"
    xmlns:xsi="http://www.w3.org/2001/XMLSchema-instance"
```

```
04:     xsi:schemaLocation="http://xmlns.jcp.org/xml/ns/javaee
05:         http://xmlns.jcp.org/xml/ns/javaee/web-app_3_1.xsd"
06:     version="3.1"〉
07:
08:     〈servlet〉
09:         〈servlet-name〉UploadServlet〈/servlet-name〉
10:         〈servlet-class〉fileupload.UploadServlet〈/servlet-class〉
11:         〈multipart-config〉
12:             〈location〉C:\apache-tomcat-8.0.21\uploadTemp〈/location〉
13:             〈max-file-size〉-1〈/max-file-size〉
14:             〈max-request-size〉-1〈/max-request-size〉
15:             〈file-size-threshold〉1024〈/file-size-threshold〉
16:         〈/multipart-config〉
17:     〈/servlet〉
18:
19:     〈servlet-mapping〉
20:         〈servlet-name〉UploadServlet〈/servlet-name〉
21:         〈url-pattern〉/upload〈/url-pattern〉
22:     〈/servlet-mapping〉
23:
24: 〈/web-app〉
```

11~16행의 〈multipart-config〉 태그는 UploadServlet이 Part를 이용해서 multipart 요청을 처리할 수 있도록 설정한다. 〈multipart-config〉의 각 자식 태그는 다음과 같다.

- **〈location〉** : 업로드한 파일이 임시로 저장될 위치를 지정한다. 기본값은 ""이다.
- **〈max-file-size〉** : 업로드 가능한 파일의 최대 크기를 바이트 단위로 지정한다. -1은 제한이 없음을 의미하며 기본값은 -1이다.
- **〈max-request-size〉** : 전체 Multipart 요청 데이터의 최대 제한 크기를 바이트 단위로 지정한다. -1은 제한이 없을 의미하며, 기본값은 -1이다.
- **〈file-size-threshold〉** : 업로드한 파일 크기가 이 태그의 값보다 크면 〈location〉에서 지정한 디렉토리에 임시로 파일을 생성한다. 업로드 파일 크기가 이 태그의 값 이하면 메모리에 파일 데이터를 보관한다. 단위는 바이트이며, 기본값은 0이다.

서블릿에서 자체적으로 크기 제한을 하지 않고, 웹 컨테이너가 업로드 파일의 크기를 제한하도록 하고 싶다면 〈max-file-size〉의 값을 알맞게 지정해주면 된다. 만약 〈max-file-size〉에서 지정한 값보다 더 큰 크기를 갖는 파일을 업로드하면 Part를 최초로 구할 때 IllegalStateException을 발생시킨다. 따라서, 〈max-file-size〉 태그를 이용해서 업로드한 파일 크기에 제한을 두고, 업로드한 파일이 크기 제한을 넘겼을 때 알맞은 처리를 하고 싶다면 다음과 같이 IllegalStateException을 try-catch로 알맞게 처리해주면 된다.

```
try {
    Collection<Part> parts = request.getParts();
    ...
} catch(IllegalStateException ex) {
    // TODO 업로드 크기 제한에 걸렸을 때의 처리
}
```

이제 앞서 작성한 UploadServlet을 이용해서 파일 업로드 처리를 해보자. UploadServlet은 C:\temp 폴더에 업로드한 파일을 저장하므로, 미리 C:\temp 폴더를 생성하자. 그리고, [리스트 B.2]의 multipart_form.jsp의 〈form〉 태그의 action 속성 값을 다음과 같이 /appB/upload로 변경해서 UploadServlet에 파일을 업로드하도록 수정하자.

```
<form action="/appB/upload" method="post"
        enctype="multipart/form-data">
text1: <input type="text" name="text1" /> <br/>
file1: <input type="file" name="file1" /> <br/>
file2: <input type="file" name="file2" /> <br/>
<input type="submit" value="전송" />
</form>
```

입력 폼에서 파일을 선택한 뒤 [전송] 버튼을 클릭해보자. 그러면, [그림 B.4]와 같이 UploadServlet이 Multipart 데이터를 처리한 결과가 출력된 것을 확인할 수 있다.

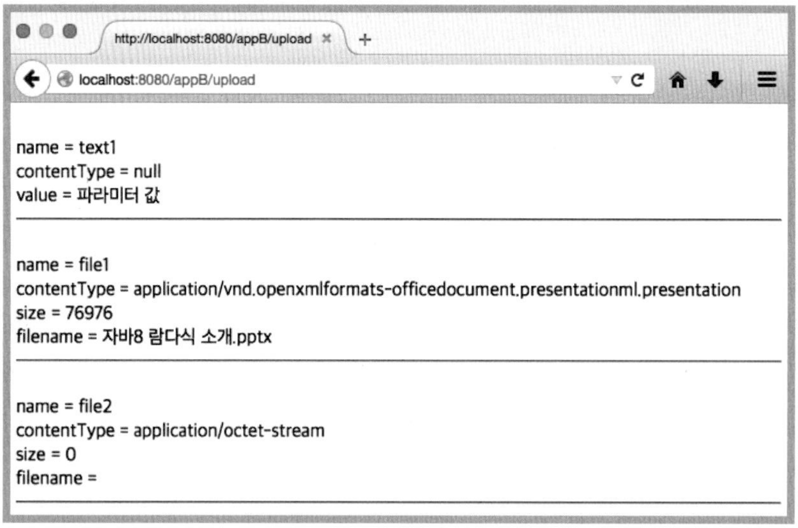

[그림 B.4] UploadServlet이 파일 업로드를 처리한 결과

앞서 UploadServlet 클래스의 코드를 보면 50행에서 c:\temp 폴더에 파일을 복사하도록 구현했다. 실제로 c:\temp 폴더를 보면 [그림 B.5]와 같이 UploadServlet을 통해서 업로드한 파일이 생성된 것을 확인할 수 있을 것이다.

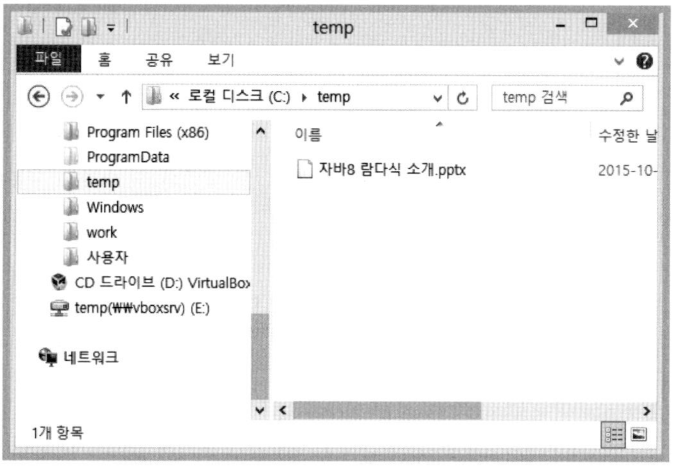

[그림 B.5] 업로드한 파일을 저장한 결과

2.3 @MultipartConfig 애노테이션을 이용한 설정

서블릿이 파일 업로드를 처리할 수 있도록 하는 또 다른 방법은 @MultipartConfig 애노테이션을 사용하는 것이다. @MultipartConfig 애노테이션은 다음과 같이 서블릿 클래스에 적용된다.

```
import javax.servlet.annotation.MultipartConfig;

@MultipartConfig(
        location = "C:\\apache-tomcat-8.0.21\\uploadTemp",
        maxFileSize = 1024L,
        maxRequestSize = -1,
        fileSizeThreshold = -1)
public class UploadServlet extends HttpServlet {
    ...
}
```

위와 같이 @MultipartConfig 애노테이션을 사용하면 web.xml 파일에 〈multipart-config〉 태그를 설정하지 않아도 서블릿이 Multipart 태그를 사용할 수 있게 된다.

@MultipartConfig에서 각 속성은 앞서 설명했던 〈multipart-tag〉의 각 자식 태그와 동일하다.

색인

기호 및 태그

영문

ㅊ

ㅋ

ㅌ

ㅍ

최범균의 JSP 2.3

웹 프로그래밍

기초부터 중급까지

발행 일자 : 2024년 7월 22일 15쇄 발행

펴낸곳 : 가메출판사(https://www.kame.co.kr)

발행인 : 이병렬

지은이 : 최범균

주소 : 서울시 마포구 성지 5길 5-15, 206호(벤처빌딩)

전화 : 02)322-8317

팩스 : 0303)3130-8317

ISBN : 978-89-8078-280-2

등록번호 : 제313-2009-264호

정가 : 27,000원
